建筑工程施工技术标准

2

中国建筑第八工程局 编

中国建筑工业出版社

图书在版编目（CIP）数据

建筑工程施工技术标准.2/中国建筑第八工程局编.
—北京：中国建筑工业出版社，2005
ISBN 7-112-07244-1

Ⅰ.建... Ⅱ.中... Ⅲ.建筑工程-工程施工-标准 Ⅳ.TU711

中国版本图书馆 CIP 数据核字（2005）第 014640 号

责任编辑：郦锁林
责任设计：孙　梅
责任校对：王雪竹　张　虹

建筑工程施工技术标准
2
中国建筑第八工程局　编
*
中国建筑工业出版社出版、发行（北京西郊百万庄）
新　华　书　店　经　销
北京云浩印刷有限责任公司印刷
*

开本：787×1092毫米　1/16　印张：54¼　字数：1320千字
2005年3月第一版　2005年3月第一次印刷
印数：1—5000册　　定价：**100.00**元
ISBN 7-112-07244-1
TU·6472（13198）
版权所有　翻印必究
如有印装质量问题，可寄本社退换
（邮政编码　100037）
本社网址：http://www.china-abp.com.cn
网上书店：http://www.china-building.com.cn

《建筑工程施工技术标准》编委会

总策划：梁新向

主　任：肖绪文

副主任：王玉岭　杨春沛

编　委：焦安亮　戴耀军　程建军　刘继锋　谢刚奎

　　　　杨京吉　刘桂新　郑春华　陈迎昌　朱庆涛

　　　　梁　涛　戈祥林　万利民　张国旗

总主编：肖绪文

策　划：王玉岭

编　辑：苗冬梅　赵　俭　刘　涛

序

随着经济全球化进程的加快,技术标准已成为世界各国促进贸易、发展本国产业、规范市场秩序、推动技术创新的重要手段,在社会发展中发挥着愈来愈重要的作用。国际上有一种流行说法,叫"三流企业卖苦力,二流企业卖产品,一流企业卖技术,超一流企业卖标准",可见,标准化建设在企业中的地位和作用是何其重要。

面对我国加入WTO后的新形势,企业必须尽快培育和打造出具有企业特色的核心竞争力,而企业技术标准化既是核心竞争力的重要体现,又是塑造企业核心竞争力的有效途径。企业作为独立的经济实体和社会经济活动中最活跃的细胞,既是技术标准的推动者、主导者,又是技术标准的参与者、实施者。根据国家实施标准化的战略,作为企业我们按照"以市场为主导,以企业为主体"的发展模式,适时建立自己的技术标准体系,使企业行为有法可依,促进企业运营的标准化、规范化、科学化,实现可持续发展,并以此为契机逐步形成企业在技术、管理、产品、品牌等多方面的竞争优势。这是我们启动企业技术标准化工作的出发点和落脚点。

中国建筑第八工程局(以下简称中建八局)作为我国建筑业的大型企业,一直重视标准化建设工作并取得实效。经过多年的努力和艰辛的工作,我们走出了一条"企业发展科研,科研充实标准,标准支撑企业"的发展之路,造就和培育了一支较高水平的科技研发力量。在国家新一轮规范体系正式颁布实施之际,我们抓住机遇,启动企业技术标准的编制工作,形成了建筑施工行业的这套企业技术标准,期望能在未来的市场竞争中,规范企业的经营生产行为,指导企业的理性发展。

本系列技术标准是我局技术人员辛勤劳动和智慧的结晶,也是中建八局职工实践的总结。我们将本系列标准作为中建八局对国家和地方行业主管部门的谢礼,作为我们向我国建筑业同行的学习媒介,希望通过它的出版,为进一步促进和推动中国建筑企业技术标准建设的快速稳步发展尽绵薄之力。

本系列标准在编制过程中,得到了下列专家的热情帮助和指导:叶可明、徐正忠、桂业琨、叶林标、徐有邻、侯兆欣、侯忠良、张昌叙、王允恭、熊杰民、哈成德、张耀良、钱大治、宋波、陈凤旺、孙述璞、赵志缙等,在此一并表示深切的感谢。

中国建筑第八工程局局长 梁新甸

前　言

为应对我国加入WTO组织和国家关于标准化建设体制改革的新形势，根据《中国建筑第八工程局十五科技发展规划》的要求，于2002年初启动了《建筑工程施工技术标准》的编制工作。

《建筑工程施工技术标准》编制工作是一项工作量大、涉及面广的系统工程，为此，我们首先从房屋建筑工程分部分项施工技术标准着手，逐步形成覆盖全企业生产经营全部领域的系列标准。在标准编制中，在结构上与中国建筑工程总公司施工工艺标准靠近，在内容上尽量宽泛和具体，以强化可实施性，同时体现集团企业标准的一致性。另外考虑到企业技术标准的实施与管理紧密相关，我们将部分质量、安全、环境的管理内容融入其中，意在使管理与技术协同进步。此外，施工组织设计、技术交底等是我局多年坚持较好的制度，本标准将其列入并作为内控的标准之一加以规范，目的在于进一步提升和培育我局在这方面的优势。再者，建筑施工临时设施往往是安全事故的多发区段，我们组织人员对国家现行标准、法规及部分地方规程进行收集整合，进而形成脚手架、塔吊、井架物料提升机、室外电梯等安装与拆除及使用的工艺技术标准，其目的是进一步规范项目人员的操作行为，同时解决我局施工面广、施工人员查阅资料难的矛盾。本套系列标准具有以下五个特点：

全面性：本标准内容全面，包括施工工艺、施工技术、施工管理的内容，凡国家验收规范中有的分部、分项工程，标准中均有相应的施工工艺与之对应。一个分项有多种施工工艺和材料的，尽量将各种工艺均纳入本标准，以适应我局在全国各地施工的要求。

先进性：淘汰落后的施工工艺，如菱苦土地面工艺等；引进较成熟和先进的施工工艺，如：复合木地板、旋挖桩、多支盘桩、泵压成桩施工工艺等，还将我局多年来创优质工程中的成熟做法纳入其中。

可操作性：一是只要严格按照本标准施工就能够满足国家验收标准的有关规定要求，不会出现质量问题；二是工艺流程严格按施工工序编写，施工要点既简明扼要又突出技术和质量控制环节，可在编制施工组织设计、施工技术交底时直接引用。

资料性：针对我局施工项目分散，查找资料困难的特点，本标准将施工准备、常用材料、常用工具、施工现场条件、工地验收检验取样、施工工艺、安全环保管理和技术内容列入，还纳入现行国家质量验收标准和验收表格，涵盖了从施工准备到验收的全过程，相当于一套施工手册。

知识性：在编写中，对新工艺、新材料、新机具尽量进行了较全面的介绍，可作为初、中级技术人员的一套完整的学习培训教材。

本系列标准分一、二、三、四册，由17个单项标准构成。其中第一册是与主体结构相关的分部分项工程；第二册是涉及室内装饰装修及屋面工程施工方面的内容；第三册主要是设备安装和智能工程施工；第四册主要包括钢结构工程、电梯工程及施工设施和技术管理的内容。

目前,围绕房屋建筑施工领域的企业标准编制工作已初步完成。然而,持续改进和提高的工作是没有尽头的。另外,标准贯彻实施的任务更是繁重,我们将以百尺竿头、不懈上攀的精神,在较短时间内将企业标准覆盖企业全领域的目标,并尽快建立我局以企业标准化建设为核心的科技工作体系,推进我局的持续发展。

由于时间紧迫,工作量大,加之水平有限,肯定存在不少错误,恳请业内专家学者提出批评意见。

中国建筑第八工程局总工程师 肖绪文

总　目　录

1

建筑地基与基础工程施工技术标准 ·················· 1—1—1
砌体工程施工技术标准 ·················· 1—2—1
混凝土结构工程施工技术标准 ·················· 1—3—1
地下防水工程施工技术标准 ·················· 1—4—1

2

屋面工程施工技术标准 ·················· 2—1—1
建筑地面工程施工技术标准 ·················· 2—2—1
建筑装饰装修工程施工技术标准 ·················· 2—3—1

3

建筑给水排水及采暖工程施工技术标准 ·················· 3—1—1
通风与空调工程施工技术标准 ·················· 3—2—1
建筑电气工程施工技术标准 ·················· 3—3—1
智能建筑工程施工技术标准 ·················· 3—4—1

4

钢结构工程施工技术标准 ·················· 4—1—1
电梯工程施工技术标准 ·················· 4—2—1
施工组织设计编制标准 ·················· 4—3—1
施工技术交底编制与管理标准 ·················· 4—4—1
建筑施工脚手架安全技术标准 ·················· 4—5—1
施工现场常用垂直运输设备技术标准 ·················· 4—6—1

目 录

屋面工程施工技术标准 …………… 2—1—1
编制说明 …………………………… 2—1—2
1 总则 ……………………………… 2—1—3
2 术语 ……………………………… 2—1—4
3 基本规定 ………………………… 2—1—7
4 卷材防水屋面工程 ……………… 2—1—10
    4.1 一般规定 ………………… 2—1—10
    4.2 屋面找平层 ……………… 2—1—12
    4.3 屋面保温层 ……………… 2—1—17
    4.4 卷材防水层 ……………… 2—1—21
5 涂膜防水屋面工程 ……………… 2—1—37
    5.1 一般规定 ………………… 2—1—37
    5.2 屋面找平层 ……………… 2—1—38
    5.3 屋面保温层 ……………… 2—1—38
    5.4 涂膜防水层 ……………… 2—1—38
6 刚性防水屋面工程 ……………… 2—1—46
    6.1 一般规定 ………………… 2—1—46
    6.2 细石混凝土防水层 ……… 2—1—47
    6.3 密封材料嵌缝 …………… 2—1—56
7 瓦屋面工程 ……………………… 2—1—63
    7.1 一般规定 ………………… 2—1—63
    7.2 平瓦屋面 ………………… 2—1—64
    7.3 油毡瓦屋面 ……………… 2—1—69
    7.4 金属板材屋面 …………… 2—1—73
8 隔热屋面工程 …………………… 2—1—77
    8.1 一般规定 ………………… 2—1—77
    8.2 架空屋面 ………………… 2—1—78
    8.3 蓄水屋面 ………………… 2—1—83
    8.4 种植屋面 ………………… 2—1—86
9 细部构造 ………………………… 2—1—90
    9.1 一般规定 ………………… 2—1—90
    9.2 卷材防水屋面细部构造 … 2—1—91
    9.3 涂膜防水屋面细部构造 … 2—1—96
    9.4 刚性防水屋面细部构造 … 2—1—98
    9.5 瓦屋面细部构造 ………… 2—1—100
    9.6 隔热屋面细部构造 ……… 2—1—105
    9.7 细部构造质量验收 ……… 2—1—108
10 屋面分部（子分部）工程
    验收 ……………………………… 2—1—110
附录A 屋面工程防水和保温
    材料的质量指标 …… 2—1—113
    A.1 防水卷材的质量指标 … 2—1—113
    A.2 防水涂料的质量指标 … 2—1—115
    A.3 密封材料的质量指标 … 2—1—116
    A.4 保温材料的质量指标 … 2—1—117
附录B 现行建筑防水工程材
    料标准和现场抽样
    复验 ……………………… 2—1—118
附录C 沥青和改性沥青防水
    卷材标准 ……………… 2—1—121
    C.1 石油沥青纸胎防水
        油毡 …………………… 2—1—121
    C.2 铝箔面油毡 …………… 2—1—122
    C.3 改性沥青聚乙烯胎防水
        卷材 …………………… 2—1—123
    C.4 沥青复合胎柔性防水
        材料 …………………… 2—1—126
    C.5 自粘橡胶沥青防水
        卷材 …………………… 2—1—128
    C.6 弹性体改性沥青防水
        卷材 …………………… 2—1—130
    C.7 塑性体改性沥青防水
        卷材 …………………… 2—1—132
    C.8 石油沥青玻璃纤维胎
        油毡 …………………… 2—1—134
    C.9 石油沥青玻璃布胎油

		毡 ……………………… 2—1—136

附录 D 高分子防水卷材标准 ……………………… 2—1—138
    D.1 聚氯乙烯防水卷材 …… 2—1—138
    D.2 氯化聚乙烯防水卷材 … 2—1—140
    D.3 氯化聚乙烯-橡胶共混防水卷材 …………… 2—1—142
    D.4 三元丁橡胶防水卷材 … 2—1—143
    D.5 高分子防水材料（第一部分 片材） ……… 2—1—144

附录 E 防水涂料标准 …… 2—1—149
    E.1 聚氨酯防水涂料 ……… 2—1—149
    E.2 溶剂型橡胶沥青防水涂料 ……………………… 2—1—151
    E.3 聚合物乳液建筑防水涂料 ……………………… 2—1—152
    E.4 聚合物水泥防水涂料 … 2—1—153
    E.5 聚氯乙烯弹性防水涂料 ……………………… 2—1—154

附录 F 密封材料标准 …… 2—1—156
    F.1 建筑石油沥青 ………… 2—1—156
    F.2 聚氨酯建筑密封胶 …… 2—1—156
    F.3 聚硫建筑密封膏 ……… 2—1—157
    F.4 丙烯酸酯建筑密封膏 … 2—1—159
    F.5 建筑防水沥青嵌缝油膏 ……………………… 2—1—160
    F.6 聚氯乙烯建筑防水接缝材料 ……………… 2—1—161
    F.7 建筑用硅酮结构密封胶 ……………………… 2—1—162

附录 G 防水卷材选用基层处理剂和胶粘剂参考表 … 2—1—164
    G.1 基层处理剂 …………… 2—1—164
    G.2 胶粘剂 ………………… 2—1—165

附录 H 常用防水卷材的主要品种 ………………… 2—1—170

附录 J 常用防水涂料的主要品种 ………………… 2—1—171

附录 K 防水剂参考表 ……… 2—1—173

    K.1 氯化物金属盐类防水剂 ……………………… 2—1—173
    K.2 金属皂类防水剂 ……… 2—1—173
    K.3 氯化铁防水剂 ………… 2—1—174

附录 L 常用保温隔热材料的表观密度和导热系数 ……………………… 2—1—175

附录 M 瓦质量标准 ……… 2—1—176
    M.1 黏土平瓦等质量标准 … 2—1—176
    M.2 油毡瓦 ………………… 2—1—178
    M.3 金属板材 ……………… 2—1—179
    M.4 烧结瓦 ………………… 2—1—180
    M.5 混凝土瓦 ……………… 2—1—181

附录 N 瓦屋面对木基层的要求 ……………………… 2—1—184

附录 P 塑料名称缩写表 …… 2—1—186

附录 Q 橡胶名称缩写表 …… 2—1—187

本标准用词说明 ……………… 2—1—188

建筑地面工程施工技术标准 …… 2—2—1
编制说明 ……………………… 2—2—2
1 总则 ………………………… 2—2—3
2 术语 ………………………… 2—2—4
3 基本规定 …………………… 2—2—5
4 基层铺设 …………………… 2—2—9
    4.1 一般规定 ……………… 2—2—9
    4.2 基土 …………………… 2—2—10
    4.3 灰土垫层 ……………… 2—2—15
    4.4 砂垫层和砂石垫层 …… 2—2—19
    4.5 碎石垫层和碎砖垫层 … 2—2—23
    4.6 三合土垫层 …………… 2—2—26
    4.7 炉渣垫层 ……………… 2—2—29
    4.8 水泥混凝土垫层 ……… 2—2—33
    4.9 找平层 ………………… 2—2—37
    4.10 隔离层 ……………… 2—2—41
    4.11 填充层 ……………… 2—2—47
5 整体面层铺设 ……………… 2—2—50
    5.1 一般规定 ……………… 2—2—50
    5.2 水泥混凝土面层 ……… 2—2—51
    5.3 水泥砂浆面层 ………… 2—2—57

5.4	水磨石面层	2—2—62
5.5	水泥钢（铁）屑面层	2—2—70
5.6	防油渗面层	2—2—74
5.7	不发火（防爆的）面层	2—2—81
6	板块面层铺设	2—2—85
6.1	一般规定	2—2—85
6.2	砖面层	2—2—87
6.3	大理石面层和花岗石面层	2—2—95
6.4	预制板块面层	2—2—100
6.5	料石面层	2—2—105
6.6	塑料板面层	2—2—109
6.7	活动地板面层	2—2—116
6.8	地毯面层	2—2—121
7	木、竹面层铺设	2—2—126
7.1	一般规定	2—2—126
7.2	实木地板面层	2—2—127
7.3	实木复合地板面层	2—2—137
7.4	中密度（强化）复合地板面层	2—2—141
7.5	竹地板面层	2—2—145
8	分部（子分部）工程质量验收	2—2—148
附录A	变形缝和镶边的设置	2—2—152
A.1	变形缝的设置	2—2—152
A.2	镶边设置	2—2—155
附录B	不发生火花（防爆的）建筑地面材料及其制品不发火性的试验方法	2—2—157
B.1	不发火性的定义	2—2—157
B.2	试验方法	2—2—157
附录C	沥青胶结料配置	2—2—158
附录D	有害物质含量、限量	2—2—159
附录E	建筑地面板块质量标准	2—2—162
E.1	陶瓷锦砖	2—2—162
E.2	陶瓷地砖	2—2—164
E.3	无釉陶瓷地砖（缸砖）	2—2—165
E.4	水泥花砖	2—2—167
E.5	天然大理石	2—2—169
E.6	天然花岗石	2—2—171
E.7	预制水磨石	2—2—173
附录F	卷材塑料板块质量标准	2—2—175
附录G	胶粘剂质量标准	2—2—177
G.1	陶瓷地砖胶粘剂	2—2—177
G.2	塑料地板胶粘剂	2—2—178
G.3	木地板胶粘剂	2—2—179
附录H	地毯质量标准	2—2—180
H.1	簇绒地毯	2—2—180
H.2	机织地毯	2—2—181
H.3	手工打结羊毛地毯	2—2—182
H.4	针刺地毯	2—2—183
H.5	橡胶海绵地毯衬垫	2—2—184
附录J	木、竹地板质量标准	2—2—187
J.1	实木地板	2—2—187
J.2	实木复合地板	2—2—189
J.3	浸渍纸层压木质地板	2—2—193
J.4	竹地板	2—2—196
附录K	我国各省（区）直辖市木材平衡含水率	2—2—198
本标准用词说明		2—2—199
条文说明		2—2—200
建筑装饰装修工程施工技术标准		2—3—1
编制说明		2—3—2
1	总则	2—3—3
2	术语	2—3—4
3	基本规定	2—3—8
3.1	设计	2—3—8
3.2	材料、设备	2—3—8
3.3	施工	2—3—9
4	抹灰工程	2—3—11

4.1	一般规定 …………… 2—3—11	12	细部工程 …………… 2—3—264
4.2	一般抹灰工程 ……… 2—3—12	12.1	一般规定 …………… 2—3—264
4.3	装饰抹灰工程 ……… 2—3—25	12.2	橱柜制作与安装工程 … 2—3—265
4.4	清水砌体勾缝工程 …… 2—3—33	12.3	窗帘盒、窗台板和散热器罩制作与安装工程 … 2—3—271
5	门窗工程 …………… 2—3—36		
5.1	一般规定 …………… 2—3—36	12.4	门窗套制作与安装工程 …………… 2—3—276
5.2	木门窗制作与安装工程 … 2—3—38		
5.3	金属门窗安装工程 …… 2—3—46	12.5	护栏与扶手制作与安装工程 …………… 2—3—280
5.4	塑料门窗安装工程 …… 2—3—56		
5.5	特种门安装工程 ……… 2—3—62	12.6	花饰制作与安装工程 … 2—3—285
5.6	门窗玻璃安装工程 …… 2—3—70	13	分部工程质量验收 …… 2—3—290
6	吊顶工程 …………… 2—3—74	附录A	一般抹灰分层做法 … 2—3—292
6.1	一般规定 …………… 2—3—74	A.1	内墙抹灰分层做法 …… 2—3—292
6.2	暗龙骨吊顶工程 ……… 2—3—75	A.2	顶棚抹灰分层做法 …… 2—3—295
6.3	明龙骨吊顶工程 ……… 2—3—92	附录B	石粒装饰抹灰在各种基体上分层做法 …………… 2—3—296
7	轻质隔墙工程 ……… 2—3—95		
7.1	一般规定 …………… 2—3—95		
7.2	板材隔墙工程 ………… 2—3—96	附录C	木门窗用木材的质量要求 …………… 2—3—298
7.3	骨架隔墙工程 ……… 2—3—110		
7.4	活动隔墙工程 ……… 2—3—125	附录D	木门常用面板技术性能指标 …………… 2—3—299
7.5	玻璃隔墙工程 ……… 2—3—134		
8	饰面板（砖）工程 … 2—3—143	D.1	刨花板技术要求 ……… 2—3—299
8.1	一般规定 …………… 2—3—143	D.2	中密度纤维板技术要求 …………… 2—3—300
8.2	饰面板安装工程 …… 2—3—144		
8.3	饰面砖粘贴工程 …… 2—3—168	D.3	热带阔叶树材普通胶合板技术要求 ………… 2—3—302
9	幕墙工程 …………… 2—3—178		
9.1	一般规定 …………… 2—3—178	附录E	金属门窗的质量性能指标 …………… 2—3—307
9.2	玻璃幕墙工程 ……… 2—3—180		
9.3	金属幕墙工程 ……… 2—3—207	E.1	铝合金门 …………… 2—3—307
9.4	石材幕墙工程 ……… 2—3—220	E.2	铝合金窗 …………… 2—3—309
10	涂饰工程 …………… 2—3—227	E.3	推拉不锈钢窗 ……… 2—3—312
10.1	一般规定 …………… 2—3—227	附录F	PVC塑料门窗的质量技术性能指标 ………… 2—3—316
10.2	水性涂料涂饰工程 …… 2—3—228		
10.3	溶剂型涂料涂饰工程 … 2—3—239	F.1	PVC塑料门 ………… 2—3—316
10.4	美术涂饰工程 ……… 2—3—244	F.2	PVC塑料窗 ………… 2—3—321
11	裱糊与软包工程 …… 2—3—250	F.3	PVC塑料悬转窗 …… 2—3—325
11.1	一般规定 …………… 2—3—250	附录G	塑料门窗配件的质量性能指标 ……………… 2—3—330
11.2	裱糊工程 …………… 2—3—251		
11.3	软包工程 …………… 2—3—259	G.1	塑料门窗用密封条 … 2—3—330

G.2 聚氯乙烯（PVC）门窗执手 …………… 2—3—331
G.3 聚氯乙烯（PVC）门窗合页（铰链） ………… 2—3—332
G.4 聚氯乙烯（PVC）门窗传动锁闭器 ………… 2—3—333
G.5 聚氯乙烯（PVC）门窗滑撑 …………………… 2—3—334
G.6 聚氯乙烯（PVC）门窗撑挡 …………………… 2—3—336
G.7 聚氯乙烯（PVC）门窗滑轮 …………………… 2—3—337
G.8 聚氯乙烯（PVC）门窗半圆锁 ………………… 2—3—338
G.9 聚氯乙烯（PVC）门窗增强型钢 ……………… 2—3—338
G.10 聚氯乙烯（PVC）门窗固定片 ……………… 2—3—339
G.11 PVC门窗帘吊挂启闭装置 ………………… 2—3—340

附录H 部分特种门质量性能指标 ………………… 2—3—341
H.1 木质防火门技术要求 … 2—3—341
H.2 钢质防火门技术要求 … 2—3—343
H.3 金属转门的技术要求 … 2—3—343

附录I 各类玻璃质量技术性能指标 ……………… 2—3—344
I.1 普通平板玻璃 ………… 2—3—344
I.2 钢化玻璃 ……………… 2—3—345
I.3 压花玻璃 ……………… 2—3—348
I.4 夹丝玻璃 ……………… 2—3—349
I.5 夹层玻璃 ……………… 2—3—351
I.6 中空玻璃 ……………… 2—3—355

附录J 建筑用轻钢龙骨 …… 2—3—359
J.1 范围 …………………… 2—3—359
J.2 定义、符号 …………… 2—3—359
J.3 产品标记 ……………… 2—3—362
J.4 技术要求 ……………… 2—3—362
J.5 试验方法 ……………… 2—3—365
J.6 检验规则 ……………… 2—3—369

J.7 标志、包装、运输、贮存 …………………… 2—3—370

附录K 吊顶罩面板技术性能 ……………………… 2—3—371
K.1 石膏板 ………………… 2—3—371
K.2 装饰吸声罩面板 ……… 2—3—377
K.3 塑料装饰罩面板 ……… 2—3—382

附录L 金属夹芯板技术性能 ……………………… 2—3—384
L.1 金属面聚苯乙烯夹芯板 …………………… 2—3—384
L.2 金属面硬质聚氨酯夹芯板 …………………… 2—3—387
L.3 金属面岩棉、矿渣棉夹芯板 ……………… 2—3—390

附录M 部分复合轻质墙板技术性能 …………… 2—3—395
M.1 蒸压加气混凝土板 …… 2—3—395
M.2 玻璃纤维增强水泥轻质多孔隔墙条板 …… 2—3—399
M.3 硅镁加气混凝土空心轻质隔墙板 ………… 2—3—403

附录N 石膏空心条板技术质量性能 …………… 2—3—409
N.1 外形、规格、标记 …………………… 2—3—409
N.2 技术要求 ……………… 2—3—410
N.3 检验规则 ……………… 2—3—410
N.4 标志、运输及贮存 …………………… 2—3—411

附录O 钢丝网架水泥聚苯乙烯夹芯板技术性能 ……………………… 2—3—412
O.1 定义 …………………… 2—3—412
O.2 产品分类 ……………… 2—3—412
O.3 原材料质量要求 ……… 2—3—414
O.4 技术要求 ……………… 2—3—415
O.5 检验规则 ……………… 2—3—417
O.6 CJ板的标志、包装、贮存及运输 ………… 2—3—417

附录 P　骨架隔墙部分罩面
　　　　板技术性能 …………… 2—3—419
　　P.1　增强低碱度水泥建
　　　　　筑平板 ……………… 2—3—419
　　P.2　维纶纤维增强水泥
　　　　　平板 ………………… 2—3—422
附录 Q　建筑气候区划指标 … 2—3—426
附录 R　常用饰面板技术性
　　　　能指标 ………………… 2—3—427
　　R.1　天然花岗石建筑板材 … 2—3—427
　　R.2　天然大理石建筑板材 … 2—3—429
　　R.3　瓷板 ………………… 2—3—431
附录 S　瓷质饰面板常用挂

　　　　件 …………………… 2—3—433
附录 T　幕墙玻璃表面应力
　　　　现场检验方法 ……… 2—3—436
附录 U　涂料技术要求 ……… 2—3—438
附录 V　隐蔽工程验收记录
　　　　表 …………………… 2—3—441
附录 W　分项工程质量验收
　　　　记录 ………………… 2—3—442
附录 X　分部（子分部）质量
　　　　工程验收记录 ……… 2—3—443
本标准用词说明 ………………… 2—3—444
条文说明 ………………………… 2—3—445

屋面工程施工技术标准

Technical standard for construction of
roof engineering

ZJQ 08—SGJB 207—2005

编 制 说 明

本标准是根据中建八局《关于〈施工技术标准〉编制工作安排的通知》（局科字[2002]348号）文的要求，由中建八局会同中建八局第三建筑公司、中建八局总承包公司、中建八局中南公司共同编制。

在编写过程中，编写组认真学习和研究了国家《建筑工程施工质量验收统一标准》GB 50300—2001、《屋面工程施工质量验收规范》GB 50207—2002，还参照了国家《屋面工程技术规范》GB 50345—2004标准，结合本企业屋面工程的施工经验进行编制，并组织本企业内、外专家经专项审查后定稿。

为方便配套使用，本标准在章节编排上与《屋面工程施工质量验收规范》GB 50207—2002保持对应关系。主要是：总则，术语，基本规定，卷材防水屋面工程，涂膜防水屋面工程，刚性防水屋面工程，瓦屋面工程，隔热屋面工程，细部构造，分部工程验收等十章。其主要内容包括技术和质量管理、施工工艺和方法要点、质量标准和验收三大部分。

本标准中有关国家规范中的强制性条文以黑体字列出，必须严格执行。

为了持续提高本标准的水平，请各单位在执行本标准过程中，注意总结经验，积累资料，随时将有关意见和建议反馈给中建八局技术质量部（通讯地址：上海市浦东新区源深路269号，邮政编码：200135），以供修订时参考。

本标准主要编写和审核人员：

主　　　编：王玉岭

副 主 编：程建军　金福

主要参编人：姚营安　杨中源　丁贤辉　朱仁平　孙爱华　顾海勇　沈兴东　汪斌林
　　　　　　张积国　苗冬梅　周洪涛

审 核 专 家：肖绪文　刘发洸

1 总 则

1.0.1 为了贯彻国家颁布的《建筑工程施工质量验收统一标准》GB 50300—2001 和《屋面工程质量验收规范》GB 50207—2002 以及《屋面工程技术规范》GB 50345—2004，加强建筑工程施工技术管理，规范屋面工程的施工工艺，在符合设计要求、满足使用功能的条件下，达到技术先进，经济合理，统一屋面工程的质量验收，保证工程质量，制定本标准。

1.0.2 本标准适用于建筑屋面工程的施工及质量验收。

1.0.3 屋面工程施工应根据设计图纸的要求进行，所用的材料应按设计要求选用，并应符合现行材料标准的规定。凡本标准无规定的新材料，应根据产品说明书的有关技术要求（必要时，通过试验），制定操作工艺标准，并经法人层次总工程师审批后，方可使用。

1.0.4 在屋面工程施工中除执行本标准外，尚应符合现行国家、行业及地方有关标准、规范的规定。

2 术 语

2.0.1 防水层合理使用年限 life of waterproof layer
屋面防水层能满足正常使用要求的年限。

2.0.2 一道防水设防 a separate waterproof barroer
具有单独防水能力的一道防水层。

2.0.3 分格缝 dividing joint
在屋面找平层、刚性防水层、刚性保护层上预先留设的缝。

2.0.4 满粘法 full adhibiting method
铺贴防水卷材时，卷材与基层采用全部粘结的施工方法。

2.0.5 空铺法 border adhibiting method
铺贴防水卷材时，卷材与基层在周边一定宽度内粘结，其余部分不粘结的施工方法。

2.0.6 点粘法 spot adhibiting method
铺贴防水卷材时，卷材或打孔卷材与基层采用点状粘结的施工方法。

2.0.7 条粘法 strip adhibiting method
铺贴防水卷材时，卷材与基层采用条状粘结的施工方法。

2.0.8 冷粘法 cold adhibiting method
在常温下采用胶粘剂等材料进行卷材与基层、卷材与卷材间粘结的施工方法。

2.0.9 热熔法 heat fusion method
采用火焰加热器熔化热熔型防水卷材底层的热熔胶进行粘结的施工方法。

2.0.10 自粘法 self-adhibiting method
采用带有自粘胶的防水卷材进行粘结的施工方法。

2.0.11 焊接法 hot air welding method
采用热风或热锲焊接进行热塑性卷材粘合搭接的施工方法。

2.0.12 倒置式屋面 inversion type roof
将保温层设置在防水层上的屋面。

2.0.13 架空屋面 elevated overhead roof
在屋面防水层上采用薄型制品架设一定高度的空间，起到隔热作用的屋面。

2.0.14 蓄水屋面 impounded roof
在屋面防水层上蓄一定高度的水，起到隔热作用的屋面。

2.0.15 种植屋面 plantied roof
在屋面防水层上铺以种植介质，并种植植物起到隔热作用的屋面。

2.0.16 进场验收 site acceptance
对进入施工现场的材料、构配件、设备等按相关标准规定要求进行检验，对产品达到合格与否做出确认。

2.0.17 检验批 inspection lot

按同一的生产条件或按规定的方式汇总起来供检验用的，由一定数量样本组成的检验体。

2.0.18 检验 inspection

对检验项目中的性能进行量测、检查、试验等，并将结果与标准规定要求进行比较，以确定每项性能是否合格所进行的活动。

2.0.19 主控项目 dominant item

建筑工程中的对安全、卫生、环境保护和公众利益起决定性作用的检验项目。

2.0.20 一般项目 general item

除主控项目以外的检验项目。

2.0.21 沥青防水卷材（油毡）bituminous waterproof sheet（felt）

用原纸、纤维织物、纤维毡、塑料膜等胎体材料浸涂沥青，矿物粉料或塑料膜为隔离材料，制成的防水卷材。

2.0.22 高聚物改性沥青防水卷材 high polymer modifided bituminous waterproof sheet

以合成高分子聚合物改性沥青为涂盖层，聚酯毡、玻纤毡或聚酯玻纤复合为胎基，细砂、矿物粉料或塑料膜为隔离材料，制成的防水卷材。

2.0.23 合成高分子防水卷材 high polymer waterproof sheet

以合成橡胶、合成树脂或它们两者的共混体为基料，加入适量的化学助剂和填充料等，经混炼压延或挤出等工序加工而成的防水卷材。

2.0.24 冷玛琋脂

由石油沥青、填充料、溶剂等配制而成的冷用沥青胶结材料。

2.0.25 基层处理剂 basic lever paint

在防水层施工前，预先涂刷在基层上的涂料。

2.0.26 高聚物改性沥青防水涂料 high polymer modified bituminous waterproof paint

以沥青为基料，用高分子聚合物进行改性，配制成的水乳型或溶剂型防水涂料。

2.0.27 合成高分子防水涂料 high polymer waterproof paint

以合成橡胶或合成树脂为主要成膜物质，配制成的单组分或多组分的防水涂料。

2.0.28 聚合物水泥防水涂料 polymer modified cementitious waterproof paint

以丙烯酸酯等聚合物乳液和水泥为主要原料，加入其他外加剂制得的双组分水性建筑防水涂料。

2.0.29 胎体增强材料 reinforcement material

用于涂膜防水层中的化纤无纺布、玻璃纤维网布等，作为增强层的材料。

2.0.30 密封材料 sealing material

能承受接缝位移以达到气密、水密目的而嵌入建筑接缝中的材料。

2.0.31 背衬材料 back-up material

用于控制密封材料的嵌填深度，防止密封材料和接缝底部粘结而设置的可变形材料。

2.0.32 压型钢板

以镀锌钢板等为基材,经成型机轧制,并敷以各种防腐耐蚀层与彩色烤漆而制成的轻型屋面材料。

2.0.33 平衡含水率 balanced water content

材料在自然环境中,其孔隙中所含有的水分与空气湿度达到平衡时,这部分水的质量占材料干质量的百分比。

3 基 本 规 定

3.0.1 屋面工程应根据建筑物的性质、重要程度、使用功能要求以及防水层合理使用年限,按不同等级进行设防,并应符合表 3.0.1 的要求。

表 3.0.1 屋面防水等级和设防要求

项 目	屋 面 防 水 等 级			
	Ⅰ	Ⅱ	Ⅲ	Ⅳ
建筑物类别	特别重要或对防水有特殊要求的建筑	重要的建筑和高层建筑	一般的建筑	非永久性的建筑
防水层合理使用年限	25 年	15 年	10 年	5 年
防水层选用材料	宜选用合成高分子防水卷材、高聚物改性沥青防水卷材、金属板材、合成高分子防水涂料、细石防水混凝土等材料	宜选用高聚物改性沥青防水卷材、合成高分子防水卷材、金属板材、合成高分子防水涂料、高聚物改性沥青防水涂料、细石防水混凝土、平瓦、油毡瓦等材料	宜选用三毡四油沥青防水卷材、高聚物改性沥青防水卷材、合成高分子防水卷材、金属板材、高聚物改性沥青防水涂料、合成高分子防水涂料、细石防水混凝土、平瓦、油毡瓦等材料	可选用二毡三油沥青防水卷材、高聚物改性沥青防水涂料等材料
设防要求	三道或三道以上防水设防	二道防水设防	一道防水设防	一道防水设防

注:1 本规范中采用的沥青均指石油沥青,不包括煤沥青和煤焦油等材料;
　　2 石油沥青纸胎油毡和沥青复合胎柔性防水卷材,系限制使用材料;
　　3 在Ⅰ、Ⅱ级屋面防水设防中,如仅作一道金属板材时,应符合有关技术规定。

3.0.2 屋面工程应根据工程特点、地区自然条件等,按照屋面防水等级的设防要求,进行防水构造设计,重要部位应有详图;对屋面保温层的厚度,应通过计算确定。

3.0.3 屋面工程施工前,应做好以下技术准备工作。

3.0.3.1 进行图纸会审,复核设计做法是否符合现行《屋面工程技术规范》GB 50345—2004 的要求。

3.0.3.2 复核结构、基层、标高、坡度、天沟、落水斗等位置是否符合要求。对于结构误差较大的应作适当处理,如局部剔凿,局部增加细石混凝土找平等。

3.0.3.3 核对各种材料的见证取样、送试、检测是否符合要求。

3.0.3.4 编制屋面工程施工方案、技术措施,进行技术交底,必要时应先做试验,经业主(监理)或设计认可后再大面积施工。

3.0.4 屋面工程施工时,应建立各道工序的自检、交接检和专职人员检查的"三检"制度,并有完整的检查记录。每道工序完成,应经监理单位(或建设单位)检查验收,合格后，方可进行下道工序的施工。

3.0.5 屋面工程的防水层应由经资质审查合格的防水专业队伍进行施工。作业人员应持有当地建设行政主管部门颁发的上岗证。

3.0.6 屋面工程所采用的防水、保温隔热材料应有产品合格证书和性能检测报告，材料的品种、规格、性能等应符合现行国家产品标准和设计要求。

材料进场后，应按本标准附录A、附录B的规定抽样复验，并提出试验报告；不合格的材料，不得在屋面工程中使用。

3.0.7 当下道工序或相邻工程施工时，对屋面工程已完的部分应采取保护措施。

3.0.8 伸出屋面的管道、设备或预埋件等，应在防水层施工前安设完毕。屋面防水层完工后，不得在其上凿孔打洞或重物冲击。

3.0.9 屋面工程完工后，应按本标准的有关规定对细部构造、接缝密封防水、保护层等进行外观检验，并应进行淋水或蓄水检验。

3.0.10 屋面的保温层和防水层严禁在雨天、雪天和五级风及其以上时施工。施工环境气温宜符合表3.0.10的要求。

3.0.11 屋面工程各子分部工程和分项工程的划分，应符合表3.0.11的要求。

表3.0.10 屋面保温层和防水层施工环境气温

项　目	施工环境气温
粘结保温层	热沥青不低于－10℃，水泥浆不低于5℃
沥青防水卷材	不低于5℃
高聚物改性沥青防水卷材	冷粘法不低于5℃，热熔法不低于－10℃
合成高分子防水卷材	冷粘法不低于5℃，热风焊接法不低于－10℃
高聚物改性沥青防水涂料	溶剂型宜为－5~35℃；水乳型宜为5~35℃
合成高分子防水涂料	溶剂型宜为－5~35℃；乳胶型、反应型宜为5~35℃
聚合物水泥防水涂料	宜为5~35℃
刚性防水层	宜为5~35℃

表3.0.11 屋面工程各子分部工程和分项工程的划分

分部工程	子分部工程	分项工程
屋面工程	卷材防水屋面	保温层，找平层，卷材防水层，细部构造
	涂膜防水屋面	保温层，找平层，涂膜防水层，细部构造
	刚性防水屋面	细石混凝土防水层，密封材料嵌缝，细部构造
	瓦屋面	平瓦屋面，油毡瓦屋面，金属板材屋面，细部构造
	隔热屋面	架空屋面，蓄水屋面，种植屋面

3.0.12 屋面工程各分项工程的施工质量检验数量应符合下列规定：

1 卷材防水屋面、涂膜防水屋面、刚性防水屋面、瓦屋面和隔热屋面工程，应按屋面面积每100m^2抽查一处，每处10m^2，且不得少于3处。

2 接缝密封防水，每50m应抽查一处，每处5m，且不得少于3处。

3 细部构造根据分项工程的内容，应全部进行检查。

3.0.13 屋面工程的分项工程施工质量检验的主控项目，必须达到本标准规定的质量标准；一般项目80%以上的检查点（处）符合本标准规定的质量要求，其他检查点（处）不得有明显影响使用的缺陷，认定为合格。

3.0.14 屋面工程施工中，承包（或总承包）单位应组织自检，在自检合格的基础上，填写各项检查记录。检验批质量由施工项目专业质量检查员填写验收记录，监理工程师（建设单位项目专业技术负责人）组织项目专业质量检查员等进行验收；分项工程质量应由监理工程师（建设单位项目专业技术负责人）组织项目专业技术负责人等进行验收；分部（子分部）工程质量由总监理工程师（建设单位项目专业负责人）组织施工单位项目经理和有关勘察、设计单位项目负责人进行验收。

3.0.15 安全、环保措施

3.0.15.1 高空作业人员应穿软底鞋，必要时系安全带。

3.0.15.2 使用的机具应事先严格检查。如有不安全之处，应及时修理。

3.0.15.3 注意对机械的噪声控制，白天不应超过85dB，夜间不应超过55dB。

3.0.15.4 无女儿墙的平屋面周边应设置有两道横杆的安全防护栏杆，其横杆高度为600mm和1100mm；立杆应固定牢靠。坡屋面的边口，可利用施工外脚手架，否则，应搭设挑脚手架防护，其栏杆高度应不低于1.5m，并加设安全网防护。

3.0.15.5 操作时，感觉头痛或有恶心现象，应立即停止工作，进行治疗。经常从事防水施工的工人，应定期进行体格检查。

3.0.16 屋面工程中推广应用的新技术、新材料、新工艺，必须经过科技成果鉴定（评估）或新产品、新技术鉴定，并应制定相应的技术标准，经工程实践符合有关安全及功能的检验。

3.0.17 屋面工程应建立管理、维修、保养制度；屋面排水系统应保持畅通，严防水落口、天沟、檐沟堵塞。

4 卷材防水屋面工程

4.1 一 般 规 定

4.1.1 卷材防水屋面适用于防水等级为Ⅰ~Ⅳ级的屋面防水。

4.1.2 找平层的厚度和技术要求应符合表4.1.2的规定

表4.1.2 找平层的厚度和技术要求

类 别	基 层 种 类	厚度（mm）	技 术 要 求
水泥砂浆找平层	整体现浇混凝土	15~20	1:2.5~1:3（水泥:砂）体积比，宜掺抗裂纤维
	整体或板状材料保温层	20~25	
	装配式混凝土板，松散材料保温层	20~30	
细石混凝土找平层	板状材料保温层	30~35	混凝土强度等级C20
混凝土随浇随抹	整体现浇混凝土	—	原浆表面抹平、压光

4.1.3 找平层表面应压实、平整，排水坡度应符合设计要求。采用水泥砂浆找平层时，水泥砂浆抹平收水后应二次压光和充分养护，不得有酥松、起砂、起皮现象。

4.1.4 找平层的基层采用装配式钢筋混凝土板时，应符合下列规定：

4.1.4.1 板端、侧缝应用细石混凝土灌缝，其强度等级不应低于C20。

4.1.4.2 板缝宽度大于40mm或上窄下宽时，板缝内应设置构造钢筋。

4.1.4.3 板端缝应进行密封处理。

4.1.5 基层与突出屋面结构（女儿墙、立墙、天窗壁、变形缝、烟囱等）的连接处，以及基层的转角处（水落口、檐口、天沟、檐沟、屋脊等），均应做成圆弧。内部排水的水落口周围应做成略低的凹坑。

找平层圆弧半径应根据卷材种类按表4.1.5选用。

表4.1.5 转角处圆弧半径

卷 材 种 类	圆弧半径（mm）	卷 材 种 类	圆弧半径（mm）
沥青防水卷材	100~150	合成高分子防水卷材	20
高聚物改性沥青防水卷材	50		

4.1.6 找平层的排水坡度应符合设计要求。平屋面采用结构找坡不应小于3%，采用材料找坡宜为2%；天沟、檐沟纵向找坡不应小于1%，沟底水落差不得超过200mm。

4.1.7 找平层应设分格缝，分格缝内宜嵌填密封材料。分格缝应留设在板端缝处，其纵横缝的最大间距：水泥砂浆或细石混凝土找平层，不宜大于6m；沥青砂浆找平层，不宜大于4m。

4.1.8 保温层应干燥，封闭式保温层的含水率应相当于该材料在当地自然风干状态下的平衡含水率。

4.1.9 屋面保温层干燥有困难时，应采用排汽措施。

4.1.10 倒置式屋面应采用吸水率小、长期浸水不腐烂的保温材料。保温层上应用混凝土等块材、水泥砂浆或卵石做保护层；卵石保护层与保温层之间，应干铺一层无纺聚酯纤维布做隔离层。

4.1.11 铺设屋面隔汽层和防水层前，基层必须干净、干燥。

注：干燥程度的简易检验方法，是将 $1m^2$ 卷材平坦地干铺在找平层上，静置 3~4h 后掀开检查，找平层覆盖部位与卷材上未见水印即可铺设隔汽层或防水层。

4.1.12 卷材防水层应采用高聚物改性沥青防水卷材、合成高分子防水卷材或沥青防水卷材。所选用的基层处理剂、接缝胶粘剂、密封材料等配套材料应与铺贴的卷材材性相容。

4.1.13 在坡度大于25%的屋面上采用卷材作防水层时，应采取固定措施。固定点应密封严密。

4.1.14 采用基层处理剂时，其配制与施工应符合下列规定：

4.1.14.1 基层处理剂的选择应与卷材的材性相容。

4.1.14.2 基层处理剂可采取喷涂或涂刷法施工。喷、涂应均匀一致。当喷、涂二遍时，第二遍喷、涂应在第一遍干燥后进行。待最后一遍喷、涂干燥后，方可铺贴卷材。

4.1.14.3 喷、涂基层处理剂前，应用毛刷对屋面节点、周边、拐角等处先行涂刷。

4.1.15 卷材铺设方向应符合下列规定：

4.1.15.1 屋面坡度小于3%时，卷材宜平行屋脊铺贴。

4.1.15.2 屋面坡度在3%~15%之间时，卷材可平行或垂直屋脊铺贴。

4.1.15.3 屋面坡度大于15%或屋面受震动时，沥青防水卷材应垂直屋脊铺贴；高聚物改性沥青防水卷材和合成高分子防水卷材可平行或垂直屋脊铺贴。

4.1.15.4 上下层卷材不得相互垂直铺贴。

4.1.16 屋面防水层施工时，应先做好节点、附加层和屋面排水比较集中部位（屋面与水落口连接处、檐口、天沟、檐沟、屋面转角处、板端缝等）的处理，然后由屋面最低标高处向上施工。铺贴天沟、檐沟卷材时，宜顺天沟、檐沟方向，减少搭接。

4.1.16.1 卷材搭接的方法、宽度和要求，应根据屋面坡度、年最大频率风向和卷材的材性决定。

4.1.16.2 铺贴卷材应采用搭接法，上下层及相邻两幅卷材的搭接缝应错开。平行于屋脊的搭接缝应顺流水方向搭接；垂直于屋脊的搭接缝应顺年最大频率风向搭接。

4.1.16.3 各种卷材搭接宽度应符合表4.1.16.3的要求。

4.1.16.4 高聚物改性沥青防水卷材和合成高分子防水卷材的搭接缝，宜用材性相容的密封材料封严。

4.1.16.5 叠层铺设的各层卷材，在天沟与屋面的连接处，应采用叉接法搭接，搭接缝应错开；接缝宜留在屋面或天沟侧面，不宜留在沟底。

4.1.16.6 在铺贴卷材时，不得污染檐口的外侧和墙面。

4.1.17 每道卷材防水层厚度选用应符合表4.1.17的规定。

表 4.1.16.3 卷材搭接宽度（mm）

卷材种类 \ 铺贴方法	短边搭接		长边搭接	
	满粘法	空铺、点粘、条粘法	满粘法	空铺、点粘、条粘法
沥青防水卷材	100	150	70	100
高聚物改性沥青防水卷材	80	100	80	100
自粘聚合物改性沥青防水卷材	60	—	60	—
合成高分子防水卷材 胶粘剂	80	100	80	100
合成高分子防水卷材 胶粘带	50	60	50	60
合成高分子防水卷材 单缝焊	60，有效焊接宽度不小于 25			
合成高分子防水卷材 双缝焊	80，有效焊接宽度 10×2＋空腔宽			

表 4.1.17 卷材厚度选用表

屋面防水等级	设防道数	合成高分子防水卷材	高聚物改性沥青防水卷材	沥青防水卷材和沥青复合胎柔性防水卷材	自粘聚酯胎改性沥青防水卷材	自粘橡胶沥青防水卷材
Ⅰ级	三道或三道以上设防	不应小于1.5mm	不应小于3mm	—	不应小于2mm	不应小于1.5mm
Ⅱ级	二道设防	不应小于1.2mm	不应小于3mm	—	不应小于2mm	不应小于1.5mm
Ⅲ级	一道设防	不应小于1.2mm	不应小于4mm	三毡四油	不应小于3mm	不应小于2mm
Ⅳ级	一道设防	—	—	二毡三油		

4.2 屋面找平层

本节适用于防水层基层采用水泥砂浆、细石混凝土整体找平层。

4.2.1 施工准备
4.2.1.1 技术准备
1 找平层施工前，检查屋面保温层或结构层的质量，屋面板安装，屋面板灌缝，排水坡度，天沟、水落口标高，管道、预埋件等施工和安装质量，并经隐蔽工程检查验收合格后，才可施工找平层。
2 其他见本标准第3.0.3条相关内容。

4.2.1.2 材料准备
水泥、石子、砂、沥青、冷底子油（宜采用商品冷底子油）等。

4.2.1.3 主要机具
1 主要机械设备：砂浆搅拌机、强制式混凝土搅拌机、平板振动器、井架带卷扬机、塔吊、高压吹风机等。
2 主要工具：大小平锹、铁板、平推胶轮车、烙铁、温度计、计量器具、刮尺、沥青锅、拌合锅、分格木条、铁抹子、木抹子、木杠、水平尺、压滚、滚筒（重40~50kg，长600mm左右）、扫帚等。

4.2.1.4 作业条件

1 屋面结构层或保温层已施工完成，已进行隐蔽工程验收，办理交接验收手续。

2 穿过屋面的各种预埋管件根部及烟囱、女儿墙、变形缝、天沟、檐沟等根部均已按设计要求施工完毕。

3 屋面根据设计要求的坡度弹线，找好规矩（包括天沟、檐沟的坡度），并进行清扫。

4 找平层材料已配齐并运到现场，经复查材料质量符合要求，试验室根据实际使用原材料通过试配提出配合比。

4.2.2 材料质量控制

4.2.2.1 水泥

1 强度等级不低于32.5级的普通硅酸盐水泥或矿渣硅酸盐水泥；

2 有出厂合格证和复试报告。水泥的质量标准、取样方法和检验项目见《混凝土结构工程施工技术标准》ZJQ 08—SGJB 204—2005；

3 对水泥质量有怀疑或水泥出厂日期超过三个月时应在使用前作复试，按复试结果使用。

4.2.2.2 石子

宜选用粒径5~10mm的碎石或卵石，其最大粒径不应大于找平层厚度的2/3。含泥量不大于2%。石子的质量标准、取样方法和检验项目见《混凝土结构工程施工技术标准》ZJQ 08—SGJB 204—2005。

4.2.2.3 砂

采用中砂或粗砂，含泥量不大于3%。砂的质量标准、取样方法和检验项目见《混凝土结构工程施工技术标准》ZJQ 08—SGJB 204—2005。

4.2.2.4 水

宜选用饮用水。

4.2.2.5 沥青

宜采用建筑石油沥青，有出厂合格证，复试性能符合GB 494—85技术要求（详见附录F.1）。

4.2.3 施工工艺

4.2.3.1 工艺流程

1 水泥砂浆找平层工艺流程

基层清理验收→管根封堵→标高坡度、分格缝弹线→洒水湿润→找平层施工→养护

2 细石混凝土找平层的工艺流程

基层清理验收→管根封堵→标高坡度、分格缝弹线→洒水湿润→找平层施工→养护

4.2.3.2 施工要点

1 水泥砂浆找平层施工要点

（1）清理基层

将屋面结构层、保温层上面的松散杂物清除干净，凸出基层上的砂浆、灰渣用凿子凿去，扫净。当采用预制板屋面，应将板缝清理干净，并按照本标准第4.1.4条的规定进行处理。

(2) 管根封堵

找平层施工前，应先将突出屋面的管道、变形缝等根部封堵严密。

(3) 标高坡度、分格缝弹线

根据设计坡度要求，在墙边引测标高点并弹好控制线。根据设计或技术方案弹出分格缝位置，分格缝宽度宜为20mm，且宜留在预制构件的拼缝处，分格缝间距不宜大于6m，当利用分格缝兼做排汽屋面的排汽道时，缝应适当加宽，并应与保温层连通。

(4) 洒水湿润

抹找平层水泥砂浆前，基层表面应适当洒水湿润，但不可洒水过量，以免影响找平层表面干燥，使防水层产生空鼓。

(5) 找平层施工

1) 拉线找坡、贴灰饼：根据弹好的控制线，顺排水方向拉线冲筋，冲筋的间距为1.5m左右，在分格缝位置安装好已刨光、充分湿润并涂刷脱模剂的木条，在排水沟、雨水口处找出泛水。

2) 铺浆：在湿润过的基层上分仓均匀地扫素水泥浆一遍，随扫随铺水泥砂浆，砂浆的稠度应控制在70mm左右，用木杠沿两边冲筋标高刮平，木抹子搓平，提出水泥浆。

3) 压实：砂浆铺抹稍干后，用铁抹子压实二遍成活。头遍拉平、压实，使砂浆均匀密实；待浮水沉失，人踩上去有脚印但不下陷时，再用抹子压第二遍，将表面压实，不得漏压，切忌在水泥终凝后压光。

4) 转角处理：基层与突出屋面结构的交接处和基层转角处应抹成圆弧形，要求见本标准第4.1.5条规定。

(6) 养护

常温下砂浆找平层抹平压实后24h可覆盖草袋浇水养护，养护时间一般不少于7d。

2 细石混凝土找平层的施工要点

(1) 清理基层、管根封堵、标高坡度、分格缝弹线、洒水湿润施工同于水泥砂浆找平层。

(2) 找平层施工

1) 拉线找坡同水泥砂浆找平层。

2) 细石混凝土浇筑。

在湿润过的基层上分仓均匀地铺设混凝土，混凝土坍落度控制在30~50mm左右，用木杠沿两边冲筋标高刮平，用平板振捣器振捣密实，并用滚筒十字交叉地来回滚压5~6遍，直至混凝土密实、表面浮浆不再沉落为止。用木抹子搓平，搓出水泥浆。

3) 压实：混凝土稍干后，用铁抹子压实二遍成活，注意不得漏压，切忌在水泥终凝后压光。

4) 转角处理：同水泥砂浆找平层。

(3) 养护同水泥砂浆找平层。

4.2.3.3 找平层冬期施工

1 制作水泥砂浆时，应依气温和养护温度要求掺入防冻剂，其掺量应由试验确定。

2 当采用氯化钠防冻剂时，宜选用普通硅酸盐水泥或矿渣硅酸盐水泥，严禁使用高铝水泥，砂浆强度不应低于3.5N/mm^2，施工温度不应低于-7℃。氯化钠掺量应按表4.2.3.3采用。

表 4.2.3.3　氯化钠掺量（占水重量%）

项　　目	施工时室外气温（℃）		
	0~-2	-3~-5	-6~-7
用于平面部位	2	4	6
用于檐口、天沟等部位	3	5	7

4.2.4　成品保护

4.2.4.1　在已抹好的找平层上，用手推胶轮车运输材料时，应铺设木脚手板，防止损坏找平层。找平层施工完毕，未达到一定强度时，不得上人踩踏。

4.2.4.2　水落口、内排水口及排汽道等部位应采取临时保护措施，防止杂物进入，造成堵塞。

4.2.4.3　找平层未达到铺贴卷材的强度要求时，不得进行下道工序作业；下道工序施工时材料应分散堆放，防止找平层被压破坏。

4.2.5　安全、环保措施

4.2.5.1　井架出入口预留洞，电梯门口等处，要设盖板或围栏、安全网。

4.2.5.2　六级以上大风和雨、雪天，避免在屋面上施工找平层。

4.2.5.3　施工时必须配备收集落地材料的用具，及时收集落地材料，放入有毒有害垃圾池内。

4.2.5.4　包装材料及时收集，不可回收的，放入有毒有害垃圾池内。

4.2.5.5　当天施工结束后的剩余材料及工具应及时入库，不许随意放置。

4.2.6　质量标准

主控项目

4.2.6.1　找平层的材料质量及配合比，必须符合设计要求。

　　检验方法：检查出厂合格证、质量检验报告和计量措施。

4.2.6.2　屋面（含天沟、檐沟）找平层的排水坡度，必须符合设计要求。

　　检验方法：用水平仪（水平尺）、拉线和尺量检查。

一般项目

4.2.6.3　基层与突出屋面结构的交接处和基层的转角处，均应做成圆弧形，且整齐平顺。

　　检验方法：观察和尺量检查。

4.2.6.4　水泥砂浆、细石混凝土找平层应平整、压光，不得有酥松、起砂、起皮现象；沥青砂浆找平层不得有拌合不匀、蜂窝现象。

　　检验方法：观察检查。

4.2.6.5　找平层分格缝的位置和间距应符合设计要求。

　　检验方法：观察和尺量检查。

4.2.6.6　找平层表面平整度的允许偏差为5mm。

　　检验方法：用2m靠尺和楔形塞尺检查。

4.2.7　质量验收

4.2.7.1 屋面找平层分项工程的施工质量检验数量应符合第3.0.12条规定。在施工组织设计（或方案）中事先确定。

4.2.7.2 检验批的验收应按本标准第3.0.14条执行。

4.2.7.3 检验时应检查找平层原材料的质保书、合格证、配合比等。

4.2.7.4 检验批质量验收记录，当地政府无统一规定时，宜采用表4.2.7.4"屋面找平层工程检验批质量验收记录表"。

表4.2.7.4 屋面找平层工程检验批质量验收记录表
GB 50207—2002

单位（子单位）工程名称					
分部（子分部）工程名称				验收部位	
施工单位				项目经理	
分包单位				分包项目经理	
施工执行标准名称及编号					
		施工质量验收规范的规定		施工单位检查评定记录	监理（建设）单位验收记录
主控项目	1	材料质量及配合比	必须符合设计要求		
	2	排水坡度	必须符合设计要求		
一般项目	1	交接处和转角处细部处理	基层与突出屋面结构的交接处和基层的转角处，均应做成圆弧形，且整齐平顺		
	2	表面质量	水泥砂浆、细石混凝土应平整、压光，不得有酥松、起砂、起皮现象；沥青砂浆不得有拌合不匀、蜂窝现象		
	3	分格缝的位置和间距	符合设计要求		
	4	表面平整度允许偏差	5mm		
施工单位检查评定结果		专业工长（施工员）		施工班组长	
		项目专业质量检查员：			年 月 日
监理（建设）单位验收结论					
		监理工程师（建设单位项目专业技术负责人）：			年 月 日

4.3 屋面保温层

本节适用于松散、板状材料或整体现浇（喷）保温层。

4.3.1 施工准备

4.3.1.1 技术准备

见本标准第 3.0.3 条中相关内容。

4.3.1.2 材料准备

1 按设计要求提出保温材料的采购计划，并按计划采购进场；
2 按计划进场的保温材料应经验收合格后方可使用。

4.3.1.3 主要机具

砂浆搅拌机、井架带卷扬机、塔吊、平板振动器、量斗、水桶、沥青锅、拌合锅、压实工具、大小平锹、铁板、手推胶轮车、木抹子、木杠、水平尺、麻线、滚筒等。

4.3.1.4 作业条件

1 铺设保温层的屋面基层施工完毕，并经检查办理交接验收手续。屋面上的吊钩及其他露出物应清除，残留的灰浆应铲平，屋面应清理干净。
2 有隔汽层的屋面，应先将基层清扫干净，使表面平整、干燥，不得有酥松、起砂、起皮等情况，并按设计要求铺设隔汽层。
3 试验室根据现场材料通过试验提出保温材料的施工配合比。

4.3.2 材料质量控制（详见附录 A.4 和附录 L）

4.3.2.1
松散保温材料：膨胀蛭石、膨胀珍珠岩等，其粒径、堆积密度、导热系数符合设计要求。

4.3.2.2
板状保温材料：聚苯乙烯泡沫塑料类、硬质聚氨酯泡沫塑料类、泡沫玻璃、微孔混凝土类、膨胀蛭石（珍珠岩）制品等，其性能指标应符合附录 A4 的要求，有出厂合格证。

4.3.2.3
现喷硬质聚氨酯泡沫塑料的表观密度宜为 $35\sim40kg/m^3$，导热系数小于 $0.030W/m\cdot K$，压缩强度大于 150kPa，闭孔率大于 92%。

4.3.2.4
进场的保温隔热材料抽样数量，应按使用的数量确定，同一批材料至少应抽样一次。

4.3.2.5 进场的保温隔热材料物理性能应检验下列项目：

1 板状保温材料：表观密度，压缩强度，抗压强度；
2 现喷硬质聚氨酯泡沫塑料应先在试验室试配，达到要求后再进行现场施工。

4.3.2.6 保温隔热材料的贮运、保管应符合下列规定：

1 保温材料应采取防雨、防潮的措施，并应分类堆放，防止混杂；
2 板状保温材料在搬运时应轻放，防止损伤断裂、缺棱掉角，保证板的外形完整。

4.3.3 施工工艺

4.3.3.1 工艺流程

基层清理→弹线找坡、分仓→管根固定→隔汽层施工→保温层铺设

4.3.3.2 施工要点

1 清理基层：预制或现浇混凝土基层应平整、干燥和干净。

2　弹线找坡、分仓：按设计坡度及流水方向，找出屋面坡度走向，确定保温层的厚度范围。保温层设置排汽道时，按设计要求弹出分格线来。

3　管根固定：穿过屋面和女儿墙等结构的管道根部，应用细石混凝土填塞密实，做好转角处理，将管根部固定。

4　铺设隔汽层：有隔汽层的屋面，按设计要求选用气密性好的防水卷材或防水涂料作隔汽层，隔汽层应沿墙面向上铺设，并与屋面的防水层相连接，形成封闭的整体。

5　保温层铺设：

（1）铺设松散保温层：

1）材料应经筛选，严格控制粒径，保温层含水率应符合设计要求。

2）松散保温材料应分层铺设，其顺序宜从一端开始向另一端铺设，用抹子或钢滚筒进行适当整平压实，每层铺设厚度不大于150mm，其压实程度和厚度应经试验确定，符合设计要求。

3）铺设松散膨胀蛭石保温层时，膨胀蛭石的层理平面与热流垂直。

4）保温层施工完成后，应及时进行找平层和防水层的施工；雨期施工时，保温层应采取遮盖措施。

（2）铺设板状保温层：

1）干铺加气混凝土板、泡沫混凝土板块、蛭石混凝土块或聚苯板块等保温材料，应找平拉线铺设。铺前先将接触面清扫干净，板块应紧密铺设、铺平、垫稳。分层铺设的板块，其上下两层应错开；各层板块间的缝隙，应用同类材料的碎屑填密实，表面应与相邻两板高度一致。一般在块状保温层上用松散湿料作找坡。

2）保温板缺棱掉角，可用同类材料的碎块嵌补，用同类材料的粉料加适量水泥填嵌缝隙。

3）板块状保温材料用粘结材料平粘在屋面基层上时，一般用水泥、石灰混合砂浆，并用保温灰浆填实板缝、勾缝，保温灰浆配合比为1:1:10（水泥:石灰膏:同类保温材料的碎粒，体积比），聚苯板材料应用沥青胶结料粘贴。

4）粘贴的板状保温材料应贴严贴牢，胶粘剂应与保温材料材性相容。

（3）铺设整体保温层：

1）沥青膨胀蛭石、沥青膨胀珍珠岩宜用机械搅拌，并应色泽一致，无沥青团；压实程度根据试验确定，其厚度应符合设计要求，表面平整。

2）硬质聚氨酯泡沫塑料应按配合比准确计量，发泡厚度均匀一致。施工环境气温宜为15～30℃，风力不宜大于三级，相对湿度宜小于85%。

3）整体保温层应分层分段铺设，虚铺厚度应经试验确定，一般为设计厚度的1.3倍，经压实后达到设计要求的厚度。

4）铺设保温层时，由一端向另一端退铺，用平板式振捣器振实或用木抹子拍实，表面抹平，做成粗糙面，以利与上部找平层结合。

5）压实后的保温层表面，应及时铺抹找平层并保湿养护不少于7d。

（4）保温层的构造应符合下列规定：

1）保温层设置在防水层上部时宜做保护层，保温层设置在防水层下部时应做找平层。

2）水泥膨胀珍珠岩及水泥膨胀蛭石不宜用于整体封闭式保温层；当需要采用时，应做排汽道。排汽道应纵横贯通，并应与大气连通的排汽孔相通。排汽孔的数量应根据基层的潮湿程度和屋面构造确定，屋面面积每36m²宜设置一个。排汽孔应做好防水处理。

3) 当排汽孔采用金属管时，其排汽管应设置在结构层上，并有牢固的固定措施，穿过保温层及排汽道的管壁应打排汽孔，见图9.6-1、图9.6-2。

4) 屋面坡度较大时，保温层应采取防滑措施。

5) 倒置式屋面保温屋应采取吸水率低且长期浸水不腐烂的保温材料。

4.3.3.3 保温层冬期施工

1 冬期施工采用的屋面保温材料应符合设计要求，并不得含有冰雪、冻块和杂质。

2 干铺的保温层可在负温度下施工，采用沥青胶结的整体保温层和用有机胶粘剂粘贴的板状保温层应在气温不低于-10℃时施工，采用水泥、石灰或乳化沥青胶结的整体保温层和板状保温层应在气温不低于5℃时施工。当气温低于上述要求时，应采取保温、防冻措施。

3 采用水泥砂浆粘贴板状保温材料以及处理板间缝隙，可采用掺有防冻剂的保温砂浆，防冻剂掺量应通过试验确定。

4 干铺的板状保温材料在负温施工时，板材应在基层表面铺平垫稳，分层铺设。板块上下层缝应相互错开，缝间隙应采用同类材料的碎屑填嵌密实。

5 雨雪天或五级风及以上的天气不得施工。当施工中途下雨、下雪时，应采取遮盖措施。

4.3.4 成品保护

4.3.4.1 松散或板状保温材料运到现场，应堆放在平整坚实场地上分别保管、遮盖，防止雨淋、受潮或破损、污染。

4.3.4.2 在已铺完的保温层上行走胶轮车，应垫脚手板保护。

4.3.4.3 保温层施工完成后，应及时铺抹找平层，以减少受潮和雨水进入，使含水率增大。在雨期施工时，要采取防雨措施。

4.3.5 安全、环保措施

参见本标准第3.0.15条及第4.2.5条相关内容。

4.3.6 质量标准

主 控 项 目

4.3.6.1 保温材料的堆积密度或表观密度、导热系数以及板材的强度、吸水率，必须符合设计要求。

检验方法：检查出厂合格证、质量检验报告和现场抽样复验报告。

4.3.6.2 保温层的含水率必须符合设计要求。

检验方法：检查现场抽样检验报告。

一 般 项 目

4.3.6.3 保温层的铺设应符合下列要求：

1 松散保温材料：分层铺设，压实适当，表面平整，找坡正确。

2 板状保温材料：紧贴（靠）基层，铺平垫稳，拼缝严密，找坡正确。

3 整体现浇保温层：拌合均匀，分层铺设，压实适当，表面平整，找坡正确。

检验方法：观察检查。

4.3.6.4 保温层厚度的允许偏差：松散保温材料和整体现浇保温层为＋10％，－5％；板状保温材料为±5％，且不得大于4mm。

检验方法：用钢针插入和尺量检查。

4.3.6.5 当倒置式屋面保护层采用卵石铺压时，卵石应分布均匀，卵石的质（重）量应符合设计要求。

检验方法：观察检查和按堆积密度计算其质（重）量。

4.3.7 质量验收

4.3.7.1 屋面各分项工程的施工质量检验数量应符合第3.0.12条的规定。在施工组织设计（方案）中事先确定。

4.3.7.2 检验批的验收应按本标准第3.0.14条执行。

4.3.7.3 检验时应检查保温材料的出厂合格证、密度、导热系数、吸水率、强度等。

4.3.7.4 检验批质量验收记录，当地政府无统一规定时，宜采用表4.3.7.4"屋面保温层工程检验批质量验收记录表"。

表 4.3.7.4 屋面保温层工程检验批质量验收记录表
GB 50207—2002

\	\	单位（子单位）工程名称			验收部位	
		分部（子分部）工程名称				
		施工单位			项目经理	
		分包单位			分包项目经理	
		施工执行标准名称及编号				
		施工质量验收规范的规定		施工单位检查评定记录		监理（建设）单位验收记录
主控项目	1	材料质量	保温材料的堆积密度或表观密度、导热系数以及板材的强度、吸水率，必须符合设计要求			
	2	保温层含水率	必须符合设计要求			
一般项目	1	保温层铺设	1 松散保温材料：分层铺设，压实适当，表面平整，找坡正确。 2 板状保温材料：紧贴（靠）基层，铺平垫稳，拼缝严密，找坡正确。 3 整体现浇保温层：拌合均匀，分层铺设，压实适当，表面平整，找坡正确			
	2	倒置式屋面保护层	分布均匀,质(重)量应符合设计要求			
	3	项目(保温层厚度)	松散、整体 ＋10％，－5％			
			板状保温材料 ±5％,且≯4mm			
施工单位检查评定结果		专业工长(施工员)		施工班组长		
		项目专业质量检查员：			年 月 日	
监理(建设)单位验收结论		监理工程师(建设单位项目专业技术负责人)：			年 月 日	

4.4 卷材防水层

本节适用于防水等级为Ⅰ~Ⅳ级的屋面防水。

4.4.1 施工准备

4.4.1.1 技术准备
见本标准第3.0.3条中相关内容。

4.4.1.2 材料准备
防水卷材、冷沥青玛琋脂、冷底子油、绿豆砂、胶粘剂、基层处理剂、稀释剂、水泥、砂子、二甲苯或乙酸乙酯、工业醇、汽油、煤油、轻柴油等。

4.4.1.3 主要机具
1 机械设备
手提电动搅拌器、高压吸风机、井架带卷扬机、高压吹风机、鼓风机、空气压缩机。
2 主要工具
小平铲、笤帚、钢丝刷、滚刷（$\phi 60\times 300$mm）、铁桶、小油桶、手持压辊（$\phi 40\times 50$mm）、油漆刷（50mm×100mm）、剪刀、皮卷尺（50m）、钢卷尺（2m）、开刀、开罐刀、铁管（$\phi 30\times 1500$mm）、铁抹子、木抹子、橡皮刮板、台秤、油壶、运胶车、长柄板棕刷、胶皮板刷、油勺、磅秤、20mm厚钢板、风管、刮刀、铲刀、工业温度计、射钉枪、烫板等。

4.4.1.4 作业条件
1 铺贴卷材的基层应进行检查，并办理交接验收手续。基层表面应平整、坚实、干燥、清洁，并不得有酥松、起砂和起皮等缺陷；其平整度用2m直尺检查，空隙不大于5mm；
2 屋面找平层的泛水坡度，应符合设计要求，不得出现积水现象；
3 基层和突出屋面结构（女儿墙、天窗壁、变形缝、伸缩缝、阴阳角、烟囱、管道等）连接部位以及基层转角处（檐口、天沟、斜沟、落水口、屋脊等）均应做成圆弧形；
4 屋面保温层干燥有困难时，可采用排汽屋面的做法，应在找平层上事先做好排汽道和排汽孔等；
5 所有穿过屋面的管道、埋设件、屋面板吊钩、拖拉绳等应做好基层处理；
6 对进场的防水材料进行抽样复验，其质量应符合现行国家标准的规定，数量应满足施工要求；
7 备齐施工机具设备及消防器材；搭设好垂直运输井架，安装好卷扬提升系统设备。

4.4.2 材料质量控制

4.4.2.1
防水卷材可分为沥青卷材、高聚物改性沥青卷材、合成高分子卷材、金属卷材等，分类性能见表4.4.2.1。

4.4.2.2 沥青卷材及辅助材料
1 沥青卷材应选用不低于350号的双面撒料石油沥青卷材，抗裂和耐久性要求较高的卷材防水层，应选用沥青玻璃丝布卷材、再生橡胶卷材等，其质量和技术性能应符合设计要求，沥青卷材的质量指标见附录A、现场复试取样数量见附录B，并有出厂合格证。
2 冷沥青玛琋脂（详见附录G.2.1）。

表 4.4.2.1 防水卷材分类表

材料分类		品　种	性 能 指 标					特　点
			拉伸强度	延伸率（%）	耐高温性（℃）	低温柔性（℃）	不透水性	
沥青防水卷材	350号	粉毡、片毡	(25±2℃)≥340N	—	(85±2℃)不流淌,无集中性气泡	—	≥0.1MPa≥30min	传统防水材料,强度低、耐老化及耐低温性能差,已限制使用
	500号	粉毡、片毡	(25±2℃)≥440N	—		—	≥0.15MPa≥30min	
高聚物改性沥青卷材		SBS改性沥青卷材	≥450N	≥30	≥90	-18	≥0.3MPa≥30min	耐低温好,耐老化好
		APP(APAO)改性沥青卷材	≥450N	≥30	≥110	-5	≥0.3MPa≥30min	适合高温地区使用
		自粘改性沥青卷材	≥450N	≥500	≥85	-20	≥0.3MPa≥30min	延伸大,耐低温好,施工方便
合成高分子卷材	硫化橡胶型	三元乙丙橡胶卷材(EPDM)氯化聚乙烯橡胶共混卷材(CPE)再生胶类卷材	≥6MPa	≥400	—	-30	≥0.3MPa≥30min	强度高,延伸大,耐低温好,耐老化
	树脂型	聚氯乙烯卷材(PVC)氯化聚乙烯橡塑卷材(CPE)聚乙烯卷材(HDPE、LDPE)	≥10MPa	≥200	—	-20	≥0.3MPa≥30min	强度高,延伸大,耐低温好,耐老化
	橡胶共混型	乙丙橡胶-聚丙烯共聚卷材(TPO)	≥6MPa	≥400	—	-40	≥0.3MPa≥30min	延伸大,低温好,施工方便
		自粘卷材(无胎)	≥100N/5cm	≥200	≥80	-20	≥0.2MPa≥30min	延伸大,施工方便
		自粘卷材(有胎)	≥250N/5cm	≥30	≥80	-20	≥0.2MPa≥30min	强度高,施工方便
金属卷材		铅锡合金卷材	≥20MPa	≥30	—	-30	—	耐老化优越,耐腐蚀能力强

成品冷沥青玛琋脂。要求：耐热性,在温度70℃,坡度为45°状态下,5h不流淌,粘贴时间不超过24h；易刷性,600g的冷玛琋脂在1min内能均匀地分布在1m² 面积上；挥发物质含量在温度70℃,加热1h玛琋脂的重量损失不超过1%。

3　绿豆砂。

又称豆石,粒径3~5mm,洁净,无杂质。

4.4.2.3　改性沥青卷材及辅助材料

1　改性沥青卷材有APP、SBS、PEE,其质量和技术性能应符合附录C.3、C.6、C.7的规定,并有出厂合格证。

  2 氯丁胶粘剂：外观呈黑色，含固量30%；当为冷粘贴施工时，由氯丁橡胶加掺量沥青及助剂配制而成。其质量和技术性能应符合附录J的规定，并有出厂合格证。

  3 基层处理剂：氯丁胶粘剂稀释（氯丁胶粘剂：溶剂 = 1:2~2.5）。其质量和技术性能应符合附录J的规定，并有出厂合格证。

  4 稀释剂：二甲苯、甲苯、汽油。其质量和技术性能应符合附录G.1.2的规定，并有出厂合格证。

4.4.2.4 合成高分子卷材及辅助材料

  1 合成高分子卷材

  常用的有三元乙丙、氯化聚乙烯-橡胶共混、氯化聚乙烯、LYX-603及聚氯乙烯卷材等，其规格质量及技术性能应符合设计要求及附录H的规定，并有出厂合格证。

  2 胶粘剂

  包括基层处理剂、基层胶粘剂、卷材接缝胶粘剂、局部增强处理材料、收头部位密封处理材料及表面保护用着色剂等，根据不同的卷材选用不同的胶粘剂。其规格、质量及技术性能应符合设计要求及附录G的规定，并有出厂合格证。

  3 二甲苯或乙酸乙酯

  工业纯，用于稀释或清洗工具等。有产品技术性能资料和合格证。

4.4.2.5 卷材防水屋面主要材料参考用量见表4.4.2.5。

表4.4.2.5 卷材防水屋面主要材料参考用量

卷材种类	卷材 (m²/m²)	基层处理剂 (kg/m²)	基层胶粘剂 (kg/m²)	接缝胶粘剂 (kg/m²)	密封材料 (kg/m²)	备注
沥青油毡	3.6	0.45	0.7			三毡四油
三元乙丙丁基橡胶卷材	1.15~1.2	0.2	0.4	0.1	0.01	
LXY-603氯化聚乙烯卷材	1.15~1.2	0.2	0.4	0.05	0.01	
氯化聚乙烯橡胶共混卷材	1.15~1.2	0.15	0.45	0.1	0.01	
PVC卷材	1.1	0.4			0.01	焊接法施工
热熔卷材	1.15~1.2	0.1				热熔法施工
冷粘贴改性卷材	1.15~1.2	0.05	0.45		0.01	
聚氯乙烯	1.15	0.4	1~1.1		0.01	

4.4.2.6 卷材的贮运、保管应符合下列规定：

  1 不同品种、型号和规格的卷材应分别堆放；

  2 卷材应贮存在阴凉通风的室内，避免雨淋、日晒和受潮，严禁接近火源。沥青防水卷材贮存环境温度，不得高于45℃；

  3 沥青防水卷材宜直立堆放，其高度不宜超过两层，并不得倾斜或横压，短途运输平放不宜超过四层；

  4 卷材应避免与化学介质及有机溶剂等有害物质接触。

4.4.2.7 卷材胶粘剂和胶粘带的贮运、保管应符合下列规定：

  1 不同品种、规格的卷材胶粘剂和胶粘带，应分别用密封桶或纸箱包装；

  2 卷材胶粘剂和胶粘带应贮存在阴凉通风的室内，严禁接近火源和热源。

4.4.3 施工工艺

4.4.3.1 工艺流程

1 沥青卷材防水层的工艺流程

基层清理→涂刷冷底子油→弹线→铺贴附加层→铺贴卷材→铺设保护层

2 高聚物改性沥青卷材防水层的工艺流程

基层清理→涂刷基层处理剂→弹线→铺贴附加层→铺贴卷材→铺设保护层

3 合成高分子卷材防水层

基层清理→涂刷基层处理剂→弹线→铺贴附加层→铺贴卷材→铺设保护层

4.4.3.2 施工要点

1 沥青卷材防水层的施工要点

（1）基层清理：基层验收合格，表面尘土、杂物清理干净并干燥。卷材在铺贴前应保持干燥，其表面的撒布物应预先清除干净，并避免损伤油毡；

（2）涂刷冷底子油：铺贴前先在基层上均匀涂刷二层冷底子油，大面积喷刷前，应将边角、管根、雨水口等处先喷刷一遍，然后大面积喷刷，第一遍干燥后，再进行第二遍，完全晾干后再进行下一道工序（一般晾干12h以上）。要求喷刷均匀无漏底。

（3）弹线：按卷材搭接规定，在屋面基层上放出每幅卷材的铺贴位置，弹上粉线标记，并进行试铺。

（4）铺贴附加层：根据细部处理的具体要求，铺贴附加层。

（5）防水卷材铺设：

1）沥青玛琋脂的配制和使用应符合下列规定。

a 配制沥青玛琋脂的配合比应视使用条件、坡度和当地历年极端最高气温，并根据所用的材料经试验确定；施工中应按确定的配合比严格配料，每工作班应检查软化点和柔韧性。

b 热沥青玛琋脂的加热温度不应高于240℃，使用温度不应低于190℃。

c 冷沥青玛琋脂使用时应搅匀，稠度太大时可加少量溶剂稀释搅匀。

d 沥青玛琋脂应涂刮均匀，不得过厚或堆积。

粘结层厚度：冷沥青玛琋脂宜为0.5~1mm；沥青玛琋脂宜为1~1.5mm。面层厚度：冷沥青玛琋脂宜为1~1.5mm；沥青玛琋脂宜为2~3mm。

e 冷沥青玛琋脂在常温使用时不再加温，低温（+5℃以下）使用时，须加温至60~70℃。使用前需充分搅拌，以免由于沉淀而产生不均质。

2）卷材铺贴前，应保持干燥，其表面的撒布料应预先清扫干净，并避免损伤卷材。在无保温层的装配式屋面上，应沿屋面板的端缝先单边点粘一层卷材，每边宽度不应小于100mm或采取其他增大防水层适应变形的措施，然后再铺贴屋面卷材。

3）冷贴法铺贴卷材宜采用刷油法，常温施工时，在找平层上涂刷冷沥青玛琋脂后，需经10~30min待溶剂挥发一部分而稍有粘性时，再平铺卷材，但不应迟于45min。

刷油法一般以四人为一组，刷油、铺毡、滚压、收边各由一人操作。

a 刷油：操作人在铺毡前方用长柄刷蘸油涂刷，油浪应饱满均匀，不得在冷底子油上来回揉刷，以免降低油温或不起油，刷油宽度以300~500mm为宜，超出卷材不应大于50mm。

b 铺毡：铺贴时两手紧压卷材，大拇指朝上，其余四指向下卡住卷材，两脚站在卷材中间，两腿成前弓后蹲架式，头稍向下，全身用力，随着刷油，稳稳地推压油浪，并防止卷材松卷无力，一旦松卷要重新卷紧，铺到最后，卷材又细又松不易铺贴时，可用托板推压。

c 滚压：紧跟铺贴后不超过 2m，用铁滚筒从卷材中间向两边缓缓滚压，滚压时操作人员不得站在未冷却的卷材上，并负责质量自检工作，如发现气泡，须立即刺破排气，重新压实。

d 收边：用胶皮刮压卷材两边挤出多余的玛琋脂，赶出气泡，并将两边封严压平，及时处理边部的皱褶或翘边。

4) 每铺贴一层卷材，相隔约 5～8h，经抹压或滚压一遍，再继续施工上层卷材。

5) 天窗壁、女儿墙、变形缝等立面部位和转角处（圆角）铺贴时，在卷材与基层上均应涂刷薄沥青玛琋脂一层，隔 10～30min，待溶剂挥发一部分后，用刮板自上下两面往转角中部推压，使之伏贴，粘结牢固。

(6) 铺设保护层：

1) 绿豆砂保护层施工。

绿豆砂应符合质量标准，并加热至 100℃ 左右，趁热铺撒。

在卷材表面涂刷 2～3mm 厚的沥青玛琋脂，并随即将加热的绿豆砂，均匀地铺撒在屋面上，铺绿豆砂时，一人沿屋脊方向顺着卷材的接缝逐段涂刷玛琋脂，另一人跟着撒砂，第三人用扫帚扫平，迅速将多余砂扫至稀疏部位，保持均匀不露底，紧跟着用铁滚筒压平木拍板拍实，使绿豆砂 1/2 压入沥青玛琋脂中，冷却后扫除没有粘牢的砂粒，不均匀处应及时补撒。

2) 板、块材保护层施工。

卷材屋面采用板、块材作保护层时，板、块材底部不得与卷材防水层粘贴在一起，应铺垫干砂、低强度等级砂浆、纸筋灰等，将板、块垫实铺实。

板、块材料之间可用沥青玛琋脂或砂浆严密灌缝，铺设好的保护层应保证流水通顺，不得有积水现象，否则应予返工。

3) 块体材料保护层每 4～6m 应留设分格缝，分格缝宽度不宜小于 20mm。

搬运板块时，不得在屋面防水层上和刚铺好的板块上推车，否则，应铺设运料通道，搬放板块时应轻放，以免砸坏或戳破防水层。

4) 整体材料保护层施工。

卷材屋面采用现浇细石混凝土或水泥砂浆作保护层时，在卷材与保护层之间必须作隔离层，隔离层可薄薄抹一层纸筋灰，或涂刷两道浓石灰水等处理。

细石混凝土或水泥砂浆强度等级应由设计确定，当设计无要求时，细石混凝土强度不低于 C20，水泥砂浆宜采用 1:2 的配合比。

水泥砂浆保护层的表面应抹平压光，并设表面分格缝，分格面积宜为 $1m^2$。

细石混凝土保护层，混凝土应密实，表面抹平压光，并留设分格缝，分格面积不大于 $36m^2$。分格缝木条应刨光（梯形），横截面高同保护层厚，上口宽度为 25～30mm，下口宽度为 20～25mm，木条应在水中浸泡至基本饱和状，并刷脱模剂再使用。

5) 水泥砂浆、块体材料或细石混凝土保护层与女儿墙之间应留宽度为 30mm 的缝隙，并用密封材料嵌填密实。

6）沥青防水卷材严禁在雨天、雪天施工，五级风及其以上时不得施工，环境气温低于5℃时不宜施工。

施工中途下雨时，应做好已铺卷材周边的防护工作。

2　高聚物改性沥青卷材防水层的施工要点

（1）基层处理

应用水泥砂浆找平，并按设计要求找好坡度，做到平整、坚实、清洁，无凹凸形、尖锐颗粒，用2m直尺检查，最大空隙不应超过5mm。

（2）涂刷基层处理剂

在干燥的基层上涂刷氯丁胶粘剂稀释液，其作用相当于传统的沥青冷底子油。涂刷时要均匀一致，无露底，操作要迅速，一次涂好，切勿反复涂刷，亦可用喷涂方法。

（3）弹线

基层处理剂干燥（4~12h）后，按现场情况弹出卷材铺贴位置线。

（4）铺贴附加层

根据细部构造的具体要求（见本标准第9章），铺贴附加层。

（5）铺贴卷材

立面或大坡面铺贴高聚物改性沥青防水卷材时，应采用满粘法，并宜减少短边搭接。

铺贴多跨和高低屋面时，应先远后近，先高跨后低跨，在一个单跨铺贴时应先铺排水比较集中的部位（如檐口、水落口、天沟等处），再铺卷材附加层，由低到高，使卷材按流水方向搭接。

铺贴方法：根据卷材性能可选用冷粘贴、自粘贴或热熔贴等方法。

1）冷粘贴。

按铺贴顺序在基层上涂刷（刮）一层氯丁胶粘剂，胶粘剂应均匀，不露底、不堆积，边刷边将卷材对准位置摆好，将卷材缓慢打开平整顺直铺贴在基层上，边用压辊均匀用力滚压或用干净的滚筒反复碾压，排出空气，使卷材与基层紧密粘贴，卷材搭接处用氯磺化聚乙烯嵌缝膏或胶粘剂满涂封口，辊压粘结牢固，溢出的嵌缝膏或胶粘剂，随即刮平封口，接缝口应用密封材料封严，宽度不应小于10mm。粘贴形式有全粘贴、半粘贴（卷材边全粘，中间点粘或条粘）及浮动式粘贴（卷材粘成整体，使之与基层周边粘贴，中间空铺）。

冷粘法铺贴卷材应符合下列规定：

a　胶粘剂涂刷应均匀，不露底，不堆积。卷材空铺、点粘、条粘时应按规定的位置及面积涂刷胶粘剂。

b　根据胶粘剂的性能，应控制胶粘剂涂刷与卷材铺贴的间隔时间。

c　铺贴的卷材下面的空气应排尽，并辊压粘结牢固。

d　铺贴卷材应平整顺直，搭接尺寸准确，不得扭曲、皱折。搭接部位的接缝应满涂胶粘剂，滚压粘贴牢固。

e　接缝口应用材料相容的密封材料封严。

2）自粘贴。

待基层处理剂干燥后，将卷材背面的隔离纸剥开撕掉直接粘贴于基层表面，排除卷材下面的空气，并滚压粘结牢固。搭接处用热风枪加热，加热后随即粘贴牢固，溢出的自粘膏随即刮平封口。接缝口亦用密封材料封严，宽度不应小于10mm。

自粘法铺贴卷材应符合下列规定：

  a 铺贴卷材前基层表面应均匀涂刷基层处理剂，干燥后应及时铺贴卷材。
  b 铺贴卷材时，应将自粘胶底面的隔离纸全部撕净。
  c 卷材下面的空气应排尽，并滚压粘结牢固。
  d 铺贴的卷材应平整顺直，搭接尺寸准确，不得扭曲、皱折。低温施工时，立面、大坡面及搭接部位宜采用热风加热。加热后随即粘贴牢固。
  e 接缝口应用材性相容的密封材料封严。

3）热熔贴。

火焰加热器的喷嘴距卷材面的距离应适中，幅宽内加热应均匀，以卷材表面熔融至光亮黑色为度，不得过分加热卷材。涂盖层熔化（温度控制在100~180℃之间）后，立即将卷材滚动与基层粘贴，并用压辊滚压，排除卷材下面的空气，使之平展，不得皱折，并应滚压粘结牢固。搭接缝处要精心操作，喷烤后趁油毡边沿未冷却，随即用抹子将边封好，最后再用喷灯在接缝处均匀细致地喷烤压实。采用条粘法时，每幅卷材的每边粘贴宽度不应小于150mm。

热熔法铺贴卷材应符合下列规定：

  a 火焰加热器加热卷材应均匀，不得过分加热或烧穿卷材；厚度小于3mm的高聚物改性沥青防水卷材严禁采用热熔法施工。
  b 卷材表面热熔后应立即滚铺卷材，卷材下面的空气应排尽，并滚压粘结牢固，不得空鼓。
  c 卷材接缝部位必须溢出热熔的改性沥青胶。溢出的改性沥青胶宽度以2mm左右并均匀顺直为宜，当接缝处的卷材有铝箔或矿物粒（片）料时，应清除干净后，再进行热熔和接缝处理。
  d 铺贴的卷材应平整顺直，搭接尺寸准确，不得扭曲、皱折。
  e 采用条粘法时，每幅卷材与基层粘结面不应少于两条，每条宽度不应小于150mm。

(6) 保护层施工

1）宜优先采用自带保护层卷材。
2）采用浅色涂料作保护层时，应待卷材铺贴完成，经检验合格并清刷干净后涂刷。涂层应与卷材粘结牢固，厚薄均匀，不得漏涂。
3）采用水泥砂浆、块体材料或细石混凝土做保护层时，参见"沥青防水层施工要点"中的相关内容。

(7) 高聚物改性沥青防水卷材，严禁在雨天、雪天施工，五级风及其以上时不得施工；环境气温低于5℃时，不宜施工，低于-10℃时，不宜热熔法施工。施工中途下雨、下雪，应做好已铺卷材周边的防护工作。

3 合成高分子卷材防水层的施工要点

(1) 基层处理

应用水泥砂浆找平，并按设计要求找好坡度，做到平整、坚实、清洁、无凹凸形、尖锐颗粒，用2m直尺检查，最大空隙不应超过5mm。

(2) 涂刷基层处理剂

在基层上用喷枪（或长柄棕刷）喷涂（或涂刷）基层处理剂，要求厚薄均匀，不允许露底。

(3) 弹线

基层处理剂干燥后，按现场情况弹出卷材铺贴位置线。

(4) 铺贴附加层

对阴阳角、水落口、管子根部等形状复杂的部位，按设计要求和细部构造铺贴附加层。

(5) 涂刷胶粘剂

先在基层上弹线，排出铺贴顺序，然后在基层上及卷材的底面，均匀涂布基层胶粘剂，要求厚薄均匀，不允许有露底和凝胶堆积现象，但卷材接头部位100mm不能涂布胶粘剂。如作排汽屋面，亦可采取空铺法、条粘法、点粘法涂刷胶粘剂。

(6) 铺贴卷材

立面或大坡面铺贴合成高分子防水卷材时，应采用满粘法并宜采用短边搭接。

1) 待基层胶粘剂胶膜手感基本干燥，即可铺贴卷材。

2) 为减少阴阳角和大面接头，卷材应顺长方向配置，转角处尽量减少接缝。

3) 铺贴从流水坡度的下坡开始，从两边檐口向屋脊按弹出的标准线铺贴，顺流水接槎，最后用一条卷材封脊。

4) 铺时用厚纸筒重新卷起卷材，中心插一根 ϕ30mm、长1.5m铁管，两人分别执铁管两端，将卷材一端固定在起始部位，然后按弹线铺展卷材，铺贴卷材不得皱折，也不得用力拉伸卷材，每隔1m对准线粘贴一下，用滚筒用力滚压一遍以排出空气，最后再用压辊（大铁辊外包橡胶）滚压粘贴牢固。

5) 根据卷材品种、性能和所选用的基层处理剂、接缝胶粘剂、密封材料，可选用冷粘贴、自粘贴、焊接法和机械固定法铺设卷材。

a 冷粘法铺贴卷材应符合下列规定：

a) 基层胶粘剂可涂刷在基层和卷材底面，涂刷应均匀，不露底，不堆积。卷材空铺、点粘、条粘时应按规定的位置及面积涂刷胶粘剂；

b) 根据胶粘剂的性能，应控制胶粘剂涂刷与卷材铺贴的间隔时间；

c) 铺贴的卷材不得皱折，也不得用力拉伸卷材，并应排除卷材下面的空气，滚压粘结牢固；

d) 铺贴的卷材应平整顺直，搭接尺寸准确，不得扭曲；

e) 卷材铺好压粘后，应将搭接部位的粘合面清理干净，并采用与卷材配套的接缝专用胶粘剂，在接缝粘合面上涂刷均匀，不露底，不堆积。根据专用胶粘剂性能，应控制胶粘剂涂刷与粘合间隔时间，并排除缝间的空气，滚压粘结牢固；

f) 搭接缝口应采用材料相容的密封材料封严；

g) 卷材搭接部位采用胶粘带粘结时，粘合面应清理干净，必要时可涂刷与卷材及胶粘带材性相容的基层胶粘剂，撕去胶粘带隔离纸后应及时粘合上层卷材，并滚压粘牢。低温施工时，宜采用热风机加热，使其粘贴牢固、封闭严密；

b 自粘法铺贴卷材应符合下列规定：

a) 铺贴卷材前，基层表面应均匀涂刷基层处理剂，干燥后及时铺贴卷材；

b）铺贴卷材时应将自粘胶底面的隔离纸全部撕净；

c）铺贴卷材时应排除卷材下面的空气，并滚压粘结牢固；

d）铺贴的卷材应平整顺直，搭接尺寸准确，不得扭曲、皱折。低温施工时，立面、大坡面及搭接部位宜采用热风加热，加热后随即粘贴牢固；

e）接缝口应用材性相容的密封材料封严。

c 焊接法和机械固定法铺贴卷材应符合下列规定：

a）对热塑性卷材的搭接宜采用单缝或双缝焊，焊接应严密；

b）焊接前，卷材应铺放平整、顺直，搭接尺寸准确，焊接缝的结合面应清扫干净；

c）应先焊长边搭接缝，后焊短边搭接缝；

d）卷材采用机械固定时，固定件应与结构层固定牢固，固定件间距应根据当地的使用环境与条件确定，并不宜大于600mm。距周边800mm范围内的卷材应满粘。

6）卷材接缝及收头应符合下列规定：

a 卷材铺好压粘后，将搭接部位的结合面清除干净，并采用与卷材配套的接缝胶粘剂在搭接缝粘合面上涂刷，做到均匀，不露底、不堆积，并从一端开始，用手一边压合，一边驱除空气，最后再用手持铁辊顺序滚压一遍，使粘结牢固。

b 立面卷材收头的端部应裁齐，并用压条或垫片钉压固定，最大钉距不应大于900mm，上口应用密封材料封固。

（7）铺设保护层

可参照第4.4.3.2条中有关条文的要求。

（8）合成高分子卷材，严禁在雨天、雪天施工；五级风及其以上时不得施工，环境气温低于5℃时不宜施工，低于-10℃时焊接法不宜施工。

4 防水层、隔汽层冬期施工

冬期施工的屋面防水层采用卷材时，可采用热熔法和冷粘法施工。热熔法施工温度不应低于-10℃，冷粘法施工温度不宜低于-5℃。

5 详图

（1）当高跨屋面为无组织排水时，低跨屋面受水冲刷的部位应加铺一层整幅卷材，再铺设300～500mm宽的板材加强保护；当有组织排水时，水落管下应加设钢筋混凝土水簸箕(图4.4.3.2-1)。

（2）屋面防水卷材铺贴、卷材搭接以及对接、收头；平屋面自排水、挑檐排水、女儿墙排水、水落口以及屋面与墙连接、屋面透气管（管根）等细部处理详见图4.4.3.2-2～图4.4.3.2-9。其他细部构造详见本标准第9.2节相关内容。

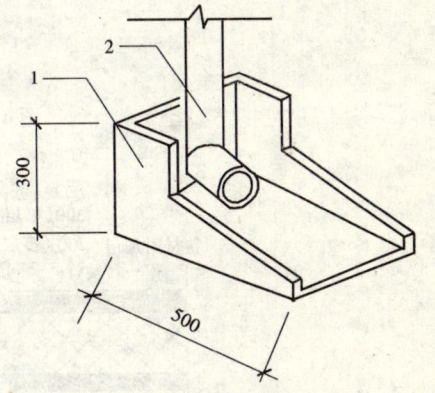

图4.4.3.2-1 钢筋混凝土水簸箕
1—钢筋混凝土水簸箕；2—水落管

4.4.4 成品保护

4.4.4.1 已做好的保温层、找平层应妥加保护，卷材铺设完后应及时做好保护；操作人员在其上行走，不得穿有钉的鞋；手推胶轮车在屋面运输材料，支腿应用麻袋包扎，或在屋面上铺板，防止将卷材划破。

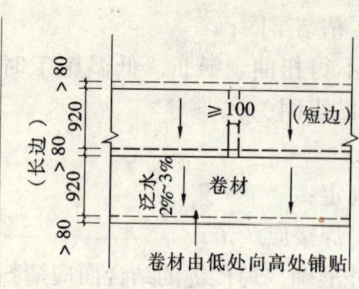

图4.4.3.2-2 平屋面卷材铺贴法

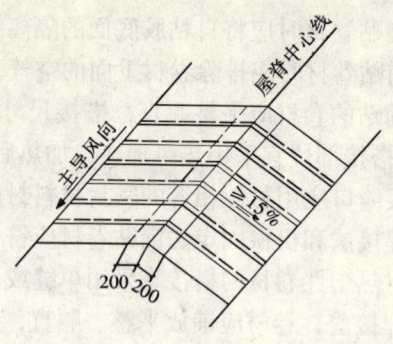

图4.4.3.2-3 小坡屋面卷材铺贴法

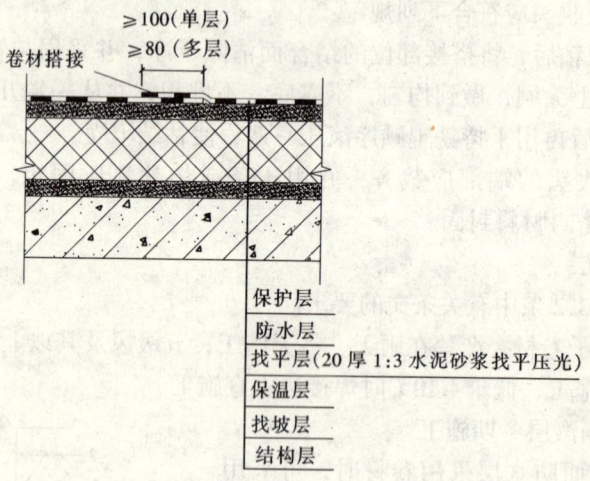

图4.4.3.2-4 卷材搭接法

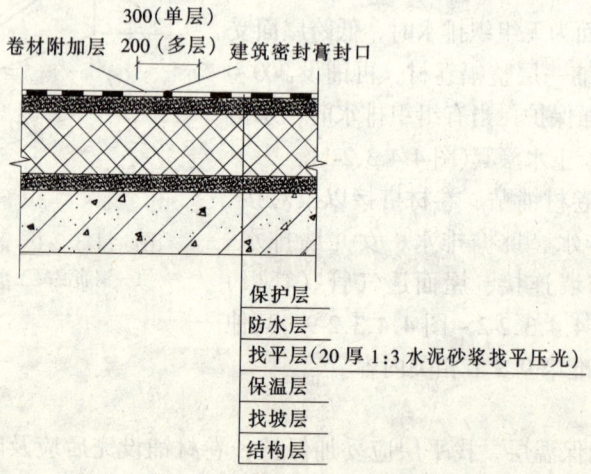

图4.4.3.2-5 卷材对接法

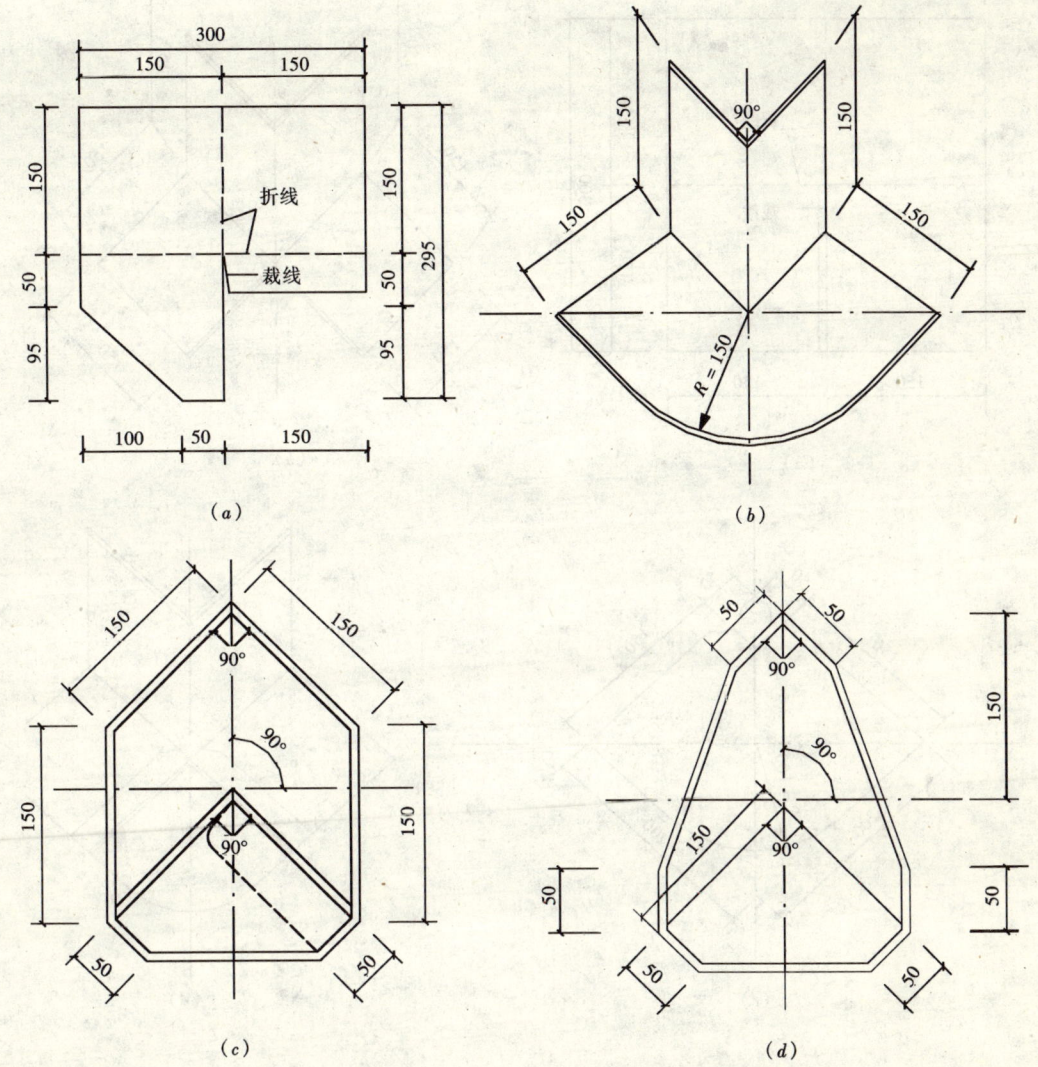

图 4.4.3.2-6 阴角配件图
(a) 阴角折裁图;(b) 阴角折型图;(c) 阴角组体图;(d) 阴角成形图

4.4.4.2 防水层施工时,注意不使胶粘剂流淌污染墙面、檐口和门窗等已完工项目。

4.4.4.3 水落口、斜沟、天沟等应及时清理,不得有杂物、垃圾堵塞。

4.4.4.4 伸出屋面管道、地漏、变形缝、盖板等,不得碰坏或不得使其变形、变位。

4.4.4.5 当高跨屋面为无组织排水时,低跨屋面受水冲刷的部位应加铺一层整幅卷材,再铺设 300～500mm 宽的板材加强保护;当有组织排水时,水落管下应加设钢筋混凝土水簸箕(图 4.4.3.2-1)。

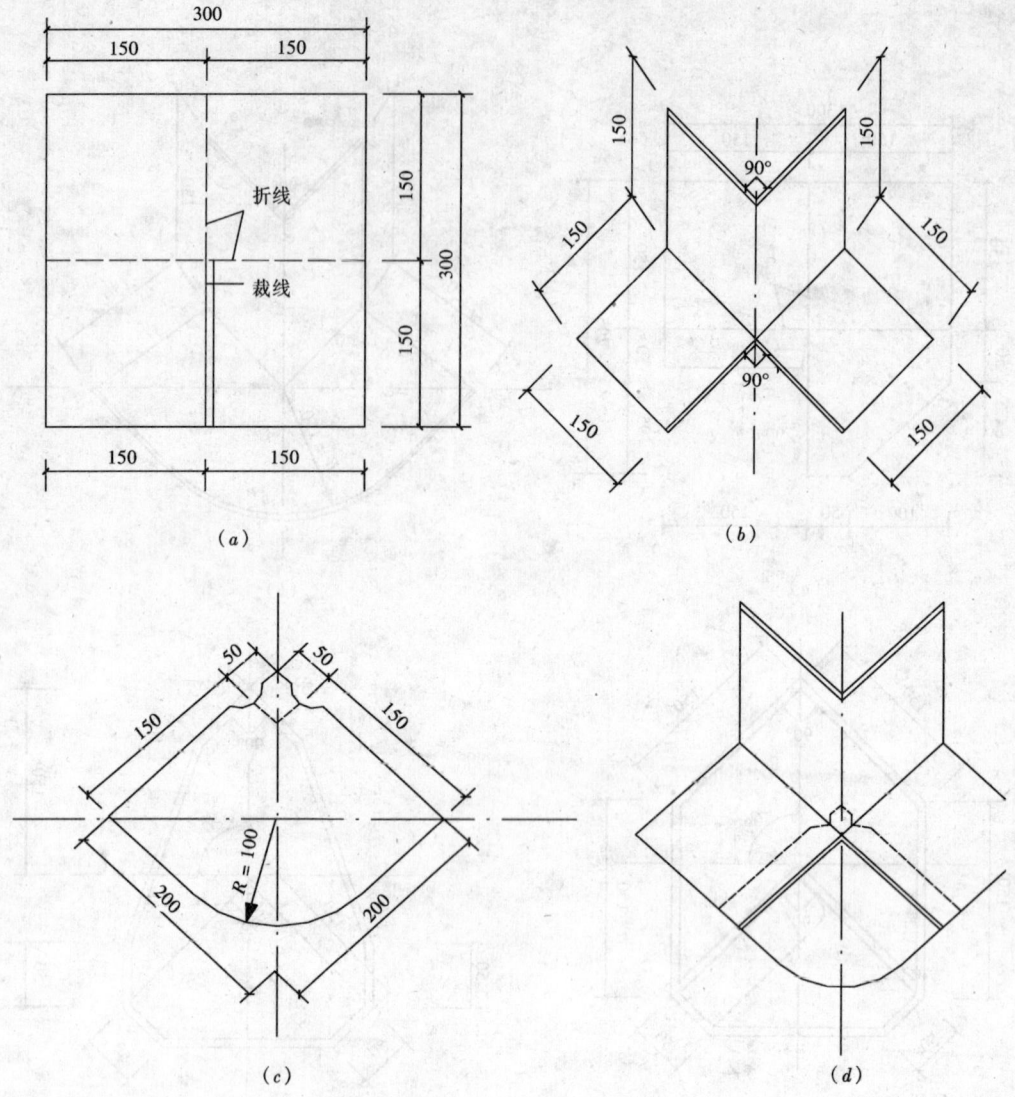

图 4.4.3.2-7 阳角配件图
(a) 阳角折裁图；(b) 阳角折式图；(c) 阳角附加图；(d) 阳角组体图

4.4.4.6 卷材屋面竣工后，禁止在其上凿眼、打洞或做安装、焊接等操作，以防破坏卷材造成漏水。

4.4.4.7 施工时，严格防止基层处理剂、各种胶粘剂和着色剂污染已完工的墙壁、檐口、饰面层等。

4.4.5 安全、环保措施

4.4.5.1 防水层所用材料和辅助材料均为易燃品，在存放材料的仓库及施工现场内要严禁烟火；在施工现场存放的防水材料应远离火源。

4.4.5.2 每次用完的施工工具，要及时用二甲苯等有机溶剂清洗干净，清洗后，溶剂要注意保存或处理掉。

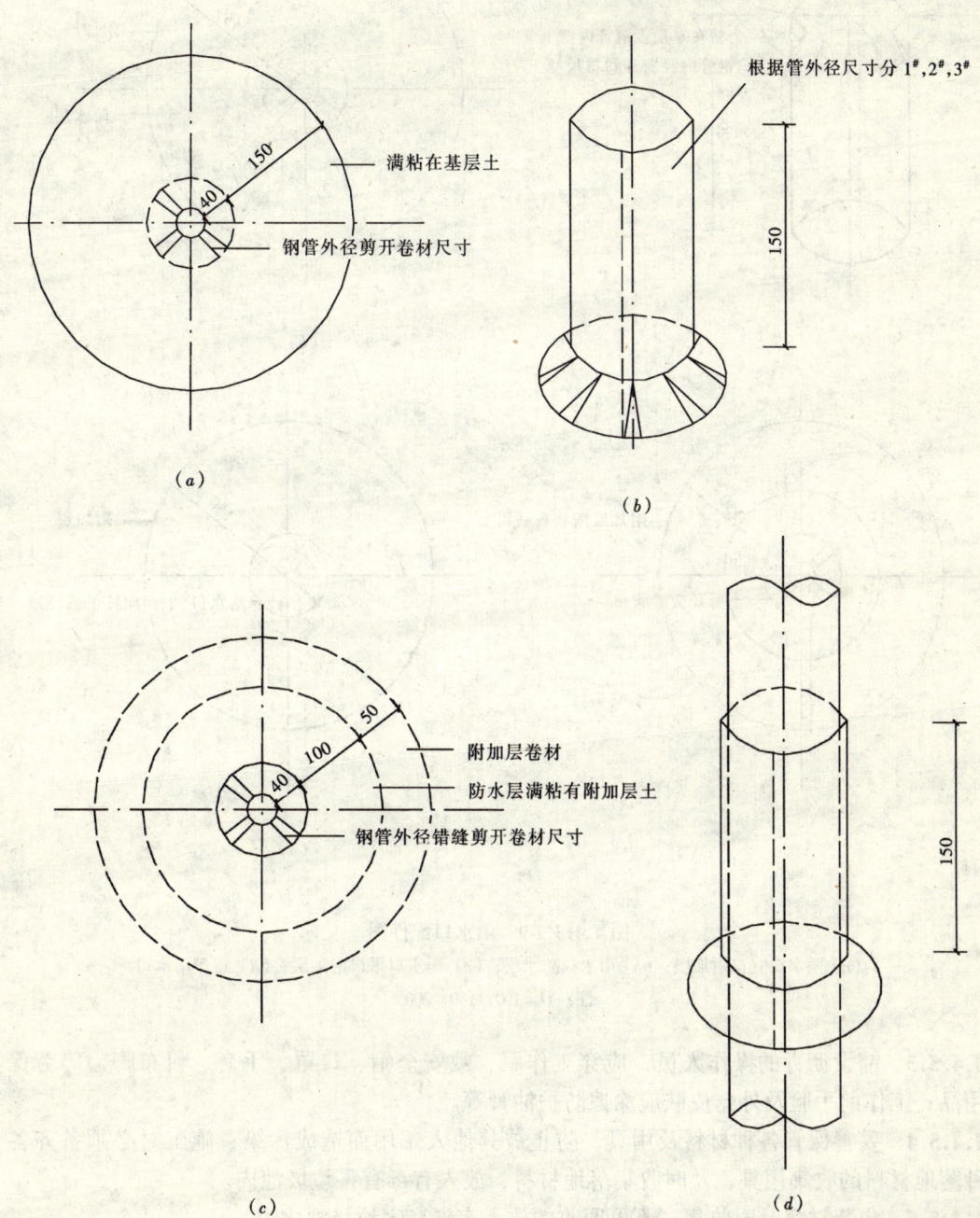

图 4.4.3.2-8 管根配件图
(a)管根附加层;(b)管根外套卷材;(c)管根防水层;(d)管根成型图
注:1#,φ120;2#,φ170;3#,φ220

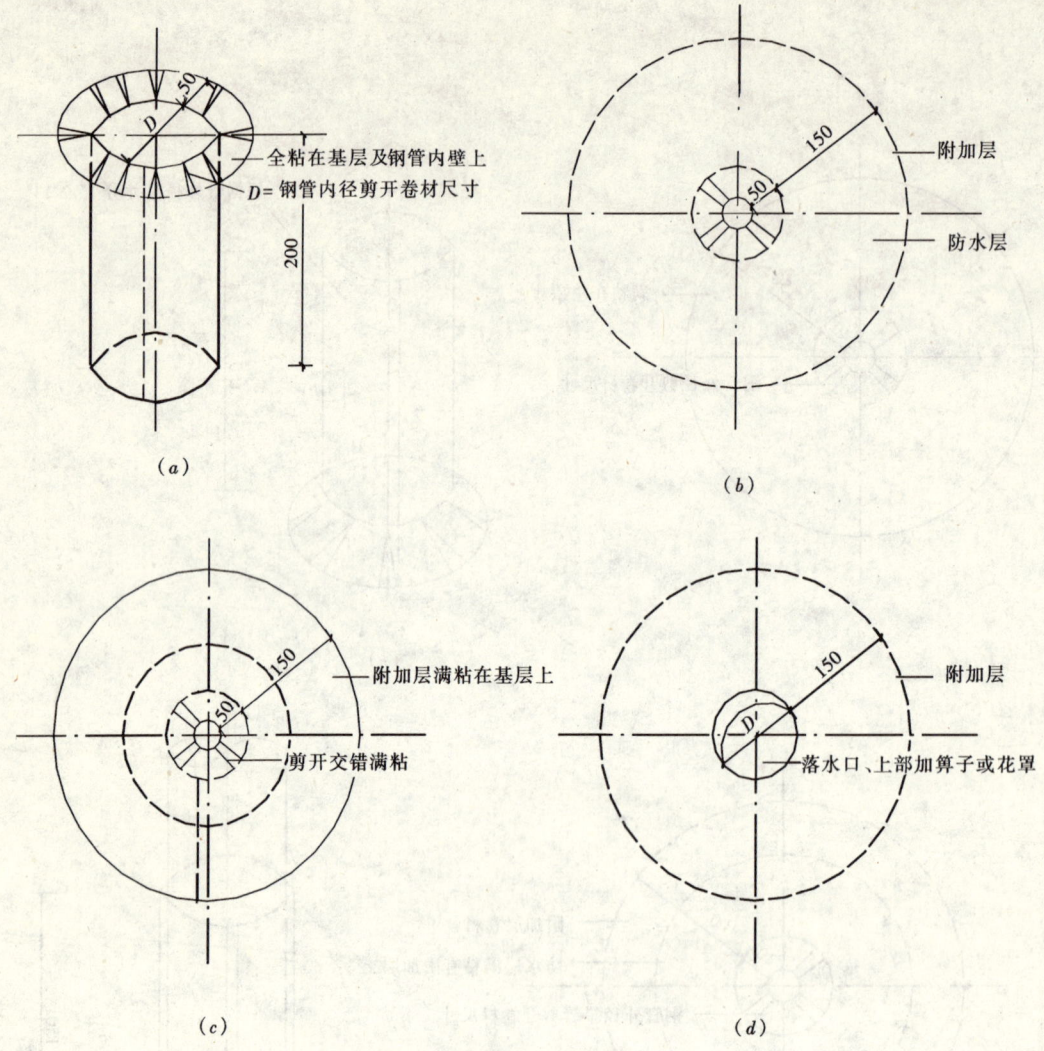

图4.4.3.2-9 雨水口配件图
(a)雨水口立口附加层；(b)雨水口防水层；(c)雨水口平口附加层；(d)成型雨水口
注：D=100,150,200

4.4.5.3 铺设沥青的操作人员，应穿工作服、戴安全帽、口罩、手套、帆布脚盖等劳保用品；工作前手脸及外露皮肤应涂擦防护油膏等。

4.4.5.4 妥善保管各种材料及用具，防止被其他人挪用而造成污染；施工时必须备齐各种落地材料的收集用具，及时收集落地材料，放入有毒有害垃圾池内。

4.4.5.5 包装材料及时收集，不可回收的放入有毒有害垃圾池内。

4.4.5.6 当天施工结束后，剩余材料及工具应及时清理入库，不得随意放置。

4.4.5.7 其他，详见本标准第3.0.15及第4.2.5条相关内容。

4.4.6 质量标准

主 控 项 目

4.4.6.1 卷材防水层所用卷材及其配套材料，必须符合设计要求。

检验方法：检查出厂合格证、质量检验报告和现场抽样复验报告。

4.4.6.2 卷材防水层不得有渗漏或积水现象。

检验方法：雨后观察或淋水、蓄水检验。

4.4.6.3 卷材防水层在天沟、檐沟、檐口、水落口、泛水、变形缝和伸出屋面管道的防水构造，必须符合设计要求。

检验方法：观察检查和检查隐蔽工程验收记录。

一 般 项 目

4.4.6.4 卷材防水层的搭接缝应粘（焊）结牢固，封闭严密，不得有皱折、翘边和鼓泡等缺陷；防水层的收头应与基层粘结并固定牢固，缝口封严，不得翘边。

检验方法：观察检查。

4.4.6.5 卷材防水层上的撒布材料和浅色涂料保护层应铺撒或涂刷均匀，粘结牢固；水泥砂浆、块材或细石混凝土保护层与卷材防水层间应设置隔离层；刚性保护层的分格缝留置应符合设计要求。

检验方法：观察检查。

4.4.6.6 排汽屋面排汽道应纵横贯通，不得堵塞。排汽管应安装牢固，位置正确，封闭严密。

检验方法：观察检查。

4.4.6.7 卷材的铺贴方向应正确，卷材的搭接宽度的允许偏差为 -10mm。

检查方法：观察和尺量检查。

4.4.7 质量验收

4.4.7.1 屋面各分项工程施工质量检验数量应符合第3.0.12条的规定，并在施工组织设计（或方案）中事先确定。

4.4.7.2 检验批质量验收应按本标准第3.0.14条执行。

4.4.7.3 验收时应检查各种原材料和胶粘剂的试验报告、材料进场检验记录等。

4.4.7.4 检验批质量验收记录当地无统一规定时，宜采用表4.4.7.4"卷材防水层工程检验批质量验收记录表"。

表 4.4.7.4 卷材防水层工程检验批质量验收记录表

GB 50207—2002

单位（子单位）工程名称				
分部（子分部）工程名称			验收部位	
施工单位			项目经理	
分包单位			分包项目经理	
施工执行标准名称及编号				
		施工质量验收规范的规定	施工单位检查评定记录	监理（建设）单位验收记录
主控项目	1 卷材及配套材料质量	必须符合设计要求		
	2 卷材防水层	不得有渗漏或积水现象		
	3 防水细部构造	必须符合设计要求		
一般项目	1 卷材搭接缝与收头质量	搭接缝应粘（焊）结牢固，密封严密，不得有皱折、翘边和鼓泡等缺陷；防水层的收头应与基层粘结并固定牢固，缝口封严，不得翘边		
	2 卷材保护层	应铺撒或涂刷均匀，粘结牢固；水泥砂浆、块材或细石混凝土保护层与卷材防水层间应设置隔离层；刚性保护层的分格缝留置应符合设计要求		
	3 排汽屋面孔道留设	应纵横贯通，不得堵塞。排汽管应安装牢固，位置正确，封闭严密		
	4 卷材铺贴方向	铺贴方向正确		
	5 搭接宽度允许偏差	－10mm		
施工单位检查评定结果	专业工长（施工员）		施工班组长	
	项目专业质量检查员：			年 月 日
监理（建设）单位验收结论				
	监理工程师（建设单位项目专业技术负责人）：			年 月 日

5 涂膜防水屋面工程

5.1 一般规定

5.1.1 涂膜防水屋面主要适用于防水等级为Ⅲ级、Ⅳ级的屋面防水，也可作Ⅰ级、Ⅱ级屋面多道防水设防中的一道防水层。防水涂料应采用高聚物改性沥青防水涂料、合成高分子防水涂料和聚合物水泥防水涂料。

5.1.2 防水涂膜施工应符合下列规定：

5.1.2.1 涂膜应根据防水涂料的品种分层分遍涂布，不得一次涂成，且前后两遍涂料的涂布方向应相互垂直。

5.1.2.2 应待先涂的涂层干燥成膜后，方可涂后一遍涂料。

5.1.2.3 需铺设胎体增强材料时，屋面坡度小于15%时，可平行屋脊铺设，屋面坡度大于15%时，应垂直于屋脊铺设，并由屋面最低处向上进行。

5.1.2.4 胎体增强材料长边搭接宽度不应小于50mm，短边搭接宽度不应小于70mm。

5.1.2.5 采用二层胎体增强材料时，上下层不得相互垂直铺设，搭接缝应错开，其间距不应小于幅宽的1/3。

5.1.3 屋面基层的干燥程度应视所用涂料特性确定。当采用溶剂型涂料时，屋面基层应干燥。

5.1.4 多组分涂料应按配合比准确计量，搅拌均匀，并应根据涂料有效时间确定使用量。

5.1.5 天沟、檐沟、檐口、泛水和立面涂膜防水层的收头，应用防水涂料多遍涂刷或用密封材料封严。

5.1.6 涂膜防水层完工并经验收合格后，应做好成品保护。保护层的施工应符合本标准第4.4.3.2（6）款的规定。

5.1.7 每道涂膜防水层厚度选用应符合表5.1.7的规定。

表 5.1.7 涂膜厚度选用表

屋面防水等级	设防道数	高聚物改性沥青防水涂料	合成高分子防水涂料和聚合物水泥防水涂料
Ⅰ级	三道或三道以上设防	—	不应小于1.5mm
Ⅱ级	二道设防	不应小于3mm	不应小于1.5mm
Ⅲ级	一道设防	不应小于3mm	不应小于2mm
Ⅳ级	一道设防	不应小于2mm	—

5.1.8 涂膜屋面冬期施工

5.1.8.1 涂膜屋面防水施工应选用溶剂型或热熔型，其涂料及胎体增强材料的物理性能应符合附录A、E、F、J的有关要求。

溶剂型涂料贮运和保管的环境温度不宜低于0℃，并应避免碰撞。保管环境应干燥、通风并远离火源。

5.1.8.2 涂膜屋面防水施工应满足下列要求：

1 在雨、雪天，五级风及以上时不得施工。

2 基层处理剂可选用有机溶剂稀释而成。使用时，应充分搅拌，涂刷均匀，覆盖完全，干燥后方可进行涂膜施工。

3 涂膜防水应由二层以上涂层组成，总厚度应达到设计要求，其成膜厚度不应小于2mm。

4 施工时，可采用涂刮或喷涂。当采用涂刮施工时，每遍涂刮的推进方向宜与前一遍互相垂直，并在前一遍涂料干燥后，方可进行后一遍涂料的施工。

5 使用双组分涂料时应按配合比正确计量，搅拌均匀，已配成的涂料及时使用。配料时可加入适量的稀释剂，但不得混入固化涂料。

6 在涂层中夹铺胎体增强材料时，位于胎体下面的涂层厚度不应小于1mm，最上层的涂料层不应少于二遍。胎体长边搭接宽度不得小于50mm，短边搭接宽度不得小于70mm。采用二层胎体增强材料时，上下层不得互相垂直铺设，搭接缝应错开，间距不应小于一个幅面宽度的1/3。

7 天沟、檐沟、檐口、泛水等部位，均应加铺有胎体增强材料的附加层。水落口周围与屋面交接处，应作密封处理，并加铺两层有胎体增强材料的附加层，涂膜伸入水落口的深度不得小于50mm，涂膜防水层的收头应用密封材料封严。

涂膜屋面防水工程在涂膜层固化后应做保护层。保护层可采用分格水泥砂浆、细石混凝土或块材等。

5.2 屋面找平层

涂膜防水屋面找平层工程应符合本标准第4.2节的规定。

5.3 屋面保温层

涂膜防水屋面保温层工程应符合本标准第4.3节的规定。

5.4 涂膜防水层

本节适用于防水等级为Ⅰ～Ⅳ级屋面防水施工。

5.4.1 施工准备

5.4.1.1 技术准备

见本标准第3.0.3条中相关内容。

5.4.1.2 材料准备

高聚物改性沥青防水涂料、合成高分子防水涂料、聚合物水泥防水涂料、胎体增强材料、改性石油沥青密封材料、合成高分子密封材料等。

5.4.1.3 主要机具

1 主要设备

电动搅拌机、高压吹风机、称量器、灭火器等。

2 主要工具

拌料桶、小油漆桶、塑料或橡胶刮板、长柄滚刷、铁抹子、小平铲、扫帚、墩布、剪刀、卷尺等。

5.4.1.4 作业条件

1 主体结构必须经有关部门正式检查验收合格后，方可进行屋面防水工程施工。

2 装配式钢筋混凝土板的板缝处理以及保温层、找平层均已完工，含水率符合要求。

3 屋面的安全措施如围护栏杆、安全网等消防设施均齐全，经检查符合要求，劳保用品能满足施工操作。

4 组织防水施工队的技术人员，熟悉图纸，掌握和了解设计意图，解决疑难问题，确定关键性技术难关的施工程序和施工方法。

5 施工机具齐全，运输工具、提升设施安装试运转正常。

6 现场的贮料仓库及堆放场地符合要求，设施完善。

7 施工环境气温：溶剂型涂料宜为-5~35℃；乳胶型涂料宜为5~35℃；反应型涂料宜为5~35℃；聚合物水泥涂料宜为5~35℃；严禁在雨天和雪天施工，五级风及其以上不得施工。

5.4.2 材料质量控制

5.4.2.1 防水材料、密封材料、胎体增强材料取样要求见表5.4.2.1，物理性能见附录A、E、F、J和本标准第6.3.2.1条相关内容。

表5.4.2.1 防水材料、密封材料、胎体增强材料取样要求

材料名称	现场抽样数量	外观质量检查	物理性能检验
高聚物改性沥青	每10t为一批，不足10t，按一批抽样	包装完好无损，须标明涂料名称、生产日期、生产厂名、产品有效日期，无沉淀、凝胶、分层	固体含量，耐热度，低温柔性，不透水性延性，延伸性或抗裂性
合成高分子防水涂料聚合物水泥防水涂料	每10t为一批，不足10t，按一批抽样	包装完好无损，须标明涂料名称、生产日期、生产厂名、产品有效日期	固体含量，拉伸强度，断裂延伸率，低温柔性，不透水性
胎体增强材料	每3000m²为一批，不足3000m²，按一批抽样	均匀，无团状，平整，无折皱	拉力延伸率
改性石油沥青密封材料	每2t为一批，不足2t，按一批抽样	黑色均匀膏状，无结块和未浸透的喷料	耐热度，低温，柔性，拉伸粘结性，施工度
合成高分子密封材料	每1t为一批，不足1t，按一批抽样	均匀膏状物，无结皮、凝胶或不易分散的固体团状	拉伸粘结性，柔性

5.4.2.2 防水材料、密封材料、胎体增强材料均应有出厂合格证、质保书，符合该产品的技术质量要求。

5.4.2.3 涂膜防水层屋面材料用量参考，见表5.4.2.3-1、表5.4.2.3-2。

表 5.4.2.3-1 挥发固化型涂料用量

层次	一层做法	二层做法		
	一毡二涂 （一毡四胶）	二布三涂 （二布六胶）	一布一毡三涂 （一布一毡六胶）	一布一毡三涂 （一布一毡八胶）
加筋材料	聚酯毡	玻纤布二层	聚酯毡、玻纤布各一层	聚酯毡、玻纤布各一层
胶料量	2.4	3.0	3.4	4.8
总厚度（mm）	1.5	1.8	2.0	3.0
第一遍	刷胶料 0.7	刷胶料 0.6	刷胶料 0.7	刷胶料 0.7
第二遍	刷胶料 0.5 铺毡一层 毡面刷胶 0.4	刷胶料 0.5 铺玻纤布一层 布面刷胶 0.4	刷胶料 0.5 铺毡一层 毡面刷胶 0.5	刷胶料 0.7
第三遍	刷胶料 0.8	刷胶料 0.5 铺玻纤布一层 布面刷胶 0.5	刷胶料 0.5 铺玻纤布一层 布面刷胶 0.5	刷胶料 0.5 铺毡一层 毡面刷胶 0.5
第四遍		刷胶料 0.5	刷胶料 0.7	刷胶料 0.5 铺玻纤布一层 布面刷胶 0.5
第五遍				刷胶料 0.7
第六遍				刷胶料 0.7

表 5.4.2.3-2 反应固化型涂料用量

层次	纯涂层		一层做法
	二胶	三胶	一布二涂（一布四胶）
加筋材料	—	—	聚酯毡或玻纤布
胶料总量（kg/m²）	1.2~1.5	1.8~2.1	2.5~3.0
总厚度（mm）	1.0	1.5	2.0
第一遍	刮胶料 0.6~0.7	刮胶料 0.6~0.7	刮胶料 0.6~0.7
第二遍	刮胶料 0.6~0.8	刮胶料 0.6~0.7	刮胶料 0.4~0.5 铺玻纤布一层 刮胶料 0.4~0.5
第三遍		刮胶料 0.6~0.7	刮胶料 0.5~0.6
第四遍			刮胶料 0.5~0.6

5.4.3 施工工艺

5.4.3.1 工艺流程

基层清理→涂刷基层处理剂→铺设有胎体增强材料附加层→涂刷防水层→铺设保护层

5.4.3.2 施工要点

1 基层清理：基层验收合格，表面尘土、杂物清理干净并应干燥。

2 涂刷基层处理剂：待基层清理洁净后，即可满涂一道基层处理剂，可用刷子用力薄涂，使基层处理剂进入毛细孔和微缝中，也可用机械喷涂。涂刷均匀一致，不漏底。基层处理剂常用涂膜防水材料稀释后使用，其配合比应根据不同防水材料按产品说明书的要求配置,溶剂型涂料可用溶剂稀释,乳液型涂料可用软水稀释。

3 铺设有胎体增强材料的附加层:按设计和防水细部构造要求,在天沟、檐沟与屋面交接处、女儿墙、变形缝两侧墙体根部等易开裂的部位,铺设一层或多层带有胎体增强材料的附加层。

4 涂膜防水层必须由两层以上涂层组成,每一涂层应刷二遍到三遍,达到分层施工,多道薄涂。其总厚度必须达到设计要求,并符合第5.1.7条的规定。

5 双组分涂料必须按产品说明书规定的配合比准确计量,搅拌均匀,已配成的双组分涂料必须在规定的时间内用完。配料时允许加入适量的稀释剂、缓凝剂或促凝剂来调节固化时间,但不得混入已固化的涂料。

6 由于防水涂料品种多,成分复杂,为准确控制每道涂层厚度、干燥时间、粘结性能等,在施工前均应经试验确定。

7 涂刷防水层:

(1) 涂布顺序:当遇有高低跨屋面时,一般先涂布高跨屋面,后涂布低跨屋面,在相同高度大面积屋面上施工,应合理划分施工段,分段尽量安排在变形缝处,在每一段中应先涂布较远的部位,后涂布较近的屋面;先涂布立面,后涂布平面;先涂布排水比较集中的水落口、天沟、檐口,再往上涂屋脊、天窗等。

(2) 纯涂层涂布一般应由屋面标高最低处顺脊方向施工,并根据设计厚度,分层分遍涂布,待先涂的涂层干燥成膜后,方可涂布后一道涂布层,其操作要点如下:

1) 用棕刷蘸胶先涂立面,要求多道薄涂,均匀一致、表面平整,不得有流淌堆积现象,待第一遍涂层干燥成膜后,再涂第二遍,直至达到规定的厚度。

2) 待立面涂层干燥后,应从水落口、天沟、檐口部位开始,屋面大面积涂布施工时,可用毛刷、长柄棕刷、胶皮刮板刮刷涂布,每一涂层宜分两遍涂刷,每遍的厚度应按试验确定的$1m^2$涂料用量控制。施工时应从檐口向屋脊部位边涂边退,涂膜厚度应均匀一致,表面平整,不起泡,无针孔。当第一遍涂膜干燥后,经专人检查合格,清扫干净后,可涂刷第二遍。施工时,应与第一遍涂料涂刷方向相互垂直,以提高防水层的整体性与均匀性。并注意每遍涂层之间的接槎。在每遍涂刷时,应退槎50~100mm,接槎时也应超过50~100mm,避免搭接处产生渗漏。其余各涂层均按上述施工方法,直达到设计规定的厚度。

(3) 夹铺胎体增强材料的施工方法

1) 湿铺法:由于防水涂料品种较多,施工方法各异,具体施工方法应根据设计构造层次、材料品种、产品说明书的要求组织施工。现仅以二布六涂为例,即底涂分两遍完成,在涂第二遍涂料时趁湿铺贴胎体材料;加筋涂层也分两遍完成,在涂布第四遍涂料时趁湿铺贴胎体材料;面涂层涂刷两遍,共六遍成活,也就是通常所说的二布六涂(胶),其湿铺法操作要点如下:

a 基层及附加层按设计及标准施工完毕,并经检查验收合格。

b 根据设计要求,在整个屋面上涂刷第一遍涂料。

c 在第一遍涂料干燥后,即可从天沟、檐口开始,分条涂刷第二遍涂料,每条宽度应与胎体材料宽度一致,一般应弹线控制,在涂刷第二遍涂料后,趁湿随即铺贴第一层胎体增强材料,铺时先将一端粘牢,然后将胎体材料展开平铺或紧随涂布涂料的后面向前方推滚铺贴,并将胎体材料两边每隔1m左右用剪刀剪一长30mm的小口,以利铺贴平整。铺贴时不得用力拉伸,否则成膜后产生一较大收缩,易于脱开、错动、翘边或拉裂;但过松也会产生皱折,胎体材料铺贴后,立即用滚动刷由中部向两边来回依次向前滚压平整,排除空气,并使防水涂料渗出胎体表面,使其贴牢,不得有起皱和粘贴不牢的现象,凡有起皱现象应剪开贴平。如发现表面露白或空鼓说明涂料不足,应在表面补刷,使其渗透胎体与底基粘牢,胎体增强材料的搭接应符合设计及标准的要求。

d 待第二遍涂料干燥并经检查合格,即可按涂刷第一遍涂料的要求,对整个屋面涂刷第三遍涂料。

e 待第三遍涂料干燥后,即可按涂刷第二遍涂料的方法,涂刷第四遍涂料,铺贴第二层胎体增强材料。

f 按上述方法依次涂刷面层第五遍、第六遍涂料。

2)干铺法:涂膜中夹铺胎体增强材料也有采用干铺法。操作时仅第二遍、第四遍涂料干燥后,干铺胎体增强材料,再分别涂刷第三遍和第五遍涂料,并使涂料渗透胎体增强材料,与底层涂料牢固结合,其他各涂层施工与湿铺法相同。

3)空铺法:涂膜防水屋面,还可采用空铺法。为提高涂膜防水层适应基层变形的能力或作排汽屋面时,可在基层上涂刷两道浓石灰浆等作隔离剂,也可直接在胎体上涂刷防水涂料进行空铺,但在天沟、节点及屋面周边800mm内应与基层粘牢,其他各涂层的施工与涂膜的湿(干)铺方法相同。

8 保护层施工

(1)粉片状撒物保护层施工要求:当采用云母、蛭石、细砂等松散材料作保护层时,应筛去粉料。在涂布最后一遍涂料时,随即趁湿撒上覆盖材料,应撒布均匀(可用扫帚轻扫均匀),不得露底,轻拍或辊压粘牢,干燥后清除余料;撒布时应注意风向,不得撒到未涂面层涂料的部位,以免造成污染或产生隔离层,而影响质量。

(2)浅色涂料保护层,应在面层涂料完全干燥、验收合格、清扫洁净后及时涂布,施工时,操作人员应站在上风向,从檐口或端头开始依次后退进行涂刷或喷涂,施工要求与涂膜防水相同。

(3)水泥砂浆、细石混凝土、板块保护层,均应待涂膜防水层完全干燥后,经淋(蓄)水试验,确保无渗漏后方可施工。保护层施工参见本标准第4.4.3.2条中有关条文要求。

9 详图

涂膜防水屋面预制板端缝及找平层分仓缝做法和保温层排气槽做法见图5.4.3.2-1、图5.4.3.2-2。其他细部构造详见本标准第9.3节相关内容。

5.4.4 成品保护

5.4.4.1 施工人员必须穿软鞋底在屋面操作,并避免在施工完的涂层上走动,以免鞋底及尖硬物将涂层划破。

5.4.4.2 防水涂层干燥固化后,应及时做保护层,减少不必要的返修。

5.4.4.3 涂膜防水层施工时,防水涂料不得污染已做好饰面的墙壁和门窗等。

5.4.4.4 严禁在已施工好的防水层上堆放物品,特别是钢结构件。

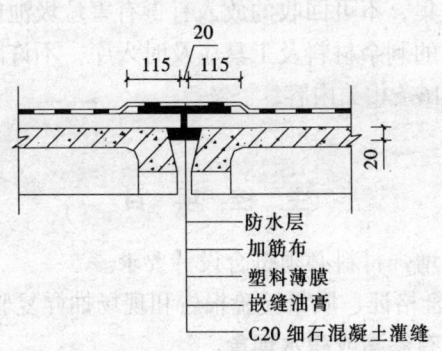

图 5.4.3.2-1 预制板端缝及找平层分仓缝做法

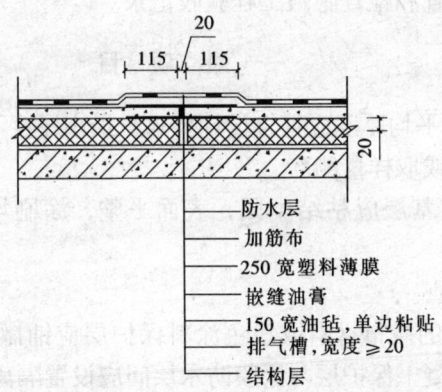

图 5.4.3.2-2 保温层排气槽做法

5.4.4.5 穿过屋面的管道应加以保护，施工过程中不得碰坏；地漏、水落口等处施工中应采取措施保持畅通，防止堵塞。

5.4.4.6 防水层施工完后，一周内不应上人或继续进行其他工序施工。

5.4.5 安全、环保措施

5.4.5.1 包装涂料必须封闭严密，不得敞口贮存。

5.4.5.2 存放材料的现场和仓库必须通风良好、干燥和远离火源，通风条件差的现场和仓库必须安装通风机械设备，防止中毒、失火、爆炸事件发生。

5.4.5.3 仓库和施工现场必须严禁烟火，并配备消防、环保型灭火器材。

5.4.5.4 配料、施工操作时要戴手套、口罩，穿工作服等。

5.4.5.5 搅拌材料时，加料口及出料口要关严，传动部件加安全罩。

5.4.5.6 进行防水作业时，必须妥善保管各种材料及用具，防止被其他人挪用而造成污染；施工时必须配备收集落地材料的用具，及时收集落地材料，放入有毒有害垃圾池内。

5.4.5.7 包装材料及时收集，不可回收的放入有毒有害垃圾池内。

5.4.5.8 当天施工结束后的剩余材料及工具应及时入库，不许随意放置。

5.4.5.9 其他参照第3.0.16条相关内容。

5.4.6 质量标准

主 控 项 目

5.4.6.1 防水涂料和胎体增强材料必须符合设计要求。

　　检验方法：检查出厂合格证、质量检验报告和现场抽样复验报告。

5.4.6.2 涂膜防水层不得有渗漏或积水现象。

　　检验方法：雨后或淋水、蓄水检验。

5.4.6.3 涂膜防水层在天沟、檐沟、檐口、水落口、泛水、变形缝和伸出屋面管道的防水构造，必须符合设计要求。

　　检验方法：观察检查和检查隐蔽工程验收记录。

一 般 项 目

5.4.6.4 涂膜防水层的平均厚度应符合设计要求，最小厚度不应小于设计厚度的80%。

　　检验方法：针测法或取样量测。

5.4.6.5 涂膜防水层与基层应粘结牢固，表面平整，涂刷均匀，无流淌、皱折、鼓泡、露胎体和翘边等缺陷。

　　检验方法：观察检查。

5.4.6.6 涂膜防水层上的撒布材料或浅色涂料保护层应铺撒或涂刷均匀，粘结牢固；水泥砂浆、块材或细石混凝土保护层与涂膜防水层间应设置隔离层；刚性保护层的分格缝留置应符合设计要求。

　　检验方法：观察检查。

5.4.6.7 涂膜防水层厚度若设计无要求时，应符合表5.1.7的规定。

　　检验方法：用针测法或取样量测。

5.4.7 质量验收

5.4.7.1 分项工程施工质量检验数量应符合第3.0.12条的规定。在施工组织设计（或方案）中事先确定。

5.4.7.2 检验批的验收应按本标准第3.0.14条执行。

5.4.7.3 检验时应检查涂膜防水材料的出厂合格证和质量试验报告。

5.4.7.4 检验批质量验收记录，当地政府无统一规定时，宜采用表5.4.7.4"涂膜防水层工程检验批质量验收记录表"。

表 5.4.7.4 涂膜防水层工程检验批质量验收记录表
GB 50207—2002

单位（子单位）工程名称				
分部（子分部）工程名称			验收部位	
施工单位			项目经理	
分包单位			分包项目经理	
施工执行标准名称及编号				

		施工质量验收规范的规定		施工单位检查评定记录	监理（建设）单位验收记录
主控项目	1	防水涂料及胎体增强材料质量	必须符合设计要求		
	2	涂膜防水层不得有渗漏或积水	防水层不得有渗漏或积水		
	3	防水细部构造	必须符合设计要求		
一般项目	1	涂膜施工	应符合设计要求		
	2	涂膜保护层	应符合设计要求		
	3	涂膜厚度符合设计要求，最小厚度	≥80%设计厚度		

	专业工长（施工员）		施工班组长	
施工单位检查评定结果	项目专业质量检查员：			年 月 日
监理（建设）单位验收结论	专业监理工程师（建设单位项目专业技术负责人）：			年 月 日

6 刚性防水屋面工程

6.1 一 般 规 定

6.1.1 刚性防水屋面主要适用于防水等级为Ⅲ级的屋面防水，也可用作Ⅰ、Ⅱ级屋面多道防水设防中的一道防水层；刚性防水层不适用于受较大振动或冲击的建筑屋面。

6.1.2 防水层的细石混凝土宜用普通硅酸盐水泥或硅酸盐水泥，不得使用火山灰质水泥；当采用矿渣硅酸盐水泥时，应采用减少泌水性的措施。粗骨料的最大粒径不宜大于15mm，含泥量不应大于1%，细骨料含泥量不应大于2%。

混凝土水灰比不应大于0.55，每立方米混凝土水泥用量不得少于330kg，含砂率宜为35%～40%，灰砂比宜为1:2～1:2.5。

钢纤维混凝土的水灰比宜为0.45～0.50；砂率宜为40%；每立方米混凝土的水泥和掺合料用量宜为360～400kg；混凝土中的钢纤维体积率宜为0.8%～1.2%。

防水层的细石混凝土宜掺外加剂（膨胀剂，减水剂，防水剂）以及掺合料、钢纤维等材料，并应用机械搅拌，应按配合比准确计量，投料顺序得当；浇筑时采用机械振捣。

6.1.3 防水层的分格缝，应设置在屋面板的支承端、屋面转折处、防水层与突出屋面的结构交接处，并应与板缝对齐，其纵横向间距不宜大于6m。分格缝内应嵌填密封材料。

6.1.4 细石混凝土防水层的厚度不应小于40mm，并应配置直径为4～6mm双向钢筋网片，间距100～200mm。钢筋网片在分格缝处应断开，其保护层厚度不小于10mm。

6.1.5 细石混凝土防水层与立墙及突出屋面的结构等交接处，应留宽度为30mm的缝隙，并应做柔性密封处理；在细石混凝土防水层与基层间宜设置隔离层。隔离层可采用纸筋灰、麻刀灰、低强度等级砂浆、干铺卷材或聚乙烯薄膜等材料。

6.1.6 在补偿收缩混凝土中掺用膨胀剂时，应根据膨胀剂的种类、环境温度、水泥品种、配筋率确定最佳掺量，补偿收缩混凝土的自由膨胀率应为0.05%～0.1%。

6.1.7 刚性防水屋面应采用结构找坡，坡度为2%～3%。天沟、檐沟的排水坡度不应小于1%，应用1:2～1:3的水泥砂浆找坡，找坡厚度大于20mm时宜采用细石混凝土找坡。

6.1.8 装配式钢筋混凝土结构屋面板，板缝处理见本标准第4.1.4条的规定。

6.1.9 刚性防水层内严禁埋设管线。

6.1.10 密封材料嵌缝适用于刚性防水屋面分格缝以及天沟、檐沟、泛水、变形缝等细部构造的密封处理。

6.1.11 密封防水部位的基层质量应符合下列要求：

6.1.11.1 基层应牢固，表面应平整、密实，不得有蜂窝、麻面、起皮和起砂现象。

6.1.11.2 嵌填密封材料的基层应干净、干燥。

6.1.12 密封防水处理连接部位的基层，应涂刷与密封材料相配套的基层处理剂。基层处理剂应配比准确，搅拌均匀。采用多组分基层处理剂时，应根据有效时间确定使用量。

6.1.13 接缝处的密封材料底部应填放背衬材料，外露的密封材料上应设置保护层，其宽度不应小于100mm。

6.1.14 密封材料嵌填完成后不得碰损及污染，固化前不得踩踏。

6.1.15 屋面密封防水的接缝宽度不应大于40mm，且不应小于10mm；接缝深度可取接缝宽度的0.5~0.7倍。

6.1.16 刚性防水屋面冬期施工

6.1.16.1 混凝土防水层禁止在雨天或雪天施工。

6.1.16.2 接缝密封防水施工的气候条件：

 1 密封材料严禁在雨天或雪天施工；五级风及其以上时不得施工。

 2 施工气温：改性沥青密封材料宜为0~35℃；溶剂型合成高分子密封材料宜为0~35℃；乳胶型和反应型合成高分子密封材料宜5~35℃。

6.2 细石混凝土防水层

6.2.1 施工准备

6.2.1.1 技术准备

 详见本标准第3.0.3条中相关内容。

6.2.1.2 材料准备

 水泥、砂、石子、水、钢筋、外加剂、掺合料、钢纤维、基层处理剂、隔离材料、嵌缝密封材料、背衬材料、分格缝木条、工具清洗剂等。

6.2.1.3 主要机具

 1 机械设备

 强制式混凝土搅拌机、塔式起重机、平板振动器、高压吹风机等。

 2 主要工具

 滚筒（重40~50kg，长600mm左右）、铁压板（250mm×300mm，特制）、铁抹子、钢丝刷、平铲、扫帚、油漆刷、刀、熬胶铁锅、温度计（200℃）、鸭嘴壶等。

6.2.1.4 作业条件

 1 主体结构必须经有关部门正式检查验收合格方可进行屋面防水工程施工。

 2 装配式结构的屋面灌缝、找平，有保温层的屋面找平均已完工，含水率符合要求。

 3 屋面的安全设施，如围护栏杆、安全网等消防设施均齐全，经检查符合要求，劳保用品能满足施工操作需要。

 4 施工机具齐全，运输工具提升设施安装试运转正常。

 5 现场的贮料仓库及堆放场地符合要求，设施完善。

 6 刚性防水层的施工气温宜为5~35℃，不得在负温和烈日曝晒下施工。

 7 组织施工技术人员，熟悉图纸，掌握和了解设计意图，解决疑难问题，确定关键性技术难关、施工程序和施工方法。

6.2.2 材料质量控制

6.2.2.1 水泥

 1 强度等级不低于32.5级的普通硅酸盐水泥、硅酸盐水泥或矿渣硅酸盐水泥。

    2 有出厂合格证和复试报告。水泥的质量标准、取样方法和检验项目见《混凝土结构工程施工技术标准》ZJQ 08—SGJB 204—2005。
    3 对水泥质量有怀疑或水泥出厂日期超过三个月时间应在使用前作复试，按复试结果使用。

6.2.2.2 石子

粗骨料采用坚硬的卵石或碎石，级配良好，粒径为5~15mm，含泥量不得大于1%。其他同第4.2.2.2条相关内容。

6.2.2.3 砂

采用中砂或粗砂，含泥量不大于2%。砂的质量标准、取样方法和检验项目见《混凝土结构工程施工技术标准》ZJQ 08—SGJB 204—2005。

6.2.2.4 外加剂

    1 减水剂、早强剂、缓凝剂、膨胀剂、防水剂等外加剂性能应根据施工条件和要求选用，有出厂合格证和复试性能符合产品标准及施工要求。质量标准见《混凝土结构工程施工技术标准》ZJQ 08—SGJB 204—2005。
    2 刚性防水层中使用的外加剂，根据不同品种的适用范围、技术要求来选用，常用的外加剂品种、性能、掺量见表6.2.2.4-1~表6.2.2.4-7。

表6.2.2.4-1 常用膨胀剂主要品种

名 称	掺 量	主 要 成 分
明矾石膨胀剂	15%~20%	天然明矾石、无水石膏或二水石膏
CSA膨胀剂	8%~10%	无水铝酸钙、无水石膏、游离石灰、$\beta\text{-}C_2S$
U型膨胀剂	10%~14%	C_4A_3S、明矾石、石膏
石灰膨胀剂	3%~5%	生石灰
FS膨胀剂	6%~10%	—
TEA膨胀剂	8%~12%	膨润土

表6.2.2.4-2 常用防水剂主要品种

名 称		一般掺量	主 要 性 能、用 途
氯化物金属盐类防水剂		2.5%~5%（占水泥重，下同）	提高密实性、堵塞毛细孔，切断渗水通道，降低泌水率，具有早强增强作用，用于防水混凝土
金属皂类防水剂	水溶性	混凝土：0.5%~2% 砂浆：1.5%~5%	形成憎水吸附层，生成不溶于水的硬脂酸皂填充孔隙，防水抗渗；可溶性金属皂类有引气和缓凝作用，用于防水、防潮工程
	油溶性	5%	
无机铝盐防水剂		3%~5%	产生促进水泥构件密实的复盐，填充混凝土和水泥砂浆在水化过程中形成的孔隙及毛细通道
有机硅防水剂		混凝土：0.05%~0.2% 砂浆：0.02%~0.2%	形成防水膜包围材料颗粒表面。具有憎水防潮、抗渗、抗风化、耐污染性能，可用于防水砂浆、防水混凝土，以及建筑物外立面的防水处理

表 6.2.2.4-3 常用引气剂主要品种

名　称	一般掺量	主要性能、用途
PC-2 引气剂	0.6‰（占水泥重，下同）	具有引气、减水作用。适用于有防冻、防渗要求的混凝土工程，含气量3%～8%，强度降低
CON-A 引气减水剂	0.5‰～1.0‰	具有引气、减水、增强作用。适用于有防冻、防渗、耐碱要求的混凝土工程，含气量8%
烷基苯磺酸钠引气剂	0.5‰～1.0‰	改善混凝土和易性，提高抗冻性。适用于有抗冻、抗渗要求的混凝土工程，含气量3.7%～4.4%
OP 乳化剂	0.5‰～6.0‰	改善混凝土和易性，提高抗冻性。适用于防水混凝土工程，含气量4%，减水7%
烷基苯磺酸钠（AS）	0.8‰～1.0‰	具有引气作用，适用于防冻、防渗要求的水工混凝土工程。含气量4%左右

表 6.2.2.4-4 常用减水剂主要品种

名　称		一般掺量	主要性能、用途
木质素磺酸盐减水剂（M型减水剂）		0.2%～0.3%（占水泥重，下同）	普通减水剂，有增塑及引气作用；缓凝作用，推迟水化热峰值出现；减水10%～15%或增加强度10%～20%。适用于一般防水混凝土，尤其是大体积混凝土和夏季施工。缺点是混凝土强度发展慢
萘系减水剂	NNO	0.5%～1.0%	高效减水剂，显著改善和易性；提高抗渗性；减水12%～25%，提高强度15%～30%，MF、JN有引气作用，抗冻性、抗渗性较NNO好，适用于防水混凝土工程，尤其适用于冬期气温低时施工。缺点是MF引气气泡较大，需高频振动汽
	MF	0.2%～1.0%	
	JN	0.3%～1.0%	
	FDN	0.2%～1.0%	
	UNF	0.3%～1.0%	
树脂系减水剂（SM减水剂）		0.5%～1.5%	高效减水剂，显著改善和易性；提高密实度；早强、非引气作用；减水20%～30%，增强强度30%～60%。适用于防水混凝土，尤其是要求早强的高强混凝土

表 6.2.2.4-5 缓凝剂及缓凝减水剂常用掺量参考表

类　别	掺量（占水泥重量%）	类　别	掺量（占水泥重量%）
糖　类	0.1～0.3	羟基羧酸盐类	0.03～0.1
木质素磺酸盐类	0.2～0.3	无机盐类	0.1～0.2

表 6.2.2.4-6 常用早强剂掺量限值参考表

混凝土种类	使用环境	早强剂名称	掺量限值（水泥重量%）不大于
预应力混凝土	干燥环境	三乙醇胺	0.05
		硫酸钠	1.0
钢筋混凝土	干燥环境	氯离子[Cl⁻]	0.6
		硫酸钠	2.0
		与缓凝减水剂复合的硫酸钠	3.0
		三乙醇胺	0.05
	潮湿环境	硫酸钠	1.5
		三乙醇胺	0.05
有饰面要求的混凝土		硫酸钠	0.8
素混凝土		氯离子[Cl⁻]	1.8
注：预应力混凝土及潮湿环境中使用的钢筋混凝土中不得掺氯盐早强剂。			

表 6.2.2.4-7 常用复合早强剂、早强减水剂的组成和剂量

类　型	外加剂组分	常用剂量（以水泥重量%计）
复合早强剂	三乙醇胺+氯化钠	（0.03~0.05）+0.5
	三乙醇胺+氯化钠+亚硝酸钠	0.05+（0.3~0.5）+（1~2）
	硫酸钠+亚硝酸钠+氯化钠+氯化钙	（1~1.5）+（1~3）+（0.3~0.5）+（0.3~0.5）
	硫酸钠+氯化钠	（0.5~1.5）+（0.3~0.5）
	硫酸钠+亚硝酸钠	（0.5~1.5）+1.0
	硫酸钠+三乙醇胺	（0.5~1.5）+0.05
	硫酸钠+二水石膏+三乙醇胺	（1~1.5）+2+0.05
	亚硝酸钠+二水石膏+三乙醇胺	1.0+2+0.05
早强减水剂	硫酸钠+萘系减水剂	（1~3）+（0.5~1.0）
	硫酸钠+木质素减水剂	（1~3）+（0.15~0.25）
	硫酸钠+糖钙减水剂	（1~3）+（0.05~0.12）
注：早强减水剂用来提高混凝土早期抗冻害能力时，硫酸钠的用量可提高到3%，减水剂掺量应取表中上限值。也可参照有关产品说明书按《混凝土外加剂应用技术规范》GB 50119—2003 要求使用。		

3 外加剂应分类保管，不得混杂，并应存放于阴凉、通风、干燥处。运输时应避免雨淋、日晒和受潮。

6.2.2.5 水

宜选用饮用水。

6.2.2.6 钢筋

钢筋采用 $\phi4$、$\phi6$mm 冷轧带肋钢筋或冷拔低碳钢丝，钢筋表面不得有裂纹和影响力学性能的锈蚀及机械损伤；应有出厂合格证和进场复验报告并符合《混凝土结构工程施工技术标准》ZJQ08—SGJB 204—2005 的相关要求。

6.2.2.7 钢纤维

钢纤维的长度宜为 25~50mm，直径宜为 0.3~0.8mm，长径比宜为 40~100。钢纤维

表面不得有油污或其他妨碍钢纤维与水泥浆粘结的杂质，钢纤维内的粘连团片、表面锈蚀及杂质等不应超过钢纤维质量的1%。

6.2.2.8 基层处理剂

基层处理剂的主要作用是使被粘结表面受到渗透及湿润，从而改善密封材料和被粘结体的粘结性，并可以封闭混凝土及水泥砂浆基层表面，防止从其内部渗出碱性物及水分。因此，基层处理剂要符合下列要求。

1 有易于操作的黏度（流动性）。

2 对被粘结体有良好的浸润性和渗透性。

3 不含能溶化被粘结体表面的溶剂，与密封材料在化学结构上相近，不造成侵蚀，有良好的粘结性。

4 干燥时间短，调整幅度大。基层处理剂采用相应密封材料的稀释液，含固量宜为25%～35%。采用密封材料生产厂家配套提供的或推荐的产品，如果采取自配或其他生产厂家时，应作粘结试验。

6.2.2.9 背衬材料

为控制密封材料的嵌填深度，防止密封材料和接缝底部粘结。在接缝底部与密封材料之间设置的可变形的材料称之为背衬材料。对背衬材料的要求是：与密封材料不粘结或粘结力弱，具有较大变形能力。常用的背衬材料有各种泡沫塑料棒、油毡条等。

6.2.2.10 隔离材料一般采用石灰（膏）、砂、黏土、纸筋灰、纸胎油毡或0.25～0.4mm厚聚氯乙烯薄膜等。应根据设计要求选用。

6.2.2.11 嵌封密封材料

1 接缝密封材料应根据设计要求选用，应保证密封部位不渗水，并满足防水层耐用年限的要求。

2 密封材料品种选择应符合下列规定：

（1）根据当地历年最高气温、最低气温、构造特点和使用条件等因素，选择耐热度和柔性相适应的材料。

（2）根据构造接缝位移的大小和特征，选择延伸和拉伸—压缩循环性能相适应的材料。

3 密封防水处理连接部位的基层应涂刷基层处理剂；基层处理剂应选用与密封材料化学结构及性能相近的材料。

4 接缝处的密封材料底部宜设置背衬材料；背衬材料应选择与密封材料不粘结或粘结力弱的材料。

5 屋面接缝部位外露的密封材料上宜设置保护层，其宽度不应小于100mm。

6 嵌封密封材料宜采用改性石油沥青密封材料（见附录表A.3.1）和合成高分子密封材料（见附录表A.3.2）。

7 常用密封材料品种、主要生产厂家和用量见本标准第6.3.2.1条和第6.3.2.3条。

8 密封材料必须有出厂合格证，复试报告符合产品技术质量要求才能使用。

6.2.2.12 分格缝木条

分格缝木条应刨光（梯形），横截面的高宜低于防水层厚度1～2mm，上口宽度为25～30mm，下口宽度为20～25mm；木条应在水中浸泡至基本饱和状，并刷脱模剂后再使用。

6.2.2.13 工具清洗剂

工具清洗剂，宜用二甲苯、脱水煤油、汽油等配制。

6.2.3 施工工艺

6.2.3.1 工艺流程

基层清理→细部构造处理→标高、坡度、分格缝弹线→绑钢筋→洒水湿润→浇筑混凝土→浇水养护→分格缝嵌

6.2.3.2 施工要点

1 基层清理

浇筑细石混凝土前，须待板缝灌缝细石混凝土达到强度，清理干净，板缝已做密封处理；将屋面结构层、保温层或隔离层上面的松散杂物清除干净，凸出基层上的砂浆、灰渣用凿子凿去，扫净，用水冲洗干净。

2 细部构造处理

浇筑细石混凝土前，应按设计或技术标准的细部处理要求（见本标准第9.4节），先将伸出屋面的管道根部、变形缝、女儿墙、山墙等部位留出缝隙，并用密封材料嵌填；泛水处应铺设卷材或涂膜附加层；变形缝中应填充泡沫塑料，其上填放衬垫材料，并用卷材封盖，顶部应加扣混凝土盖板或金属盖板。

3 标高坡度、分格缝弹线

根据设计坡度要求在墙边引测标高点并弹好控制线。根据设计或技术方案弹出分格缝位置线（分格缝宽度不小于20mm），分格缝应留在屋面板的支承端、屋面转折处、防水层与突出屋面结构的交接处。分格缝最大间距为6m，且每个分格板块以20~30m^{2}为宜。

4 绑扎钢筋

钢筋网片按设计要求的规格、直径配料，绑扎。搭接长度应大于250mm，在同一断面内，接头不得超过钢筋断面的1/4；钢筋网片在分格缝处应断开；钢筋网应采用砂浆或塑料块垫起至细石混凝土上部，并保证留有10mm的保护层。

5 洒水湿润

浇混凝土前，应适当洒水湿润基层表面，主要是利于基层与混凝土层的结合，但不可洒水过量。

6 浇筑混凝土

（1）拉线找坡、贴灰饼：根据弹好的控制线，顺排水方向拉线冲筋，冲筋的间距为1.5m左右，在分格缝位置安装木条，在排水沟、雨水口处找出泛水。

（2）混凝土搅拌、运输：

1）防水层细石混凝土必须严格按试验设计的配合比计量，各种原材料、外加剂、掺合料等不得随意增减。混凝土应采用机械搅拌。坍落度可控制在30~50mm；搅拌时间宜控制在2.5~3min。

2）掺减水剂的细石混凝土搅拌，宜先加入砂石料和水泥搅拌0.5~1min后，再加水和减水剂搅拌2min即可。

3）掺膨胀剂拌制补偿收缩混凝土时，应按配合比准确称量，搅拌投料时，膨胀剂应与水泥同时加入，混凝土连续搅拌时间不应少于3min。

4）钢纤维混凝土宜采用强制式搅拌机搅拌，当钢纤维体积率较高或拌合物稠度较大

时，一次搅拌量不宜大于额定搅拌量的80%。搅拌时宜先将钢纤维、水泥、粗骨料干拌1.5min，再加水湿拌，也可采用在混合料拌合过程中加入钢纤维拌合的方法。搅拌时间应比普通混凝土延长1~2min。钢纤维混凝土拌合物应拌合均匀，颜色一致，不得有离析、泌水、钢纤维结团现象。

   5）混凝土在运输过程中应防止漏浆和离析；搅拌站搅拌的混凝土运至现场后，其坍落度应符合现场浇筑时规定的坍落度，当有离析现象时必须进行二次搅拌。

   6）钢纤维混凝土拌合物，从搅拌机卸出到浇筑完毕的时间不宜超过30min；运输过程中应避免拌合物离析，如产生离析或坍落度损失，可加入原水灰比的水泥浆进行二次搅拌，严禁直接加水搅拌。

   （3）混凝土浇筑

   混凝土的浇筑应按先远后近、先高后低的原则。在湿润过的基层上分仓均匀地铺设混凝土，在一个分仓内可先铺25mm厚混凝土，再将扎好的钢筋提升到上面，然后再铺盖上层混凝土。用平板振捣器振捣密实，用木杠沿两边冲筋标高刮平，并用滚筒来回滚压，直至表面浮浆不再沉落为止；然后用木抹子搓平、提出水泥浆。浇筑混凝土时，每个分格缝板块的混凝土必须一次浇筑完成，不得留施工缝。

   浇筑钢纤维混凝土时，应保证钢纤维分布的均匀性和连续性，并用机械振捣密实。

   （4）压光

   混凝土稍干后，用铁抹子三遍压光成活，抹压时不得撒干水泥或加水泥浆，并及时取出分格缝和凹槽的木条。头遍拉平、压实，使混凝土均匀密实；待浮水沉失，人踩上去有脚印但不下陷时，再用抹子压第二遍，将表面平整、密实，注意不得漏压，并把砂眼、抹纹抹平，在水泥终凝前，最后一遍用铁抹子同向压光，保证密实美观。钢纤维混凝土进行二次压光后，混凝土表面不得有钢纤维露出。

   在混凝土达到初凝后，即可取出分格缝木条。起条时要小心谨慎，不得损坏分格缝处的混凝土；当采用切割法留分格缝时，缝的切割应在混凝土强度达到设计强度的70%以上时进行，分格缝的切割深度宜为防水层厚度的3/4。

   7 养护

   常温下，细石混凝土防水层抹平压实后12~24h可覆盖草袋（垫）、浇水养护（塑料布覆盖养护或涂刷薄膜养生液养护），时间一般不少于14d。

   8 分格缝嵌缝

   细石混凝土干燥后，即可进行嵌缝施工。嵌缝前应将分格缝中的杂质、污垢清理干净，然后在缝内及两侧刷或喷冷底子油一遍，待干燥后，用油膏嵌缝。

6.2.4 成品保护

6.2.4.1 细部构造的防水嵌缝、勾缝及装配结构屋面的灌缝未干燥或未达到设计强度时，不得在其面上行走、搬运材料及用具，更不得有较大振动。

6.2.4.2 钢筋网绑扎完毕，位置固定后，行人不得乱踏乱踩，必须上人时，应用马凳上铺设脚手板等行人运料通道加以保护。

   刚性块体材料铺砌后防水砂浆终凝前，也应注意保护，不得损坏防水层及防水缝。

6.2.4.3 屋面施工完毕后，不得在其上搬运较重物体，也不应发生较大振动以防损伤防水层。

6.2.5 安全、环保措施

6.2.5.1 屋面周围应按规定加设安全防护栏杆、挂安全网。

6.2.5.2 各种施工机械应按规定接零接地,门吊等物料提升设备的限位装置,断绳装置,安全防护门等应齐全完好。

6.2.5.3 施工人员严禁搭乘提升运料设备上、下。

6.2.5.4 配制有毒气体的施工人员应戴防毒罩,防止中毒事件发生。

6.2.5.5 配制防水砂浆用的氯化钠、亚硝酸钠均为工业品,不得食用。

6.2.5.6 进行作业时,必须妥善保管各种材料及用具,防止被其他人挪用而造成污染;施工时必须配备收集落地材料的用具,及时收集落地材料,放入有毒有害垃圾池内。

6.2.5.7 包装材料及时收集,不可回收的放入有毒有害垃圾池。

6.2.5.8 当天施工结束后的剩余材料及工具应及时入库,不许随意放置。

6.2.5.9 其他详见第3.0.15条相关内容。

6.2.6 质量标准

主 控 项 目

6.2.6.1 细石混凝土的原材料及配合比必须符合设计要求。

检验方法:检查出厂合格证、质量检验报告、计量措施和现场抽样复验报告。

6.2.6.2 细石混凝土防水层不得有渗漏或积水现象。

检验方法:雨后观察或淋水、蓄水检验。

6.2.6.3 细石混凝土防水层在天沟、檐沟、檐口、水落口、泛水、变形缝和伸出屋面管道的防水构造,必须符合设计要求。

检验方法:观察检查和检查隐蔽工程验收记录。

一 般 项 目

6.2.6.4 细石混凝土防水层应表面平整、压实抹光,不得有裂缝、起壳、起砂等缺陷。

检验方法:观察检查。

6.2.6.5 细石混凝土防水层的厚度和钢筋位置应符合设计要求。

检验方法:观察和尺量检查。

6.2.6.6 细石混凝土分格缝的位置和间距应符合设计要求。

检验方法:观察和尺量检验。

6.2.6.7 细石混凝土防水层表面平整度的允许偏差为5mm。

检验方法:用2m靠尺和楔形塞尺检查。

6.2.7 质量验收

6.2.7.1 分项工程施工质量检验数量应符合本标准第3.0.12条的规定。在施工组织设计(或方案)中事先确定。

6.2.7.2 检验批的验收应按本标准第3.0.14条执行。

6.2.7.3 检验时,应检查原材料合格证、复试证明、配合比等是否符合要求。

6.2.7.4 检验批质量验收记录,当地政府无统一规定时宜采用表6.2.7.4"细石混凝土防水层工程检验批质量验收记录表"。

表6.2.7.4 细石混凝土防水层工程检验批质量验收记录表

GB 50207—2002

单位（子单位）工程名称					验收部位	
分部（子分部）工程名称						
施工单位					项目经理	
分包单位					分包项目经理	
施工执行标准名称及编号						
		施工质量验收规范的规定		施工单位检查评定记录		监理（建设）单位验收记录
主控项目	1	细石混凝土的原材料及配合比	必须符合设计要求			
	2	细石混凝土防水层不得有渗漏或积水现象	防水层不得有渗漏或积水			
	3	檐沟、檐口、水落口细部防水构造、泛水	必须符合设计要求			
一般项目	1	细石混凝土防水层施工表面质量	表面平整、压实抹光，不得有裂缝、起壳、起砂缺陷			
	2	防水层的厚度和钢筋位置	符合设计要求			
	3	分格缝的位置和间距	符合设计要求			
	4	防水层表面平整度允许偏差	5mm			

施工单位检查评定结果	专业工长（施工员）	施工班组长	
	项目专业质量检查员：		年　月　日

监理（建设）单位验收结论	
	专业监理工程师（建设单位项目专业技术负责人）：　　　　年　月　日

6.3 密封材料嵌缝

本节适用于刚性防水屋面分格缝以及天沟、檐沟、泛水、变形缝等细部构造的密封处理。

6.3.1 施工准备

6.3.1.1 技术准备

参见本标准第3.0.3条中相关内容。

6.3.1.2 材料准备

改性石油沥青密封材料、合成高分子密封材料、基层处理剂。

6.3.1.3 主要机具

1 机械设备

胶泥加热搅拌机。

2 主要工具

手锤、扁铲、钢丝刷、吸尘器、扫帚、毛刷、抹子、喷灯、嵌缝枪或鸭嘴壶。

6.3.1.4 作业条件

与细石混凝土防水层施工作业条件相同,见第6.2.1.4条相关内容。

6.3.2 材料质量控制

6.3.2.1 常用密封材料品种、主要性能见表6.3.2.1。

表 6.3.2.1 常用密封材料品种

名 称		主 要 性 能
改性沥青密封材料	建筑石油沥青嵌缝油膏	耐热性:80℃,5h,≤4mm 粘结性(mm):≥15 低温柔性(℃):-10 施工度(mm):≥22

合成高分子密封材料	聚氨酯建筑密封膏	粘结强度(MPa):≥0.2
		延伸率(%)≥200
		低温柔性(℃):-10
		拉伸-压缩循环性能:
		  拉伸-压缩率:≥±20%
		  2000次后破坏面积:≤25%

合成高分子密封材料	丙烯酸酯建筑密封膏	粘结强度(MPa):≥0.2
		延伸率(%)≥250
		低温柔性(℃):-20
		拉伸-压缩循环性能:
		  拉伸-压缩率:≥±10%
		  2000次后破坏面积:≤25%

合成高分子密封材料	硅酮密封膏	定伸粘结性(%):160
		弹性恢复率(%):90
		低温柔性(℃):≤-40
		拉伸-压缩循环性能:
		  拉伸-压缩率:≥±20%
		  2000次后破坏面积:≤25%

续表6.3.2.1

名　　称		主　要　性　能
合成高分子密封材料	聚硫建筑密封膏	粘结强度（MPa）：≥0.2 延伸率（%）≥100 低温柔性（℃）：-30 拉伸-压缩循环性能： 　拉伸-压缩率：≥±10% 　2000次后破坏面积：≤25%

6.3.2.2 根据设计选用密封材料，必须有出厂合格证，复试报告符合产品性能和质量要求才能使用。

6.3.2.3 密封材料用量可参考表6.3.2.3。

表6.3.2.3　密封材料用量参考表

材　料　名　称	缝尺寸（mm）	用量（kg/m）	缝尺寸（mm）	用量（kg/m）
高分子密封材料（水乳型）	4×4 6×6 10×5 10×8 10×10 15×10 20×10	0.023 0.047 0.065 0.104 0.143 0.217 0.286	20×12 20×15 25×10 30×15	0.312 0.435 0.364 0.677
高分子密封材料（溶剂型）	4×4 6×6 10×5 10×8 10×10 15×10 20×10	0.021 0.042 0.058 0.09 0.13 0.19 0.26	20×12 20×15 25×10 30×15	0.28 0.39 0.33 0.6
改性石油沥青密封材料	15×15 20×20 30×25 30×30	0.4～0.5 0.8～1.0 1.5～1.7 1.6～1.8		

6.3.2.4 基层处理剂：见本标准第6.2.2.7条相关内容。

6.3.3　施工工艺

6.3.3.1 工艺流程

基层检查与修补→填塞背衬材料→涂刷基层处理剂→密封材料配制→嵌灌密封材料→固化养护→施工保护层

6.3.3.2 施工要点

1　基层的检查与修补

（1）密封防水施工前，应首先进行接缝尺寸和基面平整性、密封性的检查，符合要求后才能进行下一步操作。如接缝宽度不符合要求，应进行调整；基层出现缺陷时，也可用聚合物水泥砂浆修补。

（2）对基层上沾污的灰尘、砂粒、油污等均应作清扫、擦洗；接缝处浮浆可用钢丝刷刷除，然后宜采用高压吹风器吹净。

2　填塞背衬材料

（1）背衬材料的形状有圆形、方形的棒状或片状，应根据实际需要选定，常用的有泡沫塑料棒或条、油毡等；背衬材料应根据不同密封材料选用。

（2）填塞时，圆形的背衬材料应大于接缝宽度1~2mm；方形背衬材料应与接缝宽度相同或略大，以保证背衬材料与接缝两侧紧密接触；如果接缝较浅时，可用扁平的片状背衬材料隔离。

（3）背衬材料的填塞应在涂刷基层处理剂前进行，以免损坏基层处理剂，削弱其作用。

（4）填塞的高度以保证设计要求的最小接缝深度为准。

3　贴防污条

为防止密封材料污染被粘结体两侧表面，应在接缝两侧贴防污条；在密封材料施工后，即将防污条揭去。

4　涂刷基层处理剂

（1）涂刷基层处理剂前，必须对接缝作全面的严格检查，待全部符合要求后，再涂刷基层处理剂；基层处理剂可采用市购配套材料或密封材料稀释后使用。

（2）涂刷基层处理剂应注意以下几点：

1）基层处理剂有单组分与双组分之分。

双组分的配合比，按产品说明书中的规定执行。当配制双组分基层处理剂时，要考虑有效使用时间内的使用量，不得多配，以免浪费。单组分基层处理剂要摇匀后使用。基层处理剂干燥后应立即嵌填密封材料，干燥时间一般为20~60min。

2）涂刷时，要用大小合适的刷子，使用后用溶剂洗净。

3）涂刷有露白处或涂刷后间隔时间超过24h，应重新涂刷一次。

4）基层处理剂容器要密封，用后即加盖，以防溶剂挥发。

5）不得使用过期、凝聚的基层处理剂。

5　密封材料的配制

（1）当采用单组分密封材料时，可按产品说明书直接填嵌或加热塑化后使用。

（2）当采用双组分密封材料时，应按产品说明书规定的比例，采用机械或人工搅拌后使用。

（3）配料时，甲、乙组分应按重量比分别准确称量，然后倒入容器内进行搅拌。人工搅拌时用搅拌棒充分混合均匀，混合量不应太多，以免搅拌困难；搅拌过程中，应防止空气混入；搅拌混合是否均匀，可用腻子刀刮薄后检查，如色泽均匀一致，没有不同颜色的斑点、条纹，则为混合均匀。采用机械搅拌时，应选用功率大、旋转速度慢的机械，以免卷入空气。机械搅拌的搅拌时间为10min左右，为了达到均匀混合的目的，每搅拌2~3min，需停机用刀刮下附在容器壁和底部的密封材料后继续搅拌，直至色泽均匀一致为止。

（4）粘结性能试验。

根据设计要求和厂方提供的资料，在嵌填前，应采用简单的方法进行粘结试验，以检查密封材料及基层处理剂是否满足要求，其试验方法如下：

以实际粘结体或饰面试件作粘结体，先在其表面贴塑料膜条，再涂以基层处理剂，然后在塑料膜条和涂刷基层处理剂上粘上条状密封材料，见图6.3.3.2-1（a）。置于现场固化后，将密封材料条揭起，见图6.3.3.2-1（b）。当密封条拉伸直到破坏时，粘结面仍留有破坏的密封材料，则可认为密封材料及基层处理剂粘结性能合格。

6 嵌填密封材料

密封材料的嵌填操作可分为热灌法和冷嵌法施工。改性石油沥青密封材料常采用热灌法和冷嵌法施工。合成高分子密封材料常用冷嵌法施工。

（1）热灌法施工：

1）采用热灌法工艺施工的密封材料需要在现场塑化或加热，使其具有流塑性后使用；热灌法适用于平面接缝的密封处理。

图6.3.3.2-1 粘结性能试验
1—密封材料；2—塑料膜条；3—揭起的密封材料

2）密封材料的加热设备用塑化炉，也可在现场搭砌炉灶，用铁锅或铁桶加热；将热塑性密封材料装入锅中，装锅容量以2/3为宜，用文火缓慢加热，使其熔化，并随时用棍棒进行搅拌，使锅内材料升温均匀，以免锅底材料温度过高而老化变质。在加热过程中，要注意温度变化，可用200～300℃的棒式温度计测量温度。其方法是：将温度计插入锅中心液面下100mm左右，并不断轻轻搅动，至温度计度数停止升时，便测得锅内材料的温度。加热温度一般在110～130℃，最高不得超过140℃。

3）塑化或加热到规定温度后，应立即运至现场进行浇灌，灌缝时温度不宜低于110℃，若运输距离过长应采用保温桶运输。

4）当屋面坡度较小时，可采用特制的灌缝车灌缝，以减轻劳动强度，提高工效。檐口、山墙等节点部位灌缝车无法使用或灌缝量不大时，宜采用鸭嘴壶浇灌，为方便清理可在桶内薄薄地涂一层机油，洒上少量滑石粉。灌缝应从最低标高处开始向上连续进行，尽量减少接头。一般先灌垂直屋脊的板缝，后灌平行屋脊的板缝，纵横交叉处，在灌垂直屋脊时，应平行屋脊缝两侧延伸150mm，并留成斜槎，灌缝应饱满，略高出板缝，并浇出板缝两侧各20mm左右。灌垂直屋脊板缝时，应对准缝中部浇灌，灌平行屋脊板缝时，应靠近高侧浇灌，见图6.3.3.2-2。

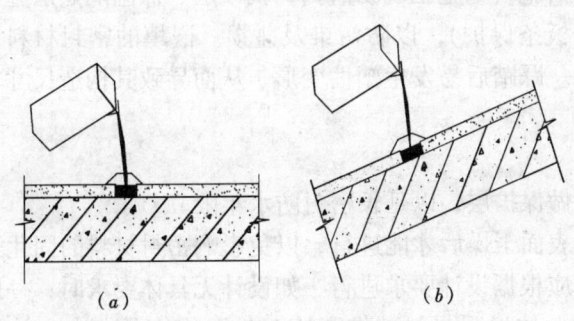

图6.3.3.2-2 密封材料热灌法施工
(a)灌垂直屋脊板缝；(b)灌平行屋脊板缝

5）灌缝时漫出两侧的多余材料，可切除回收利用，与容器内清理出来的密封材料一起，在加热过程中加入重新使用，但一次加入量不能超过新材料的10%。

6) 灌缝完毕后,应立即检查密封材料与缝两侧面的粘结是否良好,是否有气泡,若发现有脱开现象和气泡存在,应用喷灯或电烙铁烘烤后压实。

(2) 冷嵌法施工：

1) 冷嵌法施工大多采用手工操作,用腻子刀或刮刀嵌填,较先进的有采用电动或手动嵌缝枪进行嵌填的。

2) 用腻子刀嵌填时,先用刀片将密封材料刮到接缝两侧的粘结面,然后分次将密封材料填满整个接缝;嵌填时应注意不让气泡混入密封材料中,并要嵌填密实饱满,接缝用斜槎,为了避免密封材料粘在刀片上,嵌填前可先将刀片在煤油中蘸一下。

3) 采用挤出枪嵌填时,在施工前应根据接缝的宽度选用合适的枪嘴。若采用筒装密封材料,可把包装筒的塑料嘴斜切开作为枪嘴嵌填,把枪嘴贴近接缝底部,并朝移动方向倾斜一定角度,边挤边以缓慢均匀的速度使密封材料从底部充满整个接缝。

4) 接缝的交叉部位嵌填时,先填充一个方向的接缝,然后把枪嘴插进交叉部位已填充的密封材料内,填好另一方向的接缝。

5) 密封材料衔接部位的嵌填,应在密封材料固化前进行。嵌填时,应将枪嘴移动到已嵌填好的密封材料内重复填充,以保证衔接部位的密实饱满。

6) 嵌填到接缝端部时,只填到离顶端200mm处,然后从顶端往已嵌填好的方向嵌填,以保证接缝端部密封材料与基层粘结牢固。

7) 如接缝尺寸较大,宽度超过30mm,或接缝底部是圆弧形时,宜采用二次填充法嵌填,即待先填充的密封材料固化后,再进行第二次填充。需要强调的是,设计一次嵌填的应尽量一次性进行,以避免嵌填的密封材料出现分层现象。

8) 为了保证密封材料的嵌填质量,应在嵌填完的密封材料表面干燥前,用刮刀压平与修整。压平应稍用力与嵌填时枪嘴移动相反的方向进行,不要来回揉压。压平一结束,即用刮刀朝压平的反方向缓慢刮压一遍,使密封材料表面平滑。

9) 密封材料严禁在雨天、雪天施工,五级风及其以上时,不得施工。改性石油沥青密封材料、合成高分子溶剂型密封材料施工环境气温宜为0~35℃;合成高分子乳胶型及反应固化型密封材料施工环境气温宜为5~35℃。

7 固化、养护

已嵌填施工完成的密封材料,应养护2~3d,当下一道工序施工时,必须对接缝部位的密封材料采取临时性或永久性的保护措施(如施工现场清扫、找平层、保温隔热层施工时,对已嵌填的密封材料宜用卷材或木板条保护),以防污染及碰损。嵌填的密封材料固化前尚未具备足够的弹性时,不得踩踏。踩踏后易发生塑性变形,从而导致其构造尺寸不符合设计要求。

8 保护层施工

(1) 接缝直接外露的密封材料上应做保护层,以延长密封防水年限。

(2) 保护层施工,必须待密封材料表面干燥后才能进行,以免影响密封材料的固化过程及损坏密封防水部位。保护层的施工应根据设计要求进行,如设计无具体要求时,一般可采用密封材料稀释后作为涂料,加铺胎体增强材料,作宽约200mm左右的一布二涂涂膜保护层。此外,也可铺贴卷材、涂刷防水涂料或铺抹水泥砂浆作保护层,其宽度应不小于100mm。

6.3.4 成品保护

6.3.4.1 密封材料嵌填完成后不得碰损及污染，固化前不得踩踏。

6.3.4.2 其他，同第6.2.4条有关内容。

6.3.5 安全、环保措施

6.3.5.1 同第6.2.5条内容。

6.3.5.2 其他，参见第3.0.15条相关内容

6.3.6 质量标准

主 控 项 目

6.3.6.1 密封材料的质量必须符合设计要求。
　　检验方法：检查产品出厂合格证、配合比和现场抽样复验报告。

6.3.6.2 密封材料嵌填必须密实、连续、饱满，粘结牢固，无气泡、开裂、脱落等缺陷。
　　检验方法：观察检查。

一 般 项 目

6.3.6.3 嵌填密封材料的基层应牢固、干净、干燥，表面应平整、密实。
　　检验方法：观察检查。

6.3.6.4 密封防水接缝宽度的允许偏差为±10%，接缝深度为宽度的0.5~0.7倍。
　　检验方法：尺量检查。

6.3.6.5 嵌填的密封材料表面应平滑，缝边应顺直，无凹凸不平现象。
　　检验方法：观察检查。

6.3.7 质量验收

6.3.7.1 分项工程施工质量检验数量应符合本标准第3.0.12条的规定。在施工组织设计（方案）中事先确定。

6.3.7.2 检验批的验收应按本标准第3.0.14条执行。

6.3.7.3 检验时应检查密封材料的出厂合格证、质保书是否符合要求。

6.3.7.4 检验批质量验收记录，当地政府无统一规定时，宜采用表6.3.7.4"密封材料嵌缝工程检验批质量验收记录表"。

表6.3.7.4 密封材料嵌缝工程检验批质量验收记录表

GB 50207—2002

单位（子单位）工程名称				
分部（子分部）工程名称			验收部位	
施工单位			项目经理	
分包单位			分包项目经理	
施工执行标准名称及编号				
		施工质量验收规范的规定	施工单位检查评定记录	监理（建设）单位验收记录
主控项目	1	密封材料的质量 / 必须符合设计要求		
	2	密封材料嵌填 / 必须密实、连续、饱满，粘结牢固，无气泡、开裂、脱落等缺陷		
一般项目	1	嵌填密封材料的基层 / 应牢固、干净、干燥，表面应平整、密实		
	2	嵌填的密封材料表面 / 应平滑，缝边应顺直，无凹凸不平现象		
	3	密封防水接缝宽度的允许偏差为±10% / 接缝深度为宽度的0.5～0.7倍		

施工单位检查评定结果	专业工长（施工员）		施工班组长	
	项目专业质量检查员：　　　　　　　　　　　　年　月　日			
监理（建设）单位验收结论	专业监理工程师（建设单位项目专业技术负责人）：　　　　年　月　日			

2—1—62

7 瓦屋面工程

7.1 一般规定

7.1.1 平瓦屋面、油毡瓦屋面及金属板材屋面与立墙、突出屋面结构等交接处，均应做泛水处理。其中，瓦屋面的天沟、檐沟的防水层应采用合成高分子防水卷材、高聚物改性沥青防水卷材、沥青防水卷材、金属板材等材料铺设。金属板材屋面两板间应放置通长密封条，螺栓拧紧后，两板的搭接口处应用密封材料封严。

7.1.2 平瓦屋面、油毡瓦和金属板材屋面的有关尺寸应符合下列要求。

7.1.2.1 平瓦屋面的脊瓦在两坡面瓦上的搭盖宽度每边不小于40mm，瓦伸入天沟、檐沟的长度为50～70mm；天沟、檐沟的防水层伸入瓦内宽度不小于150mm；瓦头挑出封檐板的长度为50～70mm；突出屋面的墙或烟囱的侧面瓦伸入泛水宽度不小于50mm。

7.1.2.2 油毡瓦与两坡面油毡瓦搭盖宽度每边不小于100mm；脊瓦与脊瓦的压盖面不小于脊瓦面积的1/2；油毡瓦在屋面与突出屋面结构的交接处铺贴高度不小于250mm。

7.1.2.3 压型板横向搭接不小于一个波，纵向搭接不小于200mm，挑出墙面的长度不小于200mm，伸入檐沟内的长度不小于150m，与泛水的搭接宽度不小于200mm。

7.1.3 平瓦、油毡瓦可铺设在钢筋混凝土或木基层上；金属板材可直接铺设在檩条上。油毡瓦的基层应牢固平整，如为混凝土基层，油毡瓦应用专用水泥钢钉与冷沥青玛琋脂粘结固定在混凝土基层上；如为木基层，铺瓦前应在木基层上铺设一层沥青防水卷材垫毡，用油毡钉铺钉，钉帽应在垫毡下面。

7.1.4 瓦屋面排水坡度，应根据屋架形式、屋面基层类别、防水构造形式、材料性能以及当地气候条件因素经技术经济比较后确定，并宜符合表7.1.4的规定。

表7.1.4 瓦屋面的排水坡度

材料种类	屋面排水坡度（%）	材料种类	屋面排水坡度（%）
平 瓦	≥20	压型钢板	≥10
油毡瓦	≥20		

7.1.5 在大风或地震地区，应采取措施使瓦与屋面基层固定牢固。

刮大风和地震区，以及坡度超过30°的屋面，必须用镀锌钢丝（或铜丝）将瓦与挂瓦条扎牢，坡度小于30°时，檐口瓦应用镀锌钢丝（或铜丝）将檐口挂瓦条扎牢。平瓦屋面坡度大于50%或油毡瓦屋面坡度大于15°时，应采取加强固定措施。

7.1.6 当平瓦屋面采用木基层时，应在基层上铺设一层卷材，其搭接宽度不宜小于100mm，并用顺水条将卷材压钉在木基层上。顺水条的间距宜为500mm，再在顺条上铺钉挂瓦条。

7.1.7 平瓦可采用在基层上设置泥背的方法铺设；泥背厚度宜为30～50mm。

7.1.8 天沟、檐沟的防水层宜采用1.2mm厚的合成高分子防水卷材、3mm厚的高聚物改性沥青防水卷材或三毡四油的沥青防水卷材铺设，亦可用镀锌薄钢板铺设。

7.1.9 瓦屋面施工时应穿软底鞋，防止油毡瓦破损及金属板材油漆被划伤。

7.2 平瓦屋面

本节适用于防水等级为Ⅱ、Ⅲ、Ⅳ级的屋面防水。

7.2.1 施工准备

7.2.1.1 技术准备

参见本标准第3.0.3条相关内容。

7.2.1.2 材料准备

黏土平瓦、水泥平瓦、炉渣平瓦、脊瓦、烧结瓦、混凝土平瓦、顺水条、挂瓦条、油毡、水泥、砂、封檐板、麻刀灰等。

7.2.1.3 机具设备

1 机械设备

搅拌机、井架、平刨、压刨、圆盘锯。

2 主要工具

拐手锯、羊角锤、灰刀、卷尺。

7.2.1.4 作业条件

1 主体结构必须经有关部门正式检查验收合格方可进行屋面防水工程施工。

2 有保温层的屋面保温层已完工，含水率符合要求。木基层或钢筋混凝土基层的屋面，檩条已安装完毕。

3 屋面的安全设施，如围护栏杆、安全网等及消防设施均齐全，经检查符合要求。

4 施工机具齐全，运输工具、提升设施安装、试运转正常。

5 现场的贮料仓库及堆放场地符合要求，设施完善。

6 组织防水施工队的技术人员，熟悉图纸，掌握和了解设计意图，解决疑难问题，确定关键性技术难题、施工程序和施工方法。

7.2.2 材料质量控制

7.2.2.1 平瓦、脊瓦：

1 平瓦、脊瓦的种类按设计要求选用。平瓦和脊瓦应边缘整齐，表面光洁，不得有分层、裂纹和露砂等缺陷。平瓦的瓦爪与瓦槽的尺寸应吻合。

2 平瓦运输时应轻拿轻放，不得抛扔、碰撞，进入现场后应堆垛整齐。

3 平瓦的外观质量、几何尺寸、质量要求，符合附录M的相关要求。

4 平瓦要有出厂合格证，质量报告。

7.2.2.2 其他材料有产品出厂合格证和产品说明书。

7.2.2.3 平瓦现场抽样复验要求见表7.2.2.3。

表7.2.2.3 平瓦现场抽样复验项目

材料名称	现场抽样数量	外观质量检验
平瓦	同一批至少抽一次	边缘整齐，表面光滑，不得有分层、裂纹、露砂

7.2.3 施工工艺
7.2.3.1 工艺流程
屋面基层施工→平瓦铺挂→泛水处理
7.2.3.2 施工要点
1 屋面基层施工

(1) 屋面檩条、椽条安装的间距、标高、坡度应符合设计要求，檩条应拉通线调直、并镶嵌牢固。

(2) 挂瓦条的施工要求：

1) 挂瓦条的间距要根据平瓦的尺寸和一个坡面的长度经计算后确定。黏土平瓦一般间距为280~330mm。

2) 檐口第一根挂瓦条，要保证瓦头出檐（或出封檐板外）50~70mm；上下排平瓦的瓦头和瓦尾的搭扣长度50~70mm；屋脊处两个坡面上最上两根挂瓦条，要保证挂瓦后，两个瓦尾的间距在搭盖脊瓦时，脊瓦搭接瓦尾的宽度每边不小于40mm。

3) 挂瓦条断面一般为30mm×30mm，长度一般不小于三根椽条间距，挂瓦条必须平直（特别是保证瓦条上边口的平直），接头在椽条上，钉置牢固，不得漏钉，接头要错开，同一椽条上不得连续超过三个接头；钉置檐口（或封檐板）时，要比挂瓦条高20~30mm，以保证檐口第一块瓦的平直；钉挂瓦条一般从檐口开始逐步向上至屋脊，钉置时，要随时校核瓦条间距尺寸的一致。为保证尺寸准确，可在一个坡面的两端，准确量出瓦条间距，要统长拉线钉挂瓦条。

(3) 木板基层上加铺油毡层的施工：油毡应平行屋脊自下而上的铺钉；檐口油毡应盖过封檐板上边口10~20mm；油毡长边搭接不小于100mm，短边搭接不小于150mm，搭边要钉住，不得翘边；上下两层短边搭接缝要错开500mm以上；油毡用压毡条（可用灰板条）垂直屋脊方向钉住，间距不大于500mm；要求油毡铺平铺直，压毡条钉置牢靠，钉子不得直接在油毡上随意乱钉；油毡的毡面必须完整，不得有缺边破洞。

(4) 混凝土基层的要求：

1) 檐口、屋脊、坡度应符合设计要求。

2) 基层经泼水检查无渗漏。

3) 找平层无龟裂，平整度偏差不大于10mm。

4) 水泥砂浆挂瓦条和基层粘结牢固，无脱壳、断裂，且符合木基层中有关施工要求。

5) 当平瓦设置防脱落拉结措施时，拉结构造必须和基层连接牢固。

2 平瓦铺挂

(1) 堆瓦：平瓦运输堆放应避免多次倒运。要求平瓦长边侧立堆放，最好一顺一倒合拢靠紧，堆放成长条形，高度以5~6层为宜，堆放、运瓦时，要稳拿轻放。

(2) 选瓦：可按平瓦质量等级要求挑选。砂眼、裂缝、掉角、缺边、少爪等不符合质量要求规定的不宜使用，但半边瓦和掉角、缺边的平瓦可用于山墙檐边、斜沟或斜脊处，其使用部分的表面不得有缺损或裂缝。

(3) 上瓦：待基层检验合格后，方可上瓦。上瓦时，应特别注意安全，在屋架承重的屋面上，上瓦必须前后两坡同时同一方向进行，以免屋架不均匀受力而变形。

(4) 摆瓦：一般有"条摆"和"堆摆"两种，"条摆"要求隔三根挂瓦条摆一条瓦，每米约22块;"堆摆"要求一堆9块瓦,间距为:左右隔二块瓦宽,上下隔二根挂瓦条,均匀错开,摆置稳妥。

在钢筋混凝土挂瓦板上,最好随运随铺,如需要先摆瓦时,要求均匀分散平摆在板上,不得在一块板上堆放过多,更不准在板的中间部位堆放过多,以免荷重集中而使板断裂。

(5)屋面、檐口瓦的挂瓦顺序应从檐口由下到上,自左到右的方向进行。檐口瓦要挑出檐口50~70mm,瓦后爪均应挂在瓦条上,与左边下面两块瓦落槽密合,随时注意瓦面、瓦楞平直,不符合质量要求的瓦不能铺挂。在草泥基层上铺平瓦时,要掌握泥层的干湿度。为了保证挂瓦质量,应从屋脊拉一斜线到檐口,即斜线对准屋脊下第一张瓦的右下角,顺次与第二排的第二瓦、第三排的第三张……直到檐口瓦的右下角,都在一条直线上。然后由下到上依次逐张铺挂,可以达到瓦沟顺直,整齐美观。

(6)斜脊、斜沟瓦:先将整瓦(或选择可用的缺边瓦)挂上,沟瓦要求搭盖泛水宽度不小于150mm,弹出墨线,编好号码,将多余的瓦面砍去(最好用切割机,保证锯边平直),然后按号码次序挂上;斜脊处的平瓦也按上述方法挂上,保证脊瓦搭盖平瓦每边不小于40mm,弹出墨线,编好号码,砍(或锯)去多余部分,再按次序挂好。斜脊、斜沟处的平瓦要保证使用部位的瓦面质量。

(7)脊瓦:挂平脊、斜脊脊瓦时,应拉统长麻线,铺平挂直。脊瓦搭口和脊瓦与平瓦间的缝隙处,要用掺有纤维的混合砂浆嵌严刮平,脊瓦与平瓦的搭接每边不小于40mm;平脊的接头口要顺主导风向;斜脊的接头口向下(即由下向上铺设),平脊与斜脊的交接处要用掺有纤维的混合砂浆填实抹平。沿山墙封檐的一行瓦,宜用1:2.5的水泥砂浆做出坡水线将瓦封固。

(8)在混凝土基层上铺设平瓦时,应在基层表面抹1:3水泥砂浆找平层,钉设挂瓦条挂钉。当设有卷材或涂膜防水层时,防水层应铺设在找平层上;当设有保温层时,保温层应铺设在防水层上。

3 泛水处理

(1)檐口泛水做法见图9.5-1~图9.5-3。
(2)烟囱根的泛水做法见图9.5-4。
(3)天沟、檐沟的防水层宜采用1.2mm厚的合成高分子防水卷材、3mm厚的高聚物改性沥青防水卷材或三毡四油的沥青防水卷材铺设,亦可用镀锌薄钢板铺设,见图9.5-6。
(4)山墙泛水做法见图7.2.3.2。
(5)平瓦屋面搭盖尺寸及检验方法见表7.2.3.2。

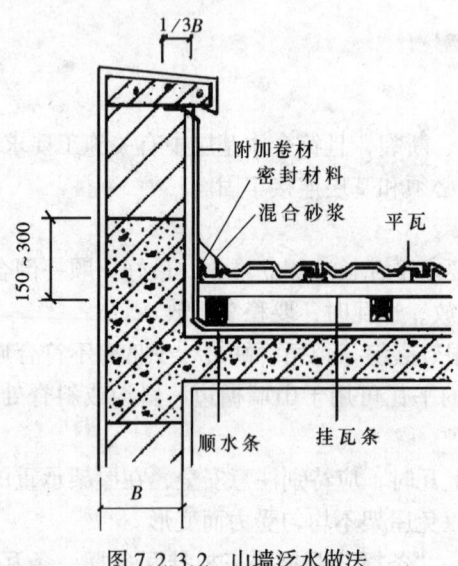

图7.2.3.2 山墙泛水做法

7.2.4 成品保护

7.2.4.1 瓦屋面防水层刚铺设完工后,应避免屋面受物体冲击,严禁任意上人行走踩踏或堆放物体。必须上平瓦屋面时,应踩在平瓦瓦头处,不得踩在平瓦的中间部位。

表 7.2.3.2 平瓦屋面搭盖尺寸及检验方法

项次	项目	搭盖尺寸（mm）	检验方法
1	脊瓦在两坡面瓦上的搭盖宽度	≥40	用尺量检查
2	瓦伸入天沟、檐沟的长度	50~70	
3	天沟、斜沟、檐沟防水层伸入瓦内长度	≥150	
4	瓦头挑出封檐板的长度	50~70	
5	突出屋面的墙或烟囱的侧面瓦探入泛水宽度	≥50	

7.2.4.2 在金属板材咬缝或点焊、滚焊时，应采取措施保护屋面，操作时要注意防止机具扎穿或砸伤屋面。

7.2.4.3 在屋面上固定防水板、嵌密封胶等后期工序操作时，应穿软底鞋，以防踏伤屋面。

7.2.5 安全、环保措施

7.2.5.1 凡有严重心脏病、高血压、神精衰弱及贫血症等不适应高空作业者不能进行屋面工程施工。

7.2.5.2 上屋面前必须检查防护栏杆，安全网等安全设施是否牢固，检查合格后，才能进行作业。

7.2.5.3 承重结构采用屋架的屋面，运瓦上屋面要两坡同时进行，脚要踩在椽条或檩条上，不要踩在挂瓦条中间，不要穿硬底、易滑的鞋上屋面操作。在屋面行动应特别注意安全，谨防绊脚跌倒；在平瓦屋面上行走时，脚要踩在瓦头处，不能在瓦中间部位踩踏。

7.2.5.4 在没有屋面板或稀铺屋面板上挂瓦时，必须设置跳板或采取其他安全设施。

7.2.5.5 运瓦时在已铺瓦上行走时要慢行，不得跑跳，前后运瓦人员间距应保持6m左右距离。

7.2.5.6 屋面较高或坡度大于30°及檐口挂瓦时，应绑扎安全带。

7.2.5.7 屋面上堆放瓦时，必须放稳，防止下滑滚坡。

7.2.5.8 碎瓦、杂物工具等要集中下运，不能随意乱丢乱掷。

7.2.5.9 瓦屋面严禁在雨天、雪天施工，五级风及其以上时，不得施工。冬期施工要有防滑措施，屋面有霜雪时必须清扫干净。

7.2.5.10 其他详见本标准第3.0.15条相关内容。

7.2.6 质量标准

主 控 项 目

7.2.6.1 平瓦及其脊瓦的质量必须符合设计要求。

检验方法：观察检查和检查出厂合格证或质量检验报告。

7.2.6.2 平瓦必须铺置牢固。地震设防地区或坡度大于50%屋面，应采取固定加强措施。

检验方法：观察和手扳检查。

一 般 项 目

7.2.6.3 挂瓦条应分档均匀，铺钉平整、牢固；瓦面平整，行列整齐，搭接紧密，檐口平直。

检验方法：观察检查。

7.2.6.4 脊瓦应搭盖正确，间距均匀，封固严密；屋脊和斜脊应顺直，无起伏现象。

检验方法：观察或手扳检查。

7.2.6.5 泛水做法应符合设计要求，顺直整齐，结合严密，无渗漏。

检验方法：观察检查和雨后或淋水检验。

7.2.7 质量验收

7.2.7.1 分项工程质量检验批量应符合本标准第3.1.12条的规定。在施工组织设计（或方案）中事先确定。

7.2.7.2 检验批的验收应按本标准第3.0.14条执行。

7.2.7.3 验收时，应检验平瓦材料出厂合格证等。

7.2.7.4 检验批质量验收记录，当地政府无统一规定时，宜采用表7.2.7.4"平瓦屋面工程检验批质量验收记录表"。

表7.2.7.4 平瓦屋面工程检验批质量验收记录表

GB 50207—2002

单位（子单位）工程名称					
分部（子分部）工程名称			验收部位		
施工单位			项目经理		
分包单位			分包项目经理		
施工执行标准名称及编号					
		施工质量验收规范的规定		施工单位检查评定记录	监理（建设）单位验收记录
主控项目	1	平瓦及瓦质量	必须符合设计要求		
	2	平瓦铺置	必须铺置牢固。地震设防地区或坡度大于50%的屋面，应采用固定加强措施		
一般项目	1	挂瓦条、铺瓦质量	应分档均匀，铺钉平整、牢固；瓦面平整，行列整齐，搭接紧密，檐口平直		
	2	脊瓦搭盖	搭盖正确，间距均匀，封固严密；屋脊和斜脊应顺直，无起伏现象		
	3	泛水做法	应符合设计要求，顺直整齐，结合严密，无渗漏		
施工单位检查评定结果	专业工长（施工员） 施工班组长 项目专业质量检查员： 年 月 日				
监理（建设）单位验收结论	监理工程师（建设单位项目专业技术负责人）： 年 月 日				

7.3 油毡瓦屋面

本节适用于防水等级为Ⅱ、Ⅲ级的屋面防水。

7.3.1 施工准备

7.3.1.1 技术准备

参见本标准第3.0.3条相关内容。

7.3.1.2 材料准备

油毡瓦、油毡钉、射钉、玛琦脂、沥青防水卷材、密封材料。

7.3.1.3 主要机具

1 机械设备

门吊、平刨、压刨、电锯。

2 主要工具

拐子锯、羊角锤、剪刀、卷尺。

7.3.1.4 作业条件

1 基层应平整。

2 同平瓦屋面即详见第7.2.1.4条相关内容。

7.3.2 材料质量控制

7.3.2.1 油毡瓦：

1 外观边缘整齐，切槽清晰，厚薄均匀，表面无孔洞、硌伤、裂纹、折皱及起泡。耐热度、柔度均符合要求，抽样复验要求见表7.3.2.1。

2 规格尺寸在允许偏差内。

3 有出厂合格证、产品说明书和油毡瓦物理性能检测报告并符合附录M.2的要求。

表7.3.2.1 油毡瓦现场抽样复验项目

材料名称	现场抽样数量	外观质量检验
油毡瓦	同一批至少抽1次	边缘整齐，切槽清晰，厚薄均匀，表面无孔洞、硌伤、裂纹、皱折及起泡

7.3.2.2 其他材料有出厂合格证、产品说明书和参见本标准相关材料标准。

7.3.3 施工工艺

7.3.3.1 工艺流程

基层处理→铺钉卷材毡垫→铺贴天沟、檐沟卷材及金属滴水板→铺钉油毡瓦→铺钉脊瓦→泛水处理

7.3.3.2 施工要点

1 基层处理

木基层应将木屑等杂物清扫干净，基层表面应平整；在混凝土基层上铺设油毡瓦时，应在基层表面抹1:3水泥砂浆找平层；当屋面设有防水层时，防水层应铺设在找平层上，防水层上再做细石混凝土找平层；当设有保温层时，保温层应铺设在防水层上，

保温层上再做细石混凝土找平层。砂浆、混凝土找平层的施工见本标准第4.2节有关内容。

2 铺钉卷材垫毡

油毡瓦铺设前,在基层上应先铺一层防水卷材垫毡,从檐口往上铺钉。木基层用油毡钉铺钉,混凝土基层用水泥钉固定,钉帽应盖在垫毡下面,垫毡搭接宽度不应小于50mm。

3 铺贴天沟、檐沟卷材及金属滴水板

油毡瓦铺设前,在屋面天沟、檐沟处铺设卷材附加层和防水层,在檐口和檐沟处钉铺金属滴水板,见图9.5-5、图9.5-7。

4 铺钉油毡瓦

(1) 油毡瓦的铺设应自檐口向上(屋脊)进行。第一层瓦应与檐口平行,切槽向上指向屋脊;第二层油毡瓦应与第一层叠合,但切槽向下指向檐口。第三层油毡瓦应压在第二层上,并露出切槽125mm,油毡瓦之间的对缝,上下层不应重合。油毡瓦屋面搭盖要求和用量见表7.3.3.2-1和表7.3.3.2-2。

表7.3.3.2-1 油毡瓦屋面搭盖要求

项次	项目	搭盖尺寸(mm)	检验方法
1	脊瓦与两坡面油毡瓦搭盖宽度	≥100	用尺量检查
2	脊瓦与脊瓦的压盖面	≥1/2脊瓦面积	
3	油毡瓦在屋面与突出屋面结构的交接处铺贴高度	≥250	

表7.3.3.2-2 油毡瓦屋面用量参考表

屋面工程	面积用量	重量
每平方米屋面	2.33m² 瓦材	2.5kg

(2) 每片油毡瓦不应少于4颗油毡钉,油毡钉应垂直钉入,钉帽不得外露油毡瓦表面。当屋面坡度大于150%时,应增加油毡钉的数量或采用沥青胶粘贴。

5 钉铺脊瓦

油毡瓦的脊瓦可用沿切槽剪为四块的油毡瓦作脊瓦。每块脊瓦用两颗油毡钉固定。脊瓦应顺年最大频率风向搭接铺盖,并应搭盖在两坡油毡瓦接缝的1/3,脊瓦与脊瓦的压盖面不应小于脊瓦面积的1/2。

6 泛水处理

(1) 油毡瓦与女儿墙连接时,油毡瓦可沿女儿墙八字坡铺贴,再用镀锌钢板覆盖钉入墙内预埋木砖上或直接用射钉固定。油毡瓦和镀锌薄钢板的泛水口与墙间的缝隙应用密封材料封严。

(2) 屋面与突出屋面的烟囱、管道与阴阳角的连接处,应先做二毡三油垫层,待铺瓦后再用高聚物改性沥青卷材做单层防水。屋面与突出屋面结构的交接处油毡瓦应铺贴于立面,高度不小于250mm。

7.3.4 成品保护

同平瓦屋面，参见本标准第 7.2.4 条相关内容。

7.3.5 安全、环保措施

同平瓦屋面。参见本标准第 7.2.5 条相关内容。

7.3.6 质量要求

主 控 项 目

7.3.6.1 油毡瓦的质量必须符合设计要求。

检验方法：检查出厂合格证和质量检验报告。

7.3.6.2 油毡瓦所用固定钉必须钉平、钉牢，严禁钉帽外露油毡瓦表面。

检验方法：观察检查。

一 般 项 目

7.3.6.3 油毡瓦的铺设方法应正确；油毡瓦之间的对缝，上下层不得重合。

检验方法：观察检查。

7.3.6.4 油毡瓦应与基层紧贴，瓦面平整，檐口顺直。

检验方法：观察检查。

7.3.6.5 泛水做法应符合设计要求，顺直整齐，结合严密，无渗漏。

检验方法：观察检查和雨后或淋水检验。

7.3.7 质量检验

7.3.7.1 分项工程施工质量检验批量应符合本标准第 3.0.12 条的规定。在施工组织设计（或方案）中事先确定。

7.3.7.2 检验批的验收应按本标准第 3.0.14 条执行。

7.3.7.3 检验时应检查油毡瓦出厂合格证和质量检验报告等。

7.3.7.4 检验批质量记录，当地无统一规定时，宜采用表 7.3.7.4"油毡瓦屋面工程检验批质量验收记录表"。

表7.3.7.4 油毡瓦屋面工程检验批质量验收记录表
GB 50207—2002

单位（子单位）工程名称			
分部（子分部）工程名称		验收部位	
施工单位		项目经理	
分包单位		分包项目经理	
施工执行标准名称及编号			

		施工质量验收规范的规定		施工单位检查评定记录	监理（建设）单位验收记录
主控项目	1	油毡瓦质量	必须符合设计要求		
	2	油毡瓦固定	必须钉平、钉牢，严禁钉帽外露油毡瓦表面		
一般项目	1	油毡瓦铺设方法	应正确，油毡瓦之间的对缝上下层不得重合		
	2	油毡瓦与基层连接	连接紧密，瓦面平整，檐口顺直		
	3	泛水做法	应符合设计要求，顺直整齐，结合严密，无渗漏		

	专业工长（施工员）		施工班组长	
施工单位检查评定结果	项目专业质量检查员：			年　月　日
监理（建设）单位验收结论	专业监理工程师（建设单位项目专业技术负责人）：			年　月　日

2—1—72

7.4 金属板材屋面

本节适用于防水等级为Ⅰ~Ⅲ级的屋面。

7.4.1 施工准备

7.4.1.1 技术准备

参见本标准第3.0.3条相关内容。

7.4.1.2 材料准备

1 金属板材的种类很多，有锌板、镀铝锌板、铝合金板、铝镁合金板、钛合金板、铜板、不锈钢板、金属压型夹心板等，厚度一般为0.4~1.5mm，板的表面一般进行涂装处理。

2 金属板材连接件。

3 密封材料。

7.4.1.3 机具准备

1 机械设备

拉铆机、手提式点焊机、手推式辊压机、手推式切割机、不锈钢片成型机、冲击钻。

2 主要工具

卷尺、粉线袋、木锤、铁锤、鸭嘴钳、大力钳、木梯、防滑带、安全带。

7.4.1.4 作业条件

参照本标准第7.2.1.4条相关内容。

7.4.2 材料质量控制

7.4.2.1
金属板材应边缘整齐，表面光滑，色泽均匀，外形规则，不得有扭翘、脱膜和锈蚀等缺陷。

7.4.2.2
金属压型夹心板堆放地点宜选择在安装现场附近，堆放场地应平坦、坚实，且便于排除地面水。堆放时应分层，并宜每3~5m加放垫木。

7.4.2.3 金属板材的规格、性能应符合附录M.3的要求，并有出厂合格证。

7.4.2.4 连接件及密封材料应符合有关材料要求。

7.4.2.5
不锈钢薄板不应先加工成型送到现场，应为卷状库存，使用时现场边滚压成型，边施工安装。滚压、成型的不锈钢型材，应边缘整齐，尺寸规格精确，两肋宽窄一致，完整无损，不得有扭翘、变形、孔洞等缺陷。堆放不宜过高，防止损坏型材。

7.4.3 施工工艺

7.4.3.1 工艺流程

檩条安装→天沟、檐沟制作安装→金属板材吊装→金属板材安装→檐口、泛水处理

7.4.3.2 施工要点

1 檩条施工

（1）檩条的规格和间距应根据结构计算确定，每块屋面板端除应设置檩条支承外，中间还应设置1根或1根以上檩条。檩条间距可参考表7.4.3.2-1。

（2）根据设计要求将檩条安装在屋架或山墙预埋件上，檩条的上表面必须与屋面坡度一致，每一坡面上的檩条必须在同一（斜）平面上，固定牢固、坡度准确一致。

2 天沟、檐沟制作安装

天沟、檐沟一般采用金属板制作，其断面应符合设计要求。金属天沟板应伸入屋面金属板材下不小于100mm；当有檐沟时，屋面金属板材应伸入檐沟内，其长度不应小于50mm。天沟、檐沟的安装坡度应符合设计要求。

表7.4.3.2-1　金属压型夹心板允许檩条间距（m）

板厚(mm)	钢板厚(mm)	荷载（kg/m²）												
		60			80			100			120			150		
		连续	简支	悬臂	连续	简支	悬臂	连续	简支	悬臂	连续	简支	悬臂	连续	简支	悬臂
40	0.5	4.0	3.4	0.9	3.5	3.0	0.8	3.1	2.7	0.7	2.8	2.4	0.6	2.3	2.0	0.5
	0.6	4.6	4.1	1.1	4.2	3.6	0.9	3.7	3.2	0.8	3.3	2.9	0.7	2.9	2.5	0.6
60	0.5	4.9	4.2	1.1	4.2	3.6	0.9	3.7	3.2	0.8	3.4	2.9	0.8	2.9	2.5	0.6
	0.6	5.7	4.9	1.3	5.0	4.3	1.1	4.5	3.9	1.0	4.0	3.5	0.9	3.7	3.2	0.8
80	0.5	5.9	5.1	1.3	5.0	4.3	1.1	4.5	3.9	1.0	4.0	3.5	0.9	3.7	3.2	0.8
	0.6	7.0	6.0	1.5	5.3	4.5	1.1	4.8	4.1	1.0	4.6	3.9	0.9	4.1	3.5	0.8

3 金属板材吊装

金属板材应采用专用吊具，吊装时，吊点距离不宜大于5m，吊装时不得损伤金属板材。

4 金属板材安装

（1）金属板材应根据板型和设计的配板图铺设。铺设时应先在檩条上安装固定支架，板材和支架的连接应按所采用板材的质量要求确定。安装前应预先钻好压型钢板四角的定位孔（与檩条口的固定支架对应）。

（2）金属板材应采用带防水垫圈的镀锌螺栓（螺钉）固定，固定点应设在波峰上。所有外露的螺栓（螺钉），均应涂抹密封材料保护。

（3）铺设金属板材屋面时，相邻两块板应顺年最大频率风向搭接；上下两排板的搭接长度，应根据板型和屋面坡长确定，并应符合板型的要求，搭接部位用密封材料封严；对接拼缝与外露钉帽应做密封处理。

（4）金属板材屋面搭接及挑出尺寸应符合表7.4.3.2-2的规定。

表7.4.3.2-2　金属板材屋面搭接及挑出尺寸要求

项次	项目	搭盖尺寸（mm）	检验方法
1	金属板材的横向搭接	不小于1个波	用尺量检查
2	金属板材的纵向搭接	≥200	
3	金属板材挑出墙面的长度	≥200	
4	金属板材伸入檐沟内的长度	≥150	
5	金属板材与泛水的搭接宽度	≥200	

5 檐口、泛水处理

（1）金属板材屋面檐口应用异型金属板材的堵头封檐板；山墙应用异型金属板材的包角板和固定支架封严。

（2）金属板材屋面脊部应用金属屋脊盖板，并在屋面板端头设置泛水挡水板和泛水堵头板。

（3）每块泛水板的长度不宜大于2m，泛水板的安装应顺直；泛水板与金属板材的搭接宽度，应符合不同板型的要求。

7.4.4 成品保护

7.4.4.1 金属板材屋面施工时，应穿软底鞋，防止损坏金属板表面。

7.4.4.2 不得在金属板材屋面上堆放重物和对金属板材产生污染和损害的材料。当空中吊物经过屋面时，应防止坠落和滴漏。

7.4.4.3 当屋脊、天沟、檐口、女儿墙、泛水等处施工采用油漆涂料类、接缝密封防水类材料时，应防止对屋面产生污染。如不慎产生污染时，则应立即采取有效措施清洗干净。

7.4.5 安全、环保措施

7.4.5.1 上屋面时，先检查檩条是否平稳、牢固。

7.4.5.2 金属板材的堆放每垛不得超过3张，禁止将材料放置在不固定的檩条上，防止滚下或被大风吹落，发生事故。

7.4.5.3 在屋面上铺设金属板材时，必须用带楞的防滑板梯，没有屋面板的工程，必须将防滑板梯反面两头钉牢挂钩及木楞。

7.4.5.4 雨天或雪天严禁施工；五级以上大风时禁止进行屋面板材铺设。

7.4.5.5 剪下的碎钢板应及时清除，以免刺伤腿脚。

7.4.5.6 其他可参见本标准第3.0.15条相关内容。

7.4.6 质量标准

主 控 项 目

7.4.6.1 金属板材及辅助材料的规格和质量，必须符合设计要求。

检验方法：检查出厂合格证和质量检验报告。

7.4.6.2 **金属板材的连接和密封处理必须符合设计要求，不得有渗漏现象。**

检验方法：观察检查和雨后或淋水检验。

一 般 项 目

7.4.6.3 金属板材屋面应安装平整，固定方法正确，密封完整；排水坡度应符合设计要求。

检验方法：观察和尺量检查。

7.4.6.4 金属板材屋面的檐口线、泛水段应顺直，无起伏现象。

检验方法：观察检查。

7.4.7 质量验收

7.4.7.1 分项工程施工质量检验批质量应符合本标准第3.0.12条的规定，在施工组织设计（方案）中事先确定。

7.4.7.2 检验批的验收应按本标准第 3.0.14 条执行。

7.4.7.3 验收时应检验金属板材和辅助材料的出厂合格证、质量检验报告。

7.4.7.4 检验批质量记录，当地无统一规定时，宜采用表 7.4.7.4"金属板材屋面工程检验批质量验收记录表"。

表 7.4.7.4 金属板材屋面工程检验批质量验收记录表

GB 50207—2002

单位（子单位）工程名称					
分部（子分部）工程名称				验收部位	
施工单位				项目经理	
分包单位				分包项目经理	
施工执行标准名称及编号					
		施工质量验收规范的规定		施工单位检查评定记录	监理（建设）单位验收记录
主控项目	1	板材及辅助材料的规格和质量	必须符合设计要求		
	2	金属板材的连接和密封处理	必须符合设计要求，不得有渗漏现象		
一般项目	1	金属板材铺设	安装平整、固定方法正确、密封完整、排水坡度应符合设计要求		
	2	檐口线及泛水做法	应顺畅，无起伏现象		
施工单位检查评定结果	专业工长（施工员） 施工班组长 项目专业质量检查员： 年 月 日				
监理（建设）单位验收结论	 监理工程师（建设单位项目专业技术负责人）： 年 月 日				

8 隔热屋面工程

8.1 一般规定

8.1.1 隔热屋面适用于具有隔热要求的屋面工程。当屋面防水等级为Ⅰ级、Ⅱ级以及在寒冷地区、地震地区和振动较大的建筑物上，不宜采用蓄水屋面。

8.1.2 架空屋面

架空隔热屋面应在通风较好的平屋面建筑上采用，夏季风量小的地区和通风差的建筑上适用效果不好，尤其在高女儿墙情况下不宜采用，应采取其他隔热措施。寒冷地区也不宜采用，因为到冬天寒冷时，也会降低屋面温度，反而使室内降温。

8.1.2.1 架空的高度一般在180~300mm，并要视屋面的宽度、坡度而定。如果屋面宽度超过10m时，应设通风屋脊，以加强通风强度。

8.1.2.2 架空屋面的进风口应设在当地炎热季节最大频率风向的正压区，出风口设在负压区。

8.1.2.3 铺设架空板前，应清扫屋面上的落灰、杂物，以保证隔热屋面气流畅通，但操作时不得损伤已完成的防水层。

8.1.2.4 架空板支座底面的柔性防水层上应采取增设卷材或柔软材料的加强措施，以免损坏已完工的防水层。

8.1.2.5 架空板的铺设应平整、稳固；缝隙宜采用水泥砂浆或水泥混合砂浆嵌填。

8.1.2.6 架空隔热板距女儿墙不小于250mm，以利于通风，避免顶裂山墙。

8.1.2.7 架空隔热制品支座底面的卷材及涂膜防水层上应采取加强措施，操作时不得损坏已完工程的防水层。

8.1.3 蓄水屋面

8.1.3.1 蓄水屋面应采用刚性防水层或在卷材、涂膜防水层上面再做刚性防水层，防水层应采用耐腐蚀、耐霉烂、耐穿刺性能好的材料。

8.1.3.2 蓄水屋面应划分为若干蓄水区，每区的边长不宜大于10m，在变形缝的两侧应分成两个互不连通的蓄水区；长度超过40m的蓄水屋面应做横向伸缩缝一道。蓄水屋面应设置人行通道。

8.1.3.3 蓄水屋面所设排水管、溢水口和给水管等，应在防水层施工前安装完毕。

8.1.3.4 每个蓄水区的防水混凝土应一次浇筑完毕，不得留施工缝。

8.1.4 种植屋面

种植屋面是在屋面防水层上覆土或覆盖锯木屑、膨胀蛭石、膨胀珍珠岩、轻砂等多孔松散材料，种植草皮、花卉、蔬菜、水果等作物。覆土的叫有土种植屋面，覆有多孔松散材料的叫无土种植屋面。种植屋面不仅有效地保护了防水层和屋盖结构层，而且对建筑物有很好的保温隔热效果，对城市环境起到绿化和美化作用，有益人们的健康，管理得当，还能获得一定的经济效益。对于我国城镇建筑稠密，植被绿化不足，种植屋面是一种很有发展前途的形式。

8.1.4.1 种植屋面的防水层应采用耐腐蚀、耐霉烂、耐穿刺性能好的材料。

8.1.4.2 种植屋面采用卷材防水层时，上部应设置细石混凝土保护层。

8.1.4.3 种植屋面应有1%～3%的坡度。种植屋面四周应设挡墙，挡墙下部应设泄水孔，孔内侧放置疏水粗细骨料。

8.1.4.4 种植覆盖层的施工应避免损坏防水层；覆盖材料的厚度、质（重）量应符合设计要求。

8.2 架空屋面

8.2.1 施工准备

8.2.1.1 技术准备

参见本标准第3.0.3条相关内容。

8.2.1.2 材料准备

1 支墩：砖、混凝土砌块、水泥、砂、石子、水等。

2 架空板：预制钢筋混凝土板、（水泥、砂、石子、冷拔钢丝）波型板、金属板材等。

8.2.1.3 主要机具

1 机械设备：砂浆搅拌机、井架带卷扬机等。

2 主要工具：平锹、手推胶轮车、铁抹子、笤帚、水桶、钢卷尺（50m、5m）等。

8.2.1.4 作业条件

屋面防水层、保护层已施工完毕并经验收合格，屋面清理干净。

8.2.2 材料质量控制

8.2.2.1 砖

1 可采用砖砌支墩。非上人屋面的黏土砖强度等级不小于MU7.5；上人屋面的黏土砖强度不小于MU10。

2 当选用黏土砖时，不能使用受冻坏烧砖、欠火砖、裂缝砖、缺棱掉角的砖及非整砖。

3 烧结空心砖和空心砌块的质量标准、取样方法和检验项目见《砌体工程施工技术标准》ZJQ08—SGJB 203—2005。

8.2.2.2 水泥

1 宜采用强度等级不低于32.5级的硅酸盐水泥、普通硅酸盐水泥和矿渣硅酸盐水泥，要求无结块，有出厂合格证和复试报告。

2 对水泥质量有怀疑或水泥出厂日期超过三个月时应在使用前复验，按复验结果使用。

3 水泥的质量标准、取样方法和检验项目见《混凝土结构工程施工技术标准》ZJQ08—SGJB 204—2005。

4 保管要求：

（1）保管要注意防潮、防水：为了防止水泥受潮，现场仓库应尽量密闭，保管水泥的仓库屋顶、外墙不得漏水或渗水。袋装水泥地面垫板应离地300mm，四周离墙300mm，堆放高度一般不超过10袋。散装水泥应用专用罐存放。

（2）要分类保管：入库的水泥应按不同品种、不同强度等级、不同出厂日期分别堆放和保管，先进先用，不得混用。

8.2.2.3 砂

采用中砂或粗砂，含泥量不大于3%，砂的质量标准、取样方法和检验项目见《混凝土结构工程施工技术标准》ZJQ08—SGJB 204—2005。

8.2.2.4 水

宜选用饮用水。

8.2.2.5 石子

宜选用粒径5～32mm的碎石或卵石，其最大粒径不应大于40mm，并不得大于垫层厚度的2/3。含泥量不大于2%。石子的质量标准、取样方法和检验项目见《混凝土结构工程施工技术标准》ZJQ08—SGJB 204—2005。

8.2.2.6 钢丝

宜采用冷拔低碳钢丝。钢丝表面不得有裂纹和影响力学性能的锈蚀及机械损伤；进行直径检查，$\phi^b 5$ 允许偏差 ±0.1mm，$\phi^b 4$ 允许偏差 ±0.08mm。

力学性能试验：抗拉强度、伸长率和反复弯曲试验。

检查产品合格证、出厂检验报告和进厂复验报告。

8.2.2.7 架空板

1 根据设计要求选用符合要求的各类架空板材，混凝土板的混凝土强度等级不应低于C20，板内宜加放钢丝网。

2 检查产品合格证、出厂检验报告。

8.2.3 施工工艺

8.2.3.1 工艺流程

屋面清扫→弹支墩位置线→加强防水层铺贴→支墩砌筑→架空板安装→嵌缝

8.2.3.2 施工要点

1 屋面清扫

施工验收完成的防水层清除杂物、清扫干净。

2 弹支墩位置线

根据屋面几何形状和架空板尺寸，用粉线放出支墩纵横中心线。

3 加强防水层铺贴

当在卷材或涂膜防水层上砌筑支墩时，应先铺略大于支墩面积的卷材一层，操作时不得损坏已完工的防水层。

4 支墩砌筑

按已弹出的支墩位置线，按设计坡度要求先砌筑四角及屋脊处的标准支墩。距离较远时，可在中间适当增加标准支墩，然后纵横拉线确定中间各支墩的高度。砌筑时，做到灰浆饱满，随手清缝，靠檐口四角的支墩应用1:2.5的水泥砂浆抹面，达到纵横顺直，坡度准确。

5 架空板安装

（1）架空板宜拉线安装，坐浆刮平，垫稳，板缝整齐一致，并应边铺边清除落地灰、杂物等，保证架空层空气畅通。架空板与山墙或女儿墙的距离不宜小于250mm，架空板与防水层间间距宜为180～300mm。

（2）拼接形式

上人架空板可随屋面坡度拼接，拼接缝可用砂浆勾平，也可以不勾缝。不上人的架空板，可以加大坡度。使用轻型的板材，也可以鱼鳞状搭接或锯齿形铺设，但应采取防风的措施。

（3）架空板铺设完成后，应逐块检查，达到支垫平稳、板缝均匀、无倒坡晃动现象，相邻两板高差不大于3mm。

6 嵌缝

板缝用1:2～2.5水泥砂浆嵌缝填密实，嵌缝宜做成平缝或低于板面2～3mm的凹缝。并按设计要求留置变形缝，缝宽20mm，采用柔性材料嵌填密实。

7 详图

架空板隔热屋面细部详图见图8.2.3.2，其他细部构造详见本标准第9.6节相关内容。

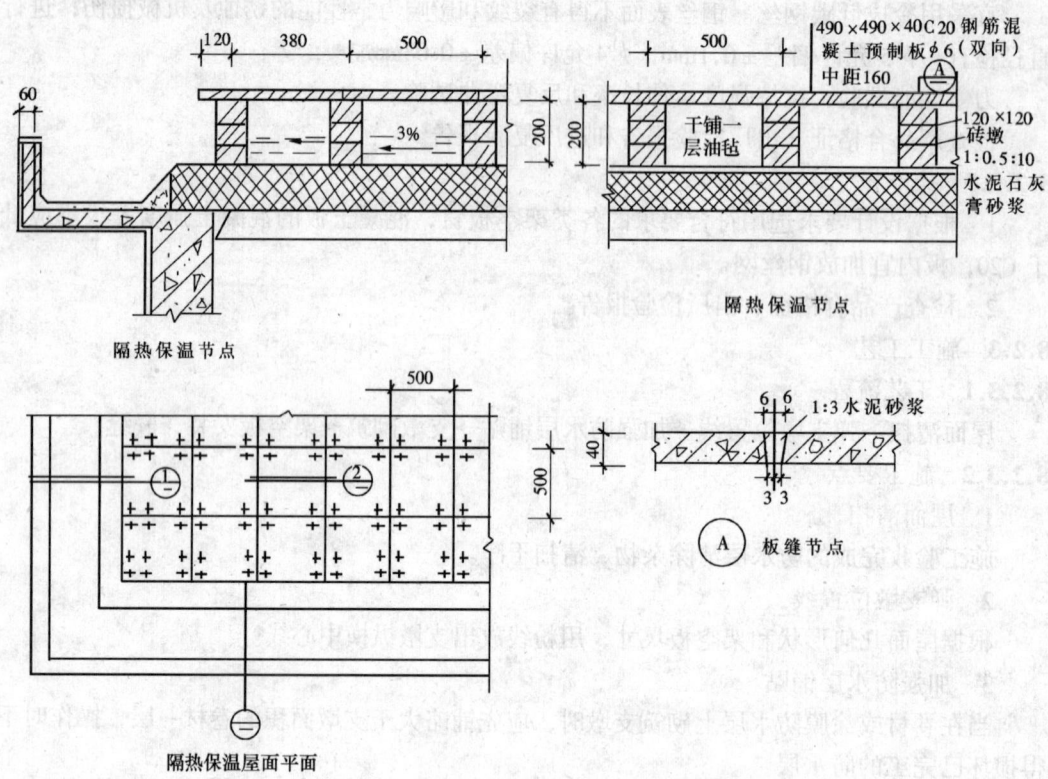

图8.2.3.2 架空板隔热保温屋面

8.2.4 成品保护

8.2.4.1 施工中，应认真保护已完工的架空层，防止各种施工机具及人员碰、踏架空层。

8.2.4.2 施工中，做到工完场清，防止二次清理及杂物堵塞架空层间隙。

8.2.5 安全、环保措施

8.2.5.1 屋面施工时,四周应有安全防护措施。在距离檐口 1.5m 范围内施工,应侧身操作,并系好安全带。

8.2.5.2 五级以上大风或大雨应避免施工。

8.2.5.3 其他参见本标准第 3.0.15 条所述相关内容。

8.2.6 质量标准

主 控 项 目

8.2.6.1 架空隔热制品的质量必须符合设计要求,严禁有断裂和露筋等缺陷。

检验方法:观察检查和检查构件合格证或试验报告。

一 般 项 目

8.2.6.2 架空隔热制品的铺设应平整、稳固,缝隙勾填应密实。架空隔热制品距山墙或女儿墙不得小于 250mm,架空层中不得堵塞,架空高度及变形缝做法应符合设计要求。

检验方法:观察和尺量检查。

8.2.6.3 相邻两块制品的高低差不得大于 3mm。

检验方法:用直尺和楔形塞尺检查。

8.2.7 质量验收

8.2.7.1 分项工程施工质量检验数量应符合本标准第 3.0.12 条的规定。在施工组织设计(或方案)中事先确定。

8.2.7.2 检验批的验收应按本标准第 3.0.14 条执行。

8.2.7.3 检验时,应检查架空隔热制品的合格证等。

8.2.7.4 检验批质量验收记录,当地政府无统一规定时,宜采用表 8.2.7.4 "架空屋面工程检验批质量验收记录表"。

表8.2.7.4 架空屋面工程检验批质量验收记录表

GB 50207—2002

单位（子单位）工程名称				
分部（子分部）工程名称			验收部位	
施工单位			项目经理	
分包单位			分包项目经理	
施工执行标准名称及编号				
		施工质量验收规范的规定	施工单位检查评定记录	监理（建设）单位验收记录
主控项目	1	板材及辅助材料质量	必须符合设计要求，严禁有断裂和露筋等缺陷		
一般项目	1	架空隔热制品铺设	铺设应平整、稳固，缝隙勾填应密实；架空隔热制品距山墙或女儿墙不得小于250mm，架空层中不得堵塞，架空高度及变形缝做法应符合设计要求		
	2	隔热板相邻高低差	≤3mm		
施工单位检查评定结果	专业工长（施工员） 施工班组长 项目专业质量检查员： 年 月 日			
监理（建设）单位验收结论	监理工程师（建设单位项目专业技术负责人）： 年 月 日			

8.3 蓄水屋面

8.3.1 施工准备
8.3.1.1 技术准备
见本标准第 3.0.3 条中相关内容。
8.3.1.2 材料准备
卷材防水、防水混凝土等。
8.3.1.3 主要机具
1 机械设备：

采用卷材防水时：空气压缩机、吹风机、井架带卷扬机、砂浆搅拌机等。

采用防水混凝土时：混凝土搅拌机、砂浆搅拌机、井架带卷扬机等。

2 主要工具

采用卷材防水时：同卷材防水施工。

采用防水混凝土时：同钢筋混凝土施工。

8.3.1.4 作业条件
同第 8.2.1.4 条。

8.3.2 材料质量控制
8.3.2.1 防水层长期浸泡在水中，因此要求防水材料具有优良的耐水性，不因泡水而降低物理性能，更不能减弱接缝的封闭程度。

采用卷材防水可选用：高聚物改性沥青卷材、聚氯乙烯卷材、三元乙丙橡胶卷材等。并有出厂合格证，符合产品技术质量要求的产品（参见本标准第 4.4 节）。

8.3.2.2 防水混凝土的材料：
1 水泥

（1）强度等级不低于 32.5 级的普通硅酸盐水泥或矿渣硅酸盐水泥。

（2）有出厂合格证和复试报告。水泥的质量标准、取样方法和检验项目见《混凝土结构工程施工技术标准》ZJQ08—SGJB 204—2005。

（3）对水泥质量有怀疑或水泥出厂日期超过三个月时，应在使用前作复试，按复试结果使用。

（4）水泥的保管要求见第 8.2.2.2 条。

2 砂

采用中砂或粗砂，含泥量不大于 2%。砂的质量标准、取样方法和检验项目见《混凝土结构工程施工技术标准》ZJQ08—SGJB 204—2005。

3 石子

宜选用粒径 5~32mm 的碎石或卵石，其最大粒径不应大于 40mm，并不得大于垫层厚度的 2/3。含泥量不大于 2%。石子的质量标准、取样方法和检验项目见《混凝土结构工程施工技术标准》ZJQ08—SGJB 204—2005。

4 防水剂

（1）防水剂品种和性能可参考表 6.2.2.4-2 的内容。

(2) 防水剂进入工地（或混凝土搅拌站）的检验项目应包括pH值、密度（或细度）、钢筋锈蚀，符合要求方可入库、使用。

(3) 防水混凝土施工应选择与防水剂适应性好的水泥。一般应优先选用普通硅酸盐水泥，有抗硫酸盐要求时，可选用火山灰质硅酸盐水泥，并经过试验确定。

(4) 防水剂应按供货单位推荐掺量掺入，超量掺加时应经试验确定，符合要求方可使用。

5 水

配料和养护混凝土的水，必须采用清洁的饮用水，不得采用工业污水及沼泽水。

8.3.3 施工工艺

8.3.3.1 工艺流程

基层清理→隔离层施工→弹线→蓄水池钢筋绑扎、模板支设→混凝土浇筑→模板拆除、混凝土养护→细部处理→蓄水

8.3.3.2 施工要点

1 基层清理

基层（屋面防水层）上的杂物和浮土清扫干净。

2 隔离层施工

(1) 隔离层一般采用厚度≤10mm的石灰砂浆或干铺一层防水卷材，以使蓄水池与基层完全分离。

(2) 采用石灰砂浆作隔离层时，宜用1:3（体积比）石灰砂浆。用于拌制石灰砂浆的石灰膏，应用块状生石灰经熟化，并经不大于3mm筛孔的筛子过滤后存在沉淀池中，熟化15d后方可使用；石灰砂浆应用机械搅拌，稠度采用半干硬性为宜。石灰砂浆隔离层铺抹时应从一端向另一端退铺，边铺边用木抹子找平并拍打提浆，随后用铁抹子压实、揉平、抹光。

(3) 采用干铺卷材作隔离层时，根据设计选用的卷材种类，按本标准第4.4节相关工艺及技术质量要求进行铺贴。

3 弹线

根据设计图纸弹出蓄水池外边立墙和分仓立墙位置线。

4 蓄水池钢筋绑扎、模板支设

(1) 按照设计要求先支设蓄水池外围模板，然后绑扎底板、立墙钢筋，再支设蓄水池外围内模板和分仓立墙模板。模板支设和钢筋绑扎施工见本企业标准《混凝土结构工程施工技术标准》ZJQ08—SGJB204—2005。

(2) 模板支设时，应按设计要求的位置和标高，准确预留过水孔、溢水口或溢水管。

5 混凝土浇筑

(1) 蓄水池的混凝土按设计要求可采用普通防水混凝土、补偿收缩混凝土、合成纤维补偿收缩混凝土、钢纤维补偿收缩混凝土、渗透结晶型混凝土等。

(2) 蓄水池的混凝土强度等级宜为C30，补偿收缩混凝土、合成纤维补偿收缩混凝土的自由膨胀率宜为0.05%～0.10%，钢纤维补偿收缩混凝土水灰比宜为0.45～0.50，砂率宜为40%～50%，每立方米混凝土水泥和掺合料用量宜为360～400kg，钢纤维体积率为0.8%～1.2%。其他各种混凝土水灰比不应大于0.55，每立方米混凝土水泥和掺合料用量

不应少于330kg，砂率宜为35%～40%，灰砂比应为1:2～1:2.5；合成纤维补偿收缩混凝土的合成纤维掺量一般为每立方米混凝土750～900g。

（3）防水混凝土宜采用普通硅酸盐水泥或硅酸盐水泥，不得使用火山灰质水泥；各种混凝土中掺加的减水剂、塑化膨胀剂、水泥基渗透结晶型防水剂应根据不同品种的适用范围和技术要求选择，并通过试验确定掺量。

（4）混凝土浇筑工艺和技术要求参见本企业标准《混凝土结构工程施工技术标准》ZJQ08—SGJB204—2005的有关规定；防水混凝土应采用机械搅拌和机械振捣，应保证混凝土中的合成纤维或钢纤维分布均匀；每个分格板块的混凝土应一次浇筑完成，不得留施工缝；混凝土表面抹压时严禁洒水、加水泥浆或撒干水泥，混凝土收水后应进行二次抹压。

（5）模板拆除、混凝土养护

立墙混凝土强度达到1.2MPa后即可拆除模板。模板拆除后将池内清理干净，随即在池内蓄水养护，池外壁可用草袋覆盖、浇水养护，养护时间不少于14d。

（6）细部处理

蓄水池分仓缝、外立墙与建筑物女儿墙之间缝内嵌填泡沫塑料，上部用防水卷材封盖，然后加盖混凝土盖板或金属盖缝板。

（7）蓄水

屋面蓄水池完工以及细部节点处理完成后，应进行试水，确认合格后，即可进行正式蓄水。蓄水屋面蓄水后，应保持设计规定的蓄水深度，严禁蓄水流失干涸；并应安装自动补水装置，防止因蒸发导致屋面干涸。

8.3.4 成品保护

8.3.4.1 在柔性防水层上做隔离层时，为避免防水层破坏，施工人员不得穿有钉的鞋，手推胶轮车运输材料时，支腿应用麻袋包扎，卸料时应轻拿轻放。

8.3.4.2 蓄水屋面的所有孔洞应预留，不得后凿。所设置的给水管、排水管和溢水管等，应在防水层施工前安装完毕。

8.3.4.3 施工中，防止污染墙面、檐口和门窗等已完工项目。

8.3.4.4 施工中，做到工完场清，防止堵塞和污染。

8.3.5 安全、环保措施

8.3.5.1 屋面四周应设防护栏杆，挂安全网，防止高空坠落。

8.3.5.2 雨天、雪天严禁施工，五级以上大风不得施工。

8.3.5.3 加强临边、洞口的防护。

8.3.5.4 其他参见本标准第3.0.15条相关内容。

8.3.6 质量标准

主 控 项 目

8.3.6.1 蓄水屋面上设置的溢水口、过水孔、排水管、溢水管，其大小、位置、标高的留设必须符合设计要求。

检验方法：观察和尺量检查。

8.3.6.2 蓄水屋面防水层施工必须符合设计要求，不得有渗漏现象。

检验方法：蓄水至规定高度观察检查。

8.3.7 质量验收

8.3.7.1 分项工程的施工质量检验数量应符合第 3.0.12 条的规定。

8.3.7.2 检验批的验收应按本标准第 3.0.14 条执行。

8.3.7.3 检验时应检查各种原材料的合格证、质保书，检查溢水口、过水孔、排水管、溢水管其大小、位置、标高的留设是否符合设计要求。

8.3.7.4 检验批质量验收记录，当地政府无统一规定时，宜采用表 8.4.7.4 "蓄水、种植屋面工程检验批质量验收记录表"。

8.4 种 植 屋 面

8.4.1 施工准备

8.4.1.1 技术准备

见本标准第 3.0.3 条中相关内容。

8.4.1.2 材料准备

种植介质、过滤层材料、排水层材料、防水混凝土材料、隔离层材料等。

8.4.1.3 主要机具

1 机械设备

塔吊、井架带卷扬机、小型电动切割机等。

2 主要工具

胶轮手推车、钢卷尺、铁抹子、平锹、剪刀等。

8.4.1.4 作业条件

同本标准第 8.2.1.4 条。

8.4.2 材料质量控制

8.4.2.1 种植介质

一般采用野外可耕作的土壤为基土，再掺以松散物混合而成。掺合松散物有：稻壳、麦糠、切碎的草类和稻麦豆禾的杆、牲畜粪便、蛭石、珍珠岩等。掺加量约占土的 1/3。覆土厚度：花草、蔬菜草本浅根植物，土厚 20cm；小灌木土厚 35～50cm；大灌木土厚 50～60cm；乔木土厚 1m。种植介质（含掺加物）的质量和配比应符合设计要求。

8.4.2.2 过滤层材料

1 过滤层材料

一般采用土工布（又称土工合成材料），主要作用是防止土壤流失和植物根系进入排水层。土工合成材料的特点是：质地柔软，重量轻，整体连续性好；抗拉强度高，没有显著的方向性，各向强度基本一致；弹性、耐磨、耐腐蚀性、耐久性和抗微生物侵蚀性好，不易霉烂和虫蛀；具有毛细作用，内部具有大小不等的网眼，有较好的渗透性和良好的疏导作用，水可竖向、横向排出；材料为工厂制品，质量容易保证；施工方便，造价较低等。土工合成材料的规格、型号按设计要求选用。

2 土工合成材料的性能

（1）土工合成材料的性能指标包括其本身特性指标及其与土相互作用指标。后者需模拟实际工作条件由试验确定（该指标主要用于设计时参考）。

(2) 土工合成材料自身特性指标包括下列内容：
1) 产品形态指标：材质、幅度、每卷长度、包装等；
2) 物理性能指标：单位面积（长度）质量、厚度、有效孔径（或开孔尺寸）等；
3) 力学性能指标：拉伸强度、撕裂强度、握持强度、顶破强度、胀破强度、材料与土相互作用的摩擦强度等；
4) 水力学：透水率、导水率、梯度比等；
5) 耐久性能：抗老化、化学稳定性、生物稳定性等。

3 土工合成材料的检验

土工合成材料进场时，应检查产品标签、生产厂家、产品批号、生产日期、有效期限等，并取样送检，其性能指标应满足设计要求。

土工合成材料的抽样检验可根据设计要求和使用功能按表8.4.2.2进行试验项目选择。

表8.4.2.2 土工合成材料试验项目选择表

试验项目	使用目的		试验项目	使用目的	
	加筋	排水		加筋	排水
单位面积质量	✓	✓	顶破	✓	✓
厚度	○	✓	刺破	✓	○
孔径	✓	○	淤堵	○	✓
渗透系数	○	✓	直接剪切摩擦	✓	○
拉伸	✓	✓			

注：1 ✓为必做项，○为选做或不做项；
2 土工合成材料主要性能的试验方法标准可参照《土工合成材料试验规程》SL/T235—1999执行。

8.4.2.3 排水层材料

（1）排水层又叫疏水层，与周围排水孔连通，主要作用是将经过滤层过滤的水排出。排水层材料常采用成品专用塑料排水板或橡胶排水板、混凝土架空板、陶粒或卵石等。

（2）排水层材料的种类按设计要求选用。塑料或橡胶排水板按设计要求和产品说明书的要求进行验收和使用；混凝土架空板按设计要求和混凝土预制构件的质量要求进行控制；陶粒或卵石等松散材料，应按设计要求控制其颗粒粒径，避免颗粒大小级配不利排水。

8.4.2.4 混凝土防水层材料

混凝土防水层的组成材料按本标准第6.2节进行控制。

8.4.2.5 隔离层材料

隔离层材料见本标准第8.3节中的相关内容。

8.4.3 施工工艺

8.4.3.1 工艺流程

基层清理→隔离层施工→防水层施工→挡墙砌筑→排水层铺设→过滤层铺设→种植介质填设

8.4.3.2 施工要点

1 基层清理

基层（屋面防水层）上的杂物和浮土清扫干净。

2 隔离层施工

见本标准第8.3.3.2条中"隔离层施工"。

3 防水层施工

混凝土刚性防水层厚度（一般≥40mm）及材料选用按设计要求，施工做法见本标准第6.2节相关内容。

4 挡墙砌筑

种植屋面应设挡墙，不能利用女儿墙做挡墙，挡墙其最低高度高出种植土60mm，挡墙表面宜抹水泥砂浆。挡墙应根据设计要求距离留设排水孔，排水孔应铺砂石或聚酯无纱布过滤层，并不得堵塞。

5 排水层铺设

（1）采用塑料或橡胶排水板做排水层时，铺设前须将刚性防水层表面清扫干净，以免杂物堵塞排水通道；排水板有卷材和块材两种，铺设时支点向下，接头形式按照设计要求或产品说明书规定，铺设完毕的上表面应接缝严密、平整，接缝处不应有错台现象。

（2）预制混凝土架空板排水层：架空板一般分为走道板和排水板两种，排水板上预留排水孔，也可采用成品铸铁箅子作排水板。走道板和排水板的布置按设计要求，排水板之间的留缝不应小于10mm；安装时支腿底部应坐浆，保持板的平稳和板面平整，板的支腿方向应与排水方向平行，应随安装随清理支腿两侧多余的砂浆。

（3）陶粒或卵石排水层：陶粒或卵石粒径一般采用20~30mm，材料进场后应先按设计要求的粒径，筛去较大和较小的颗粒，以保证排水效果。铺设前先用2mm厚铝板网挡住排水口处，然后进行排水层铺设，边铺设边找平整。

6 过滤层铺设

（1）宜选用200~300g/m²的聚酯针刺土工布作过滤层；

（2）土工布须按其主要受力方向从一端向另一端铺放；

（3）铺放时松紧度应适度，防止绷拉过紧或有皱折，且紧贴下基层。要及时加以压固，以免被风掀起；

（4）土工布铺设时，两端须有富余量。富余量应能满足上卷至挡墙超过种植介质上表面，且应与挡墙粘结固定；

（5）相邻土工布的连接，可采用搭接、胶结法或缝接（按设计要求或材料做法说明确定）。

7 种植介质铺设

根据设计要求的种植介质种类、配合比例和分层铺设厚度进行铺设。

8.4.4 成品保护

同第8.3.4条。

8.4.5 安全环保措施

同第8.3.5条。

8.4.6 质量标准

主 控 项 目

8.4.6.1 种植屋面挡墙泄水孔的留设必须符合设计要求，并不得堵塞。

检验方法：观察检查和尺量检验。

8.4.6.2 种植屋面防水层施工必须符合设计要求，不得有渗漏现象。

检验方法：蓄水至规定高度观察检查。

8.4.7 质量验收

8.4.7.1 分项工程施工质量检验数量应符合本标准第3.0.12条的规定。并在施工组织设计（或方案）中事先确定。

8.4.7.2 检验批质量验收应按本标准第3.0.14条执行。

8.4.7.3 检验时，应检查各种原材料的出厂合格证、复试件；检查种植屋面施工、挡墙泄水孔的留设是否符合设计要求。

8.4.7.4 检验批质量验收记录当地无统一规定时，宜采用表8.4.7.4"蓄水、种植屋面工程检验批质量验收记录表"。

表8.4.7.4 蓄水、种植屋面工程检验批质量验收记录表
GB 50207—2002

单位（子单位）工程名称					
分部（子分部）工程名称			验收部位		
施工单位			项目经理		
分包单位			分包项目经理		
施工执行标准名称及编号					
		施工质量验收规范的规定		施工单位检查评定记录	监理（建设）单位验收记录
主控项目	1	蓄水屋面溢水口、过水孔等设置	大小、位置、标高的留设必须符合设计要求		
	2	蓄水屋面防水层不得有渗漏	必须符合设计要求		
	3	种植屋面泄水孔设置	必须符合设计要求，并不得堵塞		
	4	种植屋面防水层不得有渗漏	必须符合设计要求		
施工单位检查评定结果	专业工长（施工员）		施工班组长		
	项目专业质量检查员： 年 月 日				
监理（建设）单位验收结论	监理工程师（建设单位项目专业技术负责人）： 年 月 日				

9 细部构造

9.1 一般规定

9.1.1 本节适用于屋面的天沟、檐沟、檐口、泛水、水落口、变形缝、伸出屋面管道等防水构造。

9.1.2 用于细部构造处理的防水卷材、防水涂料和密封材料的质量，均应符合本标准有关规定的要求。

9.1.3 卷材或涂膜防水层在天沟、檐沟与屋面交接处、泛水、阴阳角等部位，应增加卷材或涂膜附加层。

9.1.4 天沟、檐沟的防水构造应符合下列要求：

9.1.4.1 沟内附加层在天沟、檐沟与屋面交接处宜空铺，空铺的宽度不应小于 200mm。

9.1.4.2 卷材防水层应由沟底翻上至沟外檐顶部，卷材收头应用水泥钉固定，并用密封材料封严。

9.1.4.3 涂膜收头应用防水涂料多遍涂刷或用密封材料封严。

9.1.4.4 在天沟、檐沟与细石混凝土防水层的交接处，应留凹槽并用密封材料嵌填严密。

9.1.5 檐口的防水构造应符合下列要求：

9.1.5.1 铺贴檐口 800mm 范围内的卷材应采取满粘法。

9.1.5.2 卷材收头应压入凹槽，采用金属压条钉压，并用密封材料封口。

9.1.5.3 涂膜收头应用防水涂料多遍涂刷或用密封材料封严。

9.1.5.4 檐口下端应抹出鹰嘴和滴口槽。

9.1.6 女儿墙泛水的防水构造应符合下列要求：

9.1.6.1 铺贴泛水处的卷材应采取满粘法。泛水宜采取隔热防晒措施，可在泛水卷材面砌砖后抹水泥砂浆或浇细石混凝土保护，也可采用刷浅色涂料或粘贴铝箔保护。

9.1.6.2 砖墙上的卷材收头可直接铺压在女儿墙压顶下，压顶应做防水处理；也可压入砖墙凹槽内固定密封，凹槽距屋面找平层不应小于 250mm，凹槽上部的墙体应做防水处理。

9.1.6.3 涂膜防水层应直接涂刷至女儿墙的压顶下，收头处理应用防水涂料多遍涂刷封严，压顶应做防水处理。

9.1.6.4 混凝土墙上的卷材收头应采用金属压条钉压，并用密封材料封严。

9.1.7 水落口的防水构造应符合下列要求：

9.1.7.1 水落口宜采用金属或塑料制品；水落口杯上口的标高设置在沟底的最低处，应考虑水落口设防时增加的附加层和柔性密封层的厚度及排水坡度加大的尺寸。

9.1.7.2 防水层贴入水落口杯内不应小于 50mm。

9.1.7.3 水落口周围直径 500mm 范围内的坡度不应小于 5%，并采用防水涂料或密封材料涂封,其厚度不应小于2mm。

9.1.7.4 水落口杯与基层接触处应留宽20mm、深20mm凹槽,并嵌填密封材料。

9.1.8 变形缝的防水构造应符合下列要求:

9.1.8.1 变形缝的泛水高度不应小于250mm。

9.1.8.2 防水层应铺贴到变形缝两侧砌体的上部。

9.1.8.3 变形缝内应填充聚苯乙烯泡沫塑料,上部填放衬垫材料,并用卷材封盖。

9.1.8.4 变形缝顶部应加扣混凝土或金属盖板,混凝土盖板的接缝应用密封材料嵌填。

9.1.9 伸出屋面管道的防水构造应符合下列要求:

9.1.9.1 管道根部直径500mm范围内,找平层应抹出高度不小于30mm的圆锥台。

9.1.9.2 管道周围与找平层或细石混凝土防水层之间,应预留20mm×20mm的凹槽,并用密封材料嵌填严密。

9.1.9.3 管道根部四周应增设附加层,宽度和高度均不应小于300mm。

9.1.9.4 管道上的防水层收头处应用金属箍紧固,并用密封材料封严。

9.1.10 反梁过水孔构造应符合下列规定:

1 根据排水坡度要求留设反梁过水孔,图纸应注明孔底标高;

2 留置的过水孔高度不应小于150mm,宽度不应小于250mm,采用预埋管道时其管径不得小于75mm;

3 过水孔可采用防水涂料、密封材料防水。预埋管道两端周围与混凝土接触处应留凹槽,并用密封材料封严。

9.2 卷材防水屋面细部构造

卷材防水屋面细部构造见表9.2。

表9.2 卷材防水屋面细部构造

序号	构造名称	构造简图	控制要点
1	檐沟	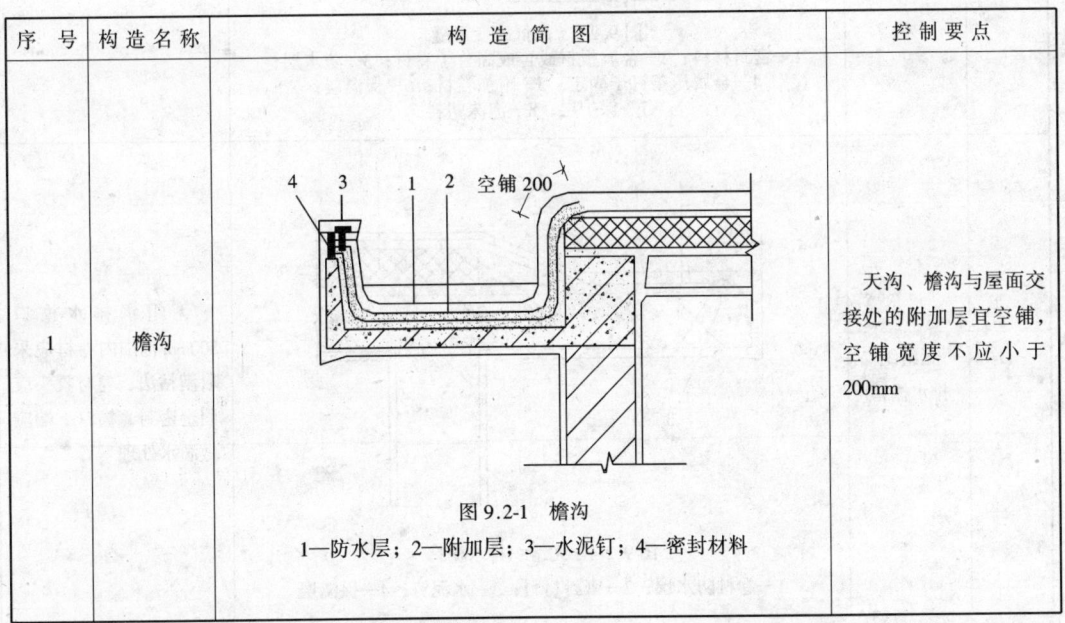 图9.2-1 檐沟 1—防水层;2—附加层;3—水泥钉;4—密封材料	天沟、檐沟与屋面交接处的附加层宜空铺,空铺宽度不应小于200mm

续表9.2

序号	构造名称	构造简图	控制要点
2	檐沟卷材收头	图9.2-2 檐沟卷材收头 1—钢压条；2—水泥钉；3—防水层；4—附加层；5—密封材料；6—保护层	天沟、檐沟卷材收头，应固定密封
3	高低跨变形缝	图9.2-3 高低跨变形缝 1—密封材料；2—金属板材或合成高分子卷材；3—防水层；4—金属压条钉子固定；5—附加卷材；6—保温层；7—保护层；8—泡沫塑料	高低跨内排水天沟与立墙交接处应采取能适应变形的密封处理
4	无组织排水檐口	图9.2-4 无组织排水檐口 1—卷材防水层；2—密封材料；3—水泥钉；4—保温层	无组织排水檐口800mm范围内卷材应采取满粘法；卷材收头应固定密封，檐口下端应做滴水处理

续表9.2

序号	构造名称	构造简图	控制要点
5	女儿墙卷材泛水收头	图9.2-5 卷材泛水收头 1—附加层；2—卷材防水层；3—压顶；4—防水处理；5—密封材料；6—金属压条钉子固定	墙体为砖墙时，卷材收头可直接铺压在女儿墙压顶下，用压条钉固定并用密封材料封闭严密，压顶应做防水处理
6	砖墙泛水卷材收头	图9.2-6 砖墙泛水卷材收头 1—密封材料；2—附加层；3—防水层；4—水泥钉；5—防水处理；6—虚线示上人屋面	也可在砖墙上留凹槽，卷材收头应压入凹槽内固定密封，凹槽距屋面找平层最低高度不应小于250mm，凹槽上部的墙体亦应做防水处理

续表9.2

序号	构造名称	构造简图	控制要点
7	混凝土墙卷材泛水收头	图9.2-7 混凝土墙卷材泛水收头 1—密封材料；2—附加层；3—卷材防水层； 4—金属板材或合成高分子卷材；5—水泥钉	墙体为混凝土时，卷材的收头可采用金属压条钉压，并用密封材料封固
8	变形缝防水构造	图9.2-8 变形缝防水构造 1—衬垫材料；2—卷材封盖；3—防水层；4—附加层； 5—泡沫塑料；6—水泥砂浆层；7—混凝土盖板	变形缝内宜填充泡沫塑料，上部填放衬垫材料，并用卷材封盖，顶部应加扣混凝土盖板或金属盖板
9	伸出屋面管道防水构造	图9.2-9 伸出屋面管道 1—卷材防水层；2—附加层；3—金属箍；4—密封材料	伸出屋面管道周围的找平层应做成圆锥台，管道与找平层间应留凹槽，并嵌填密封材料，防水层收头处应用金属箍箍紧，并用密封材料封严

续表9.2

序 号	构造名称	构造简图	控制要点
10	横式水落口	图9.2-10 横式水落口 1—防水层；2—附加层；3—密封材料；4—水落口	水落口周围直径500mm范围内坡度不应小于5%，并应用防水涂料涂封，其厚度不应小于2mm。水落口杯与基层接触处应留宽20mm、深20mm凹槽，嵌填密封材料
11	直式水落口	图9.2-11 直式水落口 1—卷材防水层；2—附加层；3—密封材料；4—水落口	水落口周围直径500mm范围内坡度不应小于5%，并应用防水涂料或密封材料涂封，其厚度不应小于2mm。水落口杯与基层接触处应留宽20mm、深20mm凹槽，嵌填密封材料
12	垂直出入口防水构造	图9.2-12 垂直出入口防水构造 1—防水层；2—附加层；3—人孔盖；4—聚苯板；5—滴水；6—大号铰链；7—密封材料；8—保护层	屋面垂直出入口卷材防水层收头应铺压在压顶圈下，交接处应有密封材料封严

2—1—95

续表9.2

序号	构造名称	构造简图	控制要点
13	水平出入口防水构造	图9.2-13 屋面水平出入口 1—卷材防水层；2—附加层；3—护墙；4—踏步；5—泡沫塑料；6—卷材封盖	水平出入口防水层收头应压在踏步下，防水层的泛水应设保护墙

9.3 涂膜防水屋面细部构造

涂膜防水屋面细部构造见表9.3。

表9.3 涂膜防水屋面细部构造

序号	构造名称	构造简图	控制要点
1	天沟、檐沟构造	图9.3-1 天沟、檐沟构造 1—涂膜防水层；2—有胎体增强材料的附加层；3—背衬材料；4—密封材料	天沟、檐沟与屋面交接处的附加层宜空铺，空铺宽度不应小于200mm，屋面设有保温层时，天沟、檐沟处宜铺设保温层

续表9.3

序号	构造名称	构造简图	控制要点
2	檐口构造	图9.3-2 檐口构造 1—涂膜防水层；2—密封材料；3—保温层	无组织排水檐口处涂膜防水层的收头，应用防水涂料多遍涂刷或用密封材料封严。檐口下端应做滴水处理。
3	泛水构造	图9.3-3 泛水构造 1—涂膜防水层；2—有胎体增强材料的附加层；3—找平层；4—保温层；5—密封材料；6—防水处理	泛水处的涂膜防水层宜直接涂刷至女儿墙的压顶下；收头处理应用防水涂料多遍涂刷封严。压顶应做防水处理
4	变形构造	图9.3-4 变形构造 1—涂膜防水层；2—有胎体增强材料的附加层；3—卷材封盖；4—衬垫材料；5—混凝土盖板；6—泡沫塑料；7—水泥砂浆	变形缝内应填充泡沫塑料，其上放衬垫材料，并用卷材封盖；顶部应加扣混凝土盖板或金属盖板

9.4 刚性防水屋面细部构造

刚性防水屋面细部构造见表9.4。

表9.4 刚性防水屋面细部构造

序号	构造名称	构造简图	控制要点
1	分格缝构造	图9.4-1 分格缝构造 1—刚性防水层；2—密封材料；3—背衬材料；4—保护层；5—隔离层；6—细石混凝土	普通细石混凝土和补偿收缩混凝土防水层的分格缝宽度宜为5~30mm。分格缝中应嵌填密封材料，上部应设置保护层
2	檐沟滴水	图9.4-2 檐沟滴水 1—刚性防水层；2—密封材料；3—隔离层	细石混凝土防水层与天沟、檐沟交接处应留凹槽，并应用密封材料封严
3	泛水构造	图9.4-3 泛水构造 1—刚性防水层；2—防水卷材或涂膜；3—密封材料；4—隔离层	刚性防水层与山墙、女儿墙交接处应留宽度为30mm的缝隙，并应用密封材料嵌填；泛水处应铺设卷材或涂膜附加层

续表 9.4

序号	构造名称	构造简图	控制要点
4	变形缝构造	图 9.4-4 变形缝构造 1—刚性防水层；2—密封材料；3—防水卷材；4—衬垫材料； 5—泡沫塑料；6—水泥砂浆；7—混凝土盖板；8—卷材封盖	刚性防水层与变形缝两侧墙体交接处应留宽度为 30mm 的缝隙，并应用密封材料嵌填；泛水处应铺设卷材或涂膜附加层；变形缝中应填充泡沫塑料，其上填放衬垫材料，并应用卷材封盖，顶部应加扣混凝土盖板或金属盖板
5	伸出屋面管道防水构造	图 9.4-5 伸出屋面管道防水构造 1—刚性防水层；2—密封材料；3—卷材（涂膜）防水层； 4—隔离层；5—金属箍；6—管道	伸出屋面管道与刚性防水层交接处应留设缝隙，用密封材料嵌填，并应加设卷材或涂膜附加层；收头处应固定密封
6	板缝密封防水处理	图 9.4-6 板缝密封防水处理 1—密封材料；2—背衬材料；3—保护层	结构层板缝中浇灌的细石混凝土上应填放背衬材料，上部嵌填密封材料，并应设置保护层

9.5 瓦屋面细部构造

瓦屋面防水细部构造见表9.5。

表9.5 瓦屋面细部构造

序号	构造名称	构造简图	控制要点
1	平瓦檐口	图9.5-1 平瓦屋面檐口（一） 1—木基层；2—顺水条；3—干铺油毡；4—挂瓦条；5—平瓦 图9.5-2 平瓦屋面檐口（二） 1—防水层；2—顺水条；3—挂瓦条；4—混凝土基层；5—平瓦	平瓦、波形瓦的瓦头挑出封檐板的长度宜为50～70mm
2	平瓦檐沟	图9.5-3 平瓦屋面檐沟 1—平瓦；2—卷材垫毡；3—空铺附加层	平瓦伸入天沟、檐沟的长度宜为50～70mm

续表9.5

序号	构造名称	构造简图	控制要点
3	平瓦屋顶窗	图9.5-4 平瓦屋面屋顶窗 1—金属排水板；2—保温层；3—窗口防水卷材；4—平瓦；5—支瓦条	平瓦屋面与屋顶窗交接处应采用金属排水板、窗框固定铁角、窗口防水卷材、支瓦条等连接
4	烟囱根泛水	图9.5-5 烟囱根泛水 1—平瓦；2—挂瓦条；3—分水线；4—聚合物水泥砂浆	平瓦屋面上的泛水，宜采用水泥石灰砂浆分次抹成，其配合比宜为1:1:4，并应加1.5%的麻刀。烟囱与屋面的交接处在迎水面中部应抹出分水线，并应高出两侧各30mm
5	油毡瓦檐口	图9.5-6 油毡瓦屋面檐口（一） 1—木基层；2—卷材垫毡；3—油毡瓦；4—金属滴水板	油毡瓦屋面的檐口应设金属滴水板

续表 9.5

序号	构造名称	构 造 简 图	控 制 要 点
5	油毡瓦檐口	图 9.5-7 油毡瓦屋面檐口（二） 1—混凝土基层；2—卷材垫毡；3—油毡瓦；4—金属滴水板	油毡瓦屋面的檐口应设金属滴水板
6	油毡瓦泛水	图 9.5-8 油毡瓦屋面泛水 1—密封材料；2—金属盖板；3—金属泛水板；4—卷材垫毡； 5—油毡瓦；6—混凝土基层	油毡瓦屋面的泛水板与突出屋面的墙体搭接高度不应小于250mm
7	油毡瓦檐沟	图 9.5-9 油毡瓦屋面檐沟 1—油毡瓦；2—卷材垫毡；3—空铺附加层；4—金属滴水板	檐口油毡瓦与卷材之间应采用满粘法铺贴

续表 9.5

序号	构造名称	构造简图	控制要点
8	油毡瓦屋脊	图 9.5-10 油毡瓦屋脊 1—脊瓦；2—油毡瓦；3—木基层；4—卷材垫毡	油毡瓦屋面的脊瓦在两坡面瓦上的搭盖宽度每边不应小于150mm
9	油毡瓦屋顶窗	图 9.5-11 油毡瓦屋面屋顶窗 1—金属排水板；2—保温层；3—窗口防水卷材；4—油毡瓦	油毡瓦屋面与屋顶窗交接处应采用金属排水板、窗框固定铁角、窗口防水卷材、支瓦条等连接
10	压型钢板檐口	图 9.5-12 压型钢板檐口 1—压型钢板；2—檐口堵头板；3—固定支架	压型钢板檐口挑出的长度不应小于200mm

续表9.5

序号	构造名称	构 造 简 图	控 制 要 点
11	压型钢板屋面泛水	图9.5-13 压型钢板屋面泛水 1—密封材料；2—盖板；3—泛水板； 4—压型钢板；5—固定支架	压型钢板屋面的泛水板与突出屋面的墙体搭接高度不应小于250mm；安装应平直
12	金属板材屋脊	图9.5-14 金属板材屋脊 1—固定支架；2—密封材料；3—屋脊盖板； 4—泛水挡水板；5—固定螺栓；6—泛水堵头板	金属板材屋面脊部应用金属屋脊盖板，并在屋面板端头设置泛水挡板和泛水堵头
13	天沟、檐沟	图9.5-15 天沟、檐沟示意 1—瓦；2—天沟、檐沟	瓦伸入天沟、檐沟的长度应为50~70mm

9.6 隔热屋面细部构造

隔热屋面细部构造作法见表9.6。

表9.6 隔热屋面细部构造

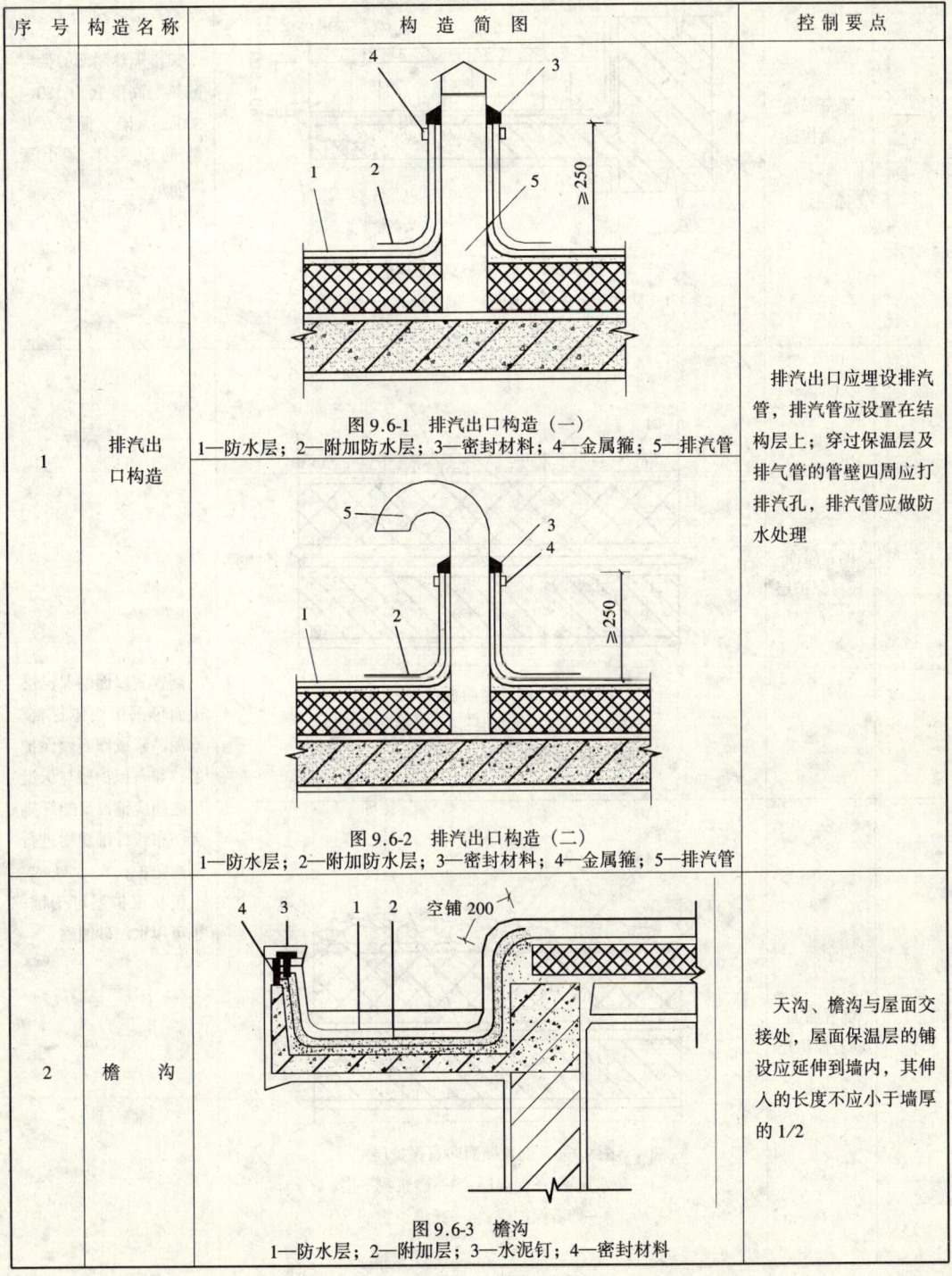

序号	构造名称	构造简图	控制要点
1	排汽出口构造	图9.6-1 排汽出口构造（一） 1—防水层；2—附加防水层；3—密封材料；4—金属箍；5—排汽管 图9.6-2 排汽出口构造（二） 1—防水层；2—附加防水层；3—密封材料；4—金属箍；5—排汽管	排汽出口应埋设排汽管，排汽管应设置在结构层上；穿过保温层及排气管的管壁四周应打排汽孔，排汽管应做防水处理
2	檐沟	图9.6-3 檐沟 1—防水层；2—附加层；3—水泥钉；4—密封材料	天沟、檐沟与屋面交接处，屋面保温层的铺设应延伸到墙内，其伸入的长度不应小于墙厚的1/2

续表9.6

序号	构造名称	构造简图	控制要点
3	架空隔热屋面构造	图9.6-4 架空隔热屋面构造 1—防水层；2—支座；3—架空板；4—附加层	架空隔热屋面的架空隔热层高度宜为180~300mm，架空板与女儿墙的距离不宜小于250mm
4	倒置屋面板材保护层	图9.6-5 倒置屋面板材保护层 1—防水层；2—保温层；3—砂浆找平层； 4—混凝土或粘土板材制品	倒置式屋面的保温层上面可采用块体材料、水泥砂浆或卵石做保护层；卵石保护层与保温层之间应铺设聚酯纤维无纺布或纤维织物进行隔离防护； 板状保护层可干铺，也可用水泥砂铺砌
5	倒置屋面卵石保护层	图9.6-6 倒置屋面卵石保护层 1—防水层；2—保温层；3—砂浆找平层； 4—卵石保护层；5—纤维织物	

续表9.6

序号	构造名称	构造简图	控制要点
6	溢水口构造	图9.6-7 溢水口构造 1—溢水口；2—分仓墙；3—隔离层	蓄水屋面的溢水口应距分仓墙顶面100mm
7	排水管过水孔构造	图9.6-8 排水管、过水孔构造 1—溢水口；2—过水孔；3—排水管；4—分仓墙； 5—隔离层；6—泡沫塑料	蓄水屋面过水孔应设在分仓墙底部，排水管应与水落管连通
8	分仓缝构造	图9.6-9 分仓缝构造 1—泡沫塑料；2—粘贴卷材层；3—干铺卷材层； 4—混凝土盖板；5—隔离层	蓄水屋面分仓缝内应嵌填泡沫塑料，上部用卷材封盖，然后加扣混凝土盖板

续表9.6

序号	构造名称	构 造 简 图	控制要点
9	种植屋面构造	图 9.6-10 种植屋面构造 1—细石混凝土防水层；2—密封材料；3—砖砌挡墙； 4—泄水孔；5—种植介质	种植屋面上的种植介质四周应设挡墙，挡墙下部应设泄水孔

9.7 细部构造质量验收

9.7.1 质量标准

主 控 项 目

9.7.1.1 天沟、檐沟的排水坡度，必须符合设计要求。

检验方法：用水平仪（水平尺）、拉线和尺量检查。

9.7.1.2 天沟、檐沟、檐口、水落口、泛水、变形缝和伸出屋面管道的防水构造，必须符合设计要求。

检验方法：观察检查和检查隐蔽工程验收记录。

9.7.2 质量验收

9.7.2.1 分项工程施工质量检验数量应符合本标准第3.0.12条的规定。检验批的验收应按本标准第3.0.14条执行。

9.7.2.2 检验时，应检查原材料出厂合格证、质量报告等。

9.7.2.3 检验批质量验收记录当地无统一规定时，宜采用表9.7.2.3"细部构造检验批质量验收记录表"。

表 9.7.2.3 细部构造检验批质量验收记录表
GB 50207—2002

单位（子单位）工程名称					
分部（子分部）工程名称				验收部位	
施工单位				项目经理	
分包单位				分包项目经理	
施工执行标准名称及编号					
		施工质量验收规范的规定		施工单位检查评定记录	监理（建设）单位验收记录
主控项目	1	天沟、檐沟排水坡度	必须符合设计要求		
	2	防水构造 (1) 天沟、檐沟	第9.1.4条		
		(2) 檐口	第9.1.5条		
		(3) 泛水	第9.1.6条		
		(4) 水落口	第9.1.7条		
		(5) 变形缝	第9.1.8条		
		(6) 伸出屋面管道	第9.1.9条		
		专业工长（施工员）		施工班组长	
施工单位检查评定结果		项目专业质量检查员： 年 月 日			
监理（建设）单位验收结论		专业监理工程师（建设单位项目专业技术负责人）： 年 月 日			

10 屋面分部（子分部）工程验收

10.0.1 屋面工程施工应按工序或分项工程进行验收，构成分项工程的各检验批应符合相应质量标准的规定。

10.0.2 屋面工程验收的文件和记录应按表10.0.2要求执行。

表10.0.2 屋面工程验收的文件和记录

序号	项 目	文 件 和 记 录
1	防水设计	设计图纸及会审记录、设计变更通知单和材料代用核定单
2	施工方案	施工方法、技术措施、质量保证措施
3	技术交底记录	施工操作要求及注意事项
4	材料质量证明文件	出厂合格证、质量检验报告和试验报告
5	中间检查记录	分项工程质量验收记录、隐蔽工程验收记录、施工检验记录、淋水或蓄水检验记录
6	施工日志	逐日施工情况
7	工程检验记录	抽样质量检验及观察检查
8	其他技术资料	事故处理报告、技术总结

10.0.3 屋面工程隐蔽验收记录应包括以下主要内容：
1 卷材、涂膜防水层的基层。
2 密封防水处理部位。
3 天沟、檐沟、泛水和变形缝等细部做法。
4 卷材、涂膜防水层的搭接宽度和附加层。
5 刚性保护层与卷材、涂膜防水层之间设置的隔离层。

10.0.4 屋面工程质量应符合下列要求：
1 防水不得有渗漏或积水现象。
2 使用材料应符合设计要求和质量标准的规定。
3 找平层表面应平整，不得有酥松、起砂、起皮现象。
4 保温层的厚度、含水率和保温材料的密度应符合设计要求。
5 天沟、檐沟、泛水和变形缝等构造，应符合设计要求。
6 卷材铺设方法和搭接顺序应符合设计要求，搭接宽度正确，接缝严密，不得有皱折、鼓泡和翘边现象。
7 涂漠防水层的厚度应符合设计要求，涂层无裂纹、皱折、流淌、鼓泡和露胎体现象。
8 刚性防水层表面应平整、压光，不起砂，不起皮，不开裂。分格缝应平直，位置正确。
9 嵌缝密封材料应与两侧基层粘牢，密封部位光滑、平直，不得有开裂、鼓泡、下塌现象。

  10 平瓦屋面的基层应平整、牢固，瓦片排列整齐、平直，搭接合理，接缝严密，不得有残缺瓦片。

10.0.5 检查屋面有无渗漏、积水和排水系统是否畅通，应在雨后或持续淋水 2h 后进行。有可能作蓄水检验的屋面，其蓄水时间不应少于 24h。

10.0.6 屋面分部（子分部）工程质量验收合格应符合下列规定：

  1 分部（子分部）工程所含分项工程的质量均应验收合格。
  2 质量控制资料完整。
  3 有关安全及功能的检验和抽样检测结果应符合有关规定。
  4 观感质量验收应符合要求。

10.0.7 验收单位签认

  1 屋面分部（子分部）工程应由总监理工程师（建设单位项目负责人）组织施工单位项目负责人和技术、质量负责人等进行验收。

  2 屋面分部（子分部）工程质量验收记录，当地无统一规定时，宜采用表 10.0.7"屋面分部（子分部）工程质量验收记录表"。

表 10.0.7 屋面分部（子分部）工程质量验收记录表

GB 50207—2002

工程名称			结构类型		层 数	
施工单位			技术部门负责人		质量部门负责人	
分包单位			分包单位负责人		分包技术负责人	
序号	分项工程名称		检验批数	施工单位检查评定	验 收 意 见	
1						
2						
3						
4						
5						
6						
	质量控制资料					
	安全和功能检验（检测）报告					
	观感质量验收					
验收单位	分包单位			项目经理　　年　月　日		
	施工单位			项目经理　　年　月　日		
	勘察单位			项目负责人　　年　月　日		
	设计单位			项目负责人　　年　月　日		
	监理（建设）单位		总监理工程师（建设单位项目专业负责人）：		年　月　日	

3 屋面工程子分部验收,按此表所列参与工程建设责任单位的有关人员应亲自签名。

(1) 施工单位、总承包单位必须签认,由项目经理亲自签认,有分包单位的分包单位也必须签认其分包的部分工程,由分包项目经理亲自签认。

(2) 有特殊要求的,如建设单位邀请设计参加验收时,由设计单位项目负责人亲自签认。

(3) 监理单位作为验收方,由总监理工程师亲自签认。如果按规定不委托监理单位的工程,可由建设单位项目专业负责人亲自签认验收。

10.0.8 屋面工程验收后,将屋面分部(子分部)工程质量验收记录交建设单位和施工单位存档。

附录 A 屋面工程防水和保温材料的质量指标

A.1 防水卷材的质量指标

A.1.1 高聚物改性沥青防水卷材的外观质量和物理性能应符合表 A.1.1-1 和表 A.1.1-2 的要求。

表 A.1.1-1 高聚物改性沥青防水卷材外观质量

项目	质量要求	项目	质量要求
孔洞、缺边、裂口	不允许	撒布材料粒度、颜色	均匀
边缘不整齐	不超过 10mm	每卷卷材的接头	不超过 1 处,较短的一段不应小于 1000mm,接头处应加长 150mm
胎体露白、未浸透	不允许		

表 A.1.1-2 高聚物改性沥青防水卷材物理性能

项目		性能要求				
		聚酯毡胎体	玻纤胎体	聚乙烯胎体	自粘聚酯胎体	自粘无胎体
可溶物含量 (g/m²)		(3mm 厚) ≥2100 (4mm 厚) ≥2900		—	(2mm 厚) ≥1300 (3mm 厚) ≥2100	—
拉力 (N/50mm)		≥450	纵向,≥350 横向,≥250	≥100	≥350	≥250
延伸率 (%)		最大拉力时,≥30	—	断裂时,≥200	最大拉力时,≥30	断裂时,≥450
耐热度 (℃, 2h)		SBS 卷材,90 APP 卷材,110 无滑动、流淌、滴落		PEE 卷材 90,无流淌、起泡	70,无滑动、流淌、滴落	70,无起泡、滑动
低温柔度 (℃)		SBS 卷材-18,APP 卷材-5,PEE 卷材-10			-20	
		3mm 厚,$r=15$mm;4mm 厚,$r=25$mm;3s,弯 180°无裂纹			$r=15$mm; 3s,弯 180°无裂纹	$\phi 20$mm,3s,弯 180°无裂纹
不透水性	压力 (MPa)	≥0.3	≥0.2	≥0.3	≥0.3	≥0.2
	保持时间 (min)	≥30				≥120

注:1 SBS—弹性体改性沥青防水卷材;
  2 APP—塑性体改性沥青防水卷材;
  3 PEE—改性沥青聚乙烯胎防水卷材。

A.1.2 合成高分子防水卷材的外观质量和物理性能应符合表 A.1.2-1 和表 A.1.2-2 的要求。

表 A.1.2-1　合成高分子防水卷材外观质量

项　目	质　量　要　求
折　痕	每卷不超过2处，总长度不超过20mm
杂　质	大于0.5mm颗粒不允许，每1m²不超过9mm²
胶　块	每卷不超过6处，每处面积不大于4mm²
凹　痕	每卷不超过6处，深度不超过本身厚度的30%；树脂类深度不超过15%
每卷卷材的接头	橡胶类每20m不超过1处，较短的一段不应小于3000mm，接头处应加长150mm；树脂类20m长度内不允许有接头

表 A.1.2-2　合成高分子防水卷材物理性能

项　目		性　能　要　求			
		硫化橡胶类	非硫化橡胶类	树脂类	纤维增强类
断裂拉伸强度（MPa）		≥6	≥3	≥10	≥9
扯断伸长率（%）		≥400	≥200	≥200	10
低温弯折（℃）		−30	−20	−20	−20
不透水性	压力（MPa）	≥0.3	≥0.2	≥0.3	≥0.3
	保持时间（min）	≥30			
加热收缩率（%）		<1.2	<2.0	<2.0	<1.0
热老化保持率（80℃，168h）	断裂拉伸强度	≥80%			
	扯断伸长率	≥70%			

A.1.3　沥青防水卷材的外观质量、规格和物理性能应符合表 A.1.3-1～表 A.1.3-3 的要求。

表 A.1.3-1　沥青防水卷材外观质量

项　目	质　量　要　求
孔洞、硌伤	不允许
露胎、涂盖不匀	不允许
折纹、皱折	距卷芯1000mm以外，长度不大于100mm
裂　纹	距卷芯1000mm以外，长度不大于10mm
裂口、缺边	边缘裂口小于20mm；缺边长度小于50mm，深度小于20mm
每卷卷材的接头	不超过1处，较短的一段不应小于2500mm，接头处应加长150mm

表 A.1.3-2　沥青防水卷材物理性能

项　目		性　能　要　求	
		350号	500号
纵向拉力（25±2℃）（N）		≥340	≥440
耐热度（85±2℃，2h）		不流淌，无集中性气泡	
柔度（18±2℃）		绕 ϕ20mm 圆棒无裂纹	绕 ϕ25mm 圆棒无裂纹
不透水性	压力（MPa）	≥0.10	≥0.15
	保持时间（min）	≥30	≥30

表 A.1.3-3 沥青防水卷材规格

标 号	宽度（mm）	每卷面积（m²）	卷 重（kg）	
350 号	915	20±0.3	粉 毡	≥28.5
	1000		片 毡	≥31.5
500 号	915	20±0.3	粉 毡	≥39.5
	1000		片 毡	≥42.5

A.1.4 卷材胶粘剂的质量应符合下列规定：

1 改性沥青胶粘剂的粘结剥离强度不应小于 8N/10mm。

2 合成高分子胶粘剂的粘结剥离强度不应小于 15N/10mm，浸水 168h 后的保持率不应小于 70%。

3 双面胶粘带剥离状态下的粘合性不应小于 10N/25mm，浸水 168h 后的保持率不应小于 70%。

A.2 防水涂料的质量指标

A.2.1 高聚物改性沥青防水涂料的质量应符合表 A.2.1 的要求。

表 A.2.1 高聚物改性沥青防水涂料质量要求

项 目		质 量 要 求	
		水 乳 型	溶 剂 型
固体含量（%）		≥43	≥43
耐热度（80℃，5h）		无流淌、起泡和滑动	
低温柔性（℃，2h）		-10，绕φ20mm 圆棒无裂纹	-15，绕φ10mm 圆棒无裂纹
不透水性	压力（MPa）	≥0.1	≥0.2
	保持时间（min）	≥30	≥30
延伸性（mm）		≥4.5	—
抗裂性（mm）			基层裂缝 0.3mm，涂膜无裂纹

A.2.2 合成高分子防水涂料的质量应符合表 A.2.2-1 和表 A.2.2-2 的要求。

表 A.2.2-1 合成高分子防水涂料（反应固化型）质量要求

项 目		质 量 要 求	
		Ⅰ类	Ⅱ类
拉伸强度（MPa）		≥1.9（单、多组分）	≥2.45（单、多组分）
断裂延伸率（%）		≥550（单组分） ≥450（多组分）	≥450（单组分）
低温柔性（℃，2h）		-40（单组分），-35（多组分），弯折无裂纹	
不透水性	压力（MPa）	≥0.3（单、多组分）	
	保持时间（min）	≥30（单、多组分）	
固体含量（%）		≥80（单组分），≥92（多组分）	

注：产品按拉伸性能分为Ⅰ、Ⅱ两类。

A.2.3 聚合物水泥防水涂料的质量应符合表 A.2.3 的要求。

表 A.2.2-2 合成高分子防水涂料（挥发固化型）质量要求

项　　目		质　量　要　求
拉伸强度（MPa）		≥1.5
断裂延伸率（%）		≥300
低温柔性（℃，2h）		-20，绕 φ10mm 圆棒无裂纹
不透水性	压力（MPa）	≥0.3
	保持时间（min）	≥30
固体含量（%）		≥65

表 A.2.3 聚合物水泥防水涂料质量要求

项　　目		质　量　要　求
固体含量（%）		≥65
拉伸强度（MPa）		≥1.2
断裂延伸率（%）		≥200
低温柔性（℃，2h）		-10，绕 φ10mm 圆棒无裂纹
不透水性	压力（MPa）	≥0.3
	保持时间（min）	≥30

A.2.4 胎体增强材料的质量应符合表 A.2.4 的要求。

表 A.2.4 胎体增强材料质量要求

项　　目		质　量　要　求		
		聚酯无纺布	化纤无纺布	玻纤网布
外　　观		均匀，无团状，平整无折皱		
拉力（N/50mm）	纵　向	≥150	≥45	≥90
	横　向	≥100	≥35	≥50
延伸率（%）	纵　向	≥10	≥20	≥3
	横　向	≥20	≥25	≥3

A.3 密封材料的质量指标

A.3.1 改性石油沥青密封材料的物理性能应符合表 A.3.1 的要求。

表 A.3.1 改性石油沥青密封材料物理性能

项　　目		性　能　要　求	
		Ⅰ	Ⅱ
耐热度	温度（℃）	70	80
	下垂度（mm）	≤4.0	
低温柔性	温度（℃）	-20	-10
	粘结状态	无裂纹和剥离现象	
拉伸粘结性（%）		≥125	
浸水后拉伸粘结性（%）		≥125	
挥发性（%）		≤2.8	
施工度（mm）		≥22.0	≥20.0

注：改性石油沥青密封材料按耐热度和低温柔性分为Ⅰ类和Ⅱ类。

A.3.2 合成高分子密封材料的物理性能应符合表 A.3.2 的要求。

表 A.3.2 合成高分子密封材料物理性能

项 目		技 术 指 标						
		25LM	25HM	20LM	20HM	12.5E	12.5P	7.5P
拉伸模量 （MPa）	23℃ -20℃	≤0.4 和 ≤0.6	>0.4 和 >0.6	≤0.4 和 ≤0.6	>0.4 和 >0.6	—		
定伸粘结性		无破坏					—	
浸水后定伸粘结性		无破坏					—	
热压冷拉后粘结性		无破坏					—	
拉伸压缩后粘结性		—					无破坏	
断裂伸长率（%）		—				≥100	≥20	
浸水后断裂伸长率（%）		—				≥100	≥20	

注：合成高分子密封材料按拉伸模量分为低模量（LM）和高模量（HM）两个次级别；按弹性恢复率分为弹性（E）和塑性（P）两个次级别。

A.4 保温材料的质量指标

A.4.1 松散保温材料的质量应符合表 A.4.1 的要求。

表 A.4.1 松散保温材料质量要求

项 目	膨胀蛭石	膨胀珍珠岩
粒 径	3～15mm	≥0.15mm，<0.15mm 的含量不大于8%
堆积密度	≤300kg/m³	≤120kg/m³
导热系数	≤0.14W/(m·K)	≤0.07W/(m·K)

A.4.2 板状保温材料的质量应符合表 A.4.2 的要求

表 A.4.2 板状保温材料质量要求

项 目	聚苯乙烯泡沫塑料类		硬质聚氨酯泡沫塑料	泡沫玻璃	加气混凝土类	膨胀珍珠岩类
	挤 压	模 压				
表观密度（kg/m³）	—	15～30	≥30	≥150	400～600	200～350
压缩强度（kPa）	≥250	60～150	≥150	—	—	—
导热系数（W/m·K）	≤0.030	≤0.041	≤0.027	≤0.062	≤0.220	≤0.087
抗压强度（MPa）	—	—	—	≥0.4	≥2.0	≥0.3
70℃，48h 后尺寸变化率（%）	≤2.0	≤4.0	5.0	—	—	—
吸水率（v/v,%）	≤1.5	≤6.0	≤3.0	≤0.5		
外观质量	板材表面基本平整，无严重凹凸不平					

（引自标准 GB 50345—2004）

附录 B 现行建筑防水工程材料标准和现场抽样复验

B.0.1 现行建筑防水工程材料标准应按表 B.0.1 的规定选用。

表 B.0.1 现行建筑防水工程材料标准

类别	标准名称	标准号
沥青和改性沥青防水卷材	1 石油沥青纸胎油毡 油纸 2 石油沥青玻璃纤维胎油毡 3 石油沥青玻璃布胎油毡 4 铝箔面油毡 5 改性沥青聚乙烯胎防水卷材 6 沥青复合胎柔性防水卷材 7 自粘橡胶沥青防水卷材 8 弹性体改性沥青防水卷材 9 塑性体改性沥青防水卷材 10 自粘聚合物改性沥青聚酯胎防水卷材	GB 326—89 GB/T 14686—93 JC/T 84—1996 JC 504—1992（1996） JC/T 633—1996　GB18967—2003 JC/T 690—1998 JC/T 840—1999 GB 18242—2000 GB 18243—2000 JC 898—2002
高分子防水卷材	1 聚氯乙烯防水卷材 2 氯化聚乙烯防水卷材 3 氯化聚乙烯-橡胶共混防水卷材 4 高分子防水卷材胶粘剂 5 高分子防水卷材（第一部分 片材）	GB 12952—2003 GB 12953—2003 JC/T 684—1997 JC 863—2000 GB 18173.1—2000
防水涂料	1 聚氨酯防水涂料 2 溶剂型橡胶沥青防水涂料 3 聚合物乳液建筑防水涂料 4 聚合物水泥防水涂料 5 水性沥青基防水材料	JC/T 500—1992（1996）　GB/T 19250—2003 JC/T 852—1999 JC/T 864—2000 JC/T 894—2001 JC 408—91（1996）
密封材料	1 聚氨酯建筑密封膏 2 聚硫建筑密封膏 3 丙烯酸酯建筑密封膏 4 建筑防水沥青嵌缝油膏 5 硅酮建筑密封膏 6 混凝土建筑接缝用密封胶	JC 482—2003 JC 483—1992（1996） JC 484—1992（1996） JC/T 207—1996 GB/T 14683—93 JC/T 881—2001
刚性防水材料	1 砂浆 混凝土防水剂 2 混凝土膨胀剂 3 水泥基渗透结晶型防水材料	JC 474—92（1999） JC 476—2001 GB 18445—2001
防水材料试验方法	1 沥青防水卷材试验方法 2 建筑胶粘剂通用试验方法 3 建筑密封材料试验方法 4 建筑防水涂料试验方法 5 建筑防水材料老化试验方法	GB 328—89 GB/T 12954—91 GB/T 13477—92 GB/T 16777—1997 GB/T 18244—2000
瓦	1 油毡瓦 2 烧结瓦 3 混凝土平瓦	JC 503—1992（1996） JC 709—1998 JC 746—1999

B.0.2 现行建筑保温隔热材料标准应按表 B.0.2 的规定选用。

表 B.0.2 现行建筑保温隔热材料标准

类别	标准名称	标准号
保温隔热材料	1 建筑物隔热用硬质聚氨酯泡沫塑料 2 膨胀珍珠岩绝热制品 3 膨胀蛭石制品 4 泡沫玻璃绝热制品 5 绝热用模塑聚苯乙烯泡沫塑料 6 绝热用挤塑聚苯乙烯泡沫塑料（XPS）	GB 10800—89 GB/T 10303—2001 JC 442—91（1996） JC/T 647—1996 GB/T 10801.1—2002 GB/T 10801.2—2002
保温隔热材料试验方法	1 保温材料憎水性试验方法 2 硬质泡沫塑料试验方法 3 加气混凝土导热系数试验方法 4 膨胀珍珠岩绝热制品试验方法 5 塑料燃烧性能试验方法 6 无机硬质绝热制品试验方法	GB 10299—89 GB/T 8810—8813—88 JC 275—80（1996） GB 5486—85 GB/T 2406—93 GB/T 5486—2001

B.0.3 建筑防水材料现场抽样复验应符合表 B.0.3 的规定

表 B.0.3 建筑防水工程材料现场抽样复验项目

序号	材料名称	现场抽样数量	外观质量检验	物理性能检验
1	沥青防水卷材	大于1000卷抽5卷，每500～1000卷抽4卷，100～499卷抽3卷，100卷以下抽2卷，进行规格尺寸和外观质量检验。在外观质量检验合格的卷材中，任取一卷作物理性能检验。	孔洞、硌伤、露胎、涂盖不匀、折纹、皱折、裂纹、裂口、缺边，每卷卷材的接头	纵向拉力，耐热度，柔度，不透水性
2	高聚物改性沥青防水卷材	同 1	孔洞、缺边、裂口、边缘不整齐，胎体露白、未浸透，撒布材料粒度、颜色，每卷卷材的接头	拉力，最大拉力时延伸率，耐热度，低温柔度，不透水性
3	合成高分子防水卷材	同 1	折痕、杂质、胶块、凹痕，每卷卷材的接头	断裂拉伸强度，扯断伸长率，低温弯折，不透水性
4	石油沥青	同一批至少抽一次	—	针入度，延度，软化点
5	沥青玛碲脂	每工作班至少抽一次	—	耐热度，柔韧性，粘结力
6	高聚物改性沥青防水涂料	每10t为一批，不足10t按一批抽样	包装完好无损，且标明涂料名称、生产日期、生产厂名、产品有效期；无沉淀、凝胶、分层	固含量，耐热度，柔性，不透水性，延伸
7	合成高分子防水涂料	同 6	包装完好无损，且标明涂料名称、生产日期、生产厂名、产品有效期	固体含量，拉伸强度，断裂延伸率，柔性，不透水性
8	胎体增强材料	每3000m² 为一批，不足3000m² 按一批抽样	均匀，无团状，平整，无折皱	拉力，延伸率

续表 B.0.3

序号	材料名称	现场抽样数量	外观质量检验	物理性能检验
9	改性石油沥青密封材料	每2t为一批,不足2t按一批抽样	黑色均匀膏状,无结块和未浸透的填料	耐热度,低温柔性,拉伸粘结性,施工度
10	合成高分子密封材料	每1t为一批,不足1t按一批抽样	均匀膏状物,无结皮凝胶,或不易分散的固体团状	拉伸粘结性,柔性
11	平瓦	同一批至少抽一次	边缘整齐,表面光滑,不得有分层、裂纹、露砂	—
12	油毡瓦	同一批至少抽一次	边缘整齐,切槽清晰,厚薄均匀,表面无孔洞、硌伤、裂纹、折皱及起泡	耐热度,柔度
13	金属板材	同一批至少抽一次	边缘整齐,表面光滑,色泽均匀,外形规则,不得有扭翘、脱膜、锈蚀	—

(引自标准 GB 50207—2002)

附录 C 沥青和改性沥青防水卷材标准

C.1 石油沥青纸胎防水油毡

C.1.1 物理性能

石油沥青纸胎防水油毡物理性能，见表 C.1.1。

表 C.1.1 石油沥青纸胎防水油毡物理性能

指标名称		标号	200 号			350 号			500 号		
		等级	合格	一等	优等	合格	一等	优等	合格	一等	优等
单位面积浸涂材料总量 (g/m²) 不小于			600	700	800	1000	1050	1110	1400	1450	1500
不透水性	压力（MPa）不小于		0.05			0.10			0.15		
	保持时间（min）不小于		15	20	30	30		45	30		
吸水率（真空法）(%) 不大于	粉毡		1.0			1.0			1.5		
	片毡		3.0			3.0			3.0		
耐热度（℃）			85±2	90±2		85±2	90±2		85±2	90±2	
			受热 2h 涂盖层应无滑动和集中性汽泡								
拉力 25±2℃时 纵向（N）不小于			240	270		340	370		440	470	
柔度			18±2℃	18±2℃		18±2℃	16±2℃	14±2℃	18±2℃	14±2℃	
			绕 φ20mm 圆棒或弯板无裂纹						绕 φ25mm 圆棒或弯板无裂纹		

C.1.2 适用范围

适用于石油沥青纸胎油毡。

石油沥青纸胎油毡系采用低软化点石油沥青浸渍原纸，然后用高软化点石油沥青涂盖油纸两面，再涂或撒隔离材料所制成的一种纸胎防水卷材。

C.1.3 每卷油毡的重量应符合表 C.1.3 的规定

表 C.1.3 油毡卷重（kg）

标 号	200 号		350 号		500 号	
品 种	粉毡	片毡	粉毡	片毡	粉毡	片毡
重量 不小于	17.5	20.5	28.5	31.5	39.5	42.5

注：1 每卷油毡的总面积为 20±0.3m²；
2 200 号、350 号、500 号以外标号的石油沥青纸胎油毡检验，指标依企业标准，试验方法依国标。

（引自标准 GB 326—89）

C.2 铝箔面油毡

C.2.1 定义

铝箔面油毡系采用玻纤毡为胎基,浸涂氧化沥青,在其上表面用压纹铝箔贴面,底面撒以细颗粒矿物材料或覆盖聚乙烯(PE)膜所制成的一种具有热反射和装饰功能的防水卷材。

C.2.2 产品分类

C.2.2.1 等级

产品按物理性能分为优等品(A)、一等品(B)、合格品(C)。

C.2.2.2 标号

铝箔面油毡按标称卷重分为30、40号两种标号。

C.2.2.3 规格

1 幅宽

油毡幅宽为1000mm。

2 厚度

30号铝箔面油毡的厚度不小于2.4mm;40号铝箔面油毡的厚度不小于3.2mm。

C.2.2.4 标记

1 标记方法

产品按下列顺序标记:产品名称、标号、质量等级、本标准号。

2 标记示例

优等品30号铝箔面油毡标记为:

铝箔面油毡 30A JC 504

C.2.2.5 用途

30号铝箔面油毡适用于多层防水工程的面层;40号铝箔面油毡适用于单层或多层防水工程的面层。

C.2.3 技术要求

C.2.3.1 卷重

油毡卷重应符合表C.2.3.1的规定。

表 C.2.3.1 油毡卷重(kg)

标 号	30号	40号	标 号	30号	40号
标称重量	30	40	最低重量	28.5	38.0

C.2.3.2 面积

油毡每卷面积 $10 \pm 0.1 m^2$。

C.2.3.3 外观

1 成卷油毡应卷紧、卷齐。卷筒两端厚度差不得超过5mm,端面里进外出不得超过10mm。

2 成卷油毡在环境温度为10~45℃时应易于展开,不得有距卷芯1000mm外、长度在 10mm 以上的裂纹。

　　3　铝箔与涂盖材料应粘结牢固，不允许有分层、气泡现象。

　　4　铝箔表面应洁净、花纹整齐，不得有污迹、折皱、裂纹等缺陷。

　　5　在油毡贴铝箔的一面上沿纵向留一条宽 50～100mm 无铝箔的搭接边，在搭接边上撒以细颗粒隔离材料或用 0.005mm 厚聚乙烯薄膜覆面，聚乙烯膜应粘结紧密，不得有错位或脱落现象。

　　6　每卷油毡接头不应超过一处，其中较短的一段不应少于 2500mm，接头处应裁接整齐，并加 150mm 备作搭接。

C.2.3.4　物理性能

物理性能应符合表 C.2.3.4 的要求。

表 C.2.3.4　铝箔面油毡物理性能

指标名称	标号 等级	30 号			40 号		
		优等品	一等品	合格品	优等品	一等品	合格品
可溶物含量（g/m²）　不小于		1600	1550	1500	2100	2050	2000
拉力（N）　纵横均不小于		500	450	400	550	500	450
断裂延伸率（%）纵横均不小于		2					
柔度（℃）　不高于		0	5	10	0	5	10
		绕半径 35mm 圆弧，无裂纹			绕半径 35mm 圆弧，无裂纹		
耐热度（℃）		80±2，受热 2h 涂盖层应无滑动					
分层		50±2℃，7d 无分层现象。					

（引自标准 JC 504—1992）

C.3　改性沥青聚乙烯胎防水卷材

C.3.1　分类

C.3.1.1　类型

C.3.1.1.1　按基料分为改性氧化沥青防水卷材、丁苯橡胶改性氧化沥青防水卷材、高聚物改性沥青防水卷材三类。

　　1　改性氧化沥青防水卷材

　　用增塑油和催化剂将沥青氧化改性后制成的防水卷材。

　　2　丁苯橡胶改性氧化沥青防水卷材

　　用丁苯橡胶和塑料树脂将氧化沥青改性后制成的防水卷材。

　　3　高聚物改性沥青防水卷材

　　用 APP、SBS 等高聚物将沥青改性后制成的防水卷材。

C.3.1.1.2　按上表面覆盖材料分为聚乙烯膜、铝箔两个品种。

C.3.1.1.3　按物理力学性能分为Ⅰ型和Ⅱ型。

C.3.1.1.4　卷材按不同基料、不同上表面覆盖材料分为五个品种，见表 C.3.1.1.4。

表 C.3.1.1.4 卷材品种

上表面覆盖材料	基料		
	改性氧化沥青	丁苯橡胶改性氧化沥青	高聚物改性沥青
聚乙烯膜	OEE	MEE	PEE
铝箔		MEAL	PEAL

C.3.1.2 规格

厚度：3mm、4mm；

幅宽：1100mm；

面积：每卷面积为11m²。

生产其他规格的卷材，可由供需双方协商确定。

C.3.1.3 标记

1 代号

改性氧化沥青　　　　　　　　O（第一位表示）

丁苯橡胶改性氧化沥青　　　　M（第一位表示）

高聚物改性沥青　　　　　　　P（第一位表示）

高密度聚乙烯膜胎体　　　　　E（第二位表示）

高密度聚乙烯覆面膜　　　　　E（第三位表示）

2 标记方法

卷材按下列顺序标记：

卷材名称、基料、胎体、上表面覆盖材料、厚度、型号和本标准编号。

示例：3mm厚的Ⅰ型聚乙烯胎聚乙烯膜覆盖高聚物改性沥青防水卷材，其标记如下：

改性沥青聚乙烯胎防水卷材　PEE　3Ⅰ　GB/T 18967

C.3.1.4 用途

改性沥青聚乙烯胎防水卷材适用于工业与民用建筑的防水工程。上表面覆盖聚乙烯膜的卷材适用于非外露防水工程；上表面覆盖铝箔的卷材适用于外露防水工程。

C.3.2 要求

C.3.2.1 厚度、面积及卷重

厚度、面积及卷重应符合表C.3.2.1要求

表 C.3.2.1 厚度、面积及卷重

公称厚度（mm）		3		4	
上表面覆盖材料		E	AL	E	AL
厚度（mm）	平均值，≥	3.0		4.0	
	最小单值	2.7		3.7	
最低卷重（kg）		33	35	45	47
面积（m²）	公称面积	11			
	偏差	±0.2			

C.3.2.2 外观

1 成卷卷材应卷紧卷齐，端面里进外出差不得超过20mm。胎体与沥青基料和覆面材

料相互紧密粘结。

2 卷材表面应平整,不允许有可见的缺陷,如孔洞、裂纹、疙瘩等。

3 成卷卷材在4~40℃任一温度下,产品易于展开,在距卷芯1000mm长度外不应有10mm以上的裂纹或粘接。

4 成卷卷材接头不应超过一处,其中较短的一段不得少于1000mm。接头处应剪切整齐,并加长150mm,备作搭接。

C.3.2.3 物理力学性能

物理力学性能应符合表C.3.2.3规定。

表 C.3.2.3 物理力学性能

序号	上表面覆盖材料		E						AL			
	基料		O		M		P		M		P	
	型号		Ⅰ	Ⅱ	Ⅰ	Ⅱ	Ⅰ	Ⅱ	Ⅰ	Ⅱ	Ⅰ	Ⅱ
1	不透水性(MPa) ≥		0.3									
			不透水									
2	耐热度(℃)		85	85	90	90	95		85	90	90	95
			无流淌、无起泡									
3	拉力(N/50mm)≥	纵向	100	140	100	140	100	140	200	220	200	220
		横向		120		120		120				
4	断裂延伸率(%) ≥	纵向	200	250	200	250	200	250	—			
		横向										
5	低温柔度(℃)		0	−5	−5	−10	−10	−15	−5	−10	−10	−15
			无裂纹									
6	尺寸稳定性	℃	85	85	90	90	95		85	90	90	95
		%, ≤	2.5									
7	热空气老化	外观	无流淌、无起泡						—			
		拉力保持率(%) ≥,纵向	80									
		低温柔度(℃)	8	3	3	−2	−2	−7				
			无裂纹									
8	人工气候加速老化	外观	—						无流淌、无起泡			
		拉力保持率(%) ≥,纵向							80			
		低温柔度(℃)							3	−2	−2	−7
									无裂纹			

注: 表中1~5项为强制性的。

(引自标准 GB 18967—2003)

C.4 沥青复合胎柔性防水材料

C.4.1 分类
C.4.1.1 分类
按胎体将产品分为：沥青聚酯毡和玻纤网格布（以下简称网格布）复合胎柔性防水卷材；沥青玻纤毡和网格布复合胎柔性防水卷材；沥青涤棉无纺布（以下简称无纺布）和网格布复合胎柔性防水卷材；沥青玻纤毡和聚乙烯膜复合胎柔性防水卷材。

C.4.1.2 规格尺寸
长：10m、7.5m；
宽：1000mm、1100mm；
厚：3mm、4mm。
注：生产其他规格尺寸的防水卷材，可由供需双方协商确定。

C.4.1.3 等级
按物理力学性能将产品分为一等品（B）和合格品（C）。

C.4.1.4 标记
1 代号
1) 复合胎体材料

聚酯毡、网格布	PYK
玻纤毡、网格布	GK
无纺布、网格布	NK
玻纤毡、聚乙烯膜	GPE

2) 覆面材料

细砂	S
矿物粒（片）料	M
聚酯膜	PET
聚乙烯膜	PE

2 品种
卷材按复合胎体及上表面材料的不同可分为16个品种，其代号如表 C.4.1.4。

表 C.4.1.4 品 种 代 号

上表面材料＼胎基	聚酯毡、网格布	玻纤毡、网格布	无纺布、网格布	玻纤毡、聚乙烯膜
细 砂	PYK-S	GK-S	NK-S	GPE-S
矿物粒（片）料	PYK-M	GK-M	NK-M	GPE-M
聚酯膜	PYK-PET	GK-PET	NK-PET	GPE-PET
聚乙烯膜	PYK-PE	GK-PE	NK-PE	GPE-PE

3 标记
卷材按产品名称、品种代号、厚度、等级和标准编号顺序标记。
示例：4mm厚的合格品聚乙烯膜覆面沥青玻纤毡和网格布复合胎柔性防水卷材，标

记为：GK-PE 4C JC/T 690

C.4.2 技术要求

C.4.2.1 卷重与尺寸允许偏差应符合表 C.4.2.1。

表 C.4.2.1 卷重与尺寸允许偏差

项目	厚度	上表面材料		
		细砂	矿物粒（片）料	聚酯膜、聚乙烯膜
单位面积标称重量 (kg/m²)	3mm	3.5	4.1	3.3
	4mm	4.7	5.3	4.5
标称卷重 (kg/10m²)	3mm	35	41	33
	4mm	47	53	45
最低卷重 (kg/10m²)	3mm	32	38	30
	4mm	42	48	40
长（m）		±0.1		
宽（mm）		±15		
厚（mm）	3mm	平均值≥3.0，最小单值2.7		
	4mm	平均值≥4.0，最小单值3.7		

C.4.2.2 外观

1 成卷卷材应卷紧、卷齐，端面里进外出差不得超过 10mm，玻纤毡和聚乙烯膜复合胎卷材不超过 30mm。胎体、沥青、复面材料之间应紧密粘结，不应有分层现象。

2 卷材表面应平整，不允许有可见的缺陷，如孔洞、麻面、裂缝、褶皱、露胎等，卷材边缘应整齐、无缺口。不允许有距卷芯 1000mm 外，长度 10mm 以上的裂纹。

3 卷材在 35℃下开卷不应发生粘结现象。在环境温度为柔度试验温度以上时，易于展开。

4 成卷卷材接头不超过一处，其中较短一段不得少于 2500mm。接头处应剪整齐，并加长 150mm，备作搭接。一等品有接头的卷材数不得超过批量的 3%。

C.4.2.3 物理力学性能应符合表 C.4.2.3 规定。

表 C.4.2.3 物理力学性能

项目		聚酯毡、网格布		玻纤毡、网格布		无纺布、网格布		坡纤毡、聚乙烯膜	
		一等品	合格品	一等品	合格品	一等品	合格品	一等品	合格品
柔度（℃）		−10	−5	−10	−5	−10	−5	−10	−5
		3mm厚、r=15mm；4mm厚、r=25mm；3s、弯180°无裂纹							
耐热度（℃）		90	85	90	85	90	85	90	85
		加热2h，无气泡，无滑动							
拉力（N/50mm）≥	纵向	600	500	650	400	800	550	400	300
	横向	500	400	600	300	700	450	300	200
断裂延伸率（%）≥	纵向	30	20	2		2		10	4
	横向								

续表 C.4.2.3

项 目			聚酯毡、网格布		玻纤毡、网格布		无纺布、网格布		坡纤毡、聚乙烯膜	
			一等品	合格品	一等品	合格品	一等品	合格品	一等品	合格品
不透水			0.3MPa		0.2MPa				0.3MPa	
			保持时间 30min，不透水							
人工候化处理(30d)	外 观		无裂纹、不起泡、不粘结							
	拉力保持率(%)≥	纵向	80							
		横向	70							
	柔度(℃)		−5	0	−5	0	−5	0	−5	0
			无 裂 纹							

注：沥青玻纤毡和聚乙烯膜复合胎防水卷材为最大拉力时的延伸率。

（引自标准 JC/T 690—1998）

C.5 自粘橡胶沥青防水卷材

C.5.1 分类

C.5.1.1 分类

按表面材料分为聚乙烯膜（PE）、铝箔（AL）与无膜（N）三种自粘卷材；按使用功能分为外露防水工程（O）与非外露防水工程（I）两种使用状况。

C.5.1.2 规格

面积：20m²、10m²、5m²；

宽：920mm、1000mm；

厚：1.2mm、1.5mm、2.0mm

注：生产其他规格尺寸的防水卷材，可由供需双方协商确定。

C.5.1.3 标记

按产品名称、使用功能、表面材料、卷材厚度和标准编号顺序标记。

标记示例：2mm 厚表面材料为非外露使用的聚乙烯膜的自粘橡胶沥青防水卷材。

自粘卷材　IPE2　JC 840—1999

C.5.1.4 用途

聚乙烯膜为表面材料的自粘卷材，适用于非外露的防水工程；铝箔为表面材料的自粘卷材，适用于外露的防水工程；无膜双面自粘卷材适用于辅助防水工程。

C.5.2 技术要求

C.5.2.1 卷重与尺寸允许偏差

1 卷重应符合表 C.5.2.1-1 规定。

2 尺寸允许偏差应符合表 C.5.2.1-2 规定。

C.5.2.2 外观

1 成卷卷材应卷紧、卷齐，端面里进外出差不得超过 20mm。

2 卷材表面应平整，不允许有可见的缺陷，如孔洞、结块、裂纹、气泡、缺边与裂口等。

表 C.5.2.1-1 卷 重

项 目		表 面 材 料		
		PE	AL	N
标称卷重（kg/10m²）	1.2m	13	14	13
	1.5m	16	17	16
	2.0m	23	24	23
最低卷重（kg/10m²）	1.2m	12	13	12
	1.5m	15	16	15
	2.0m	22	23	22

表 C.5.2.1-2 尺寸允许偏差

面积（m²/卷）		5±0.1	10±0.1	20±0.2
厚度（mm）	平均值≥	1.2	1.5	2.0
	最小值	1.0	1.3	1.7

3 成卷卷材在环境温度为柔度规定的温度以上时应易于展开。

4 每卷卷材的接头不应超过1个。接头处应剪切整齐，并加长150mm。一批产品中有接头卷材不应超过3%。

C.5.2.3 物理力学性能应符合表 C.5.2.3。

表 C.5.2.3 物理力学性能

项 目		表 面 材 料		
		PE	AL	N
不透水性	压力（MPa）	0.2	0.2	0.1
	保持时间（min）	120，不透水		30，不透水
耐热度		—	80℃，加热2h，无气泡，无滑动	—
拉力（N/5cm）≥		130	100	—
断裂延伸率（%）≥		450	200	450
柔 度		−10℃，φ20mm，3s，180°无裂纹		
剪切性能（N/mm）	卷材与卷材≥	2.0 或粘合面外断裂		粘合面外断裂
	卷材与铝板≥			
剥离性能（N/mm）≥		1.5 或粘合面外断裂		粘合面外断裂
抗穿孔性		不渗水		
人工候化处理	外 观	无裂纹，无气泡		
	拉力保持率(%)≥	—	80	—
	柔 度	−10℃，φ20mm，3s，180°无裂纹		

(引自标准 JC 840—1999)

C.6 弹性体改性沥青防水卷材

C.6.1 分类
C.6.1.1 类型

1 按胎基分为聚酯胎（PY）和玻纤胎（G）两类。

2 按上表面隔离材料分为聚乙烯膜（PE）、细砂（S）与矿物粒（片）料（M）三种。

3 按物理力学性能分为Ⅰ型和Ⅱ型。

4 卷材按不同胎基、不同上表面材料分为六个品种，见表C.6.1.1。

表 C.6.1.1 卷材品种

上表面材料 \ 胎基	聚酯胎	玻纤胎
聚乙烯膜	PY-PE	G-PE
细砂	PY-S	G-S
矿物粒（片）料	PY-M	G-M

C.6.1.2 规格

1 幅宽 1000mm。

2 厚度

聚酯胎卷材 3mm 和 4mm；

玻纤胎卷材 2mm、3mm 和 4mm。

3 面积 每卷面积分为 15m^2、10m^2 和 7.5m^2。

C.6.1.3 标记

1 标记方法

卷材按下列顺序标记：

弹性体改性沥青防水卷材、型号、胎基、上表面材料、厚度和本标准号。

2 标记示例

3mm 厚砂面聚酯胎Ⅰ型弹性体改性沥青防水卷材标记为：

SBS Ⅰ PY S3 GB 18242。

C.6.1.4 用途

SBS 卷材适用于工业与民用建筑的屋面及地下防水工程，尤其适用于较低气温环境的建筑防水。

C.6.2 技术要求
C.6.2.1 卷重、面积及厚度

卷重、面积及厚度应符合表 C.6.2.1 规定。

表 C.6.2.1 卷重、面积及厚度

规格（公称厚度）(mm)		2		3			4				
上表面材料		PE	S	PE	S	M	PE	S	M	PE	S	M
面积 (m^2/卷)	公称面积	15		10			10			7.5		
	偏差	±0.15		±0.10			±0.10			±0.10		
最低卷重 (kg/卷)		33.0	37.5	32.0	35.0	40.0	42.0	45.0	50.0	31.5	33.0	37.5
厚度 (mm)	平均值，≥	2.0		3.0		3.2	4.0		4.2	4.0		4.2
	最小单值	1.7		2.7		2.9	3.7		3.9	3.7		3.9

C.6.2.2 外观

1 成卷卷材应卷紧卷齐，端面里进外出不得超过10mm。

2 成卷卷材在4~50℃任一产品温度下展开，在距卷芯1000mm长度外不应有10mm以上的裂纹或粘结。

3 胎基应浸透，不应有未被浸渍的条纹。

4 卷材表面必须平整，不允许有孔洞、缺边和裂口，矿物粒（片）料粒度应均匀一致并紧密地粘附于卷材表面。

5 每卷接头处不应超过1个，较短的一段不应少于1000mm，接头应剪切整齐，并加长150mm。

C.6.2.3 物理力学性能

物理力学性能应符合表C.6.2.3规定。

表C.6.2.3 物理力学性能

序号	胎基 型号			PY I	PY II	G I	G II
1	可溶物含量 (g/m²) ≥	2mm		—	—	—	1300
		3mm		2100	2100	2100	2100
		4mm		2900	2900	2900	2900
2	不透水性	压力（MPa）≥		0.3	0.3	0.2	0.3
		保持时间（min）≥		30	30	30	30
3	耐热度（℃）			90	105	90	105
				无滑动、流淌、滴落			
4	拉力（N/50mm）≥	纵向		450	800	350	500
		横向				250	300
5	最大拉力时延伸率（%）≥	纵向		30	40	—	—
		横向					
6	低温柔度（℃）			−18	−25	−18	−25
				无裂纹			
7	撕裂强度（N）≥	纵向		250	350	250	350
		横向				170	200
8	人工气候加速老化	外观		1级			
				无滑动、流淌、滴落			
		拉力保持率（%）≥	纵向	80			
		低温柔度（℃）		−10	−20	−10	−20
				无裂纹			

注：表中1~6项为强制性项目。

（引自标准 GB 18242—2000）

C.7 塑性体改性沥青防水卷材

C.7.1 分类
C.7.1.1 类型

1 按胎基分为聚酯胎（PY）和玻纤胎（G）两类。

2 按上表面隔离材料分为聚乙烯膜（PE）、细砂（S）与矿物粒（片）料（M）三种。

3 按物理力学性能分为Ⅰ型和Ⅱ型。

4 卷材按不同胎基、不同上表面材料分为六个品种，见表 C.7.1.1。

表 C.7.1.1 卷材品种

上表面材料＼胎基	聚酯胎	玻纤胎
聚乙烯膜	PY-PE	G-PE
细砂	PY-S	G-S
矿物粒（片）料	PY-M	G-M

C.7.1.2 规格

1 幅宽 1000mm。

2 厚度

聚酯胎卷材，3mm 和 4mm；

玻纤胎卷材，2mm、3mm 和 4mm。

3 面积 每卷面积分为 15m²、10m² 和 7.5m²。

C.7.1.3 标记

1 标记方法

卷材按下列顺序标记：

塑性体改性沥青防水卷材、型号、胎基、上表面材料、厚度和本标准号。

2 标记示例

3mm 厚砂面聚酯胎Ⅰ型弹性体改性沥青防水卷材标记为：

APP Ⅰ PY S3 GB 18243。

C.7.1.4 用途

APP 卷材适用于工业与民用建筑的屋面和地下防水工程，以及道路、桥梁等建筑物的防水，尤其适用于较高气温环境的建筑防水。

C.7.2 技术要求
C.7.2.1 卷重、面积及厚度

卷重、面积及厚度应符合表 C.7.2.1 规定。

表 C.7.2.1 卷重、面积及厚度

规格（公称厚度）(mm)		2		3			4				
上表面材料		PE	S	PE	S	M	PE	S	M	PE	S	M
面积 (m²/卷)	公称面积	15		10			10			7.5		
	偏差	±0.15		±0.10			±0.10			±0.10		
最低卷重（kg/卷）		33.0	37.5	32.0	35.0	40.0	42.0	45.0	50.0	31.5	33.0	37.5
厚度 (mm)	平均值，≥	2.0		3.0		3.2	4.0		4.2	4.0		4.2
	最小单值	1.7		2.7		2.9	3.7		3.9	3.7		3.9

C.7.2.2 外观

1 成卷卷材应卷紧卷齐,端面里进外出不得超过10mm。

2 成卷卷材在4~60℃任一产品温度下展开,在距卷芯1000mm长度外不应有10mm以上的裂纹或粘结。

3 胎基应浸透,不应有未被浸渍的条纹。

4 卷材表面必须平整,不允许有孔洞、缺边和裂口,矿物粒(片)料粒度应均匀一致并紧密地粘附于卷材表面。

5 每卷接头处不应超过1个,较短的一段不应少于1000mm,接头应剪切整齐,并加长150mm。

C.7.2.3 物理力学性能

物理力学性能应符合表C.7.2.3规定。

表C.7.2.3 物理力学性能

序号	胎基		PY		G	
	型号		Ⅰ	Ⅱ	Ⅰ	Ⅱ
1	可溶物含量(g/m²)≥	2mm	—		1300	
		3mm	2100			
		4mm	2900			
2	不透水性	压力(MPa)≥	0.3		0.2	0.3
		保持时间(min)≥	30			
3	耐热度(℃)		110	130	110	130
			无滑动、流淌、滴落			
4	拉力(N/50mm)≥	纵向	450	800	350	500
		横向			250	300
5	最大拉力时延伸率(%)≥	纵向	25	40	—	
		横向				
6	低温柔度(℃)		-5	-15	-5	-15
			无裂纹			
7	撕裂强度(N)≥	纵向	250	350	250	350
		横向			170	200
8	人工气候加速老化	外观	1级			
			无滑动、流淌、滴落			
		拉力保持率(%)≥ 纵向	80			
		低温柔度(℃)	3	-10	-3	-10
			无裂纹			

注:1 表中1~6项为强制性项目;
　　2 当需要耐热度超过130℃卷材时,该指标可由供需双方协商确定。

(引自标准GB 18243—2000)

C.8 石油沥青玻璃纤维胎油毡

C.8.1 定义

玻纤胎油毡系采用玻璃纤维薄毡为胎基,浸涂石油沥青,在其表面涂撒以矿物材料或覆盖聚乙烯膜等隔离材料所制成的一种防水卷材。

C.8.2 产品分类

C.8.2.1 等级

玻纤胎油毡按物理性能分为优等品(A)、一等品(B)和合格品(C)。

C.8.2.2 规格

玻纤胎油毡幅度为1000mm一种规格。

C.8.2.3 品种

玻纤胎油毡按上表面材料分为膜面、粉面和砂面三个品种。

C.8.2.4 标号

玻纤胎油毡按每$10m^2$标称重量分为15号、25号、35号等三个标号。

C.8.2.5 用途

1 15号玻纤胎油毡适用于一般工业与民用建筑的多层防水,并可用于包扎管道(热管道外),作防腐保护层。

2 25号、35号玻纤胎油毡适用于屋面、地下、水利等工程的多层防水,其中35号玻纤胎油毡可采用热熔法施工的多层(或单层)防水。

3 彩砂面玻纤胎油毡适用于防水层面层和不再作表面处理的斜屋面。

C.8.3 标记

C.8.3.1 标记方法

根据涂盖沥青、胎基、上表面材料的代号加上产品标号,按下列顺序排列。

涂盖沥青—胎基—上表面材料—标号等级—本标准号。

涂盖沥青、胎基、上表面材料的代号为:

石油沥青	A
玻纤毡	G
河砂(普通矿物粒、片料)	S
彩砂(彩色矿物粒、片料)	CS
粉状材料	T
聚乙烯膜	PE

C.8.3.2 标记示例

1 15号合格品砂面玻纤胎石油沥青油毡标记为:

油毡 A—G—S—15(C) GB/T 14686

2 25号一等品粉面玻纤胎石油沥青油毡标记为:

油毡 A—G—T—25(B) GB/T 14686

3 35号优等品聚乙烯薄膜面玻纤胎石油沥青油毡标记为:

油毡 A—G—PE—35(A) GB/T 14686

C.8.4 技术要求
C.8.4.1 重量
每卷油毡重量应符合表 C.8.4.1 的规定。

表 C.8.4.1 每卷油毡重量（kg）

标 号	15 号			25 号			35 号		
上表面材料	PE膜	粉	砂	PE膜	粉	砂	PE膜	粉	砂
标称卷重	30			25			35		
卷重不小于	25.0	26.0	28.0	21.0	22.0	24.0	31.0	32.0	34.0

C.8.4.2 面积
每卷油毡面积：15 号为 $20 \pm 0.2 m^2$，25 号、35 号为 $10 \pm 0.1 m^2$。

C.8.4.3 外观
1 成卷油毡应卷紧卷齐，卷筒两端厚度差不得超过5mm，端面里进外出不得超过10mm。
2 成卷油毡在环境温度5～45℃时应易于展开，不得有破坏毡面长度10mm以上的粘结和距卷芯1000mm以外长度10mm以上的裂纹。
3 胎基必须均匀浸透，并与涂盖材料紧密粘结。
4 油毡表面必须平整，不允许有孔洞，硌（楞）伤，以及长度20mm以上的疙瘩和距卷芯1000mm以外长度100mm以上的折纹、折皱。20mm以内的边缘裂口或长50mm、深20mm以内的缺边不应超过4处。
5 撒布材料的颜色和粒度应均匀一致，并紧密地粘附于油毡表面。
6 每卷油毡接头不应超过一处，其中较短的一段不得少于2500mm，接头处应剪切整齐，并加长150mm。

C.8.4.4 物理性能
各标号等级的玻纤胎油毡物理性能应符合表 C.8.4.4 的规定。

表 C.8.4.4 玻纤胎油毡物理性能

序号	指标名称	等级	15 号			25 号			35 号		
			优等品	一等品	合格品	优等品	一等品	合格品	优等品	一等品	合格品
1	可溶物含量（g/m²） 不小于		800	700		1300	1200		2100	2000	
2	不透水性	压力（MPa）不小于	0.1			0.15			0.2		
		保持时间（min）不小于	30								
3	耐热度（℃）		85 ± 2 受热2h涂盖层应无滑动								
4	拉力（N）不小于	纵 向	300	250	200	400	300	250	400	320	270
		横 向	200	150	130	300	200	180	300	240	200
5	柔度	温度（℃）不高于	0	5	10	0	5	10	0	5	10
		弯曲半径	绕 $r=15mm$ 弯板无裂纹			绕 $r=15mm$ 弯板无裂纹			绕 $r=25mm$ 弯板无裂纹		
6	耐霉菌（8周）	外 观	2 级			2 级			1 级		
		重量损失率（%）不大于	3.0			3.0			3.0		
		拉力损失率（%）不大于	40			30			20		
7	人工加速气候老化（27周期）	外 观	无裂纹，无气泡等现象								
		失重率（%）不大于	8.00			5.50			4.00		
		拉力变化率（%）	$+25 \sim -20$			$+25 \sim -15$			$+25 \sim -10$		

（引自标准 GB/T 14686—93）

C.9 石油沥青玻璃布胎油毡

C.9.1 定义
玻璃布油毡采用玻璃布为胎基，浸涂石油沥青并在两面涂撒隔离材料所制成的一种防水卷材。

C.9.2 产品分类

C.9.2.1 等级
玻璃布油毡按物理性能分为一等品（B）和合格品（C）。

C.9.2.2 规格
玻璃布油毡幅度宽为1000mm。

C.9.2.3 用途
玻璃布油毡适用于铺设地下防水、防腐层，并用于屋面作防水层及金属管道（热管道除外）的防腐保护层。

C.9.2.4 产品标记
1 标记方法
按产品名称、等级、本标准号依次标记。
2 标记示例
玻璃布油毡一等品标记为：玻璃布油毡 BJC/T84。

C.9.3 技术要求

C.9.3.1 卷重
玻璃布油毡每卷重应不小于15kg（包括不大于0.5kg的硬质卷芯）。

C.9.3.2 面积
每卷油毡面积为$20m^2 \pm 0.3m^2$。

C.9.3.3 外观
1 成卷油毡应卷紧。
2 成卷油毡在5～45℃的环境温度下应易于展开，不得有粘结和裂纹。
3 浸涂材料应均匀、致密地浸涂玻璃布胎基。
4 油毡表面必须平整，不得有裂纹、孔眼、扭曲折纹。
5 涂布或撒布材料均匀、致密地粘附于涂盖层两面。
6 每卷油毡的接头应不超过一处，其中较短一段不得少于2000mm，接头处应剪切整齐，并加长150mm，备作搭接。

C.9.3.4 物理性能
物理性能应符合表C.9.3.4的规定。

表C.9.3.4 石油沥青玻璃布胎油毡物理性能

项目	等级	一等品	合格品
可溶物含量（g/m^2）≥		420	380
耐热度（85±2℃）(2h)		无滑动、起泡现象	

续表 C.9.3.4

项目	等级	一等品	合格品
不透水性	压力（MPa）	0.2	0.1
	时间不小于 15min	无 渗 漏	
拉力 25±2℃时纵向（N） ≥		400	360
柔 度	温度（℃） ≤	0	5
	弯曲直径 30mm	无 裂 纹	
耐霉菌腐蚀性	重量损失（%） ≤	2.0	
	拉力损失（%） ≤	15	

（引自标准 JC/T 84—1996）

附录 D 高分子防水卷材标准

D.1 聚氯乙烯防水卷材

D.1.1 分类和标记

D.1.1.1 分类

产品按有无复合层分类，无复合层的为 N 类，用纤维单面复合的为 L 类，织物内增强的为 W 类。

每类产品按理化性能分为Ⅰ型和Ⅱ型。

D.1.1.2 规格

卷材长度规格为 10m、15m、20m；

厚度规格为 1.2mm、1.5mm、2.0mm；

其他长度、厚度规格可由供需双方商定，厚度规格不得低于 1.2mm。

D.1.1.3 标记

按产品名称(代号 PVC 卷材)、外露或非外露使用、类型、厚度、长×宽和标准顺序标记。

示例：

长度 20m、宽度 1.2m、厚度 1.5mmⅡ型 L 类外露使用聚氯乙烯防水卷材标记为：

PVC 卷材　外露 L Ⅱ 1.5/20 × 1.2

GB12952—2003

D.1.2 技术要求

D.1.2.1 尺寸偏差

长度、宽度不小于规定值的 99.5%。

厚度偏差和最小单值见表 D.1.2.1。

表 D.1.2.1 厚度（mm）

厚度	允许偏差	最小单值
1.2	±0.10	1.00
1.5	±0.15	1.30
2.0	±0.20	1.70

D.1.2.2 外观

1 卷材的接头不多于一处，其中较短的一段长度不少于 1.5m，接头应剪切整齐，并加长 150mm。

2 卷材表面应平整、边缘整齐，无裂纹、孔洞、粘结、气泡和疤痕。

D.1.3 理化性能

N 类无复合层的卷材理化性能应符合表 D.1.3-1 的规定。

L 类纤维单面复合及 W 类织物内增强的卷材应符合表 D.1.3-2 的规定。

表 D.1.3-1 N 类卷材理化性能

序号	项目		Ⅰ型	Ⅱ型
1	拉伸强度（MPa）	≥	8.0	12.0
2	断裂伸长率（%）	≥	200	250

续表 D.1.3-1

序号	项目		Ⅰ型	Ⅱ型
3	热处理尺寸变化率（%） ≤		3.0	2.0
4	低温弯折性		-20℃无裂纹	-25℃无裂纹
5	抗穿孔性		不渗水	
6	不透水性		不透水	
7	剪切状态下的粘合性（N/mm） ≥		3.0或卷材破坏	
8	热老化处理	外观	无气泡、裂纹、粘结与孔洞	
		拉伸强度变化率（%）	±25	±20
		断裂伸长率变化率（%）		
		低温弯折性	-15℃无裂纹	-20℃无裂纹
9	耐化学侵蚀	拉伸强度变化率（%）	±25	±20
		断裂伸长率变化率（%）		
		低温弯折性	-15℃无裂纹	-20℃无裂纹
10	人工气候加速老化	拉伸强度变化率（%）	±25	±20
		断裂伸长率变化率（%）		
		低温弯折性	-15℃无裂纹	-20℃无裂纹

注：非外露使用可以不考虑人工气候加速老化性能。

表 D.1.3-2 L类卷材理化性能

序号	项目		Ⅰ型	Ⅱ型
1	拉力（N/cm） ≥		100	160
2	断裂伸长率（%） ≥		150	200
3	热处理尺寸变化率（%） ≤		1.5	1.0
4	低温弯折性		-20℃无裂纹	-25℃无裂纹
5	抗穿孔性		不渗水	
6	不透水性		不透水	
7	剪切状态下的粘合性（N/mm） ≥	L类	3.0或卷材破坏	
		W类	6.0或卷材破坏	
8	热老化处理	外观	无气泡、裂纹、粘结与孔洞	
		断裂伸长率变化率（%） ≥	±25	±20
		低温弯折性	-15℃无裂纹	-20℃无裂纹
9	耐化学侵蚀	断裂伸长率变化率（%） ≥	±25	±20
		低温弯折性	-15℃无裂纹	-20℃无裂纹
10	人工气候加速老化	断裂伸长率变化率（%） ≥	±25	±20
		低温弯折性	-15℃无裂纹	-20℃无裂纹

注：非外露使用可以不考虑人工气候加速老化性能。

（引自标准 GB 12952—2003）

D.2 氯化聚乙烯防水卷材

D.2.1 分类和标记

D.2.1.1 分类

产品按有无复合层分类，无复合层的为 N 类，用纤维单面复合的为 L 类，织物内增强的为 W 类。

每类产品按理化性能分为 Ⅰ 型和 Ⅱ 型。

D.2.1.2 规格

卷材长度规格为 10m、15m、20m；

厚度规格为 1.2mm、1.5mm、2.0mm；

其他长度、厚度规格可由供需双方商定，厚度规格不得低于 1.2mm。

D.2.1.3 标记

按产品名称（代号 CPE 卷材）、外露或非外露使用、类型、厚度、长×宽和标准顺序标记。

示例：

长度 20m、宽度 1.2m、厚度 1.5mm Ⅱ 型 L 类外露使用氯化聚乙烯防水卷材标记为：

CPE 卷材　外露 L Ⅱ 1.5/20×1.2

D.2.2 要求

D.2.2.1 尺寸偏差

长度、宽度不小于规定值的 99.5%。

厚度偏差和最小单值见表 D.2.2.1。

表 D.2.2.1 厚度（mm）

厚 度	允许偏差	最小单值
1.2	±0.10	1.00
1.5	±0.15	1.30
2.0	±0.20	1.70

D.2.2.2 外观

1 卷材的接头不多于一处，其中较短的一段长度不少于 1.5m，接头应剪切整齐，并加长 150mm。

2 卷材表面应平整、边缘整齐，无裂纹、孔洞和粘接，不应有明显气泡、疤痕。

D.2.3 理化性能

N 类无复合层的卷材理化性能应符合表 D.2.3-1 的规定。

L 类纤维单面复合及 W 类织物内增强的卷材应符合表 D.2.3-2 的规定。

表 D.2.3-1 N 类卷材理化性能

序号	项 目		Ⅰ 型	Ⅱ 型
1	拉伸强度（MPa）	≥	5.0	8.0
2	断裂伸长率（%）	≥	200	300
3	热处理尺寸变化率（%）	≤	3.0	纵向 2.5 横向 1.5
4	低温弯折性		-20℃无裂纹	-25℃无裂纹
5	抗穿孔性		不 渗 水	

续表 D.2.3-1

序号	项目		Ⅰ型	Ⅱ型
6	不透水性		不透水	
7	剪切状态下的粘合性（N/mm） ≥		3.0 或卷材破坏	
8	热老化处理	外观	无气泡、裂纹、粘结与孔洞	
		拉伸强度变化率（%）	+50 -20	±20
		断裂伸长率变化率（%）	+50 -30	±20
		低温弯折性	-15℃无裂纹	-20℃无裂纹
9	耐化学侵蚀	拉伸强度变化率（%）	±30	±20
		断裂伸长率变化率（%）	±30	±20
		低温弯折性	-15℃无裂纹	-20℃无裂纹
10	人工气候加速老化	拉伸强度变化率（%）	+50 -20	±20
		断裂伸长率变化率（%）	+50 -30	±20
		低温弯折性	-15℃无裂纹	-20℃无裂纹

注：非外露使用可以不考虑人工气候加速老化性能。

表 D.2.3-2 L类卷材理化性能

序号	项目		Ⅰ型	Ⅱ型
1	拉力（N/cm） ≥		70	120
2	断裂伸长率（%） ≥		125	250
3	热处理尺寸变化率（%） ≤		1.0	
4	低温弯折性		-20℃无裂纹	-25℃无裂纹
5	抗穿孔性		不渗水	
6	不透水性		不透水	
7	剪切状态下的粘合性（N/mm） ≥	L类	3.0 或卷材破坏	
		W类	6.0 或卷材破坏	
8	热老化处理	外观	无气泡、裂纹、粘结与孔洞	
		拉力（N/cm） ≥	55	100
		断裂伸长率变化率（%） ≥	100	200
		低温弯折性	-15℃无裂纹	-20℃无裂纹
9	耐化学侵蚀	拉力（N/cm） ≥	55	100
		断裂伸长率变化率（%） ≥	100	200
		低温弯折性	-15℃无裂纹	-20℃无裂纹
10	人工气候加速老化	拉力（N/cm） ≥	55	100
		断裂伸长率变化率（%） ≥	100	200
		低温弯折性	-15℃无裂纹	-20℃无裂纹

注：非外露使用可以不考虑人工气候加速老化性能。

引自（标准 GB 12953—2003）

D.3 氯化聚乙烯-橡胶共混防水卷材

D.3.1 产品分类

D.3.1.1 类型

按物理力学性能分为 S 型、N 型两种类型。

表 D.3.1.2 规格尺寸

厚 度（mm）	宽 度（mm）	长 度（m）
1.0, 1.2, 1.5, 2.0	1000, 1100, 1200	20

D.3.1.2 规格

规格尺寸见表 D.3.1.2。

D.3.1.3 标记

1 标记方法

产品按下列顺序标记：产品名称、类型、厚度、标准号

2 标记示例

厚度 1.5mm S 型氯化聚乙烯-橡胶共混防水卷材标记为：

CPBR S 1.5 JC/T684

氯化聚乙烯-橡胶共混防水卷材 —— 标准号

类型 —— 厚度

D.3.2 技术要求

D.3.2.1 外观质量

1 表面平整，边缘整齐。

2 表面缺陷应不影响防水卷材使用，并符合表 D.3.2.1 规定。

表 D.3.2.1 外观质量

项 目	外 观 质 量 要 求
折 痕	每卷不超过 2 处，总长不大于 20mm
杂 质	不允许有大于 0.5mm 颗粒
胶 块	每卷不超过 6 处，每处面积不大于 4mm²
缺 胶	每卷不超过 6 处，每处不大于 7mm²，深度不超过卷材厚度的 30%
接 头	每卷不超过 1 处，短段不得少于 3000mm，并应加长 150mm 备作搭接

D.3.2.2 尺寸偏差应符合表 D.3.2.2

表 D.3.2.2 尺寸偏差

厚度允许偏差（%）	宽度与长度允许偏差
+15 -10	不允许出现负值

D.3.2.3 物理力学性能应符合表 D.3.2.3

表 D.3.2.3 物理力学性能

序号	项 目		指 标	
			S 型	N 型
1	拉伸强度（MPa）	≥	7.0	5.0
2	断裂伸长率（%）	≥	400	250

续表 D.3.2.3

序号	项目		指标	
			S 型	N 型
3	直角形撕裂强度（kN/m） ≥		24.5	20.0
4	不透水性（30min）		0.3MPa 不透水	0.2MPa 不透水
5	热老化保持率（80±2℃，168h）	拉伸强度（%） ≥	80	
		断裂伸长率（%） ≥	70	
6	脆性温度 ≤		-40℃	-20℃
7	臭氧老化 500pphm，168h×40℃，静态		伸长率40%无裂纹	伸长率20%无裂纹
8	粘结剥离强度（卷材与卷材）	（kN/m） ≥	2.0	
		浸水 168h,保持率(%) ≥	70	
9	热处理尺寸变化率（%） ≤		+1 -2	+2 -4

（引自标准 JC/T 684—1997）

D.4 三元丁橡胶防水卷材

D.4.1 定义

三元丁橡胶防水卷材是以废旧丁基橡胶为主，加入丁酯作改性剂，丁醇作促进剂加工制成的无胎卷材（简称"三元丁卷材"）。

D.4.2 产品分类

D.4.2.1 规格

产品规格见表 D.4.2.1。

表 D.4.2.1 规格尺寸

厚度（mm）	宽度（mm）	长度（m）	厚度（mm）	宽度（mm）	长度（m）
1.2、1.5	1000	20、10	2.0	1000	10

注：其他规格尺寸由供需双方协商确定。

D.4.2.2 等级

产品按物理力学性能分为一等品（B）和合格品（C）。

D.4.2.3 标记

产品按产品名称、厚度、等级、标准编号顺序标记。

示例：厚度为 1.2mm、一等品的三元丁橡胶防水卷材标记为：

三元丁卷材 1.2　B　JC/T 645

D.4.2.4 用途

三元丁橡胶防水卷材适用于工业与民用建筑及构筑物的防水，尤其适用于寒冷及温差变化较大地区的防水工程。

D.4.3 技术要求

D.4.3.1 产品尺寸允许偏差应符合表 D.4.3.1 规定。

表 D.4.3.1 尺寸允许偏差

项目	允许偏差	项目	允许偏差	项目	允许偏差
厚度（mm）	±0.1	长度（m）	不允许出现负值	宽度（mm）	不允许出现负值

注：1.2mm 厚规格不允许出现负偏差。

D.4.3.2 外观质量

1 成卷卷材应卷紧卷齐，端面里进外出不得超过 10mm。
2 成卷卷材在环境温度为低温弯折性规定的温度以上时，应易于展开。
3 卷材表面应平整，不允许有孔洞、缺边、裂口和夹杂物。
4 每卷卷材的接头不应超过一个。较短的一段不应少于 2500mm，接头处应剪整齐，并加长 150mm。一等品中，有接头的卷材不得超过批量的 3%。

D.4.3.3 物理力学性能

物理力学性能应符合表 D.4.3.3 的规定。

表 D.4.3.3 物理力学性能

产品等级			一等品	合格品
不透水性	压力（MPa）	不小于	0.3	
	保持时间（min）	不小于	90，不透水	
纵向拉伸强度（MPa）		不小于	2.2	2.0
纵向断裂伸长率（%）		不小于	200	150
低温弯折性（-30℃）			无裂纹	
耐碱性	纵向拉伸强度的保持率（%）	不小于	80	
	纵向断裂伸长的保持率（%）	不小于	80	
热老化处理	纵向拉伸强度保持率（80±2℃，168h）（%）	不小于	80	
	纵向断裂伸长的保持率（80±2℃，168h）（%）	不小于	70	
热处理尺寸变化率（80±2℃，168h）（%）		不大于	-4，+2	
人工加速气候老化 27 周期	外观		无裂纹，无气泡，不粘结	
	纵向拉伸强度的保持率（%）	不小于	80	
	纵向断裂伸长的保持率（%）	不小于	70	
	低温弯折性		-20℃，无裂缝	

（引自标准 JC/T 645—1996）

D.5 高分子防水材料（第一部分 片材）

D.5.1 分类与产品标记

D.5.1.1 片材的分类如表 D.5.1.1 所示。

表 D.5.1.1 片材的分类

分类		代号	主要原材料
均质片	硫化橡胶类	JL1	三元乙丙橡胶
		JL2	橡胶（橡塑）共混
		JL3	氯丁橡胶、氯磺化聚乙烯、氯化聚乙烯等
		JL4	再生胶
	非硫化橡胶类	JF1	三元乙丙橡胶
		JF2	橡塑共混
		JF3	氯化聚乙烯
	树脂类	JS1	聚氯乙烯等
		JS2	乙烯醋酸乙烯、聚乙烯等
		JS3	乙烯醋酸乙烯改性沥青共混等
复合片	硫化橡胶类	FL	乙丙、丁基、氯丁橡胶、氯磺化聚乙烯等
	非硫化橡胶类	FF	氯化聚乙烯、乙丙、丁基、氯丁橡胶、氯磺化聚乙烯等
	树脂类	FS1	聚氯乙烯等
		FS2	聚乙烯等

D.5.1.2 产品标记

1 产品应按下列顺序标记，并可根据需要增加标记内容：

类型代号、材质（简称或代号）、规格（长度×宽度×厚度）。

2 标记示例

长度为 20000mm，宽度为 1000mm，厚度为 1.2mm 的均质硫化型三元乙丙橡胶（EPDM）片材标记为：

JL1-EPDM-20000mm×1000mm×1.2mm

D.5.2 技术要求

D.5.2.1 片材的规格

片材的规格尺寸及允许偏差如表 D.5.2.1-1、表 D.5.2.1-2 所示，特殊规格由供需双方商定。

表 D.5.2.1-1 片材的规格尺寸

项目	厚度（mm）	宽度（m）	长度（m）
橡胶类	1.0、1.2、1.5、1.8、2.0	1.0、1.1、1.2	20 以上
树脂类	0.5 以上	1.0、1.2、1.5、2.0	

注：1 橡胶类片材在每卷 20m 长度中允许有一处接头，且最小块长度应不小于 3m，并应加长 15cm 备作搭接；
2 树脂类片材在每卷至少 20m 长度内不允许有接头。

表 D.5.2.1-2 允许偏差

项目	厚度	宽度	长度
允许偏差（%）	−10～+15	＞−1	不允许出现负值

D.5.2.2 片材的外观质量

1 片材表面应平整、边缘整齐，不能有裂纹、机械损伤、折痕、穿孔及异常粘着部分等影响使用的缺陷。

2 片材在不影响使用的条件下，表面缺陷应符合下列规定。

（1）凹痕，深度不得超过片材厚度的 30%；树脂类片材不得超过 5%；

（2）杂质，每 $1m^2$ 不得超过 $9mm^2$；

（3）气泡，深度不得超过片材厚度的 30%，每 $1m^2$ 不得超过 $7mm^2$，但树脂类片材不允许。

D.5.2.3 片材的物理性能

1 均质片的性能应符合表 D.5.2.3-1 的规定；复合片的性能应符合表 D.5.2.3-2 的规定，以胶断伸长率为其扯断伸长率。

2 片材横纵方向的性能均应符合 D.5.2.3-1 的规定。

3 带织物加强层的复合片材，其主体材料厚度小于 0.8mm 时，不考核胶断伸长率。

4 厚度小于 0.8mm 的性能允许达到规定性能的 80% 以上。

表 D.5.2.3-1 均质片的物理性能

项 目			硫化橡胶类				非硫化橡胶类			树脂类			适用试验条目
			JL1	JL2	JL3	JL4	JF1	JF2	JF3	JS1	JS2	JS3	
断裂拉伸强度（MPa）	常温	≥	7.5	6.0	6.0	2.2	4.0	3.0	5.0	10	16	14	5.3.2
	60℃	≥	2.3	2.1	1.8	0.7	0.8	0.4	1.0	4	6	5	
扯断伸长率（%）	常温	≥	450	400	300	200	450	200	200	200	550	500	
	-20℃	≥	200	200	170	100	200	100	100	15	350	300	
撕裂强度(kN/m)		≥	25	24	23	15	18	15	20	40	60	60	5.3.3
不透水性①,30min 无渗漏(MPa)			0.3	0.3	0.2	0.2	0.3	0.2	0.2	0.3	0.3	0.3	5.3.4
低温弯折②(℃)		≤	-40	-30	-30	-20	-30	-20	-20	-20	-35	-35	5.3.5
加热伸缩量(mm)	延伸	<	2	2	2	2	2	4	4	2	2	2	5.3.6
	收缩	<	4	4	4	4	4	6	10	6	6	6	
热空气老化(80℃×168h)	断裂拉伸强度保持率(%)	≥	80	80	80	80	90	60	80	80	80	80	5.3.7
	扯断伸长率保持率(%)	≥	70	70	70	70	70	70	70	70	70	70	
	100%伸长率外观		无裂纹	无裂纹	无裂纹	无裂纹	无裂纹	无裂纹	无裂纹	无裂纹	无裂纹	无裂纹	5.3.8
耐碱性[10% Ca(OH)₂ 常温×168h]	断裂拉伸强度保持率(%)	≥	80	80	80	80	80	70	80	80	80	80	5.3.9
	扯断伸长率保持率(%)	≥	80	80	80	80	90	80	70	80	90	90	
臭氧老化③ (40℃×168h)	伸长率,(40%,500pphm)		无裂纹	—	—	—	无裂纹	—	—	—	—	—	5.3.10
	伸长率,(20%,500pphm)		—	无裂纹	—	—	—	—	—	—	—	—	
	伸长率,(20%,200pphm)		—	—	无裂纹	—	—	—	—	无裂纹	无裂纹	无裂纹	
	伸长率,(20%,100pphm)		—	—	—	无裂纹	—	无裂纹	无裂纹	—	—	—	

续表 D.5.2.3-1

项　目		指　标										适用试验条目
		硫化橡胶类				非硫化橡胶类			树脂类			
		JL1	JL2	JL3	JL4	JF1	JF2	JF3	JS1	JS2	JS3	
人工候化	断裂拉伸强度保持率(%) ≥	80	80	80	80	80	70	80	80	80	80	5.3.11
	扯断伸长率保持率(%) ≥	70	70	70	70	70	70	70	70	70	70	
	100%伸长率外观	无裂纹	无裂纹	无裂纹	无裂纹	无裂纹	无裂纹	无裂纹	无裂纹	无裂纹	无裂纹	
粘合性能	无处理	自基准线的偏移及剥离长度在5mm以下,且无有害偏移及异状点										5.3.12
	热处理											
	碱处理											

①日本标准无此项;
②日本标准无此项;
③日本标准中规定臭氧浓度为75pphm。
注:人工候化和粘合性能项目为推荐项目。

表 D.5.2.3-2　复合片的物理性能

项　目			种　类				适用试验条目
			硫化橡胶类 FL	非硫化橡胶类 FF	树脂类		
					FS1	FS2	
断裂拉伸强度(N/cm)	常温	≥	80	60	100	60	5.3.2
	60℃	≥	30	20	40	30	
胶断伸长率(%)	常温	≥	300	250	150	400	
	-20℃	≥	150	50	10	10	
撕裂强度(N)		≥	40	20	20	20	5.3.3
不透水性①,30min		无渗漏	0.3MPa	0.3MPa	0.3MPa	0.3MPa	5.3.4
低温弯折②(℃)		≤	-35	-20	-30	-20	5.3.5
加热伸缩量(mm)	延伸	<	2	2	2	2	5.3.6
	收缩	<	4	4	2	4	
热空气老化(80℃×168h)	断裂拉伸强度保持率(%)	≥	80	80	80	80	5.3.7
	胶断伸长率保持率(%)	≥	70	70	70	70	
耐碱性[10%Ca(OH)₂ 常温×168h]	断裂拉伸强度保持率(%)	≥	80	60	80	80	5.3.9
	胶断伸长率保持率(%)	≥	80	60	80	80	
臭氧老化③(40℃×168h),200pphm			无裂纹	无裂纹	无裂纹	无裂纹	5.3.10

续表 D.5.2.3-2

项　　目		种　　类				适用试验条目
		硫化橡胶类 FL	非硫化橡胶类 FF	树脂类		
				FS1	FS2	
人工候化	断裂拉伸强度保持率(%)≥	80	70	80	80	5.3.11
	胶断伸长率保持率(%)≥	70	70	70	70	
粘合性能	无处理	自基准线的偏移及剥离长度在 5mm 以下，且无有害偏移及异状点				5.3.12
	热处理					
	碱处理					

①日本标准无此项。
②日本标准无此项。
③日本标准中规定臭氧浓度为 75pphm。
注：人工候化和粘合性能项目为推荐项目，带织物加强层的复合片不考核粘合性能。

D.5.2.4 以聚氯乙烯或氯化聚乙烯树脂为单一主原料的防水片材（卷材）按照 GB/T 12952 或 GB/T 12953 标准规定执行。

（引自标准 GB 18173.1—2000）

附录 E 防水涂料标准

E.1 聚氨酯防水涂料

E.1.1 分类

E.1.1.1 分类

产品按组分分为单组分（S）、多组分（M）两种。

产品按拉伸性能分为Ⅰ、Ⅱ两类。

E.1.1.2 标记

按产品名称、组分、类和标准号顺序标记。

示例：Ⅰ类单组分聚氨酯防水涂料标记为：PU 防水涂料 SⅠGB/T 19250—2003

E.1.2 一般要求

本标准包括的产品不应对人体、生物与环境造成有害的影响，所涉及与使用有关的安全与环境要求，应符合国家相关标准和规范的规定。

E.1.3 技术要求

E.1.3.1 外观

产品为均匀黏稠体，无凝胶、结块。

E.1.3.2 物理力学性能

单组分聚氨酯防水涂料物理力学性能应符合表 E.1.3.2-1 的规定，多组分聚氨酯防水涂料物理力学性能应符合表 E.1.3.2-2 的规定。

表 E.1.3.2-1 单组分聚氨酯防水涂料物理力学性能

序号	项目			Ⅰ	Ⅱ
1	拉伸强度（MPa）		≥	1.90	2.45
2	断裂伸长率（%）		≥	550	450
3	撕裂强度（N/mm²）		≥	12	14
4	低温弯折性（℃）		≤	-40	
5	不透水性（0.3MPa，30min）			不透水	
6	固体含量（%）		≥	80	
7	表干时间（h）		≤	12	
8	实干时间（h）		≤	24	
9	加热伸长率（%）		≤	1.0	
			≥	-4.0	
10	潮湿基面粘结强度①（MPa）		≥	0.5	
11	定伸时老化	加热老化		无裂纹及变形	
		人工气候老化②		无裂纹及变形	

续表 E.1.3.2-1

序号	项目			Ⅰ	Ⅱ
12	热处理	拉伸强度保持率（%）		80~150	
		断裂伸长率（%）	≥	500	400
		低温弯折性（℃）	≤	-35	
13	碱处理	拉伸强度保持率（%）		60~150	
		断裂伸长率（%）	≥	500	400
		低温弯折性（℃）	≤	-35	
14	酸处理	拉伸强度保持率（%）		80~150	
		断裂伸长率（%）	≥	500	400
		低温弯折性（℃）	≤	-35	
15	人工气候老化[2]	拉伸强度保持率（%）		80~150	
		断裂伸长率（%）	≥	500	400
		低温弯折性（℃）	≤	-35	

[1] 仅用于地下工程潮湿基面时要求；
[2] 仅用于外露使用的产品。

表 E.1.3.2-2 多组分聚氨酯防水涂料物理力学性能

序号	项目			Ⅰ	Ⅱ
1	拉伸强度（MPa）		≥	1.90	2.45
2	断裂伸长率（%）		≥	450	450
3	撕裂强度（N/mm²）		≥	12	14
4	低温弯折性（℃）		≤	-35	
5	不透水性（0.3MPa，30min）			不透水	
6	固体含量（%）		≥	92	
7	表干时间（h）		≤	8	
8	实干时间（h）		≤	24	
9	加热伸长率（%）		≤	1.0	
			≥	-4.0	
10	潮湿基面粘结强度[1]（MPa）		≥	0.5	
11	定伸时老化	加热老化		无裂纹及变形	
		人工气候老化[2]		无裂纹及变形	
12	热处理	拉伸强度保持率（%）		80~150	
		断裂伸长率（%）	≥	400	
		低温弯折性（℃）	≤	-30	
13	碱处理	拉伸强度保持率（%）		60~150	
		断裂伸长率（%）	≥	400	
		低温弯折性（℃）	≤	-3	

续表 E.1.3.2-2

序号	项目			I	II
14	酸处理	拉伸强度保持率（%）		\multicolumn{2}{c}{80~150}
		断裂伸长率（%）	≥	\multicolumn{2}{c}{400}
		低温弯折性（℃）	≤	\multicolumn{2}{c}{-30}
15	人工气候老化[②]	拉伸强度保持率（%）		\multicolumn{2}{c}{80~150}
		断裂伸长率（%）	≥	\multicolumn{2}{c}{400}
		低温弯折性（℃）	≤	\multicolumn{2}{c}{-30}

[①] 仅用于地下工程潮湿基面时要求；
[②] 仅用于外露使用的产品。

（引自标准 GB/T 19250—2003）

E.2 溶剂型橡胶沥青防水涂料

E.2.1 分类

E.2.1.1 等级

溶剂型橡胶沥青防水涂料按产品的抗裂性、低温柔性分为一等品(B)和合格品(C)。

E.2.1.2 标记

1 标记方法

溶剂型橡胶沥青防水涂料按下列顺序标记：产品名称、等级、标准号。

2 标记示例

溶剂型橡胶沥青防水涂料　C JC/T 852—1999

E.2.2 技术要求

E.2.2.1 外观

黑色、黏稠状、细腻、均匀胶状液体。

E.2.2.2 物理力学性能

溶剂型橡胶沥青防水涂料的物理力学性能应符合表 E.2.2.2 的规定。

表 E.2.2.2 物理力学性能

项目		技术指标	
		一等品	合格品
固体含量（%） ≥		\multicolumn{2}{c}{48}	
抗裂性	基层裂缝（mm）	0.3	0.2
	涂膜状态	\multicolumn{2}{c}{无裂纹}	
低温柔性（φ10mm, 2h）		-15℃	-10℃
		\multicolumn{2}{c}{无裂纹}	
粘结性（MPa） ≥		\multicolumn{2}{c}{0.20}	
耐热性（80℃, 5h）		\multicolumn{2}{c}{无流淌、鼓泡、滑动}	
不透水性（0.2MPa, 30min）		\multicolumn{2}{c}{不渗水}	

（引自标准 JC/T 852—1999）

E.3 聚合物乳液建筑防水涂料

E.3.1 产品分类
E.3.1.1 类型
按物理力学性能分为Ⅰ类和Ⅱ类。
E.3.1.2 标记
1 标记方法
产品按下列顺序标记：产品代号、类型、标准号。
2 标记示例
Ⅰ类聚合物乳液建筑防水涂料标记为：

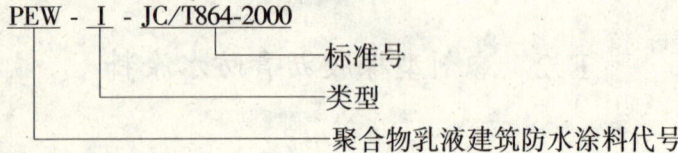

E.3.2 技术要求
E.3.2.1 外观
产品经搅拌后无结块，呈均匀状态。
E.3.2.2 物理力学性能
产品物理力学性能应符合表 E.3.2.2 要求。

表 E.3.2.2 物理力学性能

序号	试验项目			指标 Ⅰ类	指标 Ⅱ类
1	拉伸强度（MPa）		≥	1.0	1.5
2	断裂延伸率（%）		≥	300	300
3	低温柔性 绕φ10mm棒			-10℃无裂纹	-20℃，无裂纹
4	不透水性（0.3MPa, 0.5h）			不透水	
5	固体含量（%）		≥	65	
6	干燥时间（h）	表干时间	≤	4	
		实干时间	≤	8	
7	老化处理后的拉伸强度保持率（%）	加热处理	≥	80	
		紫外线处理	≥	80	
		碱处理	≥	60	
		酸处理	≥	40	
8	老化处理后的断裂延伸率（%）	加热处理	≥	200	
		紫外线处理	≥	200	
		碱处理	≥	200	
		酸处理	≥	200	

续表 E.3.2.2

序号	试验项目			指标	
				Ⅰ类	Ⅱ类
9	加热伸缩率（%）	伸长	≤	1.0	
		缩短	≤	1.0	

（引自标准 JC/T 864—2000）

E.4 聚合物水泥防水涂料

E.4.1 分类

E.4.1.1 类型

产品分为Ⅰ型和Ⅱ型两种。

Ⅰ型：以聚合物为主的防水涂料；

Ⅱ型：以水泥为主的防水涂料。

E.4.1.2 用途

Ⅰ型产品主要用于非长期浸水环境下的建筑防水工程；Ⅱ型产品适用于长期浸水环境下的建筑防水工程。

E.4.1.3 产品标记

1 标记方法

产品按下列顺序标记：名称、类型、标准号。

2 标记示例

Ⅰ型聚合物水泥防水涂料标记为：

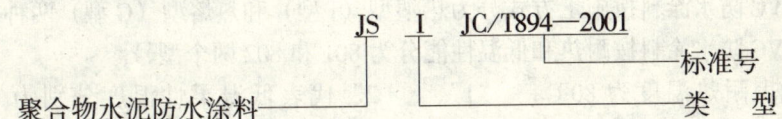

E.4.2 技术要求

E.4.2.1 外观

产品的两组分经分别搅拌后，其液体组分应为无杂质、无凝胶的均匀乳液；固体组分应为无杂质、无结块的粉末。

E.4.2.2 物理力学性能

产品物理力学性能应符合表 E.4.2.2 的要求。

表 E.4.2.2 物理力学性能

序号	试验项目			技术指标	
				Ⅰ类	Ⅱ类
1	固体含量（%）			65	
2	干燥时间（h）	表干时间	≤	4	
		实干时间	≤	8	

续表 E.4.2.2

序号	试验项目			技术指标	
				Ⅰ类	Ⅱ类
3	拉伸强度	无处理（MPa）	≥	1.2	1.8
		加热处理后保持率（%）	≥	80	80
		碱处理后保持率（%）	≥	70	80
		紫外线处理后保持率（%）	≥	80	80①
4	断裂伸长度	无处理（%）	≥	200	80
		加热处理（%）	≥	150	65
		碱处理（%）	≥	140	65
		紫外线处理（%）	≥	150	65①
5	低温柔性（φ10mm棒）			－10℃无裂纹	—
6	不透水性（0.3MPa，30min）			不透水	不透水①
7	潮湿基面粘结强度（MPa）		≥	0.5	1.0
8	抗渗性（背水面）②（MPa）		≥	—	0.6

① 如产品用于地下工程，该项目可不测试；
② 如产品用于地下防水工程，该项目必须测试。

（引自标准 JC/T 894—2001）

E.5 聚氯乙烯弹性防水涂料

E.5.1 分类

E.5.1.1 PVC 防水涂料按施工方式分为热塑型（J型）和热熔型（G型）两种类型。

E.5.1.2 PVC 防水涂料按耐热和低温性能分为 801 和 802 两个型号。

"80"代表耐热温度为 80℃，"1"、"2"代表低温柔性温度分别为"－10℃"、"－20℃"。

E.5.1.3 产品标记

1 标记方法

产品按下列顺序标记：名称、类型、型号、标准号。

2 标记示例

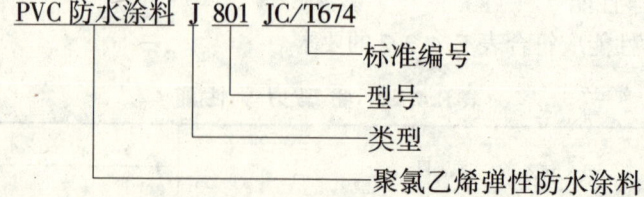

E.5.2 技术要求

E.5.2.1 外观

1 J型防水涂料应为黑色均匀黏稠状物，无结块、无杂质。

2 G型防水涂料应为黑色块状物，无焦渣等杂物，无流淌现象。

E.5.2.2 物理力学性能

PVC防水涂料的物理力学性能应符合表E.5.2.2的规定。

表 E.5.2.2 PVC防水涂料的物理力学性能

序号	项　　　目		技　术　指　标	
			801	802
1	密度（g/cm³）		规定值① ±0.1	
2	耐热性（80℃）		5h 无流淌、起泡和滑动	
3	低温柔性（℃，φ20mm）		−10	−20
			无裂纹	
4	断裂延伸率（%）不小于	无处理	350	
		加热处理	280	
		紫外线处理	280	
		碱处理	280	
5	恢复率（%） 不小于		70	
6	不透水性（0.1MPa）		30min 不渗水	
7	粘结强度（MPa）不小于		0.20	

① 规定值是指企业标准或产品说明所规定的密度值。

（引自标准 JC/T 674—1997）

附录F 密封材料标准

F.1 建筑石油沥青

F.1.1 技术要求

建筑石油沥青技术要求，见表F.1.1。

表 F.1.1 建筑石油沥青技术要求

项 目		质量指标		试验方法
		10号	30号	
针入度（25℃，100g），(1/10mm)		10~25	25~40	GB 4509
延度（25℃）(cm)	不小于	1.5	3	GB 4508
软化点（环球法）(℃)	不低于	95	70	GB 4507
溶解度（三氯甲烷、三氯乙烯、四氯化碳或苯）	不小于	99.5	99.5	SY 2805
蒸发损失（160℃，5h）(%)	不大于	1	1	SY 2808
蒸发后针入度比（%）	不小于	65	65	注
闪点，（开口）(℃)	不低于	230	230	GB 267
脆点（℃）		报告	报告	GB 4510

注：测定蒸发损失后样品的针入度与原针入度之比乘以100后，所得的百分比，称为蒸发后针入度比。

F.1.2 适用范围

适用于天然原油的减压渣油经氧化而得的石油沥青。

F.1.3 其他

在建筑石油沥青的技术要求中，针入度、延度、软化点被称为三大主要技术要求，故一般试验室多只测定建筑石油沥青这三大主要技术要求。

（引自标准 GB 494—85）

F.2 聚氨酯建筑密封胶

F.2.1 分类

F.2.1.1 品种

聚氨酯建筑密封胶产品按包装形式分为单组分（Ⅰ）和多组分（Ⅱ）两个品种。

F.2.1.2 类型

产品按流动性分为非下垂型（N）和自流平型（L）两个类型。

F.2.1.3 级别

产品按位移能力分为25、20两个级别，见表F.2.1.3。

表 F.2.1.3 密封胶级别

级别	试验拉力幅度（%）	位移能力（%）	级别	试验拉力幅度（%）	位移能力（%）
25	±25	25	20	±20	20

F.2.1.4 次级别

产品按拉伸模量分为高模量（HM）和低模量（LM）两个次级别。

F.2.1.5 产品标记

产品按下列顺序标记：名称、品种、类型、级别、次级别、标准号。

示例：25级低模量单组分非下垂型聚氨酯建筑密封胶的标记为：

聚氨酯建筑密封胶　ⅠN　25LM JC/T 482—2003

F.2.2 要求

F.2.2.1 外观

1　产品应为细腻、均匀膏状物或黏稠液，不应有气泡。

2　密封膏的颜色与供需双方商定的样品相比，不得有明显差异。多组分产品各组分的颜色间应有明显差异。

F.2.2.2 物理力学性能

聚氨酯建筑密封胶的物理力学性能应符合表 F.2.2.2 的规定。

表 F.2.2.2 聚氨酯建筑密封膏的物理力学性能

试 验 项 目		技术指标		
		20HM	25LM	20LM
密度（g/cm³）		规定值±0.1		
流动性	下垂度（N型）(mm)	≤3		
	流动性（L型）	光滑平整		
表干时间（h）		≤24		
挤出性[1]（ML/min）		≥80		
适用期[2]（h）		≥1		
弹性恢复率（%）		≥70		
拉伸模量（MPa）	23℃	>0.4 或 >0.6	≤0.4 或 ≤0.6	
	−20℃			
定伸粘结性		无破坏		
浸水后定伸粘结性		无破坏		
冷拉—热压后的粘结性		无破坏		
质量损失率		≤7		

注：1　此项仅适用于单组分产品；
　　2　此项仅适用于多组分产品，允许采用供需双方商定的其他指标。

（引自标准 JC 482—2003）

F.3　聚硫建筑密封膏

F.3.1　产品分类

F.3.1.1 类别

按伸长率和模量分为 A 类和 B 类；

A 类：指高模量低伸长率的聚硫密封膏。

B 类：指高伸长率低模量的聚硫密封膏。

F.3.1.2 型别

按流变性分为 N 型和 L 型：

N 型：指用于立缝或斜缝而不塌落的非下垂型。

L 型：指用于水平接缝能自动流平形成光滑平整表面的自流平型。

F.3.1.3 拉伸-压缩循环性能级别

按试验温度及位伸压缩百分率分为 9030、8020、7010。

F.3.1.4 产品标记

1 标记方法

产品按下列顺序标记：名称、拉伸-压缩循环性能级别、类别、型别、本标准号。

2 标记示例

非下垂型 B 类 8020 级聚硫建筑密封膏标记为：

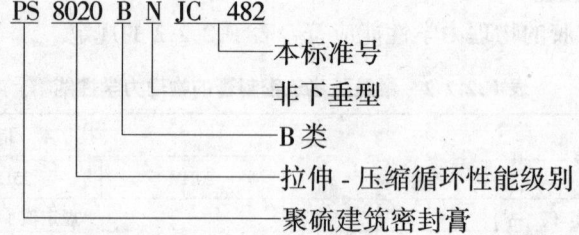

F.3.2 技术要求

F.3.2.1 外观质量

1 外观应为均匀膏状物，无结皮结块、无不易分散的析出物，两组分应有明显色差。

2 密封膏颜色与供需双方商定的颜色不得有明显差异。

F.3.2.2 理化性能

聚硫建筑密封膏理化性能必须符合表 F.3.2.2 中规定的技术指标要求。

表 F.3.2.2 聚硫建筑密封膏理化性能

序号	试验项目	指标	等级	A 类		B 类		
				一等品	合格品	优等品	一等品	合格品
1	密度 (g/cm³)			规定值 ±0.1				
2	适用期 (h)			2~6				
3	表干时间 (h)	不大于		24				
4	渗出性指数	不大于		4				
5	流变性	下垂度 (N 型) (mm)	不大于	3				
		流平性 (L 型)		光滑平整				
6	低温柔性 (℃)			-30	-30	-40	-30	-30

续表 F.3.2.2

序号	试验项目	指标	等级	A 类 一等品	A 类 合格品	B 类 优等品	B 类 一等品	B 类 合格品
7	拉伸粘结性	最大拉伸强度（MPa）	不小于	1.2	0.8	0.2	0.2	0.2
		最大伸长率（%）	不小于	100	100	400	300	200
8	恢复率（%）		不小于	90	90	80	80	80
9	拉伸-压缩循环性能	级别		8020	7010	9030	8020	7010
		粘结破坏面积（%）	不大于	25				
10	加热失重（%）		不大于	10	10	6	10	10

（引自标准 JC 483—92）

F.4 丙烯酸酯建筑密封膏

F.4.1 产品标记

F.4.1.1 标记方法

产品按下列顺序标记：名称、拉伸-压缩循环性能级别、本标准号。

F.4.1.2 标记示例

拉伸-压缩循环性能级别为 7010 的丙烯酸酯建筑密封膏标记为：

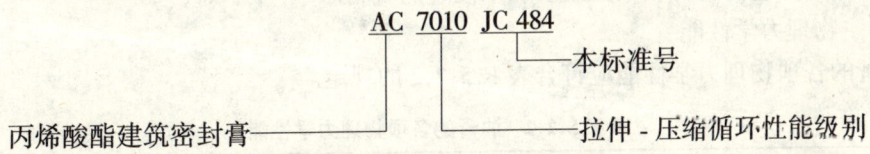

F.4.2 技术要求

F.4.2.1 外观质量

F.4.2.1.1 外观应为无结块、无离析的均匀细腻的膏状体。

F.4.2.1.2 产品颜色与供需双方商定的色标，应无明显差别。

F.4.2.2 理化性能

产品理化性能应符合表 F.4.2.2 要求。

表 F.4.2.2 丙烯酸酯建筑密封膏理化性能

序号	项目		技术指标 优等品	技术指标 一等品	技术指标 合格品
1	密度（g/cm³）		规定值 ±0.1		
2	挤出性（mL/min）	不小于	100		
3	表干时间（h）	不大于	24		
4	渗出性指数	不大于	3		
5	下垂度（mm）	不大于	3		
6	初期耐水性		未见浑浊液		

续表 F.4.2.2

序号	项目		技术指标		
			优等品	一等品	合格品
7	低温贮存稳定性		未见凝固、离析现象		
8	收缩率（%）　不大于		30		
9	低温柔性（℃）		-40	-30	-20
10	拉伸粘结性	最大拉伸强度（MPa）	0.02～0.15		
		最大伸长率（%）　不小于	400	250	150
11	恢复率（%）　不小于		75	70	65
12	拉伸-压缩循环性能	级别	7020	7010	7005
		平均破坏面积（%）　不大于	25		

（引自标准 JC 484—92）

F.5 建筑防水沥青嵌缝油膏

F.5.1 分类

油膏按耐热性和低温柔性分为 702 和 801 两个标号。

F.5.2 技术要求

F.5.2.1 外观

油膏应为黑色均匀膏状，无结块和未浸透的填料。

F.5.2.2 物理力学性能

油膏的各项物理力学性能应符合表 F.5.2.2 的规定。

表 F.5.2.2 油膏的各项物理力学性能

序号	项目		技术指标	
			702	801
1	密度（g/cm³）		规定值 ±0.1	
2	施工度（mm）　≥		22.0	20.0
3	耐热性	温度（℃）	70	80
		下垂值（mm）　≤	4.0	
4	低温柔性	温度（℃）	-20	-10
		粘结状况	无裂纹和剥离现象	
5	拉伸粘结性（%）　≥		125	
6	浸水后拉伸粘结性（%）　≥		125	
7	渗出性	渗出幅度（mm）　≤	5	
		渗出张数（张）　≤	4	
8	挥发性（%）　≤		2.8	

注：规定值由厂方提供或供需双方商定。

（引自标准 JC/T 207—1996）

F.6 聚氯乙烯建筑防水接缝材料

F.6.1 产品分类、型号及标记

F.6.1.1 分类

PVC接缝材料按施工工艺为分两种类型：

J型：是指用热塑法施工的产品，俗称聚氯乙烯胶泥。

G型：是指用热熔法施工的产品，俗称塑料油膏。

F.6.1.2 型号

PVC接缝材料按耐热性80℃和低温柔性-10℃为801和耐热性80℃和低温柔性-20℃为802两个型号。

F.6.1.3 标记

产品按下列顺序标记：名称、类型、型号、标准号。

标记示例

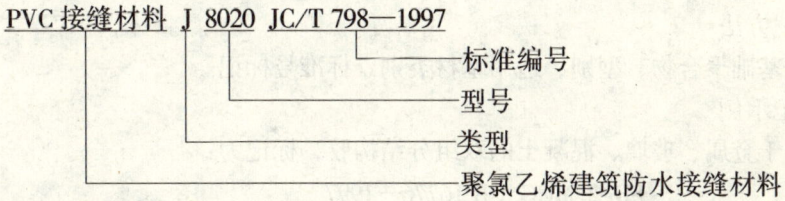

F.6.2 技术要求

F.6.2.1 外观

1 J型PVC接缝材料为均匀粘稠状物，无结块，无杂质。

2 G型PVC接缝材料为黑色块状态物，无焦渣等杂物、无流淌现象。

F.6.2.2 物理力学性能

产品物理力学性能符合表F.6.2.2的规定。

表F.6.2.2 聚氯乙烯建筑防水接缝材料物理力学性能

项 目		技 术 要 求	
		801	802
密度（g/cm³）①		规定值±0.1①	
下垂度（mm，80℃） 不大于		4	
低温柔性	温度（℃）	-10	-20
	柔性	无裂纹	
拉伸粘结性	最大抗拉强度（MPa）	0.02~0.15	
	最大延伸率（%） 不小于	300	
浸水拉伸	最大抗拉强度（MPa）	0.02~0.15	
	最大延伸率（%） 不小于	250	
恢复率（%） 不小于		80	
挥发率（%）② 不大于		3	

① 规定值是指企业标准或产品说明书所规定的密度值；
② 挥发率仅限于G型PVC接缝材料。

（引自标准 JC/T 798—1997）

F.7 建筑用硅酮结构密封胶

F.7.1 分类

F.7.1.1 型别

产品分单组分型和双组分型,用组成产品的组分数数字标记。

F.7.1.2 适用基材类别

按产品适用基材分以下类别,用代号表示:

类别代号	适用基材
M	金属
C	水泥砂浆、混凝土
G	玻璃
Q	其他

F.7.1.3 产品标记

1 标记方法

产品按基础聚合物、型别、适用基材类别、标准号标记。

2 标记示例

如适用于金属、玻璃、混凝土的双组分结构胶,标记为:

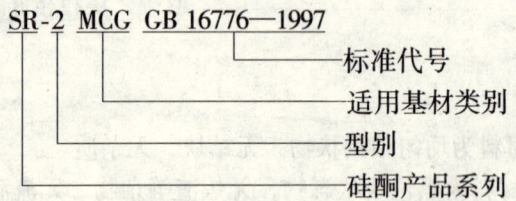

SR-2 MCG GB 16776—1997
- 标准代号
- 适用基材类别
- 型别
- 硅酮产品系列

F.7.2 技术要求

F.7.2.1 外观

1 产品应为细腻、均匀膏状物,无结块、凝胶、结皮及不易迅速分散的析出物。
2 双组分结构胶的两组分颜色应有明显区别。

F.7.2.2 物理力学性能

产品物理力学性能应符合表 F.7.2.2 要求。

表 F.7.2.2 硅酮结构密封胶物理力学性能

序号	项目			技术指标
1	下垂度	垂直放置(mm)	不大于	3
		水平放置		不变形
2	挤出性(s)		不大于	10
3	适用期①(mm)		不小于	20
4	表干时间(h)		不大于	3
5	邵氏硬度			30~60

续表 F.7.2.2

序号	项 目			技 术 指 标
6	拉伸粘结性	拉伸粘结强度（MPa）不小于	标准条件	0.45
			90℃	0.45
			-30℃	0.45
			浸水后	0.45
			水紫外线光照后	0.45
		粘结破坏面积（%）	不大于	5
7	热老化	热失重（%）	不大于	10
		龟裂		无
		粉化		无
① 仅适用于双组分产品。				

（引自标准 GB 16776—1997）

附录G 防水卷材选用基层处理剂和胶粘剂参考表

基层处理剂是为了增强防水材料与基层之间的粘结力，在防水层施工前，预先涂刷在基层上的稀质涂料。常用的基层处理剂有冷底子油及高聚物改性沥青卷材和合成高分子卷材配套的底胶，它与卷材的材性应相容，以免与卷材发生腐蚀或粘结不良。

G.1 基层处理剂

G.1.1 冷底子油

屋面工程采用的冷底子油是由10号或30号石油沥青溶解于柴油、汽油、二甲苯或甲苯等溶剂中而制成的溶液。可用于涂刷在水泥砂浆、混凝土基层或金属配件的基层上作基层处理剂，它可使基层表面与卷材沥青胶结料之间形成一层胶质薄膜，以此来提高其胶结性能。

G.1.1.1 外观质量与性能要求

沥青应全部溶解，不应有未熔解的沥青硬块。溶液内不应有草、木、砂、土等杂质。冷底子油稀稠适当，便于涂刷。采用的溶剂应易于挥发。溶剂挥发后的沥青应具有一定软化点。

在终凝后水泥基层上喷涂时，干燥时间为12~48h，此类属于慢挥发性冷底子油；干燥时间为5~10h，此类属于快挥发性冷底子油；在金属配件上涂刷时，干燥时间为4h，此类属于速干性冷底子油。

表 G.1.1.2 冷底子油配合比（重量比）参考表

种类	10号或30号石油沥青(%)	溶剂	
		轻柴油或煤油(%)	汽油(%)
慢挥发性	40	60	
快挥发性	50	50	
速干性	30		70

G.1.1.2 配合比与配制方法

1 配合比见表G.1.1.2。

2 配制方法：

第一种方法：将沥青加热熔化，使其脱水不再起泡为止。再将熔解好的沥青倒入桶中（按配合比量），放置背离火源风向25m以上，待其冷却。如加入快挥发性溶剂，沥青温度一般不超过110℃；如加入慢挥发性溶剂，温度一般不超过140℃。达到上述温度后，将沥青慢慢成细流状注入一定量（配合比量）的溶剂中，并不停地搅拌，直到沥青加完后，溶解均匀为止。

第二种方法：与上述一样，熔化沥青，倒入桶或壶中（按配合量），待其冷却至上述温度后，将溶剂按配合比量要求的数量分批注入沥青溶液中。开始每次2~3L，以后每次5L左右，边加边不停地搅拌，直至加完、溶解均匀为止。

第三种方法：将沥青打成5~10mm大小的碎块，按重量比加入一定配合比量的溶剂中，不停地搅拌，直到全部溶解均匀。

在施工中，如用量较少，可用第三种方法。此法沥青中的杂质与水分没有除掉，质量较差。但第一二种方法调制时，应很好掌握温度，并注意防火。

G.1.2 卷材基层处理剂

用于高聚物改性沥青和合成高分子卷材的基层处理，一般采用合成高分子材料进行改性，基本上由卷材生产厂家配套供应。部分卷材的配套基层处理剂如表G.1.2所示。

表 G.1.2 卷材与配套的卷材基层处理剂

卷材种类	基层处理剂	卷材种类	基层处理剂
高聚物改性沥青卷材	改性沥青溶液、冷底子油	氯化聚乙烯—橡胶共混卷材	氯丁胶 BX-12 胶粘剂
三元乙丙丁基橡胶卷材	聚氨酯底胶甲∶乙∶二甲苯 =1∶1.5∶1.5∶3	增强氯化聚乙烯卷材	3号胶∶稀释剂=1∶0.05
		氯磺化聚乙烯卷材	氯丁胶沥青乳液

（引自建筑施工手册（3）.2003.6）

G.2 胶 粘 剂

G.2.1 沥青胶结材料（玛琋脂）

配制石油沥青胶结材料，一般采用两种或三种牌号的沥青按一定配合比熔合，经熬制脱水后，掺入适当品种和数量的填充料，配制成沥青胶结材料（玛琋脂）。

G.2.1.1 标号及选用

沥青胶结材料的标号（即耐热度），应根据屋面坡度、当地历年室外极端最高气温按表G.2.1.1选用。

表 G.2.1.1 石油沥青胶结材料标号选用表

材料名称	屋面坡度	历年极端最高气温	沥青玛琋脂标号
沥青玛琋脂	1%～3%	小于38℃ 38～41℃ 41～45℃	S-60 S-65 S-70
	3%～15%	小于38℃ 38～41℃ 41～45℃	S-65 S-70 S-75
	15%～25%	小于38℃ 38～41℃ 41～45℃	S-75 S-80 S-85

注：1 卷材层上有块体保护层或整体刚性保护层，沥青玛琋脂标号可按表G.2.1.1降低5号；
2 屋面受其他热源影响（如高温车间等）或屋面坡度超过25%时，应将沥青玛琋脂的标号适当提高。

G.2.1.2 沥青胶结材料配合比

当采用两种沥青熔合选配具有所需软化点的熔化物时，配合比可参照下列公式计算：

$$B_g = \frac{t-t_2}{t_1-t_2} \times 100 \qquad (G.2.1.2-1)$$

$$B_d = 100 - B_g \qquad (G.2.1.2-2)$$

式中 B_g——熔合物中高软化点石油沥青含量（%）；
B_d——熔合物中低软化点石油沥青含量（%）；

t——熔合后的沥青胶结材料所需的软化点（℃）；
t_1——高软化点石油沥青软化点（℃）；
t_2——低软化点石油沥青软化点（℃）。

沥青胶结材料如采用粉状填充材料，掺量以10%～25%为宜或掺入5%～10%的纤维填充料，填充料宜采用滑石粉、板岩粉、云母粉、石棉粉。填充料的含水率不宜大于3%。粉状填充料应全部通过0.20mm孔径的筛子，其中大于0.08mm的颗粒不应超过15%。配制冷玛琋脂时，则还须加入25%～30%的轻柴油或绿油。确定沥青胶结材料配合比量时，可先在上述计算要求范围内试配，试验其耐热度、柔韧性、粘结力是否符合要求。如耐热度不合格，可增加高软化点沥青用量或增加填充料；如柔韧性不合格，在满足耐热度情况下，可减少填充料；如粘结力不合格，可调整填充料的掺量或更换品种。石油沥青胶结材料技术要求见表G.2.1.2。

表 G.2.1.2 石油沥青胶结材料技术要求

指标名称	标 号					
	S-60	S-65	S-70	S-75	S-80	S-85
耐热度	用2mm厚的沥青胶结材料粘合两张沥青油纸，在不低于下列温度（℃）的环境中，在1:1（或45°角）的坡度上停放5h，沥青胶结材料不应流淌，油纸不应滑动					
	60	65	70	75	80	85
柔韧性	涂在沥青油纸上的2mm厚的沥青胶结材料层，在（18±2）℃时，围绕下列直径（mm）的圆棒，在2s内以均匀速度弯曲成半圆，沥青胶结材料不应有裂纹					
	10	15	15	20	25	30
粘结力	用手将两张粘贴在一起的油纸慢慢地一次撕开，从油纸和沥青胶结材料的粘贴面的任何一面的撕开部分，应不大于粘贴面积的1/2					

G.2.1.3 热沥青胶结材料熬制

按配合比准确称量所需材料，装入熔化锅中脱水，熔化后，边熬边搅拌使其升温均匀，直至沥青液表面清亮，不再起泡为止。也可将250～300℃棒式（长脚）温度计插入锅中的油面下10cm左右，当温度升至表G.2.1.3规定时，即可加入填充料，并不停搅拌，直至均匀为止。

表 G.2.1.3 热沥青胶结材料加热和使用温度表

类 别	加热温度（℃）	使用温度（℃）	说 明
普通石油沥青或掺配建筑石油沥青的	≤280	≥240	1. 加热时间以3～4h为宜
建筑石油沥青胶结材料	≤240	≥190	2. 宜当天用完

G.2.1.4 试验方法

G.2.1.4.1 沥青玛琋脂的各项试验，每项应至少取3个试件，试验结果均应合格。

G.2.1.4.2 耐热度测定：应将已干燥的110mm×50mm的350号石油沥青油纸，由干燥器中取出，放在瓷板或金属板上，将熔化的沥青玛琋脂均匀涂布在油纸上，其厚度应为2mm，并不得有气泡。但在油纸的一端应留出10mm×50mm空白面积以备固定。以另一块100mm×50mm的油纸平行地置于其上，将两块油纸的三边对齐，同时用热刀将边上多余的沥青玛琋脂刮下。将试件置放于15～25℃的空气中，上置一木制薄板，并将2kg重的金属块放在木板中心，使均匀加压 1h，然后卸掉试件上的负荷，将试件平置于预先已加热的电烘箱中（电烘箱的温度低于沥青玛琋脂软化点 30℃）停放 30min，再将油纸未涂沥青玛琋脂的一端向上，固定在 45℃ 的坡度板上，在电烘箱中继续停放 5h，然后取出试件，并仔细察看有无沥青玛琋脂流淌和油纸下滑现象。如果未发生沥青玛琋脂流淌或油纸下滑，应认为沥青玛琋脂的耐热度在该温度下合格。然后将电烘箱温度提高 5℃，另取一试件重复以上步骤，直至出现沥青玛琋脂流淌或油纸下滑时为止，此时可认为在该温度下沥青玛琋脂的耐热度不合格。

G.2.1.4.3 柔韧性测定：应在 100mm×50mm 的 350 号石油沥青油纸上，均匀涂布一层厚约 2mm 的沥青玛琋脂（每一试件用 10g 沥青玛琋脂），静置 2h 以上且冷却至温度为 18±2℃ 的水中浸泡 15min，然后取出并用 2s 时间以均衡速度弯曲成半周。此时沥青玛琋脂层上不应出现裂纹。

G.2.1.4.4 粘结力测定：将已干燥的 100mm×50mm 的 350 号石油沥青油纸，由干燥器中取出，放在成型板上，将熔化的沥青玛琋脂均匀涂布在油纸上，厚度宜为 2mm，面积为 80mm×50mm，并不得有气泡，但在油纸的一端应留出 20mm×50mm 的空白，以另一块 100mm×50mm 的沥青油纸平行的置于其上，将两块油纸的四边对齐，同时用热刀把边上多余的沥青玛琋脂刮下。试件置于 15~25℃ 的空气中，上置木制薄板，并将 2kg 重的金属块放在木板中心，使均匀加压 1h，然后除掉试件上的负荷，再将试件置于 18±2℃ 的电烘箱中 30min 取出，用两手的拇指与食指捏住试件未涂沥青玛琋脂的部分一次慢慢地揭开，若油纸的任何一面被撕开的面积不超过原粘贴面积的 1/2 时，应认为合格。

G.2.1.5 冷玛琋脂配制

按要求配合比的沥青胶结材料加热熔化冷却到 130~140℃ 后，加入稀释剂（轻柴油、绿油），进一步冷却至 70~80℃，再加入填充材料搅拌均匀，亦可先加填料后加稀释剂。

G.2.2 合成高分子卷材胶粘剂

用于粘贴卷材的胶粘剂可分为卷材与基层粘贴的胶粘剂及卷材与卷材搭接的胶粘剂。胶粘剂均由卷材生产厂家配套供应，常用合成高分子卷材配套胶粘剂参见表 G.2.2。

表 G.2.2 部分合成高分子卷材的胶粘剂

卷材名称	基层与卷材胶粘剂	卷材与卷材胶粘剂	表面保护层涂料
三元乙丙—丁基橡胶卷材	CX-404 胶	丁基胶粘剂 A、B 组分（1:1）	水乳型醋酸乙烯—丙烯酸酯共聚，油溶型乙丙橡胶和甲苯溶液
氯化聚乙烯卷材	BX-12 胶粘剂	BX-12 组分胶粘剂	水乳型醋酸乙烯—丙烯酸酯共混，油溶型乙丙橡胶和甲苯溶液
LYX-603 氯化聚乙烯卷材	LYX-603-3（3 号胶）甲、乙组分	LYX-603-2（2 号胶）	LYX-603-1（1 号胶）
聚氯乙烯卷材	FL-5 型（5~15℃ 时使用）FL-15 型（15~40℃ 时使用）		

合成高分子胶粘剂的粘结剥离强度不应小于 15N/10mm，浸水后粘结剥离强度保持率不应小于 70%。

G.2.3 粘结密封胶带

用于合成高分子卷材与卷材间搭接粘结和封口粘结，分为双面胶带和单面胶带。双面粘结密封胶带的技术性能见表 G.2.3。

附录 H 常用防水卷材的主要品种

常用防水卷材的主要品种见表 H。

表 H 常用防水卷材的主要品种

名　　称	主 要 性 能	品　牌	主 要 生 产 厂 家
三元乙丙—丁基橡胶卷材	拉伸强度：≥8MPa 断裂伸长率：≥450% 脆性温度：-45℃ 不透水性：30min，0.3MPa 热老化保持率： 拉伸强度≥80% 断裂伸长率≥70%	辉　力 大　明 月　星 北　奥 卡　莱 碧　水 海　狮 华正宝 天　尔 水　貂 万年红	山东力华防水建材有限公司 胜利油田大明新型建筑防水材料有限公司 上海建筑防水材料（集团）公司 北京—奥克兰建筑防水材料有限公司 北京卡莱尔防水材料有限公司 辽阳第一橡胶厂 保定市橡胶建筑防水有限公司 包头市禹志建筑防水材料有限公司 内蒙古宁城天尔防水材料有限公司 常熟三恒防水材料厂 安徽霍山万年红防水有限公司
氯化聚乙烯橡胶共混卷材	拉伸强度：≥7MPa 断裂伸长率：≥400% 脆性温度：-40℃ 不透水性：30min，0.3MPa 热老化保持率： 拉伸强度≥80% 断裂伸长率≥70%	辉　力 大　明 月　星 碧　水 三　球 海　狮 万年红 水　貂	山东力华防水建材有限公司 胜利油田大明新型建筑防水材料有限公司 上海建筑防水材料（集团）公司 辽阳第一橡胶厂 北京橡胶十厂 保定市橡胶建筑防水有限公司 安徽霍山万年红防水有限公司 常熟三恒防水材料厂
聚氯乙烯卷材	拉伸强度：≥10MPa 断裂伸长率：≥200% 脆性温度：-200% 不透水性：30min，0.3MPa 热老化保持率： 拉伸强度≥80% 断裂伸长率≥70%	奥　凯 渗　耐 鲁　鑫	济南鲁泉奥凯防水材料有限公司 济南渗耐防水系统有限公司 山东鑫达集团新型塑料厂
自粘卷材		PE-600 SM-400 必坚定-300	美国 MBK 集团生产 香港格雷斯 北京卡莱尔防水材料有限公司
自粘卷材		TBL-贴必灵 贴必定 — —	上海北蔡防水材料厂 深圳市卓宝科技有限公司 辽宁禹王防水材料厂 广东顺德科顺化工有限公司
金属卷材	拉伸强度：≥20MPa 断裂延伸率：≥30% 熔点：630℃	骏宁牌	浙江永康市骏宁特种防漏有限公司

（引自建筑施工手册（3）．2003.6）

附录 J 常用防水涂料的主要品种

常用防水涂料的主要品种见表 J.

表 J 防水涂料的主要品种

类 别	名 称	主 要 性 能	主要生产厂家
高聚物改性沥青防水涂料	丁基橡胶改性沥青防水涂料	固体含量（%）：≥43 耐热度（℃）：80 柔性（℃）：-20 不透水性：不透水 拉伸延伸率（%）：≥100	江苏省武进市防水材料厂
	丁苯橡胶改性沥青防水涂料	固体含量（%）：≥45 耐热度（℃）：85 柔性（℃）：-10 不透水性：不透水 拉伸延伸率（%）：≥10	抚顺建筑防水材料总厂 北京—奥克兰建筑防水材料有限公司 山东淄博齐鲁石化公司研究院 兰州益民建筑材料厂
高聚物改性沥青防水涂料	APP 改性沥青防水涂料	固体含量（%）：≥60 耐热度（℃）：90 柔性（℃）：-10 不透水性：不透水 拉伸延伸率（%）：≥0.4	沈阳蓝光新型防水材料有限公司
	溶剂型 SBS 改性沥青防水涂料	固体含量（%）：≥43 耐热度（℃）：80 柔性（℃）：-10 不透水性：不透水 拉伸延伸率（%）：≥4.5	北京市京辰工贸公司延庆橡胶厂 徐州防水材料厂 茂名石化工业公司
	水乳型 SBS 改性沥青防水涂料	固体含量（%）：≥48 耐热度（℃）：80 柔性（℃）：-10 不透水性：不透水 拉伸延伸率（%）：≥20	苏州市永安化学建材有限公司 河南三门峡市八四八化工厂 广东茂名石化工业公司 苏州防水材料研究设计所开发部 深圳市卓宝防水工程有限公司 中外合资福州铜浪化工建材有限公司
	水溶型氯丁橡胶沥青防水涂料	固体含量（%）：≥43 耐热度（℃）：80 柔性（℃）：-10 不透水性：不透水 延伸率（mm）：≥4.5（无处理） 　　　　　　≥3.5（无处理）	新乡锦绣防水材料股份有限公司 浙江省永康市科委建筑材料厂 山东省寿光县新型防水材料厂 四川达县建筑材料厂 茂名石化建材工业公司 上海汇丽化学建材总公司 河南省三门峡市八四八化工厂 昆明建筑防水材料厂

续表 J

类别	名称	主要性能	主要生产厂家
高聚物改性沥青防水涂料	溶剂型氯丁橡胶沥青防水涂料	固体含量（%）：≥43 耐热度（℃）：80 柔性（℃）：-10 不透水性：不透水 延伸率（%）：≥4.5（无处理） ≥3.5（无处理）	沈阳星光防水集团 北京市京辰工贸公司延庆橡胶厂 河南省三门峡市八四八化工厂 徐州防水材料厂
	热熔型改性沥青防水涂料	固体含量（%）：≥98 耐热度（℃）：65 柔性（℃）：-20 不透水性：不透水 延伸率：≥300%	杭州鲁班建筑防水有限公司 昆明滇宝防水建材有限公司 镇江市建筑防水施工公司
合成高分子防水涂料	丙烯酸防水涂料	固体含量（%）：≥65 拉伸强度（MPa）：≥1.5 断裂延伸率（%）：≥300 柔度（℃）：-20 不透水性：不透水	杭州鲁班建筑防水有限公司 冶金建筑研究总院新型材料厂 上海汇丽化学建材总公司 山西大禹防水堵漏工程公司 中山市青龙防水补强工程有限公司 北京市圣隆达科贸有限责任公司
	硅橡胶防水涂料	固体含量（%）：≥60 拉伸强度（MPa）：≥1.5 断裂延伸率（%）：≥300 柔度（℃）：-30 不透水性：不透水	冶金建筑研究总院新型建筑材料厂 上海汇丽化学建材总公司 广东顺德桂州镇小王布精细化工厂
	聚氨酯防水涂料	固体含量（%）：≥94 拉伸强度（MPa）：≥1.65 断裂延伸率（%）：≥350 柔度（℃）：-30 不透水性：不透水	河南省项城市彩虹防水材料有限公司 北京市金鼎涂料新技术公司 山西大禹防水堵漏工程公司 上海汇丽化学建材总公司 江苏省常熟市三恒建材有限责任公司 上海湿克威建筑防水材料有限公司 上海市隧道工程公司防水材料厂
	聚合物水泥防水涂料	固体含量（%）：≥65 拉伸强度（MPa）：≥1.2 断裂延伸率（%）：≥200 柔度（℃）：-10 不透水性：不透水	北京金汤防水有限公司 杭州鲁班建筑防水有限公司 顺德市科顺精细化工有限公司 中山市青龙防水补强工程有限公司

（引自建筑施工手册（3）．2003.6）

附录 K 防水剂参考表

K.1 氯化物金属盐类防水剂

K.1.1 氯化物金属盐类防水剂又名防水剂，是用氯化钙、氯化铝和水配制而成的一种淡黄色液体。这类防水剂加入水泥砂浆后，能与水泥和水起作用，生成含水氯硅酸钙、氯铝酸钙等化合物，填补砂浆中的空隙，增强其防水性能。

K.1.2 这类防水剂一般市场有成品供应，也可自行配制，其配合比见表 K.1.2。

表 K.1.2 氯化物金属盐类防水剂配合比表

材料	重量配合比（%）(1)	重量配合比（%）(2)	备注
氯化铝	4	4	固体工业用
氯化钙（结晶体）	23	—	工业用，其中 $CaCl_2$ 含量不小于 70%，结晶体可全用固体代替
氯化钙（固体）	23	46	
水	50	50	自来水或饮用水

K.1.3 调制方法：先将水放在木质或陶制容器中约 30min，等水中可能有的氯气蒸发后，再将预先打成的氯化钙碎块（直径约 30mm）加入水中，用木棒搅拌到氯化钙全部溶解为止。搅拌时液体温度一直在上升，待其冷却到 50～52℃时再将氯化铝加入继续搅拌到全部溶解，即成防水浆。

（引自《江苏省建筑安装工程施工技术操作规程》DB 32/302—1999）

K.2 金属皂类防水剂

K.2.1 金属皂类防水剂又名避水浆，是用碳酸钠、氢氧化钾等碱金属化合物，掺入氨水、硬脂酸和水配制成的一种乳白色浆体。这类防水剂具有塑化作用，可降低水灰比；同时在水泥砂浆中能生成不溶性物质，堵塞毛细管通道，因此使砂浆具有防水性能。

K.2.2 金属皂类的参考配合比见表 K.2.2。

表 K.2.2 金属皂类防水剂配合比

材料	重量配合比（%）(1)	重量配合比（%）(2)	备注
硬脂酸	4.13	2.63	工业用，凝固点 54～58℃，皂化值 200～220
碳酸钠	0.21	0.16	工业用，纯度约 99%，含碱量约 82%
氨水	3.1	2.63	工业用，密度 0.91，含 NH_3 约 25%
氟化钠	0.005	—	工业用
氢氧化钾	0.82	—	工业用
水	91.735	94.58	自来水或饮用水

K.2.3 调制方法

首先将硬酯酸放在锅内加热溶化。另一个锅盛加入量1/2的水，加热至50~60℃，将碳酸钠、氢氧化钾和氟化钠溶于水中，并保持温度。将溶化的硬脂酸徐徐加入碳酸钠混合溶液中，并迅速搅拌均匀，这时有大量气泡产生，应防止溢出。全部硬脂酸加完后，将另1/2水徐徐加入，搅匀成皂液。待皂液冷至30℃以下，加入定量的氨水搅拌均匀，随即用0.6mm筛孔的筛子去滤皂液，除去块粒和沫子，装入密闭的非金属容器中，置于阴凉处备用。

(引自江苏省建筑安装工程施工技术操作规程 DB 32/302—1999)

K.3 氯化铁防水剂

K.3.1 氯化铁防水剂是一种深棕色液体，其主要成分是三氯化铁和氯化亚铁，尚含有少量的氯化钙、氯化铝、盐酸等。

在防水水泥砂浆中，氯化铁防水剂所含的三氯化铁等氯化物能与水泥水化生成的氢氧化钙作用，生成不溶于水的氢氧化铁等胶体堵塞砂浆中的微孔及毛细通道，同时降低砂浆的泌水性，提高其密实性和不透水性。

K.3.2 配制方法

称取一定量的氧化铁皮投入耐酸陶瓷缸中，再注入重量为氧化铁两倍的盐酸，搅拌使其反应2h左右；再加入重量为原氧化铁的20%的氧化铁皮，继续反应4~5h，变成浓稠的深棕色氧化铁溶液，将溶器静置3~4h，吸出清液，向清液中加入其重量5%的硫酸铝，搅拌至完全溶解，即成为氯化铁防水剂。

K.3.3 对制成的氯化铁防水剂溶液进行检验，其密度不宜小于1.4，二氯化铁和三氯化铁的含量比例1:1~3为宜，且两者总含量应不小于400g/L。防水剂溶液的pH值应在1~2之间。

(引自江苏省建筑安装工程施工技术操作规程 DB 32/302—1999)

附录 L 常用保温隔热材料的表观密度和导热系数

L.0.1 常用保温材料性能，见表 L.0.1。

表 L.0.1 保温材料性能表

序号	材料名称	表观密度 (kg/m³)	导热系数 (λ)	强度 (MPa)	吸水率 (%)	使用温度 (℃)
1	松散膨胀珍珠岩	40~250	0.05~0.07	—	250	-20~800
2	水泥珍珠岩 1:8	510	0.16	0.5	120~220	—
3	水泥珍珠岩 1:10	390	0.16	0.4	120~220	—
4	水泥珍珠岩制品 1:8	500	0.08~0.12	0.3~0.8	120~220	650
5	水泥珍珠岩制品 1:10	300	0.063	0.3~0.8	120~220	650
6	憎水珍珠岩制品	200~250	0.056~0.08	0.5~0.7	憎水	-20~650
7	沥青珍珠岩	500	0.1~0.2	0.6~0.8	—	—
8	松散膨胀蛭石	80~200	0.04~0.07	—	200	-200~1000
9	水泥蛭石	400~600	0.08~0.14	0.3~0.6	120~220	650
10	微孔硅酸钙	250	0.06~0.07	0.5	87	650
11	矿棉保温板	130	0.035~0.047	—	—	600
12	加气混凝土	400~800	0.14~0.18	3	35~40	200
13	水泥聚苯板	240~350	0.09~0.1	0.3	30	—
14	水泥泡沫混凝土	350~400	0.1~0.19	—	—	—
15	模压聚苯乙烯泡沫板	15~30	0.041 压缩后 0.06~0.15	10%	2~6	-80~75
16	挤压聚苯乙烯泡沫板	≥32	0.03 压缩后 0.15	10%	≤1.5	-80~75
17	硬质聚氨酯泡沫塑料	≥30	0.027 压缩后 0.15	10%	≤3	-200~130
18	泡沫玻璃	≥150	0.068	≥0.4	≤0.5	-200~500

注：15~18项系独立闭孔、低吸水率材料，其吸水率为体积吸水率。

(引自建筑施工手册（3）.2003.6)

附录 M 瓦质量标准

M.1 黏土平瓦等质量标准

M.1.1 平瓦和脊瓦的规格及外观质量应符合下列要求：

M.1.1.1 平瓦种类较多，主要为黏土平瓦、水泥平瓦，其他有各地就地取材生产的炉渣平瓦、水泥炉渣平瓦、硅酸盐平瓦、碳化灰砂瓦、煤矸石平瓦、水泥大平瓦等。其规格等见表 M.1.1.1。

表 M.1.1.1 几种平瓦规格表

项 次	平瓦名称	规 格（mm）	每块重量（kg）	每块有效面积（m²）	每平方米（块）
1	黏土平瓦	(360~400)×(220~240)×(14~16)	3.1	0.053~0.067	18.9~15.0
2	水泥平瓦	(385~400)×(235~250)×(15~16)	3.3	0.062~0.070	16.1~14.3
3	硅酸盐平瓦	400×240×16	3.2	0.067	15.0
4	炉渣平瓦	390×230×12	3.0	0.062	16.1
5	水泥炉渣平瓦	400×240×(13~15)	3.2	0.067	15.0
6	碳化灰砂瓦	380×215×15	—	0.055	18.2
7	煤矸石平瓦	390×240×(14~15)	—	0.065	15.4
		350×250×20	—	0.060	16.7
8	水泥大平瓦	700×500×15	14.0	0.26	3.8
		690×430×(12~15)		0.22	4.5

注：表列重量、有效面积、每平方米块数供参考。

M.1.1.2 脊瓦形状见图 M.1.1.2，规格见表 M.1.1.2 的要求

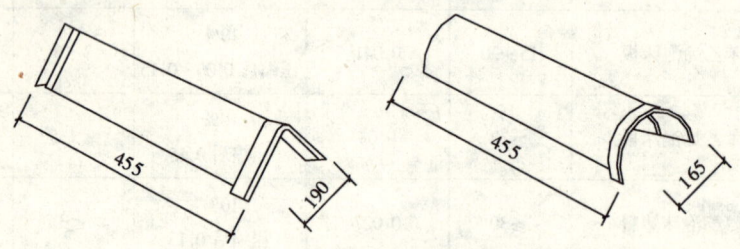

图 M.1.1.2 脊瓦图

表 M.1.1.2 脊瓦规格重量表

名 称	规格（mm）	重量（kg）	每米屋脊（块）
黏土脊瓦	455×190×20	3.0	2.4
水泥脊瓦	455×165×15 455×170×15 465×175×15	3.3	2.4

注：脊瓦各地生产规格不一致，此表供参考。

M.1.1.3 黏土平瓦（模压成形）形状见图 M.1.1.3，外观质量见表 M.1.1.3-1 的要求。

黏土平瓦屋面主要材料用量见表 M.1.1.3-2。

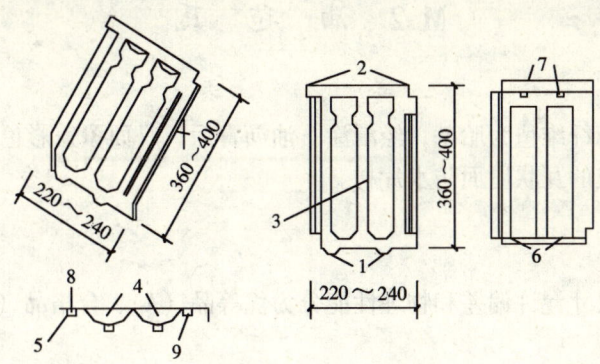

图 M.1.1.3 黏土平瓦（模压）
1—瓦头；2—瓦尾；3—瓦脊；4—瓦槽；
5—边筋；6—前爪；7—后爪；8—外槽；9—内槽

表 M.1.1.3-1 黏土平瓦外观质量等级表

项次	名 称	允许偏差（mm） 一等	允许偏差（mm） 二等	检验方法
1	长度 宽度	±7 ±5	±7 ±5	用尺量检查
2	翘曲不得超过	4	4	用直尺靠紧瓦面对角、瓦侧面检查
3	裂纹： 实用面上的贯穿裂纹 实用面上非贯穿裂纹长度不得超过搭接面上的贯穿裂纹边筋	不允许 30 不允许 不允许断裂	不允许 30 不得延伸入搭接部分的一半外 不允许断裂	用尺量检查
4	瓦正面缺棱掉角（损坏部分的最大深度小于4mm者不计）的长度不得超过	30	45	用尺量检查
5	边筋和瓦爪的残缺： 边筋和残留高度不低于后爪 前爪	2 不允许 允许一爪有缺，但不得大于爪高的1/3	2 允许一爪有缺，但不得大于爪高的1/3 允许二爪有缺，但不得大于爪高的1/3	用尺量检查
6	混等率（指本等级中混入该等以上各等级产品的百分率）不得超过	5%	5%	

表 M.1.1.3-2 黏土平瓦屋面主要材料用量参考表

材 料	黏土平瓦（100m²）	脊瓦（100m）	麻刀灰（100m²）	水泥砂浆（100m²）
数 量	1530块	240块	0.4m³	0.03m³

注：表列各项数字供估算参考，各地可按当地定额为准。

（引自《江苏省建筑安装工程施工技术操作规程》DB 32/302—1999）

M.2 油毡瓦

M.2.1 定义

油毡瓦是以玻璃纤维毡为胎基，经浸涂石油沥青后，一面覆盖彩色矿物粒料，另一面撒以隔离材料所制成的瓦状屋面防水片材。

M.2.2 产品分类

M.2.2.1 等级

油毡瓦按规格尺寸允许偏差和物理性能分为优等品（A）、合格品（C）。

M.2.2.2 规格

油毡瓦的规格为长×宽＝1000mm×333mm，厚度不小于2.8mm（见图 M.2.2.2）

M.2.2.3 用途

油毡瓦适用于坡屋面的多层防水层和单层防水层的面层。

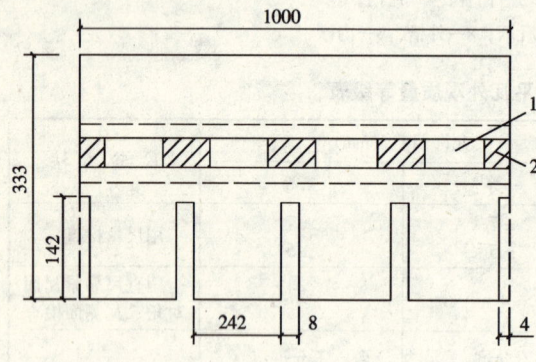

图 M.2.2.2 油毡瓦产品示意图
1—防粘纸；2—自粘结点

M.2.2.4 产品标记

产品按下列顺序标记：产品名称、质量等级、本标准号。

如优等品油毡瓦标记为：

油毡瓦 A JC 503

M.2.3 技术要求

M.2.3.1 外观

1 油毡瓦包装后，在环境温度10～45℃时，应易于打开，不得产生脆裂和有破坏油毡瓦面的粘连。

2 玻璃纤维毡必须完全用沥青浸透和涂盖，不能有未经覆盖的纤维。

3 油毡瓦不应有孔洞、边缘切割不齐、裂纹、断缝等缺陷。

4 矿物粒料的颜色和粒度必须均匀紧密地覆盖在油毡瓦的表面。

5 自粘接点距末端切槽的一端不大于190mm，并与油毡瓦的防粘纸对齐。

M.2.3.2 重量

每平方米油毡瓦的平均重量不小于2.5kg。

M.2.3.3 规格尺寸允许偏差

优等品±3mm；合格品±5mm。

M.2.3.4 物理性能

各等级油毡瓦物理性能应符合表 M.2.3.4 的规定。

表 M.2.3.4 油毡瓦物理性能

项 目	等 级 优 等 品	合 格 品
可溶物含量（g/m²）	1900	1450

续表 M.2.3.4

项目 \ 等级	优等品	合格品
拉力（25±2℃纵向）(N)　不小于	340	300
耐热度（℃）	85±2　受热2h涂盖层应无滑动和集中性气泡	
柔度（℃）　不大于	10　绕半径35mm圆棒或弯板无裂纹	

（引自标准 JC 503—92）

M.3 金属板材

M.3.1 金属板材的规格及技术性能

金属板材目前使用较多的是金属压型夹心板，其规格及技术性能可参考表 M.3.1 和图 M.3.1。金属板材应边缘整齐、表面光滑、外形规则，不得有扭翘、锈蚀等缺陷。

表 M.3.1 金属板材规格性能

项　目	规格和性能					
屋面板宽度（mm）	1000					
屋面板每块长度（m）	≤12					
屋面板厚度（mm）	40		60		80	
板材厚度（mm）	0.5	0.6	0.5	0.6	0.5	0.6
适用温度范围（℃）	-50~120					
耐火极限（h）	0.6					
重量（kg/m²）	12	14	13	15	14	16
屋角板、泛水板屋脊板厚度（mm）	0.6~0.7					

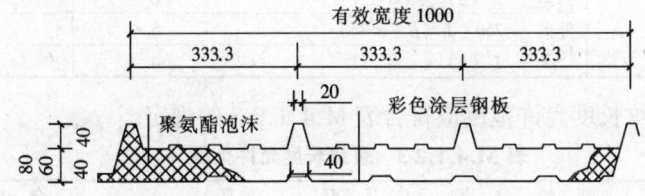

图 M.3.1 金属压型夹心板断面

M.3.2 金属板材连接件及密封材料的要求

金属板材连接件及密封材料参见表 M.3.2。

表 M.3.2 连接件及密封材料的材料要求

材料名称	材料要求	材料名称	材料要求
自攻螺栓	6.3mm、45号钢镀锌、塑料帽	密封垫圈	乙丙橡胶垫圈
拉铆钉	铝质抽芯拉铆钉	密封材料	丙烯酸、硅酮密封膏、丁基密封胶条
压盖	不锈钢		

M.3.3 金属板材保管运输的要求

金属板材的堆放场地应平坦、坚实，且便于排除地面水，堆放时应分层，并每隔3~5m处加放垫木。人工搬运时不得扳单层钢板处，机械运输时应有专用吊具包装。

(引自建筑施工手册(3)2003.6)

M.4 烧 结 瓦

M.4.1 烧结瓦的技术要求

M.4.1.1 尺寸允许偏差。尺寸允许偏差应符合表 M.4.1.1 的规定。

M.4.1.1 尺寸允许偏差（mm）

外形尺寸范围	优等品	一等品	合格品	外形尺寸范围	优等品	一等品	合格品
$L(b) \geq 350$	±5	±6	±8	$200 \leq L(b) < 250$	±3	±4	±5
$250 \leq L(b) < 350$	±4	±5	±7	$L(b) < 200$	±2	±3	±4

M.4.1.2 外观质量

1 表面质量。表面质量应符合表 M.4.1.2-1 的规定

表 M.4.1.2-1 表 面 质 量

缺 陷 项 目		优等品	一等品	合格品
有釉类瓦	无釉类瓦			
缺釉、斑点、落脏、棕眼、熔洞、图案缺陷、烟熏、釉缕、釉泡、釉裂	斑点、起包、熔洞、麻面、图案缺陷、烟熏	距1m处目测不明显	距2m处目测不明显	距3m处目测不明显
色差、光泽差	色 差	距3m处目测不明显		

2 变形。最大允许变形应符合表 M.4.1.2-2 的规定。

表 M.4.1.2-2 最 大 允 许 变 形

产品类别			优等品	一等品	合格品
子瓦		≤	3	4	5
三曲瓦、双筒瓦、鱼鳞瓦、牛舌瓦		≤	2	3	4
脊瓦、板瓦、筒瓦、清水瓦、沟头瓦、J形瓦、S形瓦 ≤	最大外形尺寸	$L(b) \geq 350$	6	8	10
		$250 < L(b) < 350$	5	7	9
		$L(b) \leq 250$	4	6	8

3 裂纹。裂纹长度允许范围应符合表 M.4.1.2-3 的规定。

表 M.4.1.2-3 裂缝长度允许范围（mm）

产品类型	裂纹分类	优等品	一等品	合格品
平 瓦	未搭接部分的贯穿裂纹	不允许		
	边筋断裂	不允许		
	搭接部分的贯穿裂纹	不允许		不得延伸至搭接部分的1/2处
	非贯穿裂纹	不允许	≤30	≤50
脊 瓦	未搭接部分的贯穿裂纹	不允许		
	搭接部分的贯穿裂纹	不允许		不得延伸至搭接部分的1/2处
	非贯穿裂纹	不允许	≤30	≤50
三曲瓦、双筒瓦、鱼鳞瓦、牛舌瓦	贯穿裂纹	不允许		≤5
	非贯穿裂纹	不允许		不得超过对应边长的5%
板瓦、筒瓦、滴水瓦、沟头瓦、J形瓦、S形瓦	未搭接部分的贯穿裂纹	不允许		
	搭接部分的贯穿裂纹	不允许		≤15
	非贯穿裂纹	不允许	≤30	≤50

4 磕碰、釉粘。磕碰、釉粘的允许范围应符合表 M.4.1.2-4 的规定。

表 M.4.1.2-4 磕碰、釉粘的允许范围（mm）

产品类别	破坏部位	优等品	一等品	合格品
平瓦、脊瓦、板瓦、筒瓦、滴水瓦、沟头瓦、J形瓦、S形瓦	可见面	不允许	破坏尺寸不得同时大于 12×10	破坏尺寸不得同时大于 15×15
	隐蔽面	破坏尺寸不得同时大于 12×12	破坏尺寸不得同时大于 18×18	破坏尺寸不得同时大于 24×24
三曲瓦、双筒瓦、鱼鳞瓦、牛舌瓦	正面	不允许		
	背面	破坏尺寸不得同时大于 5×5	破坏尺寸不得同时大于 10×10	破坏尺寸不得同时大于 15×15
平瓦	边筋	不允许	不允许	残留高度不小于 2
	后爪	不允许	不允许	残留高度不小于 3

5 石灰爆裂。石灰爆裂允许范围应符合表 M.4.1.2-5。

表 M.4.1.2-5 石灰爆裂允许范围（mm）

项目	优等品	一等品	合格品
石灰爆裂	不允许	破坏尺寸不得大于 5	破坏尺寸不大于 5

6 欠火、分层。各等级的瓦均不允许有欠火、分层缺陷存在。

M.4.1.3 物理性能：

1 抗弯曲性能。平瓦、脊瓦类的弯曲破坏荷重不小于 1020N；板瓦、筒瓦、滴水瓦、沟头瓦类的弯曲破坏荷重不小于 1170N，其中青瓦类的弯曲破坏荷重不小于 850N；丁形瓦、S形瓦类的弯曲破坏荷重不小于 1600N；三曲瓦、双筒瓦、鱼鳞瓦、牛舌瓦类的弯曲强度不小于 8.0MPa。

2 抗冻性能。经 15 次冻融循环不出现剥落、掉角、掉棱及裂纹增加现象。

3 耐急冷急热性。经 3 次急冷急热循环不出现炸裂、剥落及裂纹延长现象。

4 吸水率。有釉类瓦的吸水率不大于 12.0%（此项要求只适用于有釉类瓦），无釉类瓦的吸水率不大于 21.0%。

5 抗渗性能。经 3h 瓦背面无水滴产生。

此项要求只适用于无釉类瓦。若其吸水率小于 21.0% 规定时，取消抗渗性能要求，否则必须进行抗渗试验并符合本条规定。

M.4.1.4 其他异型瓦类和配件的技术要求参照《烧结瓦》JC 709—1998 执行。

(引自标准 JC 709—1998)

M.5 混 凝 土 瓦

M.5.1 混凝土瓦的技术要求

M.5.1.1 尺寸偏差

1 长度。屋面瓦和脊瓦的长度允许偏差 ±4mm。

2 宽度。屋面瓦的宽度允许偏差±3mm。
  3 遮盖宽度

（1）一般要求。一块屋面瓦的遮盖宽度 b_1 以及遮盖宽度的正、负允许偏差值应在生产厂家的技术资料中给予说明，当屋面瓦有意设计成不同的遮盖宽度时，无此项要求。

（2）有筋槽屋面瓦。当生产厂家给出瓦片遮盖宽度的允许偏差值时，其遮盖宽度要满足下列要求：

$b_{1d}/10 \leqslant b_1 +$ 所给的遮盖宽度允许偏差值；

$b_{1d} \geqslant b_1 -$ 所给的遮盖宽度允许偏差值。

当生产厂家没有给出遮盖宽度的允许偏差值，平均遮盖宽度应与生产厂家所给定的遮盖宽度值偏差不超过±5mm。

（3）无筋槽屋面瓦。屋面瓦的平均遮盖宽度应与厂家所给定的遮盖宽度值偏差不超过±3mm。

注：其他配件瓦的尺寸偏差由供需双方商定。

  4 屋面瓦吊挂瓦爪（后爪）的有效高度应不小于10mm。
  5 对于有筋槽的瓦，其边筋高度应不低于3mm。
  6 若瓦有固定孔，其布置要确保屋面瓦或配件瓦与挂瓦条的连接安全可靠。固定孔的布置和结构应保证不影响混凝土瓦其他正常的使用功能和不造成缺陷。

M.5.1.2 外观质量

  1 一般要求。屋面瓦和配件瓦应瓦型清楚，瓦面平整，边角整齐。屋面瓦应瓦爪齐全。彩色混凝土瓦应无明显的色泽差别。

彩色混凝土瓦的色泽要求由供需双方协商。

  2 方正度。

注：当瓦片设计成不规则前沿时，无此项要求。

  3 平面性。屋面瓦任何预定的接触点与平参考面的间隙不应大于3mm或 $b_1/100$（精确至mm，取其大者为准）。对于一些瓦型，无此项要求。例如：

（1）当瓦片与平参考面的设定接触点少于4个；

（2）当瓦片的设计成不规则时。

  4 外观缺陷。混凝土瓦不允许有裂缝、裂纹（包括龟裂）、孔洞、表面夹杂物；瓦的正表面不允许有高于5mm的突出料渣；瓦的外观缺陷不得超过表M.5.1.2的规定。

表M.5.1.2 混凝土瓦外形缺陷允许范围

项 目	指 标
掉角在瓦上造成的破坏尺寸不得同时大于	10mm
瓦爪残缺	允许一爪有缺，但不大于爪高的1/3
边筋残缺、边筋坍塌或外缘边筋断裂	不允许
擦边长度不得超过（在瓦面上的破坏宽度小于5mm者不计）	30mm

M.5.1.3 物理力学性能

1 质量偏差

（1）质量不超过2kg的瓦，质量偏差应在生产厂家给定值的±0.2kg以内。

(2) 质量超过 2kg 的瓦，一等品和合格品的质量偏差应在生产厂家给定值的 ±10% 以内；优等品应在生产厂家给定值的 ±5% 以内。

2 承载力

(1) 屋面瓦的承载力实测平均值不得小于承载力可验收值（F_{ak}）。承载力可验收值按式 M.5.1.3 计算：

$$F_{ak} \geq F_c + 1.64\sigma \quad (M.5.1.3)$$

(2) 屋面瓦的承载力标准值 F_c 应符合表 M.5.1.3-1 的规定。

表 M.5.1.3-1 混凝土屋面瓦的承载力标准值

项目		有筋槽屋面瓦						无筋槽屋面瓦
		波型屋面瓦				平屋面瓦		
瓦脊高度 d（mm）		$d > 20$		$20 \geq d \geq 5$		$d < 5$		—
遮盖宽度 d_1（mm）		≥300	≤200	≥300	≤200	≥300	≤200	—
承载力标准值 F_c（N）	优等品	2000	1400	1400	1000	1200	800	550
	一等品	1800	1200	1200	900			
	合格品	1500	1000	1000	800			

注：1 对遮盖宽度在 200~300mm 之间的有筋槽屋面瓦，其承载力标准值应按表中所列的值用线性内插法确定；
2 本表摘自《混凝土瓦》JC 746—1999。

(3) 抗渗性能。屋面瓦、脊瓦、排水沟瓦经抗渗性能检验，每块瓦的背面不得出现水滴现象。

(4) 抗冻性。屋面瓦经抗冻性检验后，应满足承载力和抗渗性能的要求。同时，外观质量应符合本标准要求且表面涂层不得出现剥落现象。

(5) 吸水率。单块混凝土瓦的吸水率应符合表 M.5.1.3-2 规定。

表 M.5.1.3-2 混凝土瓦的吸水率

项目	优等品	一等品	合格品
吸水率（%）		≤10	≤12

(引自标准 JC 746—1999)

附录 N 瓦屋面对木基层的要求

N.0.1 屋面木骨架的安装允许偏差应符合表 N.0.1 的规定
    检查数量：检验批全数。

表 N.0.1 屋面木骨架的安装允许偏差

项次	项 目		允许偏差（mm）	检 验 方 法
1	檩条、椽条	方木截面	-2	钢尺量
		原木梢径	-5	钢尺量，椭圆时取大小径的平均值
		间距	-10	钢尺量
		方木上表面平直	4	沿坡拉线钢尺量
		原木上表面平直	7	
2	油毡搭接宽度		-10	钢尺量
3	挂瓦条间距		±5	
4	封山、封檐板平直	下边缘	5	拉 10m 线，不足 10m 拉通线，钢尺量
		表面	8	

N.0.2 木屋盖上弦平面横向支撑设置的完整性应按设计文件检查。
    检查数量：整个横向支撑。
    检查方法：按施工图检查。

N.0.3 用作楼面板或屋面板的木基结构板材应进行集中静载与冲击荷载试验和均布荷载试验，其结果应分别符合表 N.0.3-1 和表 N.0.3-2 的规定。

表 N.0.3-1 木基结构板材在集中静载和冲击荷载作用下应控制的力学指标[①]

用途	标准跨度（最大允许跨度）（mm）	试验条件	冲击荷载（N·m）	最小极限荷载[②]（kN）		0.89kN 集中静载作用下的最大挠度[③]（mm）
				集中静载	冲击后集中静载	
楼面板	400（410）	干态及湿态重新干燥	102	1.78	1.78	4.8
	500（500）	干态及湿态重新干燥	102	1.78	1.78	5.6
	600（610）	干态及湿态重新干燥	102	1.78	1.78	6.4
	800（820）	干态及湿态重新干燥	122	2.45	1.78	5.3
	1200（1220）	干态及湿态重新干燥	203	2.45	1.78	8.0
屋面板	400（410）	干态及湿态	102	1.78	1.33	11.1
	500（500）	干态及湿态	102	1.78	1.33	11.9
	600（610）	干态及湿态	102	1.78	1.33	12.7
	800（820）	干态及湿态	122	1.78	1.33	12.7
	1200（1220）	干态及湿态	203	1.78	1.33	12.7

① 单个试验的指标；
② 100%的试件应承受表中规定的最小极限荷载值；
③ 至少 90%的试件的挠度不大于表中的规定值。在干态及湿态重新干燥试验条件下，楼面板在静载和冲击荷载后静载的挠度，对于屋面板只考虑静载的挠度，对于湿态试验条件下的屋面板，不考虑挠度指标。

表 N.0.3-2　木基结构板材在均布荷载作用下应控制的力学指标[①]

用　途	标准跨度 （最大允许跨度） （mm）	试 验 条 件	性能指标[①]	
			最小极限荷载[②] （kPa）	最大挠度[③] （mm）
楼面板	400（410）	干态及湿态重新干燥	15.8	1.1
	500（500）	干态及湿态重新干燥	15.8	1.3
	600（610）	干态及湿态重新干燥	15.8	1.7
	800（820）	干态及湿态重新干燥	15.8	2.3
	1200（1220）	干态及湿态重新干燥	10.8	3.4
屋面板	400（410）	干　态	7.2	1.7
	500（500）	干　态	7.2	2.0
	600（610）	干　态	7.2	2.5
	800（820）	干　态	7.2	3.4
	1000（1020）	干　态	7.2	4.4
	1200（1220）	干　态	7.2	5.1

① 单个试验的指标。
② 100%的试件应能承受表中规定的最小极限荷载值。
③ 每批试件的平均挠度应不大于表中的规定值。4.79kPa 均布荷载作用下的楼面最大挠度；或 1.68kPa 均布荷载。作用下的屋面最大挠度。

（引自标准 GB 50206—2002）

附录P 塑料名称缩写表

P.0.1 塑料名称缩写，见表P.0.1。

表P.0.1 塑料名称缩写表

名　称	代　号	名　称	代　号
丙烯腈-丙烯醋酸-苯乙烯	ASS	聚乙烯	PE
丙烯腈-丁二烯-苯乙烯	ABS	聚酯	PE$_S$
丙烯腈-氯化聚乙烯-苯乙烯	ACS	聚对苯二甲酸二丙烯酯	PETE
醇酸树脂	ALK	酚醛树脂	PF
丙烯腈-苯乙烯-丙烯酸	ASA	聚酰亚胺	PI
醋酸纤维素	CA	聚异丁烯	PIB
丁酸-醋酸纤维素	CAB	聚甲基丙烯酸甲酯（有机玻璃）	PMMA
丙酸-醋酸纤维素	CAP	聚烯烃	PO
甲酸-甲醛　甲酚甲醛树脂	CF	聚甲醛	POM
羧甲级基纤维素	CMC	聚丙烯	PP
硝酸纤维素	CN	聚苯醚	PPO
丙酸纤维素	CP	聚苯乙烯	PS
氯化聚乙烯	CPE	苯乙烯-丙烯腈共聚物	PSB
酪朊	CS	聚砜	PS（PSUL）
邻苯二甲酸二丙烯酸	DAP	聚四氟乙烯	PTFE
二甲基乙酰胺	DMA	聚氨基甲酸酯	PUR
乙基纤维素	EC	聚醋酸乙烯酯	PVA$_C$
环氧树脂	EP	聚乙烯醇	PVAL
醋酸乙烯	EVA	聚乙烯醇缩丁醛	PVB
玻璃增强塑料	FRP	聚氯乙烯	PVC
玻璃纤维增强热塑性塑料	FRTP	聚氯乙烯-醋酸乙烯酯	PVCA
玻璃纤维	GF	聚偏二氯乙烯	PVDC
玻璃纤维增强塑料	GFP	聚偏氯乙烯	PVDF
苯乙烯-丁二烯-甲基丙烯酸甲酯共聚树脂	MBS	聚乙烯醇缩甲醛	PVFM
		增强热塑料塑料	RTP
甲基丙烯酸甲酯	MMA	增强塑料	RP
三聚氰胺甲醛树脂	MF	苯乙烯-丙烯腈	SAN
聚酰胺（尼龙）	PA	苯乙烯-丁二烯	SB
聚苯并咪唑	PBI	硅树脂	SI
聚苯并噻唑	PBT	苯乙烯-甲基丙烯酸甲酯	SM
聚碳酸酯	PC	磷酸三苯酯	TPP
聚三氟氯乙烯	PCFFE	脲甲醛树脂	UF
聚邻苯二甲酸二丙烯酯	PDAP	不饱和聚酯	UP

(引自建筑施工手册(3).2003.6)

附录 Q 橡胶名称缩写表

Q.0.1 橡胶名称缩写，见表 Q.0.1。

表 Q.0.1 橡胶名称缩写表

名　　称	代　号	名　　称	代　号
天然橡胶	NR	氯化聚乙烯橡胶	CM（CPE）
顺式聚异戊二烯橡胶	IR	氯磺化聚乙烯橡胶	CSM
反式聚异戊二烯橡胶	TPI	聚异丁烯	IM
丁二烯橡胶	BR	聚三氟氯乙烯	CFM
丁苯橡胶	SBR	聚硫橡胶	TR
氯丁橡胶	CR	聚酯型聚氨酯橡胶	AU
丁腈橡胶	NBR	聚醚型聚氨酯橡胶	EU
丁吡橡胶	PBR	氯醚橡胶	CO
溴化丁基橡胶	BIIR	共聚氯醚橡胶	ECO
氯化丁基橡胶	CIIR	不饱和型氯醚橡胶	GCO
丙烯酸乙酯	ACM	环氧丙烷橡胶	PO
丙烯酸酯-丙烯腈橡胶	ANM	不饱和型环氧丙烷橡胶	GPO
丙烯酸-丁二烯橡胶	ABR	甲基硅橡胶	MQ
乙丙橡胶	EPR	甲基-乙烯基硅橡胶	MVQ
二元乙丙橡胶	EPM	甲基-苯基-乙烯基硅橡胶	MPVQ
三元乙丙橡胶	EPDM	氟硅橡胶	MFVQ
乙烯-乙酸-乙烯酯橡胶	EVM	氟橡胶	FPM

（引自建筑施工手册(3).2003.6）

本标准用词说明

1 为便于在执行本标准相关内容时区别对待，对要求严格程度不同的用词说明如下：
1）表示很严格，非这样做不可的用词：
正面词采用"必须"；反面词采用"严禁"。
2）表示严格，在正常情况下均应这样做的用词：
正面词采用"应"；反面词采用"不应"或"不得"。
3）表示允许稍有选择，在条件许可时，首先应这样做的用词：
正面词采用"宜"；反面词采用"不宜"。
表示有选择，在一定条件下可以这样做用词，采用"可"。
2 本标准中指定应按其他有关标准、规范的规定执行时的写法为"应符合……要求或规定"或"应按……执行"。

建筑地面工程施工技术标准

Technical standard for construction of
building ground engineering

ZJQ 08—SGJB 209—2005

编 制 说 明

本标准是根据中建八局《关于〈施工技术标准〉编制工作安排的通知》（局科字[2002]348号）文件的要求，由中建八局会同中建八局第二建筑公司、中建八局第一建筑公司、中建八局青岛公司和中建八局大连公司共同编制。

在编写过程中，编写组认真学习和研究了国家《建筑工程施工质量验收统一标准》GB50300—2001、《建筑地面工程施工质量验收规范》GB 50209—2002，并参照《民用建筑工程室内环境污染控制规范》GB 50325—2001、《建筑材料放射性核素限量》GB6566—2001等有关资料，结合本企业建筑地面工程的施工经验进行编制，并组织本企业内、外专家经专项审查后定稿。

为方便配套使用，本标准在章节编排上与《建筑地面工程施工质量验收规范》GB 50209—2002保持对应关系。主要是：总则、术语、基本规定、基层铺设、整体面层铺设、板块面层铺设、木、竹面层铺设和子分部工程验收等八章，其主要内容包括技术和质量管理、施工工艺和操作要点、质量标准和验收三大部分。

本标准中有关国家规范中的强制性条文以黑体字列出，必须严格执行。

为了持续提高本标准的水平，请各单位在执行本标准过程中，注意总结经验，积累资料，随时将有关意见和建议反馈给中建八局技术质量部（通讯地址：上海市浦东新区源深路269号，邮政编码：200135），以供修订时参考。

本标准主要编写和审核人员：

主　　编：王玉岭
副 主 编：戴耀军　徐宏志
主要参编人：苗冬梅　马忠学　庞爱红　陈立全　王东晓　周洪涛　陈留春　乔聚忠
　　　　　　梁　伟
审 核 专 家：肖绪文　马荣华　卜一德　刘发洸　王　森　赵　俭

1 总 则

1.0.1 为了贯彻国家颁布的《建筑工程施工质量验收统一标准》GB 50300—2001 和《建筑地面工程施工质量验收规范》GB 50209—2002，加强建筑工程施工技术管理，规范建筑地面工程的施工工艺，在符合设计要求、满足使用功能和国家相关标准（规范、规程等）的条件下，达到技术先进、经济合理，保证工程质量、环境保护和安全施工，制定本标准。

1.0.2 本标准适用于建筑地面工程（含室外散水、明沟、踏步、台阶和坡道等附属工程）的施工及验收，不适用于保温、隔热、超净、屏蔽、绝缘以及防止射线等特殊要求的建筑地面工程施工及验收。

1.0.3 建筑地面工程的施工应根据设计图纸的要求进行，所用的材料，应按照设计要求选用，并应符合现行材料标准的规定。凡本标准无规定的新材料，应根据产品说明书的有关技术要求（宜通过试验），制定操作工艺标准，并经法人层次总工程师审批后方可使用。

1.0.4 本标准依据现行国家标准《建筑地面工程施工质量验收规范》GB 50209—2002、《建筑工程施工质量验收统一标准》GB 50300—2001 等的施工质量验收要求进行编制。在建筑地面工程施工中除执行本标准外，尚应符合现行国家、行业及地方有关标准（规范）的相关规定。

2 术 语

2.0.1 建筑地面 building ground
建筑物底层地面（地面）和楼层地面（楼面）的总称。

2.0.2 面层 surface course
直接承受各种物理和化学作用的建筑地面表面层。

2.0.3 结合层 combined course
面层与下一构造层相联结的中间层。
结合层亦可作为面层的弹性基层。

2.0.4 基层 base course
面层下的构造层，包括填充层、隔离层、找平层、垫层和基土等。

2.0.5 填充层 filler course
在建筑地面上起隔声、保温、找坡和暗敷管线等作用的构造层。

2.0.6 隔离层 isolating course
防止建筑地面上各种液体或地下水、潮气渗透地面等作用的构造层；仅防止地下潮气透过地面时，可称作防潮层。

2.0.7 找平层 troweling course
在垫层、楼板上或填充层（轻质、松散材料）上起整平、找坡或加强作用的构造层。

2.0.8 垫层 under layer
承受并传递地面荷载于基土上的构造层。

2.0.9 基土 foundation earth layer
底层地面的地基土层。

2.0.10 缩缝 shrinkage crack
防止水泥混凝土垫层在气温降低时产生不规则裂缝而设置的收缩缝。

2.0.11 伸缝 stretching crack
防止水泥混凝土垫层在气温升高时在缩缝边缘产生挤碎或拱起而设置的伸胀缝。

2.0.12 纵向缩缝 lengthwise shrinkage crack
平行于混凝土施工流水作业方向的缩缝。

2.0.13 横向缩缝 crosswise stretching crack
垂直于混凝土施工流水作业方向的缩缝。

3 基 本 规 定

3.0.1 建筑地面应包括建筑物底层地面和楼层地面，并包含室外散水、明沟、踏步、台阶、坡道等。

3.0.2 建筑地面子分部工程、分项工程的划分，按表 3.0.2 执行。

表 3.0.2 建筑地面子分部工程、分项工程划分表

分部工程	子分部工程		分 项 工 程
建筑装饰装修工程	建筑地面	整体面层	基层：基土、灰土垫层、砂垫层和砂石垫层、碎石垫层和碎砖垫层、三合土垫层、炉渣垫层、水泥混凝土垫层、找平层、隔离层、填充层
			面层：水泥混凝土面层、水泥砂浆面层、水磨石面层、水泥钢（铁）屑面层、防油渗面层、不发火（防爆的）面层
		板块面层	基层：基土、灰土垫层、砂垫层和砂石垫层、碎石垫层和碎砖垫层、三合土垫层、炉渣垫层、水泥混凝土垫层、找平层、隔离层、填充层
			面层：砖面层（陶瓷锦砖、无釉陶瓷地砖、陶瓷地砖和水泥花砖面层）、大理石面层和花岗石面层、预制板块面层（水泥混凝土板块、水磨石板块面层）、料石面层（条石、块石面层）、塑料板面层、活动地板面层、地毯面层
		木、竹面层	基层：基土、灰土垫层、砂垫层和砂石垫层、碎石垫层和碎砖垫层、三合土垫层、炉渣垫层、水泥混凝土垫层、找平层、隔离层、填充层
			面层：实木地板面层（条材、块材面层）、实木复合地板面层（条材、块材面层）、中密度（强化）复合地板面层（条材面层）、竹地板面层

3.0.3 在建筑地面工程施工时，应建立质量管理体系并执行本标准。

3.0.4 建筑地面工程施工前，应做好下列技术准备工作：

1 进行图纸会审，复核设计做法是否符合现行国家规范的要求。

2 复核结构与建筑标高差是否满足各构造层总厚度及找坡的要求。

3 实测楼层结构标高，根据实测调整建筑地面的做法或依实际标高。结构误差较大的应做适当处理，如局部剔凿，局部增加细石混凝土找平层等；外委加工的各种门框的安装，应以调整后的建筑地面标高为依据。

4 对板块面层的排板如设计无要求，应做排板设计。对大理石（花岗石）面层及楼梯，应根据结构的实际尺寸和排板设计提加工计划。

5 施工前应编制施工方案和进行技术交底，必要时应先做样板间，经业主（监理）或设计认可后再大面积施工。

3.0.5 建筑地面工程采用的材料应按设计要求和现行国家标准《建筑地面工程施工质量验收规范》GB 50209 的规定选用，并应符合国家标准的规定；进场材料应有中文质量合格证明文件，规格、型号及性能检测报告，对重要材料应有复验报告。

建筑地面工程采用的水泥砂浆、水泥混凝土的原材料，如水泥、砂、石子、外加剂等，其

质量标准见《混凝土结构工程施工技术标准》ZJQ08-SGJB 204—2005。当要求进场复试时，复试取样方法（数量）、复试项目按《混凝土结构工程施工技术标准》ZJQ08-SGJB 204—2005的规定执行；防水卷材、防水涂料等防水材料按《屋面工程施工技术标准》ZJQ08-SGJB 207—2005的规定执行。当地建设主管部门另有规定的，应按其规定执行。

3.0.6 建筑地面工程各层所采用拌合料的配合比或强度等级宜由试验确定。

3.0.7 建筑地面采用的大理石、花岗石等天然石材必须符合《建筑材料放射性核素限量》GB 6566—2001中有关材料有害物质的限量规定。进场应具有检测报告。

3.0.8 胶粘剂、沥青胶结料和涂料等材料应按设计要求选用，并应符合现行国家标准《民用建筑工程室内环境污染控制规范》GB 50325—2001的规定。

3.0.9 厕浴间和有防滑要求的建筑地面的板块材料应符合设计要求。

3.0.10 建筑地面下的沟槽、暗管等工程完工后，经检验合格并做隐蔽记录，方可进行建筑地面工程的施工。

3.0.11 建筑地面工程基层（各构造层）和面层的铺设，均应待其下一层检验合格后方可施工上一层。建筑地面工程各层铺设前与相关专业的分部（子分部）工程、分项工程以及设备管道安装工程之间，应进行交接检验。

3.0.12 各类面层的铺设宜在室内装饰工程基本完工后进行，并应做建筑地面工程的基层处理工作。

当铺设木（竹）面层、活动地板、塑料地板和地毯面层时，应待室内抹灰工程或暖气试压工程等可能造成建筑地面潮湿的施工工序完成后进行。并应在铺设上述面层之前，使房间干燥，避免在气候潮湿的情况下施工。

3.0.13 结合层和板块面层的填缝采用的水泥砂浆，应符合下列规定：

1 配制水泥砂浆应采用硅酸盐水泥、普通硅酸盐水泥或矿渣硅酸盐水泥，其强度等级不低于32.5级。

2 水泥砂浆采用的砂应符合现行的行业标准《普通混凝土用砂质量标准及检验方法》JGJ 52—92的规定。

3 配制水泥砂浆的体积比、相应的强度等级和稠度，应符合设计要求。当设计无要求时应按表3.0.13采用。

表3.0.13 水泥砂浆的体积比、相应的强度等级和稠度

面层种类	构造层	水泥砂浆体积比	相应的强度等级	砂浆稠度（mm）
条石、无釉陶瓷地砖面层	结合层和面层的填缝	1:2	≥M15	25~35
水泥钢（铁）屑面层	结合层	1:2	≥M15	25~35
整体水磨石面层	结合层	1:3	≥M10	30~35
预制水磨石板、大理石板、花岗石板、陶瓷锦砖、陶瓷地砖面层	结合层	1:2	≥M15	25~35
水泥花砖、预制混凝土板面层	结合层	1:3	≥M10	30~35

3.0.14 建筑地面工程施工时，各层环境温度的控制应符合下列规定：

1 采用掺有水泥、石灰的拌和料铺设以及用石油沥青胶结料铺贴时，不应低于5℃；

2 采用有机胶粘剂粘贴时，不应低于10℃；

    3 采用砂、石材、碎砖料铺设时，不应低于0℃。

3.0.15 当低于3.0.14条所规定的环境温度施工时，应采取相应的冬期施工措施。水泥类面层的冬期施工措施见《混凝土结构工程施工技术标准》ZJQ08-SGJB 204—2005的有关规定。

3.0.16 铺设有坡度的地面应采用基土高差达到设计要求的坡度；铺设有坡度的楼面（或架空地面）应在钢筋混凝土板上变更填充层（或找平层）铺设的厚度或以结构起坡达到设计要求的坡度。

3.0.17 室外散水、明沟、踏步、台阶和坡道等附属工程，其面层和基层（各构造层）均应符合设计要求。施工时应按《建筑地面工程施工质量验收规范》GB 50209—2002和本标准基层铺设中基土和相应垫层以及面层的规定执行。

3.0.18 水泥混凝土散水、明沟，应设置伸缩缝，其延米间距不得大于10m（散水不宜大于6m）；房屋转角处应做45°缝。水泥混凝土散水、明沟和台阶等与建筑物连接处应设缝处理。上述缝宽度为15～20mm，缝内填嵌柔性密封材料。

3.0.19 建筑地面的变形缝应按设计要求设置，并应符合下列规定：

 1 建筑地面的沉降缝、伸缩缝和防震缝，应与结构相应缝的位置一致，且应贯通建筑地面的各构造层；

 2 沉降缝和防震缝的宽度应符合设计要求，缝内清理干净，以柔性密封材料填嵌后用板封盖，并应与面层齐平。

 3 当设计无规定时，宜按附录A方法设置。

3.0.20 建筑地面镶边，当设计无要求时，宜按附录A方法设置。

3.0.21 厕浴间、厨房和有排水（或其他液体）要求的建筑地面面层与相连接各类面层的标高差应符合设计要求。

3.0.22 检验水泥混凝土和水泥砂浆强度试块的组数，按每一层（或检验批）建筑地面工程不应小于1组。当每一层（或检验批）建筑地面工程面积大于1000m^{2}时，每增加1000m^{2}应增做1组试块；小于1000m^{2}按1000m^{2}计算。当改变配合比时，亦应相应地制作试块组数。

3.0.23 建筑地面工程施工质量的检验，应符合下列规定：

 1 基层（各构造层）和各类面层的分项工程的施工质量验收应按每一层次或每层施工段（或变形缝）作为检验批，高层建筑的标准层可按每三层（不足三层按三层计）作为检验批；

 2 每检验批应以各子分部工程的基层（各构造层）和各类面层所划分的分项工程按自然间（或标准间）检验，抽查数量应随机检验不少于3间；不足3间，应全数检查；其中走廊（过道）应以每10延长米为1间，工业厂房（按单跨计）、礼堂、门厅应以两个轴线为1间计算；

 3 有防水要求的建筑地面子分部工程的分项工程施工质量每检验批抽查数量应按其房间总数随机检验不少于4间，不足4间，应全数检查。

3.0.24 建筑地面工程的分项工程施工质量检验的主控项目，必须达到本标准规定的质量标准，方可认定为合格；一般项目80%以上的检查点（处）符合规范规定的质量要求，其他检查点（处）不得有明显影响使用，并不得大于允许偏差值的50%为合格。凡达不到质量标准时，应按现行国家标准《建筑工程施工质量验收统一标准》GB 50300—2001 第 5.0.6 条的规定处理。

3.0.25 建筑地面工程完工后，承包（或总承包）单位应组织自检，在自检合格的基础上，由施工项目专业质量检查员填写检验批的质量验收记录，监理工程师（建设单位项目专业技术负责人）组织项目专业质量检查员等进行验收；分项工程质量应由监理工程师（建设单位项目专业技术负责人）组织项目专业技术负责人等进行验收；分部（子分部）工程质量由总监理工程师（建设单位项目专业负责人）组织施工项目经理和有关勘察、设计单位项目负责人进行验收。

3.0.26 检验方法应符合下列规定：

1 检查允许偏差应采用钢尺、2m靠尺、楔形塞尺、坡度尺和水准仪；

2 检查空鼓应采用敲击的方法；

3 检查有防水要求建筑地面的基层（各构造层）和面层，应采用泼水或蓄水方法，蓄水时间不得少于24h；

4 检查各类面层（含不需铺设部分或局部面层）表面的裂纹、脱皮、麻面和起砂等缺陷，应采用观感的方法。

3.0.27 建筑地面工程完工后，应对面层采取保护措施。

3.0.28 应遵守有关环境保护和安全生产的法律、法规的规定，采取控制和处理施工现场的各种粉尘、废气、废水、固体废物以及噪声、振动对环境的污染和危害的措施。

4 基层铺设

4.1 一般规定

4.1.1 本章适用于基土、垫层、找平层、隔离层和填充层等基层分项工程的施工技术操作和施工质量检验。

4.1.2 地面基层应铺设在均匀密实的基土上。填土或土层结构被扰动的基土，应予分层压（夯）实。

淤泥、淤泥质土及杂填土、冲填土等软弱土层，应按设计要求对基土进行更换或加固，并应符合国家现行《建筑地基基础工程施工质量验收规范》GB 50202—2002和《建筑地基处理技术规范》JGJ 79—2002的有关规定。

4.1.3 基层铺设的材料质量、密实度和强度等级（或配合比）等应符合设计要求和《建筑地面工程施工质量验收规范》GB 50209—2002及本标准的规定。

4.1.4 基层铺设前，其下一层表面应干净，无积水。

4.1.5 当垫层、找平层内埋设暗管时，管道应按设计要求予以稳固。

4.1.6 基层的标高、坡度、厚度等应符合设计要求。基层表面应平整，其允许偏差应符合表4.1.6的规定。

表 4.1.6 基层表面的允许偏差和检验方法（mm）

项次	项目	基土	垫层		找平层					填充层		隔离层	检验方法
			砂、砂石、碎石、碎砖	灰土、三合土、炉渣、水泥混凝土	毛地板		用沥青玛琋脂做结合层铺设拼花木地板、拼花木复合地板面层	用水泥砂浆做结合层铺设板块面层	用胶粘剂做结合层铺设拼花木板、塑料板、强化复合地板、竹地板面层	松散材料	板、块材料	防水、防潮、防油渗	
					拼实木地板、拼实木复合地板面层	木搁栅	其他种类面层							
1	表面平整度	15	15	10	3	3	5	5	5	2	7	5	3	用2m靠尺和楔形塞尺检查
2	标高	0 -50	±20	±10	±5	±5	±8	±5	±8	±4	±4	±4	±4	用水准仪检查
3	坡度	不大于房间相应尺寸的2/1000，且不大于30												用坡度尺检查
4	厚度	在个别地方不大于设计厚度的1/10												用钢尺检查

4.1.7 安全、环保措施

1 施工前应制定有效的安全、防护措施，并应遵照安全技术及劳动保护制度执行。
2 施工机械用电必须采用一机一闸一保护。
3 线路架设和灯具安装必须由专业持证电工完成。
4 作业前，检查电源线路应无破损，漏电保护装置应灵敏可靠，机具各部连接应紧固，旋转方向正确。
5 机械操作人员必须戴绝缘手套和穿绝缘鞋，防止漏电伤人。
6 对易燃材料操作点要配备干粉灭火器，防止火灾发生。
7 清理基层时，不允许从窗口、阳台、洞口等处向室外乱扔杂物，以免伤人。
8 注意对机械的噪声控制，白天不应超过85dB（A），夜间不应超过55dB（A）。
9 应注意对粉状材料的覆盖，防止扬尘和运输过程中的遗洒。
10 防止机械漏油污染土地。
11 加强有毒有害物体的管理，对有毒有害物体要定点排放。

4.2 基 土

4.2.1 施工准备

4.2.1.1 技术准备

1 施工前，应根据工程特点、填土料种类、密实度要求、施工条件等，合理地确定填土料含水率控制范围、虚铺厚度和压实遍数等参数；重要工程（工业厂房等）或大面积回填，应通过击实试验确定最优含水量与施工含水量的控制范围。击实试验方法见《建筑地基基础工程施工技术标准》ZJQ08—SGJB 202—2005。
2 其他，见本标准3.0.4条相关内容。

4.2.1.2 主要机具

人工回填主要机具有：打夯机、手推车、木夯、铁锹、筛子（孔径40～60mm）、喷壶、耙、锄、2m靠尺、胶皮管、小线、水准仪等。

机械回填主要机具有：推土机、铲运机、机动翻斗车、碾压机械、装载机、手推车、铁锹、水准仪等。

4.2.1.3 作业条件

1 基土已开挖至设计标高，软弱土层已按设计要求进行处理。
2 房心回填，应在完成上下水、煤气等管道安装并验收后，再进行。
3 填土面积范围水和有机物等已清理干净。
4 回填前，应做好标高控制线，以控制回填土的高度或厚度。
5 水、电已接通。
6 符合质量要求的填土料已备齐。

4.2.2 材料质量控制

4.2.2.1 填土尽量采用原开挖出的土，必须控制土料的含水量、有机物含量，粒径不大于50mm，并应过筛。填土时应为最优含水量，重要工程或大面积的地面填土前，应取土样，按击实试验确定最优含水量与相应的最大干密度。最优含水量和最大干密度宜按表4.2.2.1采用。

表 4.2.2.1 土的最优含水量和最大干密度参考表

项次	土的种类	变动范围		项次	土的种类	变动范围	
		最优含水量（%）重量比	最大干密度（t/m³）			最优含水量（%）重量比	最大干密度（t/m³）
1	砂土	8~12	1.80~1.88	3	粉质黏土	12~15	1.85~1.95
2	黏土	19~23	1.58~1.70	4	粉土	16~22	1.61~1.80

注：表中土的最大干密度应以现场实际达到的数字为准。

4.2.2.2 对淤泥、腐殖土、杂填土、冻土、耕植土和有机物大于8%的土，均不得作为地面下的填土土料；膨胀土作填土土料时应进行技术处理。

4.2.3 施工工艺

4.2.3.1 工艺流程

基底清理→基土夯实（必要时）→分层夯填→整平验收

4.2.3.2 施工要点

1 基土下土层应均匀密实。填土或土层结构被扰动的基土，应采取机械或人工方法分层压（夯）实。

2 填土施工应分层摊铺、分层压（夯）实，分层检验其密实度，并做好每层取样点位图。每层压（夯）实后土的压实系数应符合设计要求，且不应小于0.9。

填土宜用环刀取样，测定其干密度，求出密实度；取样和试验方法见《建筑地基基础工程施工技术标准》ZJQ08—SGJB 202—2005。

取样数量每层按100~300m²取样一组，但每层不少于一组。取样部位应为每层压实后的下半部。

3 填土时土块的最大粒径不应大于50mm，应采用机械或人工方法压（夯）实。填土质量应符合现行国家标准《建筑地基基础工程施工质量验收规范》GB 50202—2002 的有关规定。每层铺土厚度和压实遍数应根据土质、压实系数和机具性能确定。常用夯（压）实方法、每层最大铺土厚度和所需要的夯（压）实遍数，宜按表4.2.3.2-1采用。

表 4.2.3.2-1 填土每层最大铺土厚度和所需要的夯（压）实遍数

夯（压）实方式	每层铺土厚度（mm）	每层压实遍数	夯（压）实方式		每层铺土厚度（mm）	每层压实遍数
平碾（8~12t）	200~300	6~8	人工回填	人工打夯	≤200	3~4
羊足碾（5~16t）	200~300	8~16		打夯机	200~250	3~4
振动压路机（2t，振动力98kN）	120~150	10				

注：1 本表适用于选用粉土、黏性土等做土料，对沙土等类做填土时应参照国家现行《建筑地基基础设计规范》GB 50007有关规定执行；

2 本表适用于填土厚度在2m以内的情况。

4 过干的土料在压实前应加以湿润,并相应增加压(夯)实遍数或采用大功率压(夯)实机械;过湿的土应予晾干;含水量过大时,应采取翻松、晾干、换土、掺入干土等措施降低其含水量。

工业厂房填土时,施工前应通过试验确定其最优含水量和施工含水量的控制范围。

5 人工回填——打夯机夯实:

(1) 用手推车或机械运土,人工配合铺土,打夯前应将填土初步整平,虚铺厚度应满足表4.2.3.2-1的要求。

(2) 打夯时要按一定的方向进行,均匀分开,不留间歇。打夯要求一夯压半夯,夯夯相接,行行相连,两遍纵横交叉,分层夯打。

(3) 室内回填时,如遇有管道、管沟时,应先用人工在管道、管沟两侧填土夯实,并应从两侧同时进行,直至管顶0.5m以上,方可采用打夯机夯实。

6 当采用大型机械填土施工时,应按《建筑地基基础工程施工技术标准》ZJQ08—SGJB 202—2005执行。

7 墙、柱基础部位的填土,应分层重叠夯填密实。在填土与墙、柱相连处,也可采取设缝进行技术处理。

8 软弱层处理:

(1) 对淤泥、淤泥质土及杂填土、冲填土等软弱土层,应按设计要求进行处理(一般采取更换或加固等措施)。

(2) 当基土下为非湿陷性土层,其填土为砂土时可随洒水随压(夯)实。每层虚铺厚度不应大于200mm。

(3) 采用碎石、卵石等作基土表层加强时,应均匀铺成一层。粒径宜为40mm,并应压(夯)入湿润的土层中。

9 冻胀性基土地面的处理:

(1) 在季节性冰冻地区非采暖房屋或室内温度长期处于0℃以下,且在冻深范围内的冻胀性土上铺设地面时,应按设计要求做防冻胀处理后,方可施工。

(2) 防冻胀处理的方法应由设计确定,当设计无要求时,采用设置防冻胀层的方法。防冻胀层材料应具有水稳定和非冻胀性,可选用中粗砂、碎卵石、炉渣及灰土等。防冻胀层的厚度应根据当地经验或按表4.2.3.2-2征得设计同意后确定。

表4.2.3.2-2 防冻胀层厚度(mm)

土壤标准冻深	防冻胀层厚度		土壤标准冻深	防冻胀层厚度	
	土壤为冻胀土	土壤为强冻胀土		土壤为冻胀土	土壤为强冻胀土
600~800	100	150	1800	350	450
1200	200	300	2200	500	600

注:土的标准冻深和土的冻胀性分类,应按国家现行《建筑地基基础设计规范》GB 50007的规定确定。

(3) 不得在冻土上直接进行填土施工。

10 待夯填至设计标高时,应对房间的填土进行平整,然后交接验收。

4.2.4 成品保护

1 基土施工完后，严禁水浸泡或扰动。
2 基土施工完后，应及时施工其上垫层或面层，防止基土被破坏。
3 施工时，对标准水准点应采取保护措施，填运土时不得碰撞。并应定期复测和检查其是否正确。

4.2.5 安全、环保措施

1 夯实机作业时，应一人扶夯，一人传递电缆线，且必须戴绝缘手套和穿绝缘鞋。递线人员应跟随夯机后或两侧调顺电缆线，电缆线不得扭结或缠绕，且不得张拉过紧，应保持有 3～4m 的余量。

2 两台打夯机在同一作业面夯实时，前后距离不得小于 5m，夯打时严禁夯打电线，以防触电。

3 场内存放的土料应采取洒水、覆盖等措施，防止扬尘。

4 其他安全、环保措施参见第 4.1.7 条相关内容。

4.2.6 质量标准

主 控 项 目

4.2.6.1 基土严禁用淤泥、腐殖土、冻土、耕植土、膨胀土和含有机物质大于 8%的土作为填土。

检验方法：观察检查和检查土质记录。

4.2.6.2 基土应均匀密实，压实系数应符合设计要求，设计无要求时，不应小于 0.90。

检验方法：观察检查和检查试验记录。

一 般 项 目

4.2.6.3 基土表面的允许偏差应符合本标准表 4.1.6 中的规定。

检验方法：应按本标准中表 4.1.6 中的检查方法检验。

4.2.7 质量验收

1 基土工程检验批的划分和抽样检查数量按本标准第 3.0.23 条规定执行。在施工组织设计（或方案）中事先确定。

2 检验批的验收按本标准 3.0.25 条进行组织。

3 验收时，应检查每层密实度试验报告和取样点位图。

4 填土压实后的干密度，应有 90%以上符合设计要求，其余 10%的最低值与设计值的差，不得大于 0.08g/cm³，且应分散，不得集中。

5 检验批质量验收记录当地方政府主管部门无统一规定时，宜采用表 4.2.7"基土垫层检验批质量验收记录表（Ⅰ）"。

表4.2.7 基土垫层检验批质量验收记录表
GB 50209—2002
(Ⅰ)

单位（子单位）工程名称						
分部（子分部）工程名称					验收部位	
施工单位					项目经理	
分包单位					分包项目经理	
施工执行标准名称及编号						
		施工质量验收规范的规定			施工单位检查评定记录	监理（建设）单位验收记录
主控项目	1	基土土料		符合设计要求		
	2	基土压实		符合设计要求(或压实系数≥0.9)		
一般项目	1	表面允许偏差	表面平整度	15mm		
	2		标高	0～-50mm		
	3		坡度	2/1000,且≤30mm		
	4		厚度	≤1/10		
			专业工长（施工员）		施工班组长	
施工单位检查评定结果	项目专业质量检查员： 年 月 日					
监理（建设）单位验收结论	专业监理工程师（建设单位项目专业技术负责人）： 年 月 日					

2—2—14

4.3 灰土垫层

4.3.1 施工准备

4.3.1.1 技术准备

见本标准3.0.4条中相关内容。

4.3.1.2 主要机具

打夯机、机动翻斗车、小型振动压路机、筛子（孔径6~10mm和16~20mm两种）、计量斗、靠尺、铁耙、铁锹、水桶、喷壶、手推胶轮车等。

4.3.1.3 作业条件

1 基土已检验合格并办理隐检手续。

2 上下水管道及地下埋设物已施工完成并办理中间交接验收。

3 在室内墙面已弹好控制地面垫层标高和排水坡度的水平基准线或标志。

4 施工主要机具已备齐，经试用，可满足施工要求；水、电已接通。

4.3.2 材料质量控制

1 土料：宜采用就地挖出的黏性土料，但不得含有有机杂物，地表面耕植土不宜采用。土料使用前应过筛，其粒径不得大于15mm。冬期施工不得采用冻土或夹有冻土块的土料。

2 熟化石灰：熟化石灰应采用生石灰块（块灰的含量不少于70%），在使用前3~4d用清水予以熟化，充分消解后成粉末状，并加以过筛。其最大粒径不得大于5mm，并不得夹有未熟化的生石灰块。

3 采用磨细生石灰代替熟化石灰时，在使用前按体积比预先与黏土拌合洒水堆放8h后，方可铺设。

4 采用粉煤灰或电石渣代替熟石灰时，其粒径不得大于5mm。

4.3.3 施工工艺

4.3.3.1 工艺流程

基土清理→弹线、设标志→灰土拌合→分层摊铺→夯打密实→找平

4.3.3.2 施工要点

1 铺土厚度

灰土垫层应按设计比例分层铺设夯实，其最小厚度不应小于100mm。

2 清理基土

铺设灰土前先检验基土土质，清除松散土、积水、污泥、杂质，并打底夯两遍，使表土密实。

3 弹线、设标志

在墙面弹线，在地面设标桩，找好标高、挂线，作控制摊铺灰土厚度的标准。

4 灰土拌合

灰土的配合比应用体积比，除设计有特殊要求外，一般为2∶8或3∶7（石灰∶土）。通过计量斗控制配合比。拌合时采取土料、石灰边掺和边用铁锹翻拌，至少翻拌两遍。灰土拌合料应拌合均匀，颜色一致，并保持一定的湿度。现场简易检验方法是，以手握成团，

两指轻捏即碎为宜。如土料水分过大或不足时，应晾干或洒水湿润。

当采用粉煤灰或电石渣代替熟石灰作垫层时，拌合料的体积比应通过试验确定。

5 分层摊铺灰土与夯实

(1) 灰土垫层应铺设在不受地下水浸泡的基土上。施工后应有防止水浸泡的措施。

(2) 灰土垫层应分层夯实，经湿润养护、晾干后方可进行下一道工序施工。尤其是管道下部应注意按要求分层填土夯实，避免漏夯或夯填不密实，造成管道下方空虚，垫层破坏，管道折断，引起渗漏塌陷事故。

(3) 灰土拌合料应随铺随夯，不得隔日夯实。每层虚铺厚度一般为150～250mm（夯实后约100～150mm厚），垫层厚度超过150mm应由一端向另一端分段分层铺设，分层夯实。各层厚度钉标桩控制，夯实采用打夯机或木夯，大面积宜采用小型振动压路机碾压，夯打遍数一般不少于三遍，碾压遍数不少于六遍。人工打夯应一夯压半夯，夯夯相接，行行相接，纵横交错。每层夯实厚度应符合设计要求，在现场试验确定。

6 接槎处理

灰土分段施工时，上下两层灰土的接槎距离不得小于500mm。当灰土垫层标高不同时，应作成阶梯形。接槎时，应将槎子垂直切齐。接槎不要留在地面荷载较大的部位。

7 找平

灰土最上一层完成后，应拉线或用靠尺检查标高和平整度，超高处用铁锹铲平；低洼处应及时补打灰土。

8 雨期施工

灰土应连续进行，尽快完成，施工中应有防雨排水措施，刚铺完或尚未夯实的灰土，如遭受雨淋浸泡，应将积水及松软灰土清除，并补填夯实；受浸湿的灰土，应晾干后再夯打密实。

9 冬期施工

灰土垫层不宜冬期施工。若施工时，必须采取措施，并不得在基土受冻的状态下铺设灰土，土料不得含有冻块，应覆盖保温，当日拌合的灰土，应当日铺完夯实，夯完的灰土表面应用塑料薄膜和草袋覆盖保温。

10 灰土的质量检查，每层夯实后宜用环刀取样，测定其干表观密度。取样数量每单位工程不应少于3点；1000m² 以上的工程，每100m² 至少应有1点；3000m² 以上的工程，每300m² 至少有1点；每层每一检验批至少有1点。

灰土的质量可按压实系数 d_y 鉴定，一般为0.93～0.95，也可按表4.3.3.2的规定执行。

表4.3.3.2 灰土质量标准

项 次	土料种类	灰土最小干表观密度（g/cm³）	项 次	土料种类	灰土最小干表观密度（g/cm³）
1	轻粉质黏土	1.55	3	黏土	1.45
2	粉质黏土	1.50			

4.3.4 成品保护

1 垫层铺设完毕，应尽快进行面层施工，防止长期曝晒。
2 做好垫层周围排水措施，刚施工完的垫层，雨天应做临时覆盖，不得受雨水浸泡。
3 冬期应采取保温措施，防止受冻。
4 已铺好的垫层不得随意挖掘，不得在其上行驶车辆或堆放重物。

4.3.5 安全、环保措施

1 灰土铺设、熟化石灰和石灰过筛，操作人员应戴口罩、风镜、手套、套袖等劳动保护用品，并站在上风头作业。
2 石灰现场熟化应做好遮挡和排水工作，防止扬尘和污水漫流。最好采用成品袋装灰或磨细灰。
3 灰土现场拌合应选在无风天气或采取遮挡，防止扬尘。
4 其他安全、环保措施参见第4.1.7条、第4.2.5条相关内容。

4.3.6 质量标准

主 控 项 目

4.3.6.1 灰土体积比应符合设计要求。
检验方法：观察检查和检查配合比通知单记录。

一 般 项 目

4.3.6.2 熟化石灰颗粒粒径不得大于5mm；黏土（或粉质黏土、粉土）内不得含有有机物质，颗粒粒径不得大于15mm。
检验方法：观察检查和检查材质合格记录。

4.3.6.3 灰土垫层表面的允许偏差应符合本标准表4.1.6的规定。
检验方法：应按本标准表4.1.6的检查方法检验。

4.3.7 质量验收

1 灰土工程检验批的划分和抽样检查数量按本标准第3.0.23条规定执行。在施工组织设计（或方案）中事先确定。
2 检验批的验收按本标准第3.0.25条进行组织。
3 检验批质量验收记录当地方政府主管部门无统一规定时，宜采用表4.3.7"灰土垫层检验批质量验收记录表（Ⅱ）"。

表 4.3.7 灰土垫层检验批质量验收记录表
GB 50209—2002
(Ⅱ)

单位（子单位）工程名称					
分部（子分部）工程名称				验收部位	
施工单位				项目经理	
分包单位				分包项目经理	
施工执行标准名称及编号					
		施工质量验收规范的规定		施工单位检查评定记录	监理（建设）单位验收记录
主控项目	1	灰土体积比	符合设计要求		
一般项目	1	灰土材料质量	熟化石灰粒径≤5mm；黏土不含有机物质，粒径≤15mm		
	2	允许偏差	表面平整度 10mm		
	3		标高 ±10mm		
	4		坡度 2/1000,且≤30mm		
	5		厚度 ≤1/10		

施工单位检查评定结果	专业工长（施工员） 施工班组长 项目专业质量检查员： 年 月 日
监理（建设）单位验收结论	 专业监理工程师（建设单位项目专业技术负责人）： 年 月 日

4.4 砂垫层和砂石垫层

4.4.1 施工准备

4.4.1.1 技术准备

参见本标准第3.0.4条中相关内容。

4.4.1.2 材料准备

天然级配砂石或人工级配砂石、石屑或其他工业废料。

4.4.1.3 主要机具

打夯机、振动压路机、平板式振捣器、插入式振捣器、钢叉、机动翻斗车、铁锹、铁耙、量斗、水桶、喷壶、手推胶轮车、2m靠尺等。

4.4.1.4 作业条件

作业条件同第4.3.1.3条中的内容。

4.4.2 材料质量控制

1 砂和天然石子中不得含有草根等有机杂质，冬期施工不得含有冻土块。

2 砂：砂宜选用质地坚硬的中砂或中粗砂和砾砂。在缺少中砂、粗砂和砾砂的地区，也可采用细砂，但宜同时掺入一定数量的碎石或卵石，其掺量不应大于50%，或按设计要求。颗粒级配应良好。

3 石子：石子宜选用级配良好的材料，石子的最大粒径不得大于垫层厚度的2/3。也可采用砂与卵（碎）石、石屑或其他工业废粒料，按设计要求的比例拌制。

4.4.3 施工工艺

4.4.3.1 工艺流程

基层清理→弹线、设标志→分层摊铺→洒水→振捣、夯实或碾压→找平验收

4.4.3.2 施工要点

1 砂垫层最小厚度不得小于60mm，砂石垫层最小厚度不得小于100mm。

2 清理基土

基土清理参见第4.3.3.2条的做法。

3 弹线、设标志

参见第4.3.3.2条的做法。

4 洒水

在摊铺砂或砂石垫层的同时，根据所采用的材料和施工方法要求的最佳含水量洒水湿润。

5 振捣、夯实或碾压

（1）垫层应分层摊铺，摊铺厚度一般控制在压实厚度的1.15~1.25倍。

（2）砂垫层铺平后，应适当洒水湿润，宜采用平板振捣器振实。

（3）砂石垫层应摊铺均匀，不允许有粗细颗粒分离现象。如出现砂窝或石子成堆处，应将这一部分挖出后分别掺入适量的石子或砂重新摊铺。

（4）采用平板振捣器振实砂垫层时，每层虚铺厚度宜为200~250mm，最佳含水量为15%~20%。使用平板式振捣器往复振捣至密度合格为止，振捣器移动每行应重叠1/3，

以防搭接处振捣不密实。

（5）采用振捣法捣实砂石垫层时，每层虚铺厚度宜由振捣器插入深度确定，最佳含水量为饱和状。施工时插入间距可根据机械振幅大小而定，振捣时振捣器不应插入基土中。振捣完毕后，所留孔洞要用砂填塞。

（6）采用水撼法捣实砂石垫层时，每层虚铺厚度宜为250mm，施工时注水高度略超过摊铺表面，用钢叉摇撼捣实，插入间距宜为100mm。此法适用于基土下为非湿陷性土层或膨胀土层。

（7）采用夯实法施工砂石垫层时，每层虚铺厚度宜为150~200mm，最佳含水量为8%~12%。用打夯机一夯压半夯全面夯实。

（8）采用碾压法压实砂石垫层时，每层虚铺厚度宜为250~350mm，最佳含水量为8%~12%。用6~10t压路机或小型振动压路机往复碾压，碾压遍数以达到要求的密实度为准，一般不少于三遍。此法适用于大面积砂石垫层。

（9）分段施工时，接槎处应做成斜坡，每层接槎处的水平距离应错开0.5~1.0m，并充分压（夯）实。

（10）当工程量不大以及边缘、转角处，可采用人工方法进行夯实。

6 砂垫层和砂石垫层每层振捣或夯（压）密实后，应取样试验其干密度，下层密实度合格后，方可进行上层施工，并做好每层取样点位图。最后一层施工完成后，表面应拉线找平，符合设计规定的标高。取样数量每层按100~500m²取样一组，不少于一组。

7 砂垫层和砂石垫层施工时每层密实度检验方法如下：

（1）环刀取样测定干密度。在捣实后的砂垫层中用容积不小于200cm³的环刀取样测定其干密度，以不小于通过试验所确定的该砂料在中密状态时的干密度为合格。（中砂在中密状态时的干密度，一般为1.55~1.60g/cm³）。砂石垫层采用碾压或夯实法施工时可在垫层中设置纯砂检查点，在同样施工条件下，按上述方法检验。亦可采用灌砂法、灌水法进行检验（见《建筑地基基础工程施工技术标准》ZJQ08—SGJB 202—2005）。

（2）贯入法测定。在捣实后的垫层中，用贯入仪、钢筋或钢叉等以贯入度大小来检查砂和砂石垫层的密实度。测定时，应先将表面的砂刮去30mm左右，以不大于通过试验所确定的贯入度数值为合格。

1）钢筋贯入测定法。用直径为20mm、长1250mm的平头钢筋，举离砂面700mm自由下落，插入深度不大于通过试验所确定的贯入度数值为合格。

2）钢叉贯入测定法。采用水撼法振实垫层时，其使用的钢叉（钢叉分四齿，齿间距为30mm，长300mm，木柄长900mm，重量为4kg），举离砂面500mm自由下落，插入深度不大于通过试验所确定的贯入度数值为合格。

8 雨期施工

砂垫层施工应连续进行，尽快完成，施工中应有防雨排水措施，刚铺筑完或尚未夯实的砂垫层，如遭受雨淋浸泡，应排除积水，晾干后再夯打密实。

9 冬期施工

（1）不得在基土受冻的状态下铺设砂垫层，夯完的砂垫层表面应用塑料薄膜和草袋覆盖保温。

(2) 砂石垫层冬期不得采用水撼法和插入振捣法施工。采用碾压或夯实的砂石垫层表面应用塑料薄膜或草袋覆盖保温。

4.4.4　成品保护

成品保护措施参见第 4.2.4 条中相关内容。

4.4.5　安全、环保措施

安全、环保措施参见第 4.1.7 条、第 4.2.5 条中相关内容。

4.4.6　质量标准

主 控 项 目

4.4.6.1　砂和砂石不得含有草根等有机杂质；砂应采用中砂；石子最大粒径不得大于垫层厚度的 2/3。

检验方法：观察检查和检查材质合格证明文件及检测报告。

4.4.6.2　砂垫层和砂石垫层的干密度（或贯入度）应符合设计要求。

检验方法：观察检查和检查试验纪录。

一 般 项 目

4.4.6.3　表面不应有砂窝、石堆等质量缺陷。

检验方法：观察检查。

4.4.6.4　砂垫层和砂石垫层表面的允许偏差应符合本标准表 4.1.6 的规定。

检验方法：应按本标准表 4.1.6 的检查方法检验。

4.4.7　质量验收

1　检验批的划分和抽样检查数量按本标准第 3.0.23 条规定执行。在施工组织设计（或方案）中事先确定。

2　检验批的验收按本标准第 3.0.25 条进行组织。

3　验收应检验砂垫层和砂石垫层的分层密实度试验报告（或试验记录）和取样点位图。

4　检验批质量验收记录当地方政府主管部门无统一规定时，宜采用表 4.4.7"砂垫层和砂石垫层检验批质量验收记录表（Ⅲ）"。

表4.4.7 砂垫层和砂石垫层检验批质量验收记录表
GB 50209—2002
(Ⅲ)

单位（子单位）工程名称					
分部（子分部）工程名称				验收部位	
施工单位				项目经理	
分包单位				分包项目经理	
施工执行标准名称及编号					

		施工质量验收规范的规定		施工单位检查评定记录	监理（建设）单位验收记录
主控项目	1	砂和砂石质量	符合设计要求并不得含有草根等有机杂质，采用中砂、石子的最大粒径不大于垫层厚度的2/3		
	2	垫层干密度	符合设计要求		
一般项目	1	垫层表面质量	不应有砂窝、石堆等质量缺陷		
	2	允许偏差	表面平整度	15mm		
	3		标高	±20mm		
	4		坡度	2/1000,且≤30mm		
	5		厚度	≤1/10		

	专业工长（施工员）		施工班组长	
施工单位 检查评定结果				
	项目专业质量检查员：		年 月 日	
监理（建设）单位 验收结论				
	专业监理工程师（建设单位项目专业技术负责人）：		年 月 日	

4.5 碎石垫层和碎砖垫层

4.5.1 施工准备
4.5.1.1 技术准备
参见本标准第3.0.4条中相关内容。
4.5.1.2 材料准备
碎石、碎砖。
4.5.1.3 主要机具
打夯机、振动压路机、机动翻斗车、铁锹、铁耙、筛子、手推胶轮车、铁锤等。
4.5.1.4 作业条件
作业条件同第4.3.1.3条中的内容。
4.5.2 材料质量控制
1 碎石应强度均匀，未经风化，碎石粒径宜为5~40mm，且不大于垫层厚度的2/3。
2 碎砖用废砖、断砖加工而成，不得夹有风化、酥松碎块、瓦片和有机杂质，颗粒粒径宜为20~60mm。
4.5.3 施工工艺
4.5.3.1 工艺流程
清理基土→弹线、设标志→分层铺设、夯（压）实→验收
4.5.3.2 施工要点
1 碎石垫层和碎砖垫层的厚度应符合设计要求，并不小于100mm。垫层应分层压（夯）实，达到表面坚实、平整。
2 清理基土
铺设碎石前先检验基土土质，清除松散土、积水、污泥、杂质，并打底夯两遍，使表土密实。
3 弹线、设标志
具体做法参见第4.3.3.2条的施工方法。
4 分层铺设、夯（压）实
（1）碎石铺设时应由一端向另一端铺设，摊铺均匀，不得有粗细颗粒分离现象，表面空隙应以粒径为5~25mm的细碎石填补。铺完一段，压实前洒水使表面湿润。小面积房间采用木夯或打夯机夯实，不少于三遍；大面积宜采用小型压路机压实，不少于四遍，均夯（压）至表面平整不松动为止。夯实后的厚度不应大于虚铺厚度的3/4。注意垫层摊铺厚度必须均匀一致，以防厚薄不均、密实度不一致，而造成不均匀变形破坏。
（2）碎砖垫层按碎石的铺设方法铺设，每层虚铺厚度不大于200mm，洒水湿润后，采用人工或机械夯实，并达到表面平整、无松动为止，高低差不大于20mm，夯实后的厚度不应大于虚铺厚度的3/4。
（3）基土表面与碎石、碎砖之间应先铺一层5~25mm的碎石、粗砂层，以防局部土

下陷或软弱土层挤入碎石或碎砖空隙中使垫层破坏。

（4）碎石、碎砖垫层密实度应符合设计要求。

4.5.4 成品保护

1 在已铺设的垫层上，不得用锤击的方法进行石料和砖料加工。

2 其他成品保护措施参见第4.2.4条中相关内容。

4.5.5 安全、环保措施

安全、环保措施参见4.1.7条、4.2.5条中相关内容。

4.5.6 质量标准

主 控 项 目

4.5.6.1 碎石的强度应均匀，最大粒径不应大于垫层厚度的2/3；碎砖不应采用风化、酥松、夹有有机杂质的砖料，颗粒粒径不应大于60mm。

检验方法：观察检查和检查材质合格证明文件及检测报告。

4.5.6.2 碎石、碎砖垫层的密实度应符合设计要求。

检验方法：观察检查和检查试验记录。

一 般 项 目

4.5.6.3 碎石、碎砖垫层的允许偏差应符合本标准表4.1.6的规定。

检验方法：应按本标准表4.1.6的方法检查。

4.5.7 质量验收

1 检验批的划分和抽样检查数量按本标准第3.0.23条规定执行。在施工组织设计（或方案）中事先确定。

2 检验批的验收按本标准第3.0.25条进行组织。

3 检验批质量验收记录当地方政府主管部门无统一规定时，宜采用表4.5.7"碎石垫层和碎砖垫层检验批质量验收记录表（Ⅳ）"。

表4.5.7 碎石垫层和碎砖垫层检验批质量验收记录表
GB 50209—2002
（Ⅳ）

单位（子单位）工程名称					验收部位	
分部（子分部）工程名称						
施工单位					项目经理	
分包单位					分包项目经理	
施工执行标准名称及编号						
		施工质量验收规范的规定			施工单位检查评定记录	监理（建设）单位验收记录
主控项目	1	材料质量		碎石强度均匀，最大粒径≤垫层厚度的2/3；碎砖无风化、酥松和有机杂质，颗粒粒径不应大于60mm		
	2	垫层密实度		符合设计要求		
一般项目	1	允许偏差	表面平整度	15mm		
	2		标高	±20mm		
	3		坡度	2/1000，且≤30mm		
	4		厚度	≤1/10		

	专业工长（施工员）		施工班组长	
施工单位检查评定结果				
	项目专业质量检查员：			年 月 日
监理（建设）单位验收结论				
	专业监理工程师（建设单位项目专业技术负责人）：			年 月 日

4.6 三合土垫层

4.6.1 施工准备
4.6.1.1 技术准备
参见本标准第3.0.4条中相关内容。
4.6.1.2 材料准备
石灰、碎砖、砂、黏土。
4.6.1.3 主要机具
打夯机、振动压路机、机动翻斗车、铁锹、铁耙、筛子、喷壶、手推胶轮车、铁锤等。
4.6.1.4 作业条件
1 设置铺填厚度的标志，如水平木桩或标高桩，或在建筑物的墙上弹水平标高线。
2 铺设前，应组织有关单位共同验收基层，包括轴线尺寸、水平标高、地质情况，如有无孔洞、沟、井等。应在施工前处理完毕并办理隐检手续。
3 清除基底上的浮土和积水。
4.6.2 材料质量控制
1 石灰：应为熟化石灰（也可采用磨细生石灰），熟化石灰参见第4.3.2条灰土垫层中熟化石灰的质量要求。
2 碎砖：不得夹有风化、酥松碎块、瓦片和有机杂质，颗粒粒径不应大于60mm。
3 砂：应为中、粗砂，参见第4.4.2条砂垫层中砂的质量要求。
4 黏土：参见第4.3.2条灰土垫层中粘土的质量要求。
4.6.3 施工工艺
4.6.3.1 工艺流程
基层清理→弹线、设标志→拌合料、分层铺设、分层夯实（分层铺设碎砖→灌浆、夯实）→验收
4.6.3.2 施工要点
1 三合土垫层厚度应符合设计要求，并不得小于100mm。
2 基层清理
参见第4.3.3.2条中相关做法。
3 弹线、设标志
参见第4.3.3.2条中相关做法。
4 垫层铺设
(1) 三合土垫层采用石灰、砂（可掺入少量黏土）与碎砖的拌合料铺设，铺设方法采取先拌合三合土后铺设或先铺设碎砖后灌浆。垫层铺设时每层厚度宜一次铺设，不得在夯压后再行补填或铲削。
(2) 当三合土垫层采取先拌合后铺设的方法时，其石灰、砂和碎砖拌合料的体积比宜为1:3:6（熟化石灰:砂:碎砖），或按设计要求配料。拌合时采用边干拌边加水，均匀拌

合后铺设；亦可采用先将石灰和砂调配成石灰砂浆，再加入碎砖充分拌合均匀后铺设，但石灰砂浆的稠度要适当，以防止浆水分离。每层虚铺厚度为150mm，铺设时要均匀一致，经铺平、夯实、提浆，其厚度宜为虚铺厚度的3/4，约为120mm。

（3）三合土垫层采取先铺设后灌浆的施工方法时，先将碎砖料分层铺设均匀，每层虚铺厚度不大于120mm，经铺平、洒水、拍实，随即满灌体积比为1:2～1:4的石灰砂浆，灌浆后夯实。

（4）夯实方法可采用人工或机械夯实，均应充分夯实至表面平整及不松动为止。夯实时，应注意边角和接缝部位以及分层搭接处。

（5）三合土垫层最后一遍夯打后，宜浇一层薄的浓石灰浆，待表面晾干后再进行下一道工序施工。

（6）夯压完的垫层如遇雨水冲刷或因积水过多，应在排除积水和整平后，重新浇浆夯压密实。

4.6.4 成品保护

1 刚夯（压）完的三合土垫层如遇大雨，应覆盖并做好排水，防止雨水冲刷灰浆流失。

2 夯（压）完的三合土垫层应禁止车辆碾压或振动，防止松动。

3 其他成品保护措施参见第4.2.4条中相关内容。

4.6.5 安全、环保措施

安全、环保措施参见第4.1.7条、4.2.5条中相关内容。

4.6.6 质量标准

主 控 项 目

4.6.6.1 熟化石灰颗粒粒径不得大于5mm；砂应用中砂，并不得含有草根等有机物质；碎砖不应采用风化、酥松和有机杂质的砖料，颗粒粒径不应大于60mm。

检验方法：观察检查和检查材质合格证明文件及检测报告。

4.6.6.2 三合土的体积比应符合设计要求。

检验方法：观察检查和检查配合比通知单记录。

一 般 项 目

4.6.6.3 三合土垫层表面的允许偏差应符合本标准表4.1.6规定。

检验方法：应按本标准表4.1.6中的检验方法检验。

4.6.7 质量验收

1 检验批的划分和抽样检查数量按本标准第3.0.23条规定执行。在施工组织设计（或方案）中事先确定。

2 检验批的验收按本标准第3.0.25条进行组织。

3 检验批质量验收记录当地方政府主管部门无统一规定时，宜采用表4.6.7"三合土垫层检验批质量验收记录表（Ⅴ）"。

表4.6.7 三合土垫层检验批质量验收记录表
GB 50209—2002
（Ⅴ）

单位（子单位）工程名称						
分部（子分部）工程名称				验收部位		
施工单位				项目经理		
分包单位				分包项目经理		
施工执行标准名称及编号						
施工质量验收规范的规定				施工单位检查评定记录		监理（建设）单位验收记录
主控项目	1	材料质量	熟化石灰粒径≤5mm；中砂，无草根等有机物质；碎砖无风化、酥松和有机杂质，粒径≤60mm			
	2	体积比	符合设计要求			
一般项目	1	允许偏差	表面平整度	10mm		
	2		标高	±10mm		
	3		坡度	2/1000,且≤30mm		
	4		厚度	≤1/10		

施工单位检查评定结果	专业工长（施工员） 施工班组长 项目专业质量检查员： 年 月 日
监理（建设）单位验收结论	 专业监理工程师（建设单位项目专业技术负责人）： 年 月 日

4.7 炉渣垫层

4.7.1 施工准备

4.7.1.1 技术准备

参见本标准第3.0.4条中相关内容。

4.7.1.2 材料准备

炉渣、水泥、熟化石灰。

4.7.1.3 主要机具

搅拌机、手推车、压滚（石制或铁制，直径200mm，长600mm）、平板振动器、平铁锹、计量器、筛子、喷壶、浆壶、木拍板、3m和1m长木制大杠、笤帚、钢丝刷等。

4.7.1.4 作业条件

1 结构工程已经验收，并办完验收手续，墙上+500mm水平标高线已弹好。

2 首层地面以下的排水管道、暖气沟、暖气管道已安装完，并办理完隐蔽验收手续。回填土、灰土做完，并经检查验收。

3 预埋在垫层内的电气及其设备管线已安装完（用细石混凝土或1:3水泥砂浆将电管嵌固严密，有一定强度后才能铺炉渣），并办完隐蔽验收手续。

4 穿过楼板的管线已安装验收完，楼板孔洞已用细石混凝土填塞密实。

4.7.2 材料质量控制

4.7.2.1 水泥

1 宜采用强度等级不低于32.5级的硅酸盐水泥、普通硅酸盐水泥和矿渣硅酸盐水泥，要求无结块，有出厂合格证和复试报告。

2 对水泥质量有怀疑或水泥出厂日期超过三个月时，应在使用前复验。

3 保管要求：

（1）保管要注意防潮、防水：为了防止水泥受潮，现场仓库应尽量密闭，保管水泥的仓库屋顶、外墙不得漏水或渗水。袋装水泥地面垫板应离地300mm，四周离墙300mm，堆放高度一般不超过10袋。散装水泥应用专用罐存放。

（2）要分类保管：入库的水泥应按不同品种、不同强度等级、不同出厂日期分别堆放和保管，先进先用，不得混用。

4.7.2.2 炉渣

炉渣内不应含有有机杂质和未燃尽的煤块，粒径不应大于40mm，粒径在5mm及其以下的颗粒，不得超过总体积的40%。炉渣垫层或水泥炉渣垫层采用的炉渣，使用前应浇水闷透；水泥石灰炉渣垫层的炉渣，使用前应用石灰浆或用熟化石灰浇水拌和闷透；闷透的时间均不得少于5d。

4.7.2.3 熟化石灰

熟化石灰的质量要求参见第4.3.2条，采用加工磨细生石灰粉时，加水溶化后方可使用。

4.7.3 施工工艺

4.7.3.1 工艺流程

基底处理→配制炉渣拌和料→测标高、弹线、做水平墩→基层洒水湿润→铺炉渣垫层→刮平、滚压（振实）→养护

4.7.3.2 施工要点

1 炉渣垫层采用炉渣或水泥与炉渣或水泥、石灰与炉渣的拌合料铺设，其厚度符合设计要求并不应小于80mm。

2 基层处理：铺设炉渣垫层前，基层表面应清扫干净，并洒水湿润。

3 炉渣（或其拌合料）配制：

（1）炉渣在使用前必须过两遍筛，第一遍过大孔径筛，筛孔径为40mm，第二遍用小孔径筛，筛孔为5mm，主要筛去细粉末，使粒径5mm以下的颗粒体积不得超过总体积的40%。

（2）炉渣垫层的拌合料体积比应按设计要求配制。如设计无要求，水泥与炉渣拌合料的体积比宜为1:6（水泥:炉渣），水泥、石灰与炉渣拌合料的体积比宜为1:1:8（水泥:石灰:炉渣）。

（3）炉渣垫层的拌合料必须拌和均匀。先将闷透的炉渣按体积比与水泥干拌均匀后，再加水拌合，颜色一致，加水量应严格控制，使铺设时表面不致出现泌水现象。

水泥石灰炉渣的拌合方法同上，先按配合比干拌均匀后，再加水拌合。

4 测标高、弹线、做找平墩：根据墙上+500mm水平标高线及设计规定的垫层厚度（如无设计规定，其厚度不应小于80mm）往下量测出垫层的上平标高，并弹在周边墙上。然后拉水平线抹水平墩（用细石混凝土或水泥砂浆抹成60mm×60mm见方，与垫层同高），其间距2m左右，有泛水要求的房间，按坡度要求拉线找出最高和最低的标高，抹出坡度墩，用来控制垫层的表面标高。

5 铺设炉渣拌合料：

（1）铺设炉渣前，在基层刷一道素水泥浆（水灰比为0.4~0.5），将拌合均匀的拌合料，由里往外退着铺设，虚铺厚度与压实厚度的比例宜控制在1.3:1；当垫层厚度大于120mm时，应分层铺设，每层压实后的厚度不应大于虚铺厚度的3/4。

（2）在垫层铺设前，其下一层应湿润；铺设时应分层压实，铺设后应养护，待其凝结后，方可进行下一道工序施工。

6 刮平、滚压：以找平墩为标志，控制好虚铺厚度，用铁锹粗略找平，然后用木杠刮平，再用滚筒往返滚压（厚度超过120mm时，应用平板振动器），并随时用2m靠尺检查平整度，高出部分铲掉，凹处填平。直到滚压平整出浆且无松散颗粒为止。对于墙根、边角、管根周围不易滚压处，应用木拍板拍打密实。采用木拍压实时，应按拍实→拍实找平→轻拍提浆→抹平等四道工序完成。

7 水泥炉渣垫层应随拌随铺随压实，全部操作过程应控制在2h内完成。施工过程中一般不留施工缝，如房间大必须留施工缝时，应用木方或木板挡好留槎处，保证直槎密实，接槎时应刷水泥浆（水灰比为0.4~0.5）后，再继续铺炉渣拌合料。

8 养护：垫层施工完毕应防止受水浸泡。做好养护工作（进行洒水养护），常温条件下，水泥炉渣垫层至少养护2d；水泥石灰炉渣垫层至少养护7d，严禁上人乱踩、弄脏，待其凝固后方可进行面层施工。

4.7.4 成品保护

1 铺设炉渣拌合料时，注意不得将稳固电管的细石混凝土碰松动，对通过地面的竖管也要加以保护。

2 炉渣垫层浇注完之后，要注意加以养护，常温 2～7d 后方能进行面层施工。

3 不得直接在垫层上存放各种材料，尤其是油漆桶、拌合砂浆等，以免影响与面层的粘结。

4 严禁过早上人和进行下道工序的施工，以免造成炉渣垫层松散和强度降低。

4.7.5 安全、环保措施

1 炉渣拌合料拌制时应采取遮挡和排水措施，防止扬尘和污水漫流。

2 其他安全、环保措施参见第 4.1.7 条、第 4.2.5 条中相关内容。

4.7.6 质量标准

主 控 项 目

4.7.6.1 炉渣内不应含有有机杂质和未燃尽的煤块，颗粒粒径不应大于 40mm，且颗粒粒径在 5mm 及其以下的颗粒，不得超过总体积的 40%；熟化石灰颗粒粒径不得大于 5mm。

检验方法：观察检查和检查材质合格证明文件及检测报告。

4.7.6.2 炉渣垫层的体积比应符合设计要求。

检验方法：观察检查和检查配合比通知单。

一 般 项 目

4.7.6.3 炉渣垫层与其下一层结合牢固，不得有空鼓和松散炉渣颗粒。

检验方法：观察检查和用小锤轻击检查。

4.7.6.4 炉渣的允许偏差应符合本标准表 4.1.6 的要求。

检验方法：应按本标准表 4.1.6 的检验方法检验。

4.7.7 质量验收

1 检验批的划分和抽样检查数量按本标准第 3.0.23 条规定执行。在施工组织设计（或方案）中事先确定。

2 检验批的验收按本标准第 3.0.25 条进行组织。

3 检验批质量验收记录当地方政府主管部门无统一规定时，宜采用表 4.7.7"炉渣垫层检验批质量验收记录表（Ⅵ）"。

表4.7.7 炉渣垫层检验批质量验收记录表
GB 50209—2002
(Ⅵ)

单位（子单位）工程名称					
分部（子分部）工程名称				验收部位	
施工单位				项目经理	
分包单位				分包项目经理	
施工执行标准名称及编号					

		施工质量验收规范的规定		施工单位检查评定记录	监理（建设）单位验收记录
主控项目	1	材料质量	炉渣不含有机杂质和未燃尽的煤块，粒径≤40mm，且≤5mm的颗粒不超过40%；熟化石灰粒径≤5mm		
	2	垫层体积比	符合设计要求		
一般项目	1	垫层与下一层粘结	结合牢固、无空鼓和松散颗粒		
	2	允许偏差	表面平整度	10mm		
	3		标高	±10mm		
	4		坡度	2/1000,且≤30mm		
	5		厚度	≤1/10		

施工单位检查评定结果	专业工长（施工员） 施工班组长 项目专业质量检查员： 年 月 日
监理（建设）单位验收结论	 专业监理工程师（建设单位项目专业技术负责人）： 年 月 日

4.8 水泥混凝土垫层

4.8.1 施工准备
4.8.1.1 技术准备

1 水泥混凝土配合比应按设计强度等级（垫层混凝土强度等级不应低于C10）和所使用的原材料情况经试验确定。垫层混凝土浇筑时的坍落度宜为10～30mm。

2 按照设计要求或垫层所处位置情况及垫层面积大小和厚度确定垫层伸、缩缝的设置及施工做法。

3 其他技术准备参见本标准第3.0.4条中相关内容。

4.8.1.2 材料准备

水泥、砂、石子、水。

4.8.1.3 主要机具

混凝土搅拌机、磅秤、手推车或翻斗车、尖铁锹、平板振动器、刮杠、木抹子、水桶、钢丝刷。

4.8.1.4 作业条件

作业条件同第4.7.1.4条中内容。

4.8.2 材料质量控制
4.8.2.1 水泥

1 强度等级不低于32.5级的普通硅酸盐水泥或矿渣硅酸盐水泥。

2 有出厂合格证和复试报告。水泥的质量标准、取样方法和检验项目见《混凝土结构工程施工技术标准》ZJQ08—SGJB 204—2005。

3 对水泥质量有怀疑或水泥出厂日期超过三个月时应在使用前作复试，按复试结果使用。

4 水泥的保管要求见第4.7.2.1条。

4.8.2.2 砂

采用中砂或粗砂，含泥量不大于3%。其质量应符合现行行业标准《普通混凝土用砂质量标准及检验方法》JGJ 52的规定。砂的质量标准、取样方法和检验项目见《混凝土结构工程施工技术标准》ZJQ08—SGJB 204—2005。

4.8.2.3 石子

宜选用粒径5～32mm的碎石或卵石，其最大粒径不应大于50mm，并不得大于垫层厚度的2/3。含泥量不大于2%。其质量应符合现行行业标准《普通混凝土用碎石或卵石质量标准及检验方法》JGJ 53的规定。石子的质量标准、取样方法和检验项目见《混凝土结构工程施工技术标准》ZJQ08—SGJB 204—2005。

4.8.2.4 水：宜选用饮用水。

4.8.3 施工工艺
4.8.3.1 工艺流程

基层处理→测标高、弹水平控制线→混凝土搅拌→铺设混凝土→振捣→找平→养护

4.8.3.2 施工要点

1 水泥混凝土垫层的厚度应符合设计要求，并不应小于60mm；混凝土的强度等级应符合设计要求，且不低于C10。垫层混凝土的施工应符合现行国家标准《混凝土结构工程施工质量验收规范》GB 50204—2002的有关规定。

2 基层处理：清除基土或结构层表面的杂物，并洒水湿润，但表面不应留有积水。

3 测标高、弹水平控制线、做找平墩见第4.7.3.2条中的相关做法。

4 混凝土搅拌：

（1）核对原材料，检查磅秤的精确性，作好搅拌前的一切准备工作。操作人员认真按混凝土的配合比投料，每盘投料顺序为石子→水泥→砂→水。搅拌要均匀，搅拌时间不少于90s。

（2）须按本标准中第3.0.22条的要求留置试块。

5 铺设混凝土

（1）为了控制垫层的平整度，首层地面可在填土中打入小木桩（30mm×30mm×200mm），在木桩上拉水平线做垫层上平的标记（间距2m左右）。在楼层混凝土基层上可抹100mm×100mm的找平墩（用细石混凝土做），墩上平为垫层的上标高。

（2）铺设混凝土前其下一层表面应湿润，刷一层素水泥浆（水灰比0.4~0.5），然后从一端开始铺设，由里往外退着操作。

（3）水泥混凝土垫层铺设在基土上，当气温长期处于0℃以下，设计无要求时，垫层应设置伸缩缝。伸缩缝的设置应符合设计要求，当设计无要求时，应按附录A中图A.1.3（a）。

（4）室内地面的水泥混凝土垫层，应设置纵向缩缝和横向缩缝：

1）室内纵向缩缝间距，一般为3~6m，施工气温较高时宜采用3m；横向缩缝的间距，一般为6~12m，施工气温较高时宜采用6m（见附录A中A.1.6条）。

2）纵向缩缝应做平接缝或加肋板平头缝（见附录A中图A.1.6.1-2（a）、图A.1.6.1-2（d））。当垫层厚度大于150mm时，可做企口缝（见附录A中图A.1.6.1-2（b））。横向缩缝应做假缝（见附录A中图A.1.6.1-2（c）。平接缝和企口缝的缝间不得放置隔离材料，浇筑时应互相紧贴；企口缝的尺寸应符合设计要求，一般可按附录A中图A.1.6.1-2（b）设置，拆模时的混凝土强度不宜低于3MPa；假缝宽度为5~20mm，深度为垫层厚度的1/3，施工时应按规定的间距设置吊模，或在混凝土浇筑时将预制的木条埋设在混凝土中，并在混凝土终凝前取出。亦可采用在混凝土达到一定的强度后用切割机切缝。缝内填水泥砂浆。

3）工业厂房、礼堂、门厅等大面积水泥混凝土垫层应分区段浇筑。分区段应结合变形缝位置、不同类型的建筑地面连接处和设备基础的位置进行划分，并应与设置的纵向、横向缩缝的间距相一致。

（5）混凝土浇筑：

1）混凝土浇筑时的坍落度宜为10~30mm。较厚的垫层采用泵送混凝土时，应满足泵送的要求，但应尽量采用较小的坍落度。

2）混凝土铺设时应按分区、段顺序进行，边铺边摊平，并用大杠粗略找平，略高于找平墩。

3）振捣：用平板振捣器振捣时其移动的距离应保证振捣器平板能覆盖已振实部分的

边缘。如垫层厚度较厚，应采用插入式振捣器振捣。振捣器移动间距不应超过其作用半径的1.5倍，做到不漏振，确保混凝土密实。

6 找平：混凝土振捣密实后，以水平标高线及找平墩为准检查平整度，高的铲掉，凹处补平。用刮杠刮平，表面再用木抹子搓平。有坡度要求的地面，应按设计要求的坡度找坡。

7 养护：已浇筑完的混凝土垫层，应在12h左右覆盖和浇水，一般养护不少于7d。

8 在负温下施工时，所掺防冻剂必须经试验合格后方可使用。垫层混凝土拌合物中的氯化物总含量按设计要求或不得大于水泥重量的2%。混凝土表面应覆盖防冻保温材料，在受冻前混凝土的抗压强度不得低于$5.0N/mm^2$。

4.8.4 成品保护

1 在已浇筑的垫层混凝土强度达到1.2MPa以后，才允许上人走动和进行其他工序施工。

2 在施工操作过程中，铺设和振捣混凝土时要注意保护好电气等设备暗管。

3 混凝土垫层浇筑完满足养护时间后，可继续进行面层施工。继续施工时，应对垫层加以覆盖保护，并避免在垫层上搅拌砂浆、存放油漆桶等以免污染垫层，影响面层与垫层的粘结力，而造成面层空鼓。

4.8.5 安全、环保措施

1 振动器不得放在初凝的混凝土、楼板、脚手架、道路和干硬的地面上进行试振。检修或作业间断时，应切断电源。

2 插入式振捣器软轴的弯曲半径不得小于500mm，并不得多于两个弯；操作时振捣棒应自然垂直地沉入混凝土，不得用力硬插，也不得全部插入混凝土中。

3 振捣器应保持清洁，不得有混凝土粘结在电动机外壳上妨碍散热。发现温度过高时，应停歇降温后方可使用。

4 作业转移时，电动机的电源线应保持有足够的长度和松度，严禁用电源线拖拉振捣器。

5 电源线路要悬空移动，应注意避免电源线与地面相摩擦及车辆辗压。经常检查电源线的完好情况，发现破损立即进行处理。

6 用绳拉平板振捣器时，拉绳应干燥绝缘，移动或转向不得用脚踢电动机。

7 振捣器与平板应保持紧固，电源线必须固定在平板上，电器开关应装在手把上。

8 砂石料场地要硬化，堆放场周围砌挡墙，砂石料堆上部要遮盖，防止扬尘。

9 搅拌站做好排水沟和沉淀池，清洗机械的污水经沉淀后有组织排放。

10 其他安全、环保措施参见4.1.7条相关内容。

4.8.6 质量标准

主 控 项 目

4.8.6.1 水泥混凝土垫层采用的粗骨料，其最大粒径不应大于垫层厚度的2/3；含泥量不应大于2%；砂为中粗砂，其含泥量不应大于3%。

检验方法：观察检查和检查材质合格证明文件及检测报告。

4.8.6.2 混凝土的强度等级应符合设计要求，且不应低于C10。

检验方法：观察检查和检查配合比通知单及检测报告。

一 般 项 目

4.8.6.3 水泥混凝土垫层表面的允许偏差应符合本标准表4.1.6的要求。

检验方法：应按本标准表4.1.6中的检验方法检验。

4.8.7 质量验收

1 检验批的划分和抽样检查数量按本标准第3.0.23条规定执行。在施工组织设计（或方案）中事先确定。

2 检验批的验收按本标准第3.0.25条进行组织。

3 验收时，应检查混凝土试块的抗压强度。混凝土强度按现行国家标准《混凝土强度检验评定标准》GBJ 107评定。

4 检验批质量验收记录当地方政府主管部门无统一规定时，宜采用表4.8.7"水泥混凝土垫层检验批质量验收记录表（Ⅶ）"。

表4.8.7 水泥混凝土垫层检验批质量验收记录表
GB 50209—2002
（Ⅶ）

单位（子单位）工程名称							
分部（子分部）工程名称					验收部位		
施工单位					项目经理		
分包单位					分包项目经理		
施工执行标准名称及编号							
		施工质量验收规范的规定			施工单位检查评定记录		监理（建设）单位验收记录
主控项目	1	材料质量		粗骨料最大粒径≤垫层厚度的2/3，含泥量≤2%；中粗砂含泥量≤3%			
	2	混凝土强度等级		符合设计要求且≤C10			
一般项目	1	允许偏差	表面平整度	10mm			
	2		标高	±10mm			
	3		坡度	2/1000，且≤30mm			
	4		厚度	≤1/10			
施工单位检查评定结果	专业工长（施工员）				施工班组长		
	项目专业质量检查员： 年 月 日						
监理（建设）单位验收结论	专业监理工程师（建设单位项目专业技术负责人）： 年 月 日						

4.9 找 平 层

4.9.1 施工准备
4.9.1.1 技术准备
参见本标准第4.8.1.1条中相关内容。
4.9.1.2 材料准备
参见本标准第4.8.1.2条中相关内容。
4.9.1.3 主要机具
混凝土搅拌机、磅秤、手推车或翻斗车、铁锹、平板振动器、刮杠、木抹子、水桶、钢丝刷。
4.9.1.4 作业条件
1 铺设找平层前，当其下一层有松散填充料时，应予铺平振实。
2 其他作业条件同第4.7.1.4条中内容。
4.9.2 材料质量控制
同第4.8.2条。
4.9.3 施工工艺
4.9.3.1 工艺流程
基层处理→测标高、弹水平控制线→混凝土或砂浆搅拌→铺设混凝土或砂浆→混凝土振捣→找平→养护
4.9.3.2 施工要点
1 基层处理
（1）把粘结在混凝土基层上的浮浆、松动混凝土、砂浆等剔掉，用钢丝刷刷掉水泥浆皮，然后用扫帚扫净。
（2）有防水要求的建筑地面工程，铺设前必须对立管、套管和地漏与楼板节点之间进行密封处理；排水坡度应符合设计要求。
2 板缝处理
在预制钢筋混凝土板上铺设找平层时，其板端应按设计要求做防裂的构造措施；铺设前，板缝填嵌的施工应符合下列要求：
（1）预制钢筋混凝土板缝底宽不应小于20mm；
（2）填嵌时，板缝内应清理干净，保持湿润；
（3）填缝采用细石混凝土，其强度等级不得低于C20。填缝高度应低于板面10～20mm，且振捣密实，表面不应压光；填缝后应养护，混凝土强度达到C15时，方可施工找平层。
（4）当板缝底宽大于40mm时，应按设计要求配置钢筋。
3 测标高、弹水平控制线
根据墙上的+500mm水平标高线，往下量测出垫层标高，有条件时可弹在四周墙上。
4 混凝土或砂浆搅拌

(1) 找平层水泥砂浆体积比或混凝土强度等级应符合设计要求，且水泥砂浆体积比不应小于1:3（或相应的强度等级）；混凝土强度等级不应低于C15。

(2) 根据配合比核对后台原材料，检查磅秤的精确性，作好搅拌前的一切准备工作。后台操作人员认真按混凝土的配合比投料，每盘投料顺序为石子→水泥→砂→水。应严格控制用水量，搅拌要均匀，搅拌时间不少于90s。

(3) 须按本标准3.0.22条的要求留置试块。

5 铺设混凝土或砂浆

(1) 找平层厚度应符合设计要求。当找平层厚度不大于25mm时，用水泥砂浆做找平层；当找平层厚度大于25mm时，用细石混凝土做找平层。在楼层混凝土基层上可抹100mm×100mm的找平墩（用细石混凝土做），墩上平为找平层的上标高。

(2) 大面积地面找平层应分区段进行浇筑。分区段应结合变形缝位置、不同材料的地面面层的连接处和设备基础位置等进行划分。

(3) 铺设混凝土或砂浆前先在基层上洒水湿润，刷一层素水泥浆（水灰比0.4~0.5），然后从一端开始铺设，由里往外退着操作。

6 混凝土振捣

用铁锹铺混凝土，厚度略高于找平墩，随即用平板振捣器振捣。

7 找平

混凝土振捣密实后或砂浆铺设完后，以墙上水平标高线及找平墩为准检查平整度，高的铲掉，凹处补平。用水平刮杠刮平，表面再用木抹子搓平。有坡度要求的房间应按设计要求的坡度找坡。

8 养护

已浇筑完的混凝土或砂浆找平层，应在12h左右覆盖和浇水，一般养护不少于7d。

9 冬期施工

冬期施工时，所掺防冻剂必须经试验合格后方可使用，氯化物总含量不得大于水泥重量的2%。

4.9.4 成品保护

1 已浇筑的找平层强度达到1.2MPa以后，方可上人和进行其他工序。

2 其他成品保护措施参见第4.8.4条中相关内容。

4.9.5 安全、环保措施

安全、环保措施参见第4.1.7条、第4.8.5条中相关内容。

4.9.6 质量标准

主 控 项 目

4.9.6.1 找平层采用碎石或卵石的粒径不应大于其厚度的2/3，含泥量不应大于2%；砂为中粗砂，其含泥量不应大于3%。

检验方法：观察检查和检查材质合格证明文件及检测报告。

4.9.6.2 水泥砂浆体积比或水泥混凝土强度等级应符合设计要求，且水泥砂浆体积比不应小于1:3（或相应的强度等级）；水泥混凝土强度等级不应低于C15。

检验方法：观察检查和检查配合比通知单及检测报告。

4.9.6.3 有防水要求的建筑地面工程的立管、套管、地漏处严禁渗漏，坡向应正确、无积水。

检验方法：观察检查和蓄水、泼水检验及坡度尺检查。

一 般 项 目

4.9.6.4 找平层与其下一层结合牢固，不得有空鼓。

检验方法：用小锤轻击检查。

4.9.6.5 找平层表面应密实，不得有起砂、蜂窝和裂缝等缺陷。

检验方法：观察检查。

4.9.6.6 找平层的允许偏差应符合本标准表第4.1.6条的规定。

检验方法：应按本标准表第4.1.6条中的检验方法检验。

4.9.7 质量验收

1 检验批的划分和抽样检查数量按本标准第3.0.23条规定执行。在施工组织设计（或方案）中事先确定。

2 检验批的验收按本标准第3.0.25条进行组织。

3 验收时，应检查混凝土或砂浆试块的抗压强度。混凝土强度按现行国家标准《混凝土强度检验评定标准》GBJ 107评定。

4 检验批质量验收记录当地方政府主管部门无统一规定时，宜采用表4.9.7"找平层检验批质量验收记录表（Ⅷ）"。

表4.9.7 找平层检验批质量验收记录表
GB 50209—2002
（Ⅷ）

单位（子单位）工程名称					
分部（子分部）工程名称				验收部位	
施工单位				项目经理	
分包单位				分包项目经理	
施工执行标准名称及编号					

		施工质量验收规范的规定		施工单位检查评定记录	监理（建设）单位验收记录
主控项目	1	材料质量	粒径≤厚度的2/3，含泥量≤2%；采用中粗砂，其含泥量≤3%		
	2	配合比或强度等级	符合设计要求，水泥砂浆体积比≥1:3（或相应强度等级），水泥混凝土强度等级≥C15		
	3	有防水要求立管套管地漏	严禁渗漏，坡向正确、无积水		
一般项目	1	找平层与下层结合	结合牢固，无空鼓		
	2	找平层表面质量	密实，无起砂、蜂窝和裂缝等缺陷		
	3	表面平整度、标高	用胶粘剂做结合层，铺拼花木板、塑料板、强化复合板、竹地板面层 — 表面平整度 2mm / 标高 ±4mm		
			用沥青玛琋脂做结合层，铺拼花木板、板块面层及毛地板铺木地板 — 表面平整度 3mm / 标高 ±5mm		
			用水泥砂浆做结合层，铺板块面层，其他种类面层 — 表面平整度 5mm / 标高 ±8mm		
	4	坡度	2/1000，且≤30mm		
	5	厚度	≤1/10		

施工单位检查评定结果	专业工长（施工员）		施工班组长	
	项目专业质量检查员： 年 月 日			

监理（建设）单位验收结论	
	专业监理工程师（建设单位项目专业技术负责人）： 年 月 日

4.10 隔 离 层

4.10.1　适用范围和要求

　　1　隔离层适用于有水、油渗或非腐蚀性和腐蚀性液体经常浸湿（或作用），为防止楼层地面出现渗漏而在面层下铺设的构造层。

　　2　隔离层也适用于有地下水和潮气渗透的底层地面下铺设的构造层。仅有空气洁净要求或对湿度有控制要求时，底层地面亦应铺设防潮隔离层，而仅为防止地下潮气透过底层地面时，可铺设防潮层。

　　3　隔离层应采用防水类卷材、防水类涂料或掺防水剂的水泥类材料（砂浆、混凝土）等铺设而成。

　　4　隔离层所采用的材料及其铺设层数（或厚度）、当采用掺有防水剂的水泥类找平层作为隔离层时，其防水剂掺量和强度等级（或配合比），应符合设计要求。

　　5　厕浴间和有防水要求的建筑地面必须设置防水隔离层。楼层结构必须采用现浇混凝土或整块预制混凝土板，混凝土强度等级不应低于C20；楼板四周除门洞外，应做混凝土翻边，其高度不应小于120mm。施工时结构层标高和预留孔洞位置应准确，严禁乱凿洞。

　　6　铺设防水隔离层时，在管道穿过楼板面的四周，防水材料应向上铺涂，并超过套管的上口；在靠近墙面处，应高出面层200～300mm或按设计要求的高度铺涂。阴阳角和管道穿过楼板面的根部应增加铺涂附加防水隔离层。

　　7　防水材料铺设后，必须蓄水检验。蓄水深度应为20～30mm，24h内无渗漏为合格，并做记录。

4.10.2　施工准备

4.10.2.1　技术准备

　　1　隔离层所用的材料，其材质应在施工前经有资质的检测单位检测，符合要求后方可使用。

　　2　使用新型防水类材料（卷材或涂料），应根据出厂说明书的技术要求制定施工工艺和技术交底，必要时先做样板间。

4.10.2.2　材料准备

　　防水类卷材、防水类涂料、基层处理剂、胶粘剂、水泥、砂、石等。

4.10.2.3　主要机具

　　砂浆搅拌机、磅秤、手推车或翻斗车、铁锹、刮杠、木抹子、水桶、钢丝刷、油漆刷、搅拌桶、小铁桶、塑料或橡胶刮板、滚动刷等。

4.10.2.4　作业条件

　　1　对卷材类隔离层，在阴阳角、管根等部位应作成半径为100mm的圆弧，便于卷材粘贴密实牢固。

　　2　隔离层的下一构造层已验收合格。

4.10.3　材料质量控制

4.10.3.1　水泥、砂子、石子的质量要求与控制见第4.8.2条中内容。

4.10.3.2 防水卷材

1 防水卷材

有沥青防水卷材、高聚物改性沥青卷材、合成高分子卷材，应根据设计要求选用。其质量标准、取样方法、检验内容见《屋面工程施工技术标准》ZJQ08—SGJB 207—2005。

2 卷材的保管

不同品种、标号、规格和等级的卷材应分别堆放。卷材应贮存在阴凉通风的室内，避免雨淋、日晒和受潮，严禁接近火源和热源，避免与化学介质及有机溶剂等有害物质接触。沥青卷材的贮存环境温度不得高于 45℃。卷材宜直立堆放，其高度不宜超过两层，并不得倾斜或横压，短途运输平放不得超过四层。

4.10.3.3 防水类涂料

1 防水涂料包括无机防水涂料和有机防水涂料。要求具有良好的耐水性、耐久性、耐腐蚀性及耐菌性；无毒、难燃、低污染。无机防水涂料应具有良好的湿干粘结性、耐磨性和抗刺穿性；有机防水涂料应具有较好的延伸性及较大适应基层变形能力。

2 进场的防水涂料应进行抽样复验，不合格产品不得使用。

3 质量标准、取样方法、检验内容见《屋面工程施工技术标准》ZJQ08—SGJB 207—2005。

4 防水涂料的保管。

防水涂料包装容器必须密封，容器表面应有明显标志，标明涂料名称、生产厂名、生产日期和产品有效期。不同品种、规格和等级的产品应分别存放，保管的环境温度不应低于 0℃，并不得日晒、碰撞和渗漏，保管环境应干燥、通风，并远离火源。仓库内应有消防设施。

4.10.3.4 胎体增强材料

胎体增强材料的质量标准、取样方法、检验内容见《屋面工程施工技术标准》ZJQ08—SGJB 207—2005。

4.10.4 卷材类隔离层施工工艺

4.10.4.1 工艺流程

清理基层→检查基层的干燥度→涂刷卷材隔离剂→铺贴卷材、附加层→检查验收

4.10.4.2 施工要点

1 基层检查

在水泥类找平层上铺设防水卷材时，其表面应平整、坚固、洁净、干燥，其含水率不应大于 9%。铺贴前，应涂刷基层处理剂，以增强防水材料与找平层之间的粘结力。铺设卷材前，现场检查基层干燥程度的简易方法为：将 $1m^2$ 卷材干铺在基层上，静置 3~4h 后掀开，覆盖部位与卷材上未见水印者为符合要求。

2 基层处理剂涂刷

喷、涂基层处理剂前首先将基层表面清扫干净，用毛刷对周边、拐角等部位先行涂刷处理。基层处理剂应采用与卷材性能配套的材料或采用同类涂料的底子油。可采用喷涂、刷涂施工，喷刷应均匀，待干燥后，方可铺贴卷材。

3 卷材铺贴

铺贴前，应先做好节点密封处理。对管根、阴阳角部位的卷材应按设计要求先进行裁剪加

工。铺贴顺序从低处向高处施工,坡度不大时,也可从里向外或从一侧向另一侧铺贴。

(1) 铺贴卷材采用搭接法,上下层卷材及相邻两幅卷材的搭接缝应错开。各种卷材的搭接宽度应符合表 4.10.4.2 的要求。

表 4.10.4.2 卷材搭接宽度(mm)

卷材种类	铺贴方法	短边搭接		长边搭接	
		满粘法	空铺、点粘、条粘法	满粘法	空铺、点粘、条粘法
沥青防水卷材		100	150	70	100
高聚物改性沥青卷材		80	100	80	100
合成高分子防水卷材	胶粘剂	80	100	80	100
	胶粘带	50	60	50	60
	单缝焊	60,有效焊接宽度不小于 25			
	双缝焊	80,有效焊接宽度 10×2+空腔宽			

(2) 卷材与基层的粘贴方式。卷材与基层的粘贴方法可分为满粘法、空铺法、点粘法和条粘法等形式。通常采用满粘法,而空铺、点粘、条粘法更适合于防水层上有重物覆盖或基层变形较大的场合,是一种克服基层变形拉裂卷材防水层的有效措施。施工时,应根据设计要求和现场条件确定适当的粘贴方式。

(3) 卷材的粘贴方法。根据卷材的种类不同,卷材的粘贴又分为:冷粘法(用胶粘剂粘贴高聚物改性沥青卷材及合成高分子卷材)、热熔法(高聚物改性沥青卷材)、自粘法(自粘贴卷材)、焊接法(合成高分子卷材)等多种方法。施工时根据选用卷材的种类选用适当的粘贴方法,严格按照产品说明书的技术要求制定相应的粘贴施工工艺。

(4) 冷粘法铺贴卷材:采用与卷材配套的胶粘剂,胶粘剂应涂刷均匀,不露底,不堆积。根据胶粘剂的性能,应控制胶粘剂涂刷与卷材铺贴的间隔时间。卷材下面的空气应排尽,并滚压粘结牢固。铺贴卷材应平整顺直,搭接尺寸准确,不得扭曲、皱折。接缝口应用密封材料封严,宽度不应小于 10mm。

(5) 热熔法铺贴卷材:火焰加热器加热卷材要均匀,不得过分加热或烧穿卷材,厚度小于 3mm 的高聚物改性沥青防水卷材严禁采用热熔法施工。卷材表面热熔后应立即滚铺卷材,卷材下面的空气应排尽,并滚压粘结牢固,不得空鼓。卷材接缝部位必须溢出热熔的改性沥青胶。铺贴的卷材应平整顺直,搭接尺寸准确,不得扭曲、皱折。

(6) 自粘法铺贴卷材:铺贴卷材时应将自粘胶底面的隔离纸全部撕净,在基层表面涂刷的基层处理剂干燥后及时铺贴。卷材下面的空气应排尽,并滚压粘结牢固。铺贴的卷材应平整顺直,搭接尺寸准确,不得扭曲、皱折,搭接部位宜采用热风加热,随即粘贴牢固。接缝口应用密封材料封严,宽度不应小于 10mm。

(7) 卷材热风焊接:焊接前卷材的铺设应平整顺直,搭接尺寸准确,不得扭曲、皱折。卷材的焊接面应清扫干净,无水滴、油污及附着物。焊接时应先焊长边搭接缝,后焊短边搭接缝。控制热风加热温度和时间,焊接处不得有漏焊、跳焊、焊焦或焊接不牢现象。焊接时不得损伤非焊接部位的卷材。

4.10.5 涂膜类隔离层施工工艺

4.10.5.1 工艺流程

基层清理→涂刷底胶→涂膜料配制→附加涂膜层→涂膜涂刷（纵横两遍）→检查验收

4.10.5.2 施工要点

1 清理基层

涂刷前，先将基层表面的杂物、砂浆硬块等清扫干净，并用干净的湿布擦一遍，经检查基层无不平、空裂、起砂等缺陷，方可进行下道工序。在水泥类找平层上铺设防水涂料时，其表面应坚固、洁净、干燥。

2 涂刷底胶

将配好的底胶料，用长把滚刷均匀涂刷在基层表面。涂刷后至手感不粘时，即可进行下道工序。

3 涂膜料配制

根据要求的配合比将材料配合、搅拌至充分拌合均匀即可使用。拌好的混合料应在限定时间内用完。

4 附加涂膜层

对穿过墙、楼板的管根部，地漏、排水口、阴阳角、变形缝等薄弱部位，应在涂膜层大面积施工前，先做好上述部位的增强涂层（附加层）。做法为在附加层中铺设要求的纤维布，涂刷时用刮板刮涂料驱除气泡，将纤维布紧密地粘贴在基层上，阴阳角部位一般为条形，管根部位为扇形。

5 涂层施工

涂刷第一道涂膜：在底胶及附加层部位的涂膜固化干燥后，先检查附加层部位有无残留气泡或气孔，如没有即可涂刷第一层涂膜；如有则应用橡胶刮板将涂料用力压入气孔，局部再刷涂膜，然后进行第一层涂刷。涂刷时，用刮板均匀涂刮，力求厚度一致，达到规定厚度。铺贴胎体增强材料（如设计要求时）涂刮第二道涂膜：第一道涂膜固化后，即可在其上均匀涂刮第二道涂膜，涂刮方向应与第一道相垂直。

4.10.6 水泥类隔离层施工工艺

4.10.6.1 工艺流程

操作流程同水泥砂浆或水泥混凝土找平层施工操作流程，见第4.9.3.1条中内容。

4.10.6.2 施工要点

1 同水泥砂浆或水泥混凝土找平层施工操作要点，见第4.9.3.2条中内容。

2 当采用掺有防水剂的水泥类找平层作为防水隔离层时，其掺量和强度等级（或配合比）应符合设计要求。搅拌时间应适当延长，一般不宜少于2min。

4.10.7 成品保护

1 对水泥类隔离层的成品保护应注意的问题参见第4.9.4条。

2 对卷材类隔离层的成品保护，应注意的问题：

（1）隔离层做完后，应及时施工其上保护层或面层或采取其他措施进行保护，严禁在其上进行施工作业和运输材料。

（2）对地漏、排水口等部位，施工中应进行临时堵塞和遮盖，以防落入材料等物。施工完后，将临时堵塞或遮盖物清除，保证管口畅通。

（3）铺贴卷材时，注意不要污染墙面、门框等。

3 对涂膜类隔离层的成品保护，应注意的问题：

(1) 在操作过程中，不得污染已做好饰面的墙壁、卫生洁具、门窗等。

(2) 涂膜做完后，要严格加以保护，在保护层未做前，任何人不得进入，也不得堆物，以免破坏涂膜。

(3) 地漏或排水口内防止杂物塞满，确保畅通。蓄水合格后，应及时将地漏内清理干净。

(4) 进行面层操作施工时，对突出地面的管根、地漏、排水口、卫生洁具等与地面交接处的涂膜不得破坏。

4.10.8 安全、环保措施

1 使用热熔法粘贴卷材时，应戴防火手套，避免烧伤。

2 使用涂膜类隔离层时，要戴口罩，防止有害气体吸入过多，损坏人体健康。

3 使用热熔或涂膜类材料施工时，注意避免或减少大气污染。

4 隔离层的材料宜优先选用环保型材料。

5 其他安全、环保措施参见第4.1.7条中相关内容。

4.10.9 质量标准

主 控 项 目

4.10.9.1 隔离层材质必须符合设计要求和国家产品标准的规定。

检验方法：观察检查和检查材质合格证明文件、检测报告。

4.10.9.2 厕浴间和有防水要求的建筑地面必须设置防水隔离层。楼层结构必须采用现浇混凝土或整块预制混凝土板，混凝土强度等级不应低于**C20**；楼板四周除门洞外，应做混凝土翻边，其高度不应小于**120mm**。施工时结构层标高和预留孔洞位置应准确，严禁乱凿洞。

检验方法：观察和钢尺检查。

4.10.9.3 水泥类防水隔离层的防水性能和强度等级必须符合设计要求。

检验方法：观察检查和检查检测报告。

4.10.9.4 防水隔离层严禁渗漏，坡向应正确、排水畅通。

检验方法：观察检查和蓄水、泼水检验或坡度尺检查及检查检验记录。

一 般 项 目

4.10.9.5 隔离层厚度应符合设计要求。

检验方法：观察检查和用钢尺检查。

4.10.9.6 隔离层与其下一层粘结牢固，不得有空鼓；防水涂层应平整、均匀，无脱皮、起壳、裂缝、鼓泡等缺陷。

检验方法：用小锤轻击检查和观察检查。

4.10.9.7 隔离层表面的允许偏差应符合本标准表4.1.6的规定。

检验方法：应按本标准表4.1.6中的检验方法检验。

4.10.10 质量验收

1 检验批的划分和抽样检查数量按本标准第3.0.23条规定执行。在施工组织设计（或方案）中事先确定。

2 检验批的验收按本标准第3.0.25条进行组织。

3 验收时应检查混凝土或砂浆试块的抗压强度和蓄水试验记录。混凝土强度按现行国家标准《混凝土强度检验评定标准》GBJ 107 评定；

4 检验批质量验收记录当地方政府主管部门无统一规定时，宜采用表 4.10.10 "隔离层检验批质量验收记录表（Ⅸ）"。

表 4.10.10 隔离层检验批质量验收记录表
GB 50209—2002
（Ⅸ）

单位（子单位）工程名称					验收部位	
分部（子分部）工程名称						
施工单位					项目经理	
分包单位					分包项目经理	
施工执行标准名称及编号						
		施工质量验收规范的规定		施工单位检查评定记录		监理（建设）单位验收记录
主控项目	1	材料质量	符合设计要求和国标规定			
	2	隔离层设置要求	符合设计要求和规范的规定			
	3	水泥类隔离层防水性能和强度等级	符合设计要求			
	4	防水层防水要求	严禁渗漏，坡向正确、排水通畅			
一般项目	1	隔离层厚度	符合设计要求			
	2	隔离层与下一层粘结	粘结牢固，不得有空鼓			
	3	防水涂层	平整、均匀，无脱皮、起壳、裂缝、鼓泡等缺陷			
	4	允许偏差	表面平整度	3mm		
	5		标高	±4mm		
	6		坡度	2/1000，且≤30mm		
	7		厚度	≤1/10		
施工单位检查评定结果		专业工长（施工员）			施工班组长	
		项目专业质量检查员：			年 月 日	
监理（建设）单位验收结论						
		专业监理工程师（建设单位项目专业技术负责人）：			年 月 日	

4.11 填 充 层

4.11.1 施工准备

4.11.1.1 技术准备

参见本标准第3.0.4条中相关内容。

4.11.1.2 材料准备

水泥、炉渣、陶粒、膨胀珍珠岩、膨胀蛭石、泡沫塑料板、膨胀珍珠岩板、加气混凝土块、泡沫混凝土板、矿棉板、沥青珍珠岩板、水泥蛭石板等。

4.11.1.3 主要机具

搅拌机、平板振动器、平头铁锹、木刮杠、水平尺、手推车、木拍子、木抹子等。

4.11.1.4 作业条件

1 铺设保温材料的基层施工完后,将预制构件的吊钩等无用障碍物进行处理,处理点应抹入水泥砂浆,经检查合格后方可铺设保温材料。

2 铺设前,将表面清理干净且要干燥、平整,不得有松散、开裂、空鼓等缺陷。

3 穿过结构的管根部位,应用细石混凝土填塞密实。

4 板块材料运输、存放应注意保护,防止损坏和受潮。

5 填充层的下一层表面应平整。当为水泥类填充层时,尚应洁净、干燥,并不得有空鼓、裂缝和起砂等缺陷。

4.11.2 材料质量控制

1 水泥:强度等级不低于32.5级,应有出厂合格证及试验报告。

2 松散材料:填充层应按设计要求选用材料,其密度和导热系数应符合国家有关产品标准的规定。松散的填充材料应使用无机材料。炉渣粒径一般为5~40mm,不得含有石块、土块、重矿渣和未燃尽的煤块,堆积密度为500~800kg/m³;

3 板块材料应有出厂合格证,根据设计要求选用厚度、规格一致,外形整齐;密度、导热系数、强度应符合设计要求,其质量要求应符合现行产品标准的规定。

4.11.3 施工工艺

4.11.3.1 工艺流程

基层清理→弹线找坡→填充层铺设→找平验收

4.11.3.2 施工要点

1 基层清理:将杂物、灰尘等清理干净。

2 弹线找坡:按设计要求及流水方向,找出坡度走向,确定填充层的厚度。

3 松散填充层铺设。

(1)松散材料应干燥,含水率不得超过设计规定,否则,应采取干燥措施。

(2)松散材料铺设填充层应分层铺设,并适当拍平拍实,每层虚铺厚度不宜大于150mm。压实的程度应根据试验确定。压实后,填充层不得直接推车行走和堆积重物。

(3)填充层施工完成后,应及时进行下道工序施工(抹找平层或做面层)。

4 板块填充层铺设。

(1)采用板、块状材料铺设填充层时,应分层错缝铺贴。

(2) 干铺板块填充层。直接铺设在结构层上，分层铺设时，上下两层板块缝应错开，表面两块相邻的板边厚度应一致。

(3) 粘结铺设板块填充层。将板块材料用粘结材料粘在基层上，使用的粘结材料根据设计要求确定。

(4) 用沥青胶结材料粘贴板块材料时，应边刷、边贴、边压实。务必使板状材料相互之间与基层之间满涂沥青胶结材料，以便互相粘牢，防止板块翘曲。

(5) 用水泥砂浆粘贴板状材料时，板间缝隙应用保温灰浆填实并勾缝。保温材料的配合比一般为1:1:10（水泥:石灰膏:同类保温材料的碎粒，体积比）。

5 整体填充层铺设。

(1) 整体填充层铺设应分层铺平拍实。

(2) 水泥膨胀蛭石、水泥膨胀珍珠岩填充层的拌合宜采用人工拌制，并应拌合均匀，随拌随铺。

(3) 水泥膨胀蛭石、水泥膨胀珍珠岩填充层的虚铺厚度应根据试验确定，铺后拍实抹平至设计要求的厚度。拍实抹平后宜立即铺设找平层。

4.11.4 成品保护

1 保温隔声材料一般为轻质、疏松、多孔、纤维材料，强度较低。因此在运输和保管中应防止吸水、受潮、雨淋、受冻，应轻搬轻放，并应分类堆放不得混杂。以免降低保温隔声性能或使板状材料或制品体积膨胀而遭破坏。板、块状材料还应防止磕碰、缺棱掉角、重压断裂等而损坏，以保证其外形完整。

2 在铺好的松散、板块或整体填充层上进行施工，应采取必要措施，保证填充层不受损坏。

3 填充层施工完成后，应及时施工保护层，避免破坏填充层。

4.11.5 安全、环保措施

1 松散保温隔声材料拌合和铺设时应选在无风天气进行，以防飞扬飘洒，污染环境。

2 粘结材料和板块材料应选用无毒、无污染的环保型产品。

3 其他安全、环保措施参见第4.1.7条中相关内容。

4.11.6 质量标准

主 控 项 目

4.11.6.1 填充层的材料质量必须符合设计要求和国家产品标准的规定。

检验方法：观察检查和检查材质合格证明文件、检测报告。

4.11.6.2 填充层的配合比必须符合设计要求。

检验方法：观察检查和检查配合比通知单。

一 般 项 目

4.11.6.3 松散材料填充层铺设应密实；板块材料填充层应压实、无翘曲。

检验方法：观察检查。

4.11.6.4 填充层表面的允许偏差应符合本标准中表4.1.6的规定。

检验方法：应按本标准表4.1.6中的检验方法检验。

4.11.7 质量验收

1 检验批的划分和抽样检查数量按本标准第 3.0.23 条规定执行。在施工组织设计（或方案）中事先确定。

2 检验批的验收按本标准第 3.0.25 条进行组织。

3 检验批质量验收记录当地方政府主管部门无统一规定时，宜采用表 4.11.7"填充层检验批质量验收记录表（X）"。

表 4.11.7 填充层检验批质量验收记录表
GB 50209—2002
（X）

单位（子单位）工程名称								验收部位	
分部（子分部）工程名称									
施工单位								项目经理	
分包单位								分包项目经理	
施工执行标准名称及编号									
		施工质量验收规范的规定			施工单位检查评定记录				监理（建设）单位验收记录
主控项目	1	材料质量		符合设计要求和国标规定					
	2	配合比		符合设计要求					
一般项目	1	填充层铺设		松散材料应铺设密实；板块材料应压实、无翘曲					
	2	允许偏差	表面平整度	板块	5mm				
				松散（材料）	7mm				
	3		标高	±4mm					
	4		坡度	2/1000，且≤30mm					
	5		厚度	≤1/10					
施工单位检查评定结果			专业工长（施工员）				施工班组长		
			项目专业质量检查员：					年 月 日	
监理（建设）单位验收结论									
			专业监理工程师（建设单位项目专业技术负责人）：					年 月 日	

5 整体面层铺设

5.1 一般规定

5.1.1 本章适用于水泥混凝土（含细石混凝土）面层、水泥砂浆面层、水磨石面层、水泥钢（铁）屑面层、防油渗面层、不发火（防爆的）面层等面层分项工程的施工技术操作和施工质量检验。

5.1.2 铺设整体面层时，其水泥类基层的抗压强度不得低于1.2MPa，表面应粗糙、洁净、湿润并不得有积水。铺设前宜涂刷界面处理剂，或涂刷一层水泥浆，水灰比宜为0.4~0.5，并且随刷随铺。

5.1.3 铺设整体面层，应符合设计要求和本标准第3.0.19条的规定。

5.1.4 整体面层施工后，养护时间不应少于7d；抗压强度应达到5MPa后，方准上人行走；抗压强度应达到设计要求后，方可正常使用。

5.1.5 配制面层、结合层用的水泥应采用硅酸盐水泥、普通硅酸盐水泥或矿渣硅酸盐水泥以及白水泥；结合层配制水泥砂浆的体积比、相应强度等级应按第3.0.13条采用。

5.1.6 当采用掺有水泥的拌合料做踢脚线时，不得用石灰砂浆打底。踢脚线宜在建筑地面面层基本完工后进行。

5.1.7 厕浴间和有防水要求的建筑地面的结构层标高，应结合房间内外标高差、坡度流向以及隔离层能裹住地漏等进行施工。面层铺设后不应出现倒泛水。

5.1.8 楼梯踏步的高度，应以楼梯间结构层的标高结合楼梯上、下级踏步与平台、走道连接处面层的做法，进行划分，以保证每级踏步高度符合设计要求，且其高度差达到国家规范的规定。

5.1.9 铺设水泥类面层当需分格时，其面层一部分分格缝应与水泥混凝土垫层的缩缝相应对齐。水磨石面层与垫层对齐的分格缝宜设置双分格条。

5.1.10 室内水泥类面层与走道邻接的门口处应设置分格缝；大开间楼层的水泥类面层在结构易变形的位置应设置分格缝。

5.1.11 整体面层的抹平工作应在水泥初凝前完成，压光工作应在水泥终凝前完成。

5.1.12 室外散水、明沟、踏步、台阶、坡道等各构造层均应符合设计要求，施工时应符合本标准对基层（基土、同类垫层和构造层）、同类面层的规定。

5.1.13 整体面层的允许偏差应符合表5.1.13的规定。

5.1.14 当低于第3.0.14条所规定的环境温度施工时，应采取相应的冬期措施，水泥类面层冬施措施应参照《混凝土结构工程施工技术标准》ZJQ08—SGJB 204—2005的相关规定执行。

5.1.15 安全、环保措施

表 5.1.13 整体面层的允许偏差和检验方法（mm）

项次	项目	允许偏差							检验方法
		水泥混凝土面层	水泥砂浆面层	普通水磨石面层	高级水磨石面层	水泥钢(铁)屑面层	防油渗混凝土和不发火(防爆的)面层	涂料面层	
1	表面平整度	5	4	3	2	4	5	5	用2m靠尺和楔形塞尺检查
2	踢脚线上口平直	4	4	3	3	4	4	4	拉5m线和用钢尺检查
3	缝格平直	3	3	3	2	3	3	3	
4	楼梯踏步高度差	梯段相邻踏步高度差不应大于10mm							观察和钢尺检查
5	楼梯踏步宽度差	梯段每踏步两端宽度差不应大于10mm，旋转楼梯允许偏差为5mm							观察和钢尺检查

1 施工前应制定有效的安全、防护措施，并应遵照安全技术及劳动保护制度执行。
2 施工机械用电必须采用一机一闸一保护。
3 作业前，检查电源线路应无破损，漏电保护装置应灵活可靠，机具各部连接应紧固，旋转方向正确。
4 机械操作人员必须戴绝缘手套和穿绝缘鞋，防止漏电伤人。
5 施工的室内照明线路必须使用绝缘导线，采用瓷瓶、瓷（塑料）夹敷设，距地面高度不得小于2.5m。
6 电源线路要悬空移动，应注意避免电源线与地面相摩擦及车辆的辗压。经常检查电源线的完好情况，发现破损立即进行处理。
7 在光线不足的地方施工时，应采用36V低压照明设备，地下室照明用电不超过12V。
8 线路架设和灯具安装必须由专业持证电工完成。
9 照明系统中的每一单项回路上，灯具或插座数量不宜超过25个，并应装设熔断电流为15A及15A以下的熔断器保护。
10 清理基层时，不允许从窗口、阳台、洞口等处向外乱扔杂物，以免伤人。
11 注意对机械的噪声控制，白天不应超过85dB，夜间不应超过55dB。
12 应注意对粉状材料的覆盖，防止扬尘和运输过程中的遗洒。
13 硬化现场运输道路，派专人及时洒水清扫，保持现场的清洁，防止产生粉尘。
14 防止机械漏油污染土地。

5.2 水泥混凝土面层

5.2.1 施工准备

5.2.1.1 技术准备

  1 通过试验确定混凝土配合比。

  2 按照设计要求面层所处位置情况及面积大小和厚度确定伸、缩缝的设置及施工做法。

  3 其他参见本标准第3.0.4条中相关内容。

5.2.1.2 材料准备

水泥、中砂或粗砂、卵石或碎石、水、外加剂等。

5.2.1.3 主要机具

  1 机械设备

混凝土搅拌机、混凝土输送泵、平板式振动器、机动翻斗车、切缝机等。

  2 主要工具

平锹、铁滚筒、木抹子、铁抹子、长刮杠、2m靠尺、水平尺、小桶、筛孔为5mm的筛子、钢丝刷、笤帚、手推胶轮车等。

5.2.1.4 作业条件

  1 室内墙面已弹好+500mm水平线。

  2 地面或楼面的垫层（基层）已按设计要求施工完成，混凝土强度已达到5MPa以上，预制空心楼板已嵌缝并经养护达到规定的强度。

  3 室内门框、预埋件、各种管道及地漏等已安装完毕，经检查合格，地漏口已遮盖，并办理预检和作业层结构的隐蔽手续。

  4 各种立管和套管通过面层的孔洞已用细石混凝土灌好并封堵密实。

  5 顶棚、墙面抹灰已施工完毕，地漏处已找好泛水及标高。

  6 地面基层已验收合格，墙、柱面镶贴完成（卫生间等有瓷砖的墙面，应留最下一皮砖不贴，等地面施工完毕后再进行最后一皮砖的镶贴）。

5.2.2 材料质量控制

  1 水泥：水泥采用硅酸盐水泥、普通硅酸盐水泥或矿渣硅酸盐水泥等，其强度等级不低于32.5级，有出厂合格证和复试报告。

  2 砂子：砂应采用粗砂或中粗砂，含泥量不应大于3%。

  3 石子：采用碎石或卵石，其最大粒径不应大于面层厚度的2/3，级配合格；当采用细石混凝土面层时，石子的粒径不应大于15mm。石子含泥量不应大于2%。

  4 外加剂：外加剂性能应根据施工条件和要求选用，有出厂合格证，并经复试性能符合产品标准和施工要求。

  5 水：采用符合饮用水标准的水。

5.2.3 施工工艺

5.2.3.1 工艺流程

清理基层→弹标高和面层水平线→洒水湿润→（绑钢筋网片）→做找平墩→配制混凝土→铺筑混凝土→振捣（滚压）→撒干水泥砂→压光（三遍）→养护

5.2.3.2 施工要点

  1 基层清理

将基层表面的泥土、浮浆块等杂物清理冲洗干净，若楼板表面有油污，应用5%~10%浓度的火碱溶液清洗干净。铺设面层前1d浇水湿润，表面积水应予扫除。

2 弹标高和面层水平线

根据墙面已有的+500mm水平标高线,测量出地面面层的水平线,弹在四周的墙面上,并要与房间以外的楼道、楼梯平台、踏步的标高相互一致。

3 钢筋网片制作与绑扎

面层内有钢筋网片时,应先进行钢筋网片的绑扎,网片要按设计要求制作、绑扎。

4 做找平标志

混凝土铺设前,按标准水平线用木板隔成相应的区段,以控制面层厚度。地面有地漏时,要在地漏四周做出0.5%的泛水坡度。

5 配制混凝土

混凝土的强度等级不应低于C20,水泥混凝土垫层兼做面层时其混凝土强度等级不应低于C15。施工配合比应严格按照设计要求试配,应用机械搅拌,时间不少于90s,要求拌合均匀,随拌随用。试块的留置应符合本标准第3.0.22条规定。当采用泵送混凝土时,坍落度应满足泵送要求;当采用非泵送混凝土时,坍落度不宜大于30mm。

6 铺设混凝土

(1) 采用细石混凝土铺设时。

铺前预先在湿润的基层表面均匀涂刷一道1:0.4~1:0.45(水泥:水)的素水泥浆,随刷随铺。按分段顺序铺混凝土(预先用木板隔成宽度小于3m的条形区段),随铺随用刮杠刮平,然后用平板振动器振捣密实;如用滚筒人工滚压时,滚筒要交叉滚压3~5遍,直至表面泛浆为止。

(2) 采用普通混凝土铺设时。

混凝土铺筑后,先用平板振动器振捣,再用刮杠刮平、木抹子揉搓提浆抹平。

(3) 采用泵送混凝土时。

在满足泵送要求的前提下尽量采用较小的坍落度,布料口要来回摆动布料,禁止靠混凝土自然流淌布料。随布料随用大杠粗略找平后,用平板振捣器振动密实。然后用大杠刮平,多余的浮浆要随即刮除。如因水量过大而出现表面泌水,宜采用表面撒一层拌合均匀的干水泥砂子(一般采用体积比为水泥:砂=1:2),待表面水分吸收后即可抹平压光。

7 抹平压光

水泥混凝土振捣密实后必须做好面层的抹平和压光工作。水泥混凝土初凝前,应完成面层抹平、揉搓均匀,待混凝土开始凝结即分遍抹压面层。

(1) 第一遍抹压:先用木抹子揉搓提浆并抹平,再用铁抹子轻压,将脚印抹平,至表面压出水光为止。

(2) 第二遍抹压:当面层开始凝结,地面上用脚踩有脚印但不下陷时,先用木抹子揉搓出浆,再用铁抹子进行第二遍抹压。把凹坑、砂眼填实、抹平,不应漏压。

(3) 第三遍抹压:当面层上人用脚踩稍有脚印,而抹压无抹纹时,应用铁抹子进行第三遍抹压,抹压时要用力稍大,抹平压光不留抹纹为止,压光时间应控制在终凝前完成。

8 养护

第三遍抹压完24h内加以覆盖并浇水养护(亦可采用分间、分块蓄水养护),在常温条件下连续养护时间不少于7d。养护期间应封闭，严禁上人。

9 施工缝处理

混凝土面层应连续浇筑不留施工缝。当施工间歇超过规定允许时间时，应对已凝结的混凝土接槎处进行处理，剔除松散的石子、砂浆，润湿并铺设与混凝土配合比相同的水泥砂浆再浇筑混凝土，应重视接缝处的捣实压平，不应显出接槎。

10 随打随抹

浇筑钢筋混凝土楼板或水泥混凝土垫层兼做面层时，可采用随打随抹的施工方法。该方法可节约水泥、加快施工进度、提高施工质量。

11 踢脚线施工

水泥混凝土地面面层一般用水泥砂浆做踢脚线，并在地面面层完成后施工。底层和面层砂浆宜分两次抹成。抹底层砂浆前先清理基层，洒水湿润，然后按标高线量出踢脚线标高，拉通线确定底灰厚度，贴灰饼，抹1:3水泥砂浆，刮板刮平，搓毛，洒水养护。抹面层砂浆须在底层砂浆硬化后，拉线粘贴尺杆，抹1:2水泥砂浆，用刮板紧贴尺杆垂直地面刮平，用铁抹子压光。阴阳角、踢脚线上口，用角抹子溜直压光，踢脚线的出墙厚度宜为5~8mm。

5.2.4 成品保护

1 面层施工时，防止碰撞损坏或污染门框、预埋铁件、墙角及已完的墙面抹灰等。

2 施工时，注意保护好管线、设备等设施，防止变形、位移和污染。

3 操作时，注意保护好地漏、出水口等部位，作临时封堵或覆盖，以免灌入砂浆等造成堵塞。

4 如有预埋件或预留孔洞应事先做好预留、预埋，已完地面不准再剔凿打洞。

5 面层养护期间（一般不少于7d），严禁车辆行走或堆压重物。

6 不得在已做好的面层上拌合砂浆、混凝土以及调配涂料等。

7 楼梯踏步抹好后要封闭养护，撤除养护后宜用木板或角钢制做楼梯阳角保护装置，防止磕碰、缺楞掉角。

5.2.5 安全、环保措施

1 振捣器应保持清洁，不得有混凝土粘结在电动机外壳上妨碍散热，发现温度过高时应停歇降温后方可使用。

2 作业转移时，电动机的电源线应保持有足够的长度和松度，严禁用电源线拖拉振捣器。

3 用绳拉平板振捣器时，拉绳应干燥绝缘，移动或转向不得用脚踢电动机。

4 振捣器与平板应保持紧固，电源线必须固定在平板上，电器开关应装在手把上。

5 施工现场水泥应设库封闭保管，砂、石子要覆盖。

6 搅拌机司机每天操作前对机械进行例行检查，并对搅拌机进行相应围护；在倾倒水泥、砂石时，要文明作业，防止产生粉尘；进料时，及时打开喷淋装置；严禁敲击料斗，防止产生噪声；清洗料斗的废水应排入沉淀池；夜间禁止搅拌作业。

7 水泥袋等包装物，应回收利用并设置专门场地堆放，及时收集处理。

8 其他安全、环保措施参见第5.1.15条中的相关内容。

5.2.6 质量标准

主 控 项 目

5.2.6.1 水泥混凝土采用的粗骨料,其最大粒径不应大于面层厚度的2/3,细石混凝土面层采用的石子粒径不应大于15mm。

检验方法:观察检查和检查材质合格证明文件及检测报告。

5.2.6.2 面层的强度等级应符合设计要求,且水泥混凝土面层强度等级不应低于C20;水泥混凝土垫层兼面层强度等级不应低于C15。

检验方法:检查配合比通知单及检测报告。

5.2.6.3 面层与下一层应结合牢固,无空鼓、裂纹。

检验方法:用小锤轻击检查。

注:空鼓面积不应大于400cm²,且每自然间(标准间)不多于2处可不计。

一 般 项 目

5.2.6.4 面层表面不应有裂纹、脱皮、麻面、起砂等缺陷。

检验方法:观察检查。

5.2.6.5 面层表面的坡度应符合设计要求,不得有倒泛水和积水现象。

检验方法:观察和采用泼水或用坡度尺检查。

5.2.6.6 水泥砂浆踢脚线与墙面应紧密结合,高度一致,出墙厚度均匀。

检验方法:用小锤轻击、钢尺和观察检查。

注:局部空鼓长度不应大于300mm,且每自然间(标准间)不多于2处可不计。

5.2.6.7 楼梯踏步的宽度、高度应符合设计要求。楼层梯段相邻踏步高度之差不应大于10mm,每踏步两端宽度之差不应大于10mm;旋转楼梯梯段的每踏步两端宽度的允许偏差为5mm。楼梯踏步的齿角应整齐,防滑条应顺直。

检验方法:观察和钢尺检查。

5.2.6.8 水泥混凝土面层的允许偏差应符合本标准表5.1.13的规定。

检验方法:应按本标准表5.1.13中的检验方法检验。

5.2.7 质量验收

1 检验批的划分和抽样检查数量按本标准第3.0.23条规定执行。在施工组织设计(或方案)中事先确定。

2 检验批的验收按本标准第3.0.25条进行组织。

3 检验时应检验原材料试验报告、施工配合比通知单、混凝土强度试验报告。

4 检验批质量验收记录当地方政府主管部门无统一规定时,宜采用表5.2.7"水泥混凝土面层检验批质量验收记录表(Ⅰ)"。

表5.2.7 水泥混凝土面层检验批质量验收记录表

GB 50209—2002

(Ⅰ)

单位（子单位）工程名称					
分部（子分部）工程名称				验收部位	
施工单位				项目经理	
分包单位				分包项目经理	
施工执行标准名称及编号					

		施工质量验收规范的规定		施工单位检查评定记录	监理（建设）单位验收记录
主控项目	1	骨料粒径	粗骨料最大粒径≤厚度的2/3，细石混凝土石子粒径≤15mm		
	2	面层强度等级	符合设计要求，面层强度等级≥C20，垫层兼面层≥C15		
	3	面层与下一层结合	结合牢固，无空鼓、裂纹		
一般项目	1	表面质量	无裂纹、脱皮、麻面、起砂等缺陷		
	2	表面坡度	符合设计要求，无倒泛水、积水现象		
	3	踢脚线与墙面结合	紧密结合、高度一致、出墙厚度均匀		
	4	楼梯踏步	符合设计要求，楼梯段相临踏步高度差、每踏步两端宽度差≤10mm，齿角整齐、防滑条顺直		
	5	表面允许偏差	表面平整度	5mm		
	6		踢脚线下口平直	4mm		
	7		缝格平直	3mm		
	8		旋转楼梯踏步两端宽度	5mm		

施工单位检查评定结果	专业工长（施工员）		施工班组长	
	项目专业质量检查员：			年 月 日

监理（建设）单位验收结论	
	专业监理工程师（建设单位项目专业技术负责人）： 年 月 日

5.3 水泥砂浆面层

5.3.1 施工准备

5.3.1.1 技术准备

参见第5.2.1.1条中相关内容。

5.3.1.2 材料准备

水泥、砂、石屑、水等。

5.3.1.3 主要机具

1 机械设备

搅拌机、机动翻斗车等。

2 主要工具

平铁锹、木刮尺、刮杠、木抹子、铁抹子、角抹子、喷壶、小水桶、钢丝刷、扫帚、毛刷、筛子（5mm网眼）、手推胶轮车等。

5.3.1.4 作业条件

作业条件与水泥混凝土面层相同，具体见第5.2.1.4条中的内容。

5.3.2 材料质量控制

1 水泥：采用硅酸盐水泥、普通硅酸盐水泥，其强度等级不低于32.5级，不同品种、不同强度等级的水泥严禁混用。水泥应有出厂合格证和复试报告，结块或受潮的水泥不得使用。

2 砂：应为中砂或粗砂，含泥量不应大于3%。

3 石屑：粒径宜为1～5mm，其含粉量（含泥量）不应大于3%。

4 水：采用饮用水。

5.3.3 施工工艺

5.3.3.1 工艺流程

清理基层→弹面层线→贴灰饼→配制砂浆→铺砂浆→找平、压光（三遍）→养护

5.3.3.2 施工要点

1 面层厚度

水泥砂浆面层的厚度应符合设计要求，且不应小于20mm。

2 砂浆配比

水泥砂浆面层配合比（强度等级）必须符合设计要求；且体积比应为1∶2，强度等级不应低于M15。

3 清理基层

将基层表面的积灰、浮浆、油污及杂物清扫干净，明显凹陷处应用水泥砂浆或细石混凝土填平，表面光滑处应凿毛并清刷干净。抹砂浆前1d浇水湿润，表面积水应予排除。当表面不平，且低于铺设标高30mm的部位，应在铺设前用细石混凝土找平。

4 弹标高和面层水平线

根据墙面已有的+500mm水平标高线，测量出地面面层的水平线，弹在四周的墙面

上，并要与房间以外的楼道、楼梯平台、踏步的标高相互一致。

5 贴灰饼

根据墙面弹线标高，用1:2干硬性水泥砂浆在基层上做灰饼，大小约50mm见方，纵横间距约1.5m。有坡度的地面，应坡向地漏。如局部厚度小于10mm时，应调整其厚度或将局部高出的部分凿除。对面积较大的地面，应用水准仪测出基层的实际标高并算出面层的平均厚度，确定面层标高，然后做灰饼。

6 配制砂浆

面层水泥砂浆的配合比宜为1:2（水泥:砂，体积比），稠度不大于35mm，强度等级不应低于M15。使用机械搅拌，投料完毕后的搅拌时间不应少于2min，要求拌合均匀，颜色一致。

7 铺砂浆

铺砂浆前，先在基层上均匀扫素水泥浆（水灰比0.4~0.5）一遍，随扫随铺砂浆。注意水泥砂浆的虚铺厚度宜高于灰饼3~4mm。

8 找平、第一遍压光

铺砂浆后，随即用刮杠按灰饼高度，将砂浆刮平，同时把灰饼剔掉，并用砂浆填平。然后用木抹子搓揉压实，用刮杠检查平整度。待砂浆收水后，随即用铁抹子进行头遍抹平压实，抹时应用力均匀，并后退操作。如局部砂浆过干，可用毛刷稍洒水；如局部砂浆过稀，可均匀撒一层1:2干水泥砂吸水，随手用木抹子用力搓平，使其互相混合并与砂浆层结合紧密。

9 第二遍压光

在砂浆初凝后进行第二遍压光，用铁抹子边抹边压，把死坑、砂眼填实压平，使表面平整。要求不漏压。

10 第三遍压光

在砂浆终凝前进行，即人踩上去稍有脚印，用抹子压光无痕时，用铁抹子把前遍留的抹纹全部压平、压实、压光。

11 养护

视气温高低，在面层压光24h后，洒水保持湿润，养护时间不少于7d。

12 分格缝

当面层需分格时，即做成假缝，应在水泥初凝后进行弹线分格。宜先用木抹子沿线搓一条一抹子宽的面层，用铁抹子压光，然后采用分格器压缝。分格缝要求平直，深浅一致。大面积水泥砂浆面层，其分格缝的一部分位置应与水泥混凝土垫层的缩缝相应对齐。

13 抹踢脚线

踢脚线施工见第5.2.3.2条相关内容。

14 楼梯水泥砂浆面层施工

(1) 弹控制线。根据楼层和休息平台（或下一楼层）面层标高，在楼梯侧面墙上弹出一条斜线，然后在休息平台（或下一层楼层）的楼梯起跑处的侧面墙上弹出一条垂直线，再根据两面层的标高差除以本楼梯段的踏步数（精确到毫米），平均分配标到这条垂线上，每个标点与斜线的水平相交点即为每个踏步水平标高和竖直位置的交点。根据这个交点向下、向内分别弹出垂直和水平线，形成的锯齿线即为每个踏步的面层位置控制线。

(2) 基层清理，参见本条第 3 款。

(3) 预埋踏步阳角钢筋：根据弹好的控制线，将调直的 φ10 钢筋沿踏步长度方向每 300mm 焊两根 φ6 固定锚筋（$l=100\sim150$mm，相互角度小于 90°），用 1:2 水泥砂浆牢固固定，φ10 钢筋上表面同踏步阳角面层相平。固定牢靠后洒水养护 24h。

(4) 抹找平层：根据控制线，留出面层厚度（6~8mm），粘贴靠尺，抹找平砂浆前，基层要提前湿润，并随刷水泥砂浆随抹找平打底砂浆一遍，找平打底砂浆配合比宜为 1:2.5（水泥:砂，体积比）。找平打底灰的顺序为：先做踏步立面，再做踏步平面，后做侧面，依次顺序做完整个楼梯段的打底找平工序，最后粘贴尺杆将梯板下滴水沿找平、打底灰抹完，并把表面压实搓毛，洒水养护，待找平打底砂浆硬化后，进行面层施工。

(5) 抹面层水泥砂浆、压第一遍：抹面层水泥砂浆前，按设计要求，镶嵌防滑木条。抹面层砂浆时，要随刷水泥浆随抹水泥砂浆，水泥砂浆的配合比宜为 1:2（水泥:砂，体积比）。抹砂浆后，用刮尺杆将砂浆找平，用木抹子搓揉压实，待砂浆收水后，随即用铁抹子进行第一遍抹平压实至起浆为止，抹压的顺序为：先踏步立面，再踏步平面，后踏步侧面。

(6) 第二遍压光：见本条第 9 款。

(7) 第三遍压光：见本条第 10 款。

(8) 抹梯板下滴水沿及截水槽：楼梯面层抹完后，随即进行梯板下滴水沿抹面，粘贴尺杆，抹 1:2 水泥砂浆面层，抹时随刷素水泥浆随抹水泥砂浆，并用刮尺杆将砂浆找平，用木抹子搓揉压实，待砂浆收水后，用铁抹子进行第一遍压光，并将截水槽处分格条取出，用溜缝抹子溜压，使缝边顺直，线条清晰。在砂浆初凝后进行第二遍压光，将砂眼抹平压光。在砂浆终凝前即进行第三遍压光，直至无抹纹，平整光滑为止。

(9) 养护：楼梯面层灰抹完后应封闭，24h 后覆盖并浇水养护不少于 7d。

(10) 抹防滑条金刚砂砂浆：待楼梯面层砂浆初凝后即取出防滑条预埋木条，养护 7d 后，清理干净槽内杂物，浇水湿润，在槽内抹 1:1.5 水泥金刚砂砂浆，高出踏步面 4~5mm，用圆阳角抹子捋实捋光。待完活 24h 后，洒水养护，保持湿润养护不少于 7d。

5.3.4 成品保护

成品保护措施见第 5.2.4 条。

5.3.5 安全、环保措施

安全、环保措施参见第 5.1.15 条、第 5.2.5 条中的相关内容。

5.3.6 质量标准

主 控 项 目

5.3.6.1 水泥采用硅酸盐水泥、普通硅酸盐水泥，其强度等级不应低于 32.5 级，不同品种、不同强度等级的水泥严禁混用；砂应为中粗砂，当采用石屑时，其粒径应为 1~5mm，且含泥量不应大于3%。

检验方法：观察检查和检查材质合格证明文件及检测报告。

5.3.6.2 水泥砂浆面层的体积比（强度等级）必须符合设计要求；且体积比应为1:2，强度等级不应低于M15。

检验方法：检查配合比通知单和检测报告。

5.3.6.3 面层与下一层应结合牢固，无空鼓、裂纹。

检验方法：用小锤轻击检查。

注：空鼓面积不应大于400cm²，且每自然间（标准间）不多于2处可不计。

一 般 项 目

5.3.6.4 面层表面的坡度应符合设计要求，不得有倒泛水和积水现象。

检验方法：观察和采用泼水或坡度尺检查。

5.3.6.5 面层表面应洁净，无裂纹、脱皮、麻面、起砂等缺陷。

检验方法：观察检查。

5.3.6.6 踢脚线与墙面应紧密结合，高度一致，出墙厚度均匀。

检验方法：用小锤轻击、钢尺和观察检查。

注：局部空鼓长度不应大于300mm，且每自然间（标准间）不多于2处可不计。

5.3.6.7 楼梯踏步的宽度、高度应符合设计要求。楼层梯段相邻踏步高度差不应大于10mm，每踏步两端宽度差不应大于10mm；旋转楼梯梯段的每踏步两端宽度的允许偏差为5mm。楼梯踏步的齿角应整齐，防滑条应顺直。

检验方法：观察和钢尺检查。

5.3.6.8 水泥砂浆面层的允许偏差应符合本标准表5.1.13的规定。

检验方法：应按本标准表5.1.13中的检验方法检验。

5.3.7 质量验收

1 检验批的划分和抽样检查数量按本标准第3.0.23条规定执行。在施工组织设计（或方案）中事先确定。

2 检验批的验收按本标准第3.0.25条进行组织。

3 验收时应检验原材料试验报告、砂浆强度试验报告。

4 检验批质量验收记录当地方政府主管部门无统一规定时，宜采用表5.3.7"水泥砂浆面层检验批质量验收记录表（Ⅱ）"。

表 5.3.7 水泥砂浆面层检验批质量验收记录表

GB 50209—2002

(Ⅱ)

单位（子单位）工程名称				验收部位	
分部（子分部）工程名称					
施工单位				项目经理	
分包单位				分包项目经理	
施工执行标准名称及编号					

		施工质量验收规范的规定		施工单位检查评定记录	监理（建设）单位验收记录
主控项目	1	材料质量	水泥强度等级≥32.5级；砂为中砂，石屑粒径1~5mm，含泥量≤3%		
	2	面层砂浆体积比、强度等级	符合设计要求，且体积比应为1:2，强度等级≥M15		
	3	面层与下一层结合	结合牢固，无空鼓、裂纹		
一般项目	1	表面坡度	符合设计要求，无倒泛水、积水现象		
	2	表面质量	洁净，无裂纹、脱皮、麻面、起砂等缺陷		
	3	踢脚线与墙面结合	紧密结合，高度一致，出墙厚度均匀		
	4	楼梯踏步	符合设计要求，楼梯段相临踏步高度差、每踏步两端宽度差≤10mm，齿角整齐、防滑条顺直		
	5	表面允许偏差	表面平整度	4mm		
	6		踢脚线下口平直	4mm		
	7		缝格平直	3mm		
	8		旋转楼梯踏步两端宽度	5mm		

	专业工长（施工员）		施工班组长	
施工单位检查评定结果				
	项目专业质量检查员：			年 月 日
监理（建设）单位验收结论				
	专业监理工程师（建设单位项目专业技术负责人）：			年 月 日

5.4 水磨石面层

5.4.1 施工准备
5.4.1.1 技术准备
1 根据设计要求的种类（普通或彩色）选用所使用的材料，配合比和配色应先做出样板，经业主或监理认可后作为施工或验收的依据，并按样板配合比进行备料。

2 根据设计要求和地面具体情况确定分块大小，有要求时做出镶边及图案，绘出分格或图案图纸，经认可后，作为分格或图案弹线的依据。

3 其他参见本标准第3.0.4条中相关内容。

5.4.1.2 材料准备
水泥、石粒、颜料、分格条、草酸、白蜡、钢丝。

5.4.1.3 主要机具
1 机械设备

平面磨石机、立面磨石机、搅拌机等。

2 主要工具

平铁锹、滚筒（直径150mm，长800mm，重70kg左右）、铁抹子、水平尺、木刮杠、粉线包、靠尺、60～240号金刚石、240～300号油石、手推胶轮车等。

5.4.1.4 作业条件
1 顶棚、墙面抹灰已经完成，门框已经立好，各种管线已埋设完毕，地漏口已经遮盖。

2 混凝土垫层已浇筑完毕，按标高留出水磨石底灰和面层厚度，并经养护达到5MPa以上强度。

3 工程材料已经备齐，运到现场，经检查质量符合要求。数量可满足连续作业的需要。

4 为保证色彩均匀，水泥与颜料已按工程大小一次配够，干拌均匀过筛成为色灰，装袋扎口、防潮，堆放在仓库备用。

5 石粒应分别过筛，去掉杂质并洗净晾干备用。

6 在墙面弹好或设置控制面层标高和排水坡度的水平基准线或标志。

7 彩色水磨石当使用白色水泥掺色粉配制时，应事先按不同的配比做出样板，供设计和业主选定。

5.4.2 材料质量控制
5.4.2.1
本色或深色的水磨石面层宜采用强度等级不低于32.5级的硅酸盐水泥、普通硅酸盐水泥或矿渣硅酸盐水泥，不得使用粉煤灰硅酸盐水泥；白色或浅色的水磨石面层应采用白水泥。水泥必须有出厂合格证和复试报告，同一颜色的面层应使用同一批水泥。

1 硅酸盐水泥、普通硅酸盐水泥和矿渣硅酸盐水泥的质量标准、取样方法、检验内容见《混凝土结构工程施工技术标准》ZJQ08—SGJB 204—2005；保管要求见第4.7.2.1条。

2 白色硅酸盐水泥

(1) 质量标准。

白色或浅色的水磨石面层,应采用白水泥,要求新鲜无结块。白水泥保管期为3个月,超过3个月的要重新进行复试。

(2) 取样规则。

同一水泥厂,同等级、同白度、同一进场日期,50t为一验收批,不足50t亦按一验收批计算。

(3) 取样数量。

取样要有代表性。可连续取,亦可从20个以上不同部位取等量样品,总数至少12kg。拌合均匀后分成两等份,一份送试验室按标准进行检验,一份密封保存备校验用。

(4) 检验项目:细度、凝结时间、安定性、强度、白度。

(5) 保管要求。

1) 要防潮、防水:保管水泥的仓库屋顶、外墙不得漏水或渗水。袋装水泥地面垫板应离地300mm,四周离墙300mm,堆放高度一般不超过10袋。

2) 分类保管:对不同品种、不同强度等级的水泥应分别保管,不得混杂、污染。

5.4.2.2 石粒

1 采用坚硬可磨的白云石、大理石等岩石加工而成。

2 石粒应有棱角、洁净无杂物,其粒径除特殊要求外应为6～15mm。

3 石子在运输、装卸和堆放过程中,应防止混入杂质,并应按产地、种类和规格分别堆放。

4 石粒应分批按不同品种、规格、色彩堆放在席子上保管,使用前应用水冲洗干净、晾干待用。

5.4.2.3 颜料

采用耐光、耐碱的矿物颜料,不得使用酸性颜料,要求无结块。同一彩色面层应使用同厂、同批的颜料,以避免造成颜色深浅不一;其掺入量宜为水泥重量的3%～6%,或由试验确定。

5.4.2.4 分格条

1 铜条厚1～1.2mm,铝合金条厚1～2mm,玻璃条厚3mm,彩色塑料条厚2～3mm。

2 宽度根据石子粒径确定,当采用小八厘(粒径10～12mm)时,为8～10mm;中八厘(粒径12～15mm)、大八厘(粒径12～18mm)时,均为12mm;

3 长度以分块尺寸而定,一般1000～1200mm。铜条、铝条须经调直使用,下部1/3处每米钻4个$\phi 2mm$的孔,穿钢丝备用。

5.4.2.5 草酸、白蜡、钢丝

草酸为白色结晶,块状、粉状均可;白蜡用川蜡和地板蜡成品;钢丝用22号。

5.4.3 施工工艺

5.4.3.1 工艺流程

清理、湿润基层→弹控制线、做饼→抹找平层→镶嵌分格条→铺抹石粒浆→滚压密实→铁抹子压平、养护→试磨→粗磨→刮浆→中磨→刮浆→细磨→草酸清洗→打蜡抛光

5.4.3.2 施工要点

1 面层设计

水磨石面层的厚度除有特殊要求外，宜为12～18mm，且按石粒粒径确定。其颜色和图案应符合设计要求。

2 基层处理

基层处理的施工操作要点详见第4.9.3.2条。

3 找平层施工

抹水泥砂浆找平层。基层处理后，以统一标高线为准，确定面层标高。施工时提前24h将基层面洒水润湿后，满刷一遍水泥浆粘结层，其水泥浆稠度应根据基层湿润程度而定，水灰比一般以0.4～0.5为宜，涂刷厚度控制在1mm以内。应做到边刷水泥浆边铺设水泥砂浆找平层。找平层应采用体积比为1:3水泥砂浆或1:3.5干硬性水泥砂浆。水泥砂浆找平层的施工要点可按水泥砂浆面层（5.3.3.2条）中的施工要点。但最后一道工序为木抹子搓毛面。铺好后养护24h。水磨石面层应在找平层的抗压强度达到1.2N/mm²后方可进行。

4 镶嵌分格条

（1）按设计分格和图案要求，用色线包在基层上弹出清晰的线条，弹线时，先根据墙面位置及镶边尺寸弹出镶边线，然后复核内部分格与设计是否相符，如有余量或不足，则按实际进行调整。分格间距以1m为宜，面层分格的一部分分格位置必须与基层（包括垫层和结合层）的缩缝对齐，以使上下各层能同步收缩。

（2）按线用稠水泥浆把嵌条粘结固定，嵌分格条方法见图5.4.3.2-1。嵌条应先粘一侧，再粘另一侧，嵌条为铜、铝料时，应用长60mm的22号钢丝从嵌条孔中穿过，并埋固在水泥浆中。水泥浆粘贴高度应比嵌条顶面低4～6mm，并做成45°。镶条时，应先把需镶条部位基层湿润，刷结合层，然后再镶条。待素水泥浆初凝后，用毛刷沾水将其表面刷毛，并将分隔条交叉接头部位的素灰浆掏空。

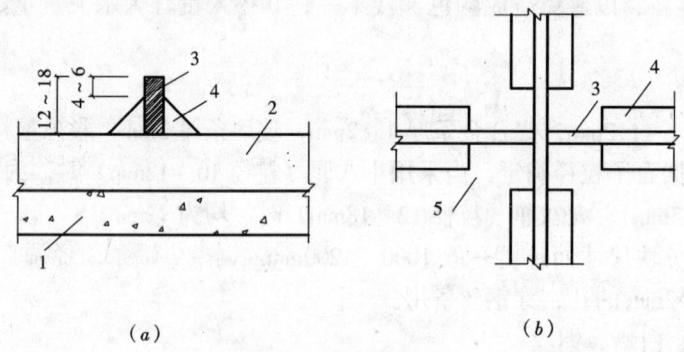

图5.4.3.2-1 分格条嵌法
（a）嵌分格条；（b）嵌分格条平面图
1—混凝土垫层；2—水泥砂浆底灰；3—分格条；4—素水泥浆；5—40～50mm内不抹水泥浆区

（3）分格条应粘贴牢固、平直，接头严密，应用靠尺板比齐，使上平一致，作为铺设面层的标志，并应拉5m通线检查直度，其偏差不得超过1mm。

(4) 镶条后 12h 开始洒水养护,不少于 2d。

5 铺石粒浆

(1) 水磨石面层应采用水泥与石粒的拌合料铺设。如几种颜色的石粒浆应注意不可同时铺抹,要先抹深色的,后抹浅色的,先做大面,后做镶边,待前一种凝固后,再铺后一种,以免串色,界限不清,影响质量。

(2) 地面石粒浆配合比为 1:1.5~1:2.5(水泥:石粒,体积比);要求计量准确,拌合均匀,宜采用机械搅拌,稠度不得大于 60mm。彩色水磨石应加色料,颜料均以水泥重量的百分比计,事先调配好,过筛装袋备用。

(3) 地面铺浆前应先将积水扫净,然后刷水灰比为 0.4~0.5 的水泥浆粘结层,并随刷随铺石子浆。铺浆时,用铁抹子把石粒由中间向四面摊铺,用刮尺刮平,虚铺厚度比分格条顶面高 5mm,再在其上面均匀撒一层石粒,拍平压实、提浆(分格条两边及交角处要特别注意拍平压实)。石粒浆铺抹后高出分格条的高度一致,厚度以拍实压平后高出分格条 1~2mm 为宜。整平后如发现石粒过稀处,可在表面再适当撒一层石粒,过密处可适当剔除一些石粒,使表面石子显露均匀,无缺石子现象,接着用滚子进行滚压。

6 滚压密实

(1) 面层滚压应从横竖两个方向轮换进行。碌子两边应大于分格至少 100mm,滚压前应将嵌条顶面的石粒清掉。

(2) 滚压时用力应均匀,防止压倒或压坏分格条,注意嵌条附近浆多石粒少时,要随手补上。滚压到表面平整、泛浆且石粒均匀排列、碌子表面不沾浆为止。

7 抹平

(1) 待石粒浆收水(约 2h)后,用铁抹子将滚压波纹抹平压实。如发现石粒过稀处,仍要补撒石子抹平。

(2) 石粒面层完成后,于次日进行浇水养护,常温时为 5~7d。

8 试磨

(1) 水磨石面层开磨前应进行试磨,以石粒不松动、不掉粒为准,经检查确认可磨后,方可正式开磨。一般开磨时间可参考表 5.4.3.2。

(2) 普通水磨石面层磨光遍数不应少于 3 遍。高级水磨石面层的厚度和磨光遍数由设计确定。

表 5.4.3.2 开磨时间参考表

平均气温	开磨时间(d)	
(℃)	机磨	人工磨
20~30	2~3	1~2
10~20	3~4	1.5~2.5
5~10	5~6	2~3

9 粗磨

(1) 粗磨用 60~90 号金刚石,磨石机在地面上呈横"8"字形移动,边磨边加水,随时清扫磨出的水泥浆,并用靠尺不断检查磨石表面的平整度,至表面磨平,全部显露出嵌条与石粒后,再清理干净。

(2) 待稍干再满涂同色水泥浆一道,以填补砂眼和细小的凹痕,脱落石粒应补齐。

10 中磨

(1) 中磨应在粗磨结束并待第一遍水泥浆养护 2~3d 后进行。

(2) 使用 90~120 号金刚石,机磨方法同头遍,磨至表面光滑后,同样清洗干净,再满涂第二遍同色水泥浆一遍，然后养护2～3d。

11　细磨（磨第三遍）

（1）第三遍磨光应在中磨结束养护后进行。

（2）使用180～240号金刚石，机磨方法同头遍，磨至表面平整光滑，石子显露均匀，无细孔磨痕为止。

（3）边角等磨石机磨不到之处，用人工手磨。

（4）当为高级水磨石时，在第三遍磨光后，经满浆、养护后，用240～300号油石继续进行第四、第五遍磨光。

12　草酸清洗

（1）在水磨石面层磨光后，涂草酸和上蜡前，其表面不得污染。

（2）用热水溶化草酸（1:0.35，重量比），冷却后在擦净的面层上用布均匀涂抹。每涂一段用240～300号油石磨出水泥及石粒本色，再冲洗干净，用棉纱或软布擦干。

（3）亦可采取磨光后，在表面撒草酸粉洒水，进行擦洗，露出面层本色，再用清水洗净，用拖布拖干。

13　打蜡抛光

（1）酸洗后的水磨石面，应经擦净晾干。打蜡工作应在不影响水磨石面层质量的其他工序全部完成后进行。

（2）地板蜡有成品供应，当采用自制时其方法是将蜡、煤油按1:4的重量比放入桶内加热、熔化（约120～130℃），再掺入适量松香水后调成稀糊状，凉后即可使用。

（3）用布或干净麻丝沾蜡薄薄均匀涂在水磨石面上，待蜡干后，用包有麻布或细帆布的木块代替油石，装在磨石机的磨盘上进行磨光，或用打蜡机打磨，直到水磨石表面光滑洁亮为止。高级水磨石应打二遍蜡，抛光两遍。打蜡后，铺锯末进行养护。

14　踢脚线施工

（1）踢脚线在地面水磨石磨后进行，施工时先做基层清理和抹找平层，其操作要点同本标准第5.2.3.2条中第11款。

（2）踢脚线抹石粒浆面层，踢脚线配合比为1:1～1:1.5（水泥:石粒）。出墙厚度宜为8mm，石粒宜为小八厘。铺抹时，先将底子灰用水湿润，在阴阳角及上口，用靠尺按水平线找好规矩，贴好尺杆，刷素水泥浆一遍后，随即抹石粒浆、抹平、压实；待石粒浆初凝时，用毛刷沾水刷去表面灰浆，次日喷水养护。

（3）踢脚线面层可采用立面磨石机磨光，亦可采用角向磨光机进行粗磨、手工细磨或全部采用手工磨光。采用手工磨光时，开磨时间可适当提前。

（4）踢脚线施工的磨光、刮浆、养护、酸洗、打蜡等工序和要求同水磨石面层。但须注意踢脚线上口必须仔细磨光。

15　楼梯踏步施工

（1）楼梯踏步的基层处理及找平层施工操作要点详见本标准第5.3.3.2条中第14款"楼梯水泥砂浆面层施工"。

（2）楼梯踏步面层应先做立面，再做平面，后做侧面及滴水线。每一梯段应自上而下施工，踏步施工要有专用模具，楼梯踏步面层模板见图5.4.3.2-2，踏步平面应按设计要求留出防滑条的预留槽，应采用红松或白松制作嵌条提前2d镶好。

(3) 楼梯踏步立面、楼梯踢脚线的施工方法同踢脚线，平面施工方法同地面水磨石面层。但大部分需手工操作，每遍必须仔细磨光、磨平、磨出石粒大面，并应特别注意阴阳角部位的顺直、清晰和光洁。

(4) 现制水磨石楼梯踏步的防滑条可采用水泥金刚砂防滑条，做法同水泥砂浆楼梯面层；亦可采用镶成品铜条或L形铜防滑护板等做法，应根据成品规格在面层上留槽或固定埋件。

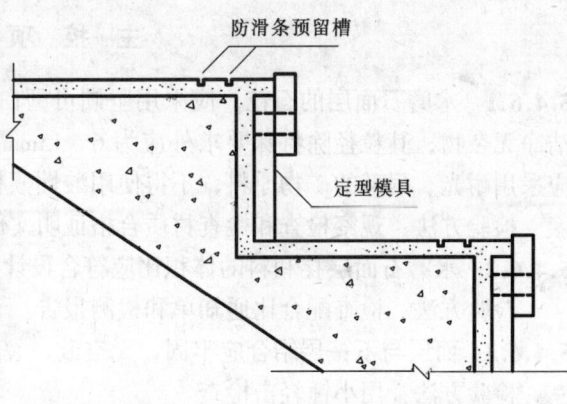

图5.4.3.2-2 楼梯踏步面层模板图

16 楼梯板块面层施工

现浇整体水磨石地面面层的踢脚线、楼梯踏步最好采用预制水磨石或大理石（花岗石）制品，其品种规格应经设计或业主认可。其施工方法见本标准第6章相应的板块面层铺设。

5.4.4 成品保护

1 水磨石面层施工应在顶棚和墙面装饰完成后进行，避免在完成的水磨石面层上搭设脚手架，而破坏面层。

2 抹打底灰和罩面石粒浆时，水电管线、各种设备及预埋件应妥加保护，不得污染和损坏。

3 用手推胶轮车运料时，注意保护门口、栏杆、墙角抹灰等，不得碰撞损坏。

4 面层装料等应细心操作，不得碰坏分格条。

5 磨石机应设罩板，防止浆水回溅污染墙面。

6 磨石废浆应有组织排放，及时清除，不得排入下水口、地漏内，以防造成堵塞。

7 在水磨石面层磨光后涂草酸和上蜡前，其表面严禁污染。

8 楼梯保护措施见本标准第5.2.4条相关内容。

5.4.5 安全、环保措施

1 踢凿地面时，要戴防护眼镜；抹浆操作人员应戴手套等必要的劳动保护用品。

2 磨石机在使用前应试机检查，确认电线插头牢固、无漏电才能使用；开磨时磨机电线、配电线、配电箱应架空绑牢，以防受潮漏电。磨石机配电箱内应设置漏电保护器、漏电掉闸开关和可靠的保护接零。非机电人员不准乱动机电设备。

3 两台以上磨石机在同一部位操作，应保持3m以上安全距离。

4 熬制上光蜡时，应有确实可靠的防火措施。

5 卷扬机井架作垂直运输时，要注意联络信号，待吊笼平层稳定后再进行装卸操作。

6 调制水磨石的颜料不得随便丢弃，应集中收集和销毁，或送固定的废弃地点。

7 磨水磨石时的废浆不得随便排放，现场应设置沉淀池。

8 其他安全、环保措施参见第5.1.15条、第5.2.5条中相关内容。

5.4.6 质量标准

主 控 项 目

5.4.6.1 水磨石面层的石粒，应采用坚硬可磨白云石、大理石等岩石加工而成，石粒应洁净无杂物，其粒径除特殊要求外应为6～15mm；水泥强度等级不应低于32.5级；颜料应采用耐光、耐碱的矿物原料，不得使用酸性颜料。

检验方法：观察检查和检查材质合格证明文件。

5.4.6.2 水磨石面层拌和料的体积比应符合设计要求，且为1:1.5～1:2.5（水泥:石粒）。

检验方法：检查配合比通知单和检测报告。

5.4.6.3 面层与下一层结合应牢固，无空鼓、裂纹。

检验方法：用小锤轻击检查。

注：空鼓面积不应大于400cm^2，且每自然间（标准间）不多于2处可不计。

一 般 项 目

5.4.6.4 面层表面应光滑；无明显裂纹、砂眼和磨纹；石粒密实，显露均匀；颜色图案一致，不混色；分格条牢固、顺直和清晰。

检验方法：观察检查。

5.4.6.5 踢脚线与墙面应紧密结合，高度一致，出墙厚度均匀。

检验方法：用小锤轻击、钢尺和观察检查。

注：局部空鼓长度不大于300mm，且每自然间（标准间）不多于2处可不计。

5.4.6.6 楼梯踏步的宽度、高度应符合设计要求。楼层梯段相邻踏步高度差不应大于10mm，每踏步两端宽度差不应大于10mm，旋转楼梯梯段的每踏步两端宽度的允许偏差为5mm。楼梯踏步的齿角应整齐，防滑条应顺直。

检验方法：观察和钢尺检查。

5.4.6.7 水磨石面层的允许偏差应符合本标准表5.1.13的规定。

检验方法：应按本标准表5.1.13中的检验方法检验。

5.4.7 质量验收

1 检验批的划分和抽样检查数量按本标准第3.0.23条规定执行。在施工组织设计（或方案）中事先确定。

2 检验批的验收按本标准第3.0.25条进行组织。

3 检验时，应检查各种原材料试验报告，彩色水磨石还应与样板对照检查。

4 检验批质量验收记录当地方政府主管部门无统一规定时，宜采用表5.4.7"水磨石面层检验批质量验收记录表"。

表 5.4.7 水磨石面层检验批质量验收记录表
GB50209—2002

单位（子单位）工程名称					
分部（子分部）工程名称				验收部位	
施工单位				项目经理	
分包单位				分包项目经理	
施工执行标准名称及编号					
		施工质量验收规范的规定		施工单位检查评定记录	监理（建设）单位验收记录
主控项目	1	材料质量	石粒洁净无杂物，除特殊要求，粒径为6～15mm；水泥强度等级≥32.5级；颜料应耐光耐碱，不用酸性颜料		
	2	拌合料体积比（水泥:石料）	符合设计要求，且为1:1.5～1:2.5		
	3	面层与下一层结合	牢固，无空鼓、无裂纹		
一般项目	1	面层表面质量	光滑；无明显裂纹、砂眼和磨纹；石粒密实，显露均匀，颜色图案一致，不混色；分格条牢固、顺直、清晰		
	2	踢脚线	与墙面紧密结合、高度一致、出墙厚度均匀；		
	3	楼梯踏步	符合设计要求，楼梯段相临踏步高度差、每踏步两端宽度差≤10mm，齿角整齐、防滑条顺直		
	4	表面允许偏差	表面平整度	高级水磨石	2mm		
				普通水磨石	3mm		
	5		踢脚线上口平直	3mm		
	6		缝格平直	高级水磨石	2mm		
				普通水磨石	3mm		
	7		旋转楼梯踏步两端宽度	5mm		
施工单位检查评定结果	专业工长（施工员）		施工班组长		
	项目专业质量检查员：			年 月 日	
监理（建设）单位验收结论	专业监理工程师（建设单位项目专业技术负责人）：			年 月 日	

5.5 水泥钢（铁）屑面层

5.5.1 适用范围与要求

1 水泥钢（铁）屑面层具有硬度大、强度高、良好的抗冲击性能和耐磨损性等特点，适用于工业厂房中有较强磨损作用的地段，如滚动电缆盘、履带式拖拉机装配车间、钢丝绳车间以及行驶铁轮车或拖运尖锐金属物件的建筑地面。

2 水泥钢（铁）屑面层是采用水泥与钢（铁）屑加水拌合后铺设在水泥砂浆结合层上而成。

3 水泥钢（铁）屑面层配合比应通过试验确定。当采用振动法使水泥钢（铁）屑拌合料密实时，其密实度不应小于 $2000kg/m^3$，其稠度不应大于 10mm。

4 水泥钢（铁）屑面层铺设时应先铺一层厚 20mm 的水泥砂浆结合层，面层的铺设应在结合层的水泥初凝前完成。

5.5.2 施工准备

5.5.2.1 技术准备

1 根据设计和选用的材料通过试验确定水泥钢（铁）层的配合比及施工工艺。

2 参见本标准第 3.0.4 条中相关内容。

5.5.2.2 材料准备

钢（铁）屑、水泥、砂、水等。

5.5.2.3 主要机具

1 机械设备：搅拌机、机动翻斗车等。

2 主要工具：平铁锹、筛子、木刮杠、木抹子、铁抹子、钢丝刷、磅秤、手推胶轮车等。

5.5.2.4 作业条件

1 混凝土基层（垫层）已按设计要求施工完，混凝土强度达到 5.0MPa 以上。

2 厂房内抹灰、门窗框、预埋件及各种管道、地漏等已安装完毕，经检查合格，地漏口已遮盖，并办理预检手续。

3 已在墙面或结构面弹出或设置控制面层标高和排水坡度的水平基准线或标志；分格线已按要求设置，地漏处已找好泛水及标高。

4 地面已做好防水层并有防雨措施。

5 面层材料已进场，并经检查处理，符合质量要求，试验室根据现场材料，通过试验，已确定配合比。

5.5.3 材料质量控制

5.5.3.1 钢（铁）屑

1 钢（铁）屑粒径为 1~5mm，颗粒大的应予以破碎，颗粒小于 1mm 的应筛去。

2 钢屑或铁屑要求不含有杂物，如有油脂，用 10%浓度的氢氧化钠溶液煮沸去油，再用热水清洗干净并干燥。如有锈蚀，用稀酸溶液除锈，再以清水冲洗后使用。

5.5.3.2 水泥：采用硅酸盐水泥或普通硅酸盐水泥，强度等级不应低于 32.5 级。

5.5.3.3 砂：采用中粗砂，含泥量不应大于 3%。

污染周围环境。

12 其他安全、环保措施参见第5.1.15条中相关内容。

5.6.8 质量标准

主 控 项 目

5.6.8.1 防油渗混凝土所用的水泥,应采用普通硅酸盐水泥,其强度等级应不低于32.5级;碎石应采用花岗石或石英石,严禁使用松散多孔和吸水率大的石子,粒径为5~15mm,其最大粒径不应大于20mm,含泥量不应大于1%;砂应为中砂,洁净无杂物,其细度模数应为2.3~2.6;掺入的外加剂和防油渗剂应符合产品质量标准。防油渗涂料应具有耐油、耐磨、耐火和粘结性能。

检验方法:观察检查和检查材质合格证明文件及检测报告。

5.6.8.2 防油渗混凝土的强度等级和抗渗性能必须符合设计要求,且强度等级不低于C30;防油渗涂料抗拉粘结强度不应低于0.3MPa。

检验方法:检查配合比通知单和检测报告。

5.6.8.3 防油渗混凝土面层与下一层应结合牢固、无空鼓。

检验方法:用小锤轻击检查。

5.6.8.4 防油渗涂料面层与基层应粘结牢固,严禁有起皮、开裂、漏涂等缺陷。

检验方法:观察检查。

一 般 项 目

5.6.8.5 防油渗面层表面坡度应符合设计要求,不倒泛水,无渗漏、无积水现象。

检验方法:观察和泼水或用坡度尺检查。

5.6.8.6 防油渗混凝土面层表面不应有裂纹、脱皮、麻面和起砂现象。

检验方法:观察检查。

5.6.8.7 踢脚线与墙面应紧密结合、高度一致,出墙厚度均匀。

检验方法:用小锤轻击、钢尺和观察检查。

5.6.8.8 防油渗面层的允许偏差应符合本标准表5.1.13的规定。

检验方法:应符合本标准表5.1.13中的检查方法。

5.6.9 质量验收

1 检验批的划分和抽样检查数量按本标准第3.0.23条规定执行。在施工组织设计(或方案)中事先确定。

2 检验批的验收按本标准第3.0.25条进行组织。

3 检验时,应检查各种原材料试验报告。

4 检验批质量验收记录当地方政府主管部门无统一规定时,宜采用表5.6.9"防油渗面层检验批质量验收记录表"。

表5.6.9 防油渗面层检验批质量验收记录表
GB50209—2002

单位（子单位）工程名称					
分部（子分部）工程名称				验收部位	
施工单位				项目经理	
分包单位				分包项目经理	
施工执行标准名称及编号					

		施工质量验收规范的规定		施工单位检查评定记录	监理（建设）单位验收记录
主控项目	1	材料质量	采用普通硅酸盐水泥，强度等级≥32.5级；碎石粒径5～15mm，最大≤20mm，含泥量≤1%，砂细度模数2.3～2.6		
	2	强度等级抗渗性能	符合设计要求		
	3	面层与下一层结合	结合牢固、无空鼓		
	4	面层与基层粘结	粘结牢固，严禁有起皮、开裂、漏涂等缺陷		
一般项目	1	表面坡度	符合设计要求，无倒泛水、无积水现象		
	2	表面质量	表面不应有裂纹、脱皮、麻面和起砂现象		
	3	踢脚线与墙面结合	与墙面应紧密结合、高度一致，出墙厚度均匀		
	4	允许偏差	表面平整度	5mm	
	5		踢脚线上口平直	4mm	
	6		缝格平直	3mm	

	专业工长（施工员）		施工班组长	
施工单位检查评定结果	项目专业质量检查员：			年 月 日
监理（建设）单位验收结论	专业监理工程师（建设单位项目专业技术负责人）：			年 月 日

5.7 不发火（防爆的）面层

5.7.1 适用范围、要求及构造

1 不发火面层，又称防爆面层，指在生产和使用过程中，地面受到外界物体的撞击、摩擦而不发生火花的面层。

2 按现行国家标准《建筑设计防火规范》GBJ 16 的规定，散发较空气重的可燃气体、可燃蒸汽的甲类厂房以及有粉尘、纤维爆炸危险的乙类厂房，应采用不发生火花的地面。

3 不发火（防爆的）面层，主要用于有防爆要求的精苯车间、精馏车间、氢气车间、钠加工车间、钾加工车间、胶片厂棉胶工段、人造橡胶的链状聚合车间、造丝工厂的化学车间以及生产爆破器材的车间和火药仓库、汽油库等等的建筑地面工程。

4 不发火（防爆的）面层应有一定的强度、弹性和耐磨性，并应防止有可能因摩擦产生火花的材料粘结在面层上或材料的空隙中。

5 不发火（防爆的）建筑地面工程的选型应经济合理，并要因地制宜、就地选材、便于施工。

6 不发火（防爆的）面层是用水泥类或沥青类拌合料铺设在建筑地面工程的基层上而成。也有采用菱苦土、木砖、塑料板、橡胶板、铅板和铁钉不外露的空铺木板、实铺木板、拼花木板面层作为不发火（防爆的）建筑地面。

7 不发火（防爆的）面层宜选用细石混凝土、水泥石屑、水磨石等水泥类的拌合料铺设。施工时尚应符合下列要求：

（1）选用的原材料和其拌合料应是不发火的，并应事先做好试验鉴定工作。

（2）不发火（防爆的）混凝土、水泥石屑、水磨石等水泥类面层的厚度和强度等均应符合设计要求。

8 不发火（防爆的）水泥类面层的构造做法见图 5.7.1。

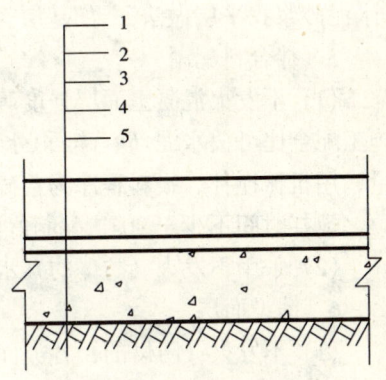

图 5.7.1 不发火（防爆的）面层构造做法示意图

1—水泥类面层；2—结合层；3—找平层；4—垫层；5—基土

5.7.2 施工准备

5.7.2.1 技术准备

参见本标准第 3.0.4 条中相关内容。

5.7.2.2 材料准备

普通硅酸盐水泥、砂、碎石、嵌条。

5.7.2.3 主要机具

1 机械设备

混凝土搅拌机、机动翻斗车等。

2 主要工具

大小平锹，铁辊筒、木抹子、铁抹子、木刮杠、水平尺，磅称，手推胶轮车等。

5.7.2.4 作业条件

作业条件参见第 5.5.2.4 条相关内容。

5.7.3 材料质量控制

5.7.3.1 水泥：应选用普通硅酸盐水泥，强度等级不应低于32.5级。有出厂检验报告和复试报告。

5.7.3.2 砂：选用质地坚硬、多棱角、表面粗糙并有颗粒级配的砂，其粒径宜为0.15～5mm，含泥量不应大于3%，有机物含量不应大于0.5%。

5.7.3.3 石子（水磨石面层时采用石粒）：采用大理石、白云石或其他石料加工而成，并以金属或石料撞击时不发生火花为合格。

5.7.3.4 砂、石均应按附录B中的检验方法检验不发火性，合格后方可使用。

5.7.3.5 嵌条：采用不发生火花的材料制成。

5.7.4 不发火（防爆的）面层施工工艺

5.7.4.1 工艺流程

基层处理→抹找平层→拌合料配制→面层铺设→养护

5.7.4.2 施工要点

1 拌合料

不发火（防爆的）面层应采用水泥类的拌合料铺设，其厚度应符合设计要求。

2 材料配比

施工所用的材料应在试验合格后使用，不得任意更换材料和配合比。

3 清理基层

施工前，应将基层表面的泥土、灰浆皮、灰渣及杂物清理干净，油渍污迹清洗掉，抹底灰前1d，将基层浇水湿润，但无积水。

4 抹找平层

水泥类不发火地面施工时，应按常规方法先做找平层，具体施工方法详见第4.9节"水泥砂浆找平层做法"。如基层表面平整，亦可不抹找平层，直接在基层上铺设面层。

5 拌合料配制

（1）不发火混凝土面层强度等级应符合设计要求，当设计无要求时，可采用C20。其施工配合比可按水泥∶砂∶碎石∶水 = 1∶1.74∶2.83∶0.58（重量比）试配。所用材料严格计量，用机械搅拌，投料程序为：碎石→水泥→砂→水。要求搅拌均匀，混凝土灰浆颜色一致，搅拌时间不少于90s，配制好的拌和物在2h内用完。

（2）采用不发火（防爆的）水磨石面层时，其拌合料配制见第5.4.3.2条相关内容。

6 铺设面层

（1）不发火（防爆的）各类面层的铺设，应符合本章中相应面层的规定。

（2）不发火（防爆的）混凝土面层铺设时，先在已湿润的基层表面均匀地涂刷一道素水泥浆，随即按分仓顺序摊铺，随铺随用刮杠刮平，用铁辊筒纵横交错来回滚压3～5遍至表面出浆，用木抹子拍实搓平，然后用铁抹子压光。待收水后再压光2～3遍，至抹平压光为止。

（3）试块的留置除满足本标准中第3.0.22条的要求外，尚应留置一组用于检验面层不发火性的试件。

7 养护

最后一遍压光后根据气温（常温情况下24h），洒水养护，时间不少于7d，养护期间

12 清理基层时，不允许从窗口、阳台、洞口等处向外乱扔杂物，以免伤人。

13 使用钢井架作垂直运输时，要联系好上下信号，吊笼平层稳定后，才能进行装卸作业。

14 工程废水的控制措施：

（1）浸砖等产生的废水可用来拌合水泥砂浆。

（2）砂浆机清洗废水应经沉淀池沉淀后，排到室外管网。

15 大气污染的控制措施：

（1）施工现场垃圾应分拣分放并及时清运，由专人负责用毡布密封，并洒水降尘。

（2）应注意对粉状材料的覆盖，防止扬尘和运输过程中的遗洒。

（3）砂子使用时，应先用水喷洒，防止粉尘的产生。

（4）进出工地使用柴油、汽油的机动机械，必须使用无铅汽油和优质柴油做燃料，以减少对大气的污染。

（5）胶粘剂用后应立即盖严，不能随意敞放，如有洒漏，及时清除，所用器具及时清洗，保持清洁。

16 噪声控制措施：

（1）施工机械进场必须先试车，确定润滑良好，各紧固件无松动，无不良噪声后方可使用。

（2）设备操作人员应熟悉操作规程，了解机械噪声对环境造成的影响。

（3）各种操作人员必须按照要求操作，作业时轻拿轻放。

（4）切割板块时，应设置在室内并应加快作业进度，以减少噪声排放时间和频次。

（5）注意对噪声的控制（白天不应超过85dB（A），夜间不应超过55dB（A）），定期对噪声进行测量，并注明测量时间、地点、方法，做好噪声测量记录，以验证噪声排放是否符合要求，超标时，及时采取措施。

17 固体废弃物的控制措施：

（1）各种废料应按"可利用"、"不可利用"、"有毒害"等进行标识。可利用的垃圾分类存放，不可利用垃圾存放在垃圾场，及时运走；有毒害的物品，如胶结剂等应密封存放。

（2）各种废料在施工现场装卸运输时，应用水喷洒，卸到堆放地后及时覆盖或用水喷洒。

（3）机械保养，应防止机油泄漏，污染地面。

18 能源控制措施：

（1）须养护的面层应采用湿麻袋片或锯末养护，防止废水横流产生污染。

（2）加强职工教育，提高职工节水意识。

（3）加强检查监督，避免跑、冒、滴、漏和常流水现象。

（4）提高现场机械的利用率，减少空转时间。

6.2 砖 面 层

6.2.1 砖面层采用陶瓷锦砖、无釉陶瓷地砖、陶瓷地砖和水泥花砖在水泥砂浆、沥青胶结材料或胶粘剂结合层上铺设而成。

6.2.2 有防腐蚀要求的砖面层采用耐酸瓷砖、浸渍沥青砖、无釉陶瓷地砖等在胶泥或砂浆结合层上铺设而成。其材质、铺设以及施工要求和质量验收应符合现行国家标准《建筑防腐蚀工程施工及验收规范》GB 50212—2002 的规定。

6.2.3 施工准备

6.2.3.1 技术准备

见本标准第 3.0.4 条中相关内容。

6.2.3.2 主要材料

水泥、白水泥（擦缝用）、矿物颜料、中砂或粗砂、沥青胶结料、胶粘剂、陶瓷锦砖、陶瓷地砖、无釉陶瓷地砖、水泥花砖等。

6.2.3.3 主要机具

1 机械设备

砂浆搅拌机、小型台式砂轮机、切割机、机动翻斗车等。

2 主要工具

水平尺、木锤、手推胶轮车、合金尖錾子、合金扁錾子、拨缝开刀、平铁锹、木刮杠、扁铁、钢丝刷、铁抹子等。

6.2.3.4 作业条件

1 墙柱饰面、顶棚（天花）粉刷、吊顶施工完毕。

2 门框、各种管线、埋件安装完毕，并经检验合格。

3 楼地面各种孔洞、缝隙应用细石混凝土灌填密实（细小缝隙可用水泥砂灌填），并经检查无渗漏现象。

4 弹好 +500mm 水平墨线、各开间中心（十字线）及图案分格线。

5 材料已经备齐，运到现场，经检查质量符合要求。

6 砖应先挑选，按规格、颜色和图案组合分类堆放备用，有裂纹、掉角和表面有缺陷的砖应剔除不用。

7 陶瓷地砖、水泥花砖在铺贴前一天，应浸透、晾干备用。

6.2.4 材料质量控制

6.2.4.1 水泥

采用硅酸盐水泥、普通硅酸盐水泥或矿渣硅酸盐水泥，强度等级不应低于 32.5 级。应有出厂合格证及试验报告。

6.2.4.2 砂

砂采用洁净无有机杂质的中砂或粗砂，含泥量不大于 3%。

6.2.4.3 颜料

颜料用于擦缝，颜色可视饰面板色泽定。同一面层应使用同厂、同批的颜料，以避免造成颜色深浅不一；其掺入量宜为水泥重量的 3%~6% 或由试验确定。

6.2.4.4 沥青胶结料

宜用石油沥青与纤维、粉状或纤维和粉状混合的填充料配制。组成材料的质量要求及配制方法见附录 C。

6.2.4.5 胶粘剂

1 应防水、防菌，其选用应按基层材料和面层材料使用的相容性要求，通过试验确定，并符合现行国家标准《民用建筑工程室内环境污染控制规范》GB 50325—2001 的规定。产品应有出厂合格证和技术质量指标检验报告。超过生产期三个月的产品，应取样检验，合格后方可使用；超过保质期的产品不得使用。

2 保管要求：

(1) 胶粘剂外包装上应注明产品名称、规格型号、商标、储存期与储存条件、适用范围、生产日期、批号、重量和使用说明等内容。

(2) 胶粘剂应存放在阴凉通风、干燥的室内。

(3) 粉状物应采用防潮、防湿、牢固的材料包装，置于干燥通风的场地贮存，并注意防晒。

(4) 膏状和液体物料应以密封容器包装，置于 5～30℃温度条件下的通风库内贮存，并注意防冻、防晒。

(5) 胶粘剂在运输、装卸过程中，应轻拿轻放，防止包装破坏。

6.2.4.6 陶瓷锦砖

1 陶瓷锦砖花色、品种、规格按图纸设计要求并符合有关标准规定，产品质量标准见附录 E.1。陶瓷锦砖每箱内必须有盖有检验标志的产品合格证和产品使用说明书。

2 运输和贮存：

(1) 运输：产品运输时要轻拿轻放，严禁受潮。

(2) 贮存：产品贮存时要按等级、品种、色号分别堆放，并严禁受潮。

6.2.4.7 陶瓷地砖

1 陶瓷地砖花色、品种、规格按图纸设计要求并符合有关标准规定。产品质量标准见附录 E.2。应有出厂合格证和技术质量性能指标的试验报告。

2 运输和贮存：

(1) 运输：搬运时应轻拿轻放，严禁摔扔。

(2) 贮存：应在室内贮存，按品种、规格、级别、色号、尺寸正负差分开堆放，在室外堆放应有防雨措施。

6.2.4.8 无釉陶瓷地砖（又名缸砖）

1 花色、品种、规格按图纸设计要求并符合有关标准规定，产品质量标准见附录 E.3。应有出厂合格证和技术质量性能指标的试验报告。

2 运输和贮存：

同第 6.2.4.6 条中相关内容。

6.2.4.9 水泥花砖

1 花色、品种、规格按图纸设计要求并符合有关标准规定。产品质量标准见附录 E.4。应有出厂合格证和技术质量性能指标的试验报告。

2 运输、贮存：

(1) 运输：装卸时应轻拿轻放，严禁抛摔磕碰。运输时花砖要保持平稳，防止相互撞击。

(2) 贮存：水泥花砖应在室内贮存，在室外贮存应予以遮盖。直立码放时，倾斜度不应大于15°，垛高不应超过1.6m，层与层之间可用无污染的弹性材料支垫。平放时，地面应平整，堆放高度不得高于0.8m。

6.2.5 施工工艺
6.2.5.1 工艺流程
清理基层→弹控制线→贴灰饼→做结合层→找规矩、排砖、弹线→铺砖→拨缝调整→勾缝、擦缝→养护

6.2.5.2 施工要点
1 在水泥砂浆结合层上铺贴无釉陶瓷地砖、陶瓷地砖和水泥花砖面层时，应符合下列规定：

（1）在铺贴前，应对砖的规格尺寸、外观质量、色泽等进行预选，浸水湿润晾干待用；

（2）勾缝或擦缝应采用同品种、同强度等级、同颜色的水泥，并做养护和保护。

2 基层清理施工方法见第4.9.3.2条相关内容。

3 弹控制线：根据房间中心线（十字线）并按照排砖方案图，弹出排砖控制线。

4 无釉陶瓷地砖、陶瓷地砖和水泥花砖铺贴：

（1）根据排砖控制线先铺贴好左右靠边基准行（封路）的块料，以后根据基准行由内向外挂线逐行铺贴。并随时做好各道工序的检查和复验工作，以保证铺贴质量。

（2）铺贴时宜采用干硬性水泥砂浆，厚度为10～15mm，然后用水泥膏（约2～3mm厚）满涂块料背面，对准挂线及缝子，将块料铺贴上，用小木锤着力敲击至平正。挤出的水泥膏及时清干净。随铺砂浆随铺贴。

（3）面砖的缝隙宽度：当紧密铺贴时不宜大于1mm；当虚缝铺贴时宜为5～10mm，或按设计要求。

（4）面层铺贴24h内，根据各类砖面层的要求，分别进行擦缝、勾缝或压缝工作。勾缝深度比砖面凹2～3mm为宜，擦缝和勾缝应采用同品种、同标号、同颜色的水泥。

（5）做好面层的养护和保护工作。

5 陶瓷锦砖（马赛克）的铺贴：

（1）在水泥砂浆结合层上铺贴陶瓷锦砖面层时，砖底面应洁净，每联陶瓷锦砖之间、陶瓷锦砖与结合层之间以及在墙边、镶边和靠墙处，均应紧密贴合，并不得有空隙。在靠墙处不得采用砂浆填补。

（2）根据+500mm水平控制线及中心线（十字线）铺贴各开间左右两侧标准行，以后根据标准行结合分格缝控制线，由里向外逐行挂线铺贴。

（3）用软毛刷将块料表面（沿未贴纸的一面）灰尘扫净并润湿，在块材上均匀抹一层水泥膏2～2.5mm厚，按线铺贴，并用平整木板压在块料上用木锤着力敲击校平正。

（4）将挤出的水泥膏及时清干净。

（5）块料铺贴后待15～30min，在纸面刷水湿润，将纸揭去，并及时将纸屑清干净；拨正歪斜缝子，铺上平正木板，用木锤拍平拍实。

6 踢脚线宜使用与地面同品种、同规格、同颜色的块材（不含陶瓷锦砖地面）。立缝应与地面缝对齐，铺设时先在房间阴角两头各铺一块砖，出墙厚度和高度一致，并以此砖上口为标准，挂线铺贴。铺时采用粘贴法，将砖背面朝上，满抹1:2水泥砂浆后，立即贴到已刮水泥膏的底灰上，挤平、敲实，使其上口跟线，并随时把挤出砖面多余的砂浆刮去，将砖面清理干净。阳角处块材宜采用45°角对缝。

7 楼梯板块面层施工：

(1) 根据标高控制线，把楼梯每一梯段的所有踏步的误差均分，并在墙面上放样予以标识，作为检查和控制板块标高、位置的标准。

(2) 楼梯面层板块材料应先挑选（踏步应选用满足防滑要求的块材），并按颜色和花纹分类堆放备用，铺贴前应视材质情况浸水湿润，但使用时表面应晾干。

(3) 基层的泥土、浮灰、灰渣清理干净，如局部凹凸不平，应在铺贴前将凸处凿平，凹处用1:3水泥砂浆补平。

(4) 铺贴前对每级踏步立面、平面板块，按图案、颜色、拼花纹理进行试拼、试排，试排好后编号放好备用。

(5) 铺抹结合层半干硬性水泥砂浆，一般采用1:3水泥砂浆。铺前洒水湿润基层，随刷素水泥浆随铺抹砂浆，铺抹好后用刮尺杆刮平、拍实，用抹子压拍平整密实，铺抹顺序一般按先踏步立面，后踏步平面，再铺抹楼梯栏杆和靠墙部位色带处。

(6) 楼梯板块料面层铺贴顺序一般是从下向上逐级铺贴，先粘贴立面，后铺贴平面，铺贴时应按试拼、试排的板块编号对号铺贴。

(7) 铺贴前将板块预先浸湿阴干备用，铺贴时将板块四角同时放置在铺抹好的半干硬性砂浆层上，先试铺合适后，翻开板块在背面满刮一层水灰比为0.5的素水泥浆，然后将板块轻轻对准原位铺贴好，用小木锤或橡皮锤敲击板块使其四角平整、对缝、对花符合设计要求，要求接缝均匀，色泽一致，面层与基层结合牢固。及时擦干净面层余浆，缝内清理干净。常温铺贴完12h开始养护，3d后即可勾缝或擦缝。

(8) 当设计要求用白水泥和其它有颜色的胶结料勾缝时，用白水泥和颜料调制成与板块色调相近的带色水泥浆，用专用工具勾缝压实至平整光滑。

(9) 擦（勾）缝24h后，用干净湿润的锯末覆盖或喷水养护不少于7d。

(10) 楼梯踢脚板镶贴方法，见本款第(6)项操作要点。施工时应按楼梯放样图加工套割，并试排编号，以备镶贴用。

8 卫生间等有防水要求的房间面层施工：

(1) 根据标高控制线，从房间四角向地漏处按设计要求的坡度进行找坡，并确定四角及地漏顶部标高，用1:3水泥砂浆找平，找平打底灰厚度一般为10~15mm，铺抹时用铁抹子将灰浆摊平拍实，用刮杠刮平，木抹子搓平，做成毛面，再用2m靠尺检查找平层表面平整度和地漏坡度。找平打底灰抹完后，于次日浇水养护2d。

(2) 对铺贴的房间检查净空尺寸，找好方正，定出四角及地漏处标高，根据控制线先铺贴好靠边基准行的块料，由内向外挂线逐行铺贴，并注意房间四边第一行板块铺贴必须平整，找坡应从第二行块料开始依次向地漏处找坡。

(3) 根据地面板块的规格，排好模数，非整砖块料对称铺贴于靠墙边，且不小于1/4整砖，与墙边距离应保持一致，严禁出现"大小头"现象，保证铺贴好的块料地面标高低于走廊和其它房间不少于20mm，地面坡度符合设计要求，无倒泛水和积水现象。

(4) 地漏（清扫口）位置在符合设计要求的前提下，宜结合地面面层排板设计进行适当调整。并用整块（块材规格较小时用四块）块材进行套割，地漏（清扫口）双向中心线应与整块块材的双向中心线重合；用四块块材套割时，地漏（清扫口）中心应与四块块材的交点重合。套割尺寸宜比地漏面板外围每侧大2~3mm，周边均匀一致。镶贴时，套割的块材内侧与地漏面板平，且比外侧低（找坡）5mm（清扫口不找坡）。待镶贴凝固后，清理地漏（清扫口）周围缝隙，用密封胶封闭，防止地漏（清扫口）周围渗漏。

（5）铺贴前，在找平层上刷素水泥浆一遍，随刷浆随抹粘结层水泥砂浆，配合比为1:2~1:2.5,厚度10~15mm。铺贴时，对准控制线及缝子，将块料铺贴好，用小木锤或橡皮锤敲击至表面平整，缝隙均匀一致，将挤出的水泥浆擦干净。

（6）擦缝、勾缝应在24h内进行，用1:1水泥砂浆（细砂），要求缝隙密实平整光洁。勾缝的深度宜为2~3mm。擦缝、勾缝应采用同品种、同一强度等级、同一颜色的水泥。

（7）面层铺贴完毕24h后，洒水养护2d，用防水材料临时封闭地漏，放水深20~30mm进行24h蓄水试验，经监理、施工单位共同检查验收签字，确认无渗漏后，地面铺贴工作方可完工。

9 在胶粘剂结合层上铺贴砖面层：

（1）采用胶粘剂在结合层上粘贴砖面层时，胶粘剂选用应符合现行国家标准《民用建筑工程室内环境污染控制规范》GB 50325—2001的规定。

（2）水泥基层表面应平整、坚硬、干燥、无油脂及砂粒，含水率不大于9%。如表面有麻面起砂、裂缝现象时，宜采用乳液腻子等修补平整，每次涂刷的厚度不大于0.8mm，干燥后用0号铁砂布打磨，再涂刷第二次腻子，直至表面平整（基层表面平整度应符合4.1.6条规定）后，再用水稀释的乳液涂刷一遍，以增加基层的整体性和粘结力。

（3）铺贴应先编号，将基层表面清扫洁净，涂刷一层薄而匀的底胶，待其干燥后，再在其面上进行弹线，分格定位。

（4）铺贴应由内向外进行。涂刷的胶粘剂必须均匀，并超出分格线10mm，涂刷厚度控制在1mm以内，砖面层背面应均匀涂刮胶粘剂，待胶层干燥不粘手（10~20min）即可铺贴，涂胶面积不应超过胶的晾置时间内可以粘贴的面积，应一次就位准确，粘贴密实。

10 在沥青胶结料结合层上铺贴无釉陶瓷地砖面层：

（1）找平层表面应洁净、干燥，其含水率不应大于9%，并应涂刷基层处理剂。基层处理剂应采用与沥青胶结料同类材料加稀释溶剂配制。涂刷基层处理剂的相隔时间应通过试验确定，一般涂刷一昼夜后即可铺贴面层。

（2）沥青胶结料组成材料的质量要求、熬制方法和温度控制见附录C。

（3）无釉陶瓷地砖要干净，铺贴时应在摊铺热沥青胶结料后随即进行，并在沥青胶结料凝结前完成。

（4）无釉陶瓷地砖间缝隙宽度为3~5mm，采用挤压方法使沥青胶结料挤入，再用胶结料填满。填缝前，缝隙内应予清扫并使其干燥。

6.2.6 成品保护

1 调整、擦缝的操作人员，要穿软底鞋，踩踏面料时要垫上平整木板。

2 完成后的地面，7d内严禁上人行走及堆放物品，表面要覆盖保护（可撒锯末、覆盖塑料编织袋），且一直保持到交工前为止。

3 运输时，不要碰坏墙柱饰面、栏杆及门框，门框在适当高度位置宜包钢板保护，以防手推车轴头碰坏门框，小车腿应用胶皮或布包裹。

4 施工时，不得碰坏各种水电管线及埋件。

5 严禁在已完成的面层上拌合砂浆，堆放材料、油漆桶及其他杂物。

6 在已完成面层的房间进行油漆作业时，应采取措施防止污染面层。
7 施工时如有污染墙柱面、门窗、立线管及设备等，应及时清理干净。
8 切割板块应在未镶贴面层的基层上进行，下边应垫木板。

6.2.7 安全、环保措施

1 搬运无釉陶瓷地砖、水泥花砖应稳拿轻放，面层应有防滑措施，防止挤手砸脚、跌倒伤人。
2 其他安全、环保措施参见第6.1.12条中相关内容。

6.2.8 质量标准

主 控 项 目

6.2.8.1 面层所用板块的品种、质量必须符合设计要求。
　　检验方法：观察检查和检查材质合格证明文件及检测报告。

6.2.8.2 面层与下一层的结合（粘结）应牢固，无空鼓。
　　检验方法：观察检查和用小锤轻击检查。
　　注：凡单块砖边角有局部空鼓，且每自然间（标准间）不超过总数的5%可不计。

一 般 项 目

6.2.8.3 砖面层的表面质量应洁净、图案清晰，色泽一致，接缝平整，深浅一致，周边顺直。板块无裂纹、掉角和缺楞等缺陷。
　　检验方法：观察检查

6.2.8.4 面层邻接处的镶边用料及尺寸应符合设计要求，边角整齐、光滑。
　　检验方法：观察和用钢尺检查。

6.2.8.5 踢脚线表面应洁净、高度一致、结合牢固、出墙厚度一致。
　　检验方法：观察和用小锤轻击及钢尺检查。

6.2.8.6 楼梯踏步和台阶板块的缝隙宽度应一致、齿角整齐；楼层梯段相邻踏步高度差不应大于10mm；防滑条顺直。
　　检验方法：观察和尺量检查。

6.2.8.7 面层表面的坡度应符合设计要求，不倒泛水、无积水；与地漏、管道结合处应严密牢固，无渗漏。
　　检验方法：观察、泼水或坡度尺及蓄水检查

6.2.8.8 砖面层的允许偏差应符合本标准表6.1.11的规定。
　　检验方法：应按本标准表6.1.11中的检验方法检验。

6.2.9 质量验收

1 检验批的划分和抽样检查数量按本标准第3.0.23条规定执行。在施工组织设计（或方案）中事先确定。
2 检验批的验收按本标准第3.0.25条进行组织。
3 验收时，应检验各种原材料和胶粘剂的试验报告，以及板块材料的进场检查记录。
4 检验批质量验收记录当地方政府主管部门无统一规定时，宜采用表6.2.9"砖面层检验批质量验收记录表"。

表6.2.9 砖面层检验批质量验收记录表

GB50209—2002

单位（子单位）工程名称						
分部（子分部）工程名称					验收部位	
施工单位					项目经理	
分包单位					分包项目经理	
施工执行标准名称及编号						

		施工质量验收规范的规定		施工单位检查评定记录	监理（建设）单位验收记录
主控项目	1	块材质量	符合设计要求		
	2	面层与下一层结合	粘结牢固，无空鼓		
一般项目	1	面层表面质量	表面洁净、图案清晰，色泽一致，接缝平整，深浅一致，周边顺直；板块无裂纹、掉角和缺棱等缺陷		
	2	邻接处镶边用料及尺寸	符合设计要求，边角整齐、光滑		
	3	踢脚线质量	表面洁净、高度一致、结合牢固，出墙厚度一致		
	4	楼梯踏步	板块缝隙宽度一致、齿角整齐；相邻踏步高度差≤10mm；防滑条顺直		
	5	面层表面坡度	符合设计要求，不倒泛水、无积水；与地漏、管道结合处严密牢固，无渗漏		
	允许偏差				
	6	表面平整度	无釉陶瓷地砖	4.0mm	
			水泥花砖	3.0mm	
			陶瓷锦砖、陶瓷地砖	2.0mm	
	7	缝格平直		3.0mm	
	8	接缝高低差	陶瓷锦砖、陶瓷地砖、水泥花砖	0.5mm	
			无釉陶瓷地砖	1.5mm	
	9	踢脚线上口平直	陶瓷锦砖、陶瓷地砖	3.0mm	
			无釉陶瓷地砖	4.0mm	
	10	板块间隙宽度		2.0mm	

施工单位检查评定结果	专业工长（施工员）		施工班（组）长	
	项目专业质量检查员：			年 月 日

监理（建设）单位验收结论	
	专业监理工程师（建设单位项目专业技术负责人）： 年 月 日

表 6.3.7 大理石和花岗石面层检验批质量验收记录表
GB50209—2002

单位（子单位）工程名称					
分部（子分部）工程名称				验收部位	
施工单位				项目经理	
分包单位				分包项目经理	
施工执行标准名称及编号					

		施工质量验收规范的规定		施工单位检查评定记录	监理（建设）单位验收记录
主控项目	1	板块品种、质量	符合设计要求		
	2	面层与下一层结合	结合牢固，无空鼓		
一般项目	1	面层表层质量	洁净、平整、无磨痕，图案清晰、色泽一致、接缝均匀、周边顺直、镶嵌正确、板块无裂纹、掉角、缺棱等缺陷		
	2	踢脚线表面质量	表面洁净、高度一致、结合牢固、出墙厚度一致		
	3	楼梯踏步和台阶质量	缝隙宽度一致、齿角整齐，相邻踏步高度差≤10mm，防滑条顺直、牢固		
	4	面层表面坡度	符合设计要求，不倒泛水、无积水；与地漏、管道结合处严密牢固，无渗漏		
	5	允许偏差	表面平整度	1.0mm	
	6		缝格平直	2.0mm	
	7		接缝高低差	0.5mm	
	8		踢脚线上口平直	1.0mm	
	9		板块间隙宽度	1.0mm	

施工单位检查评定结果	专业工长（施工员）		施工班组长	
	项目专业质量检查员：			年 月 日

监理（建设）单位验收结论	
	专业监理工程师（建设单位项目专业技术负责人）： 年 月 日

6.4 预制板块面层

6.4.1 施工准备

6.4.1.1 技术准备

参见本标准第3.0.4条中相关内容。

6.4.1.2 材料准备

水泥、中砂或粗砂、混凝土预制板块、水磨石预制板块、石膏粉、石灰、草酸（白色结晶，块状、粉状均可）、白蜡（川蜡、地板蜡成品）。

6.4.1.3 主要机具

1 机械设备

砂浆搅拌机、砂轮切割机、石材切割机、小型台式砂轮机、磨石机、打蜡机等。

2 主要工具

平铁锹、合金扁錾子、拨缝开刀、硬木拍板、木锤、铁抹子、橡皮锤、水平尺、直板尺、木靠尺、手推胶轮车、筛子等。

6.4.1.4 作业条件

1 地面垫层已做好，其强度达到1.2MPa以上。

2 在墙面上已弹好或设置控制面层标高和排水坡度的水平基准线或标志。

3 铺设前对预制水磨石板的规格、颜色、品种、数量进行清理、检查、核对和挑选。同一房间、开间应按配花、颜色、品种挑选尺寸基本一致、色泽均匀、花纹通顺的进行预编，安排编号，待铺贴时按号取用。凡是规格、颜色不符合设计要求，有裂纹、掉角、窜角、翘曲等缺陷的应挑出，不得使用。

4 机具设备准备就绪，经检修、维护、试用，处于完好状态；水、电已接通，可满足使用要求。

5 施工图纸及技术要求、安全注意事项已向操作工人进行详细技术交底。

6 其他作业条件见第6.2.3.4条中内容。

6.4.2 材料质量控制

6.4.2.1 水泥： 同第6.3.2.2条。

6.4.2.2 砂： 同第6.3.2.3条。

6.4.2.3 石膏粉、石灰

石膏粉用Ⅱ级建筑石膏，细度通过0.15mm筛孔，筛余量不大于10%。石灰应用Ⅱ级以上块灰，含氧化钙70%以上，使用前1～2d消解并过筛，其颗粒不大于5mm。

6.4.2.4 水磨石板块质量控制

1 水磨石预制板块规格、颜色、质量符合设计要求和有关标准的规定，并有出厂合格证；要求色泽鲜明，颜色一致。凡有裂纹、掉角、翘曲和表面上有缺陷的板块应予剔除，强度和品种不同的板块不得混杂使用。其质量应符合附录E.7的规定。

2 运输和贮存：

（1）运输水磨石应直立放置，倾斜度不大于15°。水磨石包装件与运输工具接触部分必须支垫，使之受力均匀；运输时要平稳，严禁冲击。其运输要求同第6.3.2.1条中相关要求。

（2）贮存同第6.3.2.1条中相关要求。

6.4.2.5 混凝土板块质量控制

1 混凝土板块边长通常为250～500mm，板厚等于或大于60mm，混凝土强度等级不低于C20。其余质量要求同水磨石板块质量控制要求。

2 运输和贮存：

（1）装运时应捆扎牢固，不准乱装乱放。卸货时，严禁抛掷。

（2）堆放时场地应平整、坚实。码放堆放时，应正面相向，每垛高度不得超过1.5m，且每垛的产品规格等级应相同。

6.4.3 施工工艺

6.4.3.1 工艺流程

清理基层→弹控制线→定位、排板→板浸水→砂浆拌制→基层湿润→铺贴→嵌缝、养护→镶踢脚板→（打蜡）

6.4.3.2 施工要点

1 预制板块面层采用水泥混凝土板块、水磨石板块应在结合层上铺设。

2 水泥混凝土板块面层，应采用水泥浆（或水泥砂浆）填缝；彩色混凝土板块和水磨石板块应用同色水泥浆（或砂浆）擦缝。

3 清理基层、弹控制线、定位、排板：

（1）将基层表面的浮土、浆皮清理干净，油污清洗掉。

（2）依据室内+500mm标高线和房间中心十字线，铺好分块标准块，与走道直接连通的房间应拉通线，分块布置应对称。走道与房间使用不同颜色的水磨石板，分色线应留在门框裁口处。

（3）按房间长宽尺寸和预制板块的规格、缝宽进行排板，确定所需块数，必要时，绘制施工大样图，以避免正式铺设时出现错缝、缝隙不匀、四周靠墙不匀称等缺陷。

4 板块浸水和砂浆拌制

（1）在铺砌板块前，背面预先刷水湿润，并晾干码放，使铺时达到面干内潮。

（2）结合层用1:2或1:3干硬性水泥砂浆，应用机械搅拌，要求严格控制加水量，并搅拌均匀。拌好的砂浆以手捏成团，落地即散为宜；应随拌随用，一次不宜拌制过多。

5 基层湿润和刷粘结层：

（1）基层表面清理干净后，铺前1d洒水湿润，但不得有积水。

（2）铺砂浆时随刷一度水灰比为0.5左右的素水泥浆粘结层，要求涂刷均匀，随刷随铺砂浆。

6 铺结合层和预制板：

（1）根据排板控制线，贴好四角处的第二块，作为标准块，然后由内向外挂线铺贴。

（2）铺干硬性水泥砂浆，厚度以25～30mm为宜，用铁抹子拍实抹平，然后进行预制板试铺，对好纵横缝，用橡皮锤敲板块中间，振实砂浆至铺设高度后，将板掀起移至一边，检查砂浆上表面，如有空隙应用砂浆填补，满浇一层水灰比为0.4～0.5左右的素水泥浆（或稠度60～80mm的1:1.5水泥砂浆），随刷随铺，铺时要四角同时落下，用橡皮锤轻敲使其平整密实，防止四角出现空鼓并随时用水平尺或直尺找平。

(3) 板块间的缝隙宽度应符合设计要求。当无设计要求时，应符合下列规定：混凝土板块面层缝宽不宜大于 6mm；水磨石板块间的缝宽一般不应大于 2mm。铺时要拉通长线对板缝的平直度进行控制，横竖缝对齐通顺。

7 嵌缝、养护：

预制板块面层铺完 24h 后，用素水泥浆或水泥砂浆灌缝 2/3 高，再用同色水泥浆擦（勾）缝，并用干锯末将板块擦亮，铺上湿锯末覆盖养护，7d 内禁止上人。

8 镶贴踢脚板：

(1) 安装前先将踢脚板背面预刷水湿润、晾干。踢脚板的阳角处应按设计要求，做成海棠角或割成 45°角。

(2) 镶贴方法主要有以下两种：

1) 灌浆法：将墙面清扫干净浇水湿润，镶贴时在墙两端各镶贴一块踢脚板，其上端高度在同一水平线上，出墙厚度应一致。然后沿两块踢脚板上端拉通线，逐块依顺序安装，随装随时检查踢脚板的平直度和垂直度，使表面平整，接缝严密。在相邻两块之间及踢脚板与地面、墙面之间用石膏作临时固定，待石膏凝固后，随即用稠度 8~12cm 的 1:2 稀水泥砂浆灌注，并随时将溢出砂浆擦净，待灌入的水泥砂浆凝固后，把石膏剔去，清理干净后，用与踢脚板颜色一致的水泥砂浆填补擦缝。踢脚板之间缝宜与地面水磨石板对缝镶贴。

2) 粘贴法：根据墙面上的灰饼和标准控制线，用 1:2.5 或 1:3 水泥砂浆打底、找平，表面搓毛，待打底灰干硬后，将已湿润、阴干的踢脚板背面抹上 5~8mm 厚水泥砂浆（掺加 10% 的 801 胶），逐块由一端向另一端往底灰上进行粘贴，并用木锤敲实，按线找平找直，24h 后用同色水泥浆擦缝，将余浆擦净。

9 楼梯踏步的施工工艺见第 6.2.5.2 条有关做法。

10 水磨石板块面层打蜡上光见第 6.3.3.2 条相关内容。

6.4.4 成品保护

成品保护措施参见第 6.2.6 条中相关内容。

6.4.5 安全、环保措施

安全、环保措施参见第 6.1.12 条中相关内容。

6.4.6 质量标准

主 控 项 目

6.4.6.1 预制板块的强度等级、规格、质量应符合设计要求；水磨石板块尚应符合国家现行行业标准《建筑水磨石制品》JC 507 的规定。

检验方法：观察检查和检查材质合格证明文件及检测报告。

6.4.6.2 面层与下一层应结合牢固，无空鼓。

检验方法：用小锤轻击检查。

注：凡单块板块边角料有局部空鼓，且每自然间（标准间）不超过总数的 5% 可不计。

一 般 项 目

6.4.6.3 预制板块表面应无裂缝、掉角、翘曲等明显缺陷。

随即进行，并应在沥青胶结料凝结前完成。填缝前，缝隙内应予清扫并使其干燥。

6.5.4 成品保护

1 料石运输时轻搬轻放。

2 结合层强度未达到设计要求时，不得有重车行驶碾压，以防造成松动。

3 其他见第6.2.6条相关内容。

6.5.5 安全、环保措施

1 石料搬运、铺设过程中要防止伤人。

2 其他安全、环保措施参见第6.1.12条中相关内容。

6.5.6 质量标准

主 控 项 目

6.5.6.1 面层材质应符合设计要求；条石的强度应大于Mu60，块石的强度等级应高于Mu30。

检验方法：观察检查和检查材质合格证明文件及检测报告。

6.5.6.2 面层与下一层应结合牢固、无松动。

检验方法：观察检查和用锤击检查。

一 般 项 目

6.5.6.3 条石面层应组砌合理，无十字缝，铺砌方向和坡度应符合设计要求；块石面层石料缝隙应相互错开，通缝不超过两块石料。

检验方法：观察和用坡度尺检查。

6.5.6.4 条石面层和块石面层的允许偏差应符合本标准中表6.1.11的规定。

检验方法：应按本标准中表6.1.11中的检验方法检验。

6.5.7 质量验收

1 检验批的划分和抽样检查数量按本标准第3.0.23条规定执行。在施工组织设计（或方案）中事先确定。

2 检验批的验收按本标准第3.0.25条进行组织。

3 验收时，应检验各种原材料和胶粘剂的试验报告，以及板块材料的进场检查记录。

4 检验批质量验收记录当地方政府主管部门无统一规定时，宜采用表6.5.7"料石面层检验批质量验收记录表"。

表6.5.7 料石面层检验批质量验收记录表
GB 50209—2002

单位（子单位）工程名称						
分部（子分部）工程名称				验收部位		
施工单位				项目经理		
分包单位				分包项目经理		
施工执行标准名称及编号						
		施工质量验收规范的规定		施工单位检查评定记录		监理（建设）单位验收记录
主控项目	1	料石质量	符合设计要求；强度等级条石＞Mu60，块石＞Mu30			
	2	面层与下一层结合	结合牢固、无松动			
一般项目	1	组砌方法	组砌合理，无十字缝，铺砌方向和坡度符合设计要求；块石面层石料缝隙相互错开，通缝不超过两块石料			
	2	允许偏差	表面平整度	条石、块石	10.0mm	
	3		缝格平直	条石、块石	8.0mm	
	4		接缝高低差	条石	2.0mm	
				块石	—	
	5		板块间隙宽度	条石	5.0mm	
				块石	—	
		专业工长（施工员）			施工班组长	
施工单位检查评定结果		项目专业质量检查员： 年 月 日				
监理（建设）单位验收结论		专业监理工程师（建设单位项目专业技术负责人） 年 月 日				

6.6 塑料板面层

6.6.1 施工准备
6.6.1.1 技术准备
见本标准3.0.4条中相关内容。

6.6.1.2 材料准备
塑料板材、塑料卷材、胶粘剂、塑料焊条、乳胶腻子、地板蜡、松节油（擦手用）、棉纱头、软毛巾、砂布或砂纸。

6.6.1.3 主要机具
1 机械设备
空气压缩机、调压变压器、吸尘器、多功能焊塑枪、电热空气焊枪等。
2 主要工具
木工细刨、木锤、橡皮锤、油灰刀、剪刀、裁切刀、橡胶滚筒、焊条压辊、称量天平、塑料盆、锯齿形涂刮板、鬃刷橡胶压边滚筒等。

6.6.1.4 作业条件
1 塑料板地面铺贴应待顶棚、墙面、门窗、水泥地面以及建筑设备、涂料工程、裱糊工程等完成后进行。
2 塑料板面层是聚氯乙烯或石棉塑料板用胶粘剂铺贴而成。施工时的室内相对湿度不应大于70%。施工作业温度不应低于10℃，不宜大于32℃。
3 在墙面已设置控制面层标高和排水坡度的水平基准线或标志。
4 施工前，应对板材进行检查、挑选并分类堆放。对尺寸个小者，可用木工细刨刨成规格料。对个别有缺陷者，可用于配制边角异型板。
5 根据设计要求，已做好铺设粘贴试验。

6.6.2 材料质量控制
6.6.2.1 塑料板
1 品种、规格、色泽、花纹应符合设计要求，其质量应符合本标准附录F的规定。
2 面层应平整、光洁、无裂纹、色泽均匀、厚薄一致、边缘平直、密实无孔，无皱纹，板内不允许有杂物和气泡并应符合产品各项技术指标。
3 外观目测600mm距离应看不见有凹凸不平、色泽不匀、纹痕显露等现象。
4 运输、贮存：
（1）运输：塑料板材搬运过程中，不得乱扔乱摔、冲击、重压、日晒、雨淋。
（2）贮存：塑料板应贮存在干燥洁净、通风的仓库内，并防止变形。温度一般不超过32℃，距热源不得小于1m，堆放高度不得超过2m。凡是在低于0℃环境下贮存的塑料地板，施工前必须置于室温24h以上。

6.6.2.2 塑料焊条
选用等边三角形或圆形截面，表面应平整光洁，无孔眼、节瘤、皱纹，颜色均匀一致，焊条成分和性能应与被焊的板相同，质量应符合有关技术标准的规定，并有出厂合格证。

6.6.2.3 乳胶腻子

1 石膏乳液腻子的配合比（体积比）为：石膏:土粉:聚醋酸乙烯乳液:水 = 2:2:1:适量。

2 滑石粉乳液腻子的配合比（重量比）为：滑石粉:聚醋酸乙烯乳液:水:羧甲基纤维素溶液 = 1:(0.2~0.25):适量:0.1。

3 前者用于基层表面第一道嵌补找平，后者用于第二道修补打平。

6.6.2.4 胶粘剂

1 胶粘剂产品应按基层材料和面层材料使用的相容性要求，通过试验确定。一般常与地板配套供应，根据不同的基层，铺贴时应选用与之配套的粘结剂，并按使用说明选用，在使用前应经充分搅拌。对于双组分胶粘剂要先将各组分分别搅拌均匀，再按规定配比准确称量，然后混合拌匀后使用。

2 产品应有出厂合格证和使用说明书，并必须标明有害物质名称及其含量。有害物质含量必须符合本标准附录 D 的规定。超过生产期三个月的产品，应取样检验合格后方可使用；超过保质期的产品，不得使用。

3 Ⅰ类民用建筑工程室内装修粘贴塑料地板时，不应采用溶剂性胶粘剂。

4 Ⅱ类民用建筑工程中地下室及不与室外直接自然通风的房间贴塑料地板时，不宜采用溶剂性胶粘剂。使用溶剂性胶粘剂，应测定总挥发性有机物（TVOC）和游离甲醛的含量，其含量应符合本标准附录 D 的规定。

5 使用水溶性胶粘剂，应测定总挥发性有机物（TVOC）和游离甲醛的含量，其含量应符合本标准附录 D 的规定。

6.6.3 施工工艺

6.6.3.1 工艺流程

1 半硬质聚氯乙烯地面工艺流程

基层处理→弹线、分格→裁切试铺→配制胶粘剂→刷胶→铺贴→踢脚板铺贴→清理养护→上蜡

2 软质聚氯乙烯地板工艺流程

基层处理→弹线、分格→下料预铺→涂胶粘贴→拼缝焊接→打蜡

3 聚氯乙烯卷材地面工艺流程

基层处理→弹线→刷胶→铺贴→接缝

6.6.3.2 施工要点

1 基层处理

（1）水泥类基层表面应平整、坚硬、干燥、密实、洁净、无油脂及其他杂质，阴阳角必须方正，含水率不大于 9%。不得有麻面、起砂、裂缝等缺陷。应彻底清除基层表面残留的砂浆、尘土、砂粒、油污。

（2）水泥类基层表面如有麻面、起砂、裂缝等缺陷时，宜采用乳液腻子等修补平整。修补时每次涂刷的厚度不大于 0.8mm，干燥后用 0 号铁砂布打磨，再涂刷第二遍腻子，直至表面平整后，再用水稀释的乳液涂刷一遍，以增加基层的整体性和粘结力。基层表面的平整度不应大于 2mm。

（3）在木板基层铺贴塑料板地面时，木板基层的木搁栅应坚实，凸出的钉帽应打入基

层表面，板缝可用胶粘剂配腻子填补修平。

2 弹线、分格

铺贴塑料板面层前应按设计要求进行弹线、分格和定位，见图6.6.3.2-1。在基层表面上弹出中心十字线或对角线，并弹出板材分块线；在距墙面200~300mm处作镶边。如房间长、宽尺寸不符合模数时，或设计有镶边要求时，可沿地面四周弹出镶边位置线。线迹必须清晰、方正、准确。不同房间的地面标高，不同标高分界线应设在门框裁口线处。塑料板面层铺贴形式与方法见图6.6.3.2-2。

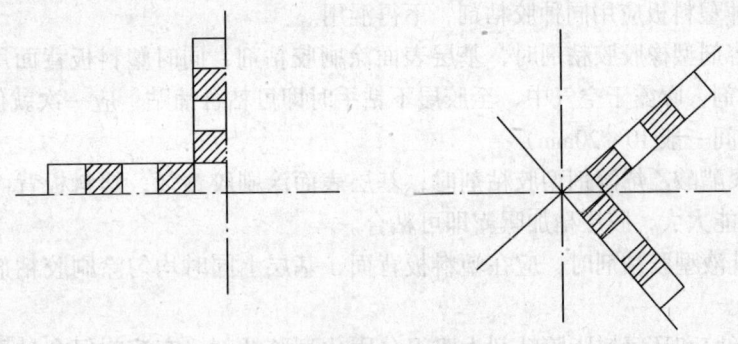

图6.6.3.2-1 定位方法

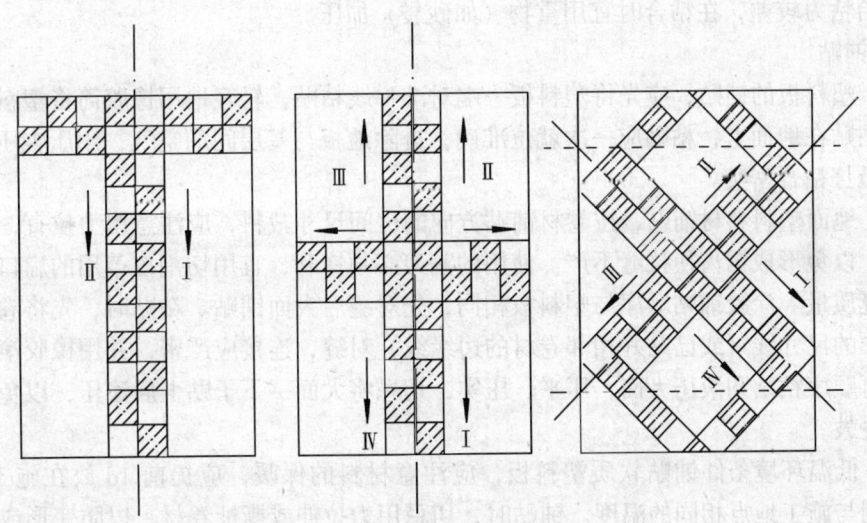

图6.6.3.2-2 塑料板面层铺贴形式与方法

3 裁切试铺

（1）塑料板面层应采用塑料板块材、塑料板焊接、塑料卷材以胶粘剂在水泥类基层上铺设。

（2）半硬质聚氯乙烯板（石棉塑料板）在铺贴前，应用丙酮:汽油 = 1:8 的混合溶液进行脱脂除蜡。

（3）软质聚氯乙烯板（软质塑料板）在试铺前进行预热处理，宜放入75℃左右的热水浸泡10~20min，至板面全部软化伸平后取出晾干待用（不得用炉火和用电热炉预热）。

(4) 按设计要求和弹线对塑料板进行裁切试铺，找出问题，在正式铺贴时加以避免，试铺完后按位置进行编号。

4 涂胶

(1) 铺贴时，应将基层表面清扫洁净后，涂刷一层薄而均匀的底胶，不得有漏涂，待其干燥后，即按弹线位置和板材编号沿轴线由中央向四面铺贴。

(2) 基层表面涂刷胶粘剂应用锯齿形刮板均匀涂刮，并超出分格线约10mm，涂刮厚度应控制在1mm以内。

1) 同一种塑料板应用同种胶粘剂，不得混用。

2) 使用溶剂型橡胶胶粘剂时，基层表面涂刷胶粘剂，同时塑料板背面用油刷薄而均匀地涂刮胶粘剂，曝露于空气中，至胶层不粘手时即可粘合铺贴，应一次就位准确，粘贴密实（曝露时间一般10~20min）。

3) 使用聚醋酸乙烯溶剂型胶粘剂时，基层表面涂刷胶粘剂，塑料板背面不需涂胶粘剂，涂胶面不能太大，胶层稍加曝露即可粘合。

4) 使用乳液型胶粘剂时，应在塑料板背面、基层上同时均匀涂刷胶粘剂，胶层不需晾置即可粘合。

5) 聚胺脂胶和环氧树脂胶粘剂为双组分固化型胶粘剂，有溶剂但含量不多，胶面稍加曝露即可粘合，施工时基层表面、塑料板背面同时用油漆刷涂刷薄薄一层胶粘剂，但胶粘剂初始粘力较差，在粘合时宜用重物（如砂袋）加压。

5 铺贴

(1) 塑料板的铺贴，应先将塑料板一端对准弹线粘贴，轻轻地用橡胶筒将塑料板顺次平服地粘贴在地面上，粘贴应一次就位准确，排除地板与基层间的空气，用压辊压实或用橡胶锤敲打粘合密实。

(2) 地面塑料卷材铺贴，按卷材铺贴方向的房间尺寸裁料，应注意用力拉直，不得重复切割，以免形成锯齿使接缝不严。使用的割刀必须锋利，宜用切割皮革用的扁口刀，以保证接缝质量。涂胶铺贴顺序与塑料板相同，先对缝后大面铺贴。粘贴时，先将卷材一边对齐所弹的尺寸线（或已贴好相邻卷材的边缘线）对缝，连接应严密，并用橡胶滚筒压密实后，再顺序粘贴和滚压大面，压平、压实，切忌将大面一下子贴上后滚压，以免残留气泡造成空鼓。

(3) 低温环境条件铺贴软质塑料板，应注意材料的保暖，应提前1d放在施工地点，使其达到与施工地点相同的温度。铺贴时，切忌用力拉伸或撕扯卷材，以防变形或破裂。

(4) 铺贴时应及时清理塑料地面表面的余胶。

1) 对溶剂型的胶粘剂可用松节水或200号溶剂汽油擦去拼缝挤出的余胶。

2) 对水乳型胶粘剂可用湿布擦去拼缝挤出的余胶。

(5) 软质塑料板的焊接：

1) 软质塑料板在基层粘贴后，缝隙如须焊接，一般须经48h后方可施焊。亦可采用先焊后铺贴，并应采用热空气焊，空气压力控制在0.08~0.1MPa，温度控制在180~250℃。

2) 焊接前应将相邻的塑料板边缘切成V型槽，坡口角β：板厚10~20mm时，$\beta=65°$~75°；板厚2~8mm时，$\beta=75°$~85°。板越厚，坡口角越小，板薄则坡口角大。焊缝应高出母材表面1.5~2.0mm，使其呈圆弧形，表面应平整。

3）粘接坡口做成同向顺坡，搭接宽度不小于30mm。

6 踢脚板铺贴

（1）塑料踢脚板铺贴的要求和板面相同，地面铺贴完成后，按已弹好的踢脚板上口线及两端铺贴好的踢脚板为标准，挂线粘贴，铺贴的顺序是先阴阳角、后大面。踢脚板与地面对缝一致粘合后，应用橡胶滚筒反复滚压密实。

（2）施工时，应先将塑料条钉在墙内预留的木砖上，钉距400~500mm，然后用焊枪喷烤塑料条，随即将踢脚板与塑料条粘结。

（3）阴角塑料踢脚板铺贴时，先将塑料板用两块对称组成的木模顶压在阴角处，然后取掉一块木模，在塑料板转折重叠处，划出剪裁线，剪裁试装合适后，再把水平面45°相交处的裁口焊好，作成阴角部件，然后进行焊接或粘结。

（4）阳角踢脚板铺贴时，需在水平封角裁口处补焊一块软板，作成阳角部件，再行焊接或粘结。

7 清理养护及上蜡

全部铺贴完毕，应用大压辊压平，用湿布进行认真的清理，均匀满涂揩擦2~3遍，塑料地板的养护不少于7d。

6.6.4 成品保护

1 塑料地面铺贴完成后的房间应设专人看管，非工作人员严禁入内。必须进入室内工作时应穿洁净的软底鞋，严禁烟火，以免损伤和灼伤地面。

2 塑料地面铺贴完成后，在养护期间（养护1~3d）应避免沾污或用水清洗表面，必要时用塑料薄膜盖压地面，以防污染。如遇阳光直接曝晒应予遮挡，以防局部干燥过快使板变形和褪色。

3 电工、油漆工作业时，使用的工作梯、凳脚下要包裹软性材料保护，防止重压划伤地面。

4 聚氯乙烯塑料地面耐高温性能较差，不应使烟蒂、热锅、开水壶、火炉、电热器等与地面直接接触，以防烧焦、烫坏或造成翘曲、变色。

5 使用过程中，切忌金属锐器、玻璃、瓷片、鞋钉等坚硬物质磨损、磕碰表面。

6 地板上的油渍及墨水等沾污，应立即洗掉，不可用刀刮，清洗时应用皂液擦洗或用醋酸乙脂或松节油，严禁用酸性洗液。

7 局部受到损坏或脱层应及时调换、修补，重新粘贴。重新粘贴时应将原有的胶粘剂刮掉，除去浮灰，基层表面保证平整洁净。

6.6.5 安全、环保措施

1 参加操作人员必须经防火、防爆、防毒安全教育后方可参加操作。有心脏病、气管炎、皮肤病的患者不宜参加施工。

2 施工房间必须打开门窗，通风换气。使用氯丁橡胶和其他带毒性、刺激性的胶粘剂及溶剂稀释剂时，操作人员应戴活性碳口罩，刷胶人员应手上涂防腐油膏；连续操作2h后，应到室外休息半小时。

3 胶粘剂、溶剂、稀释剂为易燃品，必须密封盖严，现场应存放在阴凉处，不得受阳光曝晒，并应远离火源；施工房间内必须设有足够的消防用具，如砂箱、灭火器等。

4 其他安全、环保措施参见第6.1.12条中相关内容。

6.6.6 质量标准

主 控 项 目

6.6.6.1 塑料板面层所用的塑料板块和卷材的品种、规格、颜色、等级应符合设计要求和现行国家标准的规定。

检验方法：观察检查和检查材质合格证明文件及检测报告。

6.6.6.2 面层与下一层的粘接应牢固，不翘边、不脱胶、无溢胶。

检验方法：观察检查和用敲击及钢尺检查。

注：卷材局部脱胶处面积不应大于20cm²，且相隔间距不小于500mm可不计；凡单块板块料边角局部脱胶处且每自然间（标准间）不超过总数的5%者可不计。

一 般 项 目

6.6.6.3 塑料板面层应表面洁净，图案清晰，色泽一致，接缝严密、美观。拼缝处的图案、花纹吻合，无胶痕；与墙边交接严密，阴阳角收边方正。

检验方法：观察检查。

6.6.6.4 板块的焊接，焊缝应平整、光洁，无焦化变色、斑点、焊瘤和起鳞等缺陷，其凹凸允许偏差为±0.6mm。焊缝的抗拉强度不得小于塑料板强度的75%。

检验方法：观察检查和检查检测报告。

6.6.6.5 镶边用料应尺寸准确、边角整齐、拼接严密、接缝顺直。

检验方法：用钢尺和观察检查。

6.6.6.6 塑料板面层的允许偏差应符合本标准表6.1.11的规定。

检验方法：应按表6.1.11中的检验方法检验。

6.6.7 质量验收

1 检验批的划分和抽样检查数量按本标准第3.0.23条规定执行。在施工组织设计（或方案）中事先确定。

2 检验批的验收按本标准第3.0.25条进行组织。

3 验收时，应检验各种原材料和胶粘剂的试验报告，以及板块材料的进场检查记录。

4 检验批质量验收记录当地方政府主管部门无统一规定时，宜采用表6.6.7"塑料板面层检验批质量验收记录表"。

表 6.6.7 塑料板面层检验批质量验收记录表

GB 50209—2002

单位（子单位）工程名称						
分部（子分部）工程名称				验收部位		
施工单位				项目经理		
分包单位				分包项目经理		
施工执行标准名称及编号						
		施工质量验收规范的规定		施工单位检查评定记录		监理（建设）单位验收记录
主控项目	1	塑料板块质量	符合设计要求和现行国家标准规定			
	2	面层与下一层粘结	粘接牢固，不翘边、不脱胶、无溢胶			
一般项目	1	面层质量	表面洁净，图案清晰，色泽一致，接缝严密、美观。拼缝处的图案、花纹吻合，无胶痕；与墙边交接严密，阴阳角收边方正			
	2	焊接质量	焊缝应平整、光洁，无焦化变色、斑点、焊瘤和起鳞等缺陷，其凹凸允许偏差为±0.6mm。焊缝的抗拉强度不得小于塑料板强度的75%			
	3	镶边用料	尺寸准确、边角整齐、拼接严密、接缝顺直			
	4	允许偏差	表面平整度	2.0mm		
	5		缝格平直	3.0mm		
	6		接缝高低差	0.5mm		
	7		踢脚线上口平直	2.0mm		
		专业工长（施工员）			施工班组长	
施工单位检查评定结果						
			项目专业质量检查员：		年 月 日	
监理（建设）单位验收结论						
			专业监理工程师（建设单位项目专业技术负责人）：		年 月 日	

6.7 活动地板面层

6.7.1 适用范围与构造

1 活动地板面层采用特制的平压刨花板为基材，表面饰以装饰板和底层用镀锌钢板经粘结胶合组成的活动地板块，配以横梁、橡胶垫条和可供调节高度的金属支架组装成的架空活动地板，在水泥类基层上铺设而成。面层下可敷设管道和导线，适用于防尘和导静电要求的专业用房，如仪表控制室、计算机房、变电所控制室、通讯枢纽等。活动地板面层具有板面平整（可达毫米精度）、光洁、装饰性好等优点。活动地板面层与原楼、地面之间的空间（即活动支架高度）可按使用要求进行设计，可容纳大量的电缆和空调管线。所有构件均可预制，运输、安装和拆卸十分方便。活动地板构造见图6.7.1。

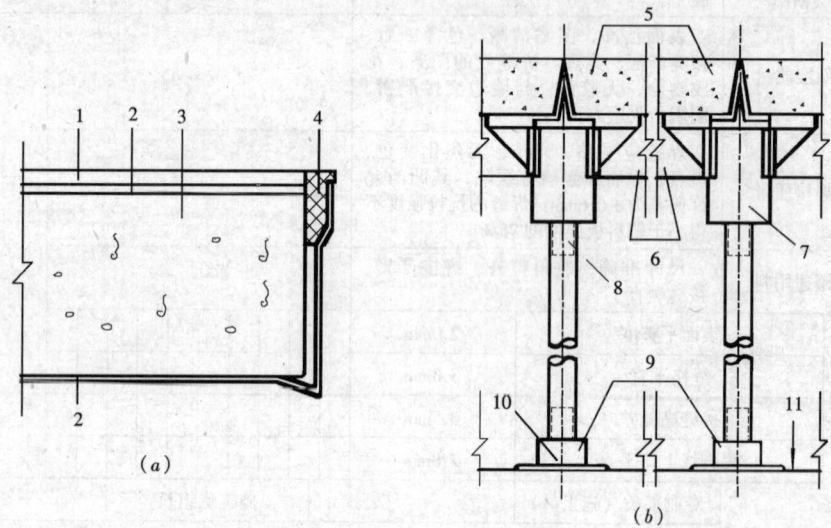

图 6.7.1 活动地板面层构造
(a)抗静电活动地板构造；(b)活动地板安装
1—柔光高压三聚氰胺贴面板；2—镀锌钢板；3—刨花板基材；4—橡胶密封条；5—活动地板块；6—横梁；7—柱帽；8—螺栓；9—活动支架；10—底座；11—楼地面标高

2 活动地板块共有三层，中间一层是25mm左右厚的刨花板，面层采用柔光高压三聚氰胺装饰板1.5mm厚粘贴，底层粘贴一层1mm厚镀锌钢板，四周侧边用塑料板封闭或用镀锌钢板包裹并以胶条封边。常用规格为600mm×600mm和500mm×500mm两种。

3 活动地板块包括标准地板和异形地板。异形地板有旋风口地板、可调风口地板、大通风量地板和走线口地板等。

4 支承部分：支承部分由标准钢支柱和框架组成，钢支柱采用管材制作，框架采用轻型槽钢制成。支承结构有高架（1000mm）和低架（200、300、350mm）两种。地板附件有支架组件和横梁组件。

6.7.2 施工准备

6.7.2.1 技术准备

1 根据设计要求和房间平面尺寸及室内设备情况，进行深化设计，提出加工或定货计划。

2 其他技术准备见本标准第3.0.4条相关内容。

6.7.2.2 材料准备

按加工定货计划，组织活动地板面层板块、支架等材料的进场。

6.7.2.3 主要机具

各类型扳手、切割机、墨斗、水平尺、水平仪、塔尺、直尺、尼龙线和锤子。

6.7.2.4 作业条件

1 楼（地）面基层混凝土或水泥砂浆已达到设计要求，表面平整度验收合格。

2 室内湿作业已全部完成，预埋件已按设计要求预埋，经检查无误。

3 室内地板下的管线和导线已配置完毕。

4 各房间长宽尺寸按设计核对无误。

5 活动地板料具已按计划进场，经检查，面层材质符合设计要求；面板块、桁条、可调支柱、底座等分类清点码放备用。

6 室内其他工程已完成，超过地板块承载力的重型设备已安装完毕。

7 安装前，已做好活动地板料具计划。

8 活动地板面层经检查材质符合要求。

6.7.3 材料质量控制

1 活动地板表面应平整、坚实；耐磨、耐污染、耐老化、防潮、阻燃和导静电等性能符合设计要求。

2 活动地板面层包括标准地板、异形地板和地板附件（即支架和横梁组件）。采用的活动地板块面层承载力不得小于7.5MPa，其系统体积电阻率宜为：A级板为$1.0 \times 10^5 \sim 1.0 \times 10^8 \Omega$；B级板为$1.0 \times 10^5 \sim 1.0 \times 10^{10} \Omega$。

3 各项技术性能与技术指标应符合现行有关产品标准的规定，应有出厂合格证及设计要求性能的检测报告。

4 保管要求：

（1）防止地板板面受损伤，避免污染，产品应储存在清洁、干燥的包装箱中，板与板之间应放软垫隔离层，包装箱外应结实耐压。

（2）产品运输时，应防止雨淋，日光曝晒，并须轻拿轻放，防止磕碰。

6.7.4 施工工艺

6.7.4.1 工艺流程

基层清理→弹支架定位线→测水平→固定支架底座→安装横梁→调平→铺设活动地板

6.7.4.2 施工要点

1 活动地板所有的支座柱和横梁应构成框架一体，并与基层连接牢固；支架抄平后高度应符合设计要求。

2 活动地板面层的金属支架应支承在现浇水泥混凝土基层上，基层表面应平整、光洁、不起灰。

3 活动板块与横梁接触搁置处应达到四角平整、严密。

4 当活动地板不符合模数时，其不足部分在现场根据实际尺寸将板块切割后镶补，并装配相应的可调支撑和横梁。切割边不经处理不得镶补安装,并不得有局部膨胀变形情况。

5 活动地板在门口处或预留洞口处应符合设置构造要求,四周侧边应用耐磨硬质板材封闭或用镀锌钢板包裹,胶条封边应符合耐磨要求。

6 基层清理。

基层表面应平整、光洁、干燥、不起灰,安装前清扫干净,并根据需要,在其表面涂刷1~2遍清漆或防尘剂,涂刷后不允许有脱皮现象。

7 弹线:

(1) 按设计要求,在基层上弹出支架定位方格十字线,测量底座水平标高,将底座就位。同时,在墙四周测好支架水平线。

(2) 在铺设活动地板面层前,室内四周的墙面应设置标高控制位置,并按选定的铺设方向和顺序设基准点。在基层表面上应按板块尺寸弹线并形成方格网,标出地板块的安装位置和高度,并标明设备预留部位。

8 安装支架和横梁:

(1) 活动地板面层的金属支架应支承在水泥类基层上。对于小型计算机系统房间,其混凝土强度等级不应低于C30;对于中型计算机系统的房间,其混凝土强度等级不应低于C50。

(2) 将底座摆平在支座点上,核对中心线后,安装钢支架,按支架顶面标高,拉纵横水平通线调整支架活动杆顶面标高并固定。再次用水平仪逐点抄平,水平尺校准支架托板。

(3) 支架顶调平后,弹安装横梁线,从房间中央开始,安装横梁。横梁安装完毕,测量横梁表面平整度、方正度。

(4) 底座与基层之间注入环氧树脂,使之垫平并连接牢固,然后复测再次调平。如设计要求横梁与四周预埋铁件固定时,可用连板与桁条用螺栓连接或焊接。

(5) 先将活动地板各部件组装好,以基准线为准,按安装顺序在方格网交点处安放支架和横梁,固定支架的底座,连接支架和框架。在安装过程中应随时抄平,转动支座螺杆,调整每个支座面使其标高一致。

(6) 在所有支座柱和横梁构成的框架成为一体后,应用水平仪抄平。然后将环氧树脂注入支架底座与水泥类基层之间的空隙内,使之连接牢固,亦可用膨胀螺栓或射钉连接。

9 安装活动地板:

(1) 在横梁上按活动地板尺寸弹出分格线,按线安装,并调整好活动地板缝隙使之顺直。

(2) 铺设活动地板面层的标高,应按设计要求确定。当房间平面是矩形时,其相邻墙体应相互垂直;与活动地板接触的墙面的缝应顺直,其偏差每米不应大于2mm。

(3) 根据房间平面尺寸和设备等情况,应按活动地板模数选择板块的铺设方向。当平面尺寸符合活动地板模数,而室内无控制柜设备时,宜由里向外铺设;当平面尺寸不符合活动地板模数时,宜由外向里铺设。当室内有控制柜设备且需要预留洞口时,铺设方向和先后顺序应综合考虑选定。

(4) 在横梁上铺放缓冲胶条时,应采用乳胶液与横梁粘合。当铺设活动地板块时,从一角或相邻的两个边依次向外或另外两个边铺装。四角接触处应平整、严密，但不得采用加垫的方法调整。

10　四周侧边应用耐磨硬质板材封闭或用镀锌钢板包裹，胶条封边应耐磨。对活动地板块切割或打孔时，可用无齿锯或钻加工，但加工后的边角应打磨平整，采用清漆或环氧树脂胶加滑石粉按比例调成腻子封边，或用防潮腻子封边，亦可用铝型材镶嵌封边。以防止板块吸水、吸潮，造成局部膨胀变形。在与墙体的接缝处，应根据接缝宽窄分别采用活动地板或木条镶嵌，窄缝隙宜采用泡沫塑料镶嵌。

11　在与墙边的接缝处，宜做木踢脚线。

12　通风口处，应选用异形活动地板铺贴。

13　活动地板下面需要装的线槽和空调管道，应在铺设地板前先放在建筑地面上，以便下步施工。

14　活动地板块的安装或开启，应使用吸板器或橡胶皮碗，并做到轻拿轻放。不应采用铁器硬撬。

15　在全部设备就位和地下管、电缆安装完毕后，还要抄平一次，调整至符合设计要求，最后将板面全面进行清理。

6.7.5　成品保护

1　在活动地板上放置重物时应避免将重物在地板上拖拉，其接触面也不应太小，并应用木板铺垫。重物引起的集中荷载过大时，应在受力点处用支架加强。

2　在地板上行走或作业，禁穿带钉子的鞋，以免损坏地板表面。

3　地板面的清洁应用软布沾洗涤剂擦洗，再用干软布擦干，严禁用拖把沾水擦洗，以免边角进水，影响使用寿命。

4　日常清扫应使用吸尘器，以免灰尘飞扬及灰尘落入板缝，影响抗静电性能。为保证地板清洁，可涂擦地板蜡。

6.7.6　安全、环保措施

1　参加操作人员必须经防火、防燃安全教育后方可参加操作。

2　施工房间应空气流通，打开门窗，通风换气。

3　施工房间内必须设有足够的消防用具，如灭火器等。

4　其他安全、环保措施参见6.1.12条中相关内容。

6.7.7　质量标准

主　控　项　目

6.7.7.1　面层材质必须符合设计要求，且应具有耐磨、防潮、阻燃、耐污染、耐老化和导静电等特点。

检验方法：观察检查和检查材质合格证明文件及检测报告。

6.7.7.2　活动地板面层应无裂纹、掉角和缺棱等缺陷。行走无声响、无摆动。

检验方法：观察和脚踩检查。

一　般　项　目

6.7.7.3　活动地板面层应排列整齐、表面洁净、色泽一致、接缝均匀、周边顺直。

检验方法：观察检查。

6.7.7.4 活动地板面层的允许偏差应符合本标准表6.1.11的规定。

检验方法：应符合本标准表6.1.11中的检验方法检验。

6.7.8 质量验收

1 检验批的划分和抽样检查数量按本标准第3.0.23条规定执行。在施工组织设计（或方案）中事先确定。

2 检验批的验收按本标准第3.0.25条进行组织。

3 验收时，应检验活动地板合格及设计性能的试验报告，以及板块材料的进场检查记录。

4 检验批质量验收记录当地方政府主管部门无统一规定时，宜采用表6.7.8"活动地板面层检验批质量验收记录表"。

表6.7.8 活动地板面层检验批质量验收记录表
GB 50209—2002

单位（子单位）工程名称									
分部（子分部）工程名称					验收部位				
施工单位					项目经理				
分包单位					分包项目经理				
施工执行标准名称及编号									
		施工质量验收规范的规定			施工单位检查评定记录				监理（建设）单位验收记录
主控项目	1	材料质量		符合设计要求，且具有耐磨、防潮、阻燃、耐污染、耐老化和导静电等特点					
	2	面层质量要求		无裂纹、掉角和缺棱等缺陷；行走无声响、无摆动					
一般项目	1	面层外表质量		排列整齐、表面洁净、色泽一致、接缝均匀、周边顺直					
	2	允许偏差	表面平整度	2.0mm					
	3		缝格平直	2.5mm					
	4		接缝高低差	0.4mm					
	5		板块间隙宽度	0.3mm					
		专业工长（施工员）				施工班组长			
施工单位检查评定结果									
		项目专业质量检查员：					年 月 日		
监理（建设）单位验收结论									
		专业监理工程师（建设单位项目专业技术负责人）：					年 月 日		

6.8 地毯面层

6.8.1 施工准备
6.8.1.1 技术准备
1 根据设计要求的地毯品种、规格、花色、图案和房间实际情况进行细化设计，确定铺贴工艺和细部处理方案，据此提出采购计划（包括配套附件和胶粘剂等）。
2 大面积施工前应先放出施工大样，并做样板，经甲方、监理、质检部门鉴定合格后，方可组织按样板要求施工。
3 其他技术准备工作见本标准第3.0.4条中相关内容。

6.8.1.2 材料准备
地毯、衬垫、胶粘剂、倒刺钉板条、铝合金倒刺条、金属压条等。

6.8.1.3 主要机具
1 机械设备
地毯裁边机、热风机、除尘器等。
2 主要工具
裁毯刀、裁边机、地毯撑子、扁铲、墩拐、手枪钻、割刀、剪刀、尖嘴钳子、橡胶压边滚筒、熨斗、角尺、直尺、手锤、钢钉、小钉子、吸尘器等。

6.8.1.4 作业条件
1 在地毯铺设之前，室内装饰必须完毕。室内所有重型设备均已就位并已调试，运转正常，经专业验收合格。
2 铺设楼面地毯的基层，一般是水泥楼面，也可以是木地板或其他材质的楼面。要求表面平整、光滑、洁净，如有油污，须用丙酮或松节油擦净。如为水泥楼面，应具有一定的强度，含水率不大于9%。
3 应事先把需铺设地毯的房间、走道等四周的踢脚板做好。踢脚板下口均应高于地面10mm左右，以便将地毯毛边掩入踢脚板下。

6.8.2 材料质量控制
6.8.2.1 地毯
按编织工艺分为手工地毯、机织地毯、簇绒编织地毯、针刺地毯。按地毯规格分为方块地毯、成卷地毯、圆形地毯。应具有一定的耐磨性、富有弹性、脚感舒适、隔音、隔潮、防尘。地毯的品种、规格、颜色、主要性能和技术指标必须符合设计要求，应有出厂合格证明文件。

6.8.2.2 衬垫
衬垫的品种、规格、主要性能和技术指标必须符合设计要求。应有出厂合格证明。

6.8.2.3 倒刺钉板条
在1200mm×24mm×6mm的板条上钉有两排斜钉（间距为35~40mm），另有五个高强钢钉均匀分布在全长上（钢钉间距约400mm左右，距两端各约100mm左右）。

6.8.2.4 铝合金倒刺条
用于地毯端头露明处，起固定和收头作用。用在外门口或与其他材料的地面相接处。

倒刺板必须符合设计要求。

6.8.2.5 金属压条

宜采用厚度为2mm左右的铝合金材料制成，用于门框下的地面处，压住地毯的边缘，使其免于被踢起或损坏。

6.8.2.6 胶粘剂

1 无毒、快干、对地面有足够的粘结强度、可剥离、施工方便的胶粘剂均可用于地毯与地面、地毯与地毯连接拼缝处的粘结。一般采用天然乳胶添加增稠剂、防霉剂等制成。胶粘剂中有害物质释放限量应符合现行国家标准《民用建筑工程室内环境污染控制规范》GB 50325的规定。产品应有出厂合格证和技术质量指标检验报告。超过生产期三个月的产品，应取样检验，合格后方可使用；超过保质期的产品不得使用。

2 胶粘剂的保管要求见第6.2.4.5条中相关内容。

6.8.3 施工工艺

6.8.3.1 工艺流程

基层处理→弹线、套方、分格、定位→地毯剪裁→钉倒刺板挂毯条→铺设衬垫→铺设地毯→细部处理及清理

6.8.3.2 施工要点

1 地毯面层采用方块、卷材地毯在水泥类面层（或基层）上铺设。

2 涂刷胶粘剂时要注意，不得污染踢脚板、门框扇及地弹簧等，并采取轻便可移动的保护挡板保护成品。

3 活动式地毯铺设：是指不用胶粘剂粘贴在基层的一种方法，即不与基层固定的铺设，四周沿墙角修齐即可。一般仅适用于装饰性工艺地毯、活动不多或是临时性房间以及方块地毯的铺设。

（1）活动式地毯铺设应符合下列规定：

1）地毯拼成整块后直接铺在洁净的地面上，地毯周边应塞入踢脚线下；

2）与不同类型的建筑地面连接处，应按设计要求收口；

3）小方块地毯铺设，块与块之间应挤紧服贴。

（2）铺设活动式地毯，水泥类面层（或基层）表面应坚硬、平整、光洁、干燥，无凹坑、麻面、裂缝，并应清除油污、钉头和其他突出物。水泥类基层平整度偏差不应大于4mm。

（3）铺设方块地毯，首先要将基层清扫干净，并应按所铺房间的使用要求及具体尺寸，弹好分格控制线。铺设时，宜先从中部开始，然后往两侧均铺。要保持地毯块的四周边缘棱角完整，破损的边角地毯不得使用。铺设毯块应紧靠，常采用逆光与顺光交错方法。

（4）在两块不同材质地面交接处，应选择合适的收口条。如果两种地面标高一致，可以选用铜条或不锈钢条，以起到衔接与收口作用。如果两种地面标高不一致，一般选用铝合金"L"形收口条，将地毯的毛边伸入收口条内，再把收口条端部砸扁，起到收口与固定的双重作用。

（5）在行人活动频繁部位地毯容易掀起，在铺设方块地毯时，可在毯底稍刷一点胶粘剂，以增强地毯铺放的耐久性，防止被外力掀起。

4 固定式铺设：

(1) 固定式地毯铺设应符合下列规定：

1) 固定地毯用的金属卡条（倒刺板）、金属压条、专用双面胶带等必须符合设计要求；

2) 铺设的地毯张拉应适宜，四周卡条固定牢；门口处应用金属压条等固定；

3) 地毯周边应塞入卡条和踢脚线下面的缝中；

4) 地毯应用胶粘剂与基层粘贴牢固。

(2) 基层处理：铺设地毯的基层，要求同活动式地毯面层。如有油污，须用丙酮或松节油擦净。如为水泥地面，应具有一定的强度，含水率不大于9%。

(3) 弹线、套方、分格、定位：要严格按照设计图纸对各个不同部位和房间的具体要求进行弹线、套方、分格，如图纸有规定和要求时，则严格按图施工。如图纸没具体要求时，应对称找中，弹线、定位。

(4) 地毯剪裁：地毯裁剪应在比较宽阔的地方集中统一进行。一定要精确测量房间尺寸，并按房间和所用地毯型号逐一登记编号。然后根据房间尺寸、形状用裁边机裁下地毯料，每段地毯的长度要比房间长出20mm左右，宽度要以裁去地毯边缘线后的尺寸计算。弹线，以手推裁刀从毯背裁切去边缘部分，裁好后卷成卷编上号，放入对号房间里，大面积房间应在施工地点剪裁拼缝。

(5) 钉倒刺板挂毯条：沿房间或走道四周踢脚板边缘，用高强水泥钉将倒刺板钉在基层上（钉朝向墙的方向），其间距约400mm左右。倒刺板应离开踢脚板面8～10mm，以便于钉牢倒刺板。

(6) 铺设衬垫：将衬垫采用点粘法用聚醋酸乙烯乳胶粘在地面基层上，要离开倒刺板10mm左右。海绵衬垫应满铺平整，地毯拼缝处不露底衬。

(7) 铺设地毯：

1) 缝合地毯：将裁好的地毯虚铺在垫层上，然后将地毯卷起，在拼接处缝合。缝合完毕，将塑料胶纸贴于缝合处，保护接缝处不被划破或勾起，然后将地毯平铺，用弯针将接缝处绒毛密实缝合，表面不显拼缝。

2) 拉伸与固定地毯：先将地毯的一条长边固定在倒刺板上，毛边掩到踢脚板下，用地毯撑子拉伸地毯。拉伸时，用手压住地毯撑，用膝撞击地毯撑，从一边一步步推向另一边。如一遍未能拉平，应重复拉伸，直至拉平为止。然后将地毯固定在另一条倒刺板上，掩好毛边。长出的地毯，用裁割刀割掉。一个方向拉伸完毕，再进行另一个方向的拉伸，直至四个边都固定在倒刺板上。

3) 用胶粘剂粘结固定地毯：此法一般不放衬垫（多用于化纤地毯），先将地毯拼缝处衬一条100mm宽的窄条麻布带，用胶粘剂粘贴，然后将胶粘剂涂刷在基层上，适时粘结、固定地毯。此法分为满粘和局部粘结两种方法。宾馆的客房和住宅的居室可采用局部粘结，公共场所宜采用满粘。

4) 铺粘地毯时，先在房间一边涂刷胶粘剂后，铺放已预先裁割的地毯，然后用地毯撑子向两边撑拉，再沿墙边刷两条胶粘剂，将地毯压平掩边。

5) 细部处理及清理：要注意门口压条的处理和门框、走道与门厅，地面与管根、暖气罩、槽盒，走道与卫生间门坎，楼梯踏步与过道平台，内门与外门，不同颜色地毯交接处和踢脚板等部位地毯的套割、固定和掩边工作,必须粘结牢固,不应有显露、后找补条等。要特别注意上述部位的基层本身接槎是否平整,如严重者应返工处理。地毯铺设完毕,固定收口条后,应用吸尘器清扫干净,并将毯面上脱落的绒毛等彻底清理干净。

5 楼梯地毯铺设:

(1)先将倒刺板钉在踏步板和挡脚板的阴角两边,两条倒刺板顶角之间应留出地毯塞入的空隙,一般约15mm,朝天小钉倾向阴角面。

(2)海绵衬垫超出踏步板转角应不小于50mm,把角包住。

(3)地毯下料长度,应按实量出每级踏步的宽度和高度之和。如考虑今后的使用中可挪动常受磨损的位置,可预留450~600mm的余量。

(4)地毯铺设由上至下,逐级进行。每梯段顶级地毯应用压条固定于平台上,每级阴角处应用卡条固定牢,用扁铲将地毯绷紧后压入两根倒刺板之间的缝隙内。

(5)防滑条应铺钉在踏步板阳角边缘。用不锈钢膨胀螺钉固定,钉距150~300mm。

6.8.4 成品保护

1 在运输和施工操作中,应保护好门、窗框扇、墙面、踢脚板等成品不被损坏和污染。

2 地毯等材料进场后,应设专人加强管理,注意堆放、运输和操作过程中的保管工作。应避免风吹雨淋,注意防潮、防火等。

3 要认真贯彻岗位责任制,严格执行工序交接制度。每道工序施工完毕,应及时清理地毯上的杂物,及时清擦被操作污染的部位。并注意关闭门窗和关闭卫生间的水龙头,严防地毯被雨淋和水泡。

6.8.5 安全、环保措施

安全、环保措施参见第6.1.12条中相关内容。

6.8.6 质量标准

主 控 项 目

6.8.6.1 地毯的品种、规格、颜色、花色、胶料和辅料及其材质必须符合设计要求和国家现行地毯产品标准的规定。

检验方法:观察检查和检查材质合格记录。

6.8.6.2 地毯表面应平服、拼缝处粘接牢固、严密平整、图案吻合。

检验方法:观察检查。

一 般 项 目

6.8.6.3 地毯表面不应起鼓、起皱、翘边、卷边、显拼缝、露线和无毛边,绒面毛顺光一致,毯面干净,无污染和损伤。

检验方法:观察检查。

6.8.6.4 地毯同其他面层连接处、收口处和墙边、柱子周围应顺直、压紧。

检验方法:观察检查。

6.8.7 质量验收

1 检验批的划分和抽样检查数量按本标准第3.0.23条规定执行。在施工组织设计

（或方案）中事先确定。

  2 检验批的验收按本标准第3.0.25条进行组织。

  3 验收时，应检验地毯合格证以及材料的进场检查记录。

  4 检验批质量验收记录当地方政府主管部门无统一规定时，宜采用表6.8.7"地毯面层检验批质量验收记录表"。

表6.8.7 地毯面层检验批质量验收记录表

GB 50209—2002

单位（子单位）工程名称					
分部（子分部）工程名称				验收部位	
施工单位				项目经理	
分包单位				分包项目经理	
施工执行标准名称及编号					
		施工质量验收规范的规定		施工单位检查评定记录	监理（建设）单位验收记录
主控项目	1	地毯质量	品种、规格、颜色、花色、胶料和辅料及其材质符合设计要求和国家现行地毯产品标准的规定		
	2	地毯铺设质量	表面应平服、拼缝处粘接牢固、严密平整、图案吻合		
一般项目	1	地毯表面质量	不应起鼓、起皱、翘边、卷边、显拼缝、露线和无毛边，绒面毛顺光一致，毯面干净，无污染和损伤		
	2	地毯细部	同其他面层连接处、收口处和墙边、柱子周围应顺直、压紧		
施工单位检查评定结果	专业工长（施工员）　　　　　　　　　施工班组长 项目专业质量检查员：　　　　　　　　　　　年　月　日				
监理（建设）单位验收结论	 专业监理工程师（建设单位项目专业技术负责人）：　　年　月　日				

7 木、竹面层铺设

7.1 一般规定

7.1.1 本章适用于实木地板面层、实木复合地板面层、中密度（强化）复合地板面层、竹地板面层等分项工程的施工技术操作和质量检验。

7.1.2 木、竹地板面层下的木搁栅、垫木、毛地板等采用木材的树种、选材标准和铺设时木材含水率以及防腐、防蛀处理等，均应符合现行国家标准《木结构工程施工质量验收规范》GB 50206—2002 的有关规定。所选用的材料，进场时应对其断面尺寸、含水率等主要技术指标进行抽检，抽检数量应符合产品标准的规定。

7.1.3 与厕浴间、厨房等潮湿场所相邻木、竹面层连接处应做防水（防潮）处理。

7.1.4 木竹面层不宜用于长期或经常潮湿处，并应避免与水长期接触，以防止木基层腐蚀和面层变形、开裂、翘曲等质量问题。对多层建筑的底层地面铺设木竹面层时，其基层（含墙体）应采取防潮措施。

7.1.5 木、竹面层铺设在水泥类基层上，其基层表面应坚硬、平整、洁净、干燥、不起砂。

7.1.6 建筑地面工程的木、竹面层搁栅下架空结构层（或构造层）的质量检验，应符合相应现行国家标准规定。

7.1.7 木、竹面层的通风构造层包括室内通风沟、室外通风窗等，均应符合设计要求。

7.1.8 木、竹面层的允许偏差，应符合表 7.1.8 的规定。

表 7.1.8 木、竹面层的允许偏差和检验方法

项次	项 目	允许偏差（mm）				检 验 方 法
		实木地板面层			实木复合地板、中密度（强化）复合地板面层、竹地板面层	
		松木地板	硬木地板	拼花地板		
1	板面缝隙宽度	1.0	0.5	0.2	0.5	用钢尺检查
2	表面平整度	3.0	2.0	2.0	2.0	用2m靠尺和楔形塞尺检查
3	踢脚线上口平齐	3.0	3.0	3.0	3.0	拉5m通线，不足5m拉通线和用钢尺检查
4	板面拼缝平直	3.0	3.0	3.0	3.0	
5	相邻板材高差	0.5	0.5	0.5	0.5	用钢尺和楔形塞尺检查
6	踢脚线与面层的接缝	1.0	1.0	1.0	1.0	楔形塞尺检查

7.1.9 安全、环保措施

1 施工前应制定有效的安全、防护措施，并应遵照安全技术及劳动保护制度执行。

2 施工机械用电必须采用一机一闸一保护。

直，上口呈水平线。木踢脚板上口出墙厚度应控制在10~20mm范围。踢脚线做法见图7.2.3.2。

(3) 踢脚线安装完后，在房间不明显处，每隔1m开排气孔，孔的直径6mm，上面加铝、镀锌、不锈钢等金属篦子，用镀锌螺丝与踢脚线拧牢。

9 油漆和打蜡

磨光后应立即上漆。先清除表面尘土和油污，必要时润油粉，满刮腻子两遍，分别用1号砂纸打磨平整、洁净，再涂刷清漆。应按设计和业主要求确定清漆遍数和品牌，厚薄均匀、不漏刷，第一遍干后用1号砂纸打磨，用湿布擦净晾干，对腻子疤、踢脚板和最后一行企口板上的钉眼等处点漆片修色；以后每遍清漆干后用280~320号砂纸打磨。最后，打蜡、擦亮。地板蜡有成品供

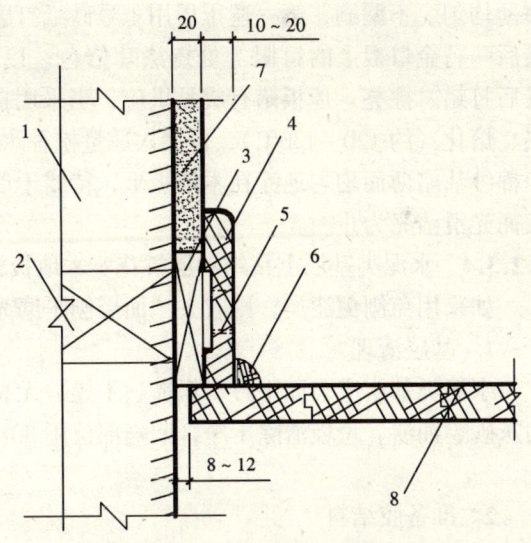

图7.2.3.2 踢脚线铺设方法
1—砖墙；2—预埋防腐木砖120mm×120mm×60mm@750mm；3—防腐木块120mm×120mm×20mm@750mm；4—木踢脚板150mm×20mm；5—通风孔，φ6mm@1000mm；6—木条15mm×15mm；7—内墙粉刷；8—企口长条硬木板

应，当采用自制时将蜡、煤油按1:4重量比放入桶内加热、熔化（约120~130℃），再掺入适量松香水后调成稀糊状，凉后即可使用。用布或干净丝棉沾蜡薄薄均匀涂在木地板上，待蜡干后，用木块包麻布或细帆布进行磨光，直到表面光滑洁亮为止。

7.2.3.3 无漆类条材实木地板施工要点

1 施工工序

"面层刨平磨光、钉踢脚线、油漆打蜡"前的施工工序同本标准第7.2.3.2条"免刨免漆类条材实木地板"施工相关内容。

2 面层刨平、磨光

木材面层的表面应刨平磨光，刨平和磨光所刨去的厚度不宜大于1.5mm，并无刨痕。

(1) 第一遍粗刨，用地板刨光机（机器刨）顺着木纹刨，刨口要细、吃刀要浅，刨刀行速要均匀、不宜太快，多走几遍、分层刨平，刨光机达不到之处则辅以手刨。

(2) 第二遍净面，刨平以后，用细刨净面。注意消除板面的刨痕、戗槎和毛刺。

(3) 净面之后用地板磨光机磨光，所用砂布应先粗后细，砂布应绷紧绷平，磨光方向及角度与刨光相同。个别地方磨光不到可用手工磨。磨削总量应控制在0.3~0.8mm内。

3 踢脚线铺设

木踢脚线应在面层刨平磨光后装置，多选用免刨免漆类成品踢脚板，也可选择其它类踢脚板，施工方法同本标准第7.2.3.2条"免刨免漆类实木地板"的相应内容，待室内装饰工程完工后与地板一起涂油、上蜡。

4 油漆和打蜡

地板磨光后应立即上漆。先清除表面尘土和油污，必要时润油粉，满刮腻子两遍，分别用1号砂纸打磨平整、洁净，再涂刷清漆。应按设计和业主要求确定清漆遍数和品牌，

厚薄均匀、不漏刷，第一遍干后用1号砂纸打磨，用湿布擦净晾干，对腻子疤、踢脚板和最后一行企口板上的钉眼等处点漆片修色；以后每遍清漆干后用280~320号砂纸打磨。最后打蜡、擦亮。地板蜡有成品供应，当采用自制时将蜡、煤油按1:4重量比放入桶内加热、熔化（约120~130℃），再掺入适量松香水后调成稀糊状，凉后即可使用。用布或干净棉纱沾蜡薄而均匀地涂在木地板上，待蜡干后，用木块包麻布或细帆布进行磨光，直到表面光滑洁亮为止。

7.2.3.4 水泥类基层上粘结单层拼花实木地板施工要点

如采用免刨免漆类，则省去"面层刨平磨光、油漆打蜡"工序。

1 基层清理

水泥类基层应表面平整、粗糙、干燥，无裂缝、脱皮、起砂等缺陷。施工前，将表面的灰砂、油渍、垃圾清除干净，凹陷部位用801胶水泥腻子嵌实刮平，用水洗刷地面、晾干。

2 准备胶结料

本工艺特需辅助材料：

促凝剂——用氯化钙复合剂（冬期在白胶中掺少量）；

缓凝剂——用酒石酸（夏季在白胶中掺少量）；

水泥——强度等级32.5级以上普通硅酸盐水泥或白水泥；

丙酮、汽油等。

胶粘剂配合比（重量比）：

10号白胶：水泥＝7:3。或者用水泥加801胶搅拌成浆糊状。

过氯乙烯胶：过氯乙烯:丙酮:丁酯:白水泥＝1:2.5:7.5:1.5

聚氨酯胶——根据厂家确定的配合比加白水泥，如：甲液:乙液:白水泥＝7:1:2等。

3 弹线定位

在房间地面表层弹十字中心线及四周圈边线，圈边宽度当设计未规定时以300mm为宜。根据房间尺寸和拼花地板的大小算出块数。如为单数，则房间十字中心线与中间一块拼花地板的十字中心线一致；如为双数，则房间十字中心线与中间四块拼花地板的拼缝线重合。

4 面层铺设

（1）涂刷底胶：铺前先在基层上用稀白胶或801胶薄薄涂刷一遍，然后将配制好的胶泥倒在地面，用橡皮刮板均匀铺开，厚度一般为5mm左右。胶泥配制应严格计量，搅拌均匀，随用随配，并在1~2h内用完。

（2）粘贴面层（胶结拼花木地板面层及铺贴方法见图7.2.3.4）。

1）涂刷胶泥和粘贴面板应同时进行，一般由两人操作，一人在前涂刷胶泥（或胶粘剂），另一个紧跟着粘贴木板条，沿顺序水平方向用力推挤压实。

2）按照铺板图案形式，一般有正铺和斜铺两种。正铺由中心依次向四周铺贴，最后圈边（亦可根据实际情况，先贴圈边，再由中央向四周铺贴）；斜铺先弹地面十字中心线，再在中心弹45°斜线及圈边线，按45°方向斜铺。拼花面层应每粘贴一个方块，用方尺套方一次，贴完一行，须在面层上弹细线修正一次。

3）铺设席纹或人字地板时，更应注意认真弹线、套方和找规矩；铺钉时随时找方，

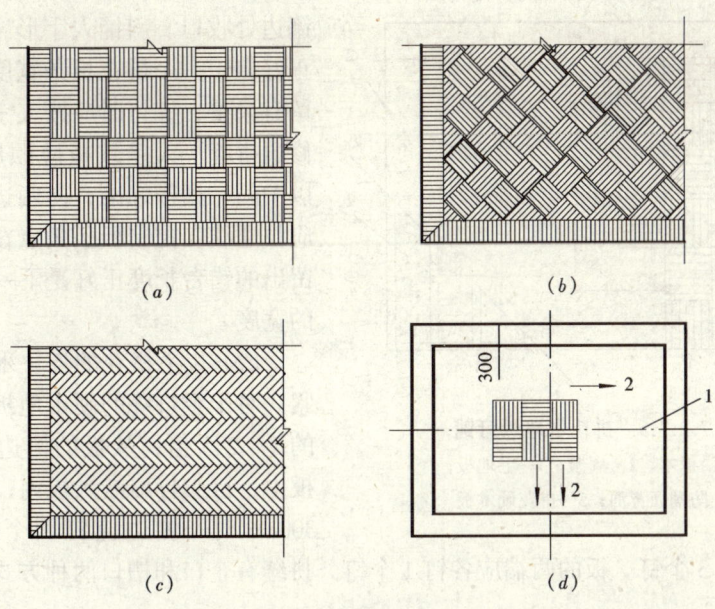

图 7.2.3.4　胶结拼花木地板面层及铺贴方法
(a) 正方格形；(b) 斜方格形；(c) 人字形；(d) 中心向外铺贴方法
1—弹线；2—铺贴方向

每铺钉一行都应随时找直。板条之间缝隙应严密，不大于0.2mm。可用锤子或垫木适当敲打，溢出板面的胶粘剂要及时清理干净。地板与墙之间应有8～12mm的缝隙，并用踢脚板封盖。

5　钉踢脚板

地板铺好且刨平磨光后方可钉踢脚板。踢脚板应提前刨平、磨光。按房间大小配料，加工好接榫。用砸扁钉帽的圆钉把踢脚板钉在墙脚预埋的防腐木砖上，使之与墙面抹灰面密贴，要求齐直，转角方正。预埋木砖间距约500mm左右。木踢脚板上口出墙厚度应控制在10～15mm范围。

6　刨平、磨光

拼花地板粘贴完后，应在常温下保养5～7d，待胶泥凝结后，用电动滚刨机刨削地板，使之平整。滚刨方向与板条方向成45°角斜刨，刨时不宜走得太快，应多走几遍。第一遍滚刨后，再换滚磨机磨二遍；第一遍用3号粗砂纸磨平，第二遍用1～2号砂纸磨光，四周和阴角处辅以人工刨削和磨光。

7　油漆、打蜡

见本标准第7.2.3.3条"无漆类条材实木地板施工要点"中相关内容。

7.2.3.5　铺设双层拼花木地板（构造见图7.2.3.5）施工要点

如采用免刨免漆类木地板，则无"面层刨平磨光、油漆打蜡"工序。

1　施工要点：

（1）铺席纹板，一般从一角开始，使凹榫紧贴前板凸榫，逐块用暗钉钉牢；亦可从中央向四边铺钉。斜铺方形席纹板，以一边墙为准呈45°角弹线（分角距离为斜纹对角线长）。四边与镶边收口的三角形应大小相等。铺钉可从一角开始，依次按斜列展开，直到

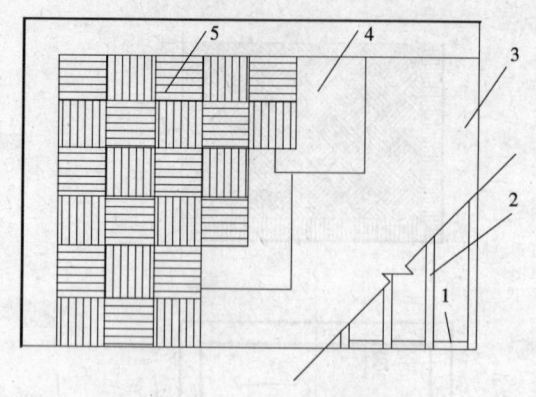

图7.2.3.5 拼花木地板钉铺
1—沿椽木；2—搁栅；3—毛地板；
4—防潮沥青油；5—拼花硬木板

镶边处收口。斜铺人字形席纹板，板长应正好多于一个拼花板条宽度，板条加工应留有余量，铺钉时应按人字形席纹图形边修边拼缝。人字纹板应顺房间进深排列，以中间一列作标准，向两边展开。铺钉时应拉通线，控制板条角点在一直线上，使留出的错台长度正好是下一列人字条镶入的宽度。

(2) 以上拼花的各块木板均应相互排紧。对于企口缝的硬木地板，钉长为板厚的2～2.5倍，从板的侧边斜向钉入毛地板中，钉头打扁嵌入板内；当板长度小于300mm时，侧边应钉两个钉，长度大于300mm时应钉3个钉。板的两端应各钉1个钉。拼缝有企口和槽口两种方式，后者在池槽内设嵌榫。

(3) 铺钉镶边板宜在房心板铺贴完后进行（亦可先圈边，后房心板）。镶边板应与房心拼花板严密结合。镶边宽度与图形可采用顺墙长条或垂直墙短条等。

2 双层拼花地板铺设其他施工要点见本标准第7.2.3.3条"无漆类条材实木地板施工要点"。

7.2.3.6 块材实木地板施工要点

1 粘结单层块材实木地板施工要点同本标准第7.2.3.4条"水泥类基层上粘结单层拼花实木地板施工要点"。

2 铺设双层块材实木地板施工要点同本标准第7.2.3.2条"免刨免漆类条材实木地板施工要点"。

3 如采用免刨免漆类木地板，则无"面层刨平磨光、油漆打蜡"工序。

7.2.4 成品保护

1 面层使用的木板应码放整齐，使用时轻拿轻放，不得乱扔乱堆，以免碰坏棱角。

2 铺设面层时，不得损坏门窗、墙面抹灰层、涂料等已完装饰装修工程。

3 铺设面层应穿软底鞋，且不得在板面上敲砸，防止损坏面层。

4 施工中应注意环境温度和湿度变化，铺设完应及时关闭窗户，覆盖塑料薄膜，防止开裂和变形。

5 地板刨光磨光后，及时刷油漆和打蜡。

6 通水后注意阀门、接头和弯头三通等部位，防止渗漏浸泡，污染地板。

7.2.5 安全、环保措施

1 使用木工机械加工板条应有安全防护装置，不得用手直接推按板条锯裁、刨光，应用推杆送料。

2 面层刨光、磨光使用刨光机、磨光机，应有安全保险装置和保护接零。

3 木工机械和电源应有专人管理，每种机械应专线专闸；线路不得乱搭；下班后应断电。

主 控 项 目

7.3.6.1 实木复合地板面层所采用的条材和块材，其技术等级及质量要求应符合设计要求。木搁栅、垫木和毛地板等必须做防腐、防蛀处理。

检验方法：观察检查和检查材质合格证明文件及检测报告。

7.3.6.2 木搁栅安装应牢固、平直。

检验方法：观察、脚踩检查。

7.3.6.3 面层铺设应牢固；粘贴无空鼓。

检验方法：观察、脚踩或用小锤轻击检查。

一 般 项 目

7.3.6.4 实木复合地板面层图案和颜色应符合设计要求，图案清晰，颜色一致，板面无翘曲。

检验方法：观察、用2m靠尺和楔形塞尺检查。

7.3.6.5 面层的接头应错开、缝隙严密、表面洁净。

检验方法：观察检查。

7.3.6.6 踢脚线表面光滑，接缝严密，高度一致。

检验方法：观察和钢尺检查。

7.3.6.7 实木复合地板面层的允许偏差应符合表7.1.8的规定。

检验方法：应按表7.1.8中的检验方法检验。

7.3.7 质量验收

1 检验批的划分和抽样检查数量按本标准第3.0.23条规定执行。在施工组织设计（或方案）中事先确定。

2 检验批的验收按本标准第3.0.25条进行组织。

3 检验时，应检验地板材出厂合格证和用作搁栅的木材含水率试验报告，胶粘剂合格证和出厂检验报告。

4 检验批质量验收记录当地方政府主管部门无统一规定时，宜采用表7.3.7"实木复合地板面层检验批质量验收记录表"。

表7.3.7 实木复合地板面层检验批质量验收记录表

GB 50209—2002

单位（子单位）工程名称						
分部（子分部）工程名称				验收部位		
施工单位				项目经理		
分包单位				分包项目经理		
施工执行标准名称及编号						
		施工质量验收规范的规定		施工单位检查评定记录		监理（建设）单位验收记录
主控项目	1	材料质量	符合设计要求，木搁栅、垫木和毛地板等必须做防腐、防蛀处理			
	2	木搁栅安装	应牢固、平直			
	3	面层铺设质量	应牢固、粘结无空鼓			
一般项目	1	面层外观质量	图案和颜色应符合设计，图案清晰，颜色一致，板面无翘曲			
	2	面层接头	接头应错开、缝隙严密、表面洁净			
	3	踢脚线	表面光滑，接缝严密，高度一致			
	4	面层允许偏差	板面缝隙宽度	0.5mm		
	5		表面平整度	2.0mm		
	6		踢脚线上口平齐	3.0mm		
	7		板面拼缝平直	3.0mm		
	8		相邻板材高差	0.5mm		
	9		踢脚线与面层接缝	1.0mm		

	专业工长（施工员）		施工班组长	
施工单位检查评定结果				
	项目专业质量检查员：			年 月 日
监理（建设）单位验收结论				
	专业监理工程师（建设单位项目专业技术负责人）：			年 月 日

7.4 中密度（强化）复合地板面层

7.4.1 施工准备

7.4.1.1 技术准备

参见本标准第3.0.4条中相关内容。

7.4.1.2 材料准备

1 面层中密度（强化）复合地板均为免刨免漆类成品，采用企口拼缝。

2 配套的踢脚线主要有浸渍纸贴面踢脚线、塑料踢脚线。踢脚板的规格主要有窄型 2400mm×100mm×（10~15mm）和宽型 2400mm×150mm×（10~15mm）。压条有T型压条、过桥压条、贴边压条、胶垫等。

3 搁栅、毛地板、垫木（包括橡木、剪刀撑）、隔热、隔声材料、衬垫及胶粘剂等其他材料。

7.4.1.3 主要机具

1 主要机械：电泵、冲击钻、电锯、手电钻等。

2 主要工具：手锯、钢锯、锤子、橡皮锤、螺丝刀、铲刀、钳子、搬钩、拉紧搬钩（紧板器）等。

7.4.1.4 作业条件

作业条件见第7.2.1.4条中内容。

7.4.2 材料质量控制

中密度（强化）复合地板面层的材料以及面层下的板或衬垫等材质应符合设计要求，并采用具有商品检验合格证的产品，其技术等级及质量要求均应符合国家现行标准《浸渍纸层压木质地板》GB/T 18102—2000 的规定（见附录J.3）。

1 搁栅、毛地板、垫木（包括橡木、剪刀撑）见第7.2.2条中相关内容。

2 中密度（强化）复合地板

面层及板材应符合设计要求，并有商品检验合格证。其质量要求符合国家标准的规定（见附录J）。

3 踢脚线质量要求见第7.3.2条相关内容。

4 隔热、隔声、防潮材料、胶粘剂见第7.2.2条中相关内容。

7.4.3 施工工艺

7.4.3.1 工艺流程

铺设方法主要有悬浮铺设法、无胶悬浮铺设法、毛地板垫底铺设法、搁栅毛地板垫底铺设法等4种工艺流程：

1 悬浮铺设法工艺流程

清理基层→弹线→铺衬垫层→涂胶铺地板→钉踢脚线→养护

2 无胶悬浮铺设法工艺流程

清理基层→弹线→铺衬垫层→铺地板→钉踢脚线→养护

3 毛地板垫底铺设法工艺流程

清理→钉毛地板→弹线→铺衬垫层→铺地板→钉踢脚线→养护

4 带搁栅、毛地板垫底铺设法工艺流程

（按设计要求砌地垄墙、设埋件）清理基层→做防潮层→铺设搁栅→钉毛地板→弹线→铺衬垫层→铺地板→钉踢脚线→养护

7.4.3.2 楼层地板悬浮铺设法施工要点

1 清理基层

将基层表面灰砂、油渍、垃圾清除干净，凹陷部位用腻子嵌实刮平。

2 弹线

中密度（强化）复合地板一般采用长条铺设，铺设前应在地面四周弹出垂直控制线，作为铺板的基准线。

3 铺衬垫层

衬垫层一般为卷材，按铺设长度裁切成块，铺设宽度应与面板相配合，距墙（不少于10mm）比地板略短10～20mm，方向应与地板条方向垂直，衬垫拼缝采用对接（不能搭接），留出2mm伸缩缝。加设防潮薄膜时应重叠200mm。

4 试铺地板

（1）中密度（强化）复合地板面层铺设时，相邻条板端头应错开不小于300mm距离；面层与墙之间应留不小于10mm空隙。

（2）试铺前三排，即不施胶铺装。铺装方向按照设计要求，通常与房间长度方向一致或按照"顺光、顺行走方向"原则确定，自左向右逐排铺装，凹槽向墙。在地板与墙之间放入木楔控制离墙距离。

（3）铺装第一排时，必须拉线找直。每排最后一块地板可旋转180°划线后切割。上一排最后一块地板的切割余量大于300mm时，应用于下一排的起始块，如小于300mm则舍去。当房间长度等于或略小于1/2板块长度的倍数时，可采用隔排对中错缝。

5 刷胶铺地板

将胶瓶嘴削成45°斜口，将胶粘剂均匀地涂在地板榫头上沿，涂胶量以地板拼合后均匀溢出一条白色胶线为宜。立即将溢出胶线用湿布擦掉。地板粘胶榫槽配合后，用橡皮锤轻敲挤紧，然后用紧板器夹紧并检查直线度。最后一排地板要用适当方法测量其宽度并切割、施胶、拼板，用紧板器（拉力带）拉紧使之严密，铺装后继续使紧板器拉紧2h以上。

铺板后24h内不准上人，安装踢脚线前将板面清擦干净，取出木楔。

6 钉踢脚线

预先在墙内每隔300mm砌入一块防腐木砖，在其外面钉一块防腐木块；如未预埋木砖，亦可钉防腐木楔；在木楔上钉基层板，然后再把踢脚线用胶粘在基层板上，踢脚线接缝处用钉从侧口固定，但保证表面无痕。踢脚线板面要垂直，上口呈水平线。木踢脚线上口出墙厚度应控制在10～20mm范围。钉踢脚线前将板墙间隙内的木楔和杂物清理干净。

7 钉压条

对于门口部位地板边缘，采用胶粘剂粘结贴边压条；对于长度或宽度超过8m的房间，必须设置伸缩缝，用T型压条或过桥压条盖住伸缩缝。

7.4.3.3 楼层地板无胶悬浮铺设法施工要点

本工艺适用于具有锁扣式榫槽的中密度（强化）复合地板、临时会场展厅和短期居住房屋的普通中密度（强化）复合地板。其施工要点与第7.4.3.2条"楼层地板悬浮铺设

法"基本相同，但不用涂胶粘剂。当用于临时会场展厅和短期居住房屋地板时，应在地板四周用压缩弹簧或聚苯板塞紧定位，保证周边有适当的压紧力。

7.4.3.4 楼层地板毛地板垫底铺设法施工要点

施工要点与第7.4.3.2条"楼层地板悬浮铺设法"基本相同，但是在铺设衬垫层前要将毛地板固定在楼地面上。

7.4.3.5 带搁栅、毛地板垫底铺设法施工要点

1 清理基层要求见第7.4.3.2条"楼层地板悬浮铺设法"中相应内容。

2 按第7.2.3.2条"免刨免漆类条材实木地板施工要点"中方法固定搁栅和铺设隔热、隔音、防潮材料，包括按设计要求施工地垄墙和通风构造。

3 钉毛地板同第7.2.3.2条"免刨免漆类条材实木地板施工要点"中的铺钉方法。

4 "铺衬垫层→铺地板→钉踢脚板→养护"等工序与第7.4.3.2条"楼层地板悬浮铺设法"中的方法相同。

7.4.4 成品保护

成品保护措施参见第7.2.4条中相关内容。

7.4.5 安全、环保措施

安全、环保措施参见第7.1.9条、第7.2.5条中相关内容。

7.4.6 质量标准

主 控 项 目

7.4.6.1 中密度（强化）复合地板面层所采用的材料，其技术等级及质量要求应符合设计要求。木搁栅、垫木和毛地板等应做防腐、防蛀处理。

检验方法：观察检查和检查材质合格证明文件及检测报告。

7.4.6.2 木搁栅安装应牢固、平直。

检验方法：观察、脚踩检查。

7.4.6.3 面层铺设应牢固。

检验方法：观察、脚踩检查。

一 般 项 目

7.4.6.4 中密度（强化）复合地板面层图案和颜色应符合设计要求，图案清晰，颜色一致，板面无翘曲。

检验方法：观察、用2m靠尺和楔形塞尺检查。

7.4.6.5 面层的接头应错开、缝隙严密、表面洁净。

检验方法：观察检查。

7.4.6.6 踢脚线表面应光滑，接缝严密，高度一致。

检验方法：观察和钢尺检查。

7.4.6.7 中密度（强化）复合木地板面层的允许偏差应符合本标准表7.1.8的规定。

检验方法：应按本标准表7.1.8中的检验方法检验。

7.4.7 质量验收

1 检验批的划分和抽样检查数量按本标准第3.0.23条规定执行。在施工组织设计

（或方案）中事先确定。

2 检验批的验收按本标准第3.0.25条进行组织。

3 检验时应检验地板材出厂合格证和用作搁栅的木材含水率试验报告、胶粘剂合格证和出厂检验报告。

4 检验批质量验收记录当地方政府主管部门无统一规定时，宜采用表7.4.7"中密度（强化）复合地板面层检验批质量验收记录表"。

表7.4.7 中密度（强化）复合地板面层检验批质量验收记录表

GB 50209—2002

单位（子单位）工程名称					
分部（子分部）工程名称				验收部位	
施工单位				项目经理	
分包单位				分包项目经理	
施工执行标准名称及编号					

		施工质量验收规范的规定		施工单位检查评定记录	监理（建设）单位验收记录
主控项目	1	材料质量	符合设计要求，木搁栅、垫木和毛地板等应做防腐、防蛀处理		
	2	木搁栅安装	牢固、平直		
	3	面层铺设	牢固		
一般项目	1	面层外观质量	面层图案和颜色应符合设计要求，图案清晰，颜色一致，板面无翘曲		
	2	面层接头	接头应错开、缝隙严密、表面洁净		
	3	踢脚线	表面应光滑，接缝严密，高度一致		
	4	面层允许偏差	板面隙宽度	0.5mm		
	5		表面平整度	2.0mm		
	6		踢脚线上口平齐	3.0mm		
	7		板面拼缝平直	3.0mm		
	8		相邻板材高差	0.5mm		
	9		踢脚线与面层接缝	1.0mm		

施工单位检查评定结果	专业工长（施工员）		施工班组长	
	项目专业质量检查员：		年 月 日	

监理（建设）单位验收结论		
	专业监理工程师（建设单位项目专业技术负责人）：	年 月 日

7.5 竹地板面层

7.5.1 施工准备

7.5.1.1 技术准备

参见本标准第3.0.4条中相关内容。

7.5.1.2 材料准备

竹地板、踢脚线（主要有竹材胶合踢脚线、浸渍纸贴面踢脚线、塑料踢脚线等）、搁栅、毛地板、垫木（包括橡木、剪刀撑）、隔热、隔声材料、衬垫及胶粘剂等其他材料。

7.5.1.3 主要机具

1 主要机械：气泵、冲击钻、电锯、手电钻等。
2 主要工具：木工细刨、锤子、凿子、斧子、铲刀、扳手、钳子等。

7.5.1.4 作业条件

1 对于空铺钉接式地板，预埋好捆绑搁栅的钢丝，并做好防潮层和找平层，表面杂物已清理干净，墙根四角已找方正。
2 其他作业条件见第7.2.1.4条中相关内容。

7.5.2 材料质量控制

竹地板均为免刨免漆类成品，是把竹材加工成竹片后，经过高温高压蒸汽灭菌、脱糖脱脂、防霉、防腐、炭化烘干等处理过程，用胶粘剂胶合、热压加工成的企口地板，具有纤维硬、密度大、水分少、不易变形等优点。

1 搁栅、毛地板、垫木（包括橡木、剪刀撑）见第7.2.2条中相关内容。
2 竹地板。

竹地板应经严格选材、硫化、防腐、防蛀处理，并采用具有商品检验合格证的产品，其质量要求应符合行业标准《竹地板》LY/T 1573—2000的规定（见附录J.4）。花纹及颜色应一致。

3 踢脚线质量要求见第7.3.2条相关内容，要求花纹和颜色应和面层地板一致。
4 隔热、隔声、防潮材料、胶粘剂见第7.2.2条中相关内容。

7.5.3 施工工艺

7.5.3.1 工艺流程

清理基层→弹线→铺钉搁栅→（按设计要求铺防潮隔热隔声材料）→（按设计要求钉毛地板、铺防潮层）→钉竹地板→钉踢脚板

7.5.3.2 施工要点

见第7.2.3条"实木地板面层施工工艺"中的相关内容。

7.5.4 成品保护

成品保护措施参见第7.2.4条中相关内容。

7.5.5 安全、环保措施

安全、环保措施参见第7.1.9条中相关内容。

7.5.6 质量标准

主 控 项 目

7.5.6.1 竹地板面层所采用的材料，其技术等级和质量要求应符合设计要求。木搁栅、毛地板和垫木等应做防腐、防蛀处理。

　　检验方法：观察检查和检查材质合格证明文件及检测报告。

7.5.6.2 木搁栅安装应牢固、平直。

　　检验方法：观察、脚踩检查。

7.5.6.3 面层铺设应牢固；粘贴无空鼓

　　检验方法：观察、脚踩或用小锤轻击检查。

一 般 项 目

7.5.6.4 竹地板面层品种与规格应符合设计要求，板面无翘曲。

　　检验方法：观察、用2m靠尺和楔形塞尺检查。

7.5.6.5 面层缝隙应均匀、接头位置错开，表面洁净。

　　检验方法：观察检查。

7.5.6.6 踢脚线表面应光滑，接缝均匀，高度一致。

　　检验方法：观察和用钢尺检查。

7.5.6.7 竹地板面层的允许偏差应符合表7.1.8的规定。

　　检验方法：应按表7.1.8中的检验方法检验。

7.5.7 质量验收

　　1 检验批的划分和抽样检查数量按本标准第3.0.23条规定执行。在施工组织设计（或方案）中事先确定。

　　2 检验批的验收按本标准第3.0.25条进行组织。

　　3 检验时应检验地板材出厂合格证和用作搁栅的木材含水率试验报告、胶粘剂合格证和出厂检验报告。

　　4 检验批质量验收记录当地方政府主管部门无统一规定时，宜采用表7.5.7"竹地板面层检验批质量验收记录表"。

表7.5.7 竹地板面层检验批质量验收记录表

GB 50209—2002

单位（子单位）工程名称					验收部位	
分部（子分部）工程名称						
施工单位					项目经理	
分包单位					分包项目经理	
施工执行标准名称及编号						

		施工质量验收规范的规定			施工单位检查评定记录	监理（建设）单位验收记录
主控项目	1	材料质量	符合设计要求，木搁栅、垫木和毛地板等应做防腐、防蛀处理			
	2	木搁栅安装	牢固、平直			
	3	面层铺设	铺设牢固、粘贴无空鼓			
一般项目	1	面层品种规格	应符合设计要求，板面无翘曲			
	2	面层缝隙接头	缝隙应均匀、接头位置错开，表面洁净			
	3	踢脚线	表面应光滑，接缝均匀，高度一致			
	4	面层允许偏差	板面缝隙宽度	0.5mm		
	5		表面平整度	2.0mm		
	6		踢脚线上口平齐	3.0mm		
	7		板面拼缝平直	3.0mm		
	8		相邻板材高差	0.5mm		
	9		踢脚线与面层接缝	1.0mm		

	专业工长（施工员）	施工班组长
施工单位检查评定结果		
	项目专业质量检查员：	年 月 日
监理（建设）单位验收结论		
	专业监理工程师（建设单位项目专业技术负责人）：	年 月 日

8 分部（子分部）工程质量验收

8.0.1 建筑地面工程可按一个子分部工程进行验收，也可分为"整体面层"、"板块面层"、"木、竹面层"三个（或其中的两个）子分部工程进行验收。子分部工程质量验收记录及填表说明见第8.0.7条。

8.0.2 建筑地面工程施工质量中各类面层子分部工程的面层铺设与其相应的基层铺设的分项工程施工质量检验应全部合格。分项工程质量应由监理工程师（建设单位项目专业技术负责人）组织项目专业技术负责人等进行验收，并按表8.0.2记录。

表8.0.2 _____ 分项工程质量验收记录

工程名称		结构类型		检验批数	
施工单位		项目经理		项目技术负责人	
分包单位		分包单位负责人		分包项目经理	
序号	检验批部位、区段		施工单位检查评定结果		监理（建设）单位验收结论
1					
2					
3					
4					
5					
6					
7					
8					
9					
10					
11					
12					
13					
14					
15					
16					
17					
检查结论	项目专业技术负责人： 年 月 日			验收结论	监理工程师： （建设单位项目专业技术负责人） 年 月 日

8.0.3 建筑地面子分部工程质量验收应检查下列工程质量文件和记录：
　　1　建筑地面工程设计图纸和变更文件等；
　　2　原材料的出厂检验报告和质量合格保证文件、材料进场检（试）验报告（含抽样报告）；
　　3　各层的强度等级、密实度等试验报告和测定记录；
　　4　各类建筑地面工程施工质量控制文件；
　　5　各构造层的隐蔽验收及其他有关验收文件。
8.0.4 建筑地面子分部工程质量验收应检查下列安全和功能项目：
　　1　有防水要求的建筑地面子分部工程的分项工程施工质量的蓄水检验记录，并抽查复验认定；抽查复验时进行蓄水或泼水后，地面不得有积水和倒泛水；
　　2　建筑地面板块面层铺设子分部工程和木、竹面层铺设子分部工程采用的天然石材、胶粘剂、沥青胶结料和涂料等材料证明资料，并应提供 TVOC 和游离甲醛限量、苯限量、放射性指标限量、氡浓度等的材料证明资料。
8.0.5 建筑地面子分部工程观感质量综合评价应检查下列项目：
　　1　变形缝的位置和宽度以及填缝质量应符合规定；
　　2　室内建筑地面工程按各子分部工程经抽查分别作出评价；
　　3　楼梯、踏步等工程项目经抽查分别作出评价。
8.0.6 建筑地面子分部工程应由施工单位将自行检查评定合格的表填写好后，由项目经理交监理单位或建设单位验收，由总监理工程师组织施工项目经理及分包单位（必要时请设计单位参加）项目负责人进行验收，并按表 8.0.6 进行记录。

表 8.0.6 建筑地面子分部工程验收记录

工程名称		结构类型		层　数	
施工单位		技术部门负责人		质量部门负责人	
分包单位		分包单位负责人		分包技术负责人	
序号	分项工程名称		检验批数	施工单位检查评定	验 收 意 见
1					
2					
3					
4					
5					
6					
质量控制资料					
安全和功能检验（检测）报告					
观感质量验收					
验收单位	分包单位			项目经理　年 月 日	
	施工单位			项目经理　年 月 日	
	设计单位			项目负责人　年 月 日	
	监理（建设）单位	总监理工程师： （建设单位项目专业负责人）		年 月 日	

8.0.7 建筑地面子分部工程验收记录填表说明

8.0.7.1 表名及表头部分

1 表名：子分部工程的名称填写要具体，写在子分部工程的前边。

2 表头部分的工程名称填写工程全称，与检验批、分项工程、单位工程验收表的工程名称一致。

结构类型填写按设计文件提供的结构类型。层数应分别注明地下和地上的层数。

施工单位填写单位全称，与检验批、分项工程、单位工程验收表填写的名称一致。

技术部门负责人及质量部门负责人填写项目的技术及质量负责人。

分包单位的填写，有分包单位时才填，没有时就不填写。分包单位名称要写全称，与分包合同或图章上的名称一致。分包单位负责人及分包单位技术负责人，填写本项目的项目负责人及项目技术负责人。

8.0.7.2 验收内容填写（共有四项内容）

1 分项工程

按分项工程和第一个检验批施工先后顺序，将分项工程名称填写上，在第二格栏内分别填写各分项工程实际的检验批质量，即分项工程验收表上的检验批数量，并将各分项工程评定表按顺序附在后面。

施工单位的检查评定栏，填写施工单位自行检查评定结果。核查各分项工程是否都通过验收，有关有龄期要求试件的合格评定是否达到要求；自检符合要求的可打"√"标注，否则打"×"标注。有"×"标注的项目不能交给监理单位或建设单位验收，应进行返修达到合格后再提交验收。监理单位或建设单位应由总监理工程师或建设单位项目专业技术负责人组织审查，在符合要求后，在验收意见栏内签注"同意验收"意见。

2 质量控制资料

按本章第8.0.3条要求的质量控制资料，逐项进行核查。能基本反映工程质量情况，达到保证使用功能要求，即可通过验收。全部项目都通过，即可在施工单位检查评定栏打"√"标注检查合格。并送监理单位或建设单位验收，监理单位总监理工程师组织审查，在符合要求后，在验收意见栏内签注"同意验收"意见。

3 安全和功能检验（检测）报告

按本章第8.0.4条要求逐一检查每个施工试验记录和检测报告，核查每个检测项目的检测方法、程序是否符合有关标准的规定；检测结果是否达到规范要求。检测报告的审批程序签字是否完整。在每个报告上标注"审查通过"标识。每个检测项目都通过审查，即可在施工单位检查评定栏内打"√"标注检查合格。由项目经理送监理单位或建设单位验收，监理单位总监理工程师或建设单位项目专业负责人组织审查，在符合要求后，在验收意见栏内签注"同意验收"意见。

4 观感质量验收

按本章第8.0.5条要求检查观感质量。由施工单位项目经理组织进行现场检查，要求有代表性的房间和部位都要检查。经检查合格后，将施工单位填写的内容填写好后，由项目经理签字后交监理单位或建设单位验收。监理单位由总监理工程师或建设单位项目专业负责人组织验收，在听取参加检查人员意见的基础上，以总监理工程师或建设单位项目专业负责人为主导共同确定质量评价：好、一般或差。由施工单位的项目经理和总监理工师或建设单位专业负责人共同签认。如观感质量评定为"差"的项目,能修理的尽量修理,如果确难修理时,只要不影响结构安全和使用功能的,可采用协商解决的方法进行验收,并在验收表上注明,然后将验收评价结论填写在子分部工程观感质量验收意见栏内。

8.0.7.3 验收单位签认

地面工程子分部验收,按表8.0.6所列参与工程建设责任单位的有关人员应亲自签名。

施工单位、总承包单位必须签认,由项目经理亲自签认,有分包单位的分包单位也必须签认其分包的部分工程,由分包项目经理亲自签认。

有特殊要求的地面工程,如建设单位邀请设计参加验收时,由设计单位项目负责人亲自签认。

监理单位作为验收方,由总监理工程师亲自签认。如果按规定不委托监理单位的工程,可由建设单位项目专业负责人亲自签认验收。

附录 A 变形缝和镶边的设置

A.1 变形缝的设置

建筑地面的变形缝包括伸缩缝、沉降缝和防震缝，应按设计要求设置，并应与结构相应的缝位置一致。

A.1.1 建筑地面的变形缝，应贯通楼、地面的各构造层，缝的宽度不宜小于 20mm。

A.1.2 整体面层的变形缝在施工时，先在变形缝位置安放与缝宽相同的木板条，木板条应刨光后涂沥青煤焦油，待面层施工并达到一定强度后，将木板条取出。

A.1.3 变形缝一般填以沥青麻丝或其他富有弹性的材料，变形缝表面可用沥青胶泥嵌缝，或用钢板、硬聚氯乙烯塑料板、铝合金板等覆盖，并应与面层齐平。其构造做法见图 A.1.3。

A.1.4 水泥混凝土垫层铺设在基土上，当气温长期处于 0℃ 以下，且设计无要求时，其房间地面应设置伸缩缝。

A.1.5 室外水泥混凝土地面工程，应设置伸缩缝；室内水泥混凝土楼面和地面工程应设置纵向和横向缩缝，不宜设置伸缝。

A.1.6 伸缩缝施工：

A.1.6.1 缩缝：室内纵向缩缝的间距，一般为 3～6m，施工气温较高时宜采用 3m；室内横向缩缝的间距，一般为 6～12m，施工气温较高时宜采用 6m。室外地面或高温季节施工时宜为 6m。室内水泥混凝土地面工程分区、段浇筑时，应与设置的纵、横向缩缝的间距相一致，见图 A.1.6.1-1。

1 纵向缩缝应做成平头缝，见图 A.1.6.1-2（a）；当垫层板边加肋时，应做成加肋板平头缝，见图 A.1.6.1-2（b）；当垫层厚度大于 150mm 时，亦可采用企口缝，见图 A.1.6.1-2（c）；横向缩缝应做成假缝，见图 A.1.6.1-2（d）；

2 平头缝和企口缝的缝间不应放置任何隔离材料，浇筑时要互相紧贴。企口缝尺寸亦可按设计要求，拆模时的混凝土抗压强度不宜低于 3MPa；

3 假缝应按规定的间距设置吊模板，或在浇筑混凝土时，将预制的木条埋设在混凝土中，并在混凝土终凝前取出；亦可采用在混凝土强度达到一定要求后用锯割缝。假缝的宽度宜为 5～20mm，缝深度宜为垫层厚度的 1/3，缝内应填水泥砂浆。

A.1.6.2 伸缝：室外伸缝的间距一般为 30m，伸缝的缝宽度一般为 20～30mm，上下贯通。缝内应填嵌沥青类材料，见图 A.1.6.2（a）。当沿缝两侧垫层板边加肋时，应做成加肋板伸缝，见图 A.1.6.2（b）。

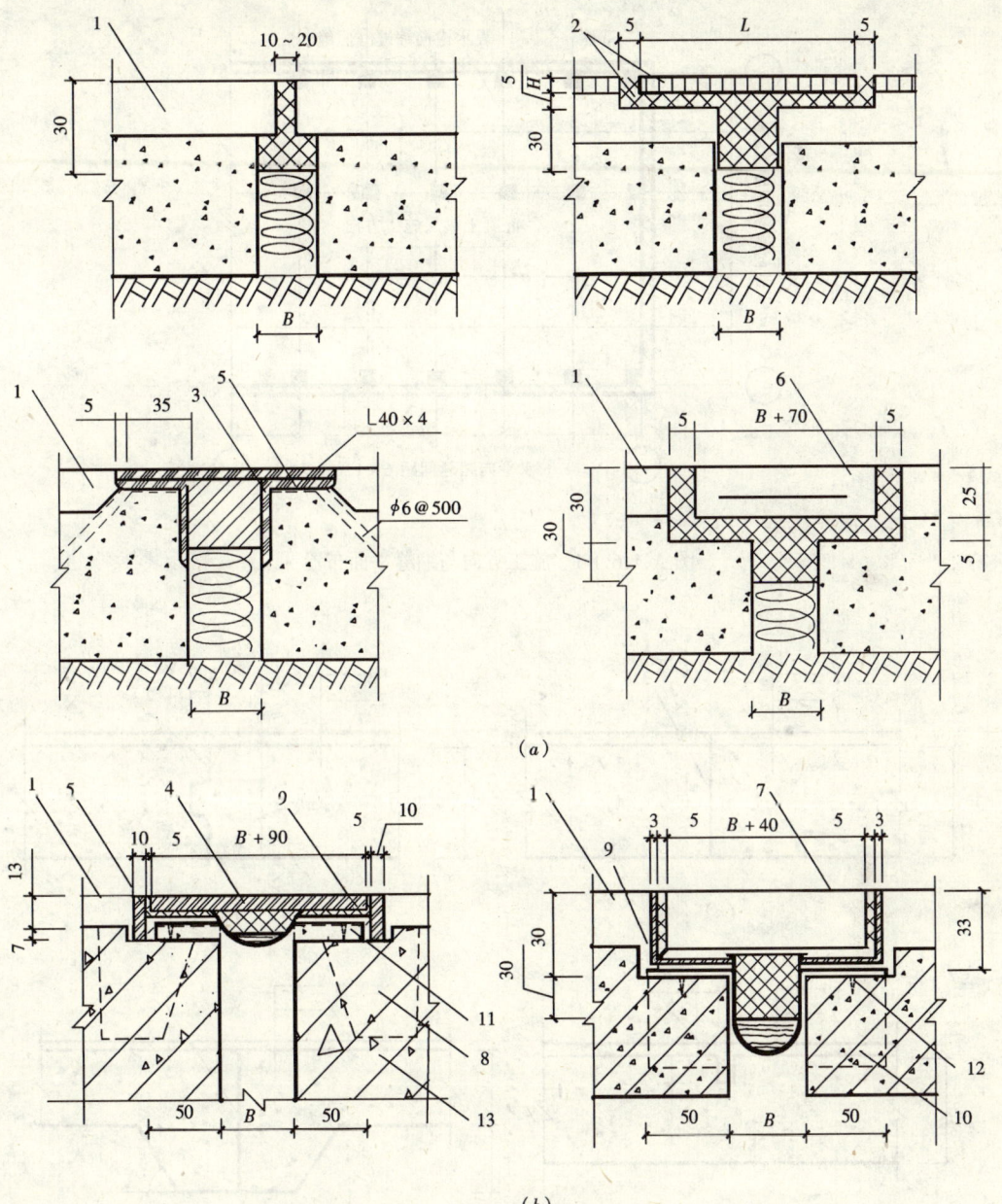

图 A.1.3 建筑地面变形缝构造
（a）地面变形缝各种构造做法；（b）楼面变形缝各种构造做法

▨ 示嵌沥青油胶泥； ▨ 示填实沥青麻丝

1—整体面层按设计；2—板块面层按设计；3—焊牢；4—5mm厚钢板（或铝合金、塑料硬板）；5—5mm厚钢板；6—C20混凝土预制板；7—钢板或块材、铝板；8—40×60×60mm木楔 500中距；9—24号镀锌钢板；10—40×40×60mm木楔 500mm中距；11—木螺钉固定 500mm中距；12—L30×3木螺钉固定 500mm中距；13—楼层结构层；B—缝宽按设计要求；L—尺寸按板块料规格；H—板块面层厚度

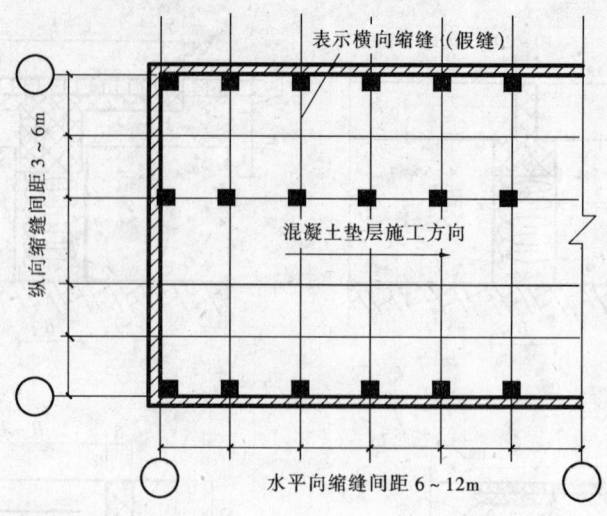

图 A.1.6.1-1 施工方向与缩缝平面布置

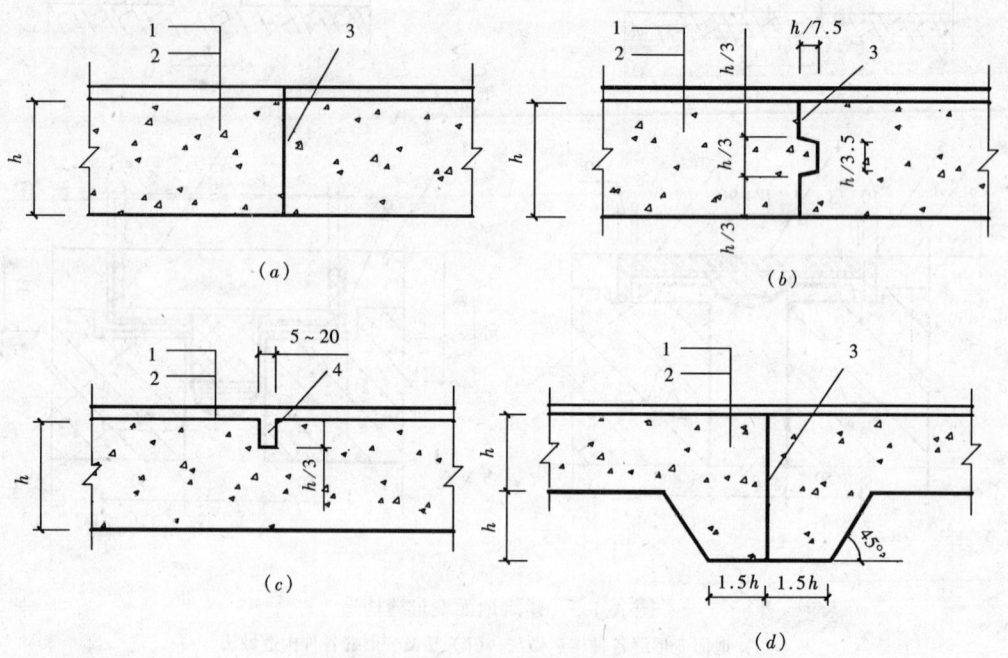

图 A.1.6.1-2 纵、横向缩缝
(a) 平接缝；(b) 企口缝；(c) 假缝；(d) 加肋板平头缝
1—面层；2—混凝土垫层；3—互相紧贴不放，隔离材料；4—1:3水泥砂浆填缝

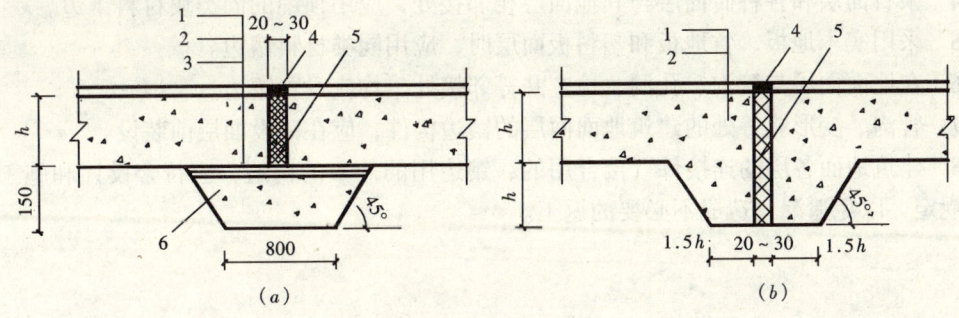

图 A.1.6.2 伸缝构造
(a) 伸缝；(b) 加肋板伸缝
1—面层；2—混凝土垫层；3—干铺油毡一层；4—沥青胶泥填缝；
5—沥青胶泥或沥青木丝板；6—C10 混凝土

A.2 镶 边 设 置

建筑地面镶边的设置，应按设计要求，当设计无要求时，须符合下列要求做法。

A.2.1 在有强烈机械作用下的水泥类整体面层，如水泥砂浆、水泥混凝土、水磨石、水泥钢（铁）屑面层等与其他类型的面层邻接处，应设置金属镶边构件，见图 A.2.1。

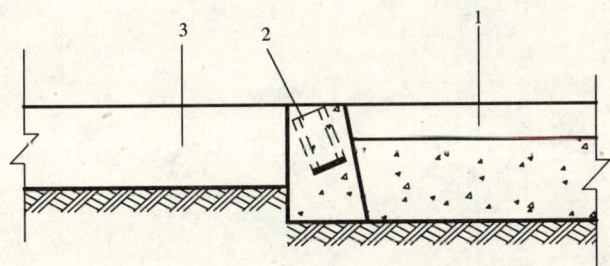

图 A.2.1 镶边角钢
1—水泥类面层；2—镶边角钢；3—其他面层

A.2.2 整体菱苦土面层与其他面层邻接处，应设置镶边木条，见图 A.2.2。

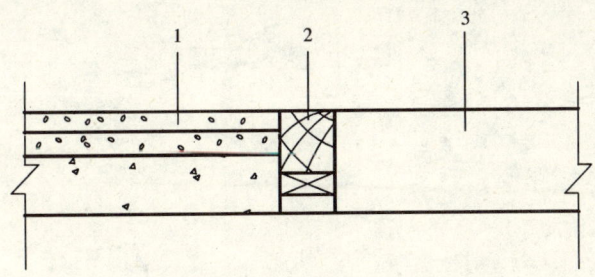

图 A.2.2 镶边木条
1—菱苦土面层；2—镶边木条；3—其他面层

A.2.3 采用水磨石整体面层时，应用同类材料以分格缝设置镶边。

A.2.4 条石面层和各种砖面层与其他面层相邻接处，应用顶铺的同类块材料镶边。
A.2.5 采用实木地板、竹地板和塑料板面层时，应用同类材料镶边。
A.2.6 在地面面层与管沟、孔洞、检查井等邻接处，均应设置镶边。
A.2.7 管沟、变形缝等处的建筑地面面层的镶边构件，应在铺设面层前装设。
A.2.8 建筑地面各层的连接件（接合用的、镶边用的等）的构造，应符合设计和施工规范的规定，以免遗漏，造成不必要的返工。

附录 B 不发生火花（防爆的）建筑地面材料及其制品不发火性的试验方法

B.1 不发火性的定义

B.1.1 当所用材料与金属或石块等坚硬物体发生摩擦、冲击或冲擦等机械作用时，不发生火花（或火星），致使易燃物引起发火或爆炸的危险，即为具有不发火性。

B.2 试验方法

B.2.1 试验前的准备。材料不发火的鉴定，可采用砂轮来进行。试验的房间应完全黑暗，以便在试验时易于看见火花。

试验用的砂轮直径为 150mm，试验时其转速应为 600~1000r/min，并在暗室内检查其分离火花的能力。检查砂轮是否合格，可在砂轮旋转时用工具钢、石英岩或含有石英岩的混凝土等能发生火花的试件进行摩擦，摩擦时应加 10~20N 的压力，如果发生清晰的火花，则该砂轮即认为合格。

B.2.2 粗骨料的试验。从不少于 50 个试件中选出做不发生火花试验的试件 10 个。被选出的试件，应是不同表面、不同颜色、不同结晶体、不同硬度的。每个试件重 50~250g，准确度应达到 1g。

试验时，也应在完全黑暗的房间内进行。每个试件在砂轮上摩擦时，应加以 10~20N 的压力，将试件任意部分接触砂轮后，仔细观察试件与砂轮摩擦的地方，有无火花发生。

必须在每个试件上磨掉不少于 20g 后，才能结束试验。

在试验中如没有发现任何瞬时的火花，该材料即为合格。

B.2.3 粉状骨料的试验。粉状骨料除着重试验其制造的原料外，并应将这些细粒材料用胶结料（水泥或沥青）制成块状材料来进行试验，以便于以后发现制品不符合不发火的要求时，能检查原因，同时，也可以减少制品不符合要求的可能性。

B.2.4 不发火水泥砂浆、水磨石和水泥混凝土的试验。主要试验方法同本节。

附录 C 沥青胶结料配置

C.0.1 当铺设沥青面层以及采用沥青胶结料或防水涂料结合层铺设板块面层时,其下一层表面应坚固、密实、平整、干燥、洁净,并应涂刷基层处理剂。

C.0.2 基层处理剂的表面以及沥青胶结料或防水卷材、防水涂料隔离层的表面应保持洁净。

C.0.3 结合层、板块面层填缝的沥青胶结料以及隔离层的沥青胶结料应采用同类沥青与纤维、粉状或纤维和粉状结合的填充料配制,并应符合下列规定:

C.0.3.1 纤维填充料宜采用6级石棉和锯木屑,使用前应通过2.5mm筛孔的筛子。石棉的含水率不应大于7%;锯木屑的含水率不应大于12%。

C.0.3.2 粉状填充料应为松散的,粒径不应大于0.3mm,应为磨细的石料、砂或炉灰、粉状煤灰、页岩灰以及其他粉状的矿物质材料。不得采用石灰、石膏、泥岩灰或黏土作为粉状填充料。粉状填充料中小于0.8mm的细颗粒含量不应小于85%。采用振动法使粉状填充料密实时,其空隙率不应大于45%。其含泥量不应大于3%。配制高耐水性的沥青类面层采用的粉状填充料,其亲水系数应小于1.10。

C.0.3.3 沥青的重量在沥青胶结料中,当采用纤维填充料时,不应大于90%;当采用粉状填充料时,不应大于75%。

C.0.3.4 沥青的软化点应符合设计要求。沥青胶结料熬制和铺设时的温度,应根据使用部位、施工温度和材料性能等不同条件按表 C.0.3.4 选用。

表 C.0.3.4 沥青的软化点以及沥青玛琋脂熬制和铺设时的温度

地面受热的最高温度	按"环球法"测定的最低软化点(℃)		沥青玛琋脂的温度(℃)		
			熬制时		铺设时温度
	石油沥青	玛琋脂	夏季	冬季	
30℃以下	60	80	180~200	200~220	≥160
31~40℃	70	90	190~210	210~225	≥170
41~60℃	95	110	200~220	210~225	≥180

注:1 取100cm³的沥青玛琋脂加热至铺设所需温度时(见上表),应能在平坦面上自动流动,其厚度等于或小于4mm。当温度为18±2℃时,玛琋脂应凝结,均匀而无明显的杂物和无填充料颗粒。
    2 地面受热的最高温度,应按设计要求选用。

附录 D 有害物质含量、限量

D.0.1 卷材地板聚氯乙烯层中氯乙烯单体含量应不大于 5mg/kg。

D.0.2 卷材地板中不得使用铅盐助剂；作为杂质，卷材地板中可溶性铅含量应不大于 $20mg/m^2$。

卷材地板中可溶性镉含量应不大于 $20mg/m^2$。

D.0.3 卷材地板中挥发物的限量见表 D.0.3。

表 D.0.3 挥发物的限量（g/m^2）

发泡类卷材地板中挥发物的限量		非发泡类卷材地板中挥发物的限量	
玻璃纤维基材	其他基材	玻璃纤维基材	其他基材
≤75	≤35	≤40	≤10

D.0.4 室内装饰装修用人造板及其制品中甲醛释放量应符合表 D.0.4 的规定。

表 D.0.4 人造板及其制品中甲醛释放量限量值

产品名称	限量值	使用范围	限量标志[①]
中密度纤维板、高密度纤维板、刨花板、定向刨花板等	≤9mg/100g	可直接用于室内	E_1
	≤30mg/100g	必须饰面处理后可允许用于室内	E_2
胶合板、装饰单板贴面胶合板、细木工板等	≤1.5mg/L	可直接用于室内	E_1
	≤5.0mg/L	必须饰面处理后可允许用于室内	E_2
饰面人造板（包括浸渍纸层压木质地板、实木复合地板、竹地板、浸渍胶膜纸饰面人造板等）	≤$0.12mg/m^3$	可直接用于室内	E_1
	≤1.5mg/L		
①E_1 为可直接用于室内的人造板，E_2 为必须饰面处理后允许用于室内的人造板。			

D.0.5 溶剂性胶粘剂中有害物质限量值应符合表 D.0.5 的规定。

表 D.0.5 溶剂性胶粘剂中有害物质限量值

项目		指标		
		橡胶胶粘剂	聚氨脂类胶粘剂	其他胶粘剂
游离甲醛（g/kg）	≤	0.5	—	—
苯[①]（g/kg）	≤	5		
甲苯+二甲苯（g/kg）	≤	200		
甲苯二异氰酸脂（g/kg）	≤	—	10	—
总挥发性有机物（g/L）	≤	250		
①苯不能作为溶剂使用，作为杂质其最高含量不得大于表中规定。				

D.0.6 水基型胶粘剂中有害物质限量应符合表 D.0.6 的规定。

表 D.0.6 水基型胶粘剂中有害物质限量值

项 目		指 标				
		缩甲醛类胶粘剂	聚乙酸乙烯脂胶粘剂	橡胶类胶粘剂	聚氨脂类胶粘剂	其他胶粘剂
游离甲醛（g/kg）	≤	1	1	1	—	1
苯（g/kg）	≤	0.2				
甲苯+二甲苯（g/kg）	≤	10				
总挥发性有机物（g/L）	≤	50				

D.0.7 装修材料，根据材料放射性水平大小划分为 A、B、C 三类。

D.0.7.1 A类装修材料中天然放射性核素镭-226、钍-232、钾-40 的放射性比活度同时满足 $I_{Ra}\leqslant 1.0$ 和 $I_r\leqslant 1.3$ 的要求。

A类装修材料产销与使用范围不受限制。

D.0.7.2 B类装修材料不满足A类装修材料要求但同时满足 $I_{Ra}\leqslant 1.3$ 和 $I_r\leqslant 1.9$ 的要求。

B类装修材料不可用于Ⅰ类民用建筑的内饰面，但可用于Ⅰ类民用建筑的外饰面及其他一切建筑物的内、外饰面。

D.0.7.3 不满足A、B类装修材料要求，但满足 $I_r\leqslant 2.8$ 要求的为C类装修材料。

C类装修材料只可用于建筑物的外饰面及室外其他用途。

D.0.7.4 $I_r>2.8$ 的花岗石只可用于碑石、海堤、桥墩等人类很少涉及到的地方。

D.0.8 地毯、地毯衬垫及地毯胶粘剂有害物质释放限量应符合规定要求。A级为环保型产品，B级为有害物质释放限量合格产品。

D.0.8.1 地毯有害物质释放限量应符合表 D.0.8.1 的规定。

表 D.0.8.1 地毯有害物质释放量限量（mg/(m²·h)）

序 号	有害物质测试项目	限 量	
		A 级	B 级
1	总挥发性有机化合物（TVOC）	≤0.500	≤0.600
2	甲 醛	≤0.050	≤0.050
3	苯乙烯	≤0.400	≤0.500
4	4-苯基环己烯	≤0.050	≤0.050

D.0.8.2 地毯衬垫有害物质释放限量应符合表 D.0.8.2 的规定。

表 D.0.8.2 地毯衬垫有害物质释放限量（mg/(m²·h)）

序 号	有害物质测试项目	限 量	
		A 级	B 级
1	总挥发性有机化合物	≤1.000	≤1.200
2	甲 醛	≤0.050	≤0.050
3	丁基羟基甲苯	≤0.030	≤0.030
4	4-苯基环己烯	≤0.050	≤0.050

D.0.8.3 地毯胶粘剂有害物质释放量应符合表 D.0.8.3 的规定。

表 D.0.8.3　地毯胶粘剂有害物质释放限量（mg/(m^2·h)）

序　号	有害物质测试项目	限　　量	
		A　级	B　级
1	总挥发性有机化合物（TVOC）	≤10.000	≤12.000
2	甲　醛	≤0.050	≤0.050
3	2-乙基己醇	≤3.000	≤3.500

（引用标准 GB 18580～18588—2001）

附录 E 建筑地面板块质量标准

E.1 陶 瓷 锦 砖

E.1.1 品种、规格及分级

E.1.1.1 品种

锦砖按表面性质分为有釉、无釉锦砖；按砖联分为单色、拼花两种。

E.1.1.2 规格

单块砖边长不大于50mm；砖联分为正方形、长方形。特殊要求可由供需双方商定。

E.1.1.3 分级

锦砖按尺寸允许偏差和外观质量分为优等品和合格品两个等级。

E.1.2 尺寸允许偏差

E.1.2.1 单块锦砖尺寸允许偏差应符合表E.1.2.1的规定。

表 E.1.2.1 单层锦砖尺寸允许偏差

项 目	尺 寸	允许偏差（mm）	
		优等品	合格品
长 度	≤25.0 >25.0	±0.5	±1.0
厚 度	4.0 4.5 >4.5	±0.2	±0.4

E.1.2.2 每联锦砖的线路、联长的尺寸允许偏差应符合表E.1.2.2的规定。

表 E.1.2.2 每联锦砖的线路、联长的尺寸允许偏差

项 目	尺 寸	允许偏差（mm）	
		优等品	合格品
线 路	2.0~5.0	±0.6	±1.0
联 长	284.0 295.0 305.0 325.0	+2.5 −0.5	+3.5 −1.0

注：特殊要求的尺寸偏差可由供需双方协商。

E.1.3 外观质量

E.1.3.1 最大边长不大于25mm的锦砖，外观缺陷的允许范围应符合表E.1.3.1的规定。

E.1.3.2 最大边长大于25mm的锦砖，外观缺陷的允许范围应符合表E.1.3.2的规定。

E.1.4 吸水率

无釉锦砖吸水率不大于0.2%；有釉锦砖吸水率不大于1.0%。

表 E.1.3.1　最大边长不大于 25mm 的锦砖外观缺陷的允许范围

缺陷名称	表示方法	缺陷允许范围 优等品 正面	缺陷允许范围 优等品 背面	缺陷允许范围 合格品 正面	缺陷允许范围 合格品 背面	备注
夹层、釉裂、开裂	—	不允许				—
斑点、粘疤、起泡、坯粉、麻面、波纹、缺釉、桔釉、棕眼、落脏、溶洞	—	不明显		不严重		—
缺角 (mm)	斜边长	1.5~2.3	3.5~4.3	2.3~3.5	4.3~5.6	斜边长小于 1.5mm 的缺角允许存在。正背面缺角不允许出现在同一角部。正面只允许缺角 1 处
缺角 (mm)	深度	不大于砖厚的 2/3				
缺边 (mm)	长度	2.0~3.0	5.0~6.0	3.0~5.0	6.0~8.0	正背面缺边不允许出现在同一侧面。同一侧面不允许有 2 处缺边；正面只允许 2 处缺边
缺边 (mm)	宽度	1.5	2.5	2.0	3.0	
缺边 (mm)	深度	1.5	2.5	2.0	3.0	
变形 (mm)	翘曲	不明显				—
变形 (mm)	大小头	0.2		0.4		

表 E.1.3.2　最大边长大于 25mm 的锦砖，外观缺陷的允许范围

缺陷名称	表示方法	缺陷允许范围 优等品 正面	缺陷允许范围 优等品 背面	缺陷允许范围 合格品 正面	缺陷允许范围 合格品 背面	备注
夹层、釉裂、开裂	—	不允许				—
斑点、粘疤、气泡、坯粉、麻面、波纹、缺釉、桔釉、棕眼、落脏、熔洞	—	不明显		不严重		—
缺角	斜边长	1.5~2.8	3.5~4.9	2.8~4.3	4.9~6.4	斜边长小于 1.5mm 的缺角允许存在。正背面缺角不允许出现在同一角部。正面只允许缺角 1 处
缺角	深度	不大于厚砖的 2/3				
缺边	长度	3.0~5.0	6.0~9.0	5.0~8.0	9.0~13.0	正背面缺边不允许出现在同一侧面。同一侧面边不允许有 2 处缺边；正面只允许 2 处缺边
缺边	宽度	1.5	3.0	2.0	3.5	
缺边	深度	1.5	2.5	2.0	3.5	
变形	翘曲	0.3		0.5		—
变形	大小头	0.6		1.0		

(引用标准 JC/T 456—92（1996））

E.1.5　耐急冷急热性

在温差 140±2℃下热交换一次不裂。对无釉锦砖不作要求。

E.1.6　成联质量要求

1　锦砖与铺贴衬材的粘结牢固，不允许有锦砖脱落。
2　正面贴纸锦砖的脱纸时间不大于 40min。
3　色差：联内及联间锦砖色差，优等品目测基本一致；合格品目测稍有色差。
4　锦砖铺贴成联后，不允许铺贴纸露出。

E.2 陶瓷地砖

E.2.1 尺寸偏差

1 长度、宽度和厚度允许偏差必须符合表 E.2.1-1 的规定。

表 E.2.1-1 长度、宽度和厚度尺寸允许偏差（%）

产品表面面积 S（cm²）		$S \leqslant 90$	$90 < S \leqslant 190$	$190 < S \leqslant 410$	$S > 410$
长度和宽度	每块砖（2或4条边）的平均尺寸相对于工作尺寸的允许偏差	±1.2	±1.0	±0.75	±0.6
	每块砖（2或4条边）的平均尺寸相对于10块砖（20或40条边）平均尺寸的允许偏差	±0.75	±0.5	±0.5	±0.4
厚度	每块砖厚度的平均值相对于工作尺寸厚度的最大允许偏差	±10.0	±10.0	±5.0	±5.0

2 模数砖名义尺寸连接宽度为 2~5mm，非模数砖工作尺寸与名义尺寸之间的偏差不大于 ±2%（最大 ±5mm）。

注：特殊要求的尺寸偏差可由供需双方协商。

3 边直度、直角度和表面平整度应符合表 E.2.1-2 的规定。

表 E.2.1-2 边直度、直角度和表面平整度允许偏差（%）

产品表面面积 S（cm²）	$S \leqslant 90$		$90 < S \leqslant 190$		$190 < S \leqslant 410$		$S > 410$	
	优等品	合格品	优等品	合格品	优等品	合格品	优等品	合格品
边直度注（正面）相对于工作尺寸的最大允许偏差	±0.50	±0.75	±0.4	±0.5	±0.4	±0.5	±0.4	±0.5
直角度注（正面）相对于工作尺寸的最大允许偏差	±0.70	±1.0	±0.4	±0.6	±0.4	±0.6	±0.4	±0.6
表面平整度相对于工作尺寸的最大允许偏差 1. 对于由工作尺寸计算的对角线的中心弯曲度	±0.7	±1.0	±0.4	±0.5	±0.4	±0.5	±0.4	±0.5
2. 对于由工作尺寸计算的对角线的翘曲度	±0.7	±1.0	±0.4	±0.5	±0.4	±0.5	±0.4	±0.5
3. 对于由工作尺寸计算的边弯曲度	±0.7	±1.0	±0.4	±0.5	±0.4	±0.5	±0.4	±0.5

注：不适用于有弯曲形状的砖。

E.2.2 表面质量

优等品：至少有 95% 的砖距 0.8m 远处垂直观察表面无缺陷；

合格品：至少有 95% 的砖距 1m 远处垂直观察表面无缺陷。

E.2.3 物理性能

E.2.3.1 吸水率

吸水率平均值为 $6\% < E \leqslant 10\%$，单个值不大于 11%。

E.2.3.2 破坏强度和断裂模数

1 破坏强度

厚度 ≥7.5mm，破坏强度平均值不小于 800N；

厚度 <7.5mm，破坏强度平均值不小于 500N。

2 断裂模数（不适用于破坏强度 ≥3000N 的砖）

陶瓷砖断裂模数平均值不小于18MPa，单个值不小于16MPa。

E.2.3.3　抗热震性

经10次抗热震试验不出现炸裂或裂纹。

E.2.3.4　抗釉裂性

有釉陶瓷砖经抗釉裂性试验后，釉面应无裂纹或剥落。

E.2.3.5　抗冻性

陶瓷砖经抗冻性试验后应无裂纹或剥落。

E.2.3.6　耐磨性

无釉砖耐深度磨损体积不大于540mm³。

用于铺地的有釉砖表面耐磨性报告磨损等级和转数。

E.2.3.7　抗冲击性

经抗冲击性试验后报告陶瓷砖的平均恢复系数。

E.2.3.8　线性热膨胀系数（从室温到100℃）

经检验后报告陶瓷砖线性热膨胀系数。

E.2.3.9　湿膨胀（用 mm/m 表示）

经试验后报告陶瓷砖的湿膨胀平均值。

E.2.3.10　小色差

经检验后报告陶瓷砖的色差值。

E.2.3.11　地砖的摩擦系数

经检验后，报告陶瓷地砖的摩擦系数和所用的试验方法。

E.2.4　化学性能

E.2.4.1　耐化学腐蚀性

1　耐低浓度酸和碱

经试验后，陶瓷砖耐化学腐蚀性等级与生产企业确定的等级比较并判定。

2　耐高浓度酸和碱

经试验后，报告陶瓷砖耐化学腐蚀性等级。

3　耐家庭化学试剂和游泳池盐类

经试验后，有釉陶瓷砖不低于GB级，无釉陶瓷砖不低于UB级。

E.2.4.2　耐污染性

有釉砖：经耐污染试验后不低于3级。

无釉砖：经耐污染试验后报告耐污染级别。

E.2.4.3　铅和镉的溶出量

经试验后，报告有釉陶瓷砖釉面铅和镉的溶出量。

（引用标准 GB/T 4100.4—1999）

E.3　无釉陶瓷地砖（缸砖）

E.3.1　尺寸偏差

E.3.1.1　长度、宽度和厚度允许偏差应符合表 E.3.1.1 的规定。

表 E.3.1.1　长度、宽度和厚度允许偏差（%）

产品表面面积 S (cm²)		$S \leq 90$	$90 < S \leq 190$	$190 < S \leq 410$	$S > 410$
长度和宽度	每条边（2或4条边）的平均尺寸相对于工作尺寸的允许偏差	±1.2	±1.0	±0.75	±0.6
	每条边（2或4条边）的平均尺寸相对于10块砖（20或40条边）平均尺寸的允许偏差	±0.75	±0.5	±0.5	±0.4
厚度	每块砖厚度的平均值相对于工作尺寸厚度的最大允许偏差	±10.0	±10.0	±5.0	±5.0

E.3.1.2　模数砖名义尺寸连接宽度为 2~5mm，非模数砖工作尺寸与名义尺寸之间的偏差不大于 ±2%（最大 ±5mm）。

注：特殊要求的尺寸偏差可由供需双方协商。

E.3.1.3　边直度、直角度和表面平整度应符合表 E.3.1.3 的规定。

表 E.3.1.3　边直度、直角度和表面平整度允许偏差（%）

产品表面面积 S (cm²)	$S \leq 90$		$90 < S \leq 190$		$190 < S \leq 410$		$S > 410$	
	优等品	合格品	优等品	合格品	优等品	合格品	优等品	合格品
边直度注（正面）相对于工作尺寸的最大允许偏差	±0.50	±0.75	±0.4	±0.5	±0.4	±0.5	±0.4	±0.5
直角度注（正面）相对于工作尺寸的最大允许偏差	±0.70	±1.0	±0.4	±0.6	±0.4	±0.6	±0.4	±0.6
表面平整度相对于工作尺寸的最大允许偏差 1. 对于由工作尺寸计算的对角线的中心弯曲度	±0.7	±1.0	±0.4	±0.5	±0.4	±0.5	±0.4	±0.5
2. 对于由工作尺寸计算的对角线的翘曲度	±0.7	±1.0	±0.4	±0.5	±0.4	±0.5	±0.4	±0.5
3. 对于由工作尺寸计算的边弯曲度	±0.7	±1.0	±0.3	±0.5	±0.3	±0.5	±0.3	±0.5

注：不适用于有弯曲形状的砖。

E.3.2　表面质量

优等品：至少有95%的砖距0.8m远处垂直观察表面无缺陷；

合格品：至少有95%的砖距1m远处垂直观察表面无缺陷。

E.3.3　物理性能

E.3.3.1　吸水率

吸水率平均值为 $3\% < E \leq 6\%$，单个值不大于 6.5%。

E.3.3.2　破坏强度和断裂模数

1　破坏强度

厚度 ≥7.5mm，破坏强度平均值不小于 1000N；

厚度 <7.5mm，破坏强度平均值不小于 600N。

2　断裂模数（不适用于破坏强度 ≥3000N 的砖）

陶瓷砖断裂模数平均值不小于 22MPa，单个值不小于 20MPa。

E.3.3.3　抗热震性

经 10 次抗热震试验不出现炸裂或裂纹。

E.3.3.4　抗釉裂性

有釉陶瓷砖经抗釉裂性试验后，釉面应无裂纹或剥落。

E.3.3.5 抗冻性
陶瓷砖经抗冻性试验后应无裂纹或剥落。

E.3.3.6 耐磨性
无釉砖耐深度磨损体积不大于345mm³。

用于铺地的有釉砖表面耐磨性报告磨损等级和转数。

E.3.3.7 抗冲击性
经抗冲击性试验后报告陶瓷砖的平均恢复系数。

E.3.3.8 线性热膨胀系数（从室温到100℃）
经检验后报告陶瓷砖线性热膨胀系数。

E.3.3.9 湿膨胀（用mm/m表示）
经试验后报告陶瓷砖的湿膨胀平均值。

E.3.3.10 小色差
经检验后，报告陶瓷砖的色差值。

E.3.3.11 地砖的摩擦系数
经检验后，报告陶瓷地砖的摩擦系数和所用的试验方法。

E.3.4 化学性能

E.3.4.1 耐化学腐蚀性

1 耐低浓度酸和碱

经试验后，陶瓷砖耐化学腐蚀性等级与生产企业确定的等级比较并判定。

2 耐高浓度酸和碱

经试验后，报告陶瓷砖耐化学腐蚀性等级。

3 耐家庭化学试剂和游泳池盐类

经试验后，有釉陶瓷砖不低于GB级，无釉陶瓷砖不低于UB级。

E.3.4.2 耐污染性
有釉砖：经耐污染试验后不低于3级。

无釉砖：经耐污染试验后报告耐污染级别。

E.3.4.3 铅和镉的溶出量
经试验后，报告有釉陶瓷砖釉面铅和镉的溶出量。

（引用标准 GB/T 4100.3—1999）

E.4 水 泥 花 砖

E.4.1 产品分类和等级

E.4.1.1 分类
水泥花砖按使用部位不同，分为地面花砖（F）和墙面花砖（W）。

E.4.1.2 等级
水泥花砖按其外观质量、尺寸偏差与物理力学性能分为一等品（B）和合格品（C）。

E.4.2 外观质量

1 水泥花砖的缺棱、掉角、掉底、越线和图案偏差应符合表 E.4.2 的规定。

表 E.4.2 外观质量偏差（mm）

项	目	一 等 品	合 格 品
正面	缺棱	长×宽＞10×2，不允许	长×宽＞20×2，不允许
正面	掉角	长×宽＞2×2，不允许	长×宽＞4×4，不允许
掉	底	长×宽＜20×20，深≤1/3砖厚，允许1处	长×宽＜30×30，深≤1/3砖厚，允许1处
越	线	越线距离＜1.0，长度＜10.0，允许1处	越线距离＜2.0，长度＜20.0，允许1处
图案偏差		≤1.0	≤3.0

2 水泥花砖不允许有裂纹、露底和起鼓。

3 水泥花砖不得有明显的色差、污迹和麻面。

E.4.3 尺寸偏差

1 尺寸允许偏差应符合表 E.4.3-1 的规定。

表 E.4.3-1 尺寸允许偏差（mm）

品 种	一 等 品			合 格 品		
	长	宽	厚	长	宽	厚
F W	±0.5		±1.0	±1.0		±1.5

2 平度、角度和厚度差不得大于表 E.4.3-2 的规定值。

表 E.4.3-2 平度、角度和厚度差（mm）

品 种	平 度		角 度		厚度差	
	一等品	合格品	一等品	合格品	一等品	合格品
F	0.7	1.0	0.4	0.8	0.5	1.0
W	0.7	1.0	0.5	1.0	0.5	1.0

E.4.4 物理力学性能

1 抗折破坏荷载不得小于表 E.4.4-1 中的规定值。

表 E.4.4-1 抗折破坏荷载规定值（N）

品 种	规 格 (mm)	一 等 品		合 格 品	
		平均值	单块最小值	平均值	单块最小值
F	200×200	900	760	700	600
W	200×200	600	500	500	420
F	200×150	680	580	520	440
W	200×150	460	380	380	320
F	150×150	1080	920	840	720
W	150×150	720	610	600	500

2 耐磨性能不得大于表 E.4.4-2 的规定值。

表 E.4.4-2 耐磨性能规定值（g）

品　种	一　等　品		合　格　品	
	平均磨耗量	最大磨耗量	平均磨耗量	最大磨耗量
F	5.0	6.0	7.5	9.0

注：墙砖（W）不要求耐磨指标。

3 吸水率不得大于 14%。

E.4.5 结构性能

1 地面花砖面层厚度的最小值，一等品应不低于 1.6mm，合格品应不低于 1.3mm。墙面花砖的面层厚度的最小值不低于 0.5mm。

2 水泥花砖的一等品不允许有分层现象，合格品只允许有不明显的分层现象。

(引用标准 JC 410—91)

E.5 天 然 大 理 石

E.5.1
普型板（PX）和圆弧板（HM）的技术指标应符合 E.5.2~E.5.6 的规定，异形板材（YX）的技术指标由供需双方商定。

E.5.2 规格尺寸允许偏差

E.5.2.1 普型板规格尺寸允许偏差应符合表 E.5.2.1 的规定。

表 E.5.2.1 普型板规格尺寸允许偏差（mm）

项　目		优　等　品	一　等　品	合　格　品
长度、宽度		0~ -1.0	0~ -1.0	0~ -1.5
厚　度	≤12	±0.5	±0.8	±1.0
	>12	±1.0	±1.5	±2.0

E.5.2.2 圆弧板壁厚最小值应不小于 18mm，规格尺寸允许偏差应符合表 E.5.2.2 的规定

表 E.5.2.2 圆弧板材规格尺寸允许偏差（mm）

项　目	优　等　品	一　等　品	合　格　品
弦　长	0~ -1.0	0~ -1.0	0~ -1.5
高　度	0~ -1.0	0~ -1.0	0~ -1.5

E.5.3 平面度允许偏差

1 普型板平面度允许公差见表 E.5.3-1。

表 E.5.3-1 普型板平面度允许公差（mm）

板材长度	优　等　品	一　等　品	合　格　品
≤400	0.20	0.30	0.50
>400 ~ ≤800	0.50	0.60	0.80
>800	0.70	0.80	1.00

2 圆弧板直线度与线轮廓度允许公差见表 E.5.3-2。

表 E.5.3-2 圆弧板直线度与线轮廓度允许公差（mm）

项 目		优等品	一等品	合格品
直线度（按板材高度）	≤800	0.60	0.80	1.00
	>800	0.80	1.00	1.20
线轮廓度		0.80	1.00	1.20

E.5.4 角度允许偏差

1 普型板角度允许公差见表 E.5.4。

表 E.5.4 普型板角度允许公差（mm）

板材长度	优等品	一等品	合格品
≤400	0.30	0.40	0.50
>400	0.40	0.50	0.70

2 圆弧板端面角度允许公差：优等品为 0.40mm，一等品为 0.60mm，合格品为 0.80mm。

3 普型板拼缝板材正面与侧面的夹角不得大于 90°。

4 圆弧板侧面角应不小于 90°。

E.5.5 外观质量

1 同一批板材的色调应基本调和，花纹应基本一致。

2 板材正面的外观缺陷的质量要求应符合表 E.5.5 的规定。

表 E.5.5 板材正面的外观缺陷

缺陷名称	规 定 内 容	优等品	一等品	合格品
裂纹	长度超过 10mm 的不允许条数（条）		0	
缺棱	长度不超过 8mm，宽度不超过 1.5mm（长度≤4mm，宽度≤1mm 不计），每米长允许个数（个）	0	1	2
缺角	沿板材边长顺延方向，长度≤3mm，宽度≤3mm（长度≤2mm，宽度≤2mm 不计），每块板允许个数（个）	0	1	2
色斑	面积不超过 6cm²（面积小于 2cm² 不计），每块板允许个数（个）	0	1	2
砂眼	直径在 2mm 以下	0	不明显	有，不影响装饰效果

3 板材允许粘结和修补。粘结或修补后应不影响板材的装饰效果和物理性能。

E.5.6 物理性能

1 镜面板材的镜向光泽值应不低于 70 光泽单位或由供需双方协商确定。

2 板材的物理性能指标应符合表 E.5.6 的规定。

表 E.5.6 物理性能指标

项 目		指 标
体积密度（g/cm³）	≥	2.60
吸水率（%）	≤	0.50
干燥压缩强度（MPa）	≥	50.0
弯曲强度（MPa） 干燥 / 水饱和	≥	7.0

3 工程对物理性能指标有特殊要求的，按工程要求执行。

（引用标准 JC/T 79—2001）

E.6 天然花岗石

E.6.1 普型板（PX）和圆弧板（HM）的技术指标应符合 E.6.2～E.6.7 的规定，异形板材（YX）的技术指标由供需双方商定。

E.6.2 规格尺寸允许偏差。

E.6.2.1 普型板规格尺寸允许偏差应符合表 E.6.2.1 的规定。

表 E.6.2.1 普型板规格尺寸允许偏差（mm）

项 目		亚光面和镜面板材			粗 面 板 材		
		优等品	一等品	合格品	优等品	一等品	合格品
长度、宽度		0～-1.0	0～-1.0	0～-1.5	0～-1.0	0～-1.0	0～-1.5
厚 度	≤12	±0.5	±1.0	+1.0～-1.5	—	—	—
	>12	±1.0	±1.5	±2.0	+1.0～-2.0	±2.0	+2.0～-3.0

E.6.2.2 圆弧板壁厚最小值应不小于 18mm，规格尺寸允许偏差应符合表 E.6.2.2 的规定。

表 E.6.2.2 圆弧板材规格尺寸允许偏差（mm）

项 目	亚光面和镜面板材			粗面板材		
	优等品	一等品	合格品	优等品	一等品	合格品
弦 长	0～-1.0	0～-1.0	0～-1.5	0～-1.5	0～-2.0	0～-2.0
高 度	0～-1.0	0～-1.0	0～-1.5	0～-1.0	0～-1.0	0～-1.5

E.6.2.3 用于干挂的普型板材厚度允许偏差为 +3.0mm～-1.0mm。

E.6.3 平面度允许偏差

1 普型板平面度允许公差应符合表 E.6.3-1 的规定。

表 E.6.3-1 普型板平面度允许公差（mm）

板材长度（mm）	亚光面和镜面板材			粗 面 板 材		
	优等品	一等品	合格品	优等品	一等品	合格品
≤400	0.20	0.35	0.50	0.60	0.80	1.00
>400～≤800	0.50	0.65	0.80	1.20	1.50	1.80
>800	0.70	0.85	1.00	1.50	1.80	2.00

2 圆弧板直线度与线轮廓度允许公差应符合表 E.6.3-2 的规定。

表 E.6.3-2 圆弧板直线度与线轮廓度允许公差（mm）

板材长度 (mm)		亚光面和镜面板材			粗 面 板 材		
		优等品	一等品	合格品	优等品	一等品	合格品
直线度 (按板材高度)	≤800	0.80	1.00	1.20	1.00	1.20	1.50
	>800	1.00	1.20	1.50	1.50	1.50	2.00
线轮廓度		0.80	1.00	1.20	1.00	1.50	2.00

E.6.4 角度允许偏差

1 普型板角度允许公差应符合表 E.6.4 的规定。

表 E.6.4 普型板角度允许公差（mm）

板材长度（mm）	优 等 品	一 等 品	合 格 品
≤400	0.30	0.40	0.50
>400	0.40	0.50	0.70

2 圆弧板角度允许公差：优等品为 0.40mm，一等品为 0.60mm，合格品为 0.80mm。
3 普型板拼缝板材正面与侧面的夹角不得大于 90°。
4 圆弧板侧面角应不小于 90°。

E.6.5 外观质量

1 同一批板材的色调应基本调和，花纹应基本一致。
2 板材正面的外观缺陷的质量要求应符合表 E.6.5 的规定。

表 E.6.5 板材正面的外观缺陷

缺陷名称	规 定 内 容	优等品	一等品	合格品
缺棱	长度不超过 10mm，宽度不超过 1.2mm（长度≤5mm，宽度≤1mm 不计），每边每米长允许个数（个）	不允许	1	2
缺角	沿板材边长，长度≤3mm，宽度≤3mm（长度≤2mm，宽度≤2mm 不计），每块板允许个数（个）	不允许	1	2
裂纹	长度不超过两端顺延至板边总长度的 1/10（长度小于 20mm 的不计），每块板允许条数（条）	不允许	1	2
色斑	面积不超过 15mm×30mm（面积小于 10mm×10mm 不计），每块板允许个数（个）	不允许	2	3
色线	长度不超过两端顺延至板边总长度的 1/10（长度小于 40mm 的不计），每块板允许条数（条）	不允许	2	3

注：干挂板材不允许有裂纹存在。

E.6.6 物理性能

1 镜面板材的镜向光泽度应不低于 80 光泽单位或按供需双方协商确定。
2 天然花岗石建筑板材的物理性能技术指标应符合表 E.6.6 的规定。

表 E.6.6 物理性能指标

项　　目		指　　标
体积密度（g/cm³）	≥	2.56
吸水率（%）	≤	0.60
干燥压缩强度（MPa）	≥	100.0
干　燥	弯曲强度（MPa）　≥	8.0
水饱和		

　　3　工程对物理性能指标有特殊要求的，按工程要求执行。

E.6.7　放射防护分类控制

　　石材产品的使用应符合 GB 6566—2001 标准中对放射性水平的规定。

（引用标准 GB/T 18601—2001）

E.7　预制水磨石

E.7.1　类别

E.7.1.1　按制品在建筑物中的使用部位分

　　1　墙面和柱面用水磨石（Q）；
　　2　地面和楼面用水磨石（D）；
　　3　踢脚板、立板和三角板类水磨石（T）；
　　4　隔断板、窗台板和台面板类水磨石（G）。

E.7.1.2　按制品表面加工程度分

　　1　磨面水磨石（M）；
　　2　抛光水磨石（P）；

E.7.2　外观质量

　　1　水磨石面层的外观缺陷规定见表 E.7.2-1 中规定。

表 E.7.2-1　水磨石面层的外观缺陷（mm）

缺陷名称	优等品	一等品	合格品
返浆、杂质	不允许	不允许	长×宽≤10×10 不超过 2 处
色差、划痕、杂石、漏砂、气孔	不允许	不明显	不明显
缺口	不允许	不允许	长×宽>5×3 的缺口不应有；长×宽≤5×3 的缺口周边上不超过 4 处，但同一条棱上不得超过 2 处

　　注：一个缺角应计为相邻两棱边各有缺口 1 处。

　　2　水磨石磨光面有图案时，其越线和图案偏差应符合表 E.7.2-2 的规定。

表 E.7.2-2 越线和图案偏差（mm）

缺陷名称	优等品	一等品	合格品
图案偏差	≤2	≤3	≤4
越线	不允许	越线距离≤2，长度≤10，允许2处	越线距离≤3，长度≤20，允许2处

　　3　同批水磨石磨光面上的石碴级配和颜色应基本一致。

E.7.3　尺寸偏差

　　1　水磨石的规格尺寸允许偏差、平面度、角度允许极限公差应符合表 E.7.3 的规定。

表 E.7.3　水磨石的规格允许极限公差（mm）

类　别	等　级	长度、宽度	厚　度	平面度	角　度
Q	优等品	0～-1	±1	0.6	0.6
	一等品	0～-1	+1～-2	0.8	0.8
	合格品	0～-2	+1～-3	1.0	1.0
D	优等品	0～-1	+1～-2	0.6	0.6
	一等品	0～-1	±2	0.8	0.8
	合格品	0～-2	±3	1.0	1.0
T	优等品	±1	+1～-2	1.0	0.8
	一等品	±2	±2	1.5	1.0
	合格品	±3	±3	2.0	1.5
G	优等品	±2	+1～-2	1.5	1.0
	一等品	±3	±2	2.0	1.5
	合格品	±4	±3	3.0	2.0

　　2　厚度小于或等于15mm的单面磨光水磨石，同块水磨石的厚度极差不得大于1mm；厚度大于15mm的单面磨光水磨石，同块水磨石上的厚度极差不得大于2mm。

　　3　侧面不磨光的拼缝水磨石，正面与侧面的夹角不得大于90°。

E.7.4　出石率

　　磨光面的石碴分布应均匀。石碴粒径大于或等于3mm的水磨石，出石率应不小于55%。

E.7.5　物理力学性能

　　1　抛光水磨石的光泽度，优等品不得低于45.0光泽单位；一等品不得低于35.0光泽单位；合格品不得低于25.0光泽单位。

　　2　水磨石的吸水率不得大于8.0%。

　　3　水磨石的抗折强度平均值不得低于5.0MPa，且单块最小值不得低于4.0MPa。

（引用标准 JC/T 507—93）

附录 F 卷材塑料板块质量标准

F.0.1 外观质量

外观质量应符合表 F.0.1 的规定。

表 F.0.1 外观质量

缺陷名称	等级		
	优等品	一等品	合格品
裂纹、空洞、疤痕、分层	不允许		
条纹、气泡、折皱	不允许	不允许	轻微
漏印、缺膜	不允许	不允许	轻微
套印偏差、色差	不允许	不明显	不影响美观
污斑	不允许	不允许	不明显
图案变形	不允许	不允许	不明显
背面有非正常凹坑或凸起	不允许	不明显	不影响使用

F.0.2 尺寸允许偏差

尺寸允许偏差应符合表 F.0.2 的规定。

表 F.0.2 尺寸允许偏差

项目	总厚度	长度	宽度
允许偏差	总厚度 <3mm，不偏离规定尺寸 0.2mm 总厚度 ≥3mm，不偏离规定尺寸 0.3mm	不小于规定尺寸	不小于规定尺寸

F.0.3 每卷段数和最小段长

每卷段数应符合表 F.0.3 的规定。分段的卷应注明小段的长度，每卷长度至少增加不得少于两个完整的图案的长度。

表 F.0.3 每卷段数和最小段长

名称	等级		
	优等品	一等品	合格品
每卷段数	1	1	≤2
段长（m） ≥	20	20	6

F.0.4 单位面积质量允许偏差

单位面积质量的单项值与平均值的允许偏差为 ±10%，平均值与规定值的允许偏差为 ±10%。

F.0.5 物理性能

物理性能指标应符合表 F.0.5 规定。

表 F.0.5 物理性能指标

试验项目			等级		
			优等品	一等品	合格品
耐磨层厚度（mm）		≥	0.20	0.15	0.10
残余凹陷度（mm）	总厚度<3mm	≤	0.20	0.25	0.30
	总厚度≥3mm		0.25	0.35	0.40
加热长度变化率（%）		≤	0.20	0.25	0.40
翘曲度（mm）		≤	2	2	2
磨耗量（g/cm³）		≤	0.0025	0.0030	0.0040
褪色性（级）		≥	6	6	5
层间剥离力（N）		≥	50	50	25
降低冲击声[①]（dB）		≥	15	15	10

① 仅背涂发泡层的卷材测试该指标。

（引用标准 GB/T 11982.2—1996）

附录 G 胶粘剂质量标准

G.1 陶瓷地砖胶粘剂

G.1.1 类别

按化学成分和物理形态分为5类：

A类：由水泥等无机胶凝材料、矿物集料和有机外加剂等组成的粉状产品。

B类：由聚合物分散液与填料等组成的膏糊状产品。

C类：由聚合物分散液和水泥等无机胶凝材料、矿物集料等两部分组成的双包装产品。

D类：由聚合物溶液和填料等组成的膏糊状产品。

E类：由反应性聚合物及其填料等组成的双包装或多包装产品。

G.1.2 级别

按耐水性分为3个等级：

F级：较快具有耐水性的产品。

S级：较慢具有耐水性的产品。

N级：无耐水性要求的产品。

G.1.3 技术要求

陶瓷地砖胶粘剂技术要求应符合表 G.1.3 的规定。

表 G.1.3 陶瓷地砖胶粘剂技术要求

序号	项目		技术指标		
			F级	S级	N级
1	拉伸胶结强度达到 0.17MPa 的时间间隔 (min)	凉置时间 ≥	10		
2		调整时间 >	5		
3	收缩性① (%)	<	0.50		
4	压剪胶结强度（MPa）	原强度 ≥	1.00		
		耐水 ≥	0.70		
				0.70	
		耐温 ≥	0.70		
		耐冻融 ≥	0.70		
				0.70	
5	防霉性② 等级		1		

①B类、D类产品免测；
②仅测防霉型产品。

（引用标准 JC/T 547—94）

G.2 塑料地板胶粘剂

G.2.1 类型

1 按粘料分

乙酸乙烯系——以乙酸乙烯树脂为粘料，加入其他添加剂，又分乳液型和溶剂型两种。

乙烯共聚系——以乙烯和乙酸乙烯共聚物为粘料，加入其他添加剂，又分为乳液型和溶剂型两种。

合成胶乳系——以合成胶乳为粘料，加入其他添加剂。

环氧树脂系——以环氧树脂为粘料，加入其他添加剂。

2 按用途分

A 型普通用——粘贴后用于不受水影响的场合。

B 型耐水用——粘贴后用于易受水影响的场合。

G.2.2 代号

PVC 地板胶粘剂分类代号，如表 G.2.2 所示。

表 G.2.2 PVC 地板胶粘剂分类代号

分 类		代 号
乙酸乙烯系	乳液型	VA_1
	溶剂型	VA_2
乙烯共聚系	乳液型	EC_1
	溶剂型	EC_2
合成胶乳系		SL
环氧树脂系		ER

G.2.3 技术要求

PVC 地板胶粘剂技术要求应符合表 G.2.3 的规定。

表 G.2.3 PVC 地板胶粘剂技术要求

试验项目			技术指标	
			一等品	合格品
外观			胶体均匀，无团块颗粒	
涂布性			容易涂布，梳齿不凌乱	
胶结强度（MPa）≥	普通用	VA_1	0.60	0.50
		VA_2	0.60	0.50
		EC_1	0.30	0.20
		EC_2	0.60	0.50
		SL	0.30	0.20
		ER	0.90	0.80
	耐水用[注]	168h	0.60	0.50

注：在满足普通用胶结强度下，再浸水 168h 后的指标。

（引用标准 JC/T 550—94）

H.3.2.2 外观质量

1 图案应符合设计要求，主边、主地颜色基本符合标样。
2 毯面基本平顺光洁，纹样清晰美观。
3 方形地毯边平直，毯形宽、长度尺寸偏差不大于1.5%。圆形毯圆度尺寸偏差不大于1.5%。
4 毯背基本平整。
5 底子、底穗技术指标应符合表H.3.2.2的规定。

表 H.3.2.2 底子、底穗技术指标

幅宽尺寸（m）	底子高度（cm）	底穗长度（cm）
1.80及以下	3.5±1.0	8.0±1.0
1.80以上	4.0±1.0	9.0±1.0

6 特殊技术要求根据用户需要另订协议。

外观质量细则：

1 颜色基本符合标样：无明显截色、错色、洗花、印色、串色。色头正，洗后脱色（色差）不超过半个色阶。按全国地毯标准化中心统一发行中国地毯毛纱色样本考核。
2 毯面基本平顺光洁；毯面活坯一致，绒头松散丰满，有光泽。无明显浮毛、起毛、沟岗、长毛、刀花、显道、半截头、污渍。
注：测量绒头长度量卡由国家地毯质量监督检验中心监制提供。
1 浮毛（脱毛）为地毯在制造过程中未固定的短纤维在使用初期浮出毯面的外观，可以用刷毯或吸尘的方法除去。
2 起毛为超出毯面的用刷毯或吸尘方法不可去除的纤维。
3 纹样清晰美观：纹样无明显走形，剪口清晰，深宽度一致，片口坡度适宜。
4 毯边平直：剪边齐、不溜边、无荷叶边。撩边松紧粗细基本一致，不露边经，不呲边。
5 毯背基本平整：不显绞口，无凸经、跳纬，无明显沟岗、凸泡及整修痕。无污渍、无破损。

（引用标准 GB/T 15050—94）

H.4 针 刺 地 毯

H.4.1 产品分类

针刺地毯按耐燃性能（水平法、片剂）分为：普通针刺地毯（不耐燃，P）和耐燃针刺地毯（N）两类。

每类按毯面结构特征不同分为条纹、花纹、绒面、毡面四个品种。

H.4.2 技术要求

H.4.2.1 内在质量技术指标

内在质量技术指标应符合表H.4.2.1的规定（只限于纤维含量500g/m² 及以上的产品，若低于该限量，供需双方另订协议）。

表 H.4.2.1 内在质量技术指标

序号	测试项目	单位	技术指标		
			优等品	一等品	合格品
1	动态负载下的厚度减少率注	%	条纹≤35 绒面≤40 毡面≤20	≤40 ≤45 ≤25	≤45 ≤50 ≤30
2	外观变化（四足）	级	>3	>2～3	2
3	单位面积质量下限偏差	%	-8		
4	耐光色牢度（氙弧）	级	≥5	≥5	≥4
5	耐干摩擦色牢度	级	>3～4	>3～4	3
6	耐燃性（水平法，片剂）	mm	损毁长度≤75（八块中至少七块合格）		

注：花纹型地毯的厚度或结构，具有分别测试的区域，则考核此项，否则不作测试。

H.4.2.2 外观质量

外观质量应符合表 H.4.2.2 的规定。

表 H.4.2.2 外 观 质 量 规 定

序号	疵点项目	优等品	一等品	合格品
1	破损	不允许		
2	污渍	不允许	不明显	不明显
3	条纹、花纹不清晰	不明显	较明显	较明显
4	透胶	不允许	不明显	不明显
5	涂胶不匀	不明显	较明显	较明显
6	毯边不良	不允许	不明显	不明显
7	折痕	不允许	不明显	较明显
8	烤焦	不允许	不允许	不明显
9	幅宽尺寸下限偏差	不小于规定尺寸	-1.0%	-1.5%

H.4.2.3 分等规定

1 耐燃型针刺地毯按内在质量技术指标和外观质量分为优等品、一等品、合格品三个品等。低于合格品者为等外品，普通型针刺地毯为合格品或优于合格品时，都评为合格品。

2 内在质量评等以批为单位（原材料、工艺参数、品种规格相同者为一批）；外观质量评等以卷为单位。

3 产品的品等由内在质量和外观质量结合评定，最终是以内在质量和外观质量中最低的一项品等定该批产品的等级。

（引用标准 GB/T 15051—94）

H.5 橡胶海绵地毯衬垫

H.5.1 结构、分类与规格尺寸
H.5.1.1 结构

衬垫的结构形式很多，主要有平板型和非平板型。

H.5.1.2 分类

按衬垫性能可分为 A 类和 B 类。

A 类：用于家庭的卧室、居室和客厅等。

B 类：用于公共场合，如会议厅、宾馆走廊等。

H.5.1.3 规格尺寸

衬垫的具体规格尺寸应由供需双方协议规定。厚度应大于 3mm（非平板型衬垫厚度包括花纹高度）。宽度偏差不超过 ±20mm。

H.5.2 技术要求

H.5.2.1 衬垫的物理机械性能

1 A 类应符合表 H.5.2.1-1 的规定。
2 B 类应符合表 H.5.2.1-2 的规定。
3 非平板型衬垫不做密度检验。

表 H.5.2.1-1 A 类衬垫的物理机械性能

性 能 项 目		指　　标	
		一等品	合格品
每平方米衬垫质量（kg/m²）	≥	1.3	1.3
密度（kg/m³）	≥	270	270
压缩应力（kPa）	≥	21	21
压缩永久变形（%）	≤	15	20
热空气老化	135±2℃×24h	弯曲后不折断	—
	100±1℃×24h	—	弯曲后不折断
拉伸强度（MPa）	≥	$5.5×10^{-2}$	$5.5×10^{-2}$

表 H.5.2.1-2 B 类衬垫的物理机械性能

性 能 项 目		指　　标	
		一等品	合格品
每平方米衬垫质量（kg/m²）	≥	1.6	1.6
密度（kg/m³）	≥	320	320
压缩应力（kPa）	≥	31	31
压缩永久变形（%）	≤	15	20
热空气老化	135±2℃×24h	弯曲后不折断	—
	100±1℃×24h	—	弯曲后不折断
拉伸强度（MPa）	≥	$5.5×10^{-2}$	$5.5×10^{-2}$

H.5.2.2 各等级衬垫的表面质量

表面质量应符合表 H.5.2.2 的规定。

表 H.5.2.2 衬垫表面质量

缺 陷 名 称	标　　准
欠　硫	不允许
扁　泡	每处面积不大于 100cm^2，每 3m^2 允许有两处
接　头	对接平整，不允许脱层开缝
边缘不齐	每 5m 长度内，每侧不得偏离边缘基准线 ±10mm

H.5.2.3 衬垫的颜色、结构由供需双方商定。

（引用标准 HG/T 2015—91）

附录 J 木、竹地板质量标准

J.1 实 木 地 板

J.1.1 分类

实木地板有：榫接地板、平接地板、镶嵌地板（铝丝榫接镶嵌地板、胶纸或胶网平接地板）三类。

J.1.2 分等

根据产品的外观质量、物理力学性能分为优等品、一等品和合格品。

J.1.3 外观质量要求

实木地板的外观质量要求见表 J.1.3 中规定。

表 J.1.3 实木地板外观质量要求

名 称	表 面			背 面
	优等品	一等品	合格品	
活 节	直径≤5mm 长度≤500mm，≤2个 长度>500mm，≤4个	5mm<直径≤15mm 长度<500mm，≤2个 长度>500mm，≤4个	直径≤20mm 个数不限	尺寸与个数不限
死 节	不许有	直径≤2mm 长度≤500mm，≤1个 长度>500mm，≤3个	直径≤4mm，≤5个	直径≤20mm，个数不限
蛀 孔	不许有	直径≤0.5mm，≤5个	直径≤2mm，≤5个	直径≤15mm，个数不限
树脂囊	不许有	不许有	长度≤5mm，宽度≤1mm，≤2条	不限
髓 斑	不许有	不限	不限	不限
腐 朽	不许有			初腐且面积≤20%，不剥落，也不能捻成粉末
缺 棱	不许有			长度≤板长的30% 宽度≤板宽的20%
裂 纹	不许有	不许有	宽≤0.1mm 长≤15mm，≤2条	宽≤0.3mm 长≤50mm，条数不限
加工波纹	不许有	不许有	不明显	不 限
漆膜划痕	不许有	轻 微	轻 微	—
漆膜鼓泡	不许有			—
漏 漆	不许有			—
漆膜上针孔	不许有	直径≤0.5mm，≤3个	直径≤0.5mm，≤3个	—
漆膜皱皮	不许有	<板面积5%	<板面积5%	—
漆膜粒子	长≤500mm，≤2个 长>500mm，≤4个	长≤500mm，≤4个 长>500mm，≤8个	长≤500mm，≤4个 长>500mm，≤8个	—

注：1 凡在外观质量检验环境条件下，不能清晰地观察到的缺陷即为不明显；
  2 倒角上的漆膜粒子不计。

J.1.4 加工精度

1 尺寸及偏差见表 J.1.4-1 的规定。

表 J.1.4-1 实木地板的主要尺寸及偏差

名称	偏差
长度	长度≤500mm时，公称长度与每个测量值之差绝对值≤0.5 长度>500mm时，公称长度与每个测量值之差绝对值≤1.0
宽度	公称宽度与平均宽度之差绝对值≤0.3，宽度最大值与最小值之差≤0.3
厚度	公称厚度与平均厚度之差绝对值≤0.3，厚度最大值与最小值之差≤0.4
注：1 实木地板长度和宽度是指不包括榫舌的长度和宽度； 　　2 镶嵌地板只检量方形单元的外形尺寸； 　　3 榫接地板的榫舌宽度应≥4.0mm，槽最大高度与榫最大厚度之差应为0~0.4mm。	

2 形状位置偏差见表 J.1.4-2 的规定。

表 J.1.4-2 形状位置偏差

名称		偏差
翘曲度	横弯	长度≤500mm时，允许≤0.02%；长度>500mm时，允许≤0.03%
	翘弯	宽度方向：凸翘曲度≤0.2%，凹翘曲度≤0.15%
	顺弯	长度方向：≤0.3%
拼装离缝		平均值≤0.3mm；最大值≤0.4mm
拼装高度差		平均值≤0.25mm；最大值≤0.3mm

J.1.5 物理力学性能指标见表 J.1.5 的规定。

表 J.1.5 物理力学性能指标

名称	单位	优等品	一等品	合格品
含水率	%	7≤含水率≤我国各地区的平衡含水率		
漆板表面耐磨	g/100r	≤0.08，且漆膜未磨透	≤0.10，且漆膜未磨透	≤0.15，且漆膜未磨透
漆膜附着力	—	0~1	2	3
漆膜硬度	—	≥H		
注：含水率是指地板在未拆封和使用前的含水率，我国各地区的平衡含水率见本标准附录K。				

J.1.6 包装、标志、运输和贮存

J.1.6.1 包装

产品入库时应按树种、规格、批号、等级、数量，用聚乙烯吹塑薄膜密封后装入硬纸板箱内或装入包装袋内，同时装入产品质量检验合格证，外用聚乙烯或聚丙烯塑料打扎带捆扎。对包装有特殊要求时，可由供需双方商定。

J.1.6.2 标志

产品包装箱或包装袋外表应印有或贴有清晰且不易脱落的标志，用中文注明生产厂名、厂址、执行标准号、产品名称、规格、木材名称、等级、数量（m²）和批次号等标志。

J.1.6.3 运输和贮存

产品在运输和贮存过程中应平整堆放,防止污损、潮湿、雨淋,防晒、防水、防火、防虫蛀。

(引用标准 GB/T 15036.1—2001)

J.2 实木复合地板

J.2.1 定义

实木复合地板,是以实木拼板或单板为面层、实木条为芯层、单板为底层制成的企口地板和以单板为面层、胶合板为基材制成的企口地板。以面层树种来确定地板树种名称。

J.2.2 分类

J.2.2.1 按面层材料分

1 实木拼板作为面层的实木复合地板;
2 单板作为面层的实木复合地板。

J.2.2.2 按结构分

1 三层结构实木复合地板;
2 以胶合板为基材的实木复合地板。

J.2.2.3 按表面有无涂饰分

1 涂饰实木复合地板;
2 未涂饰实木复合地板。

J.2.2.4 按甲醛释放量分

1 A类实木复合地板(甲醛释放量≤9mg/100g);
2 B类实木复合地板(甲醛释放量>9～40mg/100g)。

J.2.3 技术要求

J.2.3.1 分等

根据产品的外观质量、理化性能分为优等品、一等品和合格品。

J.2.3.2 实木复合地板各层的技术要求

1 三层结构实木复合地板

(1) 面层

面层常用树种:水曲柳、桦木、山毛榉、栎木、榉木、枫木、楸木、樱桃木等;

同一块地板表层树种应一致;

面层由板条组成,板条常见规格:宽度为50、60、70mm;厚度为3.5、4.0mm;

外观质量应符合表J.2.3.3。

(2) 芯层

芯层常用树种:杨木、松木、泡桐、杉木、栎木等;

芯层由板条组成,板条常用厚度为8mm、9mm;

同一块地板芯层用相同树种或材性相近的数种;

芯板条之间的缝隙不能大于5mm。

(3) 底层

底层单板树种通常为：杨木、松木、桦木等；

底层单板常见厚度规格为2.0mm；

底层单板的外观质量应符合表J.2.3.3。

2 以胶合板为基材的实木复合地板

（1）面层

面层通常为装饰单板；

树种通常为：水曲柳、桦木、山毛榉、栎木、榉木、枫木、楸木、樱桃木等；

常见厚度规格为：0.3、1.0、1.2mm；

面层的外观质量应符合表J.2.3.3。

（2）基材

胶合板不低于GB/T 9846.1～9846.12和GB/T 13009中二等品的技术要求。

基材要进行严格挑选和必要的加工，不能留有影响饰面质量的缺陷。

J.2.3.3 外观质量要求

各等级外观质量要求见表J.2.3.3。

表 J.2.3.3 实木复合地板的外观质量要求

名称		项目	表面			背面
			优等	一等	合格	
死节		最大单个长径(mm)	不允许	2	4	50
孔洞(含虫孔)		最大单个长径(mm)	不允许	不允许	2,须修补	15
浅色夹皮		最大单个长度(mm)	不允许	20	30	不限
		最大单个宽度(mm)	不允许	2	4	不限
深色夹皮		最大单个长度(mm)	不允许	不允许	15	不限
		最大单个宽度(mm)	不允许	不允许	2	不限
树脂囊和树脂道		最大单个长度(mm)	不允许	不允许	5,且最大单个宽度小于1	不限
腐朽		—	不允许	不允许	不允许	*)
变色		不超过板面积(%)	不允许	5,板面色泽要协调	20,板面色泽要大致协调	不限
裂缝		—	不允许			不限
拼接离缝	横拼	最大单个宽度(mm)	0.1	0.2	0.5	不限
		最大单个长度不超过板长(%)	5	10	20	不限
	纵拼	最大单个宽度(mm)	0.1	0.2	0.5	不限
叠层		—	不允许			不限
鼓泡、分层		—	不允许			不允许
凹陷、压痕、鼓包		—	不允许	不明显	不明显	不限
补条、补片		—	不允许			不限
毛刺沟痕		—	不允许			不限

续表 J.2.3.3

名 称	项 目	表　面			背面
		优 等	一 等	合 格	
透胶、板面污染	不超过板面积(%)	不允许	不允许	1	不限
砂透	—	不允许			不限
波纹	—	不允许	不允许	不明显	—
刀痕、划痕		不允许			不限
边、角缺损	—	不允许			**)
漆膜鼓泡	$\phi \leqslant 0.5mm$	不允许	每块板不超过3个	每块板不超过3个	—
针孔	$\phi \leqslant 0.5mm$	不允许	每块板不超过3个	每块板不超过3个	—
皱皮	不超过板面积(%)	不允许	不允许	5	—
粒子	—	不允许	不允许	不明显	—
漏漆	—	不允许			—

*) 允许有初腐，但不剥落，也不能捻成粉末；
**) 长边缺损不超过板长的30%，且宽不超过5mm；短边缺损不超过板宽的20%，且宽不超过5mm；
注：凡在外观质量检验环境条件下，不能清晰的观察到的缺陷即为不明显。

J.2.3.4 规格尺寸和尺寸偏差

1　幅面尺寸

（1）三层结构实木复合地板的幅面尺寸见表 J.2.3.4-1。

表 J.2.3.4-1　三层结构实木复合地板的幅面尺寸（mm）

长　度	宽　度		
2100	180	189	205
2200	180	189	205

（2）以胶合板为基材的实木复合地板的幅面尺寸见表 J.2.3.4-2。

表 J.2.3.4-2　以胶合板为基材的实木复合地板的幅面尺寸（mm）

长　度	宽　度			
2200	—	189	225	—
1818	180	—	225	303

（3）经供需双方协议可生产其他幅面尺寸的产品。

2　厚度

（1）三层结构实木复合地板的厚度为 14mm、15mm。
（2）以胶合板为基材的实木复合地板的厚度为 8mm、12mm、15mm。
（3）经供需双方协议可生产其他厚度的实木复合地板。

3 实木复合地板的尺寸偏差应符合表 J.2.3.4-3。

表 J.2.3.4-3 实木复合地板的尺寸偏差

项 目	要 求
厚度偏差	公称厚度 t_n 与平均厚度 t_a 之差绝对值≤0.5mm； 厚度最大值 t_{max} 与最小值 t_{min} 之差≤0.5mm
面层净长偏差	公称长度 l_n≤1500mm 时，l_n 与每个测量值 l_m 之差绝对值≤1.0mm； 公称长度 l_n＞1500mm 时，l_n 与每个测量值 l_m 之差绝对值≤2.0mm；
面层净宽偏差	公称宽度 w_n 与平均宽度 w_a 之差绝对值≤0.1mm； 宽度最大值 w_{max} 与最小值 w_{min} 之差≤0.2mm
直角度	q_{max}≤0.2mm
边缘不直度	s_{max}≤0.3mm/m
翘曲度	宽度方向凸翘曲度 f_w≤0.20%；宽度方向凹翘曲度 f_w≤0.15% 长度方向凸翘曲度 f_l≤1.00%；长度方向凹翘曲度 f_l≤0.50%
拼装离缝	拼装离缝平均值 o_a≤0.15mm；拼装离缝最大值 o_{max}≤0.20mm
拼装高度差	拼装高度差平均值 h_a≤0.10mm；拼装高度差最大值 h_{max}≤0.15mm

J.2.3.5 理化性能指标

1 浸渍剥离

（1）实木复合地板的浸渍剥离见表 J.2.3.5。

表 J.2.3.5 实木复合地板的理化性能指标

检验项目	单 位	优等品	一等品	合格品
浸渍剥离	—	每一边的任一胶层开胶的累计长度不超过该胶层长度的 1/3（3mm 以下不计）		
静曲强度	MPa	≥30		
弹性模量	MPa	≥4000		
含水率	%	5～14		
漆膜附着力	—	割痕及割痕交叉处允许有少量断续剥落		
表面耐磨	g/100r	≤0.08，且漆膜未磨透	≤0.08，且漆膜未磨透	≤0.15，且漆膜未磨透
表面耐污染	—	无污染痕迹		
甲醛释放量	mg/100g	A 类：≤9；B 类：＞9～40		

（2）浸渍剥离检验按有关规定进行。

（3）合格试件数大于等于 5 块时，判为合格，否则判为不合格。

2 静曲强度和弹性模量

（1）实木复合地板的静曲强度和弹性模量见表 J.2.3.5。

（2）静曲强度和弹性模量检验按有关规定进行。

（3）六个试件静曲强度的算术平均值达到标准规定值，且最小值不小于标准规定值的 80%，判为合格，否则判为不合格。

（4）六个试件弹性模量的算术平均值达到标准规定值，判为合格，否则判为不合格。

3 含水率

(1) 实木复合地板的含水率见表 J.2.3.5。
(2) 含水率检验按有关规定进行。
(3) 三个试件含水率的算术平均值达到标准规定值,判为合格,否则判为不合格。

4 漆膜附着力
(1) 实木复合地板的漆膜附着力见表 J.2.3.5。
(2) 漆膜附着力检验按有关规定进行。
(3) 试件漆膜附着力符合表 J.2.3.5 要求,判为合格,否则判为不合格。

5 表面耐磨
(1) 实木复合地板的表面耐磨见表 J.2.3.5。
(2) 表面耐磨检验按有关规定进行。
(3) 试件表面耐磨磨耗值达到标准规定值,且表面漆膜未磨透,判为合格,否则判为不合格。

6 表面耐污染
(1) 实木复合地板的表面耐污染见表 J.2.3.5。
(2) 表面耐污染检验按有关规定进行。
(3) 试件表面耐污染达到标准规定值,判为合格,否则判为不合格。

7 甲醛释放量
(1) 实木复合地板的甲醛释放量见表 J.2.3.5。
(2) 甲醛释放量检验按有关规定进行。
(3) 两个试件甲醛释放量的算术平均值达到标准规定值,判为合格,否则判为不合格。

(引用标准 GB/T 18103—2000)

J.3 浸渍纸层压木质地板

J.3.1 定义

浸渍纸层压木质地板,是以一层或多层专用纸浸渍热固性氨基树脂,铺装在刨花板、中密度纤维板、高密度纤维板等人造板基材表面,背面加平衡层,正面加耐磨层,经热压而成的地板;其商品名为强化木地板。

J.3.2 分类

J.3.2.1 按地板基材分:

1 以刨花板为基材的浸渍纸层压木质地板;
2 以中密度纤维板为基材的浸渍纸层压木质地板;
3 以高密度纤维板为基材的浸渍纸层压木质地板。

J.3.2.2 按装饰层分:

1 单层浸渍纸层压木质地板;
2 多层浸渍纸层压木质地板;
3 热固性树脂装饰层压板层压木质地板。

J.3.2.3 按表面图案分:

1 浮雕浸渍纸层压木质地板；
2 光面浸渍纸层压木质地板。

J.3.2.4 按用途分：
1 公共场所用浸渍纸层压木质地板（耐磨转数≥9000转）；
2 家庭用浸渍纸层压木质地板（耐磨转数≥6000转）。

J.3.2.5 按甲醛释放量分：
1 A类浸渍纸层压木质地板（甲醛释放量：≤9mg/100g）；
2 B类浸渍纸层压木质地板（甲醛释放量：>9～40mg/100g）。

J.3.3 技术要求

J.3.3.1 分等
根据产品的外观质量、理化性能分为优等品、一等品和合格品。

J.3.3.2 外观质量
各等级外观质量要求见表J.3.3.2。

J.3.3.3 规格尺寸及偏差
1 浸渍纸层压木质地板的幅面尺寸应符合表J.3.3.3-1的规定。
2 浸渍纸层压木质地板的厚度为6、7、8（8.1、8.2、8.3）、9mm。
3 浸渍纸层压木质地板的榫舌宽度应≥3mm。
4 经供需双方协议可以生产其他规格的浸渍纸层压木质地板。
5 浸渍纸层压木质地板的尺寸偏差应符合表J.3.3.3-2的规定。

表 J.3.3.2 浸渍纸层压木质地板各等级外观质量要求

缺陷名称	正面			背面
	优等品	一等品	合格品	
干、湿花	不允许	不允许	总面积不超过板面的3%	允许
表面划痕	不允许			不允许漏出基材
表面压痕	不允许			不允许
透底	不允许			不允许
光泽不均	不允许	不允许	总面积不超过板面的3%	允许
污斑	不允许	≤3mm²，允许1个/块	≤10mm²，允许1个/块	允许
鼓泡	不允许			≤10mm²，允许1个/块
鼓包	不允许			≤10mm²，允许1个/块
纸张撕裂	不允许			≤100mm，允许1个/块
局部缺纸	不允许			≤20mm²，允许1个/块
崩边	不允许			允许
表面龟裂	不允许			不允许
分层	不允许			不允许
榫舌及边角缺损	不允许			不允许

表 J.3.3.3-1 浸渍纸层压木质地板幅面尺寸（mm）

宽度	长 度							
182	—	1200	—	—	—	—	—	—
185	1180	—	—	—	—	—	—	—
190	—	1200	—	—	—	—	—	—
191	—	—	—	1210	—	—	—	—
192	—	—	1208	—	—	—	1290	—
194	—	—	—	—	—	—	1380	—
195	—	—	—	—	1280	1285	—	—
200	—	1200	—	—	—	—	—	—
225	—	—	—	—	—	—	—	1820

表 J.3.3.3-2 浸渍纸层压木质地板尺寸偏差

项 目	要 求
厚度偏差	公称厚度 t_n 与平均厚度 t_a 之差绝对值 ≤ 0.5mm； 厚度最大值 t_{max} 与最小值 t_{min} 之差 ≤ 0.5mm
面层净长偏差	公称长度 $l_n \leq 1500$mm 时，l_n 与每个测量值 l_m 之差绝对值 ≤ 1.0mm； 公称长度 $l_n > 1500$mm 时，l_n 与每个测量值 l_m 之差绝对值 ≤ 2.0mm
面层净宽偏差	公称宽度 w_n 与平均宽度 w_a 之差绝对值 ≤ 0.1mm； 宽度最大值 w_{max} 与最小值 w_{min} 之差 ≤ 0.2mm
直角度	$q_{max} \leq 0.2$mm
边缘不直度	$s_{max} \leq 0.3$mm/m
翘曲度	宽度方向凸翘曲度 $f_w \leq 0.20\%$；宽度方向凹翘曲度 $f_w \leq 0.15\%$； 长度方向凸翘曲度 $f_l \leq 1.00\%$；长度方向凹翘曲度 $f_l \leq 0.50\%$
拼装离缝	拼装离缝平均值 $o_a \leq 0.15$mm；拼装离缝最大值 $o_{max} \leq 0.20$mm
拼装高度差	拼装高度差平均值 $h_a \leq 0.10$mm；拼装高度差最大值 $h_{max} \leq 0.15$mm

J.3.3.4 理化性能

浸渍纸层压木质地板的理化性能应符合表 J.3.3.4 的规定。

表 J.3.3.4 浸渍纸层压木质地板理化性能表

检验项目	单 位	优等品	一等品	合格品
静曲强度	MPa	≥ 40.0	≥ 40.0	≥ 30.0
内结合强度	MPa	≥ 1.0		
含水率	%	$3.0 \sim 10.0$		
密度	g/cm³	≥ 0.80		
吸水厚度膨胀率	%	≤ 2.5	≤ 4.5	≤ 10.0
表面胶合强度	MPa	≥ 1.0		
表面耐冷热循环	—	无龟裂、无鼓泡		

续表 J.3.3.4

检验项目	单位	优等品	一等品	合格品
表面耐划痕	—	≥3.5N 表面无整圈连续划痕	≥3.0N 表面无整圈连续划痕	≥2.0N 表面无整圈连续划痕
尺寸稳定性	mm	≤0.5		
表面耐磨	r	家庭用：≥6000；公共场所用：≥9000		
表面耐香烟灼烧	—	无黑斑、裂纹和鼓泡		
表面耐干热	—	无龟裂、无鼓泡		
表面耐污染腐蚀	—	无污染、无腐蚀		
表面耐龟裂	—	0级	1级	1级
表面耐水蒸气	—	无突起、变色和龟裂		
抗冲击	mm	≤9	≤12	≤12
甲醛释放量	mg/100g	A类：≤9；B类：>9～40		

（引用标准 GB/T 18102—2000）

J.4 竹 地 板

J.4.1 定义

竹地板是指把竹材加工成竹片后，再用胶粘剂胶合、加工成的长条企口地板。

J.4.2 分等

产品分为优等品、一等品、合格品三个等级。

J.4.3 规格尺寸及允许偏差

竹地板规格及允许偏差，见表 J.4.3，经供需双方协议可生产其他规格产品。

J.4.4 外观质量要求

竹地板外观质量要求，见表 J.4.4。

竹地板背面、侧面如有虫孔、裂纹等应用腻子修补。

表 J.4.3 竹地板规格尺寸及允许偏差

项目	单位	规格尺寸	允许偏差
地板条表层长度 l	mm	450, 610, 760, 900, 915	$\Delta l_{ave} \leq 0.5$
地板条表层宽度 w	mm	75, 90, 100	$\Delta w_{ave} \leq 0.15, w_{max} - w_{min} \leq 0.3$
地板条厚度 t	mm	9, 12, 15, 18	$\Delta t_{ave} \leq 0.5, t_{max} - t_{min} \leq 0.5$
地板条直角度 q	mm	—	$q_{max} \leq 0.2$
地板条直线度 s	mm/m	—	$s_{max} \leq 0.3$
地板条翘曲度 f	%	—	$f_{l,max} \leq 1, f_{w,max} \leq 0.2$
地板条拼装高差 h	mm	—	$h_{ave} \leq 0.2, h_{max} \leq 0.3$
地板条拼装离缝 o	mm	—	$o_{ave} \leq 0.15, o_{max} \leq 0.2$

表 J.4.4 竹地板外观质量要求

项　　目		优等品	一　等　品	合　格　品
未刨部分和刨痕	表、侧面	不许有	不许有	轻　微
	背　面	允　许		
榫舌残缺	残缺长度	不许有	≤全长的10%	≤全长的20%
	残缺宽度	不许有	≤2mm	≤2mm
腐　朽		不许有		
色　差		不明显	轻　微	允　许
裂　纹		不许有	允许一条，宽度≤0.2mm，长度≤板长的10%	允许一条，宽度≤0.2mm，长度≤板长的20%
虫　孔		不许有		
波　纹		不许有	不许有	不明显
缺　棱		不许有		
拼接离缝		不许有	不许有	允许一条，宽度≤0.2mm，长度≤板长的30%
污　染		不许有	不许有	≤板面积的5%（累计）
霉　变		不许有	不明显	轻　微
鼓泡（ϕ≤0.5mm）		不许有	每块板不超过3个	每块板不超过5个
针孔（ϕ≤0.5mm）		不许有	每块板不超过3个	每块板不超过5个
皱　皮		不许有	不许有	≤板面积的5%
漏　漆		不许有	不许有	≤板面积的5%
粒　子		不许有	不许有	轻　微

注：1 不明显——正常视力在自然光下，距地板0.4m，肉眼观察不明显；
　　2 轻微——正常视力在自然光下，距地板0.4m，肉眼观察不显著；
　　3 鼓泡、针孔、皱皮、漏漆、粒子为涂饰竹地板检测项目。

J.4.5 理化性能指标

理化性能指标应符合表J.4.5的规定。

表 J.4.5 竹地板理化性能指标

项　　目		单　位	指　标　值
含　水　率		%	6.0～14.0
静曲强度	厚度≤15mm	MPa	≥98.0
	厚度＞15mm		≥90.0
浸渍剥离试验		mm	任一胶层的累计剥离长度≤25
硬　度		MPa	≥55.0
表面漆膜耐磨性	磨耗转数	r	磨100转后表面留有漆膜
	磨耗值	g/100r	≤0.08
表面漆膜耐污染性		—	无污染痕迹
表面漆膜附着力		—	割痕及割痕交叉处允许有少量断续剥落
表面漆膜光泽度		%	≥85（有光）
甲醛释放量		mg/100g	A类＜9，B类9～40
表面抗冲击性能（落球高度）		mm	≥1000，压痕直径≤10，无裂纹

（引用标准 LY/T 1573—2000）

附录 K 我国各省（区）直辖市木材平衡含水率

K.0.1 我国各省（区）、直辖市木材平衡含水率，见表 K.0.1。

表 K.0.1 我国各省（区）、直辖市木材平衡含水率值（根据 1951~1970 年气象资料查定）

省市名称	平衡含水率（%）			省市名称	平衡含水率（%）		
	最大	最小	平均		最大	最小	平均
黑龙江	14.9	12.5	13.6	湖北	16.8	12.9	15.0
吉林	14.5	11.3	13.1	湖南	17.0	15.0	16.0
辽宁	14.5	10.1	12.2	广东	17.8	14.6	15.9
新疆	13.0	7.5	10.0	海南（海口）	19.8	16.0	17.6
青海	13.5	7.2	10.2	广西	16.8	14.0	15.5
甘肃	13.9	8.2	11.1	四川	17.3	9.2	14.3
宁夏	12.2	9.7	10.6	贵州	18.4	14.4	16.3
陕西	15.9	10.6	12.8	云南	18.3	9.4	14.3
内蒙古	14.7	7.7	11.1	西藏	13.4	8.6	10.6
山西	13.5	9.9	11.4	北京	11.4	10.8	11.1
河北	13.0	10.1	11.5	天津	13.0	12.1	12.6
山东	14.8	10.1	12.9	上海	17.3	13.6	15.6
江苏	17.0	13.5	15.3	重庆	18.2	13.6	15.8
安徽	16.5	13.3	14.9	台湾（台北）	18.0	14.7	16.4
浙江	17.0	14.4	16.0	香港	暂缺	暂缺	暂缺
江西	17.0	14.2	15.6	澳门	暂缺	暂缺	暂缺
福建	17.4	13.7	15.7	全国			13.4
河南	15.2	11.3	13.2				

（引用标准 GB/T 6491—1999）

建筑装饰装修工程施工技术标准

Technical standard for construction of
building decoration engineering

ZJQ 08—SGJB 210—2005

编 制 说 明

本标准是根据中建八局《关于〈施工技术标准〉编制工作安排的通知》（局科字[2002] 348号）文的要求，由中建八局会同中建八局总承包公司、中建八局第一建筑公司、中建八局第二建筑公司、中建八局第三建筑公司、中建八局装饰公司和中建八局中南公司共同编制。

在编写过程中，编写组认真学习和研究了国家《建筑工程施工质量验收统一标准》GB50300—2001、《建筑装饰装修工程质量验收规范》GB 50210—2001、《住宅装饰装修工程施工规范》GB50327—2001，还参照了国家《民用建筑工程室内环境污染控制规范》GB 50325—2001、《建筑材料放射性核素限量》GB 6566—2001等标准，结合本企业建筑装饰装修工程的施工经验进行编制，并组织本企业内、外专家经专项审查后定稿。

为方便配套使用，本标准在章节编排上与《建筑装饰装修工程质量验收规范》GB 50210—2001保持对应关系。主要是：总则、术语、基本规定、抹灰工程、门窗工程、吊顶工程、轻质隔墙工程、饰面板（砖）工程、幕墙工程、涂饰工程、裱糊与软包装工程、细部工程和子分部工程验收等十三章。其主要内容包括技术和质量管理、施工工艺和操作要点、质量标准和验收三大部分。

本标准中有关国家规范中的强制性条文以黑体字列出，必须严格执行。

为了持续提高本标准的水平，请各单位在执行本标准过程中，注意总结经验，积累资料，随时将有关意见和建议反馈给中建八局技术质量部（通讯地址：上海市浦东新区源深路269号，邮政编码：200135），以供修订时参考。

本标准主要编写和审核人员：

主　　编：王玉岭

副 主 编：王俊伕　赵　俭

主要参编人：李　未　朱庆涛　章小葵　姚文强　王　涛　章　群　刘　创　杨　俊　梁　涛

审 核 专 家：肖绪文　卜一德　刘发洸　谢刚奎

1 总　则

1.0.1 为了加强本企业施工技术管理，规范建筑装饰装修的施工，保证工程质量，制定本标准。

1.0.2 本标准适用于以本企业承建的建筑装饰装修工程的施工及质量验收。

1.0.3 本标准依据国家标准《建筑工程施工质量验收统一标准》GB 50300—2001、《建筑装饰装修工程质量验收规范》GB 50210—2001、《住宅装饰装修工程施工规范》GB 50327—2001、《民用建筑工程室内环境污染控制规范》GB 50325—2001 等国家规范编制，在建筑装饰装修工程施工中，除执行本标准外，尚应符合国家、行业及地方有关标准（规范）的相关规定。

1.0.4 建筑装饰装修工程的施工应根据设计图纸的要求进行，所用材料应按照设计要求选用，并应符合现行材料标准的规定。对本标准无规定的新材料，项目应另行制定操作工艺，并报法人层次总工程师审批。

2 术 语

2.0.1 建筑装饰装修 building decoration
为保护建筑物的主体结构、完善建筑物的使用功能和美化建筑物，采用装饰装修材料或饰物，对建筑物的内外表面及空间进行的各种处理过程。

2.0.2 室内环境污染 indoor environmental pollution
指室内空气中混入有害人体健康的氡、甲醛、苯、氨、总挥发性有机物等气体的现象。

2.0.3 基体 primary structure
建筑物的主体结构或围护结构。

2.0.4 基层 base course
直接承受装饰装修施工的面层。

2.0.5 石灰 lime
不同化学组成和物理形态的生石灰、消石灰、水硬性石灰与气硬性石灰的统称。石灰可分为高钙的、镁质的和白云石质的。

2.0.6 石灰膏 lime putty
用水消化生石灰或将消石灰和水拌合而成达到一定稠度的膏状物。

2.0.7 石灰砂浆 lime mortar
用石灰膏或消石灰粉细集料与水拌制而成的建筑砂浆。

2.0.8 水泥砂浆 cement mortar
由水泥、细集料和水配制成的砂浆。

2.0.9 水泥混合砂浆 composite mortar
由水泥、细集料、掺加料（如石灰膏、电石膏、粉煤灰、黏土膏等）和水配制成的砂浆。

2.0.10 门窗槽口 structural rebate of door or window
门窗洞口所带有的凹凸槽。

2.0.11 拼樘料 transom mullion
两樘及两樘以上门、窗及天窗组合时的拼接料。

2.0.12 安全玻璃 safe glass
指破坏时安全破坏，应用和破坏时给人的伤害达到最小的玻璃，包括符合国家标准GB9962规定的夹层玻璃、符合国家标准GB9963规定的钢化玻璃和符合国家标准GB15763.1规定的防火玻璃以及由它们构成的复合产品。

2.0.13 有框玻璃 framed panels
具有足够刚度的支撑部件连续地包住玻璃的所有边。

2.0.14 无框玻璃 unframed panels
支撑部件不符合有框玻璃的规定时，该块玻璃为无框玻璃。

2.0.15 普通退火玻璃 general annealed glass
由浮法、平拉法、有槽垂直引上法、无槽法等熔制成的，经热处理消除或减少其内部应力至允许值的玻璃。

2.0.16 衬垫 bedding
位于槽内的安装材料，在其内嵌入玻璃。

2.0.17 压条 beador installation bead
固定在槽口上夹固玻璃的木条、金属条或其他刚性材料条。

2.0.18 定位块 location blocks
位于玻璃边缘与槽之间，防止玻璃和槽产生相对运动的弹性材料块。

2.0.19 支承块 setting blocks
位于玻璃的底边与槽之间，起支承作用，并使玻璃位于槽内正中的弹性材料块。

2.0.20 弹性止动片 distance pieces
位于玻璃和槽竖直面之间，防止因荷载作用而引起玻璃运动的弹性材料片。

2.0.21 披水 weather
门、窗及天窗中横框或下框附加的滴水条或滴水槽。通常为披水板或披水条。

2.0.22 水泥基粘结材料 adhesive material based on cement
以水泥为主要原料，配有改性成分，用于饰面砖粘贴的材料。

2.0.23 结合层 joint coat
由聚合物水泥砂浆或其他界面处理剂构成的用于提高界面间粘结力的材料层。

2.0.24 瓷板 porcelain plate
指吸水率不大于0.5%的瓷质板，包括抛光板和磨边板两种，其面积不大于$1.2m^2$且不宜小于$0.5m^2$。抛光板指作边缘处理且对板面进行抛光处理的瓷质板；磨边板指仅作边缘处理而未对板面进行抛光处理的瓷质板。

2.0.25 干挂法 dry-joint process
通过挂件将饰面板固定的施工方法，简称干挂。包括扣槽式干挂法和插销式干挂法两种。扣槽式干挂法指干挂施工时采用扣槽式挂件将饰面板固定，插销式干挂法指干挂施工时采用插销式挂件将饰面板固定。

2.0.26 挂贴法 tie-stick process
通过金属丝拉结饰面板并对板的背面灌浆填缝的施工方法，简称挂贴。

2.0.27 建筑幕墙 building curtain wall
由支承结构体系与面板组成的、可相对主体结构有一定位移能力、不分担主体结构所受作用的建筑外围护结构或装饰性结构。

2.0.28 组合幕墙 composite curtain wall
由不同材料的面板（如玻璃、金属、石材等）组成的建筑幕墙。

2.0.29 斜建筑幕墙 inclined building curtain wall
与水平面成大于75°小于90°角的建筑幕墙。

2.0.30 玻璃幕墙 glass curtain wall
面板材料为玻璃的建筑幕墙。

2.0.31 金属幕墙 metal curtain wall
面板为金属板材的建筑幕墙。

2.0.32 石材幕墙 stone curtain wall
板材为建筑石板的建筑幕墙。

2.0.33 框支承玻璃幕墙 frame supported glass curtain wall
玻璃面板周边由金属框架支承的玻璃幕墙。主要包括下列类型：
1 按幕墙形式，可分为：
（1）明框玻璃幕墙 exposed frame supported glass curtain wall
金属框架的构件显露于面板外表面的框支承玻璃幕墙。
（2）隐框玻璃幕墙 hidden frame supported glass curtain wall
金属框架的构件完全不显露于面板外表面的框支承玻璃幕墙。
（3）半隐框玻璃幕墙 semi-hidden frame supported glass curtrin wall
金属框架的竖向或横向构件显露于面板外表面的框支承玻璃幕墙。
2 按幕墙安装施工方法，可分为：
（1）单元式玻璃幕墙 frame supported glass curtain wall assembled in prefabricated units
将面板和金属框架（横梁、立柱）在工厂组装为幕墙单元，以幕墙单元形式在现场完成安装施工的框支承玻璃幕墙。
（2）构件式玻璃幕墙 frame supported glass curtain wall assembled in elements
在现场依次安装立柱、横梁和玻璃面板的框支承玻璃幕墙。

2.0.34 全玻幕墙 full glass curtain wall
由玻璃肋和玻璃面板构成的玻璃幕墙。

2.0.35 点支承玻璃幕墙 point-supported glass curtain wall
由玻璃面板、点支承装置和支承结构构成的玻璃幕墙。

2.0.36 支承装置 supporting device
玻璃面板与支承结构之间的连接装置。

2.0.37 支承结构 supporting structure
点支承玻璃幕墙中，通过支承装置支承玻璃面板的结构体系。

2.0.38 单元建筑幕墙 unit building curtain wall
由金属构架、各种板材组装成一层楼高单元板块的建筑幕墙。

2.0.39 小单元建筑幕墙 small unit building curtain wall
由金属副框、各种单块板材，采用金属挂钩与立柱、横梁连接的可拆装的建筑幕墙。

2.0.40 结构胶 structural glazing sealant
幕墙中粘结各种板材与金属构架、板材与板材的受力用的粘结材料。

2.0.41 硅酮结构密封胶 structral silicone sealant
幕墙中用于板材与金属构架、板材与板材、板材与玻璃肋之间的结构用硅酮粘结材料，简称硅酮结构胶。

2.0.42 硅酮建筑密封胶 weather proofing silicone sealant

幕墙嵌缝用的硅酮密封材料，又称耐候胶。

2.0.43 双面胶带 double-faced adhesive tape

幕墙中用于控制结构胶位置和截面尺寸的双面涂胶的聚胺基甲酸乙酯或聚乙烯低泡材料。

2.0.44 接触腐蚀 contact corrosion

两种不同的金属接触时发生的电化学腐蚀。

2.0.45 双金属腐蚀 bimetallic corrosion

由不同的金属或其他电子导体作为电极而形成的电偶腐蚀。

2.0.46 相容性 compatiblity

粘结密封材料之间或粘结密封材料与其他材料相互接触时，相互不产生有害物理、化学反应的性能。

2.0.47 建筑涂饰 building surface decoration

用涂饰材料对建筑物进行装饰和保护的工序。

2.0.48 底涂层 priming-coat

在基层上涂饰第一道涂料形成的涂层。

2.0.49 面涂层 finishing-coat

涂饰工程最后一道涂层。

2.0.50 中涂层 intermidiate-coat

介于面涂层和底涂层之间的涂层。

2.0.51 使用寿命 service-life

涂饰材料在满足装饰和保护建筑物要求的前提下所能达到的使用年限。

2.0.52 细部 detail

建筑装饰装修工程中局部采用的部件或饰物。

3 基本规定

3.1 设 计

3.1.1 建筑装饰装修工程必须进行设计，并出具完整的施工图设计文件。
3.1.2 承担建筑装饰装修工程设计的单位应具备相应的资质，并应有质量管理体系。
3.1.3 建筑装饰装修设计应符合城市规划、消防、环保、节能等有关规定。
3.1.4 承担建筑装饰装修工程设计的单位应对建筑物进行必要的了解和实地勘察，设计深度应满足施工要求。
3.1.5 建筑装饰装修工程设计必须保证建筑物的结构安全和主要使用功能。当涉及主体和承重结构改动或增加荷载时，必须由原结构设计单位或具备相应资质的设计单位核查有关原始资料，对既有建筑结构的安全性进行核验、确认。
3.1.6 建筑装饰装修工程的防火、防雷和抗震设计应符合现行国家标准的规定。
3.1.7 当墙体或吊顶内的管线可能产生锈蚀、冰冻或结露时，应进行防腐、防冻或防结露设计。

3.2 材料、设备

3.2.1 建筑装饰装修工程所用材料的品种、规格和质量应符合设计要求。当设计无要求时应符合国家现行标准的规定。**严禁使用国家明令淘汰的材料。**
3.2.2 建筑装饰装修工程所用材料的燃烧性能应符合现行国家标准《建筑内部装修设计防火规范》GB 50222、《建筑设计防火规范》GBJ 16 和《高层民用建筑设计防火规范》GB 50045 的规定。
3.2.3 建筑装饰装修工程所用材料应符合国家有关建筑装饰装修材料有害物质限量标准的规定。
3.2.4 所有材料进场时应对品种、规格、外观和尺寸进行验收。材料包装应完好，应有产品合格证书、中文说明书及相关性能的检测报告；进口产品应按规定进行商品检验。
3.2.5 进场后需要进行复验的材料种类及项目应符合本标准各章的规定。同一厂家生产的同一品种、同一类型的进场材料应至少抽取一组样品进行复验，当合同另有约定时，应按合同执行。
3.2.6 当国家规定或合同约定应对材料进行见证检测时，或对材料的质量发生争议时，应进行见证检测。
3.2.7 承担建筑装饰装修材料检测的单位应具备相应的资质，并应建立质量管理体系。
3.2.8 建筑装饰装修工程所使用的材料在运输、储存和施工过程中，必须采取有效措施防止损坏、变质和污染环境。

1 认真熟悉图纸，编制施工方案，掌握抹灰砂浆的种类并做好材料的试配工作。
2 了解施工近期天气状况，做好冬、雨期施工防护准备。
3 做好对工人的技术交底工作。
4 大面积施工前，先做样板间，经鉴定合格后再大面积施工。

4.2.2.2 材料准备

1 胶凝材料：石灰膏、磨细生石灰粉、石膏、水泥、粉煤灰等。
2 细骨料：普通砂、膨胀珍珠岩、膨胀蛭石等。
3 纤维材料：麻刀、纸筋、玻璃纤维等。
4 界面剂：108胶、乳胶等。
5 外加剂材料：加气剂、塑化剂、防裂剂、膨胀抗裂剂、促凝剂、减水剂等。

以上材料的选用应符合设计和施工方案的要求，其备用数量满足施工要求。

4.2.2.3 机具设备

1 机械设备：砂浆搅拌机、粉碎淋灰机、纸筋灰搅拌机等。
2 主要工具：木抹子、铁抹子、钢皮抹子、阴阳角抹子、压子、托灰板、筛子、小推车、灰槽、铁铲、八字靠尺、5~7mm厚方口靠尺、木杠、长毛刷、排笔、钢丝刷、笤帚、胶皮水管、水桶、粉线袋、錾子（尖、扁头）、锤子、钳子、托线板等。

4.2.2.4 作业条件

1 主体结构已经过有关部门（质监、监理、设计院、建设单位等）验收，方可进行抹灰工程。
2 门窗框安装位置、与墙体连接等已检查符合要求，铝合金门窗框边的防腐及表面保护膜已经贴好；过梁、圈梁及组合柱表面凸出部分混凝土已剔平。脚手眼已堵严，内隔墙与楼板、梁底等交接处用斜砖砌严。
3 上下水、煤气等管道安装完毕，阳台栏杆、墙上预埋件等已安装完毕。
4 根据室内高度和抹灰现场的具体情况，已准备好抹灰高凳或脚手架，架子离开墙面及墙角200~250mm。

4.2.3 材料质量控制

4.2.3.1 胶凝材料

1 石灰膏：采用块状生石灰淋制，应用孔径不大于3mm×3mm的筛网过滤，并贮存在沉淀池中。熟化时间常温下一般不少于15d；用于罩面灰时，不应少于30d。使用时，石灰膏内不得含有未熟化的颗粒和其他杂质；在沉淀池中的石灰膏应加以保护，防止干燥、冻结和污染，已风化冻结的石灰膏不得使用。
2 磨细生石灰粉：细度应通过4900孔/cm²筛。用于罩面时，熟化时间大于3d。石灰的质量标准见表4.2.3.1-1。

表4.2.3.1-1 石灰的质量标准

指标名称	块灰		生石灰粉		水化石灰		石灰浆	
	一等	二等	一等	二等	一等	二等	一等	二等
活性氧化钙及氧化镁之和（干重%）不少于	90	75	90	75	70	60	70	60
未烧透颗粒含量（干重%）不大于	10	12					8	12

续表4.2.3.1-1

指标名称		块灰		生石灰粉		水化石灰		石灰浆	
		一等	二等	一等	二等	一等	二等	一等	二等
每1kg石灰的产浆量（L）不小于		2.4	1.8	暂不规定					
块灰内细粒的含量（干重%）不大于		8	10						
标准筛上筛余量（干重%）	900孔/cm²不得大于	无规定		3	5	3	5	无规定	
	4000孔/cm²不得大于			25	25	10	5		

3 石膏：应磨成细粉无杂质，宜用乙级建筑石膏，细度通过0.15mm筛孔，筛余量不大于10%。建筑用熟石膏的技术指标见表4.2.3.1-2。

表4.2.3.1-2 建筑用熟石膏的技术指标

技术指标		建筑石膏			模型石膏	高硬石膏
项目	指标	一等	二等	三等		
凝结时间（min）	初凝，不早于	5	4	3	4	3～5
	终凝，不早于	7	6	6	6	7
	终凝，不迟于	30	30	30	20	30
细度（筛余量%）	64筛孔/cm²	2	8	12	0	
	900筛孔/cm²	25	35	40	10	
抗拉强度（MPa）	养护1d后，不小于	0.8	0.6	0.5	0.8	1.8～3.3
	养护7d后，不小于	1.5	1.2	1.0	1.6	2.5～5.0
抗压强度（MPa）	养护1d后	5.0～8.0	3.5～4.5	1.5～3.0	7.0～8.0	
	养护7d后	8.0～12.0	6.0～7.5	2.5～5.0	10.0～15.0	9.0～24.0
	养护28d后					25.0～30.0

4 粉刷石膏：

（1）细度：粉刷石膏的细度以2.5mm和0.2mm筛的筛余百分数计，其值应不大于下述规定：2.5mm方孔筛筛余面层粉刷石膏为0；0.2mm方孔筛筛余为40。

（2）强度应符合表4.2.3.1-3的规定。

表4.2.3.1-3 粉刷石膏的强度

产品类别	面层粉刷石膏			底层粉刷石膏			保温层粉刷石膏		备注
等级	优等	一等	合格	优等	一等	合格	优等	一等、合格	保温层粉刷石膏的体积密度不应大于600kg/m³
抗折强度（MPa）	3.0	2.0	1.0	2.5	1.5	0.8	1.5	0.6	
抗压强度（MPa）	5.0	3.5	2.5	4.0	3.0	2.0	2.5	1.0	

（3）粉刷石膏的贮存期为自出厂之日起三个月，三个月后应重新进行质量检验，确定其强度等级。

（4）运输与贮存时不得受潮和混入杂物，不同型号和等级的粉刷石膏应分别贮存。

5 水泥：抹灰用水泥应选用强度等级不小于32.5级的普通硅酸盐水泥、硅酸盐水泥。品种、强度等级应符合设计要求。水泥进场时应对其品种、级别、包装或散装仓号、出厂日期等进行检查，并应对其强度、安定性及其他必要的性能指标进行复验，具体性能指标参见《混凝土结构工程施工技术标准》ZJQ08—SGJB204—2005第7.2.1规定。

6 粉煤灰：烧失量不大于8%，吸水量不大于105%，过0.15筛，筛余不大于8%。

4.2.3.2 细骨料

1 普通砂：中砂或中粗砂混合使用，使用前应用不大于5mm孔径的筛子过筛。砂颗料要求坚硬洁净，不得含有黏土（不得超过2%）、草根、树叶、碱质物及其他有机物等有害物质。

　　检查数量：按进场的批次和产品的抽样检验方案确定。

　　检验方法：检查进场复验报告。

　　2　炉渣：粒径不大于1.2~2mm。使用前过筛，浇水焖透约15d。

　　3　膨胀珍珠岩：宜采用中级粗细粒径混合级配，堆积密度宜为80~150kg/m³。

4.2.3.3　纤维材料

　　1　麻刀：以均匀、坚韧、干燥不含杂质为宜，其长度不得大于30mm，随用随敲打松散，每100kg石灰膏约掺1kg。

　　2　纸筋：在淋石灰时，先将纸筋撕碎，除去尘土，用清水浸透，然后按100kg掺纸筋2.75kg的比例掺入淋灰池。使用时，需用小钢磨搅拌打细，并用3mm孔径筛过滤成纸筋灰。

　　3　玻璃纤维：将玻璃丝切成1cm长左右，每100kg石灰膏掺入200~300g，搅拌均匀。

4.2.3.4　界面剂

　　108胶应满足游离甲醛含量≤1g/kg，并应有试验报告。

4.2.4　施工工艺

4.2.4.1　一般抹灰的技术要求

　　1　一般抹灰的分等级做法：

　　（1）普通抹灰：阳角找方，设置标筋，分层赶平、修整，表面压光。

　　（2）高级抹灰：阴阳角找方，设置标筋，分层赶平、修整，表面压光。

　　2　抹灰层总厚度见表4.2.4.1-1。

表4.2.4.1-1　抹灰层总厚度

项　次	部位或基体		抹灰层的平均厚度（mm）
1	顶棚	板条、现浇混凝土	15
		预制混凝土	18
		金属网	20
2	内墙	普通抹灰	20
		高级抹灰	25
3	外墙	墙面	20
		勒脚及突出墙面的部分	25
4	石墙		35

　　3　抹灰每遍厚度见表4.2.4.1-2。

表4.2.4.1-2　抹灰层每遍厚度

项　次	采用砂浆品种	每遍厚度（mm）
1	水泥砂浆	5~7
2	石灰砂浆和水泥混合砂浆	7~9
3	麻刀石灰	不大于3
4	纸筋石灰和石膏灰	不大于2

　　4　手工抹灰，一般砂浆稠度及骨料最大粒径见表4.2.4.1-3。

表 4.2.4.1-3　手工抹灰一般砂浆稠度及骨料最大粒径

抹 灰 层	砂浆稠度（cm）	砂最大粒径（mm）
底 层	10～12	2.8
中 层	7～9	2.6
面 层	7～8	1.2

5　内墙和顶棚抹灰的分层做法见本标准附录 A。

4.2.4.2　工艺流程

1　内墙抹灰施工

基层处理→湿润基层→找规矩、做灰饼→设置标筋→阳角做护角→抹底层灰、中层灰→抹窗台板、墙裙或踢脚板→抹面层灰→清理→成品保护

2　外墙抹灰施工

基层处理→湿润基层→找规矩、做灰饼、冲筋→抹底层灰、中层灰→弹分格线、嵌分格条→抹面层灰→起分格条、修整→养护

3　顶棚抹灰施工

弹水平线→浇水湿润→刷结合层(仅适用于混凝土基层)→抹底层灰、中层灰→抹面层灰

4.2.4.3　施工要点

1　内墙面抹灰

（1）基层清理、湿润

1）检查门窗洞口位置尺寸，混凝土结构和砌体结合处以及电线管、消火栓箱、配电箱背后钉好铁丝网，接线盒堵严；

2）清扫墙面上浮灰污物和油渍等，并洒水湿润；

3）混凝土表面应凿毛或在表面洒水湿润后涂刷1:1水泥砂浆（加适量胶粘剂）；

4）加气混凝土，应刷界面剂，并抹强度不大于 M5 的水泥混合砂浆；

5）基层墙面应充分湿润，打底前每天浇水两遍，使渗水深度达到 8～10mm，同时保证抹灰时墙面不显浮水。

（2）找规矩、做灰饼、冲筋：四角规方、横线找平、立线吊直,弹出准线和墙裙、踢脚板线

1）普通抹灰：

a　用托线板检查墙面平整垂直程度，决定抹灰厚度（最薄处一般不小于7mm）；

b　在墙的上角各做一个标准灰饼（用打底砂浆或 1:3 水泥砂浆，也可用水泥:石灰膏:砂 = 1:3:9 混合砂浆，遇有门窗口垛角处要补做灰饼），大小 50mm 见方，厚度以墙面平整垂直度决定；

c　根据上面的两个灰饼用托线板或线坠挂垂线，做墙面下角两个标准灰饼（高低位置一般在踢脚线上口），厚度以垂线为准；

d　用钉子钉在左右灰饼附近墙缝里挂通线，并根据通线位置每隔 1.2～1.5m 上下加做若干标准灰饼；

e　灰饼稍干后，在上下（或左右）灰饼之间抹上宽约 50mm 的与抹灰层相同的砂浆冲筋，用木杠刮平，厚度与灰饼相平，稍干后可进行底层抹灰。

2）高级抹灰：

a　将房间规方，小房间可以一面墙做基线，用方尺规方即可；

b 如房间面积较大，应在地面上先弹出十字线，作为墙角抹灰准线，在离墙角约 100mm 左右，用线坠吊直，在墙上弹一立线，再按房间规方地线（十字线）及墙面平整程度向里反线，弹出墙角抹灰准线，并在准线上下两端排好通线后做标准灰饼并冲筋。

　　(3) 做护角

　　室内墙面、柱面的阳角和门洞口的阳角，如设计对护角无规定时，一般可用 1:2 水泥砂浆抹护角，护角高度不应低于 2m，每侧宽度不小于 50mm。

　　1）将阳角用方尺规方，靠门窗框一边以框墙空隙为准，另一边以标筋厚度为准，在地面划好准线，根据抹灰层厚度粘稳靠尺板并用托线板吊垂直；

　　2）在靠尺板的另一边墙角分层抹护角的水泥砂浆，其外侧与靠尺板外口平齐；

　　3）一侧抹好后把靠尺板移到该侧用卡子稳住，并吊垂线调直靠尺板，将护角另一面水泥砂浆分层抹好；

　　4）轻手取下靠尺板。待护角的棱角稍收水后，再用抈角器和水泥浆抈出小圆角；

　　5）在阳角两侧分别留出护角宽度尺寸，将多余的砂浆以 45°斜面切掉；

　　6）对于特殊用途房间的墙（柱）阳角部位，其护角可按设计要求在抹灰层中埋设金属护角线。高级抹灰的阳角处理，亦可在抹灰面层镶贴硬质 PVC 特制装饰护角条。

　　(4) 抹底层灰

　　标筋有一定的强度后，在两标筋之间用力抹上底灰，用抹子压实搓毛。

　　1）砖墙基层，墙面一般采用石灰砂浆或水泥混合砂浆抹底灰，在冲筋 2h 左右则可进行。抹灰时先薄薄地刮一层，接着分层装档、找平，再用大杠垂直、水平刮找一遍，用木抹子搓毛。

　　2）混凝土基层，宜先刷 108 胶素水泥浆（掺水泥重 10% 的 108 胶，水灰比 0.4~0.5）一道，采用水泥砂浆或水泥混合砂浆打底。抹底灰应控制每遍厚度 5~7mm，分层与冲筋抹平，并用大杠刮平、找直，木抹子搓毛。

　　3）加气混凝土基层，打底宜用水泥混合砂浆、聚合物砂浆或掺增稠粉的水泥砂浆。先刷一道 108 胶素水泥浆，随刷随抹水泥混合砂浆，分遍抹平，大杠刮平，木抹子搓毛，终凝后开始养护。

　　4）木板条、金属网基层，宜用麻刀灰、纸筋灰或玻璃丝灰打底，并将灰浆挤入基层缝隙内。

　　5）平整光滑的混凝土基层，可直接采用刮粉刷石膏或刮腻子。

　　(5) 抹中层灰

　　1）中层灰应在底层灰干至 6~7 成后进行，抹灰厚度以垫平标筋为准，并使其稍高于标筋；

　　2）中层灰做法基本与底层灰相同，砖墙可采用麻刀灰、纸筋灰或粉刷石膏。加气混凝土中层灰宜用中砂；

　　3）砂浆抹后，用木杠按标筋刮平，并用木抹子搓压，使表面平整密实；

　　4）在墙的阴角处用方尺上下核对方正，然后用阴角器上下拖动搓平，使室内四角方正。

　　(6) 抹窗台板、踢脚线或墙裙

　　1）窗台板采用 1:3 水泥砂浆抹底层，表面划毛，隔 1d 后，刷素水泥浆一道，再用 1:2.5 水泥砂浆抹面层。面层宜用原浆压光，上口成小圆角，下口要求平直，不得有毛刺，凝结后洒水养护不少于 4d；

2) 踢脚线或墙裙采用1:3水泥砂浆或水泥混合砂浆打底，1:2水泥砂浆抹面，厚度比墙面凸出5~8mm，并根据设计要求的高度弹出上口线，用八字靠尺靠在线上用铁抹子切齐并修整压光。

(7) 抹面层灰（罩面灰）

从阴角开始，宜两人同时操作，一人在前面上灰，另一人紧跟在后面找平并用铁抹子压光。罩面时应由阴、阳角处开始，先竖向（或横向）薄薄刮一遍底，再横向（或竖向）抹第二遍。阴阳角处用阴阳角抹子捋光，墙面再用铁抹子压一遍，然后顺抹子纹压光，并用毛刷蘸水将门窗等圆角处清理干净。

1) 采用水泥砂浆面层时，须将底子灰表面扫毛或划出纹道。面层应注意接槎，表面压光不得少于两遍，罩面后次日洒水养护。

2) 纸筋石灰或麻刀石灰面层，一般在中层灰6~7成干后进行。麻刀石灰，采用的麻刀应选用柔软、干燥、不含杂质的产品，使用前4~5d用石灰膏调好，抹灰操作时严格掌握压光时间。

3) 石灰砂浆面层，应在中层灰5~6成干时进行。

4) 石膏面层可用于1:2.5石灰砂浆或1:3:9混合砂浆中层的罩面层。罩面石膏灰应掺入缓凝剂，其掺量应由试验确定，一般控制在15~20min内凝结。抹石膏罩面的抹子一般用钢皮抹子或塑料抹子。具体做法：

a 对已抹好的中层灰的表面用木抹子带水搓细，6~7成干时进行罩面；

b 如底灰已干燥，操作前先洒水湿润，然后开始抹；

c 组成小流水，一人先薄薄的抹一遍，第二人紧跟着找平，第三人跟着压光。可从墙角一侧开始，由下往上顺抹，压光时抹子应顺直，先压两遍，最后稍洒水压光压亮；

d 如墙面太高，应上下同时操作，以免出现接槎。

(8) 清理

抹灰工作完成后，应将粘在门窗框、墙面上的灰浆及落地灰及时清除、打扫干净。

2 外墙面抹灰

先上部，后下部，先檐口再墙面（包括门窗周围、窗台、阳台、雨篷等）。大面积的外墙可分片同时施工。高层建筑垂直方向适当分段，如一次抹不完时，可在阴阳角交接处或分隔线处间断施工。

(1) 基层处理、湿润

基层表面应清扫干净，混凝土墙面突出的地方要剔平刷净，蜂窝、凹洼、缺棱掉角处，应先刷一道1:4（108胶:水）的胶溶液，并用1:3水泥砂浆分层补平；加气混凝土墙面缺棱掉角和缝隙处，宜先刷一道掺水泥重20%的108胶素水泥浆，再用1:1:6水泥混合砂浆分层修补平整。

(2) 找规矩，做灰饼、标筋

1) 在墙面上部拉横线，做好上面两角灰饼，再用托线板按灰饼的厚度吊垂直线，做下边两角的灰饼；

2) 分别在上部两角及下部两角灰饼间横挂小线，每隔1.2~1.5m做出上下两排灰饼，然后冲筋。门窗口上沿、窗口及柱子均应拉通线，做好灰饼及相应的标筋。

3) 高层建筑可按一定层数划分为一个施工段，垂直方向控制用经纬仪来代替垂线，水平方向拉通线同一般做法。

(3) 抹底层、中层灰

外墙底层灰可采用水泥砂浆或混合砂浆（水泥:石子:砂＝1:1:6）打底和罩面。其底层、中层抹灰及赶平方法与内墙基本相同。

(4) 弹分格线、嵌分格条

中层灰达6～7成干时，根据尺寸用粉线包弹出分格线。分格条使用前用水泡透，分格条两侧用黏稠的水泥浆（宜掺108胶）与墙面抹成45°角，横平竖直，接头平直。当天不抹面的"隔夜条"，两侧素水泥浆与墙面抹成60°。

(5) 抹面层灰

抹面层灰前，应根据中层砂浆的干湿程度浇水湿润。面层涂抹厚度为5～8mm，应比分格条稍高。抹灰后，先用刮杠刮平，紧接着用木抹子搓平，再用钢抹子初步压一遍。稍干后，再用刮杠刮平，用木抹子搓磨出平整、粗糙均匀的表面。

(6) 拆除分格条、勾缝

面层抹好后即可拆除分格条，并用素水泥浆把分格缝勾平整。若采用"隔夜条"的罩面层，则必须待面层砂浆达到适当强度后方可拆除。

(7) 做滴水线、窗台、雨篷、压顶、檐口等部位

先抹立面，后抹顶面，再抹底面。顶面应抹出流水坡度，底面外沿边应做出滴水线槽。

滴水线槽的做法：在底面距边口20mm处粘贴分格条，成活后取掉即成；或用分格器将这部分砂浆挖掉，用抹子修整。

(8) 养护

面层抹光24h后应浇水养护。养护时间应根据气温条件而定，一般不应小于7d。

3 顶棚抹灰要点

(1) 基层处理

清除基层浮灰、油污和隔离剂，凹凸处应填补或剔凿平。预制板顶棚板底高差不应大于5mm，板缝应灌筑细石混凝土并捣实，抹底灰前1d用水湿润基层，抹灰当天洒水再湿润。钢筋混凝土楼板顶棚抹灰前，应用清水润湿并刷素水泥浆（水灰比0.4～0.5）一道。

(2) 弹线

顶棚抹灰根据顶棚的水平面用目测的方法控制其平整度，确定抹灰厚度，然后在墙面的四周与顶棚交接处弹出水平线，作为抹灰的水平标准。

(3) 抹底层灰

顶棚基层满刷一道108胶素水泥浆或刷一道水灰比为0.4:1的素水泥浆后，紧接着抹底层灰，抹时用力挤入缝隙中，厚度3～5mm，并随手带成粗糙毛面。

抹底灰的方向与楼板接缝及木模板木纹方向相垂直。抹灰顺序宜由前往后退。预制混凝土楼板底灰应养护2～3d。

(4) 抹中层灰

先抹顶棚四周，再抹大面。抹完后用软刮尺顺平，并用木抹子搓平。使整个中层灰表面顺平，如平整度欠佳，应再补抹及赶平一次，如底层砂浆吸收较快，应及时洒水。

(5) 抹面层灰

待中层灰6～7成干时，即可用纸筋石灰或麻刀石灰抹灰层。抹面层一般二遍成活，

其涂抹方法及抹灰厚度与内墙抹灰相同。第一遍宜薄抹，紧接着抹第二遍，砂浆稍干，再用塑料抹子顺着抹纹压实压光。

（6）养护

抹灰完成后，应关闭窗门，使抹灰层在潮湿空气中养护。

4 细部抹灰

（1）压顶

压顶表面应平整光洁，棱角清晰，水平成线，抹灰前应拉水平通线找齐。

（2）梁

1）找规矩：顺梁的方向弹出梁的中心线，根据弹好的线控制梁两侧面的抹灰厚度。

2）挂线：梁底面两侧挂水平线，水平线由梁头往下 10mm 左右，视梁底水平高低情况，阳角规方，决定梁底抹灰厚度。

3）做灰饼：灰饼可做在梁的两侧，且保持在一个立面上。

4）抹灰：可采用反贴八字靠尺方法，先将靠尺板卡固在梁底面边口，抹梁的两个侧面；再在两侧面下口卡固八字靠尺，抹底面。其分层抹灰方法与抹混凝土顶棚相同。底侧面抹完，即用阳角抹子将阳角捋光。

（3）方柱

1）弹线：独立的方柱，根据设计图样所标志的柱轴线，测量柱的几何尺寸和位置，在楼地面上弹出垂直两个方向中心线，放出抹灰后柱子的边线；成排的方柱，应先根据柱子的间距找出各柱中心线，并在柱子的四个立面上弹中心线。

2）做灰饼：在柱顶卡固短靠尺，用线锤往下垂吊，在四角距地坪和顶棚各 150mm 左右做灰饼。成排方柱，距顶棚 150mm 左右做灰饼，再以此灰饼为准，垂直挂线做下外边角的灰饼，然后上下拉水平通线做所有柱子正面上下两端灰饼，每个柱子正面上下共做四块灰饼。

3）抹灰：先在侧面卡固八字靠尺、抹正反面，再把八字靠尺卡固正、反面，抹两侧面，抹灰要用短杠刮平，木抹子搓平，第二天抹面层压光。

（4）圆柱

1）独立圆柱找规矩，先找出纵横两个方向设计要求的中心线，并在柱上弹纵横两个方向四根中心线，按四面中心点，在地面分别弹四个点的切线，形成圆柱的外切四边线。

2）由上四面中心线往下吊线锤，检查柱子的垂直度，并在地面弹上圆柱抹灰后外切四边线（每边长即为抹灰后圆柱直径），按这个尺寸制作圆柱的抹灰套板。

3）圆柱做灰饼，可根据地面上放好的线，在柱的四面中心线处，先在下面做灰饼，然后挂线锤做柱上部四个灰饼。在上下灰饼挂线，中间每隔 1.2m 左右做几个灰饼，根据灰饼冲筋。

4）圆柱抹灰分层做法与方柱相同，抹灰时用长木杠随抹随找圆，随时用抹灰圆形套板核对，当抹面层灰时，应用圆形套板沿柱上下滑动，将抹灰层压抹成圆形，上下滑磨抽平。

（5）阳台

阳台抹灰要求各个阳台上下成垂直线，左右成水平线，进出一致，各个细部统一，颜色一致。抹灰前应将混凝土基层清扫干净并用水冲洗，用钢丝刷子将基层刷到露出混凝土新槎。

4.3 装饰抹灰工程

4.3.1 本节适用于水刷石、斩假石、干粘石、假面砖等装饰抹灰工程的施工及质量验收。

4.3.2 施工准备

4.3.2.1 技术准备

1 认真熟悉设计图纸，领会设计意图并编制施工方案。
2 各种装饰抹灰砂浆应先做样板墙，经有关单位鉴定并确定施工方法后，再组织施工。
3 挑选技术过硬的专业施工队伍并做好技术交底。

4.3.2.2 材料准备

1 胶凝材料：石灰、石膏、普通水泥、白水泥等。
2 骨料：白色细砂、粗砂、石英砂、小八厘石粒、中八厘石粒、大八厘石粒等。
3 颜料：矿物颜料，如氧化铁红、氧化铁黄、铬黄、红珠、氧化铬绿等。
4 分散剂：木质素磺酸钙、六偏磷酸钠等。
5 防水剂（憎水剂）：甲基硅醇钠、聚甲基乙氧硅氧烷防水剂等。
6 界面剂：108胶、乳胶等。

4.3.2.3 机具设备

可根据不同形式的装饰抹灰，选用不同的机具设备。一般有：磅秤、搅拌机、铁板（抹灰用）、孔径5mm筛子、锹、灰镐、灰勺、灰桶、抹子、大小杠、担子板、粉线包、水桶、笤帚、钢筋卡子、手推车、胶皮水管、八字靠尺、分格条、手压泵、斧、细砂轮片、空压机（排气量0.63L/min，工作压力60~80N/cm^2）、喷斗、喷栓等。

4.3.2.4 作业条件

同本标准第4.2.2.4条。

4.3.3 材料质量控制

4.3.3.1 胶凝材料

1 石灰、石膏、普通水泥

见本标准第4.2.3.1条。

2 白水泥

(1) 应按设计要求选用，一个工程所用水泥应尽可能采用同一批产品。水泥进场进行收料时，必须有出厂合格证，合格证中应有3d、28d强度，各种技术性能指标符合要求，并应注明品种、强度等级及出厂时间。

(2) 检验内容：

1) 凝结时间：初凝不得早于45min，终凝不得迟于12h。
2) 安定性：用沸煮检验必须合格。
3) 细度：0.080mm方孔筛筛余不得超过10%。
4) 氧化镁：熟料中氧化镁的含量不得超过4.5%。
5) 三氧化硫：水泥中三氧化硫含量不得超过3.5%。
6) 白度：白水泥白度分为特级、一级、二级、三级，各等级白度不得低于表

4.3.3.1-1 数值。

表4.3.3.1-1 白水泥白度

等 级	特级	一级	二级	三级
白度（%）	86	94	90	75

7) 强度：各标号各龄期强度不得低于表4.3.3.1-2的数值。

表4.3.3.1-2 白水泥各标号各龄期强度

标 号	抗压强度（N/mm^2）			抗折强度（N/mm^2）		
	3d	7d	28d	3d	7d	28d
325	14.0	20.5	32.5	2.5	3.5	5.5
425	18.0	26.5	42.5	3.5	4.5	6.5
525	23.0	33.5	52.5	4.0	5.5	7.0
625	28.0	42.0	62.5	5.0	6.0	8.0

(3) 抽样规则：

按同标号、同白度水泥编号取样，取样数量按厂年产量规定：

1) 5万t以上，不超过200t为一编号；
2) 1～5万t，不超过150t为一编号；
3) 1万t以下不超过50t或不超过三天产量为一编号。

(4) 保管要求：

水泥在贮存时，应库存，底部应架空，不得受潮。

4.3.3.2 骨料

1 打底用细骨料

质量控制见本标准第4.2.3条相关规定。

2 水刷石

(1) 石渣宜选4～6mm的中、小八厘，要求颗粒坚韧、有棱角、洁净，使用应过筛，冲洗干净并晾干，装袋或用苫布盖好存放，防水、防尘、防污染。

(2) 砂宜采用中砂，使用前应用5mm筛孔过筛，含泥量不大于3%。

3 干粘石

(1) 石子粒径宜选5～6mm或3～4mm，使用前应淘洗、择渣，晾晒后选出干净房间或袋装予以分类储存备用。

(2) 砂宜为中砂，或粗砂与中砂混合掺用。中砂平均粒径为0.35～0.5mm，要求颗粒坚硬洁净，含泥量不得超过3%，砂在使用前应过筛。

4 假面砖

砂宜选用中粗砂，使用前过筛，含泥量不大于3%。

5 斩假石

所用集料（石子、玻璃、粒砂等）颗粒坚硬，色泽一致，不含杂质，使用前必须过筛、洗净、晾干，防止污染。

4.3.3.3 颜料

采用耐碱、耐光的颜料，应采用同一个厂家、同一牌号、同一批量生产的产品，并应一次备齐。

4.3.3.4 防水剂、分散剂、界面剂

应有产品准用证、产品合格证书、进场验收记录及复验报告。

4.3.4 施工工艺

4.3.4.1 水刷石施工

1 工艺流程

基层处理→湿润基层→找规矩、做灰饼、设置标筋→抹底层、中层灰→弹线、贴分格条→刮素水泥浆→抹面层水泥石子浆→刷洗面层→起分格条→养护

2 施工要点

（1）基层处理、湿润基层、找规矩、做灰饼、设置标筋及抹底、中层灰。

施工要点同本标准第4.2.4.3条相关条款。

（2）弹线、粘贴分格条：

中层砂浆6~7成干时，按设计要求和施工分段位置弹出分格线，并贴好分格条。

分格条可使用一次性成品分格条，也可使用优质红松木制作的分格条，粘贴前应用水浸透（一般应浸24h以上）。分格条用素水泥浆粘贴，两边八字抹成45°为宜。

（3）刮素水泥浆：

根据中层抹灰的干燥程度浇水湿润，接着刮水灰比为0.37~0.40的水泥浆一道。

（4）抹面层水泥石子浆：

1）面层厚度视石粒粒径而定，通常为石粒粒径的2.5倍，各种基层上分层做法参见附录B"石粒装饰抹灰在各种基体上分层做法"。水泥石粒浆（或水泥石灰膏石粒浆）的稠度应为50~70mm。

2）抹石子浆时，每个分格自下而上用铁抹子一次抹完揉平，注意石粒不要压得过于紧固。

3）每抹完一格，用直尺检查，凹凸处及时修理，露出平面的石粒轻轻拍平。

4）抹阳角时，先抹的一侧不宜使用八字靠尺，将石粒浆没过转角，然后再抹另一侧。抹另一侧时用八字靠尺将角部靠直找平。

5）石子浆面层稍收水后，用铁抹子把石子浆满压一遍，露出的石子尖棱拍平，小孔洞压实、挤严，将其内水泥浆挤出，用软毛刷蘸水刷去表面灰浆，重新压实溜光，反复进行3~4遍。分格条边的石粒要略高1~2mm。

（5）喷刷面层：

1）水泥石子浆开始初凝时（即手指按上去无指痕，用刷子刷石米不掉），开始喷刷，喷刷应自上而下进行。

2）第一遍用软毛刷蘸水刷掉水泥表皮，露出石粒。如水刷石面层过了喷刷时间开始硬化，可用3%~5%盐酸稀释溶液洗刷，然后用清水冲净。

3）第二遍用喷浆机将四周相邻部位喷湿，由上向下喷水，喷头离墙100~200mm，将面层表面及石粒间的水泥浆冲出，使石粒露出表面1/2粒径。

4）用清水（用3/4in自来水管或小水壶）从上往下全部冲净，冲洗速度应适中。

5）阳角喷头应骑角喷洗，一喷到底；接槎处喷洗前，应先将已完成的墙面用水充分

喷湿 300mm 左右宽。

（6）起分格条：

1) 用抹子柄敲击分格条，并用小鸭嘴抹子扎入分格条上下活动，轻轻起出。

2) 用小线抹子抹平，用鸡腿刷刷光，理直缝角，并用素水泥浆补缝做凹缝及上色。

（7）养护：

勾缝 3d 后洒水养护，养护时间不小于 4d。

4.3.4.2 斩假石施工

1 工艺流程

基层处理→湿润基层→找规矩、做灰饼、设置标筋→抹底层、中层灰→弹线、贴分格条→抹面层水泥石子浆→斩剁面层（或抓耙面层）→养护

2 施工要点

（1）各种基层上分层做法：

参见"附录 B 石粒装饰抹灰在各种基体上分层做法"。

（2）基层处理、湿润基层、找规矩、做灰饼、设置标筋及抹底、中层灰：

施工要点同本标准第 4.2.4.3 条相关条款。

（3）弹线、粘贴分格条：

按设计要求和施工分段位置弹出分格线，并贴好分格条。

（4）抹面层水泥石子浆：

1) 按中层灰的干燥程度浇水湿润，再扫一道水泥净浆，随后抹水泥砂浆；

2) 先薄薄抹一层砂浆，稍收水后再抹一遍砂浆与分格条平；

3) 用木抹子打磨拍实，上下顺势溜直；

4) 用软质扫帚顺着剁纹方向清扫一遍，并进行养护，常温下养护 2～3d，气温较低时宜养护 4～5d，其强度控制在 $5N/mm^2$。

（5）斩剁面层：

1) 试斩，以石粒不脱落为准。

2) 弹顺线，相距约 100mm，按线操作，以免剁纹跑线。

3) 斩剁顺序宜先上后下，由左到右，先剁转角和四周边缘，后剁中间墙面。剁纹的深度一般以 1/3 石米的粒径为宜。斩剁完后用水冲刷墙面。

4) 起分格条：每斩一行随时将分格条取出，可用抹子柄敲击分格条，并用小鸭嘴抹子扎入分格条上下活动，轻轻起出。再用小线抹子抹平，用鸡腿刷刷光，理直缝角，并用素水泥浆补缝做凹缝及上色。

（6）养护：

勾缝 3d 后洒水养护，养护时间不小于 4d。

4.3.4.3 干粘石施工

1 工艺流程

基层处理→湿润基层→找规矩、做灰饼、设置标筋→抹底层、中层灰→贴分格条→抹刮水泥净浆、抹粘结砂浆→甩（撒）石米→起分格条→养护

2 施工要点

（1）各种基层上分层做法：

4.4 清水砌体勾缝工程

4.4.1 本节适用于清水砌体勾缝工程，包括清水砌体砂浆勾缝和原浆勾缝工程的施工及质量验收。

4.4.2 施工准备

4.4.2.1 技术准备

1 认真熟悉设计图纸，领会设计意图。
2 应先做样板墙，经有关单位鉴定并确定施工方法后，再组织施工。
3 挑选技术过硬的专业施工队伍并做好技术交底。

4.4.2.2 材料准备

水泥、砂、磨细生石灰粉、石灰膏、颜料等。

4.4.2.3 机具设备

砂浆搅拌机、手推车、锹、灰槽、錾子、瓦刀、凿子、锤、粉线袋、施工小线、托灰板、溜子、喷壶、铁桶、筛子、铁板、笤帚等。

4.4.2.4 作业条件

1 结构工程已完成，并经过有关部门的质量验收，达到合格标准。
2 门窗框已安装，并进行塞缝，门窗采取了保护措施。
3 脚手架（或吊篮）已搭设，安全防护等已验收合格。

4.4.3 材料质量控制

1 石灰、磨细生石灰粉、石灰膏、普通水泥、砂等：见本标准第 4.2.3 条。
2 颜料：应选用耐碱、耐光的矿物性颜料，使用时按设计要求和工程用量，与水泥一次性拌均匀，计量配比准确，应做好样板（块），过筛装袋，保存时避免潮湿。
3 水：洁净的自来水。

4.4.4 施工工艺

4.4.4.1 工艺流程

堵脚手眼→弹线开缝→补缝→门窗洞口塞缝→墙面清理、湿润→勾缝→清理墙面

4.4.4.2 施工要点

1 堵脚手眼

脚手眼内砂浆清理干净，并洒水湿润，用原砖墙相同的砖块补砌严实。

2 弹线开缝

（1）用粉线弹出立缝垂直线，用扁錾把立缝偏差较大的找齐，开出的立缝上下顺直，开缝深度约 10mm。

（2）砖墙水平缝不平和瞎缝应弹线开直，如砌砖时划缝太浅或漏划，灰缝应用扁錾或瓦刀剔凿出来，深度控制在 10~20mm 之间，并将墙面清扫干净。

3 补缝

对于缺棱掉角的砖、游丁的立缝，应事先修补，颜色应和砖的颜色一致，可用砖末加水泥拌成 1:2 水泥浆进行补缝。

4 门窗四周塞缝及补砌砖窗台

勾缝前门窗四周缝应堵严密实，深浅要一致。铝合金门窗框四周缝隙的处理，用设计要求的材料填塞，同时应将窗台上碰掉的砖补砌好。

5 勾缝

（1）勾缝前1d应将砖墙浇水湿润，勾缝时再浇适量的水，以不出现明水为宜。

（2）拌合勾缝砂浆，配合比为水泥：砂子＝1：（1～1.5），稠度30～50mm，应随用随拌，不可使用隔夜砂浆。

（3）勾缝顺序应由上而下，先勾水平缝，后勾立缝。勾水平缝时应用长溜子，左手拿托灰板，右手拿溜子，将灰板顶在要勾的缝口下边，右手用溜子将灰浆压入缝内，同时自左向右随勾缝随移动托灰板，勾完一段后用溜子沿砖缝内溜压密实、平整、深浅一致。勾立缝用短溜子在灰板上刮起，勾入立缝中。

（4）阴角水平转角要勾方正，阴角立缝应左右分明，窗台虎头砖要勾三面缝，转角处勾方正。

6 墙面清扫

勾完缝后，应把墙面清扫干净。防止丢漏勾缝，应重新复找一次。天气干燥时，应对勾好的缝浇水养护。

4.4.5 成品保护

1 勾缝时溅落的灰浆，要随时清扫干净，不得污染墙面。

2 填塞铝合金门窗框时不得乱撕保护膜，不得污染门窗框。

3 落架子前，应将脚手板上污物清理干净。

4.4.6 安全、环保措施

4.4.6.1 安全措施

1 脚手架和跳板搭设牢固，高度符合操作要求。

2 强化个人安全意识。施工时禁止穿拖鞋、高跟鞋、硬底鞋在架上工作，架上堆载不应集中，工具要搁置稳当，以防止掉落伤人。在两层脚手架上操作时，应尽量避免在同垂直线上作业。施工人员必须戴安全帽。

3 注意用电安全。临时用移动照明灯时，必须用不大于36V的安全电压。机械操作人员须持证上岗，非操作人员不得动用现场各种用电机械设备。

4 严禁酒后作业和高血压患者上架作业。

4.4.6.2 环保措施

1 做到工完场清，垃圾分类堆放，及时处理。

2 工程用材料分类堆放。

3 施工噪声应符合国家有关规定。

4.4.7 质量标准

主 控 项 目

4.4.7.1 清水砌体勾缝所用水泥的凝结时间和安定性复验合格。砂浆的配合比应符合设计要求。

检验方法：检查复验报告和施工记录。

4.4.7.2 清水砌体勾缝应无漏勾。勾缝材料应粘结牢固、无开裂。

检验方法：观察

一 般 项 目

4.4.7.3 清水砌体勾缝应横平竖直，交接处应平顺，宽度和深度应均匀，表面应压实抹平。

检验方法：观察；尺量检查。

4.4.7.4 灰缝应颜色一致，砌体表面应洁净。

检验方法：观察。

4.4.8 质量验收

1 检验批的划分和抽样检查数量按本标准的第4.1.15条和第4.1.16条规定执行。

2 检验批的验收按本标准第3.3.19条进行组织。

3 检验批质量验收记录当地方政府主管部门无统一规定时，宜采用表4.4.8"清水砌体勾缝工程检验批质量验收记录表"。

表4.4.8 清水砌体勾缝工程检验批质量验收记录表
GB50210—2001

单位（子单位）工程名称				验收部位	
分部（子分部）工程名称					
施工单位				项目经理	
分包单位				分包项目经理	
施工执行标准名称及编号					
		施工质量验收规范的规定	施工单位检查评定记录	监理（建设）单位验收记录	
主控项目	1	水泥及配合比	第4.4.2条		
	2	勾缝牢固性	第4.4.3条		
一般项目	1	勾缝外观质量	第4.4.4条		
	2	灰缝及表面	第4.4.5条		
		专业工长（施工员）		施工班组长	
施工单位检查评定结果		项目专业质量检查员：			年 月 日
监理（建设）单位验收结论		专业监理工程师（建设单位项目专业技术负责人）：			年 月 日

5 门窗工程

5.1 一般规定

5.1.1 本章适用于木门窗制作与安装、金属门窗安装、塑料门窗安装、特种门安装、门窗玻璃安装等分项工程的施工及质量验收。

5.1.2 门窗工程验收时，应检查下列文件和记录：
　1　门窗工程的施工图、设计说明及其他设计文件。
　2　材料的产品合格证书、性能检测报告、进场验收记录和复验报告。
　3　特种门及其附件的生产许可文件。
　4　隐蔽工程验收记录。
　5　施工记录。

5.1.3 门窗工程应对下列材料及其性能指标进行复验：
　1　人造木板的甲醛含量。
　2　建筑外墙金属窗、塑料窗的抗风压性能、空气渗透性能和雨水渗漏性能。

5.1.4 门窗工程应对下列隐蔽工程项目进行验收：
　1　预埋件和锚固件。
　2　隐蔽部位的防腐、填嵌处理。

5.1.5 各分项工程的验收批应按下列规定划分：
　1　同一品种、类型和规格的木门窗、金属门窗、塑料门窗及门窗玻璃每100樘应划分为一个检验批，不足100樘也应划分为一个检验批。
　2　同一品种、类型和规格的特种门每50樘应划分为一个检验批，不足50樘也应划分为一个检验批。

5.1.6 检查数量应符合下列规定：
　1　木门窗、金属门窗、塑料门窗及门窗玻璃，每个检验批应至少抽查5%，并不得少于3樘，不足3樘时应全数检查；高层建筑的外窗，每个检验批应至少抽查10%，并不得少于6樘，不足6樘时应全数检查。
　2　特种门每个检验批应至少抽查50%，并不得少于10樘，不足10樘时应全数检查。

5.1.7 门窗安装前，应对门窗洞口尺寸进行检验，如与设计不符合，应予以处理。

5.1.8 门窗进场前必须进行预验收。安装前应根据门窗图纸，检查门窗的品种、规格、开启方向及组合杆、附件，并对其外形及平整度检查校正，合格后方可安装。

5.1.9 门窗的存放、运输应符合下列规定：
　1　门窗应采取措施防止受潮、碰伤、污染与曝晒。
　2　塑料门窗贮存的环境温度应小于50℃，与热源的距离不应小于1m。当在环境温度为0℃的环境中存放时，安装前应在室温下放置24h。

5.2.5 成品保护

1 加工成型的门框扇在运输和存放过程中要特别注意保护,以免饰面部分损坏,装拼完后有条件的应入库。门扇宜存放在库房内,避免风吹、日晒、雨淋。不论是入库或露天存放,下面均应垫起200mm以上,码放整齐,露天存放上面用塑料布遮盖。镶门芯板的门扇,门的端部各放一件厚薄相等的木板,防止吸潮腐烂。

2 门窗框扇码放时应平稳轻放,不得重力猛扔,防止损坏表面或缺棱掉角。

3 门窗框扇平放时端部离开墙面200~300mm。

4 装门窗扇时下面应用木卡将门卡牢,上面用硬质木块垫着门边,然后用力锤打,以免损坏门边。

5 胶合板门封边时,流出门表面的胶水应用湿布抹净,修刨胶合板门时应用木卡将门边垫起卡牢,以免损坏边缘。

6 门窗制成后,不得在表面站人或放置重物。

7 外窗安装完毕应立即将风钩挂好或插上插销。

8 严禁从已安好的窗框中向外扔建筑垃圾和模板、架板等物件,避免窗框下冒头及边梃下部棱角碰坏。

5.2.6 安全、环保措施

1 电动螺丝刀、手电钻、冲击电钻、曲线锯等必须选用二类手持式电动工具,严格遵守《手持电动工具的管理、使用、检查和维修安全技术规程》,每季度至少全面检查一次;现场使用要符合《施工现场临时用电安全技术规范》JGJ 46 的规定,确保使用安全。

2 门窗加工车间必须采用隔声效果较好的材料进行封闭围护。

3 对于门窗加工所产生的木屑等垃圾必须集中堆放,严禁抛撒。

4 门窗油漆时,应注意保持室内通风,防止室内空气中的甲醛含量超标。

5.2.7 质量标准

主 控 项 目

5.2.7.1 木门窗的木材品种、材质等级、规格、尺寸、框扇的线型及人造木板的甲醛含量应符合设计要求。设计未规定材质等级时,所用木材的质量应符合本标准附录C的规定。

检验方法:观察;检查材料进场验收记录和复验报告。

5.2.7.2 木门窗应采用烘干的木材,含水率应符合《建筑木门、木窗》JG/T 122 的规定。

检验方法:检查材料进场验收记录。

5.2.7.3 木门窗的防火、防腐、防虫处理应符合设计要求。

检验方法:观察;检查材料进场验收记录。

5.2.7.4 木门窗的结合处和安装配件处不得有木节或已填补的木节。木门窗如有允许限值以内的死节及直径较大的虫眼时,应用同一材质的木塞加胶填补。对于清漆制品,木塞的木纹和色泽应与制品一致。

检验方法:观察。

5.2.7.5 门窗框和厚度大于50mm的门窗扇应用双榫连接。榫槽应采用胶料严密嵌合,并用胶楔加紧。

检验方法：观察；手扳检查。

5.2.7.6 胶合板、纤维板门和压模门不得脱胶。胶合板不得刨透表层单板，不得有戗槎。制作胶合板门、纤维板门时，边框和横楞应在同一平面上，面层、边框及横楞应加压胶结。横楞和上、下冒头应各钻两个以上的透气孔，透气孔应畅通。

检验方法：观察。

5.2.7.7 木门窗的品种、类型、规格、开启方向、安装位置及连接方式应符合设计要求。

检验方法：观察；尺量检查；检查成品门的产品合格证书。

5.2.7.8 木门窗框的安装必须牢固。预埋木砖的防腐处理、木门窗框固定点的数量、位置及固定方法应符合设计要求。

检验方法：观察；手扳检查；检查隐蔽工程验收记录和施工记录。

5.2.7.9 木门窗扇必须安装牢固，并应开关灵活，关闭严密，无倒翘。

检验方法：观察；开启和关闭检查；手扳检查。

5.2.7.10 木门窗配件的型号、规格、数量应符合设计要求，安装应牢固，位置应正确，功能应满足使用要求。

检验方法：观察，开启和关闭检查；手扳检查。

一 般 项 目

5.2.7.11 木门窗表面应洁净，不得有刨痕、锤印。

检验方法：观察。

5.2.7.12 木门窗的割角、拼缝应严密平整。门窗框、扇裁口应顺直，刨面应平整。

检验方法：观察。

5.2.7.13 木门窗上的槽、孔应边缘整齐，无毛刺。

检验方法：观察。

5.2.7.14 木门窗与墙体间缝隙的填嵌材料应符合设计要求，填嵌应饱满。寒冷地区外门窗（或门窗框）与砌体间的空隙应填充保温材料。

检验方法：轻敲门窗框检查；检查隐蔽工程验收记录和施工记录。

5.2.7.15 木门窗披水、盖口条、压缝条、密封条的安装应顺直，与门窗结合应牢固、严密。

检验方法：观察；手扳检查。

5.2.7.16 木门窗制作的允许偏差和检验方法应符合表 5.2.7.16 的要求。

表 5.2.7.16 木门窗制作的允许偏差和检验方法

项次	项 目	构件名称	允许偏差（mm）		检 验 方 法
			普通	高级	
1	翘曲	框	3	2	将框、扇平放在检查平台上，用塞尺检查
		扇	2	2	
2	对角线长度差	框、扇	3	2	用钢尺检查，框量裁口里角，扇量外角
3	表面平整度	扇	2	2	用1米靠尺和塞尺检查

续表 5.2.7.16

项次	项目	构件名称	允许偏差（mm）普通	允许偏差（mm）高级	检验方法
4	高度、宽度	框	0；-2	0；-1	用钢尺检查，框量裁口里角，扇量外角
		扇	+2；0	+1；0	
5	裁口、线条结合处高低差	框、扇	1	0.5	用钢直尺和塞尺检查
6	相邻棂子两端间距	扇	2	1	用钢直尺检查

5.2.7.17 木门窗安装的留缝限值、允许偏差和检验方法应符合表 5.2.7.17

表 5.2.7.17 木门窗安装的留缝限值、允许偏差和检验方法

项次	项目		留缝限值（mm）普通	留缝限值（mm）高级	允许偏差（mm）普通	允许偏差（mm）高级	检验方法
1	门窗槽口对角线长度差		—	—	3	2	用钢尺检查
2	门窗框的正、侧面垂直度		—	—	2	1	用1米垂直检查尺检查
3	框与扇、扇与扇接缝高低差		—	—	2	1	用钢直尺和塞尺检查
4	门窗扇对口缝		1~2.5	1.5~2	—	—	用塞尺检查
5	工业厂房双扇大门对口缝		2~5	—	—	—	
6	门窗扇与上框间留缝		1~2	1~1.5	—	—	
7	门窗扇与侧框间留缝		1~2.5	1~1.5	—	—	
8	窗扇与下框间留缝		2~3	2~2.5	—	—	
9	门扇与下框间留缝		3~5	3~4	—	—	
10	双层门窗内外框间距		—	—	4	3	用钢尺检查
11	无下框时门扇与地面间留缝	外门	4~7	5~6	—	—	用塞尺检查
		内门	5~8	6~7	—	—	
		卫生间门	8~12	8~10	—	—	
		厂房大门	10~20	—	—	—	

5.2.8 质量验收

1 检验批的划分和抽样检查数量按本标准的第 5.1.5 条和第 5.1.6 条规定执行。

2 检验批的验收按本标准第 3.3.19 条进行组织。

3 检验批质量验收记录当地方政府主管部门无统一规定时，宜采用表 5.2.8-1 "木门窗制作工程检验批质量验收记录表" 和表 5.2.8-2 "木门窗安装工程检验批质量验收记录表"。

表 5.2.8-1 木门窗制作工程检验批质量验收记录表
GB50210—2001
（Ⅰ）

单位（子单位）工程名称								
分部（子分部）工程名称						验收部位		
施工单位						项目经理		
分包单位						分包项目经理		
施工执行标准名称及编号								

		施工质量验收规范的规定				施工单位检查评定记录	监理（建设）单位验收记录
主控项目	1	材料质量			第5.2.2条		
	2	木材含水率			第5.2.3条		
	3	防火、防腐、防虫			第5.2.4条		
	4	木节及虫眼			第5.2.5条		
	5	榫槽连接			第5.2.6条		
	6	胶合板门、纤维板门、压模的质量			第5.2.7条		
一般项目	1	木门窗表面质量			第5.2.12条		
	2	木门窗割角拼缝			第5.2.13条		
	3	木门窗槽孔质量			第5.2.14条		
	6	制作允许偏差	翘曲（mm）	框	普通	3	
					高级	2	
				扇	普通	2	
					高级	2	
			对角线长度差（mm）	框、扇	普通	3	
					高级	2	
			表面平整度（mm）	扇	普通	2	
					高级	2	
			高度、宽度（mm）	框	普通	0；-2	
					高级	0；-1	
				扇	普通	+2；0	
					高级	+1；0	
			裁口、线条结合处高低差（mm）	框、扇	普通	1	
					高级	0.5	
			相邻棂子两端间距（mm）	扇	普通	2	
					高级	1	

施工单位检查评定结果	专业工长（施工员）	施工班组长	
	项目专业质量检查员：		年 月 日
监理（建设）单位验收结论	专业监理工程师（建设单位项目专业技术负责人）：		年 月 日

表 5.2.8-2 木门窗安装工程检验批质量验收记录表
GB50210—2001
(Ⅱ)

单位（子单位）工程名称								
分部（子分部）工程名称					验收部位			
施工单位					项目经理			
分包单位					分包项目经理			
施工执行标准名称及编号								
		施工质量验收规范的规定			施工单位检查评定记录			监理（建设）单位验收记录
主控项目	1	木门窗品种、规格、安装方向位置		第5.2.8条				
	2	木门窗安装牢固		第5.2.9条				
	3	木门窗扇安装		第5.2.10条				
	4	门窗配件安装		第5.2.11条				
一般项目	1	木门窗表面质量		第5.2.12条				
	2	木门窗割角拼缝		第5.2.13条				
	3	木门窗槽孔质量		第5.2.14条				
	4	允许偏差	门窗槽口对角线长度差（mm）	普通	3			
				高级	2			
			门窗框的正、侧面垂直度（mm）	普通	2			
				高级	1			
			框与扇、扇与扇接缝高低差（mm）	普通	2			
				高级	1			
			双层门窗内外框间距（mm）	普通	4			
				高级	3			
		留缝限值	门窗扇对口缝（mm）	普通	1~2.5			
				高级	1.5~2			
			工业厂房双扇大门对口缝（mm）	普通	2~5			
				高级	—			
			门窗扇与上框间留缝（mm）	普通	1~2			
				高级	1~1.5			
			门窗扇与侧框间留缝（mm）	普通	1~2.5			
				高级	1~1.5			
			窗扇与下框间留缝（mm）	普通	2~3			
				高级	2~2.5			
			门扇与下框间留缝（mm）	普通	3~5			
				高级	3~4			
		无下框时门扇与地面间留缝（mm）	外门	普通	4~7			
				高级	5~6			
			内门	普通	5~8			
				高级	6~7			
			卫生间门	普通	8~12			
				高级	8~10			
			厂房大门	普通	10~20			
				高级	—			
施工单位检查评定结果			专业工长（施工员）			施工班组长		
			项目专业质量检查员：				年 月 日	
监理（建设）单位验收结论			专业监理工程师（建设单位项目专业技术负责人）：				年 月 日	

5.3 金属门窗安装工程

5.3.1 本章适用于钢门、铝合金门窗、涂色镀锌钢板门窗等金属门窗的安装工程施工及质量验收。

5.3.2 施工准备

5.3.2.1 技术准备

1 核对门窗洞口的尺寸和位置是否与施工图相一致，检查门窗洞口高和宽是否合适，并将其清理干净。

2 按照设计要求进行技术交底。

5.3.2.2 材料准备

门窗框、扇，木楔，锚固件及五金配件、膨胀螺栓、射钉、水泥、砂等。

5.3.2.3 机具设备

脚手架（高凳或人字梯）、切割机、电钻、拉铆枪、射钉枪、电动螺丝刀、钻铣床、组装工作台、小锤、注胶枪、水平尺等。

5.3.2.4 作业条件

1 结构质量验收符合安装要求，工种之间办好交接手续。

2 金属门窗已进行检查，因运输、堆放不当导致门窗框扇出现翘曲变形，或在框角、窗芯的焊接处有脱焊或失落的情况，已先行校正和修理，并对其表面处理、补焊、刷防锈漆。

3 预埋件或预埋铁脚洞眼已检查，并通过隐蔽验收。

5.3.3 材料质量控制

1 门窗的品种、型号应符合设计要求，五金配件配套齐全且具有产品出厂合格证，进场时应核对清楚。

2 产品表面应清洁、光滑、平整，没有明显的色差、凹凸不平、划伤、擦伤、碰伤等缺陷。产品表面不得有氧化铁皮（铝屑）、毛刺、裂纹、折叠、分层、油污或其他污迹。

3 门窗及零附件性能、尺寸偏差等应符合国家相关标准规定。附录E为部分金属门窗的质量性能指标。

4 水泥、砂质量要求参见本标准第4.2.3条的相关要求。

5.3.4 施工工艺

5.3.4.1 铝合金门窗施工工艺

1 工艺流程

弹线→门窗框就位→门窗框固定→填缝→门窗扇安装→清理

2 施工要点

（1）弹线

按设计要求在门、窗洞口弹出门、窗位置线，同一立面的窗在水平及垂直方向应做到整齐一致，室内地面的标高、地弹簧的表面应与室内地面标高一致。

（2）门窗框就位

1）按弹线位置将门窗框立于洞口，调整正、侧面垂直度、水平度和对角线。

2) 用对拔木楔临时固定。木楔应垫在边、横框能够受力部位。

3) 面积较大的铝合金门窗框，按设计要求进行预拼装。

4) 门窗框安装顺序为：安装通长的拼樘料→安装分段拼樘料→安装基本单元门窗框。门窗框横向及竖向组合应采取套插，如采用搭接应形成曲面组合，搭接量一般不少于8mm。

5) 框间拼接缝隙用密封胶条封闭。组合门窗框拼樘料加固型材应经防锈处理，连接部位应采用镀锌螺钉，见图5.3.4.1-1。

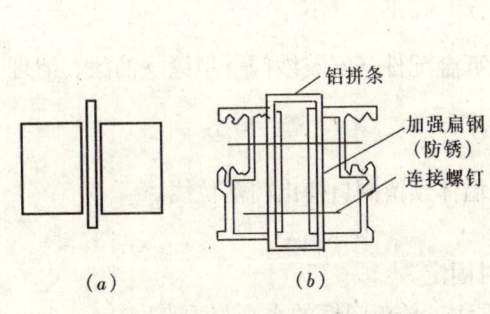

图5.3.4.1-1 组合门窗拼樘料加强示意
(a) 组合简图；(b) 拼樘料加强

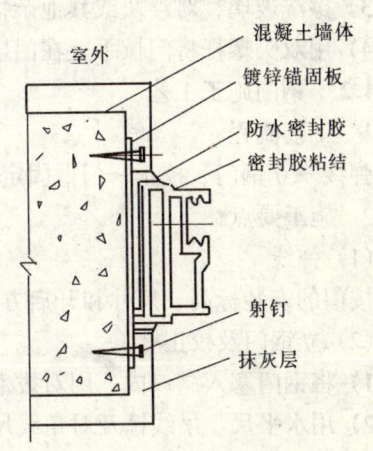

图5.3.4.1-2 用射钉紧固连接件示意

(3) 门窗框固定

1) 连接件在主体结构上的固定通常有以下几种方法：

a 洞口系预埋铁件，可将连接件直接焊牢于埋件上。焊接操作时，严禁在铝框上接地打火，并应用石棉布保护好铝框。

b 洞口墙体上预留槽口，可将铝框上的连接件埋入槽口内，用C25级细石混凝土或1：2水泥砂浆浇填密实。

c 洞口为砖砌（实心砖）结构，应用冲击钻钻入直径不小于10mm深的孔，用膨胀螺栓紧固连接件，不得采用射钉连接。

d 洞口为混凝土墙体但未预埋铁件或预留槽口，其门窗框上的连接件可用射钉枪射入射钉紧固，见图5.3.4.1-2。

e 洞口为空心砖、加气混凝土砖等轻质墙，应在连接件部位砌筑符合模数的混凝土砌块，或根据具体情况采用其他可靠的连接方法。不允许采用射钉或膨胀螺栓进行连接。

2) 自由门的弹簧安装，应在地面预留洞口，在门扇与地弹簧安装尺寸调整准确后，浇注C25细石混凝土固定。

3) 铝合金边框和中竖框，应埋入地面以下20~50mm；组合窗框间立柱上、下端应各嵌入框顶和框底的墙体（或梁）内25mm以上；转角处的立柱其嵌固长度应在35mm以上。

4) 门、窗框连接件采用射钉、膨胀螺栓等紧固时，其紧固件离墙（梁、柱）边缘不得小于50mm，且应错开墙体缝隙，以防紧固失效。

(4) 填缝

1) 窗框与墙体间的缝隙，应按设计要求使用软质保温材料进行填嵌。如设计无要求时，则应选用泡沫型塑料条、泡沫聚氨酯条、矿棉条或玻璃毡条等保温材料分层填塞均匀密实。

2) 框边外表面留出5~8mm深的槽口，用密封膏填料密封平整。

(5) 清理

1) 铝合金门窗交工前，将型材表面的塑料胶纸撕掉。

2) 宜采用香蕉水将胶纸在型材表面留有的痕迹擦干净。

3) 擦洗玻璃，对浮灰或其他杂物，应全部清理干净。

4) 用双头螺杆将门拉手上在门扇边框两侧。

5.3.4.2 钢门施工工艺

1 工艺流程

弹线→立钢门、校正→门框固定→安装五金配件→安装纱门→填缝→油漆、清理

2 施工要点

(1) 弹线

按门的安装标高、尺寸和开启方向，在墙体预留洞口弹出门落位线。

(2) 立钢门及校正

1) 将钢门塞入洞口内，用对拔木楔临时固定。

2) 用水平尺、吊线锤及对角线尺量等方法，校正门框的水平与垂直度。

(3) 门框固定

1) 钢门框的固定方法有以下几种：

a 采用3mm×（12~18mm）×（100~150mm）的扁钢脚其一端与预埋铁件焊牢，或是用豆石混凝土或水泥砂浆埋入墙内，另一端用螺钉与门框拧紧。

b 用一端带有倒刺形状的圆铁埋入墙内，另一端装有木螺钉，可用圆头螺钉将门框旋牢。

c 先把门框用对拔木楔临时固定于洞口内，再用电钻（钻头$\phi 5.5mm$）通过门框上的$\phi 7mm$孔眼在墙体上钻$\phi 5.6mm \sim \phi 5.8mm$孔，孔深约为35mm，把预制的$\phi 6mm$钢钉强行打入孔内挤紧，固定钢门后，拔除木楔，在周边抹灰。

2) 采用铁脚固定钢门时，铁脚埋设洞用1:2水泥砂浆或豆石混凝土填塞严密，并浇水养护。

3) 填洞材料达到一定强度后，用水泥砂浆嵌实门框四周的缝隙，砂浆凝固后取出木楔再次堵水泥砂浆。

(4) 安装五金配件

1) 做好安装前的检查工作。检查安装是否牢固，框与墙之间缝隙是否已嵌填密实，门扇闭合是否密封，开启是否灵活等。如有缺陷应予以调整。

2) 钢门五金配件宜在油漆工程完成后安装。

3) 按厂家提供的装配图进行试装，合格后，全面进行安装。装配螺钉应拧紧，埋头螺钉不得高出零件表面。

(5) 安装纱门

1) 对纱门进行检查，如有变形及时进行调整。

5.3.8 质量验收

1 检验批的划分和抽样检查数量按本标准的第5.1.5条和第5.1.6条规定执行。

2 检验批的验收按本标准第3.3.19条进行组织。

3 检验批质量验收记录当地方政府主管部门无统一规定时，宜采用表5.3.8-1"金属门窗安装工程检验批验收记录表（钢门窗）"、表5.3.8-2"金属门窗安装工程检验批质量验收记录表（铝合金门窗）"和表5.8.3-3"金属门窗安装工程检验批质量验收记录表（涂色镀锌钢板门窗）"。

表5.3.8-1 金属门窗安装工程检验批质量验收记录表
（钢门窗）
GB50210—2001
（Ⅰ）

单位（子单位）工程名称					验收部位	
分部（子分部）工程名称					项目经理	
施工单位					分包项目经理	
分包单位						
施工执行标准名称及编号						
施工质量验收规范的规定					施工单位检查评定记录	监理（建设）单位验收记录
主控项目	1	门窗质量		第5.3.2条		
	2	框和副框安装，预埋件		第5.3.3条		
	3	门窗扇安装		第5.3.4条		
	4	配件质量及安装		第5.3.5条		
一般项目	1	表面质量		第5.3.6条		
	2	框与墙体间缝隙		第5.3.8条		
	3	扇密封胶条或毛毡密封条		第5.3.9条		
	4	排水孔		第5.3.10条		
	5	允许偏差	门窗槽口宽度、高度（mm）	≤1500mm	2.5	
				>1500mm	3.5	
			门窗槽口对角线长度差（mm）	≤2000mm	5	
				>2000mm	6	
			门窗框的正、侧面垂直度(mm)		3	
			门窗横框的水平度(mm)		3	
			门窗横框标高(mm)		5	
			门窗竖向偏离中心(mm)		4	
			双层门窗内外框间距(mm)		5	
		留缝限值	门窗框、扇配合间隙(mm)		≤2	
			无下框时门扇与地面间留缝(mm)		4~8	
施工单位检查评定结果		专业工长（施工员）			施工班组长	
		项目专业质量检查员：				年 月 日
监理(建设)单位验收结论		专业监理工程师(建设单位项目专业技术负责人)：				年 月 日

表 5.3.8-2 金属门窗安装工程检验批质量验收记录表
（铝合金门窗）
GB50210—2001
（Ⅱ）

单位（子单位）工程名称														
分部（子分部）工程名称								验收部位						
施工单位								项目经理						
分包单位								分包项目经理						
施工执行标准名称及编号														
		施工质量验收规范的规定			施工单位检查评定记录								监理（建设）单位验收记录	
主控项目	1	门窗质量		第5.3.2条										
	2	框和副框安装，预埋件		第5.3.3条										
	3	门窗扇安装		第5.3.4条										
	4	配件质量及安装		第5.3.5条										
一般项目	1	表面质量		第5.3.6条										
	2	推拉扇开关应力		第5.3.7条										
	3	框与墙体间缝隙		第5.3.8条										
	4	扇密封胶条或毛毡密封条		第5.3.9条										
	5	排水孔		第5.3.10条										
	6	允许偏差	门窗槽口宽度、高度（mm）	≤1500mm	1.5									
				>1500mm	2									
			门窗槽口对角线长度差（mm）	≤2000mm	3									
				>2000mm	4									
			门窗框的正、侧面垂直度(mm)		2.5									
			门窗横框的水平度(mm)		2									
			门窗横框标高(mm)		5									
			门窗竖向偏离中心(mm)		5									
			双层门窗内外框间距(mm)		4									
			推拉门窗扇与框搭接量(mm)		1.5									
施工单位检查评定结果			专业工长(施工员)					施工班组长						
			项目专业质量检查员：								年 月 日			
监理(建设)单位验收结论			专业监理工程师(建设单位项目专业技术负责人)：									年 月 日		

表 5.3.8-3　金属门窗安装工程检验批质量验收记录表
（涂色镀锌钢板门窗）
GB50210—2001
（Ⅲ）

单位（子单位）工程名称						验收部位		
分部（子分部）工程名称								
施工单位						项目经理		
分包单位						分包项目经理		
施工执行标准名称及编号								

			施工质量验收规范的规定		施工单位检查评定记录			监理（建设）单位验收记录
主控项目	1	门窗质量		第5.3.2条				
	2	框和副框安装，预埋件		第5.3.3条				
	3	门窗扇安装		第5.3.4条				
	4	配件质量及安装		第5.3.5条				
一般项目	1	表面质量		第5.3.6条				
	2	框与墙体间缝隙		第5.3.8条				
	3	扇密封胶条或毛毡密封条		第5.3.9条				
	4	排水孔		第5.3.10条				
	5	允许偏差	门窗槽口宽度、高度（mm）	≤1500mm	2			
				>1500mm	3			
			门窗槽口对角线长度差（mm）	≤2000mm	4			
				>2000mm	5			
			门窗框的正、侧面垂直度(mm)		3			
			门窗横框的水平度(mm)		3			
			门窗横框标高(mm)		5			
			门窗竖向偏离中心(mm)		5			
			双层门窗内外框间距(mm)		4			
			推拉门窗扇与框搭接量(mm)		2			

施工单位检查评定结果	专业工长（施工员）	施工班组长	
	项目专业质量检查员：		年 月 日

监理(建设)单位验收结论	
	专业监理工程师(建设单位项目专业技术负责人)：　　　　　　年 月 日

5.4 塑料门窗安装工程

5.4.1 本节适用于塑料门窗安装工程的施工及质量验收。

5.4.2 施工准备

5.4.2.1 技术准备

1 核对门窗洞口的尺寸和位置是否与施工图相一致，检查门窗洞口高和宽是否合适，并将其清理干净。

2 按照设计要求进行技术交底。

5.4.2.2 材料准备

门窗框、门窗扇、门窗配件（包括固定片、密封条、执手、铰链、传动锁闭器、滑撑或撑挡、滑轮、半圆锁、增强型钢、地弹簧等）、密封膏等。

5.4.2.3 机具设备

型材切割机、电钻、拉铆枪、电动螺丝刀、钻铣床、组装工作台、注胶枪、水平尺等。

5.4.2.4 作业条件

1 结构质量验收符合安装要求，工种之间办好交接手续。室内水平线已弹好。

2 塑料门窗已进行检查，表面损伤、变形及松动等问题，已进行修整、校正等处理。

3 墙上门窗洞口位置、尺寸留置准确，门窗安装预埋件已通过隐蔽验收。

5.4.3 材料质量控制

1 塑料门窗的品种、规格、型号和数量应符合设计要求。

2 塑料门窗进场应提供产品合格证，外观质量检查不得有开焊、端裂、变形等损坏现象。外观、外形尺寸、装配质量、力学性能应符合国家现行标准的有关规定。附录F为PVC塑料门窗的质量性能指标。

3 塑料门窗配件规格齐全、配套，质量和性能应符合国家现行标准的有关规定。附录G为塑料门窗配件的质量性能指标。

4 门窗与洞口密封用嵌缝膏应具有弹性和粘结性。

5.4.4 施工工艺

5.4.4.1 工艺流程

弹线→门、窗框上安铁件→立门、窗框→门、窗框校正→门、窗框与墙体固定→嵌缝密封→安装门、窗扇→镶配五金→清洗保洁

5.4.4.2 施工要点

1 弹线

按照设计图纸要求，在墙上弹出门、窗框安装的位置线。

2 门、窗框上铁件安装

（1）检查连接点的位置和数量：连接固定点应距窗角、中竖框、中横框150~200mm，固定点之间的间距不应大于600mm，不得将固定片直接安装在中横框、中竖框的档头上。图5.4.4.2-1所示为连接点的布置。

(2) 塑料门、窗框在连接固定点的位置背面钻 $\phi3.5mm$ 的安装孔，并用 $\phi4mm$ 自攻螺钉将 Z 形镀锌连接铁件拧固在框背面的燕尾槽内。

3 立门、窗框并校正

塑料门、窗框放入洞口内，按已弹出的水平线、垂直线位置，校正其垂直、水平、对中、内角方正等，符合要求后，用对拔木楔将门、窗框的上下框四角及中横框的对称位置塞紧作临时固定；当下框长度大于 0.9m 时，其中央也应用木楔或垫块塞紧，临时固定。

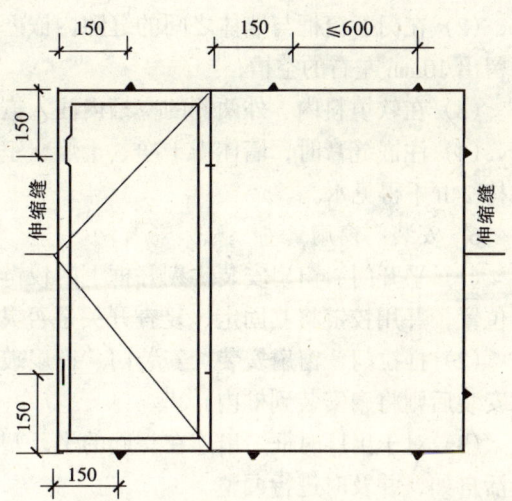

图 5.4.4.2-1 框墙连接点的布置

4 门、窗框与墙体固定

将塑料门、窗框上已安装好的 Z 形连接铁件与洞口的四周固定。先固定上框，后固定边框。固定方法应符合下列要求：

(1) 混凝土墙洞口，应采用射钉或塑料膨胀螺钉固定；

(2) 砌体洞口，应采用塑料膨胀螺钉或水泥钉固定，但不得固定在砖缝上；

(3) 加气混凝土墙洞口，应采用木螺钉将固定片固定在胶粘圆木上；

(4) 有预埋铁件的洞口，应采用焊接方法固定，也可先在预埋件上按紧固件打基孔，再用紧固件固定；

(5) 窗下框与墙体的固定，如图 5.4.4.2-2。

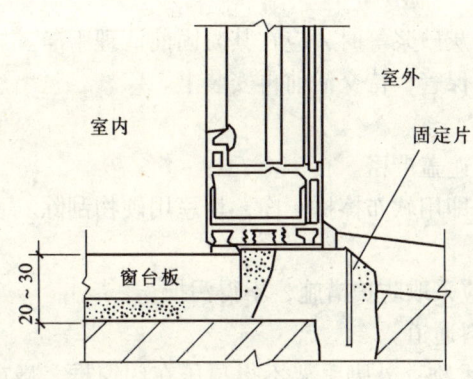

图 5.4.4.2-2 窗下框与墙体的固定

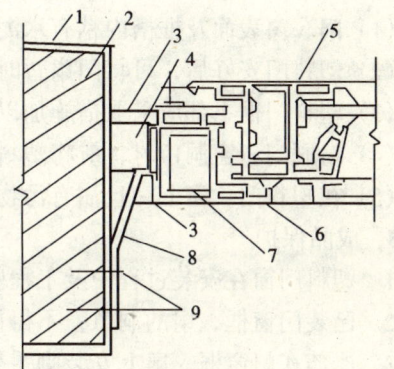

图 5.4.4.2-3 塑料门窗框嵌缝注膏示意图
1—底层刮糙；2—墙体；3—密封膏；4—软质填充材料；5—塑扇；6—塑框；7—衬筋；8—连接件；9—膨胀螺栓

(6) 每个 Z 形连接件的伸出端不得少于两只螺钉固定。门、窗框与洞口墙之间的缝隙应均等。

5 嵌缝密封

(1) 卸下对拔木楔，清除墙面和边框上的浮灰。

（2）在门、窗框与墙体之间的缝隙内嵌塞 PE 高发泡条、矿棉毡或其他软填料，外表面留出 10mm 左右的空槽；

（3）在软填料内、外两侧的空槽内注入嵌缝膏密封，见图 5.4.4.2-3。

（4）注嵌缝膏时，墙体需干净、干燥，室内外的周边均须注满、打匀，注嵌缝膏后应保持 24h 不得见水。

6　安装门窗扇

（1）平开门、窗扇安装。剔好框上的铰链槽，将门、窗扇装入框中，调整扇与框的配合位置，并用铰链将其固定，复查开关是否灵敏。

（2）推拉门、窗扇安装。安装门、窗扇玻璃，详细操作要求可参见本章第 5.6 节。玻璃安装后则将扇安装到框内。

（3）对于出厂时框、扇连在一起的平开塑料门、窗，则直接安装，然后检查开闭是否灵活自如，并及时进行调整。

7　镶配五金

（1）在框、扇杆件上钻出略小于螺钉直径的孔眼，用配套的自攻螺钉拧入。严禁将螺钉用锤直接打入。

（2）安装门、窗铰链时，固定铰链的螺钉应至少穿过塑料型材的两层中空腔壁，或与衬筋连接。

（3）安装平开塑料门、窗时，剔凿铰链槽不可过深，不允许将框边剔透。

（4）平开塑料门窗安装五金时，应给开启扇留一定的吊高，正常情况门扇吊高 2mm，窗扇吊高 1～2mm。

（5）安装门锁时，先将整体门扇插入门框铰链中，再按门锁说明书的要求装配门锁。

8　清洁保护

（1）门、窗表面及框槽内粘有水泥砂浆、白灰砂浆等时，应在其凝固前清理干净。

（2）塑料门安好后，可将门扇暂时取下编号保管，待交活前再安装上。

（3）塑料门框下部应采取措施加以保护。

（4）粉刷门、窗洞口时，应将塑料门窗表面遮盖严密。

（5）在塑料门、窗上一旦沾有污物时，要立即用软布擦拭干净，切忌用硬物刮除。

5.4.5　成品保护

1　塑料门窗在安装过程中及工程验收前，应采取防护措施，不得污损。

2　已装门窗框、扇的洞口，不得再作为运料通道。

3　严禁在门窗框、扇上安装脚手架、悬挂重物；外脚手架不得顶压在门窗框、扇或窗撑上，并严禁蹬踩窗框、窗扇或窗撑。

4　应防止利器划伤门窗表面，并应防止电、气焊火花烧伤或烫伤面层。

5　立体交叉作业时，门窗严禁碰撞。

5.4.6　安全、环保措施

1　施工现场成品及辅助材料应堆放整齐、平稳，并应采取防火等安全措施。

2　安装门窗、玻璃或擦拭玻璃时，严禁用手攀窗框、窗扇和窗撑；操作时应系好安全带，严禁把安全带挂在窗撑上。

3 应经常检查电动工具有无漏电现象，当使用射钉枪时应采取安全保护措施。

4 劳动保护，防火防毒等的施工安全技术，应按国家现行标准《建筑施工高处作业安全技术规范》JGJ 80 执行。

5 塑料门窗在进行型材加工的场所，必须用隔声效果较好的材料进行有效的封闭围护。

6 对安装现场施工人员进行消防意识教育和消防知识培训，增强员工的消防意识。

5.4.7 质量标准

主 控 项 目

5.4.7.1 塑料门窗的品种、类型、规格、尺寸、开启方向、安装位置、连接方式及填嵌密封处理应符合设计要求，内衬增强型钢的壁厚及设置应符合国家现行产品标准的质量要求。

检验方法：观察；尺量检查；检查产品合格证书、性能检测报告、进场验收记录和复验报告；检查隐蔽工程验收记录。

5.4.7.2 塑料门窗框、副框和扇的安装必须牢固。固定片或膨胀螺栓的数量与位置应正确，连接方式应符合设计要求。固定点应距窗角、中横框、中竖框 150~200mm，固定点间距应不大于 600mm。

检验方法：观察；手扳检查；检查隐蔽工程验收记录。

5.4.7.3 塑料门窗拼樘料内衬增强型钢的规格、壁厚必须符合设计要求，型钢应与型材内腔紧密吻合，其两端必须与洞口固定牢固。窗框必须与拼樘料连接紧密，固定点间距应不大于 600mm。

检验方法：观察；手扳检查；尺量检查；检查进场验收记录。

5.4.7.4 塑料门窗扇应开关灵活、关闭严密、无倒翘。推拉门窗扇必须有防脱落措施。

检验方法：观察；开启和关闭检查；手扳检查。

5.4.7.5 塑料门窗配件的型号、规格、数量应符合设计要求，安装应牢固，位置应正确，功能应满足使用要求。

检验方法：观察；手扳检查；尺量检查。

5.4.7.6 塑料门窗框与墙体间缝隙应采用闭孔弹性材料填嵌饱满，表面应采用密封胶密封。密封胶应粘结牢固，表面应光滑、顺直、无裂纹。

检验方法：观察；检查隐蔽工程验收记录。

一 般 项 目

5.4.7.7 塑料门窗表面应洁净、平整、光滑，大面应无划痕、碰伤。

检验方法：观察。

5.4.7.8 塑料门窗扇的密封条不得脱槽。旋转窗间隙应基本均匀。

5.4.7.9 塑料门窗扇的开关力应符合下列规定：

1 平开门窗扇铰链的开关力应不大于 80N；滑撑铰链的开关力应不大于 80N，并不小于 30N。

2 推拉门窗扇的开关力应不大于100N。
检验方法:观察,用弹簧秤检查。

5.4.7.10 玻璃密封条与玻璃及玻璃槽口的接缝应平整,不得卷边、脱槽。
检验方法:观察。

5.4.7.11 排水孔应畅通,位置和数量应符合设计要求。
检验方法:观察。

5.4.7.12 塑料门窗安装的允许偏差和检验方法应符合表5.4.7.12的规定。

表5.4.7.12 塑料门窗安装的允许偏差和检验方法

项次	项 目		允许偏差(mm)	检验方法
1	门窗槽口宽度、高度	≤1500mm	2	用钢尺检查
		>1500mm	3	
2	门窗槽口对角线长度差	≤2000mm	3	用钢尺检查
		>2000mm	5	
3	门窗框的正、侧面垂直度		3	用1m垂直检测尺检查
4	门窗横框的水平度		3	用1m水平尺和塞尺检查
5	门窗横框标高		5	用钢尺检查
6	门窗竖向偏离中心		5	用钢直尺检查
7	双层门窗内外框间距		4	用钢尺检查
8	同橙平开门窗相邻扇高度差		2	用钢直尺检查
9	平开门窗铰链部位配合间隙		+2;-1	用塞尺检查
10	推拉门窗扇与框搭接量		+1.5;-2.5	用钢直尺检查
11	推拉门窗扇与竖框平行度		2	用1m水平尺和塞尺检查

5.4.8 质量验收

1 检验批的划分和抽样检查数量按本标准的第5.1.5条和第5.1.6条规定执行。

2 检验批的验收按本标准第3.3.19条进行组织。

3 检验批质量验收记录当地方政府主管部门无统一规定时,宜采用表5.4.8"塑料门窗安装工程检验批验收记录表"。

表5.4.8 塑料门窗安装工程检验批质量验收记录表
GB50210—2001

单位（子单位）工程名称				
分部（子分部）工程名称			验收部位	
施工单位			项目经理	
分包单位			分包项目经理	
施工执行标准名称及编号				

		施工质量验收规范的规定		施工单位检查评定记录	监理（建设）单位验收记录
主控项目	1	门窗质量	第5.4.2条		
	2	框、扇安装	第5.4.3条		
	3	拼樘料与框连接	第5.4.4条		
	4	门窗扇安装	第5.4.5条		
	5	配件质量及安装	第5.4.6条		
	6	框与墙体缝隙填嵌	第5.4.7条		
一般项目	1	表面质量	第5.4.8条		
	2	密封条及旋转门窗间隙	第5.4.9条		
	3	门窗扇开关力	第5.4.10条		
	4	玻璃密封条、玻璃槽口	第5.4.11条		
	5	排水孔	第5.4.12条		
	6	允许偏差(mm)	门窗槽口宽度、高度 ≤1500mm	2		
			门窗槽口宽度、高度 >1500mm	3		
			门窗槽口对角线长度差 ≤2000mm	3		
			门窗槽口对角线长度差 >2000mm	5		
			门窗框的正、侧面垂直度	3		
			门窗横框的水平度	3		
			门窗横框标高	5		
			门窗竖向偏离中心	5		
			双层门窗内外框间距	4		
			同樘平开门窗相邻高度差	2		
			平开门窗铰链部位配合间隙	+2；-1		
			推拉门窗扇与框搭接量	+1.5；-2.5		
			推拉门窗扇与竖框平行度	2		

	专业工长（施工员）		施工班组长	
施工单位检查评定结果	项目专业质量检查员：			年 月 日
监理（建设）单位验收结论	专业监理工程师（建设单位项目专业技术负责人）：			年 月 日

5.5 特种门安装工程

5.5.1 本节适用于防火门、防盗门、自动门、全玻门、旋转门、金属卷帘门等特种门安装工程的施工及质量验收。

5.5.2 施工准备

5.5.2.1 技术准备

1 熟悉门的构造、安装工艺和施工图纸。

2 核对门的洞口尺寸和位置线及室内水平线是否与施工图纸一致，检查门洞口的高和宽度是否合适。

3 按照设计要求进行技术交底。

5.5.2.2 材料准备

成品门、连接件、附件、填缝材料、密封材料、保护材料、电焊条等。

5.5.2.3 机具设备

电焊机、电锯、电钻、射钉枪、鸭嘴榔头、垫铁、橡皮锤、铁锤、钢凿、托线板、吊线锤、尺、活扳手、钳子、螺丝刀、灰线包等。

5.5.2.4 作业条件

1 结构质量验收符合安装要求，并办理验收手续。

2 门及其配件的质量已经检查，符合有关标准规定。

3 门洞口尺寸符合设计要求，洞口内预埋铁件构造、位置和数量满足设计要求并通过隐蔽验收。

4 门洞口抹好底灰，并已干燥，经检查无空鼓、裂纹，达到合格水平。特种门（如旋转门）安装前，地面应施工完，且坚实、光滑、平整。

5.5.3 材料质量控制

1 特种门的品种、规格、开启形式等应符合设计要求，各种附件配套齐全，并具有产品出厂合格证。

2 防腐材料、填缝材料、密封材料、保护材料、清洁材料等应符合设计要求和有关标准的规定。

3 门框扇在运输时，捆扎必须牢固；装卸时必须轻抬轻放，避免磕碰现象。

4 按照国家有关规范、标准对门的质量进行验收合格后方可进行安装。附录H为部分特种门质量性能指标。

5 水泥、砂质量要求参见本标准第4.2.3条的相关要求。

5.5.4 施工工艺

5.5.4.1 钢防火门

1 工艺流程

弹线→立框→临时固定、找正→固定门框→门框填缝→门扇安装→镶配五金→检查、清理

2 施工要点

(1) 弹线：

按照设计要求,在门洞口内弹出钢门框的位置线和水平线。

(2) 立框、临时固定及找正:

1) 按门洞口弹出的位置线和水平线,将钢门框放入门洞口内,并用木楔进行临时固定。

2) 调整钢门框的前后、左右、上下位置,经核查无误后,将木楔塞紧。

(3) 固定门框:

1) 将钢门框上的连接铁件与门洞口内的预埋铁件或凿出的钢筋牢固焊接。

2) 门框安装宜将框埋入地面以下20mm,需要保证框口上下尺寸相同,允许误差小于1.5mm,对角线允许误差小于2mm,再将框与预埋件焊牢。

(4) 门框填缝:

在框两上角墙上开洞,向框内灌注M10水泥素浆,水泥素浆浇注后的养护期为21d。

(5) 门扇安装:

填缝素水泥浆凝固后安装门扇,把合页临时固定在钢门扇的合页槽中,将钢门扇塞入门框内,合页的另一页嵌入钢门框上的合页槽内,经调整无误后,将合页上的全部螺钉拧紧。

安装后的防火门,要求门框与门扇配合部位内侧宽度尺寸偏差不大于2mm,高度尺寸偏差不大于2mm,两对角线长度之差小于3mm。门扇关闭后,其配合间隙须小于3mm。门扇与门框表面要平整,无明显凹凸现象,焊点牢固,门体表面喷漆无喷花、斑点等。门扇启闭自如,无阻滞、反弹等现象。

(6) 镶配五金:

应采用防火门锁,门锁在950℃高温下仍可照常开启。

5.5.4.2 防盗门

1 工艺流程

弹线→立框→门框找正→门框固定→填缝→(门扇安装)→镶配五金→安装门铃、报警器→检查、清理

2 施工要点

(1) 弹线:依据图纸要求,在门洞内弹出防盗门的安装位置线。

(2) 立框:将门框放到安装位置线上,用木楔临时固定。

(3) 门框找正:用水平尺将门框调平,用托线板将门框找直,并调整进出距离。校正过程中,应采用对角线尺测量框内对角线差,使周边缝隙均匀。对角线长度<2.0m、2.0~3.5m和>3.5m的门框,两对角线差的允许限值分别≤3.0mm、≤4.0mm和≤5.0mm。各个方向调整符合要求后,即用木楔塞固。

(4) 门框固定:

1) 防盗门框的连接点均布在门框两侧,数量不得少于6个点,每个固定点的强度应能承受1000N的剪力。

2) 门框固定可采用膨胀螺栓与墙体固定,也可在砌筑墙体时在洞口处预埋铁件,安装时与门框连接件焊牢。

(5) 填缝:拔掉木楔,用M10水泥砂浆将门框与墙体之间的空隙填实抹平。待填缝砂浆凝固后,即可做洞口的面层粉刷。

(6) 门扇安装：在洞口粉刷干燥后进行。

平开式门通过铰链将框与扇连为一体。安装门扇，要求扇与框配合活动间隙≯4.0mm，扇与框铰链边贴合面间隙≯2.0mm，门在关闭状态下，与框的贴合面间隙≯3.0mm，门扇与地面或下槛的间隙≯5.0mm，门扇应在49N拉力作用下，启闭灵活自如；

折叠门应收缩或开启方便，其整体动作一致，折叠后其相连两扇面的高低差值≯2.0mm。

(7) 安装防盗门的拉手、门锁、观察孔等五金配件。

(8) 多功能防盗门的密码防护锁、门铃、报警装置应按照产品使用说明书安装，必须有效、完善。

(9) 检查门樘在安装中有无划伤、碰损漆层，并将焊接处打掉焊渣，补涂防锈漆和面层；安装完毕后，应对门樘及洞口进行清理。

5.5.4.3 自动门

1 工艺流程

测量、放线→地面轨道埋设→安装横梁→门扇安装→安装调整测试→机箱饰面板安装→检查、清理

2 施工要点

(1) 测量、放线：准确测量室内、外地坪标高。按设计图纸规定尺寸复核土建施工预埋件等的位置。

(2) 地面轨道埋设：有下轨道的自动门在土建施工地坪时，需在地面上埋入50~75mm方木条，自动门安装时，撬出方木条埋设自动门地面导向轨道，其长度为开启门宽的两倍。

(3) 安装横梁：两端支座为砖砌墙体时，应在砖墙内设置水平预埋铁件，横梁搁置预埋铁件上并水平焊接；当为混凝土结构时，横梁应与垂直预埋铁件焊接牢靠。横梁与下轨应安装在同一垂直面上。

(4) 安装调整测试：自动门安装完毕后，对探测传感系统和机电装置应进行反复多次调试，直至感应灵敏、探测距离、开闭速度等指标完全达到要求为止。

(5) 机箱饰面板：横梁上机箱和机械传动装置等安装调试好后用饰面板将结构和设备包装起来。

(6) 检查、清理：自动门经调试各项技术性能满足要求后，应对安装施工现场进行全面清理，以便交工验收。

5.5.4.4 全玻门

1 工艺流程

(1) 固定门扇的工艺流程：

测量、放线→门框顶部玻璃限位槽→底部底托→玻璃板安装→包面、注胶→检查、清理

(2) 活动门扇的工艺流程：

裁割玻璃→装配、固定上下横档→顶轴套、回转轴套安装→顶轴、底座安装→门扇安装→调校→拉手

2 施工要点

(1) 固定门扇的施工要点：

1) 测量、放线：依据图纸要求，在门洞口弹出全波门的安装位置线。

2) 门框顶部玻璃限位槽：门框顶部的玻璃安装限位槽按照宽度大于所用玻璃厚度的 2～4mm，槽深 10～20mm 留设。

3) 底部底托：木底托用木楔加钉的方法固定于地面，限位方木和饰面板按照单侧先行固定，不锈钢或其他饰面板用万能胶粘在方木上。

4) 玻璃板安装：玻璃安装完成后，另一侧的限位方木就位固定，饰面板粘贴包覆。

5) 包面、注胶：玻璃门固定部分的玻璃板就位之后，即在顶部限位槽处和底部的底托固定处，以及玻璃板与框柱对缝处等均注胶密封。注胶从缝隙端头开始，顺缝隙匀速移动，形成均匀的直线。

6) 清理：用塑料片刮去多余的玻璃胶，用棉布擦净胶迹。

(2) 活动门扇的施工要点：

1) 裁割玻璃：裁割玻璃时其高度尺寸应考虑上下横档几何尺寸，玻璃的高度应小于测量尺寸的 5mm 左右。

2) 装配、固定上下横档：将上下横档装在门扇玻璃的上下两端，在玻璃板与金属横档内的两侧空隙处，由两边同时放入等宽木压条进行初步限位，并在木压条、门扇玻璃及横档之间的缝隙中注入玻璃胶。

3) 顶轴套、回转轴套安装：顶轴套装于门扇顶部，回转轴套装于门扇底部，两者的轴孔中心线必须在同一直线上，并与门扇地面垂直。

4) 顶轴安装：将顶轴装于门框顶部，顶轴面板与门框面平齐。

5) 安装底座：先从顶轴中心吊一垂线到地面，找出底座回转轴中心位置，同时保持底座同门扇垂直，以及底座面板与地面保持同一标高，然后将底座外壳用混凝土浇固。

6) 安装门扇：待混凝土终凝后，先将门扇底部的回转轴轴套套在底座的回转轴上，再将门扇顶部的顶轴套的轴孔与门框上的轴芯对准，然后拧动顶轴上的调节螺钉，使顶轴的轴芯下移插入顶轴套的轴孔中，门扇即可启闭使用。

7) 调校：旋转油泵调节螺钉调节门扇关闭速度。

5.5.4.5 旋转门

1 工艺流程

门框安装→装转轴→安装门顶与转壁→转壁调整→焊座定壁→镶嵌玻璃→油漆或揭膜→检查、清理

2 施工要点

(1) 门框安装：门框按洞口左右、前后位置尺寸与预埋件固定，使其保持水平。转门与弹簧门或其他门型组合时，可先安装其他组合部分。

(2) 装转轴：固定底座，底座下面必须垫实，不允许有下沉现象发生，临时点焊上轴承座，使转轴垂直于地坪面。

(3) 安装门顶与转壁：先安装圆门顶和转壁，但不固定转壁，以便调整它与活扇的间隙。装门扇，应保持 90°夹角，且上下留有一定的空隙，门扇下皮距地 5～10mm 装拖地橡

胶条密封。

(4) 转壁调整：调整转壁位置，使门扇与转壁之间有适当缝隙，尼龙毛条能起到有效地密封作用。

(5) 焊座定壁：焊上轴承座，用混凝土固定底座。然后，埋设插销下壳，固定转壁。

(6) 镶嵌玻璃：铝合金转门采用橡胶条方法安装玻璃；钢结构转门，采用油面腻子固定玻璃。

(7) 油漆或揭膜：转门安装结束后，钢质门应喷涂面漆；铝质门要揭掉保护膜。最后，清理干净，以备交工。

5.5.4.6 金属卷帘门

1 工艺流程

测量、弹线→安装卷筒→安装传动设备→安装电控系统→空载试车→安装导轨→安装帘板→安装限位块→负载试车→锁具安装→粉刷面层→检查、清理

2 施工要点

(1) 测量、弹线：按照设计规定位置，测量洞口标高，找好规矩，弹出两条导轨的铅直线和卷筒体的中心线。

(2) 安装卷筒：将连接垫板焊固在墙体预埋铁件上，用螺栓固定卷筒体的两端支架，安放卷筒。

(3) 安装传动设备：安装减速器和驱动部分，将紧固件镶紧，不得有松动现象。

(4) 安装电控系统：熟悉并掌握电气原理图，根据产品说明书安装电气控制装置。

(5) 空载试车：在安装好传动系统和电气控制系统后，尚未装上帘板之前，应接线进行空载试车。卷筒必须转动灵活，调试减速器使其转速适宜。

(6) 安装导轨：

1) 进行找直、吊正，槽口尺寸应准确，上下保持一致，对应槽口应在同一平面内。

2) 根据已弹好的导轨安装位置线，将导轨焊牢于洞口两侧及上方的预埋铁件上，并焊成一体，各条导轨必须在同一垂直平面上。

(7) 安装帘板：经空载试车调试运转正常后，便可将事先已装配好的卷帘门帘板，安装到卷筒上与轴连接。帘板两端的缝隙应均等，不许有擦边现象。

(8) 安装限位块：安装限位装置和行程开关，并调整簧盒，使其松紧程度合适。

(9) 负载试车：先通过手动试运行，再用电动机启动卷帘门数次，并做相应的调整，直自启闭无卡住、无阻滞、无异常噪声等弊病为止。全部调试符合要求后，装上护罩。

(10) 锁具安装：锁具的安装位置有两种，轻型卷帘门的锁具应安装在座板上，也可安装在距地面约1m处。

(11) 粉刷面层、检查、清理：装饰门洞口面层，并将门体周围全部擦、扫干净。

5.5.5 成品保护

特种门的成品保护可根据其材料不同等，分别参照本章第5.2.5条、第5.3.5条、第5.4.5条的相关要求，并应遵守其产品说明书的有关规定。

5.5.6 安全、环保措施

特种门的安全措施可参照金属门窗的安全保护措施及产品说明书的有关规定。

1 特种门在进行型材加工的场所,必须用隔声效果较好的材料进行有效的封闭围护。

2 特种门安装现场应尽量避免在夜间进行焊接施工,如无法避免则应采取必要的围护措施。

3 特种门进行油漆施工时,必须保持室内通风,以控制空气中的甲醛含量。

5.5.7 质量标准

主 控 项 目

5.5.7.1 特种门的质量和各项性能应符合设计要求。

检验方法:检查生产许可证、产品合格证书和性能检测报告。

5.5.7.2 特种门的品种、类型、规格、尺寸、开启方向、安装位置及防腐处理应符合设计要求。

检验方法:观察;尺量检查;检查进场验收记录和隐蔽工程验收记录。

5.5.7.3 带有机械装置、自动装置或智能化装置的特种门,其机械装置、自动装置或智能化装置的功能应符合设计要求和有关标准的规定。

检验方法:启动机械装置、自动装置或智能化装置,观察。

5.5.7.4 特种门的安装必须牢固。预埋件的数量、位置、埋设方式、与框的连接方式必须符合设计要求。

检验方法:观察;手扳检查;检查隐蔽工程验收记录。

5.5.7.5 特种门的配件应齐全,位置应正确,安装应牢固,功能应满足使用要求和特种门的各项性能要求。

检验方法:观察;手扳检查;检查产品合格证书、性能检测报告和进场验收记录。

一 般 项 目

5.5.7.6 特种门的表面装饰应符合设计要求。

检验方法:观察。

5.5.7.7 特种门的表面应洁净,无划痕、碰伤。

检验方法:观察。

5.5.7.8 推拉自动门安装的留缝限值、允许偏差和检验方法应符合表 5.5.7.8 的规定。

表 5.5.7.8 推拉自动门安装的留缝限值、允许偏差和检验方法

项次	项目	留缝限值(mm)	允许偏差(mm)	检验方法
1	门槽口宽度、高度	≤1500mm	1.5	用钢尺检查
		>1500mm	2	
2	门槽口对角线长度差	≤2000mm	2	用钢尺检查
		>2000mm	2.5	

续表 5.5.7.8

项次	项 目	留缝限值（mm）	允许偏差（mm）	检 验 方 法
3	门框的正、侧面垂直度	—	1	用1m垂直检测尺检查
4	门构件装配间隙	—	0.3	用塞尺检查
5	门梁导轨水平度	—	1	用1m水平尺和塞尺检查
6	下导轨与门梁导轨平行度	—	1.5	用钢尺检查
7	门扇与侧框间留缝	1.2～1.8	—	用塞尺检查
8	门扇对口缝	1.2～1.8	—	用塞尺检查

5.5.7.9 推拉自动门的感应时间限值和检验方法应符合表5.5.7.9的规定。

表 5.5.7.9 推拉自动门的感应时间限值和检验方法

项次	项 目	感应时间限值（s）	检 验 方 法
1	开门响应时间	≤0.5	用秒表检查
2	堵门保护延时	16～20	用秒表检查
3	门扇全开启后保持时间	13～17	用秒表检查

5.5.7.10 旋转门安装的允许偏差和检验方法应符合表5.5.7.10的规定。

表 5.5.7.10 旋转门安装的允许偏差和检验方法

项次	项 目	允许偏差（mm）		检 验 方 法
		金属框架玻璃旋转门	木质旋转门	
1	门扇正、侧面垂直度	1.5	1.5	用1m垂直检测尺检查
2	门扇对角线长度差	1.5	1.5	用钢尺检查
3	相邻扇高度差	1	1	用钢尺检查
4	扇与圆弧边留缝	1.5	2	用塞尺检查
5	扇与上顶间留缝	2	2.5	用塞尺检查
6	扇与地面间留缝	2	2.5	用塞尺检查

5.5.8 质量验收

1 检验批的划分和抽样检查数量按本标准的第5.1.5条和第5.1.6条规定执行。
2 检验批的验收按本标准第3.3.19条进行组织。
3 检验批质量验收记录当地方政府主管部门无统一规定时，宜采用表5.5.8"特种门安装工程检验批质量验收记录表"。

表 5.5.8 特种门安装工程检验批质量验收记录表
GB50210—2001

单位（子单位）工程名称						验收部位	
分部（子分部）工程名称							
施工单位						项目经理	
分包单位						分包项目经理	
施工执行标准名称及编号							

		施工质量验收规范的规定				施工单位检查评定记录	监理（建设）单位验收记录
主控项目	1	门质量和性能			第5.5.2条		
	2	门品种规格、方向位置			第5.5.3条		
	3	机械、自动和智能化装置			第5.5.4条		
	4	安装及预埋件			第5.5.5条		
	5	配件、安装及功能			第5.5.6条		
一般项目	1	表面装饰			第5.5.7条		
	2	表面质量			第5.5.8条		
	3 推拉自动门	允许偏差(mm)	门槽口宽度、高度	≤1500	1.5		
				>1500	2		
			门槽口对角线长度差	≤2000	2		
				>2000	2.5		
			门框的正、侧面垂直度		1		
			门构件装配间隙		0.3		
			门梁导轨水平度		1		
			下导轨与门梁导轨平行度		1.5		
		留缝限值	门扇与侧框间留缝（mm）		1.2~1.8		
			门窗扇对口缝（mm）		1.2~1.8		
		感应时间限值	开门响应时间（s）		≤0.5		
			堵门保护延时（s）		16~20		
			门全开启后保持时间（s）		13~17		
	4 旋转门	允许偏差(mm)	门扇的正、侧面垂直度	金属框架	1.5		
				木质	1.5		
			门扇对角线长度差	金属框架	1.5		
				木质	1.5		
			相邻扇高度差	金属框架	1		
				木质	1		
			扇与圆弧边留缝	金属框架	1.5		
				木质	2		
			扇与上顶间留缝	金属框架	2		
				木质	2.5		
			扇与地面间留缝	金属框架	2		

施工单位检查评定结果	专业工长（施工员）	施工班组长	
	项目专业质量检查员：		年 月 日
监理（建设）单位验收结论	专业监理工程师（建设单位项目专业技术负责人）：		年 月 日

5.6 门窗玻璃安装工程

5.6.1 本节适用于平板、吸热、反射、中空、夹层、夹丝、磨砂、钢化、压花玻璃等玻璃安装工程的施工及质量验收。

5.6.2 施工准备

5.6.2.1 技术准备

检查、验收门、窗框是否符合设计和质量要求；按门、窗扇的数量和拼花要求，计划好玻璃需求量。

5.6.2.2 材料准备

玻璃、钉子、钢丝卡、压条、支撑块、定位块、弹性止动片、密封条、密封胶及油灰等。

5.6.2.3 机具设备

工作台、玻璃刀、钢丝钳、钢卷尺、直尺、油灰刀、小锤、玻璃吸盘等。

5.6.2.4 作业条件

1 室内抹灰湿作业及室内内墙腻子批嵌均已结束。
2 门窗框、扇和五金件安装完毕后，框、扇最后一遍涂料前进行。
3 按施工图纸计算好所需的各种规格、尺寸的玻璃已配备齐全，分类放置。

5.6.3 材料质量控制

1 玻璃的品种、规格和颜色应符合设计要求；质量应符合有关产品标准，进场时应提交产品合格证。附录I为各类玻璃产品质量技术性能指标。
2 夹丝玻璃的裁割边缘上宜刷涂防锈涂料。
3 密封条、隔片、填充材料、密封膏等的品种、规格、断面尺寸、颜色、物理及化学性质应符合设计要求。
4 支撑块的尺寸应符合下列规定：
(1) 每块最小长度不得小于50mm；
(2) 宽度应等于玻璃的厚度加上前部余隙和后部余隙；
(3) 厚度应等于边缘余隙。
5 定位块的尺寸应符合下列规定：
(1) 长度不应小于25mm；
(2) 宽度应等于玻璃的厚度加上前部余隙和后部余隙；
(3) 厚度应等于边缘余隙。
6 弹性止动片的尺寸应符合下列规定：
(1) 长度不应小于25mm；
(2) 高度应比槽口或凹槽深度小3mm；
(3) 厚度应等于前部余隙和后部余隙。
7 油灰应用熟桐油等天然干性油拌制，并具有塑性，嵌抹时不断裂、不出麻面；用于钢门窗的灰油，应具有防锈性。
8 玻璃垫块应选用挤压成型的未增塑PVC、增塑PVC或邵氏硬度为70～90（A）的硬橡胶或塑料，不得使用硫化再生橡胶、木片或其他吸水性材料。其长度宜为80～150mm，厚度应按框、扇（梃）与玻璃的间隙确定，并宜为2～6mm。

上述材料配套使用时，其相互间的材料性质必须相容。

当安装中空玻璃或夹层玻璃时，上述材料和中空玻璃的密封膏或玻璃的夹层材料，在材料性质方面必须相容。

5.6.4 施工工艺

5.6.4.1 工艺流程

分放玻璃→清理裁口→涂抹底油灰→玻璃就位→钉木压条（或嵌钉固定→涂表面油灰）

5.6.4.2 施工要点

1 木门窗玻璃安装

（1）分放玻璃：按照当天需安装的数量，把已裁好的玻璃分放在安装地点。注意切勿放在门窗开关范围内，以防不慎碰撞碎裂。

（2）清理裁口：清理玻璃槽内的灰尘和杂物，保证油灰和玻璃槽的有效粘结。

（3）涂抹底油灰：沿裁口全长均匀涂抹2～3mm厚的底油灰，随后把玻璃推入玻璃槽内，磨砂玻璃的磨砂面应向室内，压花玻璃的压花面应向室外，压实后收净底灰。

（4）玻璃就位、钉木压条（或嵌钉固定、涂表面油灰）：

1）选用光滑平直、大小宽窄一致的木压条，用小钉钉牢。钉帽应进入木压条表面1～3mm，不得外露。注意不得将玻璃压得过紧，以免挤破玻璃。

2）如果采用嵌钉加涂油灰的方法固定，则在玻璃四边分别钉上玻璃钉，间距为150～200mm，每边不少于两个钉子。钉完后检查嵌钉是否平实，一般可轻敲玻璃所发出的声音判断。

3）油灰涂抹要求表面光滑，无流淌、裂缝、麻面和皱皮等现象，钉帽不得外露。

2 天窗玻璃安装

（1）斜天窗安装玻璃，应按设计要求选用玻璃的品种与规格。设计无要求时，应使用夹丝玻璃。如若使用平板玻璃，宜在玻璃下面加设一层镀锌钢丝网。

（2）斜天窗玻璃应顺流水方向搭接安装，并用卡子扣牢，以防滑脱。斜天窗的坡度如大于25％时，两块玻璃搭接35mm左右；如坡度小于25％时，要搭接50mm。搭接重叠的缝隙，应垫好油纸并用防锈油灰嵌塞密实。

5.6.5 成品保护

1 已安装好的门窗玻璃，必须设专人负责看管维护，按时开关门窗，尤其在大风天气更应该特别注意。

2 门窗玻璃安装完，应随手挂好风钩或插上插销。

3 对面积较大、造价昂贵的玻璃，宜在该项工程交工验收前安装，若提前安装，应采取保护措施。

4 安装玻璃时，操作人员采取措施对窗台及门窗口抹灰等加以保护。

5 玻璃安装后，应对玻璃与框、扇及时进行清洁。

6 严禁用酸性洗涤剂或含研磨粉的去污粉清洗热反射玻璃的镀膜面层。

5.6.6 安全、环保措施

1 玻璃裁割成型后应分类堆放，不应搁置和倚靠在可能损伤玻璃边缘和玻璃面的物体上。且应防止玻璃被风吹倒。

2 当用人力搬运玻璃时应避免在搬运过程中破损；搬运大面积的玻璃时应注意风向，以确保安全。

3 当焊接、切割、喷砂等作业可能损伤玻璃时，应采取措施予以保护；严禁火花等溅到玻璃上。

4 安装玻璃应从上往下逐层安装。

5 搬运玻璃时，应先检查玻璃是否有裂纹，特别要注意暗裂，确认完好后才能搬运。

6 搬运玻璃时必须戴手套，穿长衫，玻璃要竖向以防玻璃锐边割手或玻璃断裂伤人。

7 高处安装玻璃时，检查架子是否牢固。严禁上下层垂直交叉作业。

8 风力五级以上，应停止搬运和安装玻璃。

9 安装玻璃应用吸盘，作业人员下方严禁走人或停留。玻璃应稳妥放置，其垂直下方不得有人。

10 安装玻璃时，避免与太多工种交叉作业，以免在安装时各种物体与玻璃碰撞，损坏玻璃。

11 不得将废弃的玻璃乱扔乱丢，以免伤害到其他作业人员。

12 安装过程中不得随意乱扔包装纸、保护膜等杂物。

13 门窗玻璃打胶时不得将胶随意涂抹以免污染环境。

14 玻璃安装后，应对玻璃与框、扇同时进行清洁工作。严禁用酸性洗涤剂或含研磨粉的去污粉清洗热反射玻璃的镀膜面层。

5.6.7 质量标准

主 控 项 目

5.6.7.1 玻璃的品种、规格、尺寸、色彩、图案和涂膜朝向应符合设计要求。单块玻璃大于 $1.5m^2$ 时应使用安全玻璃。

检验方法：观察；检查产品合格证书、性能检测报告和进场验收记录。

5.6.7.2 门窗玻璃裁割尺寸应正确。安装后的玻璃应牢固，不得有裂纹、损伤和松动。

检验方法：观察；轻敲检查。

5.6.7.3 玻璃的安装方法应符合设计要求。固定玻璃的钉子或钢丝卡的数量、规格应保证玻璃安装牢固。

检验方法：观察；检查施工记录。

5.6.7.4 镶钉木压条接触玻璃处，应与裁口边缘平齐。木压条应互相紧密连接，并与裁口边缘紧贴，割角应整齐。

检验方法：观察。

5.6.7.5 密封条与玻璃、玻璃槽口的接触应紧密、平整。密封胶与玻璃、玻璃槽口的边缘应粘结牢固、接缝平齐。

检验方法：观察。

5.6.7.6 带密封条的玻璃压条，其密封条必须与玻璃全部贴紧，压条与型材之间应无明显缝隙，压条接缝应不大于0.5mm。

检验方法：观察；尺量检查。

一般项目

5.6.7.7 玻璃表面应洁净，不得有腻子、密封胶、涂料等污渍。中空玻璃内外表面均应洁净，玻璃中空层内不得有灰尘和水蒸气。

检验方法：观察。

5.6.7.8 门窗玻璃不应直接接触型材。单面镀膜玻璃的镀膜层及磨砂玻璃的磨砂面应朝向室内。中空玻璃的单面镀膜玻璃应在最外层，镀膜层应朝向室内。

检验方法：观察。

5.6.7.9 腻子应填抹饱满、粘结牢固；腻子边缘与裁口应平齐。固定玻璃的卡子不应在腻子表面显露。

检验方法：观察。

5.6.8 质量验收

1 检验批的划分和抽样检查数量按本标准的第5.1.5条和第5.1.6条规定执行。

2 检验批的验收按本标准第3.3.19条进行组织。

3 检验批质量验收记录当地方政府主管部门无统一规定时，宜采用表5.6.8"门窗玻璃安装工程检验批质量验收记录表"。

表5.6.8 门窗玻璃安装工程检验批质量验收记录表
GB50210—2001

单位（子单位）工程名称					
分部（子分部）工程名称				验收部位	
施工单位				项目经理	
分包单位				分包项目经理	
施工执行标准名称及编号					
施工质量验收规范的规定				施工单位检查评定记录	监理（建设）单位验收记录
主控项目	1	玻璃质量	第5.6.2条		
	2	玻璃裁割与安装质量	第5.6.3条		
	3	安装方法 钉子或钢丝卡	第5.6.4条		
	4	木压条	第5.6.5条		
	5	密封条	第5.6.6条		
	6	带密封条的玻璃压条	第5.6.7条		
一般项目	1	玻璃表面	第5.6.8条		
	2	玻璃与型材 镀膜层及磨砂层	第5.6.9条		
	3	腻子	第5.6.10条		
施工单位检查评定结果			专业工长（施工员） 项目专业质量检查员：	施工班组长 年 月 日	
监理（建设）单位验收结论			专业监理工程师（建设单位项目专业技术负责人）：	年 月 日	

6 吊 顶 工 程

6.1 一 般 规 定

6.1.1 本章适用于以轻钢龙骨、铝合金龙骨、木龙骨等为骨架,以石膏板、金属板、矿棉板、木板、塑料板、玻璃板或格栅等为饰面材料的暗龙骨吊顶、明龙骨吊顶工程的施工及质量验收。

6.1.2 吊顶工程所用材料的品种、规格、颜色以及基层构造、固定方法应符合设计要求。

6.1.3 吊顶龙骨在运输安装时,不得扔摔、碰撞。龙骨应平放,防止变形。

罩面板在运输和安装时,应轻拿轻放,不得损坏板材的表面和边角。运输时应采取相应措施,防止受潮变形。

6.1.4 吊顶龙骨宜存放在地面平整的室内,并应采取措施,防止龙骨变形、生锈。

罩面板应按品种、规格分类存于地面平整、干燥、通风处,并根据不同罩面板的性质,分别采取措施,防止受潮变形。

6.1.5 吊顶安装应符合下列规定:

1 在现浇板或预制板缝中,按设计要求设置预埋件或吊杆。

2 吊顶内的通风、水电管道及上人吊顶内的人行或安装通道,应安装完毕。消防管道安装并试压完毕。

3 吊顶内的灯槽、斜撑、剪刀撑等,应根据工程情况适当布置。轻型灯具应吊在主龙骨或附加龙骨上,**重型灯具、电扇及其他重型设备严禁安装在吊顶工程的龙骨上**。

4 罩面板应按规格、颜色等进行分类选配。

5 安装饰面板前应完成吊顶内管道和设备的调试及验收。

6.1.6 安装龙骨前,应按设计要求对房间净高、洞口标高和吊顶内管道、设备及其支架的标高进行交接检验。

6.1.7 吊顶工程的木吊杆、木龙骨和木饰面板必须进行防火处理,并应符合有关设计防火规范的规定。

6.1.8 吊顶工程中的预埋件、钢筋吊杆和型钢吊杆应进行防锈处理。

6.1.9 吊杆距主龙骨端部距离不得大于300mm。当大于300mm时,应增加吊杆。当吊杆长度大于1.5m时,应设置反支撑。当吊杆与设备相遇时,应调整并增设吊杆。

6.1.10 罩面板安装前,应根据构造需要分块弹线。带装饰图案罩面板的布置应符合设计要求;若设计无要求,应进行罩面板排列设计;罩面板宜由顶棚中间向两边对称排列,墙面与顶棚的接缝应交圈一致;吊顶外露的灯具、风口、消防烟感报警装置、喷洒头等应在罩面板排列设计时统一布置,做到排列整齐美观。

6.1.11 罩面板与墙面、窗帘盒、灯具等交接处应严密,不得有漏缝现象。

6.1.12 搁置式的轻质罩面板,应按设计要求设置压卡装置。

6.1.13 罩面板不得有悬臂现象，如出现时，应增设附加龙骨固定。

6.1.14 施工用的临时马道应架设或吊挂在结构受力构件上，严禁以吊顶龙骨作为支撑点。

6.1.15 吊顶施工过程中，土建与电气设备等安装专业应密切配合，特别是预留孔洞、吊灯等处的补强应符合设计要求，以保证安全。

6.1.16 罩面板安装后，应采取保护措施，防止损坏。

6.1.17 吊顶工程验收时应检查下列文件和记录：

1 吊顶工程的施工图、设计说明及其他设计文件。
2 材料的产品合格证书、性能检测报告、进场验收记录和复验报告。
3 隐蔽工程验收记录。
4 施工记录。

6.1.18 吊顶工程应对人造木板的甲醛含量进行复验。

6.1.19 吊顶工程应对下列隐蔽工程项目进行隐检验收：

1 吊顶内管道、设备的安装及水管试压。
2 木龙骨防火、防腐处理。
3 预埋件或拉结筋。
4 吊杆安装。
5 龙骨安装。
6 填充材料的设置。

6.1.20 各分项工程的检验批应按下列规定划分：

同一品种吊顶工程每50间（大面积房间和走廊按吊顶面积30m^2为一间）应划分为一个检验批，不足50间也应划分为一个检验批。

6.1.21 检查数量应符合下列规定：

每个检验批应至少抽查10%，并不得少于3间；不足3间时，应全数检查。

6.2 暗龙骨吊顶工程

6.2.1 本节适用于以轻钢龙骨、铝合金龙骨、木龙骨等为骨架，以石膏板、金属板、矿棉板、木板、塑料板或格栅等饰面材料的暗龙骨吊顶工程的施工及质量验收。

6.2.2 施工准备

6.2.2.1 技术准备

1 熟悉施工图纸，掌握吊顶设计构造和所选用材料的品种、规格和性能。
2 按设计要求对吊顶龙骨、罩面板、外露灯具、风口、烟感报警装置、消防喷洒头等的位置进行排列优化设计。
3 检查预埋件或预留吊筋位置是否正确。对于有附加荷载的重型吊顶（上人吊顶），必须有安全可靠的吊点紧固措施。对于预埋铁件、预埋吊筋或预设焊接钢板等，均应事先按设计规定预留到位。对于没有预埋件的钢筋混凝土楼板，当采用射钉、膨胀螺栓及加设角钢等方法处理吊点时，必须符合吊顶工程的承载要求，并应计算和试验而定。
4 根据设计要求和现场情况编制技术交底书，并向施工人员进行技术、质量、安全、文明施工及环保施工交底。

6.2.2.2 材料准备

按施工设计图纸计算所需材料的种类、规格和数量，留有的余量一般为5%~8%。

1 轻钢龙骨

分U形龙骨和T形龙骨两大类，并按荷载分上人和不上人两种；轻钢骨架主件有大、中、小龙骨；配件有吊挂件、连接件、挂插件等；零配件有吊杆、花篮螺钉、膨胀螺栓、射钉、自攻螺钉等；罩面板；胶粘剂。按设计要求的品种、规格和吊顶构造提出各种龙骨、配件需用量计划。

2 木龙骨吊顶

大龙骨（材质、规格按设计要求，如设计无明确规定时，其规格为50mm×70mm或50mm×100mm）、小龙骨（材质、规格按设计要求，如设计无明确规定时，其规格为50mm×50mm或40mm×60mm）、吊杆（材质、规格按设计要求，如设计无明确规定时，其规格为50mm×50mm或40mm×40mm）、压条（按设计选用）、圆钉、$\phi 6$或$\phi 8$螺栓、射钉、膨胀螺栓、胶粘剂、木材防腐剂、8号镀锌钢丝等。

3 罩面板

根据设计选用，一般为石膏板、装饰吸声罩面板、塑料装饰罩面板、纤维水泥压力板、硅钙板、金属装饰板、胶合板和实木板等。

6.2.2.3 机具设备

1 切割机具：木工圆盘锯、电动木工截锯机、木工刀具、金属型材切割机、电动曲线锯、手持式电动圆锯、电动往复锯、电动剪刀、电冲剪等。

2 刨削机具：木工平刨、木工压刨、木工手刨等。

3 钻孔机具：微型（手枪）电钻、电动冲击钻、电锤、自攻螺钉钻等。

4 研磨机具：手提电动砂轮机、电动针束除锈机、砂纸机、电动角向钻磨机等。

5 钉固机具：射钉枪、电动打钉枪、气动打钉枪等。

6 其他：钳子、螺丝刀、扳手、尺、水准仪、橡胶锤、抹刀、胶料铲、线坠、墨线盒等。

以上机具根据所用吊顶材料和施工工艺选用。

6.2.2.4 作业条件

1 按设计要求的间距和规格预埋或后置吊杆（包括各种管道及重型灯具吊杆）安装完毕。

2 顶棚内各种管线及通风管道，均应安装完毕，并已办理验收手续；上人吊顶内的人行或安装通道应安装完毕。

3 吊顶房间墙面及地面的湿作业已完成。

4 直接接触土建结构的木龙骨，应预先刷防腐剂。

5 吊顶施工脚手架或移动式操作平台架搭设完毕，满足施工需要。

6.2.3 材料质量控制

1 吊顶龙骨及配件

（1）木龙骨：木龙骨应采用变形小、不易开裂和易于加工的红松、白松或杉木等干燥的木料，含水量宜控制在12%以内，规格按设计要求加工。

2) 木螺钉固定法：用于塑料板、石膏板、石棉板、珍珠岩装饰吸声板以及灰板条吊顶。在安装前罩面板四边按螺钉间距先钻孔，安装程序与方法基本上同圆钉钉固法。

珍珠岩装饰吸声板螺钉应深入板面 1~2mm，并用同色珍珠岩砂混合的粘结腻子补平板面，封盖钉眼。

3) 胶结粘固法：用于钙塑板。安装前板材应选配修整，使厚度、尺寸、边楞整齐一致。每块罩面板粘贴前进行预装，然后在预装部位龙骨框底面刷胶，同时在罩面板四周刷胶，刷胶宽度为 10mm~15mm，经 5~10min 后，将罩面板压粘在预装部位。

每间顶棚先由中间行开始，然后向两侧分行逐块粘贴，胶粘剂按设计规定，设计无要求时，应经试验选用，一般可用 401 胶。

(12) 安装压条

木骨架罩面板顶棚，设计要求采用压条作法时，待一间罩面板全部安装后，先进行压条位置弹线，按线进行压条安装。其固定方法可同罩面板，钉固间距为 300mm，也可用胶结料粘贴。

6.2.4.2 轻钢龙骨吊顶

1 工艺流程

测量放线定位→吊件加工与固定→固定吊顶边部骨架材料→安装主龙骨→安装次龙骨→双层骨架构造的横撑龙骨安装→吊顶龙骨质量检验→安装罩面板→安装压条（或嵌缝）→面层刷涂料。

2 施工要点

(1) 测量放线定位

1) 在结构基层上，按设计要求弹线，确定龙骨及吊点位置。主龙骨端部或接长部位要增设吊点。较大面积的吊顶，龙骨和吊点间距应进行单独设计和验算。

2) 确定吊顶标高。在墙面和柱面上，按吊顶高度弹出标高线。要求弹线清楚，位置准确，水平允许偏差控制在 ±5mm。

(2) 吊件加工与固定

吊点间距当设计无规定时，一般应小于 1.2m，吊杆应通直，距主龙骨端部距离不得超过 300mm。当吊杆与设备相遇时，应调整吊点构造或增设吊杆。

龙骨与结构连接固定有三种方法：

1) 在吊点位置钉入带孔射钉，用镀锌钢丝连接固定，见图 6.2.4.2-1。射钉在混凝土基体上的最佳射入深度 22~32mm（不包括混凝土表面的涂敷层），一般取 27~32mm（仅在混凝土强度特高或基体厚度较小时才取下限值）。

2) 在吊点位置预埋膨胀管螺栓，再用吊杆连接固定。

3) 在吊点位置预留吊钩或埋件，将吊杆直接与预留吊钩或预埋件焊接连接，再用吊杆连接固定龙骨。

采用吊杆时，吊杆端头螺纹部分应预留长度不小于 30mm 的调节量。

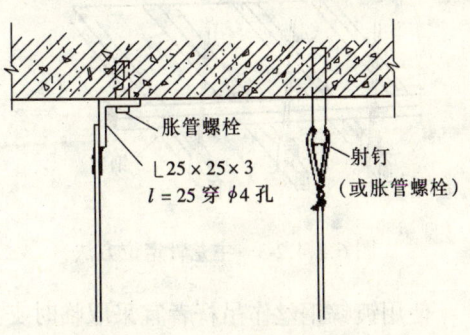

图 6.2.4.2-1 吊杆同楼板固定

(3) 固定吊顶边部骨架材料

1) 吊顶边部的支承骨架应按设计的要求加以固定。

2) 无附加荷载的轻便吊顶，用L形轻钢龙骨或角铝型材等，可用水泥钉按400～600mm的钉距与墙、柱面固定。

3) 有附加荷载的吊顶，或有一定承重要求的吊顶边部构造，需按900～1000mm的间距预埋防腐木砖，将吊顶边部支承材料与木砖固定。吊顶边部支承材料底面应与吊顶标高基准线平（罩面板钉装时应减去板材厚度）且必须牢固可靠。

(4) 安装主龙骨

1) 轻钢龙骨吊顶骨架施工，应先高后低。主龙骨间距一般为1000mm。离墙边第一根主龙骨距离不超过200mm（排列最后距离超过200mm应增加一根），相邻接头与吊杆位置要错开。吊杆规格：轻型宜用 $\phi 6mm$，重型（上人）用 $\phi 8mm$，如吊顶荷载较大，需经结构计算，选定吊杆断面。

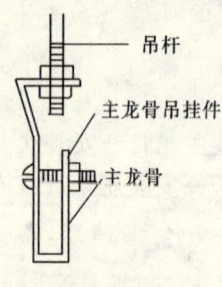

图6.2.4.2-2 主龙骨连接图

2) 主龙骨与吊杆（或镀锌钢丝）连接固定。与吊杆固定时，应用双螺帽在螺杆穿过部位上下固定（图6.2.4.2-2）。轻钢龙骨系列的重型大龙骨U、C形，以及轻钢或铝合金T形龙骨吊顶中的主龙骨，悬吊方式按设计进行。与吊杆连接的龙骨安装有三种方法：

a 有附加荷载的吊顶承载龙骨，采用承载龙骨吊件与钢筋吊杆下端套丝部位连接，拧紧螺母卡稳卡牢；

b 无附加荷载的C形轻钢龙骨单层构造的吊顶主龙骨，采用轻型吊件与吊杆连接，可利用吊件上的弹簧钢片夹固吊杆，下端勾住C形龙骨槽口两侧；

c 轻便吊顶的T形主龙骨，可以采用其配套的T形龙骨吊件，上部连接吊杆，下端夹住T形龙骨，也可直接将镀锌钢丝吊杆穿过龙骨上的孔眼勾挂绑扎。

3) 安装调平主龙骨：

a 主龙骨安装就位后，以一个房间为单位进行调平。调平方法可采用木方按主龙骨间距钉圆钉，将龙骨卡住先作临时固定，按房间的十字和对角拉线，根据拉线进行龙骨的调平调直，见图6.2.4.2-3。根据吊件品种，拧动螺母或通过弹簧钢片，或调整钢丝，准确后再行固定（图6.2.4.2-4）。

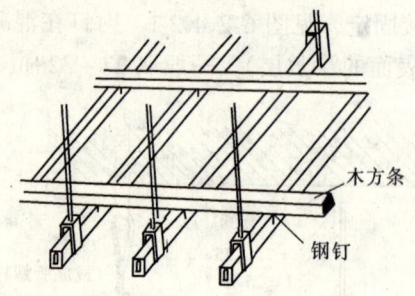

图6.2.4.2-3 主龙骨定位方法

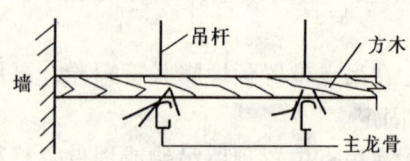

图6.2.4.2-4 主龙骨固定调平示意图

使用镀锌钢丝作吊杆者宜采取临时支撑措施，可设置木方，上端顶住吊顶基体底面，下端顶稳主龙骨，待安装吊顶板前再行拆除。

b　在每个房间和中间部位，用吊杆螺栓进行上下调节，预先给予5~20mm起拱量，水平度全部调好后，逐个拧紧吊杆螺帽。如吊顶需要开孔，先在开孔的部位划出开孔的位置，将龙骨加固好，再用钢锯切断龙骨和石膏板，保持稳固牢靠。

　　(5) 安装次龙骨

　　1) 双层构造的吊顶骨架，次龙骨（中龙骨及小龙骨）紧贴承载主龙骨安装，通长布置，利用配套的挂件与主龙骨连接，在吊顶平面上与主龙骨相垂直，见图6.2.4.2-5。次龙骨的中距由设计确定，并因吊顶装饰板采用封闭式安装或是离缝及密缝安装等不同的尺寸关系而异。

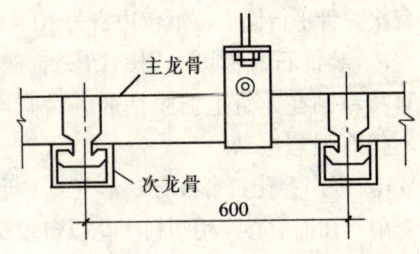

图6.2.4.2-5　中龙骨安装

　　2) 单层吊顶骨架，其次龙骨即为横撑龙骨。主龙骨与次龙骨处于同一水平面，主龙骨通长设置，横撑（次）龙骨按主龙骨间距分段截取，与主龙骨丁字连接。

　　3) 以C形轻钢龙骨组装的单层构造吊顶骨架，在吊顶平面上的主、次C形龙骨垂直交接点，应采用其配套的挂插件（支托），挂插件一方面插入次龙骨内托住主龙骨段，另一方面勾挂住主龙骨，将二者连接。

　　4) T形轻金属龙骨组装的单层构造吊顶骨架，其主、次龙骨的连接通常是T形龙骨侧面开有圆孔和方孔，圆孔用于悬吊，方孔则用于次龙骨的凸头直接插入。

　　对于不带孔眼的T形龙骨连接方法有三种：

　　a　在次龙骨段的端头剪出连接耳（或称连接脚），折弯90°与主龙骨用拉铆钉、抽芯铆钉或自攻螺钉进行丁字连接；

　　b　在主龙骨上打出长方孔，将次龙骨的连接耳插入方孔；

　　c　采用角形铝合金块（或称角码），将主次龙骨分别用抽芯铆钉或自攻螺钉固定连接。

　　小面积轻型吊顶，其纵、横T形龙骨均用镀锌钢丝分股悬挂，调平调直，只需将次龙骨搭置于主龙骨的翼缘上，再搁置安装吊顶板。

　　5) 每根次龙骨用两只卡夹固定，校正主龙骨平正后再将所有的卡夹一次全部夹紧。

　　(6) 双层骨架构造的横撑龙骨安装

　　1) U形、C形轻钢龙骨的双层吊顶骨架在相对湿度较大的地区，必须设置横撑龙骨。

　　2) 以轻钢U形（或C形）龙骨为承载龙骨，以T形金属龙骨作覆面龙骨的双层吊顶骨架，一般需设置横撑龙骨。吊顶饰面板作明式安装时，则必须设置横撑龙骨。

　　3) C形轻钢吊顶龙骨的横撑龙骨由C形次龙骨截取，与纵向的次龙骨的T字交接处，采用其配套的龙骨支托（挂插件）将二者连接固定。

　　4) 双层骨架的T形龙骨覆面层的T形横撑龙骨安装，根据其龙骨材料的品种类型确定，与上述单层构造的横撑龙骨安装做法相同。

　　(7) 安装罩面板

　　1) 石膏板罩面安装：

　　a　应从吊顶的一边角开始，逐块排列推进。石膏板用镀锌自攻螺钉 $\phi 3.5 \times 25$ mm 固定在龙骨上，钉头应嵌入石膏板内约0.5~1mm，钉距为150~170mm，钉距板边15mm。板与板之间和板与墙之间应留缝，一般为3~5mm。

采用双层石膏板时，其长短边与第一层石膏板的长短边均应错开一个龙骨间距以上位置，且第二层板也应如第一层一样错缝铺钉，采用3.5mm×35mm自攻螺钉固定在龙骨上，螺钉应适当错位。

b 纸面石膏板应在自由状态下进行安装，并应从板的中间向板的四周固定，纸包边长应沿着次龙骨平行铺设，纸包边宜为10～15mm，切割边宜为15～20mm，铺设板时应错缝。

c 装饰石膏板可采用粘结安装法：对U、C形轻钢龙骨，可采用胶粘剂将装饰石膏板直接粘贴在龙骨上。胶粘剂应涂刷均匀，不得漏刷，粘贴牢固。胶粘剂未完全固化前板材不得有强烈振动。

d 吸声穿孔石膏板与U形（或C形）轻钢龙骨配合使用，龙骨吊装找平后，在每4块板的交角点和板中心，用塑料小花以自攻螺钉固定在龙骨上。采用胶粘剂将吸声穿孔石膏板直接粘贴在龙骨上。安装时，应注意使吸声穿孔石膏板背面的箭头方向和白线方向一致。

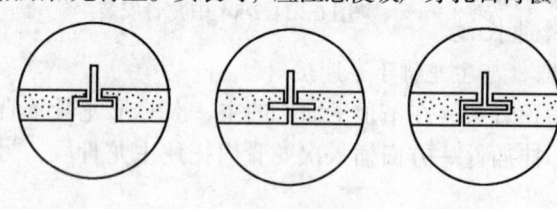

e 嵌式装饰石膏板可采用企口暗缝咬接安装法。将石膏板加工成企口暗缝的形式，龙骨的两条肢插入暗缝，靠两条肢将板托住。构造见图6.2.4.2-6。安装宜由吊顶中间向两边对称进行，墙面与吊顶接缝应交圈一致；安装过程中，接插企口用力要轻，避免硬插硬撬

图6.2.4.2-6 用企口缝形式托挂饰面板

而造成企口处开裂。

2）装饰吸声罩面板安装：

矿棉装饰吸声板在房间内湿度过大时不宜安装。安装前，应先排板；安装时，吸声板上不得放置其他材料，防止板材受压变形。

a 暗龙骨吊顶安装法。将龙骨吊平、矿棉板周边开槽，然后将龙骨的肢插到暗槽内，靠肢将板托住，安装构造见图6.2.4.2-7所示。房间内温度过大时不宜安装。

b 粘贴法

a）复合平贴法。其构造为龙骨＋石膏板＋吸声饰面板。龙骨可采用上人龙骨或不上人龙骨，将石膏板固定在龙骨上，然后将装饰吸声板背面用胶布贴几处，用专用钉固定。

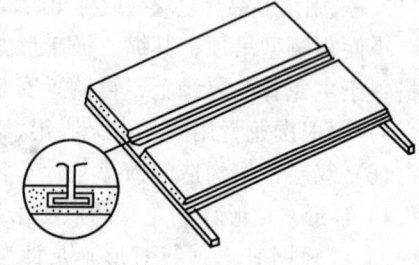

图6.2.4.2-7 暗龙骨安装构造示意图

b）复合插贴法。其构造为龙骨＋石膏板＋吸声板。吸声板背面双面胶布贴几个点，将板平贴在石膏板上，用打钉器将"Π"形钉固定在吸声板开槽处，吸声板之间用插件连接、对齐图案。

粘贴法要求石膏板基层非常平整，粘贴时，可采用粘贴矿棉装饰吸声板的874型建筑胶粘剂。

珍珠岩装饰吸声板的安装，可在龙骨上钻孔，将板用螺钉与龙骨固定。先在板的四角用塑料小花钉牢，再在小花之间沿板边按等距离加钉固定。

3）塑料装饰罩面板安装：

安装方法同第6.2.4.1条中塑料装饰罩面板的安装，与轻钢龙骨固定时，可采用自攻

6.3.4.3 铝合金龙骨吊顶

1　工艺流程

同第 6.2.4.3 条"工艺流程"。

2　施工要点

同第 6.2.4.3 条"施工要点"。

6.3.5　成品保护

同第 6.2.5 条。

6.3.6　安全、环保措施

同第 6.2.6 条。

6.3.7　质量标准

主 控 项 目

6.3.7.1　吊顶标高、尺寸、起拱和造型应符合设计要求。

检验方法：观察；尺量检查。

6.3.7.2　饰面材料的材质、品种、规格、图案和颜色应符合设计要求。当饰面材料为玻璃板时，应使用安全玻璃或采取可靠的安全措施。

检验方法：观察；检查产品合格证书、性能检测报告和进场验收记录。

6.3.7.3　饰面材料的安装应稳固严密。饰面材料与龙骨的搭接宽度应大于龙骨受力面宽度的 2/3。

检验方法：观察；手扳检查；尺量检查。

6.3.7.4　吊杆、龙骨的材质、规格、安装间距及连接方式应符合设计要求。金属吊杆、龙骨应进行表面防腐处理；木龙骨应进行防腐、防火处理。

检验方法：观察；尺量检查；检查产品合格证书、进场验收记录和隐蔽工程验收记录。

6.3.7.5　明龙骨吊顶工程的吊杆和龙骨安装必须牢固。

检验方法：手扳检查；检查隐蔽工程验收记录和施工记录。

一 般 项 目

6.3.7.6　饰面材料表面应洁净、色泽一致，不得有翘曲、裂缝及缺损。饰面板与明龙骨的搭接应平整、吻合，压条应平直、宽窄一致。

检验方法：观察；尺量检查。

6.3.7.7　饰面板上的灯具、烟感器、喷淋头、风口篦子等设备的位置应合理、美观，与饰面板的交接应吻合、严密。

检验方法：观察。

6.3.7.8　金属龙骨的接缝应平整、吻合、颜色一致，不得有划伤、擦伤等表面缺陷木质龙骨应平整、顺直，无劈裂。

检验方法：观察。

6.3.7.9　吊顶内填充吸声材料的品种和铺设厚度应符合设计要求，并应有防散落措施。

检验方法：检查隐蔽工程验收记录和施工记录。

6.3.7.10　明龙骨吊顶工程安装的允许偏差和检验方法应符合表 6.3.7.10 的规定。

6.3.8 质量验收

1 检验批的划分和抽样检查数量按本标准的第6.1.20条和第6.1.21条规定执行。

2 检验批的验收按本标准第3.3.19条进行组织。

3 检验批质量验收记录当地方政府主管部门无统一规定时，宜采用表6.3.8"明龙骨吊顶工程检验批质量验收记录表"。

表6.3.7.10 明龙骨吊顶工程安装的允许偏差和检验方法

项次	项 目	允许偏差（mm）				检验方法
		石膏板	金属板	矿棉板	塑料板、玻璃板	
1	表面平整度	3	2	3	2	用2m靠尺和塞尺检查
2	接缝直线度	3	2	3	3	拉5m线，不足5m拉通线，用钢直尺检查
3	接缝高低差	1	1	2	1	用钢直尺和塞尺检查

表6.3.8 明龙骨吊顶工程检验批质量验收记录表

GB 50210—2001

单位（子单位）工程名称					
分布（子单位）工程名称				验收部位	
施工单位				项目经理	
分包单位				分包项目经理	
施工执行标准名称及编号					
	施工质量验收规范的规定			施工单位检查评定记录	监理（建设）单位验收记录
主控项目	1	标高、尺寸、起拱、造型	第6.3.2条		
	2	饰面材料	第6.3.3条		
	3	饰面材料安装	第6.3.4条		
	4	吊杆、龙骨材质	第6.3.5条		
	5	吊杆、龙骨安装	第6.3.6条		
一般项目	1	饰面材料表面质量	第6.3.7条		
	2	灯具等设备	第6.3.8条		
	3	龙骨接缝	第6.3.9条		
	4	填充材料	第6.3.10条		
	5 允许偏差	表面平整度（mm）	石膏板	3	
			金属板	2	
			矿棉板	3	
			塑料板、玻璃板	2	
		接缝直线度（mm）	石膏板	3	
			金属板	2	
			矿棉板	3	
			塑料板、玻璃板	3	
		接缝高低差（mm）	石膏板	1	
			金属板	1	
			矿棉板	2	
			塑料板、玻璃板	1	
施工单位检查评定结果	专业工长（施工员）			施工班组长	
	项目专业质量检查员：				年 月 日
监理（建设）单位验收结论	专业监理工程师（建设单位项目专业技术负责人）：				年 月 日

7 轻质隔墙工程

7.1 一 般 规 定

7.1.1 本章适用于板材隔墙、骨架隔墙、活动隔墙、玻璃隔墙等分项工程的施工及质量验收。

7.1.2 轻质隔墙所用材料的品种、规格、颜色以及隔墙的构造、固定方法，应符合设计要求。

7.1.3 轻质隔墙龙骨在运输和安装时，不得扔摔、碰撞。龙骨应平放，防止变形。

罩面板及石膏条板在运输和安装时，应轻拿轻放，不得损坏板材的表面和边角，运输时应采取措施，防止受潮变形。

7.1.4 轻质隔墙龙骨宜放在地面平整的室内，应采取措施，防止龙骨变形、生锈。

石膏板应按品种、规格分类存放于地面平整、干燥、通风处，并根据不同罩面板的性质分别采取措施，防止受潮变形。

石膏条板堆放场地应平整、清洁、干燥，并应采取措施，防止石膏条板浸水损坏，受潮变形。

7.1.5 民用电器等的底座，应装嵌牢固，其表面应与罩面的底面齐平。

7.1.6 门窗框与轻质隔墙相接处应符合设计要求。

7.1.7 轻质隔墙的下端如用木踢脚板覆盖，罩面板应离地面20～30mm；用大理石、水磨石踢脚板时，罩面板下端应与踢脚板上口齐平，接缝严密。

7.1.8 罩面板安装前，应按其品种、规格、颜色进行分类选配；安装后，应采取保护措施，防止损坏。

7.1.9 轻质隔墙工程验收时，应检查下列文件和记录：

1 轻质隔墙工程的施工图、设计说明及其他设计文件。
2 材料的产品合格证书、性能检测报告、进场验收记录和复验报告。
3 隐蔽工程验收记录。
4 施工记录。

7.1.10 轻质隔墙工程应对人造木板的甲醛含量进行复验。

7.1.11 轻质隔墙工程应对下列隐蔽工程项目进行验收：

1 骨架隔墙中设备管线的安装及水管试压。
2 木龙骨防火、防腐处理。
3 预埋件或拉结筋。
4 龙骨安装。
5 填充材料的设置。

7.1.12 各分项工程的检验批应按下列规定划分：

同一品种的轻质隔墙工程每50间（大面积房间和走廊按轻质隔墙的墙面30m²为一间）应划分为一个检验批，不足50间也应划分为一个检验批。

7.1.13 轻质隔墙与顶棚和其他墙体的交接处应采取防开裂措施。

7.1.14 接触砖、石、混凝土的龙骨和埋置的木楔应做防腐处理。

7.1.15 胶粘剂应按饰面板的品种选用。现场配置胶粘剂，其配合比应由试验决定。

7.1.16 民用建筑轻质隔墙工程的隔声性能应符合现行国家标准《民用建筑隔声设计规范》GBJ 118—88 的规定。

7.1.17 轻质隔墙工程施工中，土建与电气设备等安装作业应密切配合，特别是预留孔洞、穿电气管线等应符合设计要求，以保证安全。

7.2 板材隔墙工程

7.2.1 本节适用于复合轻质墙板、石膏空心板、预制或现制的钢丝网水泥板等板材隔墙工程的施工及质量验收。

7.2.2 施工准备

7.2.2.1 技术准备

1 熟悉板材隔墙施工图纸。

2 对厂家所提供的隔墙板材的施工技术要求和注意事项应仔细阅读，并针对现场施工编写技术交底书。

3 正式安装以前，应先做样板间，经验收合格后再正式安装。

7.2.2.2 材料准备

1 复合轻质墙板

（1）金属夹芯板：金属面聚苯乙烯夹芯板、金属面硬质聚氨酯夹芯板、金属面岩棉矿渣棉夹芯板等。

（2）其他复合板：蒸压加气混凝土板、玻璃纤维增强水泥轻质多孔（GRC）隔墙条板、轻质陶粒混凝土条板隔墙板、预制混凝土板隔板等，并按设计要求的品种、规格提出各种条板的标准板、门框板、窗框板及异形板等。

（3）辅助材料：膨胀水泥砂浆、胶粘剂、粘结砂浆、石膏腻子、钢板卡、铝合金钉、铁钉、木楔、铁销、玻纤布条、水泥砂浆等。

2 石膏空心板

标准板、门框板、窗框板、门上板、窗上板及异形板等。标准板用于一般隔墙。其他的板按工程设计确定的规格进行加工。

辅助材料：包括胶粘剂、建筑石膏粉、玻纤布条、石膏腻子、钢板卡、射钉等。

3 钢丝网水泥板

钢丝网架水泥聚苯乙烯夹芯板、泰柏板、舒乐舍板等，按设计要求的品种、规格提出各种钢丝网水泥板以及配件。

钢丝网水泥夹芯板（GSJ板）及其主要配套件：网片、槽网、$\phi 6 \sim \phi 10$钢筋、角网、U形连接件、射钉、膨胀螺栓、钢丝、箍码、水泥砂浆、防裂剂等。

泰柏板隔墙板及其辅助材料：之字条、204mm宽平联结网、102mm×204mm角网、箍码、压板、U码、组合U码、方垫片、直片、半码、角铁码、钢筋码、蝴蝶网、Π形桁条、网码、压片(3×48×64(mm)或3×40×80(mm)、$\phi 6 \sim \phi 10$钢筋、水泥砂浆、石膏腻子等。

7.2.2.3 机具设备

1 安装复合轻质墙板工具

台式切锯机、锋钢锯和普通手锯、固定式摩擦夹具、转动式摩擦夹具、电动慢速钻、无齿锯、撬棍、开八字槽工具、镂槽、扫帚、水桶、钢丝刷、橡皮锤、木楔、扁铲、射钉枪、小灰槽、2m托线板、靠尺等。

2 安装石膏空心板工具

搅拌器、滑梳、胶料铲、平抹板、嵌缝枪、橡皮锤、电动自攻钻、电动剪、2m靠尺、快装钳、安全多用刀、滚锯、山花钻、丁字尺、板锯、针锉、平锉、边角刨、曲线锯、圆孔锯、射钉枪、拉枪、电动冲击钻、羊角锤、打磨工具、刮刀、贴纸带折角器、角抹子、木楔等。

3 安装钢丝网水泥板工具

切割机、电剪刀、电动冲击钻、射钉枪、气动钳、电锤、电动螺丝刀、电动扳手、活动扳手、砂轮锯、手电钻、小功率焊机、抹灰工具、钢丝刷、小灰槽、靠尺、卷尺、2m托线板、钢丝刷、钢尺等。

7.2.2.4 作业条件

1 主体结构已验收,屋面已做完防水层。

2 隔墙施工前,应对隔墙板材及其辅助材料进行检查。

3 将隔墙板材等按要求数量运至楼层安装地点。

4 墙面弹出+500mm标高线。

5 操作地点环境温度不低于5℃。

7.2.3 材料质量控制

7.2.3.1 复合轻质墙板

1 金属夹芯板

(1) 金属夹芯板板面平整,无明显凹凸、翘曲、变形;

(2) 表面清洁,色泽均匀,无胶痕、油污;

(3) 无明显划痕、磕碰、伤痕等。切口平直,切面整齐,无毛刺;

(4) 面材与芯板之间粘结牢固,芯材密实;

(5) 其他技术性能均应符合现行国家标准或行业标准的规定,产品进场应提供合格证书;

(6) 金属面聚苯乙烯夹芯板、金属面硬质聚氨酯夹芯板、金属面岩棉、矿渣棉夹芯板的技术性能应符合附录L的要求。

2 其他复合板

(1) 板面表面平整,无露筋、掉角,侧面无大面积损伤、端部掉头等;

(2) 断裂或严重损坏的条板不能使用,局部损坏的应在安装完毕后立即用砂浆修补;对粘结面上的破损处应在安装前先行修补;

(3) 加气混凝土条板施工时的含水率一般宜小于15%,对粉煤灰加气混凝土条板一般宜小于20%;

(4) 产品进场应提供合格证书;

(5) 蒸压加气混凝土板、玻璃纤维增强水泥轻质多孔隔墙条板、硅镁加气混凝土空心轻质隔墙板的技术性能应符合附录 M 的要求。

3　复合板辅助材料

(1) 胶粘剂：

1号水泥型胶粘剂：抗剪强度≥1.5MPa；粘结强度≥1.0MPa；初凝时间 0.5~1.0h。

2号水泥型胶粘剂：抗剪强度≥2.0MPa；粘结强度≥3.0MPa；初凝时间 0.5~1.0h。

(2) 石膏腻子：

抗压强度≥2.5 MPa；抗折强度≥3.0 MPa；粘结强度≥0.2 MPa；终凝时间 3.0h。

(3) 玻纤布条：

用于板缝处理：条宽 50~60mm；用于墙面阴阳转角附加层：条宽 200mm。

涂塑中碱玻璃纤维网格布：网格 8 目/in，布重 80g/m。断裂强度（25mm×100mm）：经纱≥300N，纬纱≥150N。

(4) 膨胀水泥砂浆：1:2.5 水泥砂浆，加水泥用量 10% 的膨胀剂。

(5) 水泥砂浆：1:3 水泥砂浆。水泥、砂质量要求参见本标准第 7.2.3.3 条中有关要求。

7.2.3.2　石膏空心板

1　石膏空心条板板面平整，尺寸符合标准要求，无外露纤维、贯通裂缝、飞边毛刺等，产品进场应提供合格证书。石膏空心板技术质量要求见附录 N。

2　辅助材料

(1) 胶粘剂：

1号石膏型胶粘剂：抗剪强度≥1.5MPa；粘结强度≥1.0MPa；初凝时间 0.5~1.0h。

2号石膏型胶粘剂：抗剪强度≥2.0MPa；粘结强度≥2.0MPa；初凝时间 0.5~1.0h。

(2) 石膏腻子：

抗压强度≥2.5 MPa；抗折强度≥1.0 MPa；粘结强度≥0.2 MPa；终凝时间 3.0h。

(3) 玻纤布条：

用于板缝处理：条宽 50~60mm；用于墙面阴阳转角附加层：条宽 200mm。

涂塑中碱玻璃纤维网格布：网格 8 目/in，布重 80g/m。断裂强度（25mm×100mm）：经纱≥300N；纬纱≥150N。

7.2.3.3　钢丝网水泥板

1　钢丝网水泥夹芯板（GSJ 板）表面清洁，不应有油污，规格尺寸符合标准要求，产品进场应提供合格证书。钢丝网架水泥聚苯乙烯夹芯板技术质量应符合附录 O 的要求。

2　水泥：32.5 级矿渣水泥和普通硅酸盐水泥。应有出厂证明或复试单，当出厂超过三个月，按试验结果使用。

3　砂：中砂，粒径为 0.35~0.5mm，使用前应过 5mm 孔径的筛子，且不得含有杂质。

7.2.4　施工工艺

7.2.4.1　复合轻质墙板

1　工艺流程

结构墙面、顶面、地面清理和找平→放线、分档→配板、修补→支设临时方木→配置胶粘剂→安U形卡（有抗震要求时）→安装隔墙板→安门窗框→设备、电气安装→板缝处理→板面装修

2 施工要点

(1) 清理

清理隔墙板与顶面、地面、墙面的结合部位,凡凸出墙面的砂浆、混凝土块等必须剔除并扫净,结合部应找平。

(2) 放线、分档

在地面、墙面及顶面根据设计位置,弹好隔墙边线及门窗洞口线,并按板宽分档。

(3) 配板、修补

1) 板的长度应按楼层结构净高尺寸减 20mm。

2) 计算并量测门窗洞口上部及窗口下部的隔板尺寸,按此尺寸配预埋件的门窗框板。

3) 板的宽度与隔墙的长度不相适应时,应将部分板预先拼接加宽(或锯窄)成合适的宽度,放置到有阴角处。

4) 隔板安装前要进行选板,有缺棱掉角的,应用与板材混凝土材性相近的材料进行修补,未经修补的坏板或表面酥松的板不得使用。

(4) 架立靠放墙板的临时方木

上方木直接压线顶在上部结构底面,下方木可离楼地面约 100mm 左右,上下方木之间每隔 1.5m 左右立支撑方木,并用木楔将下方木与支撑方木之间楔紧。临时方木支撑后,即可安装隔墙板。

(5) 配置胶粘剂

条板与条板拼缝、条板顶端与主体结构粘结采用胶粘剂。

加气混凝土隔墙胶粘剂一般采用 108 建筑胶聚合砂浆;GRC 空心混凝土隔墙胶粘剂一般采用 791、792 胶泥;增强水泥条板、轻质陶粒混凝土条板、预制混凝土板等则采用 1 号胶粘剂。

胶粘剂要随配随用,并应在 30min 内用完。配置时应注意 108 胶掺量适当,过稀易流淌,过稠则刮浆困难,易产生"滚浆"现象。

(6) 安钢板卡

有抗震要求时,应按设计要求,在两块条板顶端拼缝处设 U 形或 L 形钢板卡,与主体结构连接。U 形或 L 形钢板卡用射钉固定在梁和板上,随安板随固定 U 形或 L 形钢板卡,见图 7.2.4.1-1。

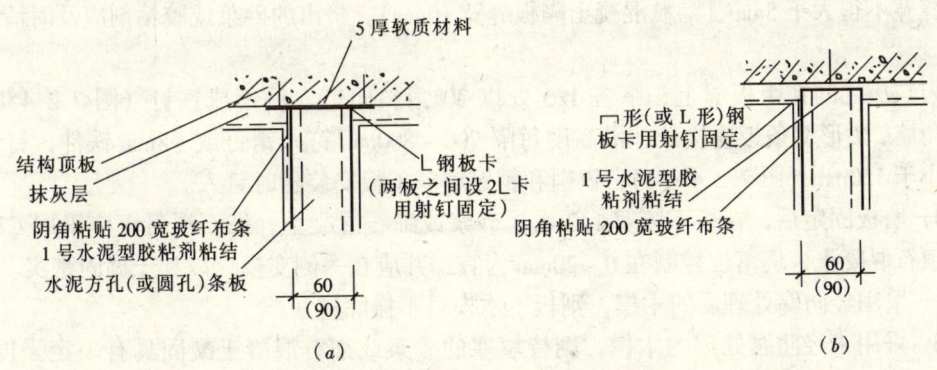

图 7.2.4.1-1 隔墙板上部柔性结合连接

(a) 单层水泥条板顶与顶板钢板卡连接;(b) 单层水泥条板顶与顶板钢板卡连接

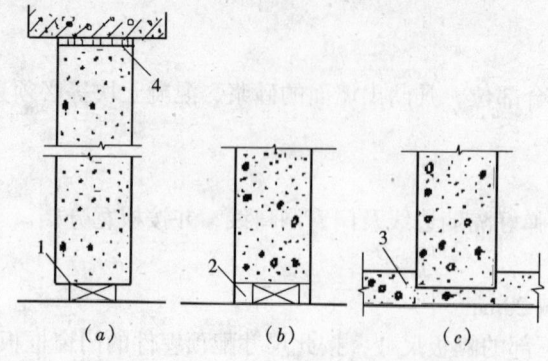

图7.2.4.1-2 隔墙板上下部连接构造
(a)侧向对打木楔;(b)木楔间空隙填塞细石混凝土;(c)细石混凝土硬固后取出木楔,做地面
1—木楔;2—细石混凝土;3—地面;4—粘结砂浆

(7) 安装隔墙板

可采用刚性连接,将板的上端与上部结构底面用粘结砂浆或胶粘剂粘结,下部用木楔顶紧后空隙间填入细石混凝土(图7.2.4.1-2)。隔墙板安装顺序应从门洞口处向两端依次进行,门洞两侧宜用整块板;无门洞的墙体,应从一端向另一端顺序安装。其安装步骤如下:

1) 墙板安装前,先将条板顶端板孔堵塞,粘结面用钢丝刷刷去油垢并清除渣末。

2) 条板上端涂抹一层胶粘剂,厚约3mm。然后将板立于预定位置,用撬棍将板撬起,使板顶与上部结构底面粘紧;板的一侧与主体结构或已安装好的另一块墙板贴紧(图7.2.4.1-3),并在板下端留20~30mm缝隙,用木楔对楔背紧(图7.2.4.1-4),撤出撬棍,板即固定。

图7.2.4.1-3 支设临时方木后隔墙安装示意

图7.2.4.1-4 墙板下部打入木楔

3) 板与板缝间的拼接,要满抹粘结砂浆或胶粘剂,拼接时要以挤出砂浆或胶粘剂为宜,缝宽不得大于5mm(陶粒混凝土隔板缝宽10mm)。挤出的砂浆或胶粘剂应及时清理干净。

板与板之间在距板缝上、下各1/3处以30°角斜向钉入铁销或铁钉(图7.2.4.1-5),在转角墙、T形墙条板连接处,沿高度每隔700~800mm钉入销钉或φ8mm铁件,钉入长度不小于150mm(图7.2.4.1-6),铁销和销钉应随条板安装随时钉入。

4) 墙板固定后,在板下填塞1:2水泥砂浆或细石混凝土,细石混凝土应采用C20干硬性细石混凝土,坍落度控制在0~20mm为宜,并应在一侧支模,以利于捣固密实。

a 采用经防腐处理后的木楔,则板下木楔可不撤除;

b 采用未经防腐处理的木楔,则待填塞的砂浆或细石混凝土凝固具有一定强度后,应将木楔撤除,再用1:2水泥砂浆或细石混凝土堵严木楔孔。

5) 每块墙板安装后,应用靠尺检查墙面垂直和平整情况。

6) 对于双层墙板的分户墙，安装时应使两面墙板的拼缝相互错开。

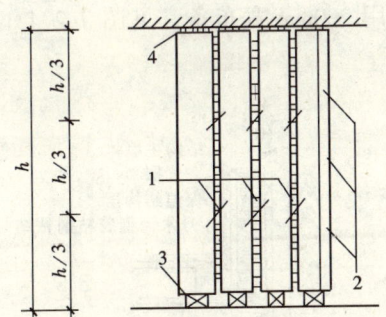

图 7.2.4.1-5　板与板之间的连接构造
1—铁销；2—转角处钉子；3—木楔；4—粘结砂浆

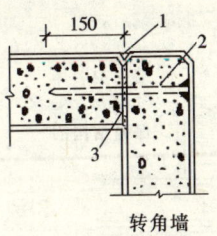
转角墙

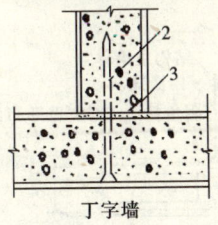
丁字墙

图 7.2.4.1-6　转角和定字墙节点连接
1—八字缝；2—用 φ8 钢筋打尖，
经防锈处理；3—粘结砂浆

（8）安门窗框

在墙板安装的同时，应顺序立好门框，门框和板材采用粘钉结合的方法固定。即预先在条板上，门框上、中、下留木砖位置，钻深 100mm、直径 25～30mm 的洞，吹干净渣末，用水润湿后将相同尺寸的圆木蘸 108 胶水泥浆钉入到洞眼中，安装门窗框时将木螺丝拧入圆木内。也可用扒钉、胀管螺栓等方法固定门框。

若门窗框采取后塞口时，门窗框四周余量不超过 10mm。

（9）设备、电气安装

1）设备安装：根据工程设计在条板上定位钻单面孔（不能开对穿孔），用 2 号水泥胶粘剂预埋吊挂配件，达到粘结强度后固定设备。

2）电气安装：利用条板孔内敷软管穿线和定位钻单面孔，对非空心板，则可利用拉大板缝或开槽敷管穿线，用膨胀水泥砂浆填实抹平。用 2 号水泥胶粘剂固定开关、插座。

（10）板缝和条板、阴阳角和门窗框边缝处理

1）加气混凝土隔板之间板缝在填缝前应用毛刷蘸水湿润，填缝时应由两人在板的两侧同时把缝填实。填缝材料采用石膏或膨胀水泥。

刮腻子之前先用宽度 100mm 的网状防裂胶带粘贴在板缝处，再用掺 108 胶（聚合物）水泥砂浆在胶带上涂刷一遍并晾干，然后再用 108 胶将纤维布贴在板缝处，再进行各种装修施工。

2）预制钢筋混凝土隔墙板高度以按房间高度净空尺寸预留 25mm 空隙为宜，与墙体间每边预留 10mm 空隙为宜。勾缝砂浆用 1:2 水泥砂浆，按用水量 20% 掺入 108 胶。勾缝砂浆应分层捻实，勾严抹平。

3）GRC 空心混凝土墙板之间贴玻璃纤维网格条，第一层采用 60mm 宽的玻璃纤维网格条贴缝，贴缝胶粘剂应与板之间拼装的胶粘剂相同，待胶粘剂稍干后，再贴第二层玻璃纤维网格条，第二层玻璃纤维网格条宽度为 150mm，贴完后将胶粘剂刮平，刮干净。

4）轻质陶粒混凝土隔墙板缝、阴阳转角和门窗框边缝用 1 号水泥胶粘剂粘贴玻纤布条（板缝、门窗框边缝粘贴 50～60mm 宽玻纤布条，阴阳转角处粘贴 200mm 宽玻纤布条）。光面板隔墙基面全部用 3mm 厚石膏腻子分两遍刮平，麻面墙隔墙基面用 10mm 厚 1:3 水泥砂浆找平压光。

5)增强水泥条板隔墙板缝、墙面阴阳转角和门窗框边缝处用 1 号水泥胶粘剂粘贴玻纤布条,板缝用 50~60mm 宽的玻纤布条,阴阳转角用 200mm 宽布条,见图 7.2.4.1-7。然后用石膏腻子分两遍刮平,总厚控制 3mm。

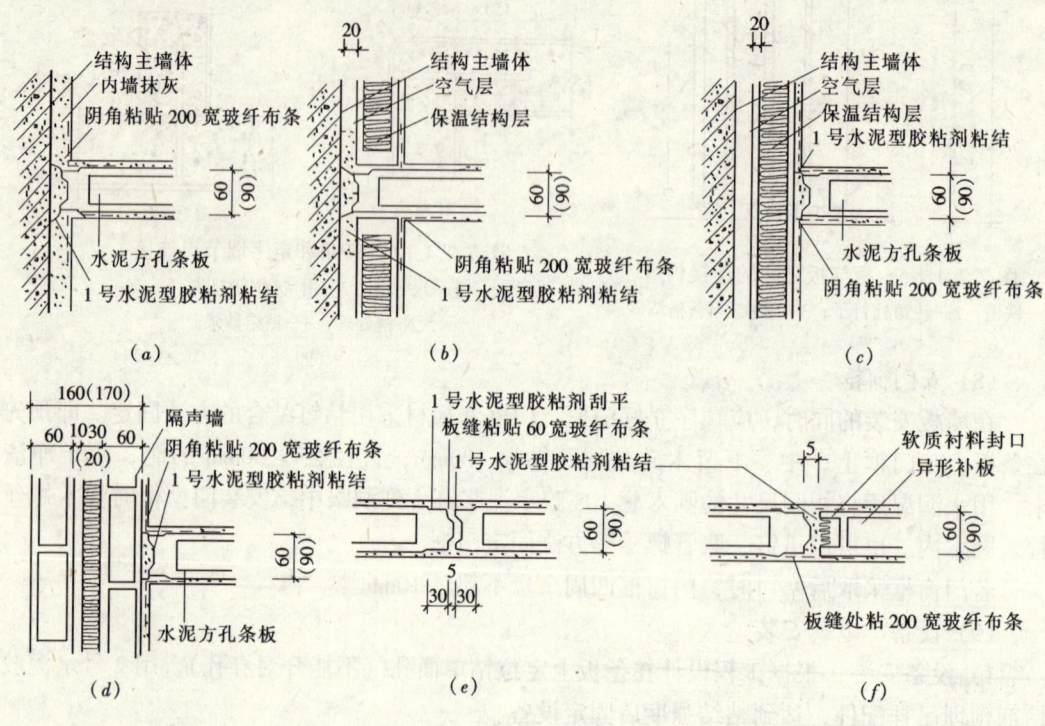

图 7.2.4.1-7 刚性连接
(a)板与主墙边接;(b)板与外墙内保温结构层边接(1);(c)板与外墙内保温结构层边接(2);
(d)单层板与双层板隔声墙连接;(e)板与板连接;(f)板与异形补板连接

7.2.4.2 石膏空心板隔墙

1 工艺流程

结构墙面、顶面、地面清理和找平→放线、分档→配板、修补→架立简易支架→安 U 形卡(有抗震要求时)→配置胶粘剂→安装隔墙板→安门窗框→设备、电气安装→板缝处理→板面装修

2 施工要点

(1)清理

清理隔墙板与顶面、地面、墙面的结合部位,凡凸出墙面的砂浆、混凝土块等必须剔除并扫净,结合部应找平。

(2)放线、分档

在地面、墙面及顶面根据设计位置,弹好隔墙边线及门窗洞口线,并按板宽分档。

(3)配板、修补

1)板的长度应按楼层结构净高尺寸减 20~30mm。

2)计算并量测门窗洞口上部及窗口下部的隔板尺寸,按此尺寸配板。

3)当板的宽度与隔墙的长度不相适应时,应将部分板预先拼接加宽(或锯窄)成合适的宽度，放置在阴角处。

4) 隔板安装前要进行选板，如有缺棱掉角者，应用与板材材性相近的材料进行修补，未经修补的坏板不得使用。

(4) 架立靠放墙板的简易支架

按放线位置在墙的一侧（宜在主要使用房间墙的一面）支一简单木排架，其两根横杠应在同一垂直平面内，作为立墙板的靠架，以保证墙体的平整度。简易支架支撑后，即可安装隔墙板。

(5) 安 U 形卡

有抗震要求时，应按设计要求，在两块条板顶端拼缝处设 U 形或 L 形钢板卡，与主体结构连接。U 形或 L 形钢板卡用射钉固定在梁和板上，随安板随固定 U 形或 L 形钢板卡。

(6) 配置胶粘剂

条板与条板拼缝、条板顶端与主体结构粘结采用 1 号石膏型胶粘剂。胶粘剂要随配随用，并应在 30min 内用完，过时不得再加水加胶重新调制使用。

(7) 安装隔墙板

非地震区的条板连接，采用刚性粘结，见图 7.2.4.2-1；地震地区的条板连接，采用柔性结合连接，见图 7.2.4.2-2。

隔墙板安装顺序应从与墙的结合处或门洞口处向两端依次进行安装。安装步骤如下：

1) 墙板安装前，清刷条板侧浮灰。

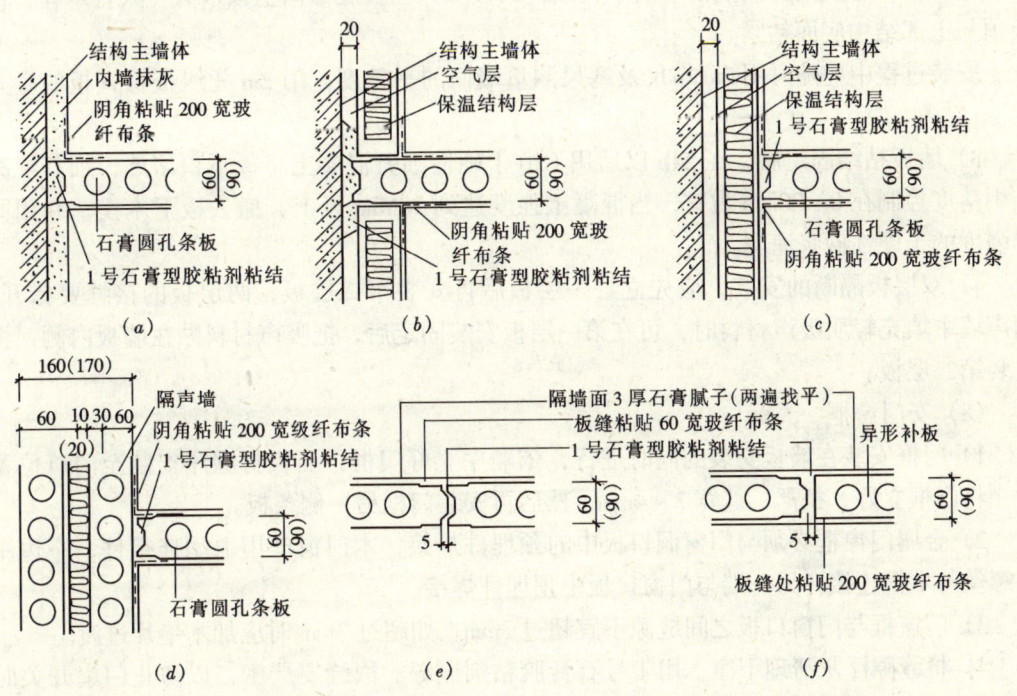

图 7.2.4.2-1 刚性连接

(a) 板与主墙连接；(b) 板与外墙内保温结构层连接 (1)；(c) 板与外墙内保温结构层连接 (2)；
(d) 单层板与双层板隔声墙连接；(e) 板与板连接；(f) 板与补板连接

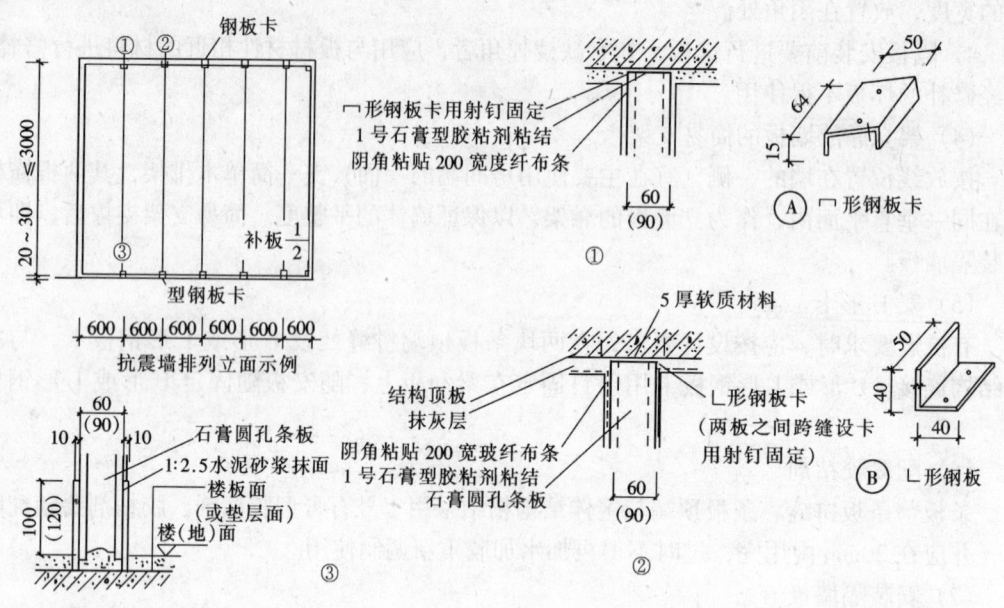

图 7.2.4.2-2 柔性结合连接

2）结构墙面、顶面、条板顶面、条板侧面涂刷一层1号石膏型胶粘剂，然后将板立于预定位置，用木楔（楔背高20～30mm）顶在板底两侧各1/3处，再用手平推条板，使之板缝冒浆，一人用特制撬棍（山字夹或脚踏板等）在板底部向上顶，另一人打木楔，使板顶与上部结构底面粘紧。

安装过程中应随时用2m靠尺及塞尺测量墙面的平整度，用2m托线板检查板的垂直度。

3）墙板粘结固定后，在24h以后用C20干硬性细石混凝土将板下口堵严，细石混凝土坍落度控制在0～20mm为宜，当混凝土强度达到10MPa以上，撤去板下木楔，并用同等强度的干硬性砂浆灌实。

4）双层板隔断的安装，应先立好一层板后再安装第二层板，两层板的接缝要错开。隔声墙中填充轻质吸声材料时，可在第一层板安装固定后，把吸声材料贴在墙板内侧，再安装第二层板。

(8) 安门窗框

1）门框安装在墙板安装的同时进行，依顺序立好门框，当板材顺序安装至门口位置时，将门框立好、挤严，缝宽3～4mm，然后再安装门框另一侧条板。

2）金属门窗框必须与门窗洞口板中的预埋件焊接，木门窗框用L型连接件，一边用木螺丝与木框连接，另一端与门窗口板中预埋件焊接。

3）门窗框与门窗口板之间缝隙不宜超过3mm，如超过3mm时应加木垫片过渡。

4）将缝隙浮灰清理干净，用1号石膏胶粘剂嵌缝。嵌缝要严密，以防止门扇开关时碰撞门框造成裂缝。

(9) 设备、电气安装

1）安水暖、煤气管卡：按水暖、煤气管道安装图找准标高和竖向位置，划出管卡定位线,在隔墙板上钻孔扩孔(禁止剔凿),将孔内清理干净,用2号石膏胶粘剂固定管卡。

2) 安装吊挂埋件:隔墙板上可安装碗柜、设备和装饰物,每一块板可设两个吊点,每个吊点吊重不大于80kg。先在隔墙板上钻孔扩孔(防止猛击),孔内应清理干净,用2号石膏胶粘剂固定埋件,待干后再吊挂设备。

3) 铺设电线管、稳接线盒:按电气安装图找准位置划出定位线,铺设电线管、稳接线盒。所有电线管必须顺石膏板板孔铺设,严禁横铺和斜铺。稳接线盒,先在板面钻孔扩孔(防止猛击),再用扁铲扩孔,孔应大小适度方正。孔内清理干净,用2号石膏胶粘剂稳住接线盒。

(10) 板缝和条板处理

1) 板缝处理:隔墙板安装后10d,检查所有缝隙是否粘结良好。已粘结良好的所有板缝、阴角缝,先清理浮灰,用1号石膏胶粘剂粘结贴50mm宽玻纤网格带,转角隔墙在阳角处粘贴200mm宽(每边各100mm宽)玻纤布一层。

2) 板面装修:用石膏腻子刮平,打磨后再刮第二道腻子(要根据饰面要求选择不同强度的腻子),再打磨平整,最后做饰面层。

3) 隔墙踢脚,在板根部刷一道胶液,再做水泥、水磨石踢脚;如做塑料、木踢脚,可先钻孔打入木楔,再用钉钉在隔墙板上。墙面贴瓷砖前须将板面打磨平整,为加强粘结,先刷108胶水泥浆一道,再用108胶水泥砂浆粘贴瓷砖。

7.2.4.3 钢丝网水泥板隔墙

1 工艺流程

结构墙面、顶面、地面清理和找平→放线→配夹心板及配套件→安装夹心板→安装门窗框→安埋件、电气铺管、稳盒→检查校正补强→面层喷刷处理剂→制备砂浆→抹一侧底灰→喷防裂剂→抹另一侧底灰→喷防裂剂→抹中层灰→抹罩面灰→面层装修

2 施工要点

(1) 放线

按设计的轴线位置,在地面、顶面、侧面弹出墙的中心线和墙的厚度线,划出门窗洞口的位置。当设计有要求时,按设计要求确定埋件位置,当设计无明确要求时,按400mm间距划出连接件或锚筋的位置。

(2) 配钢丝网架夹心板及配套件

按设计要求配钢丝网架夹心板及配套件。当设计无明确要求时,可按以下原则配置:

1) 隔墙高度小于4m的,宜整板上墙。拼板时,应错缝拼接。隔墙高度或长度超过4m时,应按设计要求增设加劲柱。

2) 有转角的隔墙,在墙的拐角处和门窗洞口处应采用整板;裁剪的配板,应放在与结构墙、柱的结合处;所裁剪的板的边沿,宜为一根整钢丝,拼缝时用22号钢丝绑扎固定。

3) 各种配套用的连接件、加固件、埋件要配齐。凡未镀锌的铁件,要刷防锈漆两道作防锈处理。

(3) 安装网架夹心板

当设计对钢丝网架夹心板的安装、连接、加固补强有明确要求的,应按设计要求进行,当无明确要求时,可按以下原则施工。

1) 连接件的设置：

a 墙、梁、柱上已预埋锚筋（一般为 φ10mm、6mm，长为 300mm，间距为 400mm）应理直，并刷防锈漆两道。

b 地面、顶板、混凝土梁、柱、墙面未设置锚固筋时，可按 400mm 的间距埋膨胀螺栓或用射钉固定 U 形连接件。也可打孔插筋作连接件：紧贴钢丝网架两边打孔，孔距 300mm，孔径 6mm，孔深 50mm，两排孔应错开，孔内插 φ6 钢筋，下埋 50mm，上露 100mm。地面上的插筋可不用环氧树脂锚固，其余的应先清孔，再用环氧树脂锚固插筋。

2) 安装夹心板：按放线的位置安装钢丝网架夹心板。板与板的拚缝处用箍码或 22 号钢丝扎牢。

3) 夹心板与四周连接：墙、梁、柱上已预埋锚筋的，用 22 号钢丝将锚筋与钢丝网架扎牢，扎扣不少于 3 点。用膨胀螺栓或用射钉固定 U 形连接件，用 22 号钢丝将 U 形连接件与钢丝网架扎牢。

4) 夹心板的加固补强：

a 隔墙的板与板纵横向拼缝处用之字条加固，用箍码或 22 号钢丝与钢丝网架连接。

b 转角墙、丁字墙阴、阳角处四角网加固，用箍码或 22 号钢丝与钢丝网架连接。阳角角网总宽 400mm，阴角角网总宽 300mm。

c 夹心板与混凝土墙、柱、砖墙连接处，阴角用网加固，阴角角网总宽 300mm，一边用箍码或 22 号钢丝与钢丝网架连接，另一边用钢钉与混凝土墙、柱固定或用骑马钉与砖墙固定。

d 夹心板与混凝土墙、柱连接处的平缝，用 300mm 宽平网加固，一边用箍码或 22 号钢丝与钢丝网架连接，另一边用钢钉与混凝土墙、柱固定。

5) 用箍码或 22 号钢丝连接的，箍码或扎点的间距为 200mm，呈梅花形布点。

(4) 门窗洞口加固补强及门窗框安装

当设计有明确要求时，应按设计要求施工，设计无明确要求时，可按以下作法施工：

1) 门窗洞加固补强：

a 门窗洞口各边用通长槽网和 2φ10 钢筋加固补强，槽网总宽 300mm，φ10 钢筋长度为洞边加 400mm。

b 门洞口下部，2φ10 钢筋与地板上的锚筋或膨胀螺栓焊接。

c 窗洞四角、门洞的上方两角用 500mm 长之字条按 45°方向双面加固。网与网用箍码或 22 号钢丝连接，φ10 钢筋用 22 号钢丝绑扎。

2) 门窗框安装：根据门窗框的安装要求，在门窗洞口处安放预埋件，连接门窗框。

(5) 安埋件、敷电线管、稳接线盒

1) 按图纸要求埋设各种预埋件、敷电线管、稳接线盒等，并应与夹心板的安装同步进行，固定牢固。

2) 预埋件、接线盒等的埋设方法是按所需大小的尺寸抠去聚苯或岩棉，在抠洞处喷一层 EC—1 液，用 1:3 水泥砂浆固定埋件或稳住接线盒。

3) 电线管等管道应用 22 号钢丝与钢丝网架绑扎牢固。

(6) 检查校正补强

在抹灰以前，要详细检查夹心板、门窗框、各种预埋件、管道、接线盒的安装和固定是否符合设计要求。安装好的钢丝网架夹心板要形成一个稳固的整体,并做到基本平整、垂直。达不到设计要求的要校正补强。

（7）制备水泥砂浆

砂浆用搅拌机搅拌均匀,稠度应合适。搅拌好的砂浆应在初凝前用完。已凝固的砂浆不得二次掺水搅拌使用。

（8）抹一侧底灰

1）抹一侧底灰前,先在夹心板的另一侧作适当支顶,以防止抹底灰时夹心板晃动。抹灰前在夹心板上均匀喷一层EC—1面层处理剂,随即抹底灰。

2）抹底层灰应按本标准第4.2节的工艺要求作业。底灰的厚度为12mm左右。底灰应基本平整,并用带齿抹子均匀拉槽。抹完底灰随即均匀喷一层EC-1防裂剂。

（9）抹另一侧底灰

在48h以后拆去支顶,抹另一侧底灰。操作方法同本款第（8）项。

（10）抹中层灰、罩面灰

在两层底灰抹完48h以后抹中层灰。应严格按抹灰工序的要求进行,按照阴、阳角找方、设置标筋、分层赶平、修整、表面压光等工序的工艺作业。底灰、中层灰和罩面灰总厚度为25~28mm。

（11）面层装修

按设计要求和饰面层施工工艺作面层装修。

7.2.5 成品保护

1 隔墙板材的堆放场地应坚实、平坦、干燥,不得与地面直接接触。雨期应采取覆盖和垫高措施。现场堆放、搬运复合轻质墙板应侧立,板下加垫方木,距两端500~700mm,不得平放。隔墙板材现场吊运严禁用钢丝捆绑和用钢丝绳兜吊。

2 施工中各专业工种应紧密配合,合理安排工序,严禁颠倒工序作业。隔墙板粘结后12h内不得碰撞敲打,不得进行下道工序施工。隔墙板门窗框塞灰和抹粘结砂浆后,不得振动墙体,待达到强度后方可进行下一工序。

3 钢丝网水泥板安装完成后（抹灰之前）不得攀靠。面板抹灰完成后3d内不可承受任何撞击力。

4 安装埋件时,宜用电钻钻孔扩孔,用扁铲扩方孔,不得对隔墙用力敲击。对刮完腻子的隔墙,不应进行任何剔凿。

5 严防运输小车等碰撞隔墙板及门口。

6 施工后的隔墙板上不得吊挂重物。

7 在施工楼地面时,应防止砂浆溅污隔墙板。

7.2.6 安全、环保措施

1 施工作业人员施工前必须进行安全技术交底。

2 施工中所用的手持电动工具的开关箱内必须安装隔离开关、短路保护、过负荷保护和漏电保护器。

3 钢丝网水泥板安装时气动钳若被箍码卡住,则应关上钳子气门,用小棍将卡住的箍码剔去,不要用手捅。

4 钢丝网水泥板未绑扎牢固前,不得靠扶。

5 切割作业中产生粉尘，应有洒水降尘措施，操作人员要戴口罩。
6 切割过程中产生的固体废弃物应及时装袋，并存放到指定地点。

7.2.7 质量标准

7.2.7.1 板材隔墙工程的检查数量应符合下列规定：

每个检验批应至少抽查10%，并不得少于3间；不足3间时应全数检查。

主 控 项 目

7.2.7.2 隔墙板材的品种、规格、性能、颜色应符合设计要求。有隔声、隔热、阻燃、防潮等特殊要求的工程，板材应有相应性能等级的检测报告。

检验方法：观察；检查产品合格证书、进场验收记录和性能检测报告。

7.2.7.3 安装隔墙板材所需预埋件、连接件的位置、数量及连接方法应符合设计要求。

检验方法：观察；尺量检查；检查隐蔽工程验收记录。

7.2.7.4 隔墙板材安装必须牢固。现制钢丝水泥隔墙与周边墙体的连接方法应符合设计要求，并应连接牢固。

检查方法：观察；手扳检查。

7.2.7.5 隔墙板材所用接缝材料的品种及接缝方法应符合设计要求。

检验方法：观察；检查产品合格证书和施工记录。

一 般 项 目

7.2.7.6 隔墙板材安装应垂直、平整、位置正确，板材不应有裂缝或缺损。

检验方法：观察；尺量检查。

7.2.7.7 板材隔墙表面应平整光滑、色泽一致、洁净，接缝应均匀、顺直。

检验方法：观察；手摸检查。

7.2.7.8 隔墙上的孔洞、槽、盒应位置正确、套割方正、边缘整齐。

检验方法：观察。

7.2.7.9 板材隔墙安装的允许偏差和检验方法应符合表7.2.7.9的规定。

表7.2.7.9 板材隔墙安装的允许偏差和检验方法

项次	项 目	允许偏差（mm）				检 验 方 法
		复合轻质墙板		石膏空心板	钢丝网水泥板	
		金属夹芯板	其他复合板			
1	立面垂直度	2	3	3	3	用2m垂直检测尺检查
2	表面平整度	2	3	3	3	用2m靠尺和塞尺检查
3	阴阳角方正	3	3	3	4	用直角检测尺检查
4	接缝高低差	1	2	2	3	用钢直尺和塞尺检查

7.2.8 质量验收

1 检验批的划分和抽样检查数量按本标准的第7.1.12条和第7.2.7.1条规定执行。

2 检验批的验收按本标准第3.3.19条进行组织。

3 检验批质量验收记录当地方政府主管部门无统一规定时，宜采用表7.2.8"板材隔墙工程检验批质量验收记录表"。

表 7.2.8 板材隔墙工程检验批质量验收记录表

GB 50210—2001

单位（子单位）工程名称														
分布（子单位）工程名称					验收部位									
施工单位					项目经理									
分包单位					分包项目经理									
施工执行标准名称及编号														
	施工质量验收规范的规定				施工单位检查评定记录									监理（建设）单位验收记录
主控项目	1	板材质量		第7.2.3条										
	2	预埋件、连接件		第7.2.4条										
	3	安装质量		第7.2.5条										
	4	接缝材料、方法		第7.2.6条										
一般项目	1	安装位置		第7.2.7条										
	2	表面质量		第7.2.8条										
	3	孔洞、槽、盒		第7.2.9条										
	4	允许偏差	立面垂直度(mm)	复合轻质墙板	金属夹芯板	2								
					其他复合板	3								
				石膏空心板		3								
				钢丝网水泥板		3								
			表面平整度(mm)	复合轻质墙板	金属夹芯板	2								
					其他复合板	3								
				石膏空心板		3								
				钢丝网水泥板		3								
			阴阳角方正(mm)	复合轻质墙板	金属夹芯板	3								
					其他复合板	3								
				石膏空心板		3								
				钢丝网水泥板		4								
			接缝高低差(mm)	复合轻质墙板	金属夹芯板	1								
					其他复合板	2								
				石膏空心板		2								
				钢丝网水泥板		3								
施工单位检查评定结果		专业工长（施工员）						施工班组长						
		项目专业质量检查员：										年 月 日		
监理（建设）单位验收结论		专业监理工程师（建设单位项目专业技术负责人）：										年 月 日		

7.3 骨架隔墙工程

7.3.1 本节适用于以轻钢龙骨、木龙骨等为骨架，以纸面石膏板、人造木板、水泥纤维板等为墙面板的隔墙工程的施工及质量验收。

7.3.2 施工准备

7.3.2.1 技术准备

1 熟悉骨架隔墙施工图纸。

2 对厂家所提供的骨架隔墙的施工技术要求和应注意事项仔细阅读，并针对现场施工编写技术交底书。

3 先作样板墙一道，经验收合格后再大面积施工。

4 向作业班组作详细的技术交底。

7.3.2.2 材料准备

1 轻钢龙骨隔墙

隔墙工程使用的轻钢龙骨主要有支撑卡系列龙骨和通贯系列龙骨。轻钢龙骨主件有沿顶沿地龙骨、加强龙骨、竖（横）向龙骨、横撑龙骨、扣盒龙骨、空气龙骨。轻钢龙骨配件有支撑卡、卡托、角托、连接件、固定件、护角条、压缝条、射钉、膨胀螺栓、镀锌自攻螺钉、木螺钉等。

2 木龙骨隔墙

木方 40mm×70mm，25mm×25mm，15mm×35mm；板条 $l=1000$mm；钉子 25mm，60mm，100mm；胀铆螺栓、胶粘剂等。

3 罩面板

根据设计选用，一般为纸面石膏板，辅助材料准备嵌缝腻子、玻璃纤维接缝带、胶粘剂、自攻螺钉等；人造木板，辅助材料准备圆钉、油性腻子等；水泥纤维板，辅助材料准备密封膏、石膏腻子或水泥砂浆、自攻螺钉等。

7.3.2.3 机具设备

1 轻钢龙骨安装机具

电动剪、电动自攻钻、曲线锯、射钉枪、电动冲击钻、手电钻、直流电焊机、线坠、靠尺等。

2 木龙骨安装机具

电锯、电刨、手提电钻、电动冲击钻、射钉枪、量尺、角尺、水平尺、线坠、墨斗等。

3 罩面板安装机具

搅拌器、滑梳、胶料铲、平抹板、嵌缝枪、橡胶锤、快装钳、安全多用刀、滚锯、板锯、针锉、平锉、边角刨、圆孔锯、射钉枪、拉枪、羊角锤、打磨工具、角抹子、水平靠尺、刮刀等。

7.3.2.4 作业条件

1 主体结构已验收，屋面已作完防水层，室内地面、室内抹灰、玻璃等工序已完成。

2 室内弹出 +500mm 标高线。

3 石膏龙骨石膏板隔墙、轻钢龙骨石膏罩面板隔墙作业的环境温度不应低于5℃。

4 根据设计图和提出的备料计划，核查隔墙全部材料，使其配套齐全。

5 主体结构墙、柱为砖砌体时，应在隔墙交接处，按1000mm间距离预埋防腐木砖。

6 设计要求隔墙有地枕带时，应先将C20细石混凝土枕带施工完毕，强度达到10MPa以上，方可进行龙骨的安装。

7.3.3 材料质量控制

1 隔墙龙骨及配件

（1）轻钢龙骨的配置应符合设计要求。龙骨应有产品质量合格证。龙骨外观应表面平整，棱角挺直，过渡角及切边不允许有裂口和毛刺，表面不得有严重的污染、腐蚀和机械损伤。技术性能应符合"附录J《建筑用轻钢龙骨》GB/T 11981—2001"要求。

（2）木龙骨应采用变形小、不易开裂和易于加工的红松、白松或杉木等干燥的木料，含水量宜控制在12%以内，规格按设计要求加工。

2 罩面板

（1）纸面石膏板：见本标准第6.2.3条"材料质量控制"第2款要求。

（2）人造木板：常见品种有胶合板和纤维板等，技术性能应符合附录D相关面板要求，甲醛含量应符合本标准中表5.2.2-3的规定。要求选料严格，板材厚薄均匀，表面平整、光洁，并不得有边棱翘起、脱层等毛病。纤维板需作等湿处理。

（3）水泥纤维板：板正面应平整、光滑、边缘整齐，不应有裂缝、孔洞等缺陷，尺寸允许偏差及物理力学性能符合标准要求，有产品质量合格证。并应符合有关国家和行业标准要求。附录P为纤维增强低碱度水泥建筑平板和维纶纤维增强水泥平板等技术性能要求。

3 胶粘剂

胶粘剂的类型应按罩面板的品种配套选用，现场配制的胶粘剂，其配合比应由试验确定。

4 接缝材料

（1）WKF接缝腻子：抗压强度＞3.0MPa，抗折强度＞1.5MPa，终凝时间＞0.5h。

（2）50mm中碱玻纤带和玻纤网格布：网格8目/in，布重80g/m；断裂强度（25mm×100mm）：布条，经纱≥300N，纬纱≥150N。

5 防火涂料

应有产品合格证书及使用说明书。

7.3.4 施工工艺

7.3.4.1 轻钢龙骨隔墙施工

1 工艺流程

墙位放线→墙基（垫）施工→安装沿地、沿顶及沿边龙骨→安装竖龙骨→安装通贯龙骨→安装横撑龙骨→固定各种洞口及门→龙骨检查校正补强→安装一侧罩面板→设计有保温材料时填保温材料→暖卫水电等钻孔下管穿线并验收→安装另一侧罩面板→接缝处理→连接固定设备、电气→墙面装饰→踢脚线施工

2 施工要点

（1）墙位放线

根据设计图纸确定的隔断墙位，结合罩面板的长、宽分档，以确定竖向龙骨、横撑及附加龙骨的位置，在楼地面弹线，并将线引测至顶棚和侧墙。

（2）墙基（垫）施工

1)有踢脚台(墙垫)时,应先对楼地面基层进行清理,并涂刷YJ302型界面处理剂一道。

2)浇筑C20素混凝土踢脚台,上表面应平整,两侧面应垂直。

(3)安装沿地、沿顶及沿边龙骨

1)横龙骨与建筑顶、地连接及竖龙骨与墙、柱连接可采用射钉,选用M5×35mm的射钉将龙骨与混凝土基体固定,砖砌墙、柱体应采用金属胀铆螺栓。射钉或电钻打孔间距宜为900mm,最大不应超过1000mm。

2)轻钢龙骨与建筑基体表面接触处,应在龙骨接触面的两边各粘贴一根通长的橡胶密封条。沿地、沿顶和靠墙(柱)龙骨的固定方法,见图7.3.4.1-1。

(4)安装竖龙骨

1)按设计确定的间距就位竖龙骨,或根据罩面板的宽度尺寸而定:

a 罩面板材较宽者,应在其中间加设一根竖龙骨,竖龙骨中距最大不应超过600mm。

b 隔断墙的罩面层重量较大时(如贴瓷砖)的竖龙骨中距,应以不大于420mm为宜。

c 隔断墙体的高度较大时,其竖龙骨布置也应加密。

2)由隔断墙的一端开始排列竖龙骨,有门窗者要从门窗洞口开始分别向两侧排列。当最后一根竖龙骨距离沿墙(柱)龙骨的尺寸大于设计规定时,必须增设一根竖龙骨。

a 将竖龙骨推向沿顶、沿地龙骨之间,翼缘朝罩面板方向就位。龙骨的上、下端如为刚柱连接,均用自攻螺钉或抽心铆钉与横龙骨固定(图7.3.4.1-2)。

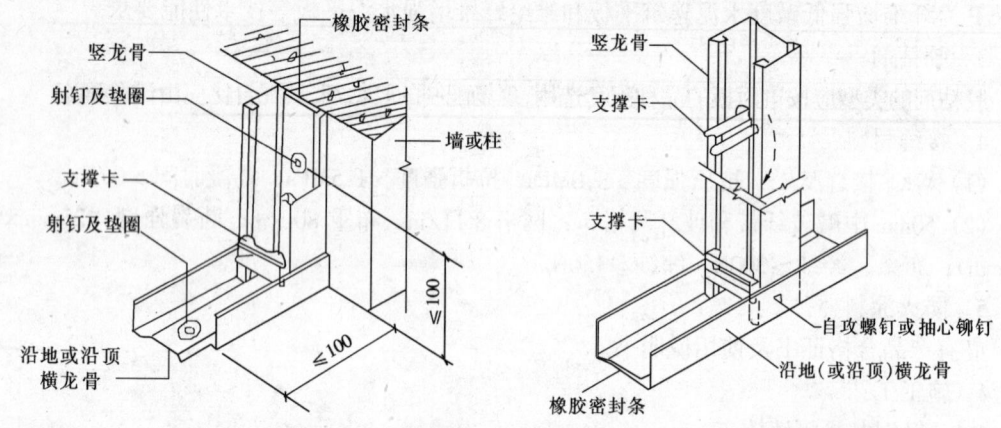

图7.3.4.1-1 沿地(顶)及沿墙(柱)龙骨的固定　　图7.3.4.1-2 竖龙骨与沿地(顶)横龙骨的固定

b 当采用有冲孔的竖龙骨时,其上下方向不能颠倒,竖龙骨现场截断时一律从其上端切割,并应保证各条龙骨的贯通孔高度必须在同一水平。

3)门窗洞口处的竖龙骨安装应依照设计要求,采用双根并用或是扣盒子加强龙骨。如果门的尺度大且门扇较重时,应在门框外的上下左右增设斜撑。

(5)安装通贯龙骨

1)通贯横撑龙骨的设置:低于3m的隔断墙安装1道;3~5m高度的隔断墙安装2~3道。

2)对通贯龙骨横穿各条竖龙骨进行贯通冲孔,需接长时应使用配套的连接件(图7.3.4.1-3)。

3)在竖龙骨开口面安装卡托或支撑卡与通贯横撑龙骨连接锁紧(图7.3.4.1-4),根据需要在竖龙骨背面可加设角托与通贯龙骨固定。

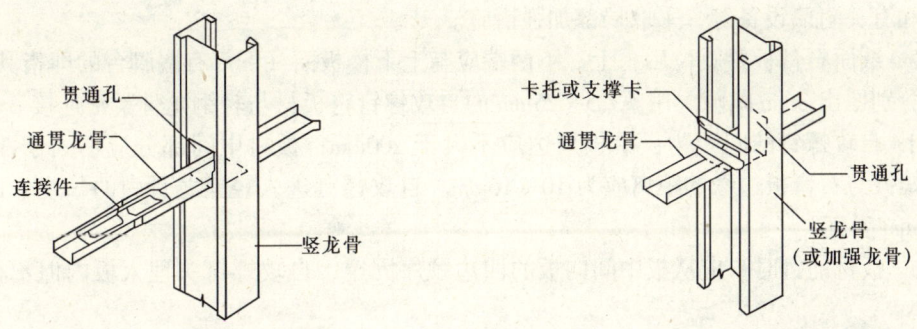

图 7.3.4.1-3　通贯龙骨的接长　　图 7.3.4.1-4　通贯龙骨与竖龙骨的连接固定

4）采用支撑卡系列的龙骨时，应先将支撑卡安装于竖龙骨开口面，卡距为 400～600mm，距龙骨两端的距离为 20～25mm。

（6）安装横撑龙骨

1）隔墙骨架高度超过 3m 时，或罩面板的水平方向板端（接缝）未落在沿顶沿地龙骨上时，应设横向龙骨。

2）选用 U 形横龙骨或 C 形竖龙骨作横向布置，利用卡托、支撑卡（竖龙骨开口面）及角托（竖龙骨背面）与竖向龙骨连接固定（图 7.3.4.1-5）。

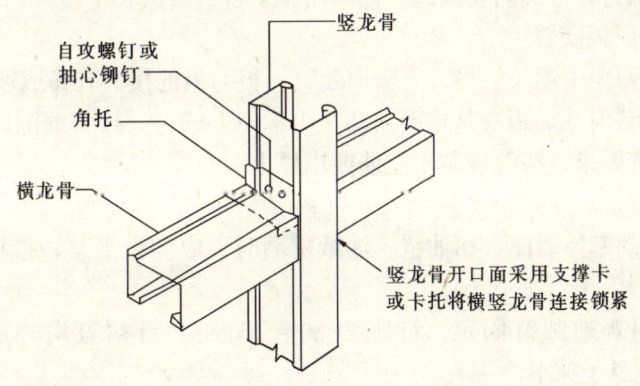

图 7.3.4.1-5　横撑龙骨与竖龙骨

3）有的系列产品，可采用其配套的金属嵌缝条作横竖龙骨的连接固定件。

（7）固定各种洞口及门窗框

门窗或特殊节点处，增设附加龙骨，安装应符合设计要求。

（8）龙骨检查校正补强

安装罩面板前，应检查隔墙骨架的牢固程度，门窗框、各种附墙设备、管道的安装和固定是否符合设计要求。龙骨的立面垂直偏差应≤3mm，表面不平整应≤2mm。

（9）安装一侧罩面板

1）纸面石膏罩面板安装：

a　纸面石膏板安装，宜竖向铺设，其长边（包封边）接缝应落在竖龙骨上。如果为防火墙体，纸面石膏板必须竖向铺设。曲面墙体罩面时，纸面石膏板宜横向铺设。

b 纸面石膏板可单层铺设,也可双层铺板,由设计确定。安装前应对预埋隔断中的管道和有关附墙设备等,采取局部加强措施。

c 纸面石膏板材就位后,上、下两端应与上下楼板面(下部有踢脚台的即指其台面)之间分别留出3mm间隙。用$\phi 3.5\times 25$mm的自攻螺钉将板材与轻钢龙骨紧密连接。

d 自攻螺钉的间距为:沿板周边应不大于200mm;板材中间部分应不大于300mm;自攻螺钉与石膏板边缘的距离应为10~16mm。自攻螺钉进入轻钢龙骨内的长度,以不小于10mm为宜。

e 板材铺钉时,应从板中间向板的四边顺序固定,自攻螺钉头埋入板内但不得损坏纸面。

f 板块宜采用整板,如需对接时应靠紧,但不得强压就位。

g 纸面石膏板与墙、柱面之间,应留出3mm间隙,与顶、地的缝隙应先加注嵌缝膏再铺板,挤压嵌缝膏使其与相邻表层密切接触。

h 安装防火墙石膏板时,石膏板不得固定在沿顶、沿地龙骨上,应另设横撑龙骨加以固定。

i 隔墙板的下端如用木踢脚板覆盖,罩面板应离地面20~30mm;用大理石、水磨石踢脚板时,罩面板下端应与踢脚板上口齐平,接缝严密。

j 安装好第一层石膏板后,即可用嵌缝石膏粉(按粉水比为1.0:0.6)调成的腻子处理板缝,并将自攻螺钉帽涂刷防锈涂料,同时用腻子将钉眼嵌补平整。

2)人造木板罩面板安装:

a 面板应从下面角上逐块钉设,宜竖向装钉,板与板的接头宜作成坡楞。

b 如为留缝作法时,面板应从中间向两边由下而上铺钉,接头缝隙以5~8mm为宜,板材分块大小按设计要求,拼缝应位于立筋或横撑上。

c 铺钉时要求:

a)安装胶合板的基体表面,用油毡、油纸防潮时,应铺设平整,搭接严密,不得有皱折、裂缝和透孔等。

b)胶合板如用普通圆钉固定,钉距为80~150mm,钉帽敲扁并进入板面0.5~1.0mm,钉眼用油性腻子抹平。

c)胶合板如涂刷清漆时,相邻板面的木纹和颜色应近似。

d)纤维板如用圆钉固定时,钉距为80~120mm,钉帽宜进入板面0.5mm,钉眼用油性腻子抹平。硬质纤维板应预先用水浸透,自然阴干后安装。

e)胶合板、纤维板如用木压条固定,钉距不应大于200mm,钉帽应打扁并进入木压条0.5~2.0mm,钉眼用油性腻子抹平。

f)当胶合板或纤维板罩面后作为隔断墙面装饰时,在阳角处宜做护角。

3)水泥纤维板安装:

a 在用水泥纤维板做内墙板时,严格要求龙骨骨架基面平整。

b 板与龙骨固定用手电钻或冲击钻,大批量同规格板材切割应委托工厂用大型锯床进行,少量安装切割可用手提式无齿圆锯进行。

c 板面开孔:分矩形孔和大圆孔两种。

开矩形孔通常采用电钻先在矩形的四角各钻一孔,孔径为10mm,然后用曲线锯沿四孔圆心的连线切割开孔部位，边缘用锉刀倒角。

开大圆孔同样用电钻打孔，再用曲线锯加工，完成后边缘用锉刀倒角。

所有开孔均应防止应力集中而产生表面开裂。

d　将水泥纤维板固定在龙骨上，龙骨间距一般为600mm，当墙体高度超过4m时，按设计计算确定。用自攻螺钉固定板，其钉距根据墙板厚度一般为200～300mm。钉孔中心与板边缘距离一般为10～15mm。螺钉应根据龙骨、板的厚度，由设计人员确定直径与长度。

e　板与龙骨固定时，手电钻钻头直径应选用比螺钉直径小0.5～1mm的钻头打孔。固定后钉头处应及时涂底漆或腻子。

(10) 保温材料、隔声材料铺设

当设计有保温或隔声材料时，应按设计要求的材料铺设。铺放墙体内的玻璃棉、矿棉板、岩棉板等填充材料，应固定并避免受潮。安装时尽量与另一侧纸面石膏板同时进行，填充材料应铺满铺平。

(11) 暖卫水电等钻孔下管穿线并验收

1) 安装好隔断墙体一侧的第1层面板后，按设计要求将墙体内需要设置的接线盒、穿线管固定在龙骨上。穿线管可通过龙骨上的贯通孔。

2) 接线盒的安装可在墙面开洞，但在同一墙面每两根竖龙骨之间最多可开2个接线盒洞，洞口距竖龙骨的距离为150mm；两个接线盒洞口须上下错开，其垂直边在水平方向的距离不得小于300mm。

3) 在墙内安装配电箱，可在两根竖龙骨之间横装辅助龙骨，龙骨之间用抽芯铆钉连接固定，不允许采用电气焊。

4) 对于有填充要求的隔断墙体，待穿线部分安装完毕，即先用胶粘剂（792胶或氯丁胶等）按500mm的中距将岩棉粘固在石膏板上，牢固后（约12h），将岩棉等保温材料填入龙骨空腔内，用岩棉固定钉固定，并利用其压圈压紧。

(12) 安装另一侧罩面板

1) 装配的板缝与对面的板缝不得布在同一根龙骨上。板材的铺钉操作及自攻螺钉钉距等同上述要求。

2) 单层纸面石膏板罩面(图7.3.4.1-6)安装后，如设计为双层板罩面(图7.3.4.1-7)，其第一层板铺钉安装后只需用石膏腻子填缝，尚不需进行贴穿孔纸带及嵌条等处理工作。

3) 第2层板的安装方法同第1层，但必须与第1层板的板缝错开，接缝不得布在同一根龙骨上。固定应用$\phi3.5\times5$mm自攻螺钉。内、外层板应采用不同的钉距，错开铺钉（参见图7.3.4.1-7）。

4) 除踢脚板的墙端缝之外，纸面石膏板墙的丁字或十字相接的阴角缝隙，应使用石膏腻子嵌满并粘贴接缝带（穿孔纸带或玻璃纤维网格胶带）。

(13) 接缝处理

1) 纸面石膏板接缝及护角处理：主要包括纸面石膏板隔断墙面的阴角处理、阳角处理、暗缝和明缝处理等。

a　阴角处理。将阴角部位的缝隙嵌满石膏腻子，把穿孔纸带用折纸夹折成直角状后贴于阴缝处，再用阴角贴带器及滚抹子压实。

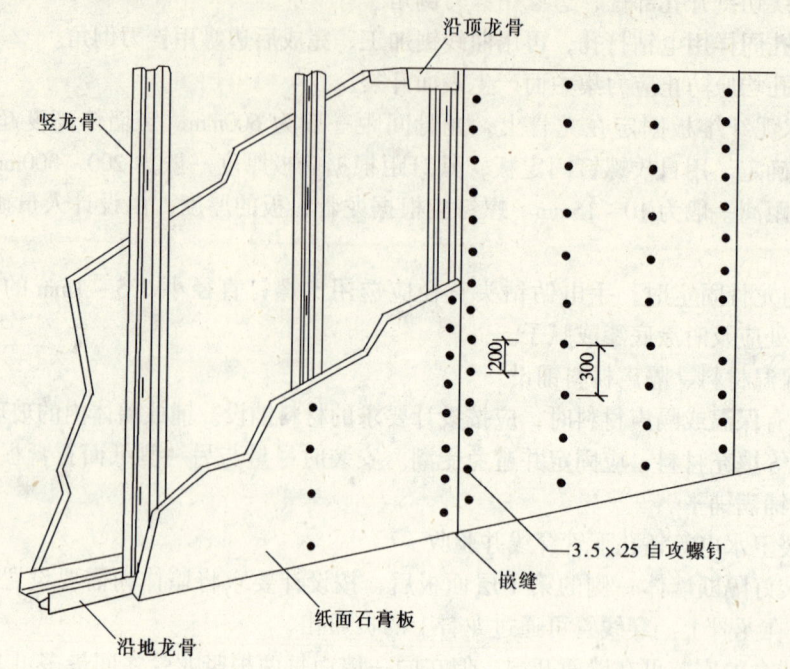

图 7.3.4.1-6 单层纸面石膏板隔墙罩面

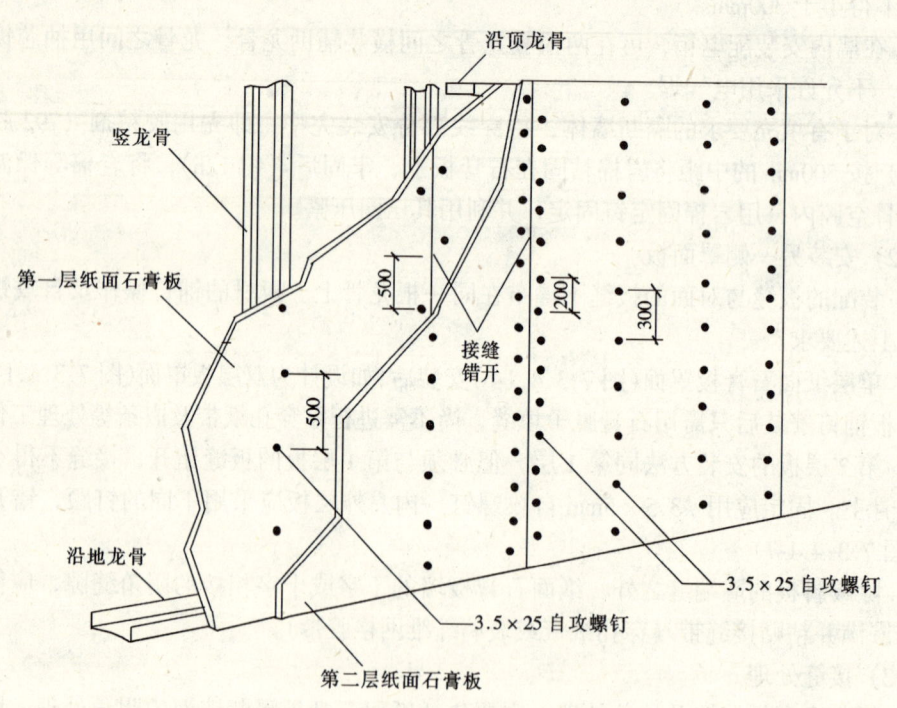

图 7.3.4.1-7 双层纸面石膏板隔墙罩面

用阴角抹子薄抹一层石膏腻子，待腻子干燥后（约12h）用2号砂纸磨平磨光。

　　b 阳角处理。阳角转角处应使用金属护角。按墙角高度切断，安放于阳角处，用

12mm 长的圆钉或采用阳角护角器将护角条作临时固定，然后用石膏腻子把金属护角批抹掩埋，待完全干燥后（约 12h）用 2 号砂纸将腻子表面磨平磨光。

c 暗缝处理。暗缝（无缝）要求的隔断墙面，一般选用楔形边的纸面石膏板。嵌缝所用的穿孔纸带宜先在清水中浸湿，采用石膏腻子和接缝纸带抹平（见图 7.3.4.1-8）。

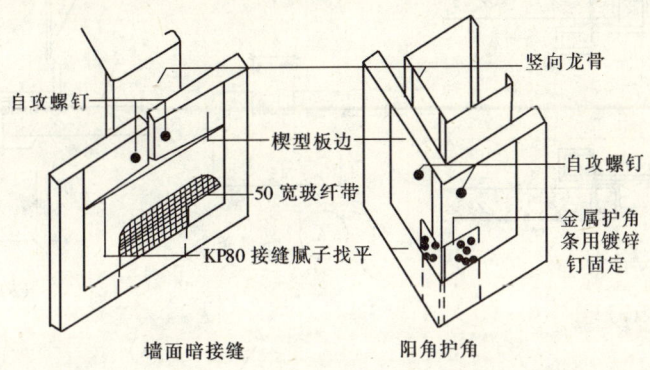

图 7.3.4.1-8　墙面接缝及阳角做法

对于重要部位的缝隙，可采用玻璃纤维网格胶带取代穿孔纸带。石膏板拼缝的嵌封分以下四个步骤：

a）清洁板缝，用小刮刀将嵌缝石膏腻子均匀饱满地嵌入板缝，并在板缝处刮涂宽约 60mm、厚 1mm 的腻子，随即贴上穿孔纸带或玻璃纤维网格胶带，使用宽约 60mm 的刮刀顺贴带方向压刮，将多余的腻子从纸带或网带孔中挤出使之平敷，要求刮实、刮平，不得留有气泡；

b）用宽约 150mm 的刮刀将石膏腻子填满宽约 150mm 的板缝处带状部分；

c）用宽约 300mm 的刮刀再补一遍石膏腻子，其厚度不得超过 2mm；

d）待石膏腻子完全干燥后（约 12h），用 2 号砂纸或砂布将嵌缝腻子表面打磨平整。

d 明缝处理。纸面石膏板隔断墙的明缝处理见图 7.3.4.1-9。墙面设置明缝者，一般有三种情况。

a）采用棱边为直角边的纸面石膏板于拼缝处留出 8mm 间隙，使用与龙骨配套的金属嵌缝条嵌缝；

b）留出 9mm 板缝先嵌入金属嵌缝条，再以金属盖缝条压缝；

c）隔墙的通长超过一定限值（一般为 20m）时需设置控制缝，控制缝的位置可设在石膏板接缝处或隔墙门洞口两侧的上部。

e 包边处理。纸面石膏板需要包边的部位，应按设计要求用金属包边条做好包边处理。

2）人造木板板缝处理：板材四周接缝处加钉盖口条，将缝盖严。也可采用四周留缝的做法，缝宽一般以 10mm 左右为宜。接缝处理根据板材确定，纤维板可采取二次抹压填缝剂的方法：

a 在接缝处使用填缝剂前，应使用线带。

b 第一道填缝剂处理，应使其与壁齐平。

c 待第一道填缝剂干硬后，再使用第二道填缝剂。填缝时，要使填缝剂鼓起，并在

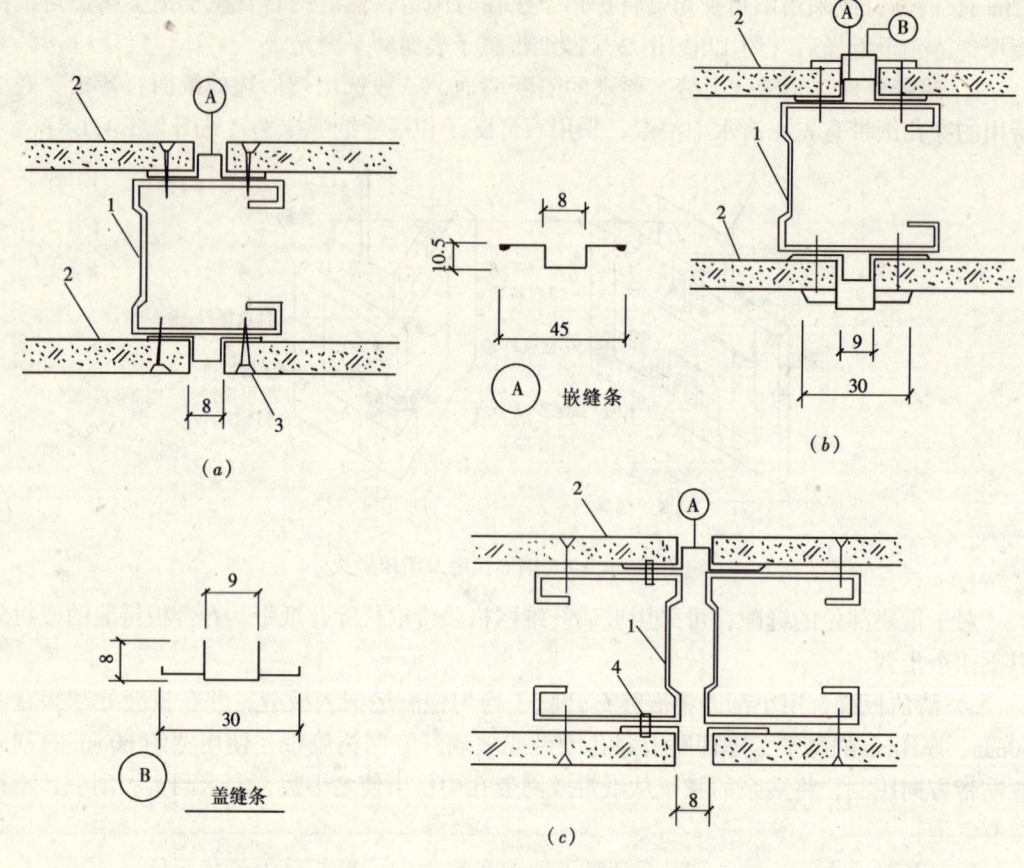

图 7.3.4.1-9 石膏罩面板的明缝处理
(a) 嵌缝条嵌缝；(b) 嵌缝后再以盖缝条压缝；(c) 控制缝的嵌缝
1—墙体竖龙骨；2—纸面石膏板；3—自攻螺钉；4—抽芯铆钉

干后能高出表面（图 7.3.4.1-10）。

d 砂磨填缝剂，使其与板面平整。

3）水泥纤维板板缝处理：

a 将板缝清刷干净，板缝宽度 5～8mm。

b 根据使用部位，用密封膏、普通石膏腻子、或水泥砂浆加胶粘剂拌成腻子进行嵌缝。

c 板缝刮平，并用砂纸、手提式平面磨光机打磨，使其平整光洁。

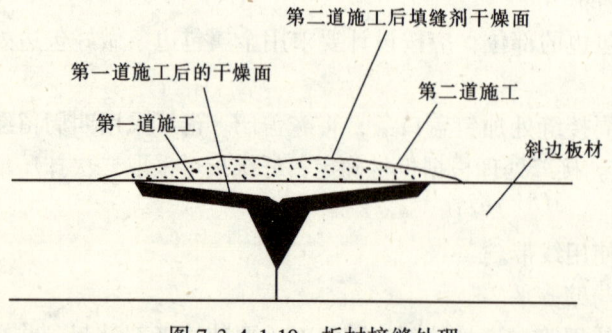

图 7.3.4.1-10 板材接缝处理

(14) 连接固定设备、电气

1）隔墙管线安装与电气接线盒构造，见图 7.3.4.1-11。管线安装时，所有管子必须与各种墙板保留间隙，在两根竖龙骨间开孔最大断面积不得大于2580mm²,即50mm(外径)管1根或25mm(外径)管5根。

2) 电气设备孔洞需满足:每一墙面,每两根竖龙骨间最多可开两个接线盒洞,当图中 $A = 150mm$ 时,不加隔板。

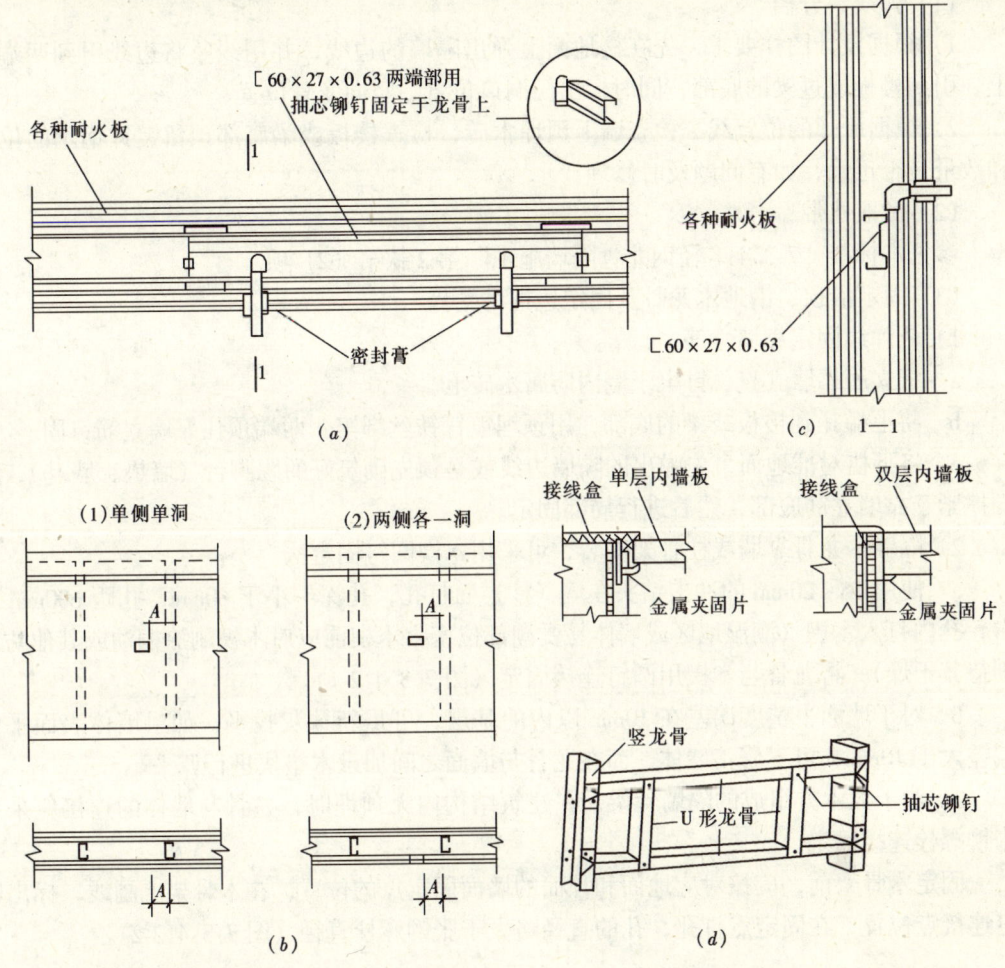

图7.3.4.1-11 隔墙管线安装与电气接线盒构造示意图
(a)管线安装构造;(b)电气接线盒墙面洞口位置;(c)接线盒与墙连接节点;(d)墙内装配电箱构造

(15) 墙面装饰、踢脚线施工

1) 在对水泥纤维板板面进行各种装饰前,应用砂纸或手提式平面磨光机清除板面的浮灰、油污等。

2) 需对板进行喷、涂预加工时,第一道底漆或涂料应进行双面喷涂,以防单面应力而产生变形。

3) 对已安装固定的面板,可直接在墙面单面喷涂。但第一道底漆必须为白色。

7.3.4.2 木龙骨隔墙施工

1 工艺流程

弹线、分档→做地枕带(设计有要求时)→固定沿顶、沿地木龙骨→固定边框木龙骨→安装竖向木龙骨→安装门、窗框→安装附加木龙骨→安装支撑木龙骨→检查木龙骨安

装质量→电气铺管、安附墙设备→安装一面板条→填充隔声材料→安装另一面板条→接缝及护角处理→质量检验

2 施工要点

(1) 弹线、分档

1) 根据设计图样要求，先在楼地面上弹出隔墙的边线，并用线坠将边线引到两端墙上、引到楼板或过梁的底部，同时标出门洞口位置、竖向龙骨位置。

2) 根据所弹的位置线，检查墙上预埋木砖，检查楼板或梁底部预留镀锌钢丝的位置和数量是否正确，如有问题及时修理。

(2) 做地枕带

参见本标准"7.3.4.1 轻钢龙骨隔墙施工"第2款第(2)项。

(3) 固定沿顶、沿地木龙骨及固定边框木龙骨

1) 依弹线固定靠墙立筋。

a 将立筋靠墙立直，钉牢于墙内防腐木砖上。

b 将上槛托到楼板或梁的底部，用预埋镀锌铁丝绑牢，两端顶住靠墙立筋钉固。

c 将下槛对准地面事先弹出的隔墙边线或是预先砌筑好的踢脚台（墙垫、墙基），两端撑紧于靠墙立筋底部，然后进行局部固定。

2) 隔墙木龙骨靠墙或柱骨架安装，可采用木楔圆钉固定法。

a 使用16～20mm的冲击钻头在墙（柱）面打孔，孔深不小于60mm，孔距600mm左右，孔内打入木楔（潮湿地区或墙体易受潮部位塞入木楔前应对木楔刷涂桐油或其他防腐剂待其干燥），将龙骨与木楔用圆钉连接固定（图7.3.4.2-1）。

b 对于墙面平整度误差在10mm以内的基层，可重新抹灰找平；如果墙体表面平整偏差大于10mm，可不修正墙体，而在龙骨与墙面之间加设木垫块进行调平。

3) 对于大木方组成的隔墙骨架，在建筑结构内无预埋时，龙骨与墙体的连接应采用胀铆螺栓连接固定。

固定木骨架前，应按对应地面和顶面的墙面固定点的位置，在木骨架上画线，标出固定连接点位置，在固定点打孔，孔的直径略大于胀铆螺栓直径（图7.3.4.2-2）。

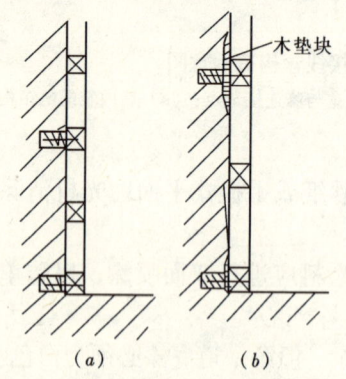

图7.3.4.2-1 木龙骨与墙体的连接
(a) 平整墙面木楔圆钉固定法；
(b) 不平整墙面加木垫块后的固定

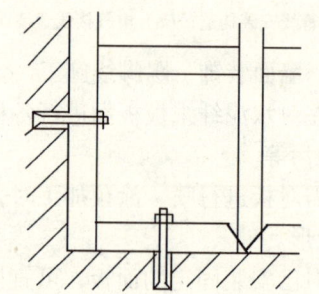

图7.3.4.2-2 大木方龙骨用胀铆螺栓连接固定示意

4) 木骨架与沿顶的连接可采用射钉、胀铆螺栓、木楔圆钉等固定。

a 不设开启门扇的隔墙,当其与铝合金或轻钢龙骨吊顶接触时,隔墙木骨架可独自通入吊顶内与建筑楼板以木楔圆钉固定;当其与吊顶的木龙骨接触时,应将吊顶木龙骨与隔墙木龙骨的沿顶龙骨钉接,如两者之间有接缝,还应垫实接缝后再钉钉子。

b 有门扇的木隔墙,竖向龙骨穿过吊顶面与楼板底需采用斜角支撑固定。斜角支撑的材料可用方木,也可用角钢,斜角支撑杆件与楼板底面的夹角以60°为宜。斜角支撑与基体的固定,可用木楔铁钉或胀铆螺栓,见图7.3.4.2-3所示。

5)木骨架与地(楼)面的连接

a 用 $\phi7.8mm$ 或 $\phi10.8mm$ 的钻头按300~400mm的间距于地(楼)面打孔,孔深为45mm左右,利用M6或M8的胀铆螺栓将沿地龙骨固定。

b 对于面积不大的隔墙木骨架,可采用木楔圆钉固定法,在楼地面打 $\phi20mm$ 左右的孔,孔深50mm左右,孔距300~400mm,孔内打入木楔,将隔墙木骨架的沿地龙骨与木楔用圆钉固定。

c 简易的隔墙木骨架,可采用高强水泥钉,将木框架的沿地面龙骨钉牢于混凝土地(楼)面。

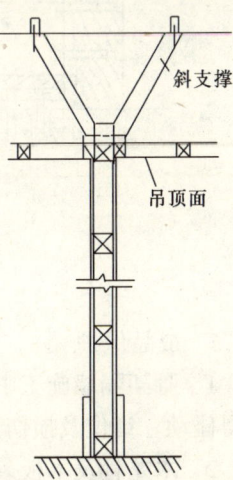

图7.3.4.2-3 带木门隔墙与建筑顶面的连接固定

(4)安装竖向木龙骨

1)安装竖向木龙骨应垂直,其上下端要顶紧上下槛,分别用钉斜向钉牢。

2)在立筋之间钉横撑,横撑可不与立筋垂直,将其两端头按相反方向稍锯成斜面,以便楔紧用钉固定。横撑的垂直间距宜1.2~1.5m。

3)门樘边的立筋应加大断面或者是双根并用,门樘上方加设人字撑固定。

(5)安装门、窗框

隔墙的门框以门洞口两侧的竖向木龙骨为基体,配以档位框、饰边板或饰边线组合而成。

1)档位框设置

a 大木方骨架的隔墙门洞竖龙骨断面大,档位框的木方可直接固定于竖向木龙骨上。

b 小木方双层构架的隔墙,应先在门洞内侧钉固12mm厚的胶合板或实木板,再在其上固定档位框。

c 木隔墙门框的竖向方木,应采取铁件加固法(图7.3.4.2-4)。

2)饰边板(线)安装

木质隔墙门框在设置档位框的同时,采用包框饰边的结构形式,常见的有厚胶合板加木线条包边、阶梯式包边、大木线条压边等。安装固定时可使用胶粘钉合,装设牢固,注意铁钉应冲入面层。

(6)安装附加木龙骨、支撑木龙骨

根据设计要求安装附加木龙骨、支撑木龙骨。其安装方法同立柱的安装。

(7)电气铺管安附墙设备、罩面板安装、接缝及护角处理

参见本标准"7.3.4.1 轻钢龙骨隔墙施工"相关内容。

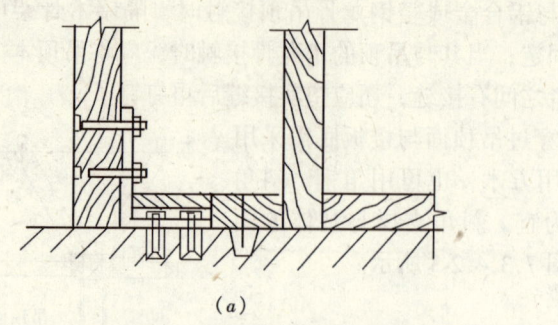
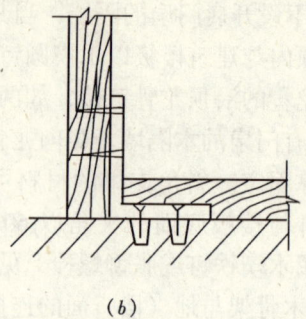

图 7.3.4.2-4　木隔断门框采用铁件加固的构造做法
(a) 用胀铆螺栓固定；(b) 用螺钉固定

7.3.5　成品保护

1　骨架隔墙施工中，各工种间应保证已安装项目不受损坏，墙内电线管及附墙设备不得碰动、错位及损伤。

2　木龙骨及木板条入场，存放、使用过程中应妥善保管，保证不变形、不受潮、不污染、无损坏。

3　轻钢龙骨、石膏龙骨入场，存放、使用过程中应妥善保管，保证不变形、不受潮、不污染、无损坏。

4　各种隔墙面板整垛堆放，场地要求平坦、坚实，垛高不宜超过 1.5m。不同类型、规格的板材要分别堆放，装箱时也不应混装。装卸搬运时，不得碰撞、抛掷。运输中车、船底面必须平坦。散装高度不宜超过车箱栏板，箱装叠高不准超过两箱，并应采取固定措施，确保车船运输中不移位滑撞。施工中搬运时，必须轻拿轻放，严禁两人在端部平抬，应将板按长向竖起后侧立，提高地面搬运。

5　施工部位已安装的门窗、地面、墙面、窗台等应注意保护，防止损坏。已安装好的墙体不得碰撞保持墙面不受损坏和污染。

6　进入冬期又尚未住人的房间，应控制供热温度，并注意开窗通风，以防干热造成墙体变形和裂缝。

7.3.6　安全、环保措施

1　施工作业人员施工前必须进行安全技术交底。

2　施工中所用的手持电动工具的开关箱内必须安装隔离开关、短路保护、过负荷保护和漏电保护器。

3　木制品加工过程中，操作人员严禁吸烟。

4　切割作业中产生粉尘，应有洒水降尘措施，操作人员要戴口罩。

5　木工作业过程中产生的木屑应及时装袋，并存放到指定地点。

6　木工机械维修保养，防止油污渗漏。

7　切割过程中产生的固体废弃物应及时装袋，并存放到指定地点。

7.3.7　质量标准

7.3.7.1　骨架隔墙工程的检查数量应符合下列规定：

每个检验批应至少抽查 10%，并不得少于 3 间；不足 3 间时应全数检查。

主 控 项 目

7.3.7.2 骨架隔墙所用龙骨、配件、墙面板、填充材料及嵌缝材料的品种、规格、性能和木材的含水率应符合设计要求。有隔声、隔热、阻燃、防潮等特殊要求的工程,材料应有相应性能等级的检测报告。

检验方法:观察;检查产品合格证书、进场验收记录、性能检测报告和复验报告。

7.3.7.3 骨架隔墙工程边框龙骨必须与基体结构连接牢固,并应平整、垂直、位置正确。

检验方法:手扳检查;尺量检查;检查隐蔽工程验收记录。

7.3.7.4 骨架隔墙中龙骨间距和构造连接方法应符合设计要求。骨架内设备管线的安装、门窗洞口等部位加强龙骨应安装牢固、位置正确,填充材料的设置应符合设计要求。

检验方法:检查隐蔽工程验收记录。

7.3.7.5 木龙骨及木墙面板的防火和防腐处理必须符合设计要求。

检验方法:检查隐蔽工程验收记录。

7.3.7.6 骨架隔墙的墙面板应安装牢固,无脱层、翘曲、折裂及缺损。

检验方法:观察;手扳检查。

7.3.7.7 墙面板所用接缝材料的接缝方法应符合设计要求。

检验方法:观察。

一 般 项 目

7.3.7.8 骨架隔墙表面应平整光滑、色泽一致、洁净、无裂缝,接缝应均匀、顺直。

检验方法:观察;手摸检查。

7.3.7.9 骨架隔墙上的孔洞、槽、盒应位置正确、套割吻合、边缘整齐。

检验方法:观察。

7.3.7.10 骨架隔墙内的填充材料应干燥,填充应密实、均匀、无下坠。

检验方法:轻敲检查;检查隐蔽工程验收记录。

7.3.7.11 骨架隔墙安装的允许偏差和检验方法应符合表7.3.7.11的规定。

表 7.3.7.11 骨架隔墙安装的允许偏差和检验方法

项次	项 目	允许偏差(mm)		检 验 方 法
		纸面石膏板	人造木板、水泥纤维板	
1	立面垂直度	3	4	用2m垂直检测尺检查
2	表面平整度	3	3	用2m靠尺和塞尺检查
3	阴阳角方正	3	3	用直角检测尺检查
4	接缝直线度	—	3	拉5m线,不足5m拉通线,用钢直尺检查
5	压条直线度	—	3	拉5m线,不足5m拉通线,用钢直尺检查
6	接缝高低差	1	1	用钢直尺和塞尺检查

7.3.8 质量验收

1 检验批的划分和抽样检查数量按本标准的第7.1.12条和第7.3.7.1条规定执行。

2 检验批的验收按本标准第 3.3.19 条进行组织。

3 检验批质量验收记录当地方政府主管部门无统一规定时，宜采用表 7.3.8 "骨架隔墙工程检验批质量验收记录表"。

表 7.3.8 骨架隔墙工程检验批质量验收记录表
GB 50210—2001

单位（子单位）工程名称						验收部位	
分布（子单位）工程名称							
施工单位						项目经理	
分包单位						分包项目经理	
施工执行标准名称及编号							
	施工质量验收规范的规定				施工单位检查评定记录	监理（建设）单位验收记录	
主控项目	1	材料质量		第7.3.3条			
	2	龙骨连接		第7.3.4条			
	3	龙骨间距及构造连接		第7.3.5条			
	4	防火、防腐		第7.3.6条			
	5	墙面板安装		第7.3.7条			
	6	墙面板接缝材料及方法		第7.3.8条			
一般项目	1	表面质量		第7.3.9条			
	2	孔洞、槽、盒		第7.3.10条			
	3	填充材料		第7.3.11条			
	4	允许偏差	立面垂直度（mm）	纸面石膏板	3		
				人造木板、水泥纤维板	4		
			表面平整度（mm）	纸面石膏板	3		
				人造木板、水泥纤维板	3		
			阴阳角方正（mm）	纸面石膏板	3		
				人造木板、水泥纤维板	3		
			接缝直线度（mm）	纸面石膏板	—		
				人造木板、水泥纤维板	3		
			压条直线度（mm）	纸面石膏板	—		
				人造木板、水泥纤维板	3		
			接缝高低差（mm）	纸面石膏板	1		
				人造木板、水泥纤维板	1		
施工单位检查评定结果	专业工长(施工员)				施工班组长		
	项目专业质量检查员：					年 月 日	
监理(建设)单位验收结论	专业监理工程师(建设单位项目专业技术负责人)：					年 月 日	

7.4 活动隔墙工程

7.4.1 本节适用于各种活动隔墙工程包括拼装式活动隔墙、直滑式活动隔墙和折叠式活动隔墙等的施工及质量验收。

7.4.2 施工准备

7.4.2.1 技术准备

1 熟悉活动隔墙施工图纸。
2 对厂家所提供的活动隔墙的施工技术要求和应注意事项仔细阅读，并针对现场施工编写技术交底书。
3 向作业班组作详细的技术交底。
4 先作样板墙一道，经验收合格后再大面积施工。

7.4.2.2 材料准备

1 拼装式活动隔墙

隔墙板材（根据设计确定，一般有木拼板、纤维板等）、导轨槽、活动卡、密封条等。

2 直滑式活动隔墙

隔墙板材（根据设计确定，一般有木拼板、纤维板、金属板、塑料板及夹心材料等）、轨道、滑轮、铰链、密封刷、密封条、螺钉等。

3 折叠式活动隔墙

隔墙板材（根据设计确定，一般有木隔扇、金属隔扇、棉、麻织品或橡胶、塑料等制品）、铰链、滑轮、轨道（或导向槽）、橡胶或毡制密封条、密封板或缓冲板、密封垫、螺钉等。

7.4.2.3 机具设备

电锯、木工手锯、电刨、手提电钻、电动冲击钻、射钉枪、量尺、角尺、水平尺、线坠、墨斗、钢丝刷、小灰槽、2m靠尺、开刀、2m托线板、扳手、专用橇棍、螺丝刀、剪钳、橡皮锤、木楔、钻、扁铲、射钉枪等。

7.4.2.4 作业条件

1 主体结构已验收，屋面已作完防水层。
2 室内与活动隔墙相接的建筑墙面的侧边已经整修平整，垂直度符合要求。弹出+500mm标高线。
3 设计无轨道的活动隔墙，室内抹灰工程、楼地面应已施工完毕。

7.4.3 材料质量控制

1 隔墙板材：根据设计要求选用。各种板材技术性能要求参见本标准第7.2.3条、第7.3.3条、第7.5.3条中相关材料要求。
2 活动隔墙导轨槽、滑轮及其他五金配件配套齐全，并具有出厂合格证。
3 防腐材料、填缝材料、密封材料、防锈漆、水泥、砂、连接铁脚、连接板等应符合设计要求和有关标准的规定。

7.4.4 施工工艺
7.4.4.1 工艺流程
定位放线→隔墙板两侧壁龛施工→上下导轨安装→隔扇制作→隔扇安放→隔扇间连接→密封条安装→活动隔墙调试

7.4.4.2 施工要点
1 拼装式活动隔墙
（1）定位放线
按设计确定的隔墙位置，在楼地面弹线，并将线引测至顶棚和侧墙。
（2）隔墙板两侧壁龛施工
隔墙的一端要设一个槽形的补充构件。形状见图7.4.4.2-1中节点③。它与槽形上槛的大小和形状完全相同，以便于安装和拆卸隔扇，并在安装后掩盖住端部隔扇与墙面之间的缝隙。

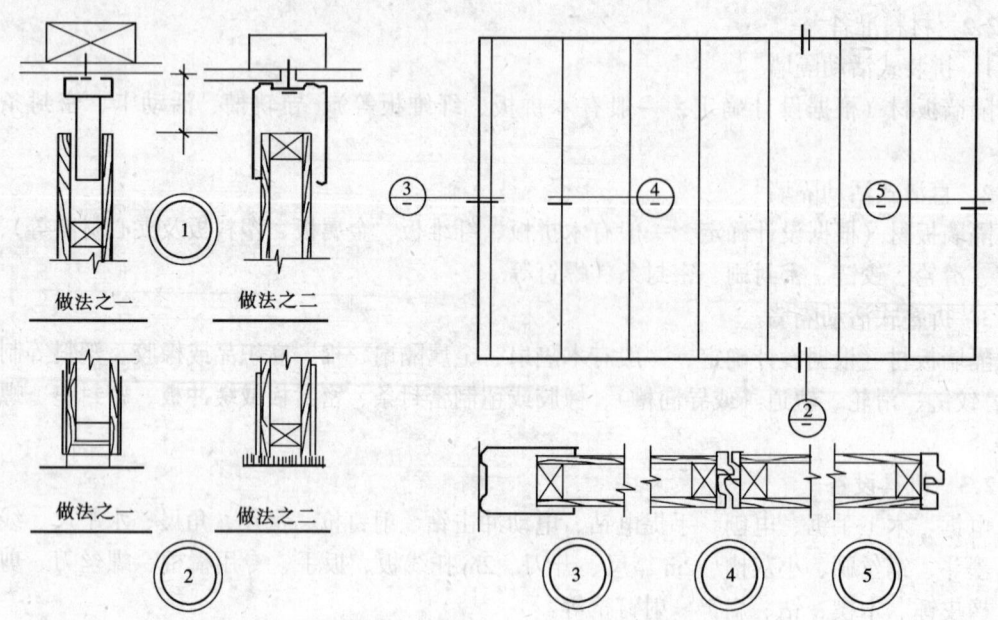

图 7.4.4.2-1 拼装式隔墙的立面图与节点图

（3）上轨道安装
为装卸方便，隔墙的上部有一个通长的上槛，上槛的形式有两种：一种是槽形，一种是"T"形。用螺钉或钢丝固定在平顶上。
（4）隔墙扇制作
1）拼装式活动隔墙的隔扇多用木框架，两侧贴有木质纤维板或胶合板，有的还贴上一层塑料贴面或覆以人造革。隔声要求较高的隔墙，可在两层面板之间设置隔声层，并将隔扇的两个垂直边做成企口缝，以便使相邻隔扇能紧密地咬合在一起，达到隔声的目的。
2）隔扇的下部照常做踢脚。
3）隔墙板两侧做成企口缝等盖缝、平缝。

4) 隔墙板上侧采用槽形时，隔扇的上部可以做成平齐的；采用 T 形时，隔扇的上部应设较深的凹槽，以使隔扇能够卡到 T 形上槛的腹板上。

(5) 隔墙扇安放及连接

分别将隔墙扇两端嵌入上下槛导轨槽内，利用活动卡子连接固定，同时拼装成隔墙，不用时可拆除重叠放入壁龛内，以免占用使用面积。隔扇的顶面与平顶之间保持 50mm 左右的空隙，以便于安装和拆卸。图 7.4.4.2-1 是拼装式隔墙的立面图和主要节点图。

(6) 密封条安装

当楼地面上铺有地毯时，隔扇可以直接坐落在地毯上，否则，应在隔扇的底下另加隔音密封条，靠隔扇的自重将密封条紧紧压在楼地面上。

2　直滑式活动隔墙

(1) 定位放线

按设计确定的隔墙位，在楼地面弹线，并将线引测至顶棚和侧墙。

(2) 隔墙板两侧壁龛施工

隔墙的一端要设一个槽形的补充构件，补充构件的两侧各有一个密封条，与隔扇的两侧紧紧地相接触。形状见图 7.4.4.2-3 中③、④节点。

(3) 上轨道安装

轨道和滑轮的形式多种多样，轨道的断面多数为槽形。滑轮多为四轮小车组。小车组可以用螺栓固定在隔扇上，也可以用连接板固定在隔扇上。隔扇与轨道之间用橡胶密封刷密封，也可将密封刷固定在隔扇上，或将密封刷固定在轨道上。

(4) 隔墙扇制作

图 7.4.4.2-2 所示是直滑式隔墙隔扇的构造，其主体是一个木框架，两侧各贴一层木质纤维板，两层板的中间夹着隔声层，板的外面覆盖着聚乙烯饰面。隔扇的两个垂直边，用螺钉固定铝镶边。镶边的凹槽内，嵌有隔声用的泡沫聚乙烯密封条。直骨式隔墙的隔扇尺寸比较大。宽度约为 1000mm，厚度为 50～80mm，高度为 3500～1000mm。

(5) 隔墙扇安放、连接及密封条安装

图 7.4.4.2-3 为直滑式隔墙的立面图与节点图，后边的半扇隔扇与边缘构件用铰链连接着，中间各扇隔扇则是单独的。当隔扇关闭时，最前面的隔扇自然地嵌入槽形补充构件内。隔扇与楼地面之间的缝隙采用不同的方法来遮掩：一种方法是在隔扇的下面设置两行橡胶做的密封刷；另一种方法是将隔扇的下部做成凹槽形，在凹槽所形成的空间内，分段设置密封槛。密封槛的上面也有两行密封刷，分别与隔扇凹槽的两个侧面相接触。密封槛的下面另设密封垫，靠密封槛的自重与楼地面紧紧地相接触。

3　折叠式活动隔墙

折叠式活动隔墙按其使用的材料的不同，可分硬质和软质两类。硬质折叠式隔墙

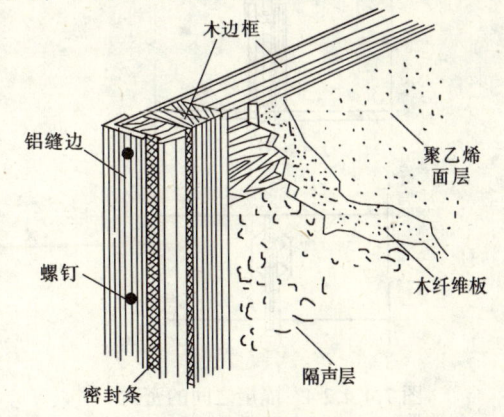

图 7.4.4.2-2　直滑式隔墙隔扇的构造

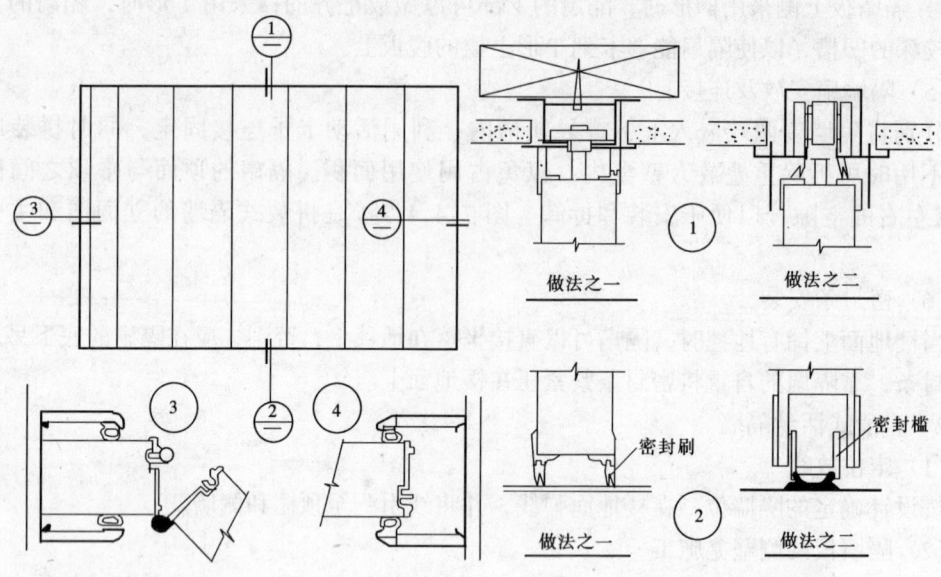

图 7.4.4.2-3 直滑式隔墙的立面图与节点图

由木隔扇或金属隔扇构成,隔扇利用铰链连接在一起。软质折叠式隔墙用棉、麻织品或橡胶、塑料等制品制作。

(1) 单面硬质折叠式隔墙

1) 定位放线:按设计确定的隔墙位,在楼地面弹线,并将线引测至顶棚和侧墙。

2) 隔墙板两侧壁龛施工:

a 隔扇的两个垂直边常做成凸凹相咬的企口缝,并在槽内镶嵌橡胶或毡制的密封条(图 7.4.4.2-4)。最前面一个隔扇与洞口侧面接触处,可设密封管或缓冲板(图 7.4.4.2-5)。

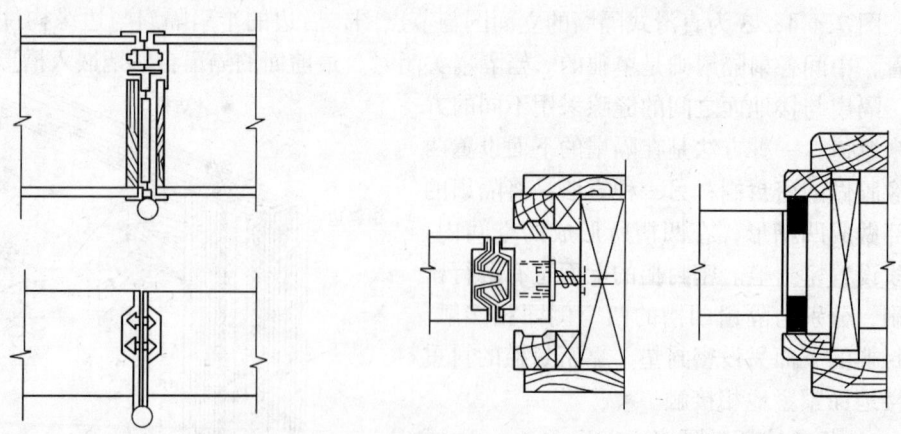

图 7.4.4.2-4 隔扇之间的密封　　图 7.4.4.2-5 隔扇与洞口之间的密封

b 室内装修要求较高时,可在隔扇折叠起来的地方做一段空心墙,将隔扇隐蔽在空心墙内。空心墙外面设一双扇小门，不论隔断展开或收拢，都能关起来，使洞口保持整齐美观（图7.4.4.2-6）。

3) 轨道安装：

上部滑轮的形式较多。隔扇较重时，可采用带有滚珠轴承的滑轮，轮缘是钢的或是尼龙的；隔扇较轻时，可采用带有金属轴套的尼龙滑轮或滑钮（图7.4.4.2-7）。与滑轮的种类相适应，上部轨道的断面可呈箱形或T形，均为钢、铝制成。

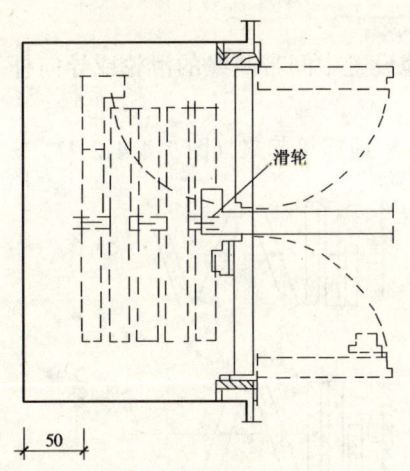

图7.4.4.2-6 隐藏隔墙的空心墙

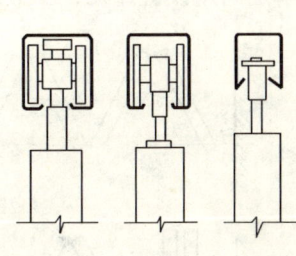

图7.4.4.2-7 滑轮的不同类型

楼地面上一般不设置轨道和导向槽，当上部滑轮设在隔扇顶面的一端时，楼地面上要相应地设轨道，构成下部支承点。这种轨道的断面多数都是T形的，见图7.4.4.2-8（a）]。如果隔扇较高，可在楼地面上设置导向槽。

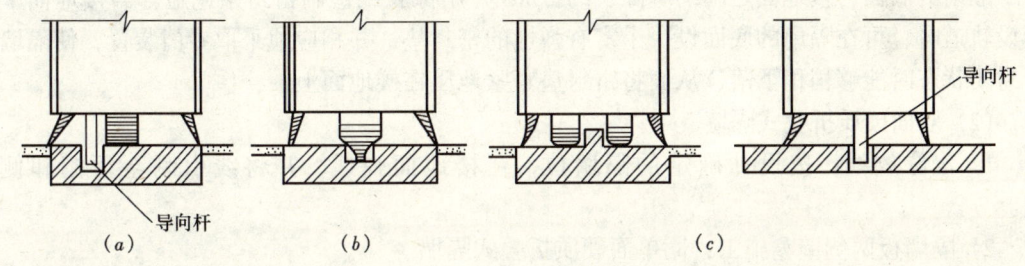

图7.4.4.2-8 隔墙的下部装置

4) 隔墙扇制作、安装及连接：

a 隔扇与直滑式隔扇的构造基本相同，仅宽度较小，约500～1000mm。

b 隔扇的上部滑轮可以设在顶面的一端，即隔扇的边梃上；也可以设在顶面的中央。

c 当隔扇较窄时，滑轮设在顶面的一端，平顶与楼地面上同时设轨道，隔扇底面要相应地设滑轮，以免隔扇受水平推力的作用而倾斜。隔扇的数目不限，但要成偶数，以便使首尾两个隔扇都能依靠滑轮与上下轨道连起来。

d 滑轮设在隔扇顶面正中央，由于支撑点与隔扇的重心位于同一条直线上，楼地面上就不必再设轨道。隔扇可以每隔一扇设一个滑轮，隔扇的数目必须为奇数（不含末尾处的半扇）。

采用手动开关的，可取五扇或七扇，扇数过多时，需采用机械开关。

e 作为上部支承点的滑轮小车组，与固定隔扇垂直轴要保持自由转动的关系，以便隔扇能够随时改变自身的角度。垂直轴内可酌情设置减震器，以保证隔扇能在不大平整的轨道上平稳地移动。

f 地面设置为导向槽时，在隔扇的底面相应地设置中间带凸缘的滑轮或导向杆。见图7.4.4.2-8（b）、（c）。

g 隔扇之间用铰链连接，少数隔墙也可两扇一组地连接起来（图7.4.4.2-9）。

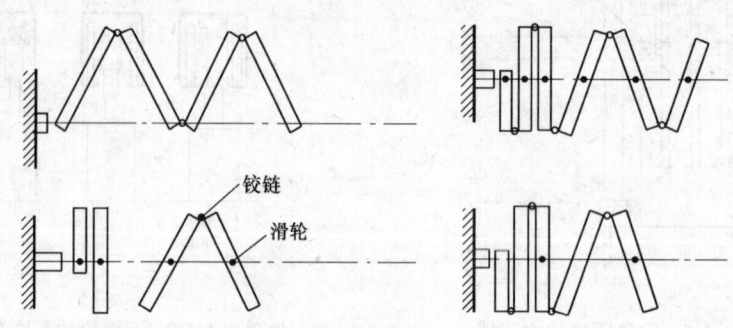

图7.4.4.2-9 滑轮和铰链的位置示意

5）密封条安装：

隔扇的底面与楼地面之间的缝隙（约25mm）用橡胶或毡制密封条遮盖。当楼地面上不设轨道时，可在隔扇的底面设一个富有弹性的密封垫，并相应地采取专门装置，使隔墙于封闭状态时能够稍稍下落，从而将密封垫紧紧地压在楼地面上。

（2）双面硬质折叠式隔墙

1）定位放线：按设计确定的隔墙位，在楼地面弹线，并将线引测至顶棚和侧墙。

2）隔墙板两侧壁龛施工：同单面硬质折叠式隔墙。

3）轨道安装：

a 有框架双面硬质折叠式隔墙的控制导向装置有两种：一是在上部的楼地面上设作为支承点的滑轮和轨道，也可以不设，或是设一个只起导向作用而不起支承作用的轨道；另一种是在隔墙下部设作为支承点的滑轮，相应的轨道设在楼地面上，平顶上另设一个只起导向作用的轨道。

当采用第二种装置时，楼地面上宜用金属槽形轨道，其上表面与楼地面相平。平顶上的轨道可用一个通长的方木条，而在隔墙框架立柱的上端相应地开缺口，隔墙启闭时，立柱能始终沿轨道滑动。

b 无框架双面硬质折叠式隔墙在平顶上安装箱形截面的轨道。隔墙的下部一般可不设滑轮和轨道。

4）隔墙扇制作安装、连接：

a 有框架双面隔墙的中间设置若干个立柱，在立柱之间设置数排金属伸缩架（图7.4.4.2-10）。伸缩架的数量依隔墙的高度而定，一般1～3排。

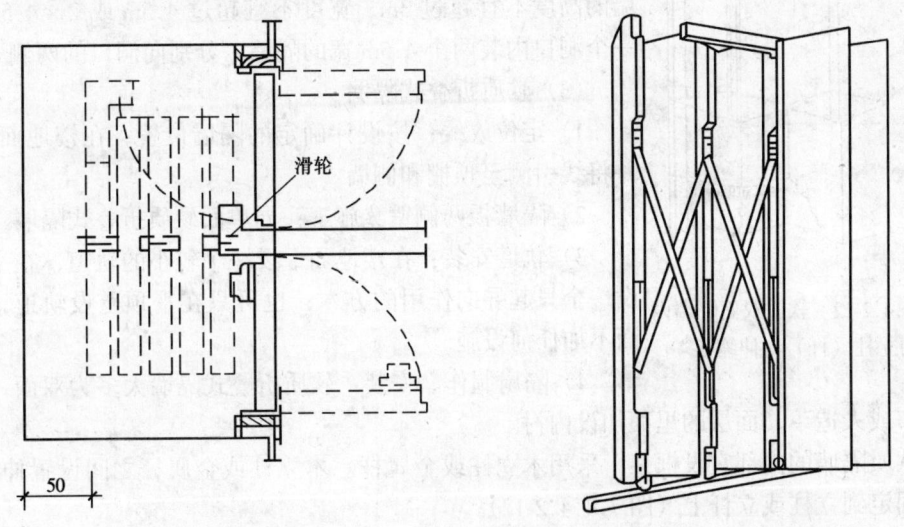

图 7.4.4.2-10 有框架的双面硬质隔墙

框架两侧的隔板一般由木板或胶合板制成。当采用木质纤维板时，表面宜粘贴塑料饰面层。隔板的宽度一般不超过300mm。相邻隔板多靠密实的织物（帆布带、橡胶带等）沿整个高度方向连接在一起，同时将织物或橡胶带等固定在框架的立柱上（图7.4.4.2-11）。

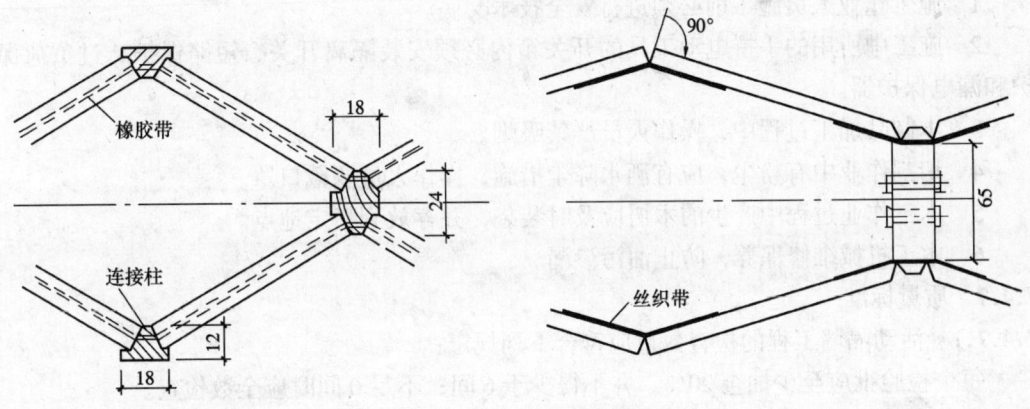

图 7.4.4.2-11 隔板与隔板的连接

隔墙的下部宜用成对的滑轮，并在两个滑轮的中间设一个扁平的导向杆。导向杆插在槽形轨道的开口内。

b 无框架双面硬质折叠式隔墙，其隔板用硬木或带有贴面的木质纤维板制成，尺寸最小宽度可到100mm，常用截面为140mm×12mm。隔板的两侧设凹槽，凹槽中镶嵌同高的纯乙烯条带，纯乙烯条带分别与两侧的隔板固定在一起。

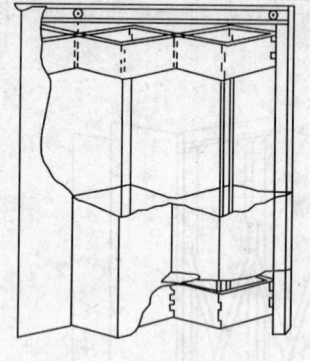

图7.4.4.2-12 软质双面隔墙内的立柱（杆）与伸缩架

隔墙的上下各设一道金属伸缩架，与隔板用螺钉连接。上部伸缩架上安装作为支承点的小滑轮，无框架双面硬质隔墙的高度不宜超过3m，宽度不宜超过4.5m或2×4.5m（在一个洞口内装两个4.5m宽的隔墙，分别向洞口的两侧开启）。

（3）软质折叠式隔墙

1）定位放线：按设计确定的隔墙位置，在楼地面弹线，并将线引测至顶棚和侧墙。

2）隔墙板两侧壁龛施工：同单面硬质折叠式隔墙。

3）轨道安装：在楼地面上设一个较小的轨道，在平顶上设一个只起导向作用的方木；也可只在平顶上设轨道，楼地面不加任何设施。

4）隔扇制作、安装：软质折叠式隔墙大多为双面，面层为帆布或人造革，面层的里面加设内衬。

软质隔墙的内部宜设框架，采用木立柱或金属杆。木立柱或金属杆之间设置伸缩架，面层固定到立柱或立杆上（图7.4.4.2-12）。

7.4.5 成品保护

1 施工中各专业工种应紧密配合，合理安排工序，严禁颠倒工序作业。隔墙板粘结后10d内不得碰撞敲打，不得进行下道工序施工。

2 严防运输小车碰撞隔墙板及门口。

3 严禁杂物进入活动隔墙的滑行轨道。

7.4.6 安全、环保措施

1 施工作业人员施工前必须进行安全技术交底。

2 施工中所用的手持电动工具的开关箱内必须安装隔离开关、短路保护、过负荷保护和漏电保护器。

3 木制品加工过程中，操作人员严禁吸烟。

4 切割作业中有粉尘，应有洒水降尘措施，操作人员要戴口罩。

5 木工作业过程中产生的木屑应及时装袋，并存放到指定地点。

6 木工机械维修保养，防止油污渗漏。

7.4.7 质量标准

7.4.7.1 活动隔墙工程的检查数量应符合下列规定：

每个检验批应至少抽查20%，并不得少于6间；不足6间时应全数检查。

主 控 项 目

7.4.7.2 活动隔墙所用墙板、配件等材料的品种、规格、性能和木材的含水率应符合设计要求。有阻燃、防潮等特性要求的工程，材料应有相应性能等级的检测报告。

检验方法：观察；检查产品合格证书、进场验收记录、性能检测报告和复验报告。

7.4.7.3 活动隔墙轨道必须与基体结构连接牢固，并应位置正确。

检验方法：尺量检查；手扳检查。

7.4.7.4 活动隔墙用于组装、推拉和制动的构配件必须安装牢固、位置正确，推拉必须安全、平稳、灵活。

检验方法：尺量检查；手扳检查；推拉检查。

7.4.7.5 活动隔墙制作方法、组合方式应符合设计要求。

检验方法：观察。

一 般 项 目

7.4.7.6 活动隔墙表面应色泽一致、平整光滑、洁净，线条应顺直、清晰。

检验方法：观察；手摸检查。

7.4.7.7 活动隔墙上的孔洞、槽、盒应位置正确、套割吻合、边缘整齐。

检验方法：观察；尺量检查。

7.4.7.8 活动隔墙推拉应无噪声。

检验方法：推拉检查。

7.4.7.9 活动隔墙安装的允许偏差和检验方法应符合表 7.4.7.9 的规定。

表 7.4.7.9 活动隔墙安装的允许偏差和检验方法

项次	项 目	允许偏差（mm）	检 验 方 法
1	立面垂直度	3	用 2m 垂直检测尺检查
2	表面平整度	2	用 2m 靠尺和塞尺检查
3	接缝直线度	3	拉 5m 线，不足 5m 拉通线，用钢直尺检查
4	接缝高低差	2	用钢直尺和塞尺检查
5	接缝宽度	2	用钢直尺检查

7.4.8 质量验收

1 检验批的划分和抽样检查数量按本标准的第 7.1.12 条和第 7.4.7.1 条规定执行。

2 检验批的验收按本标准第 3.3.19 条进行组织。

3 检验批质量验收记录当地方政府主管部门无统一规定时，宜采用表 7.4.8 "活动隔墙工程检验批质量验收记录表"。

表7.4.8 活动隔墙工程检验批质量验收记录表
GB 50210—2001

单位（子单位）工程名称						
分布（子单位）工程名称					验收部位	
施工单位					项目经理	
分包单位					分包项目经理	
施工执行标准名称及编号						
施工质量验收规范的规定				施工单位检查评定记录		监理（建设）单位验收记录
主控项目	1	材料质量		第7.4.3条		
	2	轨道安装		第7.4.4条		
	3	构配件安装		第7.4.5条		
	4	制作方法，组合方式		第7.4.6条		
一般项目	1	表面质量		第7.4.7条		
	2	孔洞、槽、盒		第7.4.8条		
	3	隔墙推拉		第7.4.9条		
	4	允许偏差	立面垂直度（mm）	3		
			表面平整度（mm）	2		
			接缝直线度（mm）	3		
			接缝高低差（mm）	2		
			接缝宽度（mm）	2		
施工单位检查评定结果		专业工长（施工员）			施工班组长	
		项目专业质量检查员：				年 月 日
监理（建设）单位验收结论		专业监理工程师（建设单位项目专业技术负责人）：				年 月 日

7.5 玻璃隔墙工程

7.5.1 本节适用于玻璃砖、玻璃板隔墙工程的施工及质量验收。

7.5.2 施工准备

7.5.2.1 技术准备

1 熟悉玻璃隔墙施工图纸。

2 对厂家所提供的玻璃隔墙的施工技术要求和应注意事项仔细阅读，并针对现场施工编写技术交底书。

3 玻璃砖隔墙根据需砌筑玻璃砖的面积和形状,计算玻璃砖的数量和排列次序。玻璃板隔墙根据设计要求和支撑形式提出玻璃和零配件加工计划。

4 室内空心玻璃砖隔断基础的承载力应满足荷载的要求。隔断应建在2根直径为6mm或8mm的钢筋增强基础之上,基础高度不得大于150mm。用80mm厚的空心玻璃砖砌的隔断,基础宽度不得小于100mm;用100mm厚的空心玻璃砖砌的隔断,基础宽度不得小于120mm。

5 向作业班组作详细的技术交底。

7.5.2.2 材料准备

1 玻璃砖隔墙

玻璃砖、金属型材（铝合金型材或槽钢）、水泥、砂子、白灰膏、白灰粉、胶粘剂、墙体水平钢筋、玻璃丝毡、膨胀螺栓等。

2 玻璃板隔墙

玻璃品种较多,常见用于隔墙板玻璃有压花玻璃、夹层玻璃、夹丝玻璃、钢化玻璃、防火玻璃、浮法玻璃等。玻璃支撑骨架、各类玻璃转接件和连接件等零配件、玻璃胶、油灰、装饰条等。

7.5.2.3 机具设备

1 玻璃砖隔墙

一般备有大铲、托线板、线坠、卷尺、铁水平尺、皮数杆、小水桶、存灰槽、橡皮锤、扫帚和透明塑料胶带条等。

2 玻璃板隔墙

工作台（台面厚度大于5cm）、玻璃刀、玻璃吸盘器、直尺、1m长木折尺、粉线包、钢丝钳、毛笔、刨刀等。

7.5.2.4 作业条件

1 根据玻璃砖的排列做出基础底脚,底脚通常厚度为40mm或70mm,即略小于玻璃砖的厚度。

2 与玻璃砖（板）隔墙相接的建筑墙面的侧边已经整修平整,垂直度符合要求。

3 玻璃砖（板）隔墙砌体中埋设的拉结筋、木砖已进行隐蔽验收。

7.5.3 材料质量控制

1 玻璃砖隔墙

(1) 玻璃空心砖:透光而不透明,具有良好的隔声效果,其产品主要规格性能见表7.5.3-1。质量要求:棱角整齐、规格相同、对角线基本一致、表面无裂痕和磕碰。

(2) 金属型材的规格应符合下列规定:

1) 用于80mm厚的空心玻璃砖的金属型材框,最小截面应为90mm×50mm×3.0mm;

2) 用于100mm厚的空心玻璃砖的金属型材框,最小截面应为108mm×50mm×3.0mm。

(3) 水泥:宜采用32.5级或以上普通硅酸盐白水泥。

(4) 砂浆:砌筑砂浆与勾缝砂浆应符合下列规定:

1) 配制砌筑砂浆用的河沙粒径不得大于3mm;

2) 配制勾缝砂浆用的河沙粒径不得大于1mm;

表 7.5.3-1 玻璃空心砖规格及性能

规格（mm）			抗压强度（MPa）	导热系数 W/（m²·K）	重量（kg/块）	隔声（dB）	透光率（%）
长	宽	高					
190	190	80	6.0	2.35	2.4	40	81
240	115	80	4.8	2.50	2.1	45	77
240	240	80	6.0	2.30	4.0	40	85
300	90	100	6.0	2.55	2.4	45	77
300	190	100	6.0	2.50	4.5	45	81
300	300	100	7.5	2.50	6.7	45	85

3）河砂不含泥及其他颜色的杂质；

4）砌筑砂浆等级应为M5，勾缝砂浆的水泥与河沙之比应为1:1。

（5）掺合料：生石灰粉、石灰膏的质量要求参见第4.2.3条，胶粘剂质量要求参见应符合国家现行相关技术标准的规定。

（6）钢筋：应采用HPB 235级钢筋，并符合相关行业标准要求。

2 玻璃板隔墙

（1）平板玻璃：玻璃厚度、边长应符合设计要求，表面无划痕、气泡、斑点等，并不得有裂缝、缺角、爆边等缺陷。玻璃技术质量要求可参见附录I。

（2）玻璃支撑骨架：常用骨架有金属材料和木材，技术性能参见本标准第7.3节有关标准。

（3）玻璃连接件、转接件：产品进场应提供合格证。产品外观应平整，不得有裂纹、毛刺、凹坑、变形等缺陷。当采用碳素钢时，表面应作热浸镀锌处理。

7.5.4 施工工艺

7.5.4.1 玻璃砖隔墙

1 工艺流程

定位放线→固定周边框架（如设计有）→扎筋→排砖→挂线→玻璃砖砌筑→勾缝→饰边处理→清洁

2 施工要点

（1）定位放线

在墙下面弹好撂底砖线，按标高立好皮数杆，皮数杆的间距以15~20m为宜。砌筑前用素混凝土或垫木找平并控制好标高；在玻璃砖墙四周根据设计图纸尺寸要求弹好墙身线。

（2）固定周边框架

将框架固定好，用素混凝土或垫木找平并控制好标高，骨架与结构连接牢固。同时，做好防水层及保护层。

固定金属型材框用的镀锌钢膨胀螺栓，直径不得小于8mm，间距不得大于500mm。

（3）扎筋

1）非增强的室内空心玻璃砖隔断尺寸应符合表7.5.4.1-1的规定。

表7.5.4.1-1　非增强的室内空心玻璃砖隔断尺寸表

砖缝的布置	隔断尺寸(m)	
	高度	长度
贯通的	≤1.5	≤1.5
错开的	≤1.5	≤6.0

2）室内空心玻璃砖隔断的尺寸超过表7.5.4.1-1规定时，应采用直径为6mm或8mm的钢筋增强。

3）当只有隔断的高度超过规定时，应在垂直方向上每2层空心玻璃砖水平布一根钢筋；当只有隔断的长度超过规定时，应在水平方向上每3个缝垂直布一根钢筋。

4）高度和长度都超过规定时，应在垂直方向上每2层空心玻璃砖水平布2根钢筋，在水平方向上每3个缝至少垂直布一根钢筋。

5）钢筋每端伸入金属型材框的尺寸不得小于35mm。用钢筋增强的室内空心玻璃砖隔断的高度不得超过4m。

（4）排砖

玻璃砖砌体采用十字缝立砖砌法。根据弹好的位置线，首先认真核对玻璃砖墙长度尺寸是否符合排砖模数。否则，可调整隔墙两侧的槽钢或木框的厚度及砖缝的厚度。注意隔墙两侧调整的宽度要保持一致，隔墙上部槽钢调整后的宽度也应尽量保持一致。

（5）挂线

砌筑第一层应双面挂线。如玻璃砖隔墙较长，则应在中间多设几个支线点，每层玻璃砖砌筑时均需挂平线。

（6）玻璃砖砌筑

1）玻璃砖采用白水泥:细砂=1:1水泥浆，或白水泥:108胶=100:7水泥浆（重量比）砌筑。白水泥浆要有一定的稠度，以不流淌为好。

2）按上、下层对缝的方式，自下而上砌筑。两玻璃砖之间的砖缝不得小于10mm，且不得大于30mm。

3）每层玻璃砖在砌筑之前，宜在玻璃砖上放置垫木块（图7.5.4.1-1）。其长度有两种：玻璃砖厚度为50mm时，木垫块长35mm左右；玻璃砖厚度为80mm时，木垫块长60mm左右。每块玻璃砖上放2块（图7.5.4.1-2），卡在玻璃砖的凹槽内。

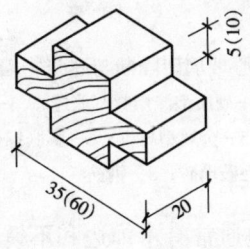

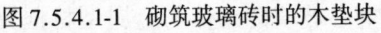

图7.5.4.1-1　砌筑玻璃砖时的木垫块

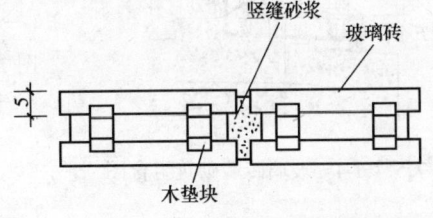

图7.5.4.1-2　玻璃砖的安装方法

4）砌筑时，将上层玻璃砖压在下层玻璃砖上，同时使玻璃砖的中间槽卡在木垫块上，两层玻璃砖的间距为5~8mm（图7.5.4.1-3），每砌筑完一层后，用湿布将玻璃砖面上沾着的水泥浆擦去。水泥砂浆铺砌时，水泥砂浆应铺得稍厚一些，慢慢挤揉，立缝灌砂浆一定要捣实。缝中承力钢筋间隔小于650mm，伸入竖缝和横缝，并与玻璃砖上下、两侧的框体和结构体牢固连接（图7.5.4.1-4）。

5) 玻璃砖墙宜以1.5m高为一个施工段，待下部施工段胶结料达到设计强度后再进行上部施工。当玻璃砖墙面积过大时，应增加支撑。

6) 最上层的空心玻璃砖应深入顶部的金属型材框中，深入尺寸不得小于10mm，且不得大于25mm。空心玻璃砖与顶部金属型材框的腹面之间应用木楔固定。

(7) 勾缝

玻璃砖墙砌筑完后，立即进行表面勾缝。勾缝要勾严，以保证砂浆饱满。先勾水平缝，再勾竖缝，缝内要平滑，缝的深度要一致。勾缝与抹缝之后，应用布或棉纱将砖表面擦洗干净。

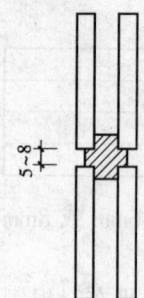

图7.5.4.1-3 玻璃砖上下层的安装位置

(8) 饰边处理

1) 在与建筑结构连接时，室内空心玻璃砖隔断与金属型材框两翼接触的部位应留有滑缝，且不得小于4mm。与金属型材框腹面接触的部位应留有胀缝，且不得小于10mm。滑缝应采用符合现行国家标准《石油沥青油毡、油纸》GB 326规定的沥青毡填充，胀缝应用符合现行国家标准《建筑物隔热用硬质聚氨酯泡沫塑料》GB 10800规定的硬质泡沫塑料填充。滑缝和胀缝的位置见图7.5.4.1-5。

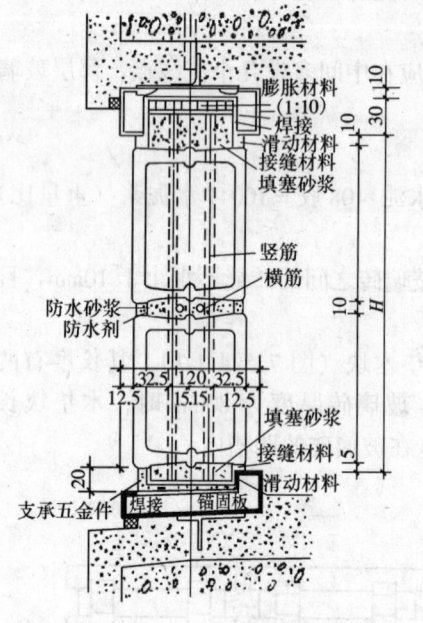

图7.5.4.1-4 玻璃砖墙砌筑组合图

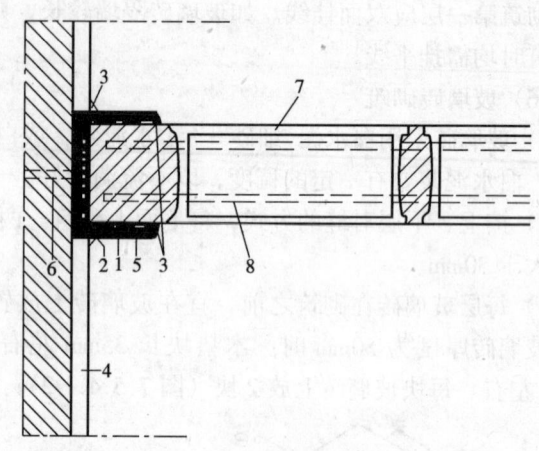

图7.5.4.1-5 室内空心玻璃砖隔断与建筑物墙壁剖面
1—沥清毡（滑缝）；2—硬质泡沫塑料（胀缝）；3—弹性密封剂；4—泥灰；5—金属型材框；6—膨胀螺栓；7—空心玻璃砖；8—钢筋

2) 当玻璃砖墙没有外框时，需要进行饰边处理。饰边通常有木饰边和不锈钢饰边等。

3) 金属型材与建筑墙体和屋顶的结合部，以及空心玻璃砖砌体与金属型材框翼端的结合部应用弹性密封剂密封。

7.5.4.2 玻璃板隔墙

1 工艺流程

定位放线→固定周边框架（如设计有）→玻璃板安装→压条固定。

2 施工要点

(1) 定位放线

墙位放线清晰，位置应准确。隔墙基层应平整、牢固。

(2) 固定周边框架

参见本标准第7.3节龙骨安装相关内容。

(3) 玻璃板安装及压条固定

把已裁好的玻璃按部位编号，并分别竖向堆放待用。安装玻璃前，应对骨架、边框的牢固程度、变形程度进行检查，如有不牢固应予以加固。

玻璃与基架框的结合不宜太紧密，玻璃放入框内后，与框的上部和侧边应留有3～5mm左右的缝隙，防止玻璃由于热胀冷缩而开裂。

1) 玻璃板与木基架的安装

a 用木框安装玻璃时，在木框上要裁口或挖槽，校正好木框内侧后定出玻璃安装的位置线，并固定好玻璃板靠位线条，见图7.5.4.2-1。

b 把玻璃装入木框内，其两侧距木框的缝隙应相等，并在缝隙中注入玻璃胶，然后钉上固定压条，固定压条宜用钉枪钉。

c 对面积较大的玻璃板，安装时应用玻璃吸盘器将玻璃提起来安装，见图7.5.4.2-2。

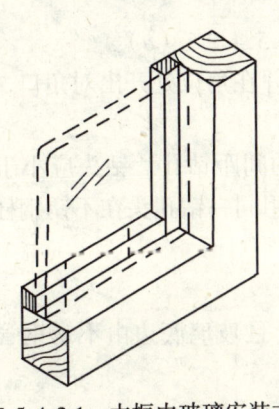 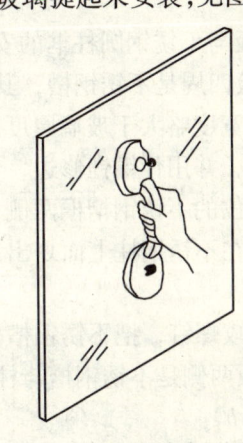

图7.5.4.2-1 木框内玻璃安装方式　　图7.5.4.2-2 大面积玻璃用吸盘器安装

2) 玻璃与金属方框架的固定

a 玻璃与金属方框架安装时，先要安装玻璃靠住线条，靠住线条可以是金属角线或是金属槽线。固定靠住线条通常是用自攻螺丝。

b 根据金属框架的尺寸裁割玻璃，玻璃与框架的结合不宜太紧密，应该按小于框架3～5mm的尺寸裁割玻璃。

c 安装玻璃前，应在框架下部的玻璃放置面上，涂一层厚2mm的玻璃胶，如图7.5.4.2-3所示。玻璃安装后，玻璃的底边就压在玻璃胶层上。也可放置一层橡胶垫，玻璃安装后，底边压在橡胶垫上。

d 把玻璃放入框内，并靠在靠位线条上。如果玻璃面积较大，应用玻璃吸盘器安装。玻璃板距金属框两侧的缝隙相等，并在缝隙中注入玻璃胶，然后安装封边压条。

如果封边压条是金属槽条，且要求不得直接用自攻螺钉固定时，可先在金属框上固定木条，然后在木条上涂环氧树脂胶（万能胶），把不锈钢槽条或铝合金槽条卡在木条上。

如无特殊要求，可用自攻螺钉直接将压条槽固定在框架上，常用的自攻螺钉为M4或M5。安装时，先在槽条上打孔，然后通过此孔在框架上打孔。打孔钻头要小于自攻螺钉直径0.8mm。当全部槽条的安装孔位都打好后，再进行玻璃的安装。玻璃的安装方式如图7.5.4.2-4所示。

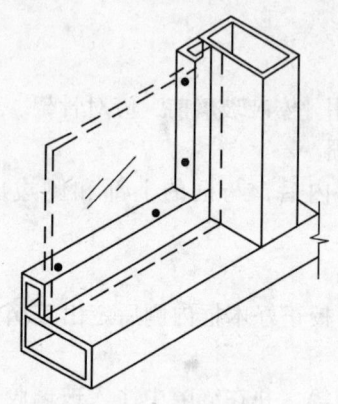
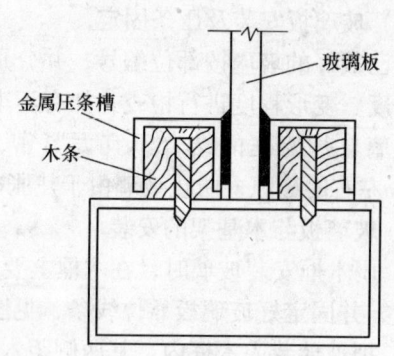

图7.5.4.2-3 玻璃靠位线条及底边涂玻璃胶　　图7.5.4.2-4 金属框架上的玻璃安装

3）玻璃板与不锈钢圆柱框的安装

a 玻璃板四周是不锈钢槽，其两边为圆柱，见图7.5.4.2-5（a）。

先在内径宽度略大于玻璃厚度的不锈钢槽上划线，并在角位处开出对角口，对角口用专用剪刀剪出，并用什锦锉修边，使对角口合缝严密。

在对好角位的不锈钢槽框两侧，相隔200～300mm的间距钻孔。钻头应小于所用自攻螺钉0.8mm。在不锈钢柱上面划出定位线和孔位线，并用同一钻孔头在不锈钢柱上的孔位处钻孔。

用平头自攻螺钉，把不锈钢槽框固定在不锈钢柱上。

b 玻璃板两侧是不锈钢槽与柱，上下是不锈钢管，且玻璃底边由不锈钢管托住，见图7.5.4.2-5（b）。

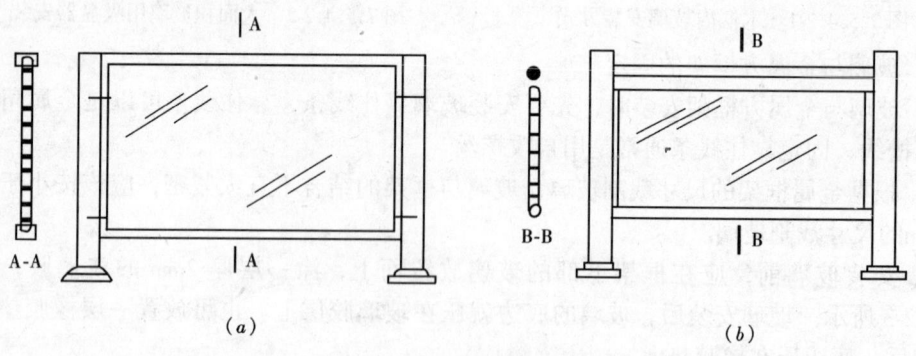

图7.5.4.2-5 玻璃板与不锈钢圆柱的安装形式

c 玻璃安装后，应随时清理玻璃面，特别是冰雪片彩色玻璃，要防止污垢积淤，影响美观。

7.5.5 成品保护

1 玻璃隔墙施工中，各工种间应确保已安装项目不受损坏，墙内电线管及附墙设备不得碰动、错位及损伤。

2 玻璃砖入场，存放使用过程中应妥善保管，保证不污染、无损坏。

3 施工部位已安装的门窗、地面、墙面、窗台等应注意保护，防止损坏。已安装好的墙体不得碰撞保证墙面不受损坏和污染。

4 玻璃砖隔墙砌筑完后，在距玻璃砖隔墙两侧各约100~200mm处搭设木架，防止玻璃砖墙遭到磕碰。

7.5.6 安全、环保措施

1 施工作业人员施工前必须进行安全技术交底。

2 施工中所用的手持电动工具的开关箱内必须安装隔离开关、短路保护、过负荷保护和漏电保护器。

3 切割过程中产生的固体废弃物应及时装袋，并存放到指定地点。

4 玻璃砖不要堆放过高，防止打碎伤人。

7.5.7 质量标准

7.5.7.1 玻璃隔墙工程的检查数量应符合下列规定：

每个检验批应至少抽查20%，并不得少于6间；不足6间时应全数检查。

主 控 项 目

7.5.7.2 玻璃隔墙工程所用材料的品种、规格、性能、图案和颜色应符合设计要求。玻璃板隔墙应使用安全玻璃。

检验方法：观察；检查产品合格证书、进场验收记录和性能检测报告。

7.5.7.3 玻璃砖隔墙的砌筑或玻璃板隔墙的安装方法应符合设计要求。

检验方法：观察。

7.5.7.4 玻璃砖隔墙砌筑中埋设的拉结筋必须与基体结构连接牢固，并应位置正确。

检验方法：手扳检查；尺量检查；检查隐蔽工程验收记录。

7.5.7.5 玻璃板隔墙的安装必须牢固。玻璃板隔墙胶垫的安装应正确。

检验方法：观察；手推检查；检查施工记录。

一 般 项 目

7.5.7.6 玻璃隔墙表面应色泽一致、平整洁净、清晰美观。

检验方法：观察。

7.5.7.7 玻璃隔墙接缝应横平竖直，玻璃应无裂痕、缺损和划痕。

检验方法：观察。

7.5.7.8 玻璃板隔墙嵌缝及玻璃砖墙勾缝应密实平整、均匀顺直、深浅一致。

检验方法：观察。

7.5.7.9 玻璃隔墙安装的允许偏差和检验方法应符合表7.5.7.9的规定。

7.5.8 质量验收

1 检验批的划分和抽样检查数量按本标准的第7.1.12条和第7.5.7.1条规定执行。

2 检验批的验收按本标准第 3.3.19 条进行组织。
3 检验批质量验收记录当地方政府主管部门无统一规定时，宜采用表 7.5.8 "玻璃隔墙工程检验批质量验收记录表"。

表 7.5.7.9　玻璃隔墙安装的允许偏差和检验方法

项次	项　目	允许偏差（mm）		检　验　方　法
		玻璃砖	玻璃板	
1	立面垂直度	3	—	用 2m 垂直检测尺检查
2	表面平整度	3	—	用 2m 靠尺和塞尺检查
3	阴阳角方正	—	2	用直角检测尺检查
4	接缝直线度	—	2	拉 5m 线，不足 5m 拉通线，用钢直尺检查
5	接缝高低差	3	2	用钢直尺和塞尺检查
6	接缝宽度	—	1	用钢直尺检查

表 7.5.8　玻璃隔墙工程检验批质量验收记录表
GB 50210—2001

单位（子单位）工程名称						验收部位	
分布（子单位）工程名称							
施工单位						项目经理	
分包单位						分包项目经理	
施工执行标准名称及编号							
	施工质量验收规范的规定			施工单位检查评定记录			监理（建设）单位验收记录
主控项目	1	材料质量		第 7.5.3 条			
	2	砌筑或安装		第 7.5.4 条			
	3	砖隔墙拉结筋		第 7.5.5 条			
	4	板隔墙安装		第 7.5.6 条			
一般项目	1	表面质量		第 7.5.7 条			
	2	接缝		第 7.5.8 条			
	3	嵌缝及勾缝		第 7.5.9 条			
	4	允许偏差	立面垂直度（mm）	玻璃砖	3		
				玻璃板	2		
			表面平整度（mm）	玻璃砖	3		
				玻璃板	—		
			阴阳角方正（mm）	玻璃砖	—		
				玻璃板	2		
			接缝直线度（mm）	玻璃砖	—		
				玻璃板	2		
			接缝高低差（mm）	玻璃砖	3		
				玻璃板	2		
			接缝宽度（mm）	玻璃砖	—		
				玻璃板	1		
施工单位检查评定结果	专业工长（施工员）			施工班组长			
	项目专业质量检查员：						年　月　日
监理（建设）单位验收结论	专业监理工程师（建设单位项目专业技术负责人）：						年　月　日

8 饰面板（砖）工程

8.1 一般规定

8.1.1 本章适用于饰面板安装、饰面砖粘贴等分项工程的施工及质量验收。

8.1.2 饰面工程的材料品种、规格、图案、固定方法和砂浆种类，应符合设计要求。

8.1.3 粘贴、安装饰面的基体，应具有足够的强度、稳定性和刚度。

8.1.4 饰面板应镶贴在粗糙的基体或基层上；用胶粘剂粘贴的饰面薄板基层应平整；饰面砖应镶贴在平整粗糙的基层上。光滑的基体或基层表面，镶贴前应处理。残留的砂浆、尘土和油渍等应清除干净。

8.1.5 饰面板、饰面砖应镶贴平整，接缝宽度应符合设计要求，并填嵌密实，以防渗水。饰面板的接缝宽度如设计无要求时，应符合表 8.1.5 规定。

表 8.1.5 饰面板的接缝宽度

项 次	名 称		接缝宽度（mm）
1	天然石	光面、镜面	1
2		粗磨面、麻面、条纹面	5
3		天然面	10
4	人造石	水磨石	2
5		大理石、花岗石	1

8.1.6 饰面板应安装牢固，且板的压茬尺寸及方向应符合设计要求。

8.1.7 镶贴、安装室外突出的檐口、腰线、窗口、雨篷等饰面，必须有流水坡度和滴水线（槽）。

8.1.8 装配式挑檐、托座等的下部与墙或柱相连接处，镶贴饰面板、饰面砖应留有适量的缝隙。

8.1.9 夏期镶贴室外饰面板、饰面砖应防止曝晒。

8.1.10 冬期饰面工程宜采用暖棚法施工。无条件搭设暖棚时，亦可采用冷作法施工。但应根据室外气温，在灌注砂浆或豆石混凝土内掺入无氯盐抗冻剂，其掺量应根据试验确定，严禁砂浆及混凝土在硬化前受冻。

8.1.11 冬期施工，砂浆的使用温度不得低于5℃。砂浆硬化前，应采取防冻措施。

8.1.12 饰面工程镶贴后，应采取保护措施。

8.1.13 饰面板（砖）工程验收时应检查下列文件和记录：

1 饰面板（砖）工程的施工图、设计说明及其他设计文件。
2 材料的产品合格证书、性能检测报告、进场验收记录和复验报告。
3 后置埋件的现场拉拔检测报告。
4 外墙饰面砖样板件的粘结强度检测报告。
5 隐蔽工程验收记录。

6 施工记录。

8.1.14 饰面板（砖）工程应对下列材料及其性能指标进行复验：

1 室内用花岗石的放射性。
2 粘贴用水泥的凝结时间、安定性和抗压强度。
3 外墙陶瓷面砖的吸水率。
4 寒冷地区外墙陶瓷面砖的抗冻性。

8.1.15 饰面板（砖）工程应对下列隐蔽工程项目进行验收：

1 预埋件（或后置埋件）。
2 连接节点。
3 防水层。

8.1.16 各分项工程的检验批应按下列规定划分：

1 相同材料、工艺和施工条件的室内饰面板（砖）工程每50间（大面积房间和走廊按施工面积30m²为一间）应划分为一个检验批，不足50间也应划分为一个检验批。
2 相同材料、工艺和施工条件的室外饰面板（砖）工程每500~1000m²应划分为一个检验批，不足500m²也应划分为一个检验批。

8.1.17 检查数量应符合下列规定：

1 室内每个检验批应至少抽查10%，并不得少于3间；不足3间时，应全数检查。
2 室外每个检验批每100m²应至少抽查一处，每处不得小于10m²。

8.1.18 外墙饰面砖粘贴前和施工过程中，均应在相同基层上做样板件，并对样板件的饰面砖粘结强度进行检验，其检验方法和结果判定应符合《建筑工程饰面砖粘结强度检验标准》JGJ 110 的规定，粘结强度不应小于0.6MPa。

8.1.19 饰面板（砖）工程的抗震缝、伸缩缝、沉降缝等部位的处理应保证缝的使用功能和饰面的完整性。

8.2 饰面板安装工程

8.2.1 本节适用于内墙饰面板安装工程和高度不大于24m、抗震设防烈度不大于7度的外墙饰面板安装工程的施工及质量验收。饰面板工程采用的石材有花岗石、大理石、青石板和人造石材；采用的瓷板为抛光板和磨边板两种，面积不大于1.2m²，不小于0.5m²；金属饰面板包括钢板、铝板等品种；木材饰面板主要用于内墙裙。

8.2.2 施工准备

8.2.2.1 技术准备

1 施工前认真按照图纸尺寸核对结构施工的实际情况。
2 对施工人员进行详细的技术交底，应强调技术及安全措施、质量要求和成品保护，架子拆除时不得碰撞已完的成品等。
3 进行排板分格、布置并绘制大样图。
4 大面积施工前应先做样板，经质检人员检验评定合格后，还需经过设计、甲方、施工单位共同认定。

8.2.2.2 材料准备

1 石材饰面板

(1) 石材：根据设计选用，一般有天然大理石、天然花岗石（光面、剁斧石、蘑菇石）、青石板、人造石材等。

(2) 修补胶粘剂及腻子：环氧树脂胶粘剂、环氧树脂腻子、颜料等。

(3) 防泛碱材料及防风化涂料：玻璃纤维网格布、石材防碱背涂处理剂、罩面剂等。

(4) 连接件：膨胀螺栓、钢筋骨架、木龙骨、金属夹、铜丝或不锈钢丝、钢丝及钢丝网等。

(5) 粘结材料及嵌缝膏：水泥、砂、嵌缝膏、密封胶、弹性胶条等。

(6) 辅助材料：石膏、塑料条、防污胶带、木楔等。

2 瓷板饰面板

(1) 板材根据设计选用不同规格、颜色的瓷板。

(2) 连接件：钢架、不锈钢挂件、铝合金挂件、膨胀螺栓等。

(3) 粘结材料及嵌缝膏：水泥、砂、密封胶、胶粘剂、弹性胶条等。

3 金属饰面板

(1) 板材：根据设计要求选用，常见板材有：彩色涂层钢板、彩色不锈钢板、铝合金板、塑铝板等。

(2) 骨架：根据设计选用，一般有铝及铝合金龙骨、型钢龙骨、木龙骨及木夹板、垫板等。

(3) 连接件：膨胀螺栓、连接铁件、配套的铁垫板、垫圈、螺钉、螺帽、铆钉等。

(4) 粘结材料：胶粘剂、强力胶等。

(5) 其他：防火涂料、防潮涂料、防水胶泥、密封胶、橡胶条、焊条等。

4 木材饰面板

(1) 面板：根据设计选用，一般为胶合板、硬木面板等。

(2) 骨架：根据设计配备各种规格的木龙骨骨架、衬板（胶合板或其他人造板）、木压条等。

(3) 其他：膨胀螺栓、圆钉、防水建筑胶粉、防腐剂、防火涂料、石膏腻子、白乳胶、108胶、清油、色油等。

5 塑料饰面板

(1) 面板：根据设计要求选用。目前采用的新型塑料装饰板有塑料镜面板、塑料网纹板、塑料彩绘板、塑料晶晶板等。

(2) 龙骨：根据设计要求配备木龙骨等。

(3) 其他：防潮剂、防腐剂、防火涂料、胶粘剂等。

8.2.2.3 主要机具

1 石材饰面板、瓷板施工用

砂浆搅拌机、电动手提无齿切割锯、台式切割机、钻、砂轮磨光机、嵌缝枪、专用手推车、尺、锤、凿、剁斧、抹子、粉线包、墨斗、线坠、挂线板、小白线、刷子、笤帚、铲、锹、开刀、灰槽、桶、钳、红铅笔等。

2 金属饰面板施工用

裁割、加工、组装金属板等所需的工作台、切割机、成型机、弯边机具、手枪钻、冲击电钻、砂轮机、嵌缝枪、尺、锤、凿、粉线包、墨斗、挂线板、小白线、电焊机、钳、刷子、棉丝、笤帚、锹、开刀、红铅笔等。

3 木材饰面板、塑料饰面板施工用

木工工作台、锯、刨、凿、电钻、砂轮机、气钉枪、斧子、榔头、尺、粉线包、墨斗、挂线板、小白线、砂纸、红铅笔等。

8.2.2.4 作业条件

1 主体结构施工质量应符合有关施工及验收规范的要求，并办理好结构验收；水电、通风、设备安装等应提前完成，准备好加工饰面板所需的水、电源等。

2 室内外门、窗框均已安装完毕，安装质量符合要求，塞缝符合规范及设计要求，门窗框贴好保护膜。

3 室内墙面已弹好标准水平线；室外水平线，应使整个外墙面能够交圈。

4 脚手架搭设处理完毕并经过验收，采用结构施工用脚手架时需重新组织验收，其横竖杆等应离开墙面和门窗口角150～200mm。施工现场具备垂直运输设备。

5 砖墙或混凝土墙防腐木砖已按规定位置预埋，加气混凝土等墙体按要求预先加砌的混凝土砌块位置等符合要求。

6 有防水层的房间、平台、阳台等，已做好防水层，并打好垫层。

7 金属饰面板安装前，混凝土和墙面抹灰已完成，且经过干燥，含水率不高于8%；木材制品不得大于12%。

8.2.3 材料质量控制

1 板材

（1）石材饰面板

1）饰面板应表面平整、边缘整齐；棱角不得损坏，并应具有产品合格证。

2）天然大理石、花岗石饰面板，表面不得有隐伤、风化等缺陷。不宜用易褪色的材料包装。

外观质量、物理性能等指标应符合附录R"常用饰面板技术性能指标"的要求。

3）花岗石板放射性核素限量应符合下列要求：

a 装修材料中天然放射性核素镭-226、钍-232、钾-40的放射性比活度同时满足$I_{Ra}\leq1.0$和$I_r\leq1.3$要求的为A类装修材料。A类装修材料产销与使用范围不受限制。

b 不满足A类装修材料要求但同时满足$I_{Ra}\leq1.3$和$I_r\leq1.9$要求的为B类装修材料。B类装修材料不可用于Ⅰ类民用建筑的内饰面，但可用于Ⅰ类民用建筑的外饰面及其他一切建筑物的内、外饰面。

c 不满足A、B类装修材料要求但满足$I_r\leq2.8$要求的为C类装修材料。C类装修材料只可用于建筑物的外饰面及室外其他用途。

4）取样规则、取样数量：

a 压缩强度试验。试样尺寸为50mm的立方体，误差为±0.5mm。垂直和平行层理的试样各两组，没有层理的试样两组，每组5块。

试样应标出岩石层理方向。

试样两个受力面用500号细砂纸抛光。平行度在0.08mm以内。相邻边垂直度误差不大于±0.5°。

试样不允许掉棱、掉角和有可见的裂纹。

b 体积密度、真密度、真气孔率、吸水率试验。体积密度试样尺寸为50mm立方体5块，真密度试样为1000g左右。

c 镜面光泽度试验。试样尺寸为300mm×300mm表面抛光的板材5块。

d 放射性核素限量试验。随机抽取样品两份，每份不少于3kg。一份密封保存，另一份作为检验样品。

e 规格尺寸偏差、平面度极限公差、角度极限公差、外观质量检验

从同一批板材中随机抽取5%，数量不足10块的抽10块。

5）保管要求：

a 板材在运输中，应防湿，严禁滚摔、碰撞。

b 板材应在室内储存。室外储存时应加遮盖。

c 板材应按规格、品种、等级或工程料部位分别码放。板材直立码放时，应光面相对，倾斜度不大15°，层间加垫，垛高不得超过1.5m；板材平放时应光面相对，地面必须平整垛高不得超过1.2m。

d 包装箱码放高度不得超过2m。

(2) 预制人造石饰面板

应表面平整，几何尺寸准确，面层石粒均匀、洁净、颜色一致。

(3) 瓷板饰面板

瓷板进场应提交出厂合格证，其外观质量、物理性能等指标应符合附录R"常用饰面板技术性能指标"的要求。

瓷板堆放、吊运应符合下列规定：

1）按板材的不同品种、规格分类堆放；

2）板材宜堆放在室内；当需要在室外堆放时，应采取有效措施防雨防潮；

3）当板材有减震外包装时，平放堆高不宜超过2m，竖放堆高不宜超过2层，且倾斜角不宜超过15°；当板材无包装时，应将板的光泽面相向，平放堆高不宜超过10块，竖放宜单层堆放且倾斜角不宜超过15°；

4）吊运时宜采用专用运输架。

(4) 金属饰面板、塑料饰面板

金属饰面板的品种、质量、颜色、花型、线条应符合设计要求，并应有产品合格证。表面应平整、光滑，无裂缝和皱折，颜色一致，边角整齐，金属饰面板涂膜厚度均匀。

(5) 木材饰面板

面板外观质量、理化性能指标等应符合"附录D常用面板技术性能指标"。

2 骨架、挂件及连接件

安装饰面板用的铁制锚固件、连接件，应镀锌或经防锈处理。镜面和光面的大理石、花岗石饰面板，应用铜或不锈钢制的连接件。

瓷质板材连接件应符合"附录S瓷质饰面板常用挂件"的有关要求。

金属饰面板墙体骨架如采用钢龙骨时，其规格、形状应符合设计要求，并应进行除锈、防锈处理。

木龙骨骨架其木材应采用变形小，不易开裂和易于加工的红松、白松或杉木等干燥

（含水率宜控制在12%以内）的木料，规格按设计要求加工。

3 胶结材料

（1）施工时所用胶结材料的品种、掺合比例应符合设计要求并具有产品合格证。

（2）拌制砂浆应用不含有害物质的纯净水。

（3）瓷质饰面使用的密封胶应采用耐候中性胶。其性能应符合表8.2.3的规定。胶条应采用三元乙丙橡胶等具有低温弹性的耐候、耐老化材料制作，并应挤出成形。

表8.2.3 耐候硅酮密封胶的性能

序号	项 目		技 术 指 标			
			25高模量	20高模量	25低模量	20低模量
1	位移能力		25%	20%	25%	20%
2	密度（g/cm³）		规定值±0.1			
3	下垂度（mm）	垂直	≤3			
		水平	无变形			
4	表干时间（h）		≤3ª			
5	挤出性（mL/min）		≥80			
6	弹性恢复率（%）		≥80			
7	拉伸模量（MPa）	23℃	>0.4 或 >0.6		≤0.4 和 ≤0.6	
		-20℃				
8	定伸粘结性		无破坏			
9	冷拉-热压后粘结性		无破坏			
10	浸水后定伸粘结性		无破坏			
11	质量损失率（%）		≤10			

注：1 允许采用供需双方商定的其他指标值；
2 本表引自《硅酮建筑密封胶》GB/T14683—2003。

4 其他

防火涂料、防水剂、防腐剂等，应有产品合格证书及使用说明书。

8.2.4 饰面板安装施工工艺

8.2.4.1 石材饰面板

1 工艺流程

（1）传统安装法

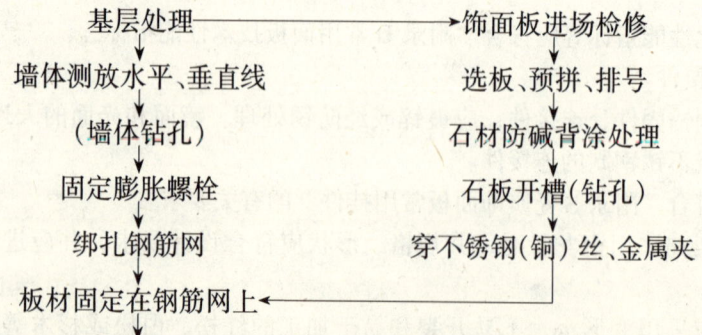

的打直孔4个。

将板旋转90°固定于木架上,在板两侧分别各打直孔1个,孔位距板下端100mm处,孔径6mm,孔深35～40mm,上下直孔都用合金錾子在板背面方向剔槽,槽深7mm,以便安卧Π形钉,见图8.2.4.1-6。

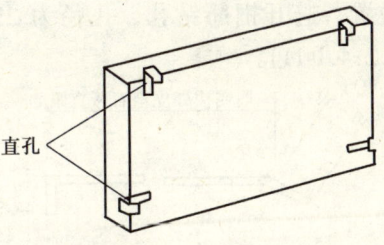

图8.2.4.1-6 打直孔示意图

b 花岗石板材钻孔、金属夹安装:

a) 直孔用台钻打眼,钻头直对板材上端面,操作时应钉木架。一般每块石板上、下两个面打眼,孔位距板两端1/4处,每个面各打两个眼,孔径5mm,深18mm,孔位距石板背面以8mm为宜。

如石板宽度较大,中间应增打一孔,钻孔后用合金钢凿子朝石板背面的孔壁轻打剔凿,剔出深4mm的槽,以便固定连接件(图8.2.4.1-7)。

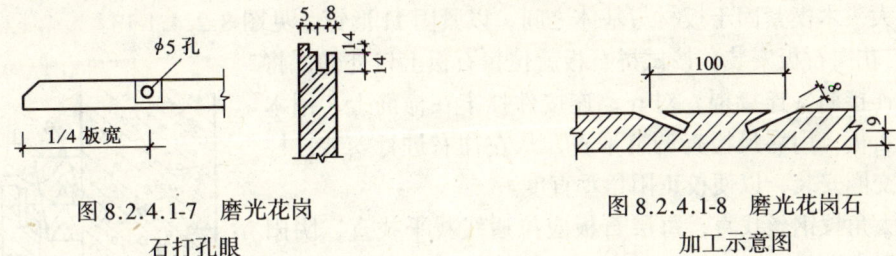

图8.2.4.1-7 磨光花岗石打孔眼

图8.2.4.1-8 磨光花岗石加工示意图

b) 石板背面钻135°斜孔,先用合金钢凿子在打孔平面剔窝,再用台钻直对石板背面打孔,打孔时将石板固定在135°的木架上(或用摇臂钻斜对石板)打孔,孔深5～8mm,孔底距石板磨光面9mm,孔径8mm(图8.2.4.1-8)。

c) 金属夹安装。把金属夹(图8.2.4.1-9b)安装在135°孔内,用JGN型胶固定,并与钢筋网连接牢固(图8.2.4.1-9a)。

3) 基体钻孔:

a 大理石板材。板材钻孔后,按基体放线分块位置临时就位,对应于板材上下直孔的基体位置上,用冲击钻钻成与板材孔数相等的斜孔,斜孔成45°角,孔径6mm,孔深40～50mm,见图8.2.4.1-10。

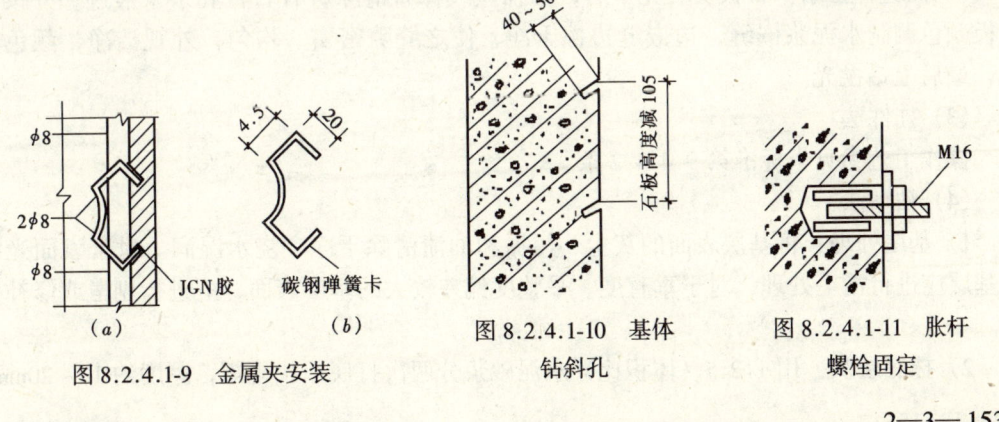

图8.2.4.1-9 金属夹安装

图8.2.4.1-10 基体钻斜孔

图8.2.4.1-11 胀杆螺栓固定

b 花岗石板材。预埋钢筋要先剔凿，外露于墙面，无预埋筋处则应先探测结构钢筋位置，避开钢筋钻孔，孔径为25mm，孔深90mm，用M16胀杆螺栓固定预埋件（图8.2.4.1-11）。

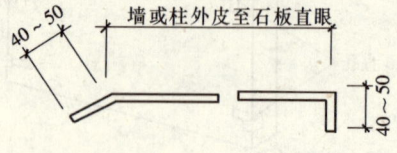

图8.2.4.1-12 Π形钉

　　4）绑扎钢筋网。先绑竖筋，竖筋与结构内预埋筋或预埋铁连接，横向钢筋根据石板规格，比石板低20～30mm作固定拉接筋，其他横筋可根据设计间距均分。

　　5）石板安装：

　　a 大理石板材安装、固定。基体钻孔后，将大理石板安放就位，根据板材与基体相距的孔距，用克丝钳子现制直径5mm的不锈钢Π形钉（图8.2.4.1-12），一端钩进大理石板直孔内，随即用硬木小楔楔紧；另一端钩进基体斜孔内，拉小线或用靠尺板和水平尺，校正板的上下口及板面的垂直度和平整度，并检查与相邻板材接合是否严密，随后将基体斜孔内不锈钢Π形钉楔紧。

　　用大头木楔紧固于板材与基体之间，以紧固Π形钉，见图8.2.4.1-13。

　　b 花岗石板安装。按试拼石板就位，石板上口外仰，将两板间连接筋（连接棍）对齐，连接件挂牢在横筋上，用木楔垫稳石板，用靠尺检查调整平直，从左往右进行安装，柱面水平交圈安装，以便校正阳角垂直度。

　　四大角拉钢丝找直，每层石板应拉通线找平找直，阴阳角用方尺套方。

　　缝隙大小不均匀时，应用薄钢板垫平，使石板缝隙均匀一致，并保证每层石板上口平直，然后用熟石膏固定。经检查无变形方可浇灌细石混凝土。

　　6）分层浇灌细石混凝土：

　　a 将细石混凝土徐徐倒入，不得碰动石板及石膏木楔。要求下料均匀，轻捣细石混凝土，直至无气泡。

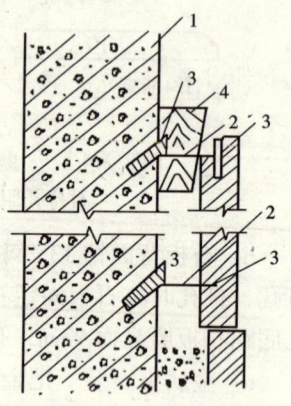

图8.2.4.1-13 石板就位、固定示意图
1—基体；2—Π形钉；3—硬木小楔；4—大头木楔

　　b 每层石板分三次浇灌，每次浇灌间隔1h左右，待初凝后经检验无松动、变形，方可再次浇灌细石混凝土。

　　c 第三次浇灌细石混凝土时上口留50mm，作为上层石板浇灌细石混凝土的结合层。

　　7）擦缝，打蜡。石板安装完毕后，用棉丝或抹布清除所有石膏和余浆痕迹，并按照石板颜色调制水泥浆嵌缝，边嵌缝边擦干净，使之缝隙密实、均匀，外观洁净，颜色一致，最后上蜡抛光。

　　（3）挂件法

　　操作工艺参见本标准第9.4.4.2条。

　　（4）粘贴法

　　1）基层处理：将基层表面的灰尘、污垢和油渍清除干净，浇水湿润。对于表面光滑的基层应进行凿毛处理；对于垂直度、平整度偏差较大的基层表面，应进行剔凿或修补处理。

　　2）抹底层灰：用1:2.5（体积比）水泥砂浆分两次打底、找规矩，厚度约10～20mm。

并按普通抹灰标准检查验收垂直度和平整度。

3) 饰面板进场检修、选板、预拼、排号、石材防碱背涂处理。

参见本节"(1) 传统安装法"。

4) 弹线、分块：

a 用线坠在墙面、柱面和门窗部位从上至下吊线，确定饰面板表面距基层的距离（一般为 30～40mm）。

b 根据垂线，在地面上顺墙、柱面弹出饰面板外轮廓线，此线即为安装基础线。

c 弹出第一排标高线，并将第一层板的下沿线弹到墙上（如有踢脚板，则先将踢脚板的标高线弹好）。

d 根据板面的实际尺寸和缝隙，在墙面弹出分块线。

5) 镶贴：

a 将湿润阴干的饰面板，在其背面均匀地抹上 5～6mm 厚特种胶粉或环氧树脂水泥浆、AH-03 胶粘剂，依照水平线，先镶贴底层（墙、柱）两端的两块饰面板，然后拉通线，按编号依次镶贴。

b 第一层贴完，进行第二层镶贴。依次类推，直至贴完。每贴三层，垂直方向用靠尺靠平。

6) 板缝处理、板面清理、擦缝。

参见本节"(1) 传统安装法"。

8.2.4.2 瓷板饰面板

1 工艺流程

(1) 干挂施工

基层处理→墙体测放水平、垂直线→（钢架制作安装）→挂件安装→瓷板安装→密封胶灌缝
　　　　　　　　　　　　　　　　　　　　　　　　　　　　　　　　　　　　　　↑
　　　　　　　　瓷板进场检修→选板、预拼、编号→瓷板开槽钻孔

(2) 挂贴施工

基层处理→墙体测放水平、垂直线→挂件安装→瓷板安装→灌注填缝砂浆→接缝处理
　　　　　　　　　　　　　　　　　　　　　　↑
　　　　　　瓷板进场检修→选板、预拼、编号→瓷板钻孔

2 施工要点

(1) 干挂施工

1) 基层处理：

墙体为混凝土结构时，应对墙体表面进行清理修补，使墙面平整坚实。

2) 墙体测放水平、垂直线：

参见第 8.2.4.1 条相关的施工要点。

3) 钢架制作安装：

a 干挂瓷质饰面宜采用钢架作安装基面。也可根据设计要求采用非钢架的做法。

b 钢架制作及焊接质量应符合现行国家标准《钢结构工程施工质量验收规范》GB50205—2001 及现行行业标准《建筑钢结构焊接技术规程》JGJ81—2002 的有关规定。

c 钢架制作允许偏差应符合表 8.2.4.2-1 规定。

表8.2.4.2-1 钢架制作的允许偏差（mm）

项目		允许偏差值	检查方法
构件长度		±3	用钢尺检查
焊接H型钢截面高度	接合部位	±2	用钢尺检查
焊接H型钢截面高度	其他部位	±3	用钢尺检查
焊接H型钢截面宽度		±3	用钢尺检查
挂接铝合金挂件用的L形钢截面高度		±1	用钢尺检查
构件两端最外侧安装孔距		±3	用钢尺检查
构件两组安装孔距		±3	用钢尺检查
同组螺栓	相邻两孔距	±1	用钢尺检查
同组螺栓	任意两孔距	±1.5	用钢尺检查
构件绕曲矢高		$l/1000$ 且不大于10	用拉线及钢尺

注：l 为构件长度。

d 钢架制作完毕后应作防锈镀膜处理。

e 钢架与主体结构连接的预埋件应牢固、位置准确，预埋件的标高偏差不得大于10mm，预埋件位置与设计位置的偏差不得大于20mm。

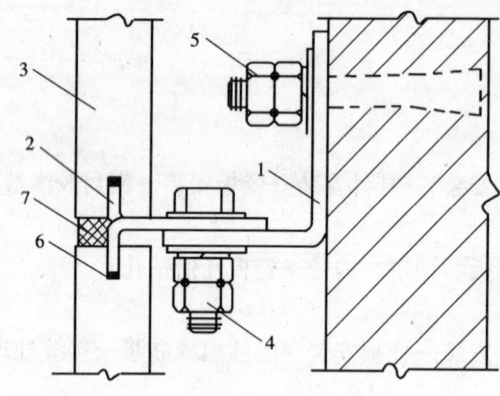

图8.2.4.2-1 不锈钢扣槽式挂件装配示意图
1—角码板；2—扣齿板；3—瓷板；4—螺栓；5—胀锚螺栓；
6—环氧树脂；7—密封胶

4) 挂件安装：

a 不锈钢扣槽式挂件由角码板、扣齿板等构件组成，装配示意图见图8.2.4.2-1；不锈钢插销式挂件由角码板、销板、销钉等构件组成，装配示意图见图8.2.4.2-2；铝合金扣槽式挂件由上齿板、下齿条、弹性胶条等构件组成，装配示意图见图8.2.4.2-3。

b 胀锚螺栓、穿墙螺栓安装：

a) 在建筑物墙体钻螺栓安装孔的位置应满足瓷板安装时角码板调节要求。

b) 钻孔用的钻头应与螺栓直径相匹配，钻孔应垂直，钻孔深度应能保证胀锚螺栓进入混凝土结构层不小于60mm或使穿墙螺栓穿过墙体。钻孔内的灰粉清理干净，塞进胀锚螺栓。

c) 穿墙螺栓的垫板应保证与钢丝网可靠连接，钢丝网搭接应符合设计要求。

d) 螺栓紧固力矩应取40~45N·m，并应保证紧固可靠。

c 挂件安装：

a) 挂件连接应牢固可靠，不得松动；

b) 挂件位置调节适当，并应能保证瓷板连接固定位置准确；

c) 不锈钢挂件的螺栓紧固力矩应取40~45N·m，并应保证紧固可靠；

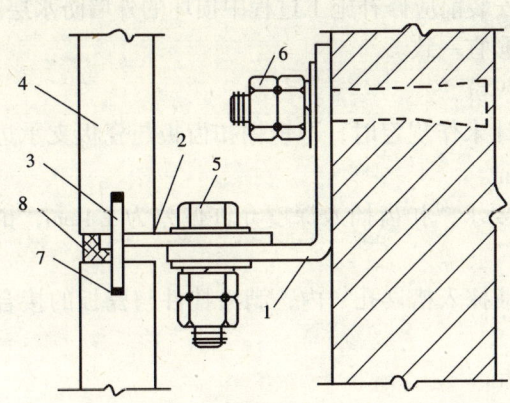
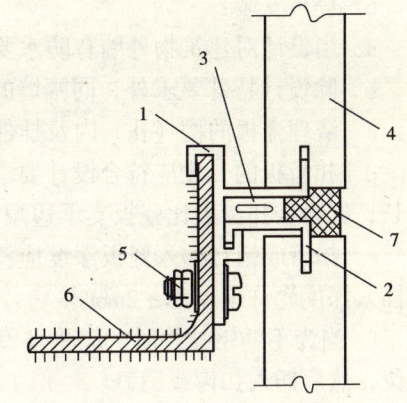

图 8.2.4.2-2 不锈钢插销式挂件装配示意图
1—角码板；2—销板；3—销钉；4—瓷板；5—螺栓；
6—胀锚螺栓；7—环氧树脂；8—密封胶

图 8.2.4.2-3 铝合金扣槽式
挂件装配示意图
1—上齿板；2—下齿条；3—弹性胶条；4—瓷板；5—螺栓；6—钢架型材；7—密封胶

　　d) 铝合金挂件挂接钢架 L 形钢的深度不得小于 3mm，M4 螺栓（或 M4 抽芯铆钉）紧固可靠且间距不宜大于 300mm；
　　e) 铝合金挂件与钢材接触面，宜加设橡胶或塑胶隔离层。
　5) 瓷板编号、开槽钻孔：
　a 板的编号应满足安装时流水作业的要求。
　b 开槽或钻孔前逐块检查瓷板厚度、裂纹等质量指标，不合格者不得使用。
　c 开槽长度或钻孔数量应符合设计要求，开槽钻孔位置在规格板厚中心线上；开槽、钻孔的尺寸要求及允许偏差应符合表 8.2.4.2-2 和表 8.2.4.2-3 规定；钻孔的边至板角的距离宜取 $0.15b \sim 0.2b$（b 为瓷板支承边边长），其余孔应在两边孔范围内等分设置。
　d 当开槽或钻孔造成瓷板开裂时，该块瓷板不得使用。

表 8.2.4.2-2　瓷板开槽钻孔的尺寸要求（mm）

项	目	尺寸要求
开 槽	宽 度	2.5 (2.0)
	深 度	10 (6)
钻 孔	直 径	3.2
	深 度	20

表 8.2.4.2-3　瓷板开槽钻孔的允许偏差

项		目	允许偏差值
	开 槽 宽 度		+0.5mm (±0.5mm) 0mm
	钻 孔 直 径		+0.3mm 0mm
位 置		开 槽	±0.3mm
		钻 孔	±0.5mm
深 度		开 槽	±1mm
		钻 孔	±2mm
	槽、孔垂直度		1°

6）瓷板安装：

a 当设计对建筑物外墙有防水要求时，安装前应修补施工过程中损坏的外墙防水层。

b 除设计特殊要求外，同幅墙的瓷板色彩宜一致。

c 清理瓷板的槽（孔）内及挂件表面的灰粉。

d 扣齿板的长度应符合设计要求，当设计未作规定时，不锈钢扣齿板与瓷板支承边等长，铝合金扣齿板比瓷板支承边短 20～50mm。

e 扣齿或销钉插入瓷板深度应符合设计要求，扣齿插入深度允许偏差为 ±1mm，销钉插入深度允许偏差为 ±2mm。

f 当为不锈钢挂件时，应将环氧树脂浆液抹入槽（孔）内，满涂挂件与瓷板的接合部位，然后插入扣齿或销钉。

g 瓷板中部加强点的施工应注意以下几点：

a）连接件与瓷板接合位置及面积应符合设计要求。当设计未作规定时，离地面 2m 高以下的干挂瓷质饰面，在每块瓷板的中部宜加设一加强点。加强点的连结件应与基面连接，连接件与瓷板结合部位的面积不宜小于 $2000mm^2$，并应满涂粘结剂。

b）连接件与瓷板接合部位应预留 0.5～1mm 间隙，并应清除干净后满涂粘结剂。

c）胶粘剂应使用耐候中性胶。当设计未作规定时，也可采用环氧树脂浆液代替。

7）密封胶灌缝：

a 检查复核瓷板安装质量，清理拼缝。当瓷板拼缝较宽时，可塞填充材料，并预留不小于 6mm 的缝深作为密封胶的灌缝。

b 当为铝合金挂件时，应采用弹性胶条将挂件上下扣齿间隙塞填压紧，塞填前的胶条宽度不宜小于上下扣齿间隙的 1.2 倍。

c 无设计要求时，密封胶颜色应与瓷板色彩相配；灌缝高度当设计未作规定时，宜与瓷板的板面齐平。灌缝应饱满平直，宽窄一致。

d 灌缝时注意不能污损瓷板面，一旦发生应及时清理。

e 当瓷板缝潮湿时，不得进行密封胶灌缝施工。

f 瓷质饰面与门窗框接合处等的边缘，当设计未作规定时，应用密封胶灌缝。

(2) 挂贴施工

1) 基层处理：墙体表面进行清理，表面的浮灰、油污等清除干净；对表面较滑的墙体，应凿毛处理。

2) 墙体测放水平、垂直线、挂件安装。

参见本款第 (1) 项"干挂施工"。

3) 瓷板编号、钻孔：

a 板的编号应满足挂贴的流水作业要求。

b 瓷板钻孔：拉结点的竖孔应钻在板厚中心线上，孔径为 3.2～3.5mm，深度为 20～30mm；板背横孔应与竖孔连通。

c 钻孔后即用防锈金属丝穿入孔内固定，作拉结之用。

d 当拉结金属丝直径大于瓷板拼缝宽度时，应凿槽埋置。

4) 瓷板安装：

a 施工顺序应符合下列规定：

a) 同幅墙的瓷板挂贴宜由下而上进行。
b) 突出墙面勒脚的瓷板，应待上层的饰面工程完工后进行。
c) 楼梯栏杆、栏板及墙裙的瓷板，应在楼梯踏步、地面面层完工后进行。
b 选板、预排。当设计未作特殊要求时，同幅墙的瓷板色彩应一致。
c 挂装瓷板时，应找正吊直后采取临时固定措施，并将瓷板拉结金属丝绑牢在拉结钢筋网上。
d 挂装时可垫木楔调整。瓷板的拼缝宽度应符合设计要求，设计未作规定时，拼缝宽度不宜大于1mm。
5) 灌注填缝砂浆：
a 检查复核瓷板挂装质量，浇水将瓷板背面和墙体表面润湿。
b 用石膏灰临时封闭瓷板竖缝，以防漏浆。
c 配制灌注填缝砂浆。砂浆体积比（水泥:砂）宜取1:2.5~1:3，稠度宜取100~150mm。
d 灌注砂浆：应分层进行，每层灌注高度为150~200mm，插捣密实，待其初凝后，检查板面位置，如移动错位应拆除重装；若无移动，继续灌注上层砂浆，施工缝应留在瓷板水平接缝以下50~100mm处。
e 填缝砂浆初凝后，拆除石膏及临时固定物。
6) 接缝处理。
瓷板拼缝处理应符合设计要求，当设计未作规定时，宜用与瓷板颜色相配的水泥浆抹勾严密。

8.2.4.3 金属饰面板

1 工艺流程
测放控制线→安装连接件→安装龙骨→（衬板安装）→面板安装（嵌卡、铆钉或者焊接）→接口、收边及板缝处理

2 施工要点
(1) 测放控制线
根据控制轴线、水平标高线，弹出金属板安装的基准线（包括纵横轴线和水准线）。
(2) 安装固定骨架的连接件
连接件与结构之间可以同结构预埋件焊牢，也可在墙上打膨胀螺栓。要求尽量减少骨架杆件尺寸误差，保证其位置准确。
(3) 固定骨架
预先对骨架进行防腐处理。安装完毕后，应对中心线、表面标高等，作全面的检查。
(4) 衬板安装
此工艺仅适用于柱子面板施工。垫板一般采用20~25mm的与母材材料相同的钢带，沿焊缝顺长布置。
(5) 面板安装及接口、收边、板缝处理
1) 铝合金饰面板固结法安装：
a 通过焊接型钢骨架用膨胀螺栓连接或连接铁件连接，并与建筑主体结构上的预埋件焊接固定。

b 当饰面面积较大时，焊接骨架可按板条宽度增加布置型钢横、竖肋杆，一般间距以≤500mm 为宜，此时铝合金板条用自攻螺钉直接拧固在骨架上。

　　c 安装板条时，可在每块条板扣嵌时留 5~6mm 空隙形成凹槽，增加扣板起伏，加深立面效果。

　　2）铝合金饰面板嵌卡法安装：

　　适用于高度不大，风压较小的建筑。

　　将饰面板做成可嵌插形状，与用镀锌钢板冲压成型的嵌插母材——龙骨嵌插，再用连接件将龙骨与墙体锚固。

　　3）不锈钢圆柱包面施工：

　　a 不锈钢板的滚圆：用手工滚圆或在卷板机上进行滚圆，将不锈钢板加工成所需要的圆柱。

　　采用卷板机卷板时，可以按所需的圆弧及板的厚度调整三轴式卷板机，同样也用薄钢板作圆弧样板，在滚圆时，应检查圆弧是否符合圆柱的要求，若偏大，可以调整三轴式卷板机。

　　当板厚＞0.75mm 时，宜采用三轴式卷板机对钢板进行滚圆加工，将钢板滚制成两个标准的半圆，以后通过焊接拼接成一个完整的柱体。注意，不宜滚成一完整的圆柱体。

　　b 不锈钢板的安装和定位：

　　a）不锈钢板在安装时，应注意接缝的位置应与柱子基体上预埋的垫板的位置相对应。

　　b）安装时注意调整焊缝的间隙，间隙的大小应符合焊接规范的要求（0~1.0mm），并应保持均匀一致。

　　c）在焊缝两侧的不锈钢板不应有高低差。

　　d）可用点固焊接的方法或其他方法先将板的位置固定下来。

　　c 焊接：

　　a）焊缝坡口。对于厚度在 2mm 以下的不锈钢板的焊接，可采用平剖口对接的方式。当要求焊缝开坡口时，应在不锈钢板的安装之前进行。

　　b）焊缝区的清除。进行彻底的脱脂和清洁。脱脂可采用三氯代乙烯、汽油、苯、中性洗涤剂或其他化学药品来完成。必要时，还应采用砂轮机进行打磨，以使金属表面露出来。

　　c）固定铜质压板。在焊缝的两侧固定铜质（或钢质）压板以防止不锈钢薄板的变形。

　　d）焊接。以选择手工电弧焊和气焊为宜，气焊适用于厚度 1mm 以下的焊接。手工电弧焊用于不锈钢薄板的焊接，但应采用较细（＜ϕ3.2mm）的焊条及较小的焊接电流进行焊接。

　　d 打磨修光：

　　当焊缝表面没有太大的凹痕及凸出于表面的粗大焊珠时，可直接进行抛光。当表面有凸出的焊珠时，可先用砂轮机磨光，然后再换用抛光轮进行抛光处理，使焊接缝的痕迹不很显眼。

　　4）不锈钢圆柱镶面施工：

　　a 不锈钢板加工。

　　一个圆柱面一般由二片或三片不锈钢曲面板组合成。曲面板加工方法有两种：一是手工加工；另外一种是在卷板机上加工。加工时，应用圆弧样板检查曲面板的弧度是否符合要求。

　　b 不锈钢板安装。

饰面板的燃烧性能等级应符合设计要求。

检验方法：观察；检查产品合格证书、进场验收记录和性能检测报告。

8.2.7.2 饰面板孔、槽的数量、位置和尺寸应符合设计要求。

检验方法：检查进场验收记录和施工记录。

8.2.7.3 饰面板安装工程的预埋件（或后置埋件）、连接件的数量、规格、位置、连接方法和防腐处理必须符合设计要求。后置埋件的现场拉拔强度必须符合设计要求。饰面板安装必须牢固。

检验方法：手扳检查；检查进场验收记录、现场拉拔检测报告、隐蔽工程验收记录和施工记录。

一 般 项 目

8.2.7.4 饰面板表面应平整、洁净、色泽一致，无裂痕和缺损。石材表面应无泛碱等污染。

检验方法：观察。

8.2.7.5 饰面板嵌缝应密实、平直，宽度和深度应符合设计要求，嵌填材料色泽应一致。

检验方法：观察；尺量检查。

8.2.7.6 采用湿作业法施工的饰面板工程，石材应进行防碱背涂处理。饰面板与基体之间的灌注材料应饱满、密实。

检验方法：用小锤轻击检查；检查施工记录。

8.2.7.7 饰面板上的孔洞应套割吻合，边缘应整齐。

检验方法：观察。

8.2.7.8 饰面板安装的允许偏差和检验方法应符合表8.2.7.8的规定。

表8.2.7.8 饰面板安装的允许偏差和检验方法

项次	项 目	允许偏差（mm）							检验方法
		石 材			瓷板	木材	塑料	金属	
		光面	剁斧石	蘑菇石					
1	立面垂直度	2	3	3	2	1.5	2	2	用2m垂直检测尺检查
2	表面平整度	2	3	—	1.5	1	3	3	用2m靠尺和塞尺检查
3	阴阳角方正	2	4	4	2	1.5	3	3	用直角检测尺检查
4	接缝直线度	2	4	4	2	1	1	1	拉5m线，不足5m拉通线，用钢直尺检查
5	墙裙、勒脚上口直线度	2	3	3	2	2	2	2	拉5m线，不足5m拉通线，用钢直尺检查
6	接缝高低差	0.5	3	—	0.5	0.5	1	1	用钢直尺和塞尺检查
7	接缝宽度	1	2	2	1	1	1	1	用钢直尺检查

8.2.8 质量验收

1 检验批的划分和抽样检查数量按本标准的第8.1.16条和第8.1.17条规定执行。

2 检验批的验收按本标准第3.3.19条进行组织。

3 检验批质量验收记录当地方政府主管部门无统一规定时，宜采用表8.2.8-1"饰面板安装工程检验批质量验收记录表（石材）"和表8.2.8-2"饰面板安装工程检验批质量验收记录表（瓷板、木材、塑料、金属）"。

表 8.2.8-1 饰面板安装工程检验批质量验收记录表
（石材）
GB50210—2001
（Ⅰ）

单位（子单位）工程名称						
分部（子分部）工程名称					验收部位	
施工单位					项目经理	
分包单位					分包项目经理	
施工执行标准名称及编号						
		施工质量验收规范的规定			施工单位检查评定记录	监理（建设）单位验收记录
主控项目	1	材料质量		第8.2.2条		
	2	饰面板孔、槽		第8.2.3条		
	3	饰面板安装		第8.2.4条		
一般项目	1	饰面板表面质量		第8.2.5条		
	2	饰面板嵌缝		第8.2.6条		
	3	湿作业施工		第8.2.7条		
	4	饰面板孔洞套割		第8.2.8条		
	5 石材	允许偏差	立面垂直度（mm）	光面 2		
				剁斧石 3		
				蘑菇石 3		
			表面平整度（mm）	光面 2		
				剁斧石 3		
				蘑菇石 —		
			阴阳角方正（mm）	光面 2		
				剁斧石 4		
				蘑菇石 4		
			接缝直线度（mm）	光面 2		
				剁斧石 4		
				蘑菇石 4		
			墙裙、勒脚上口直线度（mm）	光面 2		
				剁斧石 3		
				蘑菇石 3		
			接缝高低差（mm）	光面 0.5		
				剁斧石 3		
				蘑菇石 —		
			接缝宽度（mm）	光面 1		
				剁斧石 2		
				蘑菇石 2		
		专业工长（施工员）			施工班组长	
施工单位检查评定结果		项目专业质量检查员： 年 月 日				
监理（建设）单位验收结论		专业监理工程师（建设单位项目专业技术负责人）： 年 月 日				

表 8.2.8-2　饰面板安装工程检验批质量验收记录表
（瓷板、木材、塑料、金属）
GB50210—2001
（Ⅱ）

单位（子单位）工程名称					验收部位	
分部（子分部）工程名称						
施工单位					项目经理	
分包单位					分包项目经理	
施工执行标准名称及编号						
		施工质量验收规范的规定			施工单位检查评定记录	监理（建设）单位验收记录
主控项目	1	材料质量		第8.2.2条		
	2	饰面板孔、槽		第8.2.3条		
	3	饰面板安装		第8.2.4条		
一般项目	1	饰面板表面质量		第8.2.5条		
	2	饰面板嵌缝		第8.2.6条		
	3	湿作业施工		第8.2.7条		
	4	饰面板孔洞套割		第8.2.8条		
	5 瓷板、木材、塑料、金属	允许偏差	立面垂直度（mm）	瓷板 2		
				木材 1.5		
				塑料 2		
				金属 2		
			表面平整度（mm）	瓷板 1.5		
				木材 1		
				塑料 3		
				金属 3		
			阴阳角方正（mm）	瓷板 2		
				木材 1.5		
				塑料 3		
				金属 3		
			接缝直线度（mm）	瓷板 2		
				木材 1		
				塑料 1		
				金属 1		
			墙裙、勒脚上口直线度（mm）	瓷板 2		
				木材 2		
				塑料 2		
				金属 2		
			接缝高低差（mm）	瓷板 0.5		
				木材 0.5		
				塑料 1		
				金属 1		
			接缝宽度（mm）	瓷板 1		
				木材 1		
				塑料 1		
				金属 1		
施工单位检查评定结果			专业工长（施工员）　　　　　　　　　　施工班组长 项目专业质量检查员：　　　　　　　　　　　　　　年 月 日			
监理（建设）单位验收结论			专业监理工程师（建设单位项目专业技术负责人）：　　　　年 月 日			

8.3 饰面砖粘贴工程

8.3.1 本节适用于内墙饰面砖粘贴工程和高度不大于100m、抗震设防烈度不大于8度、采用满贴法施工的外墙饰面砖粘贴工程的施工及质量验收。

8.3.2 施工准备

8.3.2.1 技术准备

参见本标准第8.2.2.1条。

8.3.2.2 材料准备

1 饰面砖

（1）陶瓷面砖：釉面瓷砖、外墙面砖、陶瓷锦砖、陶瓷壁画、劈离砖等。

（2）玻璃面砖：玻璃锦砖、彩色玻璃面砖、釉面玻璃等。

2 粘结材料

水泥、砂、石灰膏、胶粘剂、勾缝材料、复合胶粉等。

8.3.2.3 主要机具

砂浆搅拌机、切割机、钻、手推车、秤、锹、铲、桶、灰板、抹子、铁簸箕、软管、喷壶、合金钢扁錾子、操作支架、尺、木垫板、托线板、平尺板、刮杠、线坠、粉线包、小白线、开刀、钳、锤、细钢丝刷、笤帚、擦布或棉丝、红铅笔、刷子等。

8.3.2.4 作业条件

1 办理好结构验收，水电、通风、设备安装作业等已完成。

2 墙面隐蔽及抹灰工程、吊顶工程，室内外门、窗框工程均已完毕，室外应完成雨水管、阳台栏杆的安装。质量符合要求，塞缝等符合规范及设计要求，门窗框贴好保护膜。

3 卫生间的肥皂洞、手纸洞已经预留剔出，便盆、浴盆、镜箱及脸盆架已放好位置线或已安装就位。

4 有防水层的房间、平台、阳台等，已做好防水层，并打好垫层。

5 室内墙面已弹好标准水平线；室外水平线，应使整个外墙面能够交圈。

6 脚手架搭设处理完毕并经过验收，采用结构施工用脚手架时需重新组织验收，其横竖杆等应离开墙面和门窗口角150~200mm。

7 现场具备垂直运输设备。

8.3.3 材料质量控制

1 面砖应表面平整、边缘整齐；棱角不得损坏，并应有生产厂家的出厂检验报告及产品合格证。进场后应按表8.3.3所列项目进行复检。

2 陶瓷面砖

（1）外观要求

釉面砖、无釉面砖，表面应平整光滑，几何尺寸规矩，圆边或平边应平直；不得缺棱掉胶；质地坚固，色泽一致，不得有暗痕和裂纹；白色釉面砖白度不得低于78，印花、图案面砖，应先行拼拢，保证画面完整，线条平稳流畅，衔接自然。

（2）内在质量

1) 吸水率≯22%。
2) 耐急冷急热于105~19±1℃冷热交换一次，无裂纹。
3) 密度应在2.3~2.4g/cm³之间。

表8.3.3 外墙面砖复验项目

气候区名	陶瓷砖	玻璃马赛克
Ⅰ	(1)(2)(3)(4)	(1)(2)
Ⅱ	(1)(2)(3)(4)	(1)(2)
Ⅲ	(1)(2)(3)	(1)(2)
Ⅳ	(1)(2)(3)	(1)(2)
Ⅴ	(1)(2)(3)	(1)(2)
Ⅵ	(1)(2)(3)(4)	(1)(2)
Ⅶ	(1)(2)(3)(4)	(1)(2)

注：1 表中(1)尺寸；(2)表面质量；(3)吸水率；(4)抗冻性。
2 Ⅰ、Ⅱ、Ⅵ、Ⅶ区属寒冷地区，气候条件恶劣，其中，Ⅰ、Ⅵ、Ⅶ区吸水率不应大于3%；Ⅱ区吸水率不应大于6%；Ⅲ、Ⅳ、Ⅴ区，冰冻期一个月以上的地区吸水率不宜大于6%；
3 Ⅰ、Ⅱ、Ⅲ、Ⅳ、Ⅴ、Ⅵ、Ⅶ气候分区参见附录Q。

4) 硬度85~87度。

3 陶瓷锦砖

规格颜色一致，无受潮变色现象。拼接在纸版上的图案应符合设计要求，纸版完整，颗粒齐全，间距均匀；锦砖脱纸时间不得大于40min；防震和严禁散装、散放，防止受潮。

4 玻璃锦砖

质地坚硬，耐热耐冻性好，在大气与酸碱环境中性能稳定，不龟裂，表面光滑、色泽一致。背面凹坑与楞线条明显，铺贴纸应满足以下要求：
(1) 铺贴纸尺寸必须一致，其纸周边应露出拼块小饼5~10mm。
(2) 1m²铺贴纸重量应在80~100g间，以100g最佳。
(3) 脱水性：洒水脱纸时间<40min。
(4) 拉力大，洒水脱纸时，整张撕下不得断裂、破损。
(5) 纸的纵向与横向收缩应一致。

5 饰面砖胶粘剂
(1) 粘贴用水泥的凝结时间、安定性和抗压强度必须符合现行国家标准要求。
(2) 砂子和石灰膏应达到抹灰用料的标准。
(3) 在Ⅲ、Ⅳ、Ⅴ区应采用具有抗渗性的找平材料，其性能应符合现行行业标准《砂浆、混凝土防水剂》JC/T474有关技术要求。

（4）外墙饰面砖粘贴应采用水泥基粘结材料，其中包括现行行业标准《陶瓷墙地砖胶粘剂》JC/T547规定的A类及C类产品。不得采用有机物作为主要粘结材料。

A类：由水泥等无机胶凝材料、矿物集料和有机外加剂等组成的粉状产品。

C类：由聚合物分散液和水泥等无机胶凝材料、矿物集料等两部分组成的双包装产品。

6 拌制砂浆应用不含有害物质的洁净水。

8.3.4 施工工艺

8.3.4.1 釉面砖、外墙面砖施工

1 工艺流程

基层处理→抹找平层→刷结合层→排砖、分格、弹线→选砖、浸砖→镶贴面砖→面砖勾缝→擦缝、清理表面

2 施工要点

（1）基层处理

光滑的基层表面应凿毛，其深度为5～15mm，间距30mm左右。基层表面残存的灰浆、尘土、油渍（用盐酸淡液清洗）等应清洗干净。

（2）抹找平层、刷结合层

1）进行挂线、贴灰饼、冲筋，其间距不宜超过2m。

2）将基层表面湿润，并按设计要求在基体表面刷结合层。基层表面明显凹凸处，应事先剔平或用1:3水泥砂浆找平。不同材料的基层表面相接处，应先铺金属网，方法与抹灰工程相同。

3）为使基层能与找平层粘结牢固，可在抹找平层前先洒聚合水泥浆（108胶:水=1:4的胶水拌水泥）处理。

基层为加气混凝土时，应在清理基层表面后先刷108胶水溶液一遍，再用φ6mm扒钉满钉镀锌机织钢丝网（孔径32mm×32mm，丝径0.7mm），钉距不大于600mm。然后抹1:1:4水泥混合砂浆粘结层及1:2.5水泥砂浆找平层。

4）分层施工找平层，每层厚度不应大于7mm，并应在前一层终凝后再抹后一层；找平层厚度不应大于20mm，若超过此值应采取加固措施。

5）找平层表面刮平搓毛，并在终凝后浇水养护。

檐口、腰线、窗台、雨篷等处，抹灰时要留出流水坡及滴水线，找平层抹后应及时浇水养护。

6）找平层的表面平整度允许偏差为4mm，立面垂直度允许偏差为5mm。

7）找平层施工后宜在其上刷结合层。

8）粘贴面砖时，基层的含水率宜为15%～25%。

（3）排砖、分格、弹线

1）按设计要求和施工样板进行排砖。排砖宜使用整砖，并确定接缝宽度、分格，如设计无规定时，接缝宽度可在1～1.5mm之间调整。对必须使用非整砖的部位，非整砖宽度不得小于整砖宽度的1/3。

2）管线、灯具、卫生设备支撑等部位，应用整砖套割吻合，不得用非整砖拼凑镶贴。

外墙面砖水平缝应与碴脸、窗台齐平；竖向要求阳角及窗口处都是整砖，分格按整块

分均,并根据已确定的缝子大小作分格条和画出皮数杆。对窗心墙、墙垛等处要事先测好中心线、水平分格线、阴阳角垂直线。

(4) 选砖、浸砖

釉面砖和外墙面砖,镶贴前应将砖的背面清理干净,并浸水 2h 以上,待表面晾干后方可使用。冬期施工宜在掺入 2%盐的温水中浸泡 2h,晾干后方可使用。

(5) 镶贴面砖

1) 传统方法镶贴:

a 先贴若干块废釉面砖作为标志块,上下用托线板挂直,作为粘贴厚度的依据,横向每隔 1.5m 左右做一个标志块,用拉线或靠尺校正平整度。

在门洞口或阳角处,如有阴三角镶边时,则应将尺寸留出先铺贴一侧的墙面,并用托线板校正靠直。如无镶边,应双面挂直,见图 8.3.4.1-1。

b 按地面水平线嵌上一根八字尺或直靠尺,用水平尺校正,作为第一行瓷砖水平方向的依据。

镶贴时,瓷砖的下口坐在八字尺或直靠尺上,以确保其横平竖直。

墙面与地面的相交处用阴三角条镶贴时,需将阴三角条的位置留出后,方可放置八字靠尺或直靠尺。

c 镶贴釉面砖宜从阳角处开始,并由下往上进行。铺贴一般用 1:2(体积比)水泥砂浆,并可掺入不大于水泥用量 15%的石灰膏,用铲刀在釉面砖背面刮满刀灰,厚度 4~8mm,砂浆用量以铺贴后刚好满浆为宜。

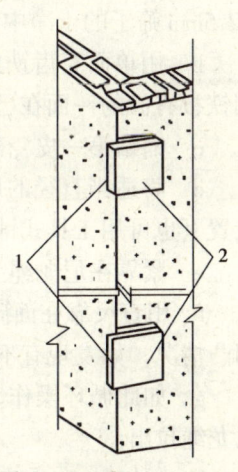

图 8.3.4.1-1 双面挂直
1—小面挂直靠平;2—大面挂直靠平

d 贴于墙面的釉面砖应用力按压,并用铲刀木柄轻轻敲击,使釉面砖紧密粘于墙面,再用靠尺按标志块将其校正平直。

铺贴完整行的釉面砖后,再用长靠尺横向校正一次。对高于标志块的应轻轻敲击,使其平齐;若低于标志块(即亏灰)时,应取下釉面砖,重新抹满刀灰再铺贴,不得在砖口处塞灰。

e 依次按上述方法往上贴,铺贴时应保持与相邻釉面砖的平整。

当贴到最上一行时,要求上口成一直线。上口如没有压条(镶边),应用一面圆的釉面砖,阴角的大面一侧也用一面圆的釉面砖,这一排的最上面一块应用二面圆的釉面砖,见图 8.3.4.1-2。

f 镶边条的铺贴顺序,一般先贴阴(阳)三角条再贴墙面,即先铺贴一侧墙面釉面砖,再铺贴阴(阳)三角条,然后再铺另一侧墙面釉面砖。使阴(阳)三角条与墙面吻合。

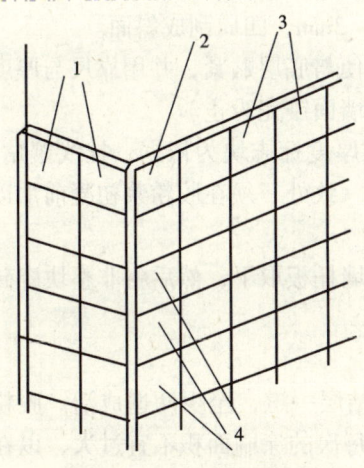

图 8.3.4.1-2 边角
1、3、4—一面圆釉面砖;
2—两面圆釉面砖

g 镶贴墙面时,应先贴大面,后贴阴阳角、凹槽等费工多、难度大的部位。

h 在粘结层初凝前或允许的时间内,可调整釉面砖的位置和接缝宽度,使之附线并敲实;在初凝后或超过允许的时间后,严禁振动或移动面砖。

2) 采用胶粘剂镶贴:

a 调制粘结浆料。采用32.5级以上普通硅酸盐水泥加入SG8407胶液拌合至适宜施工的稠度即可,不要加水。

当粘结层厚度大于3mm时,应加砂子,水泥和砂子的比例为1:1~1:2,砂子采用过$\phi 2.5 mm$筛子的干净中砂。

b 用单面有齿铁板的平口一面(或用钢板抹子),将粘结浆料横刮在墙面基层上,再用铁板有齿的一面在已抹上的粘结浆料上,直刮出一条条的直楞。

c 铺贴第一皮瓷砖,随即用橡皮锤逐块轻轻敲实。

d 将适当直径的尼龙绳(以不超过瓷砖的厚度为宜)放在已铺贴的面砖上方的灰缝位置(也可用工具式铺贴法)。

e 紧靠在尼龙绳上,铺贴第二皮瓷砖。

f 用直尺靠在面砖顶上,检查面砖上口水平,再将直尺放在面砖平面上,检查平面凹凸情况,如发现有不平整处,随即纠正。

g 如此循环操作,尼龙绳逐皮向上盘,面砖自下而上逐皮铺贴,隔1~2h,即可将尼龙绳拉出。

h 每铺贴2~3皮瓷砖. 用直尺或线坠检查垂直偏差,并随时纠正。

i 铺贴完瓷砖墙面后,必须以整个墙面检查一下平整、垂直情况。发现缝子不直、宽窄不匀时,应进行调缝,并把调缝的瓷砖再进行敲实,避免空鼓。

3) 采用多功能建筑胶粉镶贴:

a 瓷砖直接抹浆粘贴做法:

将多功能建筑胶粉加水拌合(须充分搅拌均匀),稠度以不稠不稀、粉墙不流淌为准(一般配合比为胶粉:水=3:1)。每次的搅拌量不宜过多,应随拌随用。

胶粉浆拌好后用铲刀将之均匀涂于瓷砖背面,厚度2~3mm,四周刮成斜面。

瓷砖上墙就位后,用力按压,再用橡皮锤轻轻敲击,使与底层贴紧,并用靠尺与厚度标志块与邻砖找平。如此一块块顺序上墙粘贴,直至全部墙面镶完为止。

镶贴时,必须严格以水平控制线、垂直控制线及标准厚度标志块为依据,挂线镶贴。粘贴中应边贴边与邻砖找平调直,砖缝如有歪斜及宽窄不一致处,须在胶粉浆初凝前加以调整。

全部整块瓷砖镶贴完毕、胶粉浆凝固以后,将底层靠墙托板取下,然后将非整块瓷砖补上贴牢。

b 粘结层做法:

底灰找平层干后,上涂2~3mm厚多功能建筑胶粉粘结层一道,至少两遍成活。胶粉浆稠度以粉后不流淌为准,一般为胶粉:水=3:1。粘结层每次的涂刷面积不宜过大,以在初凝前瓷砖能贴完为度。

胶粉浆粘结层涂后应立即将瓷砖按试排编号顺序上墙粘贴(或边涂粘结层边贴瓷砖)。粘贴时,必须严格以水平控制线、垂直控制线及标准厚度标志块等为依据,挂线粘贴。

粘贴中应边贴边与邻边找平调直，砖缝如有歪斜及宽窄不一致处，须在粘结层初凝以前加以调整。

全部整块瓷砖镶贴完毕、胶粉浆凝固以后，将底层靠墙托板取下，然后将非整块瓷砖补上贴牢。

（6）面砖勾缝、擦缝、清理表面

1）传统方法镶贴面砖完成一定流水段落后，用清水将面砖表面擦洗干净。

釉面砖接缝处用与面砖相同颜色的白水泥浆擦嵌密实，并将釉面砖表面擦净；外墙面砖用1:1水泥砂浆（砂子须过窗纱筛）勾缝。

整个工程完工后，应根据不同污染情况，用棉丝或用稀盐酸（10%）刷洗，并随即用清水冲净。

2）采用胶粘剂镶贴的面砖，釉面砖在贴完瓷砖后3～4d，可进行灌浆擦缝。把白水泥加水调成粥状，用长毛刷蘸白水泥浆在墙面缝子上刷涂，待水泥逐渐变稠时用布将水泥擦去。将缝子擦均匀，防止出现漏擦。

外墙面砖在贴完一个流水段后，即可用1:1水泥砂浆（砂子须过窗纱筛）勾缝，先勾水平缝，再勾竖缝。缝子应凹进面砖2～3mm。

若竖缝为干挤缝或小于3mm，应用水泥砂浆作擦缝处理。勾缝后，应用棉丝将砖面擦干净。

8.3.4.2 陶瓷、玻璃锦砖

1 工艺流程

基层处理→抹找平层→刷结合层→排砖、分格、弹线→镶贴锦砖→揭纸、调缝→清理表面

2 施工要点

（1）基层处理、抹找平层、刷结合层

参见本标准第8.3.4.1条的相关要求。

（2）排砖、分格、弹线

根据大样图在底子灰上从上到下弹出若干水平线，在阴阳角、窗口处弹上垂直线，以作为粘贴锦砖时控制的标准线。

（3）镶贴锦砖

1）陶瓷锦砖镶贴：

a 方法之一：根据已弹好的水平线稳好平尺板（图8.3.4.2-1），在已湿润的底子灰上刷素水泥浆一道，再抹结合层，并用靠尺刮平。同时将陶瓷锦砖铺放在木

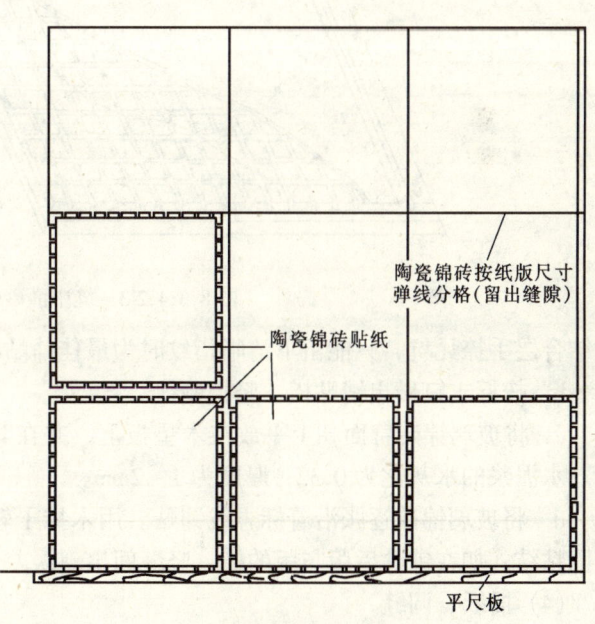

图8.3.4.2-1 陶瓷锦砖镶贴示意图

垫板上（图8.3.4.2-2），底面朝上，缝里撒灌1:2干水泥砂，并用软毛刷子刷净底面浮砂，薄薄涂上一层粘结灰浆（图8.3.4.2-3），逐张拿起，清理四边余灰，按平尺板上口，由下往上随即往墙上粘贴。

b 方法之二：将水泥石灰砂浆结合层直接抹在纸板上，用抹子初步抹平约2~3mm厚，随即进行粘贴。缝子要对齐，随时调整缝子的平直和间距，贴完一组后将分格米厘条放在上口再继续贴第二组。

c 方法之三：用胶水:水泥＝1:2~3配料，在墙面上抹厚度1mm左右的粘结层，并在弹好水平线的下口，支设垫尺。将陶瓷锦砖铺在木垫板上，麻面朝上，将胶粘剂刮于缝内，并薄薄留一层胶面。随即将陶瓷锦砖贴在墙上，并用拍板满敲一遍，敲实、敲平。

d 粘贴后的陶瓷锦砖，用拍板靠放已贴好的陶瓷锦砖上用小锤敲击拍板，满敲一遍使其粘结牢固。

2）玻璃锦砖镶贴：

a 墙面浇水后抹结合层，用32.5级或32.5级以上普通硅酸盐水泥净浆，水灰比0.32，厚度2mm，

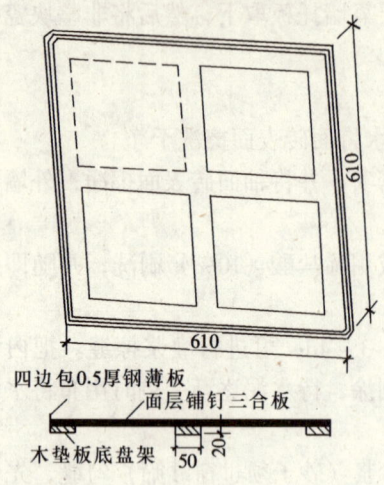

图8.3.4.2-2 木垫板
（可放四张陶瓷锦砖）

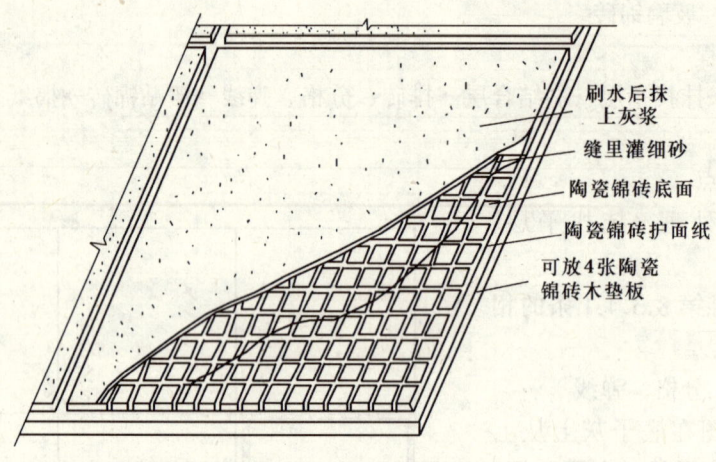

图8.3.4.2-3 缝中灌砂做法

待结合层手捺无坑，只能留下清晰指纹时为最佳铺贴时间。

b 按标志钉做出铺贴横、竖控制线。

c 将玻璃锦砖背面朝上平放在木垫板上，并在其背面薄薄涂抹一层水泥浆，刮浆闭缝。水泥浆的水灰比为0.32，厚度为1~2mm。

d 将玻璃锦砖逐张沿着标志线铺贴。用木抹子轻轻拍平压实，使玻璃锦砖与基层灰牢固粘结。如在铺贴后版与版的横、竖缝间出现误差，可用木拍板赶缝，进行调整。

(4) 揭纸、调缝

1）锦砖镶贴后，用软毛刷将锦砖护面纸刷水湿润，约0.5h后揭纸，揭纸应从上往下揭。

2）揭纸后检查缝子平直、大小情况，凡弯弯扭扭的缝子必须用开刀拨正调直，再普遍用小锤敲击拍板一遍，用刷子带水将缝里的砂刷出，并用湿布擦净锦砖砖面，必要时可用小水壶由上往下浇水冲洗。

（5）清理表面

1）粘贴48h，将起出分格米厘条的大缝用1:1水泥砂浆勾严，其他小缝均用素水泥浆擦缝。

2）工程全部完工后，应根据不同污染程度用稀盐酸液刷洗，紧跟用清水冲刷。

8.3.5　成品保护

1　要及时清擦干净残留在门窗框上的砂浆，特别是铝合金门窗框宜粘贴保护膜，预防污染、锈蚀。

2　认真贯彻合理的施工顺序，少数工种（水、电、通风、设备安装等）的活应做在前面，防止损坏面砖。

3　大理石、磨光花岗石、预制水磨石墙面镶贴完后，应及时贴纸或贴塑料薄膜保护，以保证墙面不被污染。

4　严防水泥浆、石灰浆、涂料、颜料、油漆等液体污染面砖墙面，并教育施工人员注意不要在已做好的饰面砖墙面上乱写乱画或脚蹬、手摸等，以免造成污染墙面。

5　饰面板的结合层、各抹灰层在凝结前应防止风干、暴晒、水冲和振动，以保证各层有足够的强度。

6　墙体的阳角部位的饰面板（砖）容易受磕碰，易掉角。所以在人员易碰到的部位，要采取相应的保护措施。

7　拆除架子时，注意不要碰撞墙面。

8.3.6　安全、环保措施

参见第8.2.6条。

8.3.7　质量标准

主 控 项 目

8.3.7.1　饰面砖的品种、规格、图案、颜色和性能应符合设计要求。

检验方法：观察；检查产品合格证书、进场验收记录、性能检测报告和复验报告。

8.3.7.2　饰面砖粘贴工程的找平、防水、粘结和勾缝材料及施工方法应符合设计要求及国家现行产品标准和工程技术标准的规定。

检验方法：检查产品合格证书、复验报告和隐蔽工程验收记录。

8.3.7.3　饰面砖粘贴必须牢固。

检验方法：检查样板件粘结强度检测报告和施工记录。

8.3.7.4　满粘法施工的饰面砖工程应无空鼓、裂缝。

检验方法：观察；用小锤轻击检查。

一 般 项 目

8.3.7.5　饰面砖表面应平整、洁净、色泽一致，无裂痕和缺损。

检验方法：观察。

8.3.7.6 阴阳角处搭接方式、非整砖使用部位应符合设计要求。

　　检验方法：观察。

8.3.7.7 墙面突出物周围的饰面砖应整砖套割吻合，边缘应整齐。墙裙、贴脸突出墙面的厚度应一致。

　　检验方法：观察；尺量检查。

8.3.7.8 饰面砖接缝应平直、光滑，填嵌应连续、密实；宽度和深度应符合设计要求。

　　检验方法：观察；尺量检查。

8.3.7.9 有排水要求的部位应做滴水线（槽）。滴水线（槽）应顺直，流水坡向应正确，坡度应符合设计要求。

　　检验方法：观察；用水平尺检查。

8.3.7.10 饰面砖粘贴的允许偏差和检验方法应符合表8.3.7.10的规定。

表8.3.7.10 饰面砖粘贴的允许偏差和检验方法

项次	项目	允许偏差（mm）		检验方法
		外墙面砖	内墙面砖	
1	立面垂直度	3	2	用2m垂直检测尺检查
2	表面平整度	4	3	用2m靠尺和塞尺检查
3	阴阳角方正	3	3	用直角检测尺检查
4	接缝直线度	3	2	拉5m线，不足5m拉通线，用钢直尺检查
5	接缝高低差	1	0.5	用钢直尺和塞尺检查
6	接缝宽度	1	1	用钢直尺检查

8.3.8 质量验收

　　1 检验批的划分和抽样检查数量按本标准的第8.1.16条和第8.1.17条规定执行。

　　2 检验批的验收按本标准第3.3.19条进行组织。

　　3 检验批质量验收记录当地方政府主管部门无统一规定时，宜采用表8.3.8"饰面砖粘贴工程检验批质量验收记录表"。

表8.3.8 饰面砖粘贴工程检验批质量验收记录表
GB50210—2001

单位（子单位）工程名称								
分部（子分部）工程名称					验收部位			
施工单位					项目经理			
分包单位					分包项目经理			
施工执行标准名称及编号								

		施工质量验收规范的规定			施工单位检查评定记录			监理（建设）单位验收记录
主控项目	1	饰面砖质量		第8.3.2条				
	2	饰面砖粘贴材料		第8.3.3条				
	3	饰面砖粘贴		第8.3.4条				
	4	满粘法施工		第8.3.5条				
一般项目	1	饰面砖表面质量		第8.3.6条				
	2	阴阳角及非套砖		第8.3.7条				
	3	墙面突出物周围		第8.3.8条				
	4	饰面砖接缝、填嵌、宽深		第8.3.9条				
	5	滴水线		第8.3.10条				
	6	允许偏差	立面垂直度（mm）	外墙	3			
				内墙	2			
			表面平整度（mm）	外墙	4			
				内墙	3			
			阴阳角方正（mm）	外墙	3			
				内墙	3			
			接缝直线度（mm）	外墙	3			
				内墙	2			
			接缝高低差（mm）	外墙	1			
				内墙	0.5			
			接缝宽度（mm）	外墙	1			
				内墙	1			

施工单位检查评定结果	专业工长（施工员）		施工班组长	
	项目专业质量检查员：		年 月 日	

监理（建设）单位验收结论	专业监理工程师（建设单位项目专业技术负责人）：	年 月 日

9 幕 墙 工 程

9.1 一 般 规 定

9.1.1 本章适用于玻璃幕墙、金属幕墙、石材幕墙等分项工程的施工及质量验收。

9.1.2 幕墙工程设计应由取得建筑工程甲、乙级设计资质的单位或取得建筑幕墙工程设计专项资质的单位进行。

9.1.3 幕墙构件所采用的设备、机具应保证幕墙构件加工精度的要求，量具应定期进行计量鉴定。

9.1.4 幕墙工程施工及验收时，应检查下列文件和记录：

1 幕墙工程的施工图、结构计算书、设计说明及其他设计文件。

2 建筑设计单位对幕墙工程设计的确认文件。

3 幕墙工程所用各种材料、五金配件、构件及组件的产品合格证书、性能检测报告、进场验收记录和复验报告。

4 幕墙工程所用硅酮结构胶的认定证书和抽查合格证明；进口硅酮结构胶的商检证；国家指定检测机构出具的硅酮结构胶相容性和剥离粘结性试验报告；石材用密封胶的耐污染性试验报告。

5 后置埋件的现场拉拔强度检测报告。

6 幕墙的抗风压性能、空气渗透性能、雨水渗漏性能及平面变形性能检测报告。

7 打胶、养护环境的温度、湿度记录；双组分硅酮结构胶的混匀性试验记录及拉断试验记录。

8 防雷装置测试记录。

9 隐蔽工程验收记录。

10 幕墙构件和组件的加工制作记录，幕墙安装施工记录。

9.1.5 幕墙工程应对下列材料及其性能指标进行复验：

1 铝塑复合板的剥离强度。

2 石材的弯曲强度；寒冷地区石材的耐冻融性；室内用花岗石的放射性。

3 玻璃幕墙用结构胶的邵氏硬度、标准条件拉伸粘结强度、相容性试验；石材用结构胶的粘结强度；石材用密封胶的污染性。

9.1.6 幕墙工程应对下列隐蔽工程项目进行验收：

1 预埋件（或后置埋件）。

2 构件的连接节点。

3 变形缝及墙面转角处的构造节点。

4 幕墙防雷装置。

5 幕墙防火构造。

9.1.7 各分项工程的检验批应按下列规定划分：

1 相同设计、材料、工艺和施工条件的幕墙工程每 500～1000m² 应划分为一个检验批，不足 500m² 也应划分为一个检验批。

2 同一单位工程的不连续的幕墙工程应单独划分检验批。

3 对于异型或有特殊要求的幕墙，检验批的划分应根据幕墙的结构、工艺特点及幕墙工程规模，由监理单位（或建设单位）和施工单位协商确定。

9.1.8 检查数量应符合下列规定：

1 每个检验批每 100m² 应至少抽查一处，每处不得小于 10m²。

2 对于异型或有特殊要求的幕墙工程，应根据幕墙的结构和工艺特点，由监理单位（或建设单位）和施工单位协商确定。

9.1.9 幕墙及其连接件应具有足够的承载力、刚度和相对于主体结构的位移能力。幕墙构架立柱的连接金属角码与其他连接件应采用螺栓连接，并应有防松动措施。

9.1.10 隐框、半隐框幕墙所采用的结构粘结材料必须是中性硅酮结构密封胶，其性能必须符合《建筑用硅酮结构密封胶》GB16776 的规定；硅酮结构密封胶必须在有效期内使用。

9.1.11 立柱和横梁等主要受力构件，其截面受力部分的壁厚应经计算确定，且铝合金型材壁厚不应小于 3.0mm，钢型材壁厚不应小于 3.5mm。

9.1.12 隐框、半隐框幕墙构件中板材与金属框之间硅酮结构密封胶的粘结宽度，应分别计算风荷载标准值和板材自重标准值作用下硅酮结构密封胶的粘结宽度，并取其较大值，且不得小于 7.0mm。

9.1.13 玻璃幕墙在加工制作前应与土建施工图进行核对，并应对已建主体结构进行复测，同时应按实测结果对幕墙设计进行必要的调整。

9.1.14 单元式幕墙的单元组件、隐框幕墙的装配组件均应在工厂加工组装。硅酮结构密封胶应打注饱满，并应在温度 15～30℃、相对湿度 50% 以上、洁净的室内进行，不得在现场墙上打注；注胶宽度和厚度应符合设计要求。

硅酮结构密封胶不宜作为硅酮建筑密封胶使用。

9.1.15 幕墙的防火除应符合现行国家标准《建筑设计防火规范》GBJ16—87 和《高层民用建筑设计防火规范》GB50045—95 的有关规定外，还应符合下列规定：

1 应根据防火材料的耐火极限决定防火层的厚度和宽度，并应在楼板处形成防火带。

2 防火层应采取隔离措施。防火层的衬板应采用经防腐处理且厚度不小于 1.5mm 的钢板，不得采用铝板。

3 防火层的密封材料应采用防火密封胶。

4 防火层与玻璃不应直接接触，一块玻璃不应跨两个防火分区。

9.1.16 主体结构与幕墙连接的各种预埋件，其数量、规格、位置和防腐处理必须符合设计要求。

9.1.17 幕墙的金属框架与主体结构预埋件的连接、立柱与横梁的连接及幕墙面板的安装必须符合设计要求，安装必须牢固。

9.1.18 单元幕墙连接处和吊挂处的铝合金型材的壁厚应通过计算确定，并不得小于 5.0mm。

9.1.19 幕墙的金属框架与主体结构应通过预埋件连接，预埋件应在主体结构混凝土施工时埋入，预埋件的位置应准确。当没有条件采用预埋件连接时，应采用其他可靠的连接措施，并应通过试验确定其承载力。

9.1.20 立柱应采用螺栓与角码连接，螺栓直径应经过计算，并不应小于10mm。不同金属材料接触时应采用绝缘垫片分隔。

9.1.21 幕墙的抗震缝、伸缩缝、沉降缝等部位的处理应保证缝的使用功能和饰面的完整性。

9.1.22 幕墙工程的设计应满足维护和清洁的要求。

9.1.23 采用脚手架施工时，幕墙安装施工单位应与土建施工单位协商幕墙施工所用脚手架的方案。悬挂式脚手架宜为3层层高；落地式脚手架应为双排布置。

9.1.24 幕墙的施工测量应符合下列要求：
 1 幕墙分格轴线的测量应与主体结构测量相配合，其偏差应及时调整，不得积累。
 2 应定期对幕墙的安装定位基准进行校核。
 3 对高层建筑的测量应在风力不大于4级时进行。

9.1.25 幕墙安装过程中，构件存放、搬运、吊装时不应碰撞和损坏；半成品应及时保护；对型材保护膜应采取保护措施。

9.1.26 低辐射镀膜玻璃应根据其镀膜材料的粘结性能和其他技术要求，确定加工制作工艺；镀膜与硅酮结构密封胶不相容时，应除去镀膜层。安装镀膜玻璃时，镀膜面的朝向应符合设计要求。

9.1.27 焊接作业时，应采取保护措施防止烧伤型材或玻璃镀膜。

9.1.28 幕墙工程竣工时，应向业主提供"幕墙使用维护说明书"。"幕墙使用维护说明书"应包括下列内容：
 1 幕墙的设计依据、主要性能参数及幕墙结构的设计使用年限；
 2 使用注意事项；
 3 环境条件变化对幕墙工程的影响；
 4 日常与定期的维护、保养要求；
 5 幕墙的主要结构特点及易损零部件更换方法；
 6 备品、备件清单及主要易损件的名称、规格；
 7 承包商的保修责任。

9.2 玻璃幕墙工程

9.2.1 本节适用于抗震设防烈度不大于8度的隐框玻璃幕墙、半隐框玻璃幕墙、明框玻璃幕墙、全玻幕墙及点支承玻璃幕墙工程的施工及质量验收。

9.2.2 施工准备

9.2.2.1 技术准备
 1 施工图熟悉与审查
 熟悉工程项目建筑设计的幕墙性能和制作要求、平面图、预埋件安装图等以及防水、安全、隔声构造等规定，并对下列内容进行审查：

(1) 按照《玻璃幕墙工程技术规范》JGJ 102—2003 规定，幕墙构件在竖向、水平荷载作用下的设计计算书。

(2) 施工图纸，包括：

1) 图纸、目录（单另成册时）；

2) 幕墙构件立面布置图，图中标注墙面材料、竖向和水平龙骨（或钢索）材料的品种、规格、型号、性能；

3) 墙材与龙骨、各方向龙骨间的连接、安装详图；

4) 主龙骨与主体结构连接的构造详图及连接件的品种、规格、型号、性能。

(3) 建筑图、结构图与幕墙设计施工图在几何尺寸、坐标、标高、说明等方面是否一致，设计图纸与说明书在内容上是否一致，以及设计图纸与其各组成部分之间有无矛盾和错误。

2 编制施工组织设计

(1) 玻璃幕墙的安装施工应单独编制施工组织设计方案，并应包括下列内容：

1) 施工进度计划；

2) 与主体结构施工、设备安装、装饰装修的协调配合方案；

3) 搬运、吊装方法；

4) 测量方法；

5) 安装方法；

6) 安装顺序；

7) 构件、组件和成品的现场保护方法；

8) 检查验收；

9) 安全措施。

(2) 单元式玻璃幕墙的安装施工组织设计尚应包括以下内容：

1) 吊具的类型和吊具的移动方法，单元组件起吊地点、垂直运输与楼层上水平运输方法和机具；

2) 收口单元位置、收口闭合工艺及操作方法；

3) 单元组件吊装顺序以及吊装、调整、定位固定等方法和措施；

4) 幕墙施工组织设计应与主体工程施工组织设计衔接，单元幕墙收口部位应与总施工平面图中施工机具的布置协调，如果采用吊车直接吊装单元组件时，应使吊车臂覆盖全部安装位置。

(3) 点支承玻璃幕墙的安装施工组织设计尚应包括以下内容：

1) 支承钢结构的运输、现场拼装和吊装方法；

2) 拉杆、拉索体系预拉力的施加、测量、调整方案以及索杆的定位、固定方法；

3) 玻璃的运输、就位、调整和固定方法；

4) 胶缝的充填及质量保证措施。

(4) 采用脚手架施工时，应在土建施工时综合考虑脚手架的搭拆方案。

3 技术交底

(1) 幕墙几何尺寸、坐标、标高、说明等。

(2) 幕墙工程的生产工艺流程和技术要求。

(3) 幕墙施工工期，分期分批施工或交付使用的顺序和时间；明确工程所用的主要材料、设备的数量、规格、来源和供货日期。

(4) 建设、设计、土建和施工单位之间的协作、配合关系；建设单位可以提供的施工条件。

(5) 质量标准、安全防范要求等。

4 预埋件

预埋件位置偏差过大或未设预埋件时，应制定补救措施或可靠连接方案，经与业主、土建设计单位洽商同意后，方可实施。

5 结构偏差调整

由于主体结构施工偏差而妨碍幕墙施工安装时，应会同业主和土建承建商采取相应措施，并在幕墙安装前实施。

6 新材料、新结构批准

采用新材料、新结构的幕墙，宜在现场制作样板，经业主、监理、土建设计单位共同认可后方可进行安装施工。

9.2.2.2 材料准备

铝合金型材、钢材、配套用铝合金门窗、玻璃、转接件和连接件、五金件、紧固件、滑撑、限位器、结构硅酮密封胶、低发泡间隔双面胶带、聚乙烯发泡填充材料、螺栓及螺母、螺丝等。

9.2.2.3 主要机具

1 机械设备

电动吊篮、电动吸盘、手动吸盘、滚轮、热压胶带电炉、双斜锯、双轴仿形铣床、凿榫机、自攻钻、手电钻、夹角机、铝型材弯型机、双组分注胶机、清洗机、电焊机等。

2 主要工具

测量、放线、检验：水准仪、经纬仪、2m靠尺、托线板、线坠、钢卷尺、水平尺、钢丝线等。

施工操作：手动真空吸盘、牛皮带、螺丝刀、工具刀、泥灰刀、撬板、竹签、滚轮、筒式打胶枪等。

9.2.2.4 作业条件

1 安装玻璃幕墙的主体结构已完成，其结构工程已通过质量验收并办理验收手续。

2 玻璃幕墙与主体结构连接的预埋件，已在主体结构施工时按设计要求埋设；预埋件位置偏差不应大于20mm。

3 现场清洁，脚手架和起重运输设备已安装完毕并通过安全检验，具备幕墙施工条件。

4 构件储存已依照安装顺序排列，储存架有足够的承载能力和刚度。构件已进行检验与校正。

9.2.3 材料质量控制

9.2.3.1 玻璃幕墙材料应符合国家现行标准的规定及设计要求，尚无相应标准的材料应符合设计要求，并应有出厂合格证。

9.2.3.2 玻璃幕墙材料宜采用不燃性材料或难燃性材料，防火密封构造应采用防火密封

材料。

9.2.3.3 材料现场的检验，应将同一厂家生产的同一型号、规格、批号的材料作为一个检验批，每批应随机抽取3%且不得少于5件。检验记录当地方主管部门无统一规定时，宜采用表9.2.3.3格式。

表9.2.3.3 玻璃幕墙材料质量检验记录

编号：   共 页 第 页

委托单位		工程名称			工程地点					
设计单位					工程编号					
检验依据			检验类别		检验时间					
序号	检验项目	检验设备名称、编号	抽样部位、数量		检验结果					备注
				1	2	3	4	5		

校核：   记录：   检验：

9.2.3.4 铝合金型材

1 玻璃幕墙采用铝合金材料的牌号所对应的化学成分应符合现行国家标准《变形铝及铝合金化学成分》GB/T3190的有关规定。铝合金型材质量应符合现行国家标准《铝合金建筑型材》GB/T5237的规定，型材尺寸允许偏差应达到高精级和超高精级。

2 玻璃幕墙工程使用的铝合金型材，应进行壁厚、膜厚、硬度和表面质量的检验。

3 用于横梁、立柱等主要受力杆件的截面受力部位的铝合金型材壁厚实测值不得小于3mm。

4 壁厚的检验，应采用分辨率为0.05mm的游标卡尺或分辨率为0.1mm的金属测厚仪在杆件同一截面的不同部位测量，测点不应少于5个，并取最小值。

5 铝合金型材膜厚的检验指标，应符合下列规定：

（1）阳极氧化膜最小平均膜厚不应小于15μm，最小局部膜厚不应小于12μm。

（2）粉末静电喷涂涂层厚度的平均值不应小于60μm，其局部厚度不应大于120μm且不应小于40μm。

（3）电泳涂漆复合膜局部膜厚不应小于21μm。

（4）氟碳喷涂涂层平均厚度不应小于30μm，最小局部厚度不应小于25μm。

6 检验膜厚，应采用分辨率为0.5μm的膜厚检测仪检测。每个杆件在装饰面不同部位的测点不应少于5个，同一测点应测量5次，取平均值，修约至整数。

7 玻璃幕墙工程使用6063T5型材的韦氏硬度值，不得小于8，6063AT5型材的韦氏硬度值，不得小于10。

8 硬度的检验，应采用韦氏硬度计测量型材表面硬度。型材表面的涂层应清除干净，测点不应少于3个，并应以至少3点的测量值，取平均值，修约至0.5个单位值。

9 铝合金型材表面质量，应符合下列规定：

（1）型材表面应清洁，色泽应均匀。

（2）型材表面不应有皱纹、起皮、腐蚀斑点、气泡、电灼伤、流痕、发黏以及膜

(涂)层脱落等缺陷存在。

10 表面质量的检验，应在自然散射光条件小，不使用放大镜，观察检查。

11 铝合金型材的检验，应提供下列资料：

(1) 型材的产品合格证。

(2) 型材的力学性能检验报告，进口型材应有国家商检部门的商检证。

9.2.3.5 钢材

1 玻璃幕墙用碳素结构钢和低合金结构钢的钢种、牌号和质量等级应符合现行国家标准和行业标准的规定。

2 玻璃幕墙用不锈钢材宜采用奥氏体不锈钢，且含镍量不应小于8%。不锈钢材应符合现行国家标准、行业标准的规定。

3 玻璃幕墙工程使用的钢材，应进行膜厚和表面质量的检验。

4 碳素结构钢和低合金高强度钢应采取有效的防腐处理，当采用热浸镀锌处理时，其膜厚度应大于$45\mu m$；当采用静电喷涂时，其膜厚应大于$40\mu m$；当采用氟碳漆喷涂或聚氨脂漆喷涂时，涂膜的厚度不宜小于$35\mu m$；在空气污染严重及海滨地区，涂膜的厚度不宜小于$45\mu m$。

5 膜厚的检验，应采用分辨率为$0.5\mu m$的膜厚检测仪检测。每个杆件在不同部位的测点不应少于5个。同一测点应测量5次，取平均值，修约至整数。

6 钢材的表面不得有裂纹、气泡、结疤、泛锈、夹杂和折叠。

7 钢材表面质量的检验，应在自然散射光条件下，不使用放大镜，观察检查。

8 钢材的检验，应提供下列资料：

(1) 钢材的产品合格证。

(2) 钢材的力学性能检验报告，进口钢材应有国家商检部门的商检证。

9.2.3.6 玻璃

1 玻璃幕墙采用玻璃的外观质量和性能应符合现行国家标准、行业标准的规定。

2 玻璃幕墙采用阳光控制镀膜玻璃时，离线法生产的镀膜玻璃应采用真空磁控溅射法生产工艺；在线法生产的镀膜玻璃应采用热喷涂法生产工艺。

3 玻璃幕墙采用中空玻璃时，除应符合现行国家标准《中空玻璃》GB11944的有关规定外，尚应符合下列规定：

(1) 中空玻璃气体层厚度不应小于9mm；

(2) 中空玻璃应采用双道密封。一道密封应采用丁基热熔密封胶。隐框、半隐框和点支式玻璃幕墙用中空玻璃的二道密封胶应采用硅酮结构密封胶；明框玻璃幕墙用中空玻璃的二道密封宜采用聚硫类中空玻璃密封胶，也可采用硅酮密封胶。二道密封应采用专用打胶机进行混合、打胶；

(3) 中空玻璃的间隔铝框可采用连续折弯型或插角型，不得使用热熔型间隔胶条。间隔铝框中的干燥剂宜采用专用设备装填；

(4) 中空玻璃加工过程应采取措施，消除玻璃表面可能产生的凹、凸现象。

4 钢化玻璃宜经过二次热处理。

5 玻璃幕墙采用夹层玻璃时，应采用干法加工合成，其夹片宜采用聚乙烯醇缩丁醛（PVB）胶片；夹层玻璃合片时，应严格控制温、湿度。

6 玻璃幕墙采用单片低辐射镀膜玻璃时，应使用在线热喷涂低辐射镀膜玻璃；离线镀膜的低辐射镀膜玻璃宜加工成中空玻璃使用，其镀膜面应朝向中空气体层。

7 有防火要求的幕墙玻璃，应根据防火等级要求，采用单片防火玻璃或其制品。

8 玻璃幕墙的采光用彩釉玻璃，釉料宜采用丝网印刷。

9 玻璃幕墙工程使用的玻璃，应进行厚度、边长、外观质量、应力和边缘处理情况的检验。

10 玻璃厚度的允许偏差，应符合表9.2.3.6-1的规定。

表9.2.3.6-1 玻璃厚度允许偏差（mm）

玻璃厚度	允许偏差		
	单片玻璃	中空玻璃	夹层玻璃
5	±0.2	$\delta<17$时，±1.0 $\delta=17\sim22$时，±1.5 $\delta>22$时，±2.0	厚度偏差不大于玻璃原片允许偏差和中间层允许偏差之和。中间层总厚度小于2mm时，允许偏差±0；中间层总厚度大于或等于2mm时，允许偏差±0.2mm
6	±0.2		
8	±0.3		
10	±0.3		
12	±0.4		
15	±0.6		
19	±1.0		

注：δ是中空玻璃的公称厚度，表示两片玻璃厚度与间隔厚度之和。

11 检验玻璃的厚度，应采用下列方法：

（1）玻璃安装或组装前，可用分别率为0.02mm的游标卡尺测量被检玻璃每边的中点，测量结果取平均值，修约到小数点后二位；

（2）对已安装的幕墙玻璃，可用分别率为0.1mm的玻璃测厚仪在被检玻璃上随机取4点进行检测，取平均值，修约至小数点后 位。

12 玻璃边长的检验指标，应符合下列规定：

（1）单片玻璃边长允许偏差应符合表9.2.3.6-2的规定。

表9.2.3.6-2 单片玻璃边长允许偏差（mm）

玻璃厚度	允许偏差		
	$L\leqslant1000$	$1000<L\leqslant2000$	$2000<L\leqslant3000$
5、6	±1	+1，-2	+1，-2
8、10、12	+1，-2	+1，-3	+2，-4

（2）中空玻璃的边长允许偏差应符合表9.2.3.6-3的规定。

表9.2.3.6-3 中空玻璃边长允许偏差（mm）

长　度	允许偏差	长　度	允许偏差
<1000	+1.0；-2.0	>2000~2500	+1.5；-3.0
1000~2000	+1.0；-2.5		

（3）夹层玻璃的边长允许偏差应符合表9.2.3.6-4的规定。

表9.2.3.6-4 夹层玻璃边长允许偏差（mm）

玻璃厚度	允 许 偏 差	
	$L \leqslant 1200$	$1200 < L \leqslant 2400$
$4 \leqslant D < 6$	±1	—
$6 \leqslant D < 11$		±1
$11 \leqslant D < 17$	±2	±2
$17 \leqslant D < 24$	±3	±3

13 玻璃边长的检验，应在玻璃安装或检验以前，用分度值为1mm的钢卷尺沿玻璃周边测量，取最大偏差值。

14 玻璃外观质量的检验指标，应符合下列规定：

（1）钢化、半钢化玻璃外观质量应符合表9.2.3.6-5的规定。

表9.2.3.6-5 钢化、半钢化玻璃外观质量

缺陷名称	检 验 要 求
爆边	不允许存在
划伤	每平方米允许6条 $a \leqslant 100mm$，$b \leqslant 0.1mm$
	每平方米允许3条 $a \leqslant 100mm$，$0.1mm < b \leqslant 0.5mm$
裂纹、缺角	不允许存在
注：a—玻璃划伤长度；b—玻璃划伤宽度。	

（2）热反射玻璃外观质量应符合表9.2.3.6-6的规定。

表9.2.3.6-6 热反射玻璃外观质量

缺陷名称	检 验 要 求
针眼	距边部75mm内，每平方米允许8处或中部每平方米允许3处，$1.6mm < d \leqslant 2.5mm$
	不允许存在 $d > 2.5mm$
斑纹	不允许存在
斑点	每平方米允许8处，$1.6mm < d \leqslant 5.0mm$
划伤	每平方米允许2条 $a \leqslant 100mm$，$0.3mm < b \leqslant 0.8mm$
注：d—玻璃缺陷直径；a—玻璃划伤长度；b—玻璃划伤宽度。	

（3）夹层玻璃外观质量应符合表9.2.3.6-7的规定。

表9.2.3.6-7 夹层射玻璃外观质量

缺陷名称	检 验 要 求
胶合层气泡	直径300mm圆内允许长度为1～2mm的胶合层气泡2个
胶合层杂质	直径500mm圆内允许长度为3mm的胶合层杂质2个
裂纹	不允许存在
爆边	长度或宽度不允许超过玻璃的厚度
划伤，磨伤	不得影响使用
脱胶	不允许存在

15 玻璃外观质量的检验，应在良好的自然光或散射光照条件下，距玻璃正面约600mm处，观察被检玻璃表面。缺陷尺寸应采用精度为0.1mm的读数显微镜测量。

16 玻璃应力的检验指标，应符合下列规定：

（1）幕墙玻璃的品种应符合设计要求。

（2）用于幕墙的钢化玻璃的表面应力为$\sigma \geq 95$，半钢化玻璃的表面应力为$24 < \sigma \leq 69$。

17 玻璃应力的检验，应采用下列方法：

（1）用偏振片确定玻璃是否经钢化处理。

（2）用表面应力检测仪测量玻璃表面应力。可按本标准附录T的方法测量和计算判定玻璃表面应力值。

18 幕墙玻璃边缘的处理，应进行机械磨边、倒棱、倒角，磨轮的目数应在180目以上。点支承幕墙玻璃的孔、板边缘均应进行磨边和倒棱，磨边宜细磨，倒棱宽度不宜小于1mm。

19 幕墙玻璃边缘处理的检验，应采用观察检查和手试的方法。

20 中空玻璃质量的检验指标，应符合下列规定：

（1）玻璃厚度及空气隔层的厚度应符合设计及标准要求。

（2）中空玻璃对角线之差不应大于对角线平均长度的0.2%。

（3）胶层应双道密封，外层密封胶胶层宽度不应小于5mm。半隐框和隐框幕墙的中空玻璃的外层应采用硅酮结构胶密封，胶层宽度应符合结构计算要求。内层密封采用丁基密封腻子，打胶应均匀、饱满、无空隙。

（4）中空玻璃的内表面不得有妨碍透视的污迹及胶粘剂飞溅现象。

21 中空玻璃质量的检验，应采用下列方法：

（1）在玻璃安装或组装前，以分度值为1mm的直尺或分辨率为0.05mm的游标卡尺在被检玻璃的周边各取两点，测量玻璃及空气隔层的厚度和胶层厚度。

（2）以分度值为1mm的钢卷尺测量中空玻璃两对角线长度差。

（3）观察玻璃的外观及打胶质量情况。

22 玻璃的检验，应提供下列资料：

（1）玻璃的产品合格证。

（2）中空玻璃的检验报告。

（3）热反射玻璃的光学性能检验报告。

（4）进口玻璃应有国家商检部门的商检证。

9.2.3.7 建筑密封材料

1 玻璃幕墙采用的橡胶制品，宜采用三元乙丙、氯丁橡胶及硅橡胶。

2 密封胶条应符合国家现行标准《建筑橡胶密封垫预成型实芯硫化的结构密封垫用材料规范》HB/T3099及《工业用橡胶板》GB/T5574的规定。

3 中空玻璃第一道密封用丁基热熔密封胶，应符合现行行业标准《中空玻璃用丁基热熔密封胶》JC/T914的规定。不承受荷载的第二道密封胶应符合现行行业标准《中空玻璃用弹性密封胶》JC/T486的规定；隐框或半隐框玻璃幕墙用中空玻璃的第二道密封胶除应符合《中空玻璃用弹性密封胶》JC/T486的规定外，尚应符合本标准第9.2.3.8条的有关规定。

4 玻璃幕墙的耐候密封应采用硅酮建筑密封胶；点支承幕墙和全玻幕墙使用非镀膜玻璃时，耐候密封可采用酸性硅酮建筑密封胶，其性能应符合国家现行标准《幕墙玻璃接缝用密封胶》JC/T882的规定。夹层玻璃板缝间的密封，宜采用中性硅酮建筑密封胶。硅酮建筑密封胶的理化性能应符合表9.2.3.7。

表9.2.3.7 硅酮建筑密封胶理化性能

序号	项目		技术指标			
			25HM	20HM	25LM	20LM
1	位移能力		25%	20%	25%	20%
2	密度（g/cm³）		规定值±0.1			
3	下垂度（mm）	垂直	≤3			
		水平	无变形			
4	表干时间（h）		≤3			
5	挤出性（mL/min）		≥80			
6	弹性恢复率（%）		≥80			
7	拉伸模量（MPa）	23℃	>0.4 或>0.6		≤0.4 或≤0.6	
		-20℃				
8	定伸粘结性		无破坏			
9	紫外线辐照后粘结性		无破坏			
10	冷拉—热压后粘结性		无破坏			
11	质量损失率（%）		≤10			

注：1 表中3项允许采用供需双方商定的其他指标值；
　　2 表中8项仅适用于G类产品；
　　3 HM为拉伸模量为高模量级别，LM为拉伸模量为低模量级别；
　　4 本表摘自《硅酮建筑密封胶》GB/T14683—2003。

5 密封胶的检验指标，应符合下列规定：
（1）密封胶表面应光滑，不得有裂缝现象，接口处厚度和颜色应一致。
（2）注胶应饱满、平整、密实、无缝隙。
（3）密封胶粘结形式、宽度应符合设计要求，厚度不应小于3.5mm。

6 密封胶的检验，应采用观察检查、切割检查的方法，并应采用分辨率为0.05mm的游标卡尺测量密封胶的宽度和厚度。

7 其他密封材料及衬垫材料的检验指标，应符合下列规定：
（1）应采用有弹性、耐老化的密封材料；橡胶密封条不应有硬化龟裂现象。
（2）衬垫材料与硅酮结构胶、密封胶应相容。
（3）双面胶带的粘结性能应符合设计要求。

8 其他密封材料及衬垫材料的检验，应采用观察检查的方法；密封材料的延伸性应以手工拉伸的方法进行。

9 密封材料的检验，应提供下列资料：
（1）密封胶与实际工程用基材的相容性检验报告。
（2）密封材料及衬垫材料应有产品合格证。

9.2.3.8 硅酮结构密封胶

1 幕墙用中性硅酮结构密封胶、酸性硅酮结构密封胶的性能，应符合现行国家标准《建筑用硅酮结构密封胶》GB16776的规定。理化性能应符合表9.2.3.8规定。

5) 单元板块固定后，方可拆除吊具，并应及时清洁单元板块的型材槽口。
6) 单元板块的构件连接应牢固，构件连接处的缝隙应采用硅酮建筑密封胶密封，施工应符合下列要求：

a 硅酮建筑密封胶的施工厚度应不大于3.5mm，施工宽度不宜小于施工厚度的2倍；较深的密封槽口底部应采用聚乙烯发泡材料填塞；

b 硅酮建筑密封胶在缝内应面对面粘结，不应三面粘结。

(8) 塞焊胶带

1) 用V形和W形橡胶带封闭幕墙之间的间隙，胶带两侧的圆形槽内，用一条φ6mm圆胶棍将胶带与铝框固定。

2) 垂直和水平接口处，可用专用热压胶带电炉将胶带加热后压为一体。

(9) 填塞防火、保温材料

1) 空隙上封铝合金装饰板，下封大于缝0.8mm厚镀锌钢板，并可在幕墙后面粘贴黑色非燃织品。

2) 轻质耐火材料与幕墙内侧锡箔纸接触部位应粘结严实，不得有间隙，不得松动。

9.2.4.3 全玻幕墙

1 工艺流程

放线定位→上部承重钢构件（主支承器）安装→下部和侧边边框安装→安装玻璃吊夹→面玻璃安装→粘贴玻璃肋→注密封胶→清扫

2 施工要点

(1) 放线定位

参见本标准第9.2.4.1条相关施工要点。

(2) 上部承重钢构件（主支承器）安装

1) 检查预埋件或锚固钢板的位置。

2) 安装承重钢横梁。其中心线应与幕墙中心线相一致，椭圆螺孔中心要与设计的吊杆螺栓位置一致。

3) 内金属扣夹安装。安装时，应分段拉通线校核，对焊接造成的偏位应及时进行调直。

4) 外金属扣夹安装。先按编号对号入座试拼装，并应与内金属扣夹间距一致。

5) 尺寸符合设计后进行焊接，并涂刷防锈漆。

(3) 下部和侧边边框安装

1) 安装固定角码。

2) 临时固定钢槽，根据水平和标高控制线调整好钢槽的水平高低精度。

3) 检查合格后进行焊接固定。

4) 每块玻璃的下部应放置不少于2块氯丁橡胶垫块，垫块宽度同槽口宽度，长度不应小于100mm。

(4) 安装玻璃吊夹（吊挂式全玻幕墙）

根据设计要求和图纸位置用螺栓将玻璃吊夹与预埋件或上部钢架连接。检查吊夹与玻璃低槽的中心位置是否对应，吊夹是否调整。

(5) 玻璃安装

1) 检查玻璃质量，注意有无裂纹和崩边，吊夹铜片位置是否正确。用记号笔标注玻璃的中心位置。
　　2) 安装电动吸盘机，使其定位。
　　3) 试起吊。将玻璃吊起20～30mm，检查各个吸盘是否牢固吸附玻璃。
　　4) 在玻璃适当位置安装手动吸盘、拉揽绳索和侧边保护胶套。在安装玻璃处上下边框的内侧粘贴低发泡间隔方胶条，并注意留出足够的注胶厚度。
　　5) 吊车将玻璃移近就位位置，使玻璃对准位置徐徐靠近。
　　6) 上层工人把握好玻璃，防止玻璃碰撞钢架；下层各工位工人握住手动吸盘，并将拼缝一侧的保护胶套摘去。吊挂电动吸盘的手动倒链将玻璃徐徐吊高，使玻璃下端超出下部边框少许。下部工人及时将玻璃轻轻拉入槽口，并用木板隔挡。
　　7) 安装玻璃吊夹具，吊杆螺栓放置在钢横梁上的定位位置。反复调节吊杆螺栓，使玻璃提升并就位。
　　8) 安装上部外金属扣夹后，填塞上下边框外部槽口内的泡沫塑料圆条固定玻璃。
　　9) 全玻幕墙安装时应注意：
　　a　全玻幕墙安装前，应清洁镶嵌槽。中途暂停施工时，应对槽口采取保护措施。
　　b　全玻幕墙安装过程中，应随时检测和调整面板、玻璃肋的水平度和垂直度，使墙面安装平整。
　　c　每块玻璃的吊夹应位于同一平面，吊夹的受力应均匀。
　　d　全玻幕墙玻璃两边嵌入槽口深度及预留空隙应符合设计要求，左右空隙尺寸宜相同。
　　(6) 粘贴玻璃肋
　　1) 将相应规格的玻璃肋搬入就位位置。
　　2) 玻璃肋粘贴处清理干净，涂上胶，人工将玻璃肋就位到上部和下部的边框槽内。
　　3) 校正垂直和水平位置将玻璃肋推向面玻璃拼缝处，使之粘贴牢固。
　　4) 拼缝处注胶、清理。
　　(7) 注密封胶
　　1) 所有注胶部位的玻璃和金属表面都要用丙酮或专用清洁剂擦拭干净，不能用湿布和清水擦洗，注胶部位表面必须干燥。
　　2) 沿胶缝位置粘贴胶带纸带，防止硅胶污染玻璃。
　　3) 注胶时，内外同时进行，注胶匀速、匀厚，不夹气泡。
　　4) 注胶后，用专用工具刮胶，使胶缝呈微凹曲面。耐候硅酮嵌缝胶的施工厚度应介于35～45mm之间，胶缝的宽度通过设计计算确定，最小宽度为6mm，常用宽度8mm。
　　(8) 表面清洁和验收
　　1) 将玻璃内外表面清洗干净。
　　2) 再一次检查胶缝并进行必要的修补。

9.2.4.4　点支承玻璃幕墙
　　1　工艺流程
　　工厂进行支承钢结构（钢拉杆、钢索、圆钢和型钢等）制作→支承钢结构检验
　　　　　　　　　　　　　　　　　　　　　　　　　　　　　　　↓
　　　　　　　　　　　　　　　　　　　测量放线→钢结构安装→爪件、

拉索和支撑杆安装→玻璃安装→密封胶打注→清洁

2 施工要点

(1) 支承钢结构检验

1) 钢构件拼装单元的节点位置允许偏差为±2.0mm。

2) 构件长度、拼装单元长度的允许正、负偏差均可取长度的1/2000。

3) 管件连接焊缝应沿全长连续、均匀、饱满、平滑、无气泡和夹渣；支管壁厚小于6mm时可不切坡口；角焊缝的焊脚高度不宜大于支管壁厚的2倍。

(2) 测量放线

1) 复查由土建方移交的基准线。

2) 依据土建基准线和幕墙基准面进行埋件的三维定位测量并弹上墨线，作好每个埋件的三维坐标记录。

3) 注意测量分段控制，避免误差积累，并应每天定时测量，测量时风力不应大于四级。

(3) 钢结构安装

1) 确定几何位置的主要构件，在松开吊挂设备后作初步校正，检查构件的连接接头并紧固和焊接。

2) 打磨焊缝，消除棱角和夹角，并喷涂防锈漆、防火漆等。

(4) 爪件、拉索和支撑杆安装

1) 爪件安装：爪件安装前，应精确定出其安装位置。爪件应采用高抗张力螺栓、销钉、楔销固定。爪座安装的允许偏差应符合表9.2.4.4的规定。

表9.2.4.4 支承结构安装技术要求

名称	允许偏差（mm）	名称	允许偏差（mm）
相邻两竖向构件间距	±2.5	爪座水平度	2
竖向构件垂直度	$l/1000$ 或≤5, l 为跨度	同层高度内爪座高低差：间距不大于35m 间距大于35m	5 7
相邻三竖向构件外表面平面度	5	相邻两爪座垂直间距	±2.0
相邻两爪座水平间距和竖向距离	±1.5	单个分格爪座对角线差	4
相邻两爪座水平高低差	1.5	爪座端面平面度	6.0

爪件在玻璃重力作用下系统产生位移时，应采取以下方法进行调整：

a 位移量较小时，可通过驳接件自行适应，并考虑支撑杆有一个适当的位移能力。

b 位移量较大时，可在结构上加上等同于玻璃重量的预加荷载，待钢结构位移后再逐渐安装玻璃。

2) 拉索及支撑杆的安装：

a 拉索和支撑杆的安装顺序为：先上后下，先竖后横。

a) 竖向拉索的安装：拉索从顶部结构开始挂索，并呈自由状态，全部竖向拉索安装结束后按先上后下的顺序进行调整，按尺寸控制逐层将支撑杆调整到位。

b) 横向拉索的安装：竖向拉索安装调整到位后连接横向拉索，先上后下逐层安放呈自由状态，全部安装结束后调整到位。

b 支撑杆的定位、调整：

a) 在安装过程中按单元控制点为基准，对每一个支撑杆的中心位置、杆件的安装定位几何尺寸进行校核,确保每个支撑杆的前端与玻璃平面保持一致。

　　b)对索的长度进行调整,保证支撑连接杆与玻璃平面的垂直度。

　　c 拉杆和拉索预拉力的施加与检测:

　　a)钢拉杆和钢拉索安装时,必须按设计要求施加预拉力,并宜设置预拉力调节装置;预拉力宜采用测力计测定。采用扭力扳手施加预拉力时,应事先进行标定;

　　b)施加预拉力应以张拉力为控制量;拉杆、拉索的预拉力应分次、分批对称张拉;在张拉过程中,应对拉杆、拉索的预拉力随时调整;

　　c)张拉前,必须对构件、锚具等进行全面检查,并应签发张拉通知单。张拉通知单应包括张拉日期、张拉分批次数、每次张拉控制力、张拉用机具、测力仪器及使用安全措施和注意事项;

　　d)应建立张拉记录;

　　e)拉杆、拉索实际施加的预拉力值应考虑施工温度的影响。

　　(5)玻璃安装

　　1)安装前,应检查校对钢结构的垂直度、标高、横梁的高度和水平度等,特别应注意安装孔位的复查。

　　2)用钢刷局部清洁槽钢表面及槽底泥土、灰尘等杂物,并在底部U形槽对应玻璃支承面宽度边缘左右1/4处各装入氯丁橡胶垫块。

　　3)清洁玻璃及吸盘上的灰尘,根据玻璃重量及吸盘规格确定吸盘个数。

　　4)将支承头与玻璃在安装平台上装配好,再与支撑钢爪进行安装。

　　5)现场组装后,应调整上下左右的位置,保证玻璃的水平偏差在允许范围内。

　　6)玻璃全部调整好后,应进行整体平整度检查,确认无误后,打胶密封。

　　(6)密封胶打注、清洁

　　参见本标准第9.2.4.3条相关施工要点。

9.2.5 成品保护

　　1 玻璃幕墙的构件、玻璃和密封等应制定保护措施,不得使其发生碰撞变形、变色、污染和排水管堵塞等现象。

　　2 施工中,玻璃幕墙及其构件表面的粘附物应及时清除。

　　3 玻璃幕墙工程安装完成后,应制定清扫方案。

　　4 清洗幕墙时,清洗剂应符合要求,不得产生腐蚀和污染。

　　5 清洗玻璃和铝合金件的中性清洁剂,应进行腐蚀性检验。中性清洁剂清洗后应及时用清水冲洗干净。

9.2.6 安全、环保措施

9.2.6.1 安全措施

　　1 玻璃幕墙安装施工应符合现行行业标准《建筑施工高处作业安全技术规范》JGJ80、《建筑机械使用安全技术规程》JGJ33、《施工现场临时用电安全技术规范》JGJ46的有关规定。

　　2 安装施工机具在使用前,应进行严格检查。电动工具应进行绝缘电压试验;手持玻璃吸盘及玻璃吸盘机应进行吸附重量和吸附持续时间试验。

　　3 采用外脚手架施工时,脚手架应经过设计,并应与主体结构可靠连接。采用落地式钢管脚手架时，应双排布置。

4 当高层建筑的玻璃幕墙安装与主体结构施工交叉作业时，在主体结构的施工层下方应设置防护网；在距离地面约 **3m** 高度处。应设置挑出宽度不小于 **6m** 的水平防护网。

5 采用吊篮施工时，应符合下列要求：

（1）吊篮应进行设计，使用前应进行安全检查；

（2）吊篮不应作为竖向运输工具，并不得超载；

（3）不应在空中进行吊篮检修；

（4）吊篮上的施工人员必须配系安全带。

6 现场焊接作业时，应采取防火措施。

7 施工人员应配备安全帽、安全带、工具袋等。

8 脚手板上的废弃杂物应及时清理，不得在窗台、栏杆上放置施工工具。

9.2.6.2 环保措施

1 施工中的噪声排放，昼间小于70dB，夜间小于55dB。使用大型机械设备、机械加工尽量安排在白天工作，以免影响周围居民休息。

2 施工现场夜间照明不影响周围社区。

3 施工垃圾分类处理，尽量回收利用。

4 禁止使用易挥发，易对人、环境造成污染有害的化工原料和放射性物质。施工现场所有材料都有环保标志，没有环保标志的尽量不予采用。

9.2.7 质量标准

主控项目

9.2.7.1 玻璃幕墙工程所使用的各种材料、构件和组件的质量，应符合设计要求及国家现行产品标准和工程技术规范的规定。

检验方法：检查材料、构件、组件的产品合格证书、进场验收记录、性能检测报告和材料的复验报告。

9.2.7.2 玻璃幕墙的造型和立面分格应符合设计要求。

检验方法：观察；尺量检查。

9.2.7.3 玻璃幕墙使用的玻璃应符合下列规定：

1 幕墙应使用安全玻璃，玻璃的品种、规格、颜色、光学性能及安装方向应符合设计要求。

2 幕墙玻璃的厚度不应小于6.0mm。全玻幕墙肋玻璃的厚度不应小于12mm。

3 幕墙的中空玻璃应采用双道密封。明框幕墙的中空玻璃应采用聚硫密封胶及丁基密封胶；隐框和半隐框幕墙的中空玻璃应采用硅酮结构密封胶及丁基密封胶；镀膜面应在中空玻璃的第2或第3面上。

4 幕墙的夹层玻璃应采用聚乙烯醇缩丁醛（PVB）胶片干法加工合成的夹层玻璃。点支承玻璃幕墙夹层玻璃的夹层胶片（PVB）厚度不应小于0.76mm。

5 钢化玻璃表面不得有损伤；8.0mm以下的钢化玻璃应进行引爆处理。

6 所有幕墙玻璃均应进行边缘处理。

检验方法：观察；尺量检查；检查施工记录。

9.2.7.4 玻璃幕墙与主体结构连接的各种预埋件、连接件、紧固件必须安装牢固，其数量、规格、位置、连接方法和防腐处理应符合设计要求。

检验方法：观察；检查隐蔽工程验收记录和施工记录。

9.2.7.5 各种连接件、紧固件的螺栓应有防松动措施；焊接连接应符合设计要求和焊接规范的规定。

检验方法：观察；检查隐蔽工程验收记录和施工记录。

9.2.7.6 隐框或半隐框玻璃幕墙，每块玻璃下端应设置两个铝合金或不锈钢托条，其长度不应小于100mm，厚度不应小于2mm，托条外端应低于玻璃外表面2mm。

检验方法：观察；检查施工记录。

9.2.7.7 明框玻璃幕墙的玻璃安装应符合下列规定：

1 玻璃槽口与玻璃的配合尺寸应符合设计要求和技术标准的规定。

2 玻璃与构件不得直接接触，玻璃四周与构件凹槽底部应保持一定的空隙，每块玻璃下部应至少放置两块宽度与槽口宽度相同、长度不小于100mm的弹性定位垫块；玻璃两边嵌入量及空隙应符合设计要求。

3 玻璃四周橡胶条的材质、型号应符合设计要求，镶嵌应平整，橡胶条长度应比边框内槽长1.5%~2.0%，橡胶条在转角处应斜面断开，并应用胶粘剂粘结牢固后嵌入槽内。

检验方法：观察；检查施工记录。

9.2.7.8 高度超过4m的全玻幕墙应吊挂在主体结构上，吊夹具应符合设计要求，玻璃与玻璃、玻璃与玻璃肋之间的缝隙，应采用硅酮结构密封胶填嵌严密。

检验方法：观察；检查隐蔽工程验收记录和施工记录。

9.2.7.9 点支承玻璃幕墙应采用带万向头的活动不锈钢爪，其钢爪间的中心距离应大于250mm。

检验方法：观察；尺量检查。

9.2.7.10 玻璃幕墙四周、玻璃幕墙内表面与主体结构之间的连接节点、各种变形缝、墙角的连接节点应符合设计要求和技术标准的规定。

检验方法：观察；检查隐蔽工程验收记录和施工记录。

9.2.7.11 玻璃幕墙应无渗漏。

检验方法：在易渗漏部位进行淋水检查。

9.2.7.12 玻璃幕墙结构胶和密封胶的打注应饱满、密实、连续、均匀、无气泡，宽度和厚度应符合设计要求和技术标准的规定。

检验方法：观察；尺量检查；检查施工记录。

9.2.7.13 玻璃幕墙开启窗的配件应齐全，安装应牢固，安装位置和开启方向、角度应正确；开启应灵活，关闭应严密。

检验方法：观察；手扳检查；开启和关闭检查。

9.2.7.14 玻璃幕墙的防雷装置必须与主体结构的防雷装置可靠连接。

检验方法：观察；检查隐蔽工程验收记录和施工记录。

一 般 项 目

9.2.7.15 玻璃幕墙表面应平整、洁净;整幅玻璃的色泽应均匀一致;不得有污染和镀膜损坏。

　　检验方法:观察。

9.2.7.16 每平方米玻璃的表面质量和检验方法应符合表 9.2.7.16 的规定。

表 9.2.7.16　每平方米玻璃的表面质量和检验方法

项次	项目	质量要求	检验方法
1	明显划伤和长度>100mm 的轻微划伤	不允许	观察
2	长度≤100mm 的轻微划伤	≤8 条	用钢尺检查
3	擦伤总面积	≤500mm²	用钢尺检查

9.2.7.17 一个分格铝合金型材的表面质量和检验方法应符合表 9.2.7.17 的规定。

表 9.2.7.17　一个分格铝合金型材的表面质量和检验方法

项次	项目	质量要求	检验方法
1	明显划伤和长度>100mm 的轻微划伤	不允许	观察
2	长度≤100mm 的轻微划伤	≤2 条	用钢尺检查
3	擦伤总面积	≤500mm²	用钢尺检查

9.2.7.18 明框玻璃幕墙的外露框或压条应横平竖直,颜色、规格应符合设计要求,压条安装应牢固。单元玻璃幕墙的单元拼缝或隐框玻璃幕墙的分格玻璃拼缝应横平竖直、均匀一致。

　　检验方法:观察;手扳检查;检查进场验收记录。

9.2.7.19 玻璃幕墙的密封胶缝应横平竖直、深浅一致、宽窄均匀、光滑顺直。

　　检验方法:观察;手摸检查。

9.2.7.20 防火、保温材料填充应饱满、均匀,表面应密实、平整。

　　检验方法:检查隐蔽工程验收记录。

9.2.7.21 玻璃幕墙隐蔽节点的遮封装修应牢固、整齐、美观。

　　检验方法:观察;手扳检查。

9.2.7.22 明框玻璃幕墙安装的允许偏差和检验方法应符合表 9.2.7.22 的规定。

表 9.2.7.22　明框玻璃幕墙安装的允许偏差和检验方法

项次	项目		允许偏差(mm)	检验方法
1	幕墙垂直度	H≤30m	10	用经纬仪检查
		30m<H≤60m	15	
		60m<H≤90m	20	
		H≥90m	25	
2	幕墙水平度	幕墙幅宽≤35m	5	用水平仪检查
		幕墙幅宽>35m	7	

续表9.2.7.22

项次	项目		允许偏差（mm）	检验方法
3	构件直线度		2	用2m靠尺和塞尺检查
4	构件水平度	构件长度≤2m	2	用水平仪检查
		构件长度>2m	3	
5	相邻构件错位		1	用钢直尺检查
6	分格框对角线长度差	对角线长度≤2m	3	用钢尺检查
		对角线长度>2m	4	

注：H—幕墙高度。

9.2.7.23 隐框、半隐框玻璃幕墙安装的允许偏差和检验方法应符合表9.2.7.23的规定。

表9.2.7.23 隐框、半隐框玻璃幕墙安装的允许偏差和检验方法

项次	项目		允许偏差（mm）	检验方法
1	幕墙垂直度	H≤30m	10	用经纬仪检查
		30m<H≤60m	15	
		60m<H≤90m	20	
		H≥90m	25	
2	幕墙水平度	层高≤3m	3	用水平仪检查
		层高>3m	5	
3	幕墙表面平整度		2	用2m靠尺和塞尺检查
4	板材立面垂直度		2	用垂直检测尺检查
5	板材上沿水平度		2	用1m水平尺和钢直尺检查
6	相邻板材板角错位		1	用钢直尺检查
7	阳角方正		2	用直角检测尺检查
8	接缝直线度		3	拉5m线，不足5m拉通线，用钢直尺检查
9	接缝高低差		1	用钢直尺和塞尺检查
10	接缝宽度		1	用钢直尺检查

注：H—幕墙高度。

9.2.8 质量验收

1　检验批的划分和抽样检查数量按本标准的第9.1.7条和第9.1.8条规定执行。

2　检验批的验收按本标准第3.3.19条进行组织。

3　玻璃幕墙工程材料的现场检验和安装质量的检验，尚应遵照《玻璃幕墙工程质量检验标准》JGJ/T139—2001的有关规定执行。

4　检验批质量验收记录当地方政府主管部门无统一规定时，宜采用表9.2.8-1"玻璃幕墙工程检验批质量验收记录表（Ⅰ）"和表9.2.8-2"玻璃幕墙工程检验批质量验收记录表（Ⅱ）"。

表 9.2.8-1 玻璃幕墙工程检验批质量验收记录表
GB50210—2001
（Ⅰ）

单位（子单位）工程名称					
分部（子分部）工程名称				验收部位	
施工单位				项目经理	
分包单位				分包项目经理	
施工执行标准名称及编号					
		施工质量验收规范的规定		施工单位检查评定记录	监理（建设）单位验收记录
主控项目	1	各种材料、构件、组件	第9.2.2条		
	2	造型和立面分格	第9.2.3条		
	3	玻璃	第9.2.4条		
	4	与主体结构连接件	第9.2.5条		
	5	连接紧件螺栓	第9.2.6条		
	6	玻璃下端托条	第9.2.7条		
	7	明框幕墙玻璃安装	第9.2.8条		
	8	超过4m高全玻璃幕墙安装	第9.2.9条		
	9	点支承幕墙安装	第9.2.10条		
	10	细部	第9.2.11条		
	11	幕墙防水	第9.2.12条		
	12	结构胶、密封胶打注	第9.2.13条		
	13	幕墙开启窗	第9.2.14条		
	14	防雷装置	第9.2.15条		
一般项目	1	表面质量	第9.2.16条		
	2	玻璃表面质量	第9.2.17条		
	3	铝合金型材表面质量	第9.2.18条		
	4	明框外露框或压条	第9.2.19条		
	5	密封胶缝	第9.2.20条		
	6	防火保温材料	第9.2.21条		
	7	隐蔽节点	第9.2.22条		
施工单位检查评定结果			专业工长（施工员）		施工班组长
			项目专业质量检查员：		年　月　日
监理（建设）单位验收结论			专业监理工程师（建设单位项目专业技术负责人）：　年　月　日		

表9.2.8-2 玻璃幕墙工程检验批质量验收记录表
GB50210—2001
（Ⅱ）

单位（子单位）工程名称						验收部位	
分部（子分部）工程名称							
施工单位						项目经理	
分包单位						分包项目经理	
施工执行标准名称及编号							

		施工质量验收规范的规定			施工单位检查评定记录	监理（建设）单位验收记录
一般项目	1	明框幕墙安装允许偏差（mm）	幕墙垂直度	幕墙高度≤30m	10		
				30m＜幕墙高度	15		
				60m＜幕墙高度	20		
				幕墙高度＞90m	25		
			幕墙水平度	幕墙幅宽≤35m	5		
				幕墙幅宽＞35m	7		
			构件直线度		2		
			构件水平度	构件长度≤2m	2		
				构件长度＞2m	3		
			相邻构件错位		1		
			分格框对角线长度差	对角线长度≤2m	3		
				对角线长度＞2m	4		
	2	隐框、半隐框幕墙安装允许偏差（mm）	幕墙垂直度	幕墙高度≤30m	10		
				30m＜幕墙高度	15		
				60m＜幕墙高度	20		
				幕墙高度＞90m	25		
			幕墙水平度	层高≤3m	3		
				层高＞3m	5		
			幕墙表面平整度		2		
			板材立面垂直度		2		
			板材上沿水平度		2		
			相邻板材板角错位		1		
			阳角方正		2		
			接缝直线度		3		
			接缝高低差		1		
			接缝宽度		1		

施工单位检查评定结果	专业工长（施工员） 施工班组长 项目专业质量检查员： 年 月 日
监理（建设）单位验收结论	专业监理工程师（建设单位项目专业技术负责人）： 年 月 日

9.3 金属幕墙工程

9.3.1 本节适用于建筑高度不大于150m的各类铝板、铝塑复合板和不锈钢板等金属幕墙工程的施工及质量验收。

9.3.2 施工准备

9.3.2.1 技术准备

参见本标准第9.2.2.1条。

9.3.2.2 材料准备

幕墙板材（单层铝合金板、蜂窝铝板、铝塑复合板、不锈钢板等）、幕墙支承金属件、建筑密封材料、结构硅酮密封胶、低发泡间隔双面胶带、聚乙烯发泡填充材料、连接件、螺栓及螺母、螺钉等。

9.3.2.3 主要机具

1 机械设备

电动吊篮、滚轮、热压胶带电炉、双斜锯、双轴仿形铣床、凿榫机、自攻钻、手电钻、夹角机、铝型材弯型机、双组分注胶机、清洗机、电焊机等。

2 主要工具

测量、放线、检验：水准仪、经纬仪、2m靠尺、托线板、线坠、钢卷尺、水平尺、钢丝线等。

施工操作：螺丝刀、工具刀、泥灰刀、筒式打胶枪等。

9.3.2.4 作业条件

参见本标准第9.2.2.4条。

9.3.3 材料质量控制

9.3.3.1 金属幕墙所选用的材料应符合现行国家产品标准的规定，同时应有出厂合格证。

9.3.3.2 金属幕墙所选用材料的物理力学及耐候性能应符合设计要求。

9.3.3.3 金属幕墙构件应按同一种类构件的5%进行抽样检查，且每种构件不得少于5件。当有一个构件抽样不符合上述规定时，应加倍抽样复检，全部合格后方可出厂。

构件出厂时，应附有构件合格证书。

9.3.3.4 幕墙板材

1 金属板材的品种、规格及色泽应符合设计要求；金属板材加工允许偏差应符合表9.3.3.4-1的规定。

表9.3.3.4-1 金属板加工允许偏差（mm）

项 目		允许偏差
边长	≤2000	±2.0
	>2000	±2.5
对边尺寸	≤2000	≤2.5
	>2000	≤3.0
对角线长度	≤2000	2.5
	>2000	3.0
折弯高度		≤1.0
平 面 度		≤2/1000
孔的中心距		±1.5

2 铝合金型材应符合现行国家标准《铝合金建筑型材》GB/T 5237.1中有关高精度的规定；铝合金的表面处理层厚度和材质应符合现行国家标准《铝合金建筑型材》GB/T 5237.2~5237.5的有关规定。

3 幕墙采用的铝合金板材的表面处理层厚度和材质应符合现行行业标准《建筑幕墙》JG 3035的有关规定。铝合金板材应达到国家相关标准及设计的要求，并应有出厂合格证。

4 根据防腐、装饰及建筑物的耐久年限的要求，对铝合金板材（单层铝板、铝塑复合板、蜂窝铝板）表面进行氟碳树脂处理时，应符合下列规定：

（1）氟碳树脂含量不应低于75%；海边及严重酸雨地区，可采用3道或4道氟碳树脂涂层，其厚度应大于$40\mu m$；其他地区，可采用2道氟碳树脂涂层，其厚度应大于$25\mu m$；

（2）氟碳树脂涂层应无起泡、裂纹、剥落等现象。

5 单层铝板应符合现行国家标准的规定，幕墙用单层铝板厚度不应小于2.5mm。单层铝板的加工应符合下列规定：

（1）单层铝板弯折加工时，折弯外圆弧半径不应小于板厚的1.5倍。

（2）单层铝板加劲肋的固定可采用电栓钉，但应确保铝板的外表面不应变形、褪色，固定应牢固。

（3）单层铝板的固定耳子应符合设计要求。固定耳子可采用焊接、铆接或在铝板上直接冲压而成，并应位置准确，调整方便，固定牢固。

（4）单层铝板构件四周边应采用铆接、螺栓或胶粘与机械连接相结合的形式固定，并应做到构件刚性好，固定牢固。

6 铝塑复合板应符合下列规定：

（1）铝塑复合板的上下两层铝合金板的厚度均应为0.5mm，其性能应符合国家现行标准《铝塑复合板》GB/T 17748规定的外墙板的技术要求；铝合金板与夹心层的剥离强度标准值应大于7N/mm。

（2）幕墙选用普通型聚乙烯铝塑复合板时，必须符合现行国家标准《建筑设计防火规范》GBJ 16和《高层民用建筑设计防火规范》GB 50045的规定。

（3）铝塑复合板的加工应符合下列规定：

1）在切割铝塑复合板内层铝板和聚乙烯塑料时，应保留不小于0.3mm厚的聚乙烯塑料，并不得划伤外层铝板的内表面；

2）打孔、切口等外露的聚乙烯塑料及角缝，应采用中性硅酮耐候密封胶密封；

3）在加工过程中铝塑复合板严禁与水接触。

7 蜂窝铝板应符合下列规定：

（1）应根据幕墙的使用功能和耐久年限的要求，分别选用厚度为10、12、15、20、25mm的蜂窝铝板；

（2）厚度为10mm的蜂窝铝板应有1mm厚的正面铝合金板、0.5~0.8mm厚的背面铝合金板及铝蜂窝粘结而成；厚度在10mm以上的蜂窝铝板，其正背面铝合金板厚度均应为1mm；

（3）蜂窝铝板的加工应符合下列规定：

1）应根据组装要求决定切口的尺寸和形状，在切除铝芯时不得划伤蜂窝铝板外层铝板的内表面；各部位外层铝板上，应保留0.3~0.5mm的铝芯；

2) 直角构件的加工，折角应弯成圆弧状，角缝应采用硅酮耐候密封胶密封；
3) 大圆弧角构件的加工，圆弧部位应填充防火材料；
4) 边缘的加工，应将外层铝板折合180°，并将铝芯包封。

9.3.3.5 幕墙支承金属件、连接件

1 单元金属幕墙使用的吊挂件、支撑件，宜采用铝合金件或不锈钢件，并应具备可调节范围。单元幕墙的吊挂件与预埋件的连接应采用穿透螺栓。

2 幕墙采用的不锈钢宜采用奥氏体不锈钢材，其技术要求和性能试验方法应符合国家现行标准的规定。

3 幕墙采用的非标准五金件应符合设计要求，并应有出厂合格证。同时应符合现行国家标准《紧固件机械性能 不锈钢螺栓、螺钉和螺柱》GB/T 3098.6 和《紧固件机械性能 不锈钢螺母》GB/T 3098.15 的规定。

4 幕墙采用的钢材的技术要求和性能试验方法应符合现行国家标准的规定。

5 钢结构幕墙超过40m时，钢构件宜采用高耐候结构钢，并应在其表面涂刷防腐涂料。

6 钢构件采用冷弯薄壁型钢时，除应符合现行国家标准《冷弯薄壁型钢时结构技术规范》GB 50018 的有关规定外，其壁厚不得小于3.5mm，强度应按实际工程计算，表面处理应符合现行国家标准的有关规定。

7 铝合金立柱的连接部位的局部壁厚不得小于5mm。

8 幕墙的金属构件加工制作应符合下列规定：

(1) 幕墙结构杆件截料加工前应进行校直调整。

(2) 金属幕墙横梁的允许偏差为±0.5mm，立柱长度的允许偏差为±1.0mm，端头斜度的允许偏差为－15′（图9.3.3.5-1、图9.3.3.5-2）。

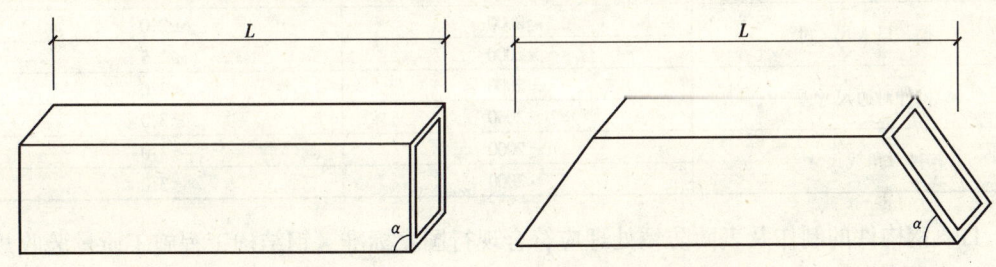

图 9.3.3.5-1 图 直角截料　　　图 9.3.3.5-2 斜角截料

(3) 截料端头不应有加工变形，并不应有毛刺。

(4) 孔位的允许偏差为±0.5mm，孔距的允许偏差为±0.5mm，累计偏差不应大于±1.0mm。

(5) 铆钉的通孔尺寸偏差、沉头螺钉的沉孔尺寸偏差、圆柱头的沉孔尺寸、螺栓的沉孔尺寸应符合现行国家标准的规定。

(6) 螺丝孔的加工应符合设计要求。

9 幕墙构件中，槽、豁、榫的加工尺寸允许偏差应符合下列规定：

(1) 构件槽口（图9.3.3.5-3）、豁口（图9.3.3.5-4）尺寸允许偏差应符合表9.3.3.5-1的要求。

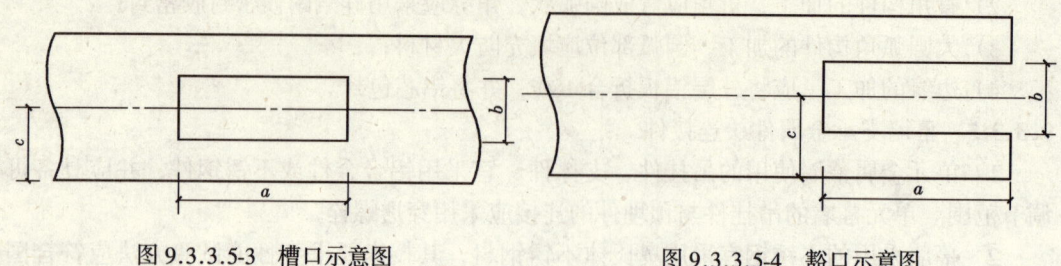

图9.3.3.5-3 槽口示意图　　　　图9.3.3.5-4 豁口示意图

表9.3.3.5-1 槽口、豁口尺寸允许偏差（mm）

项 目	a	b	c
偏 差	+0.5 0.0	+0.5 0.0	±0.5

（2）构件榫头（图9.3.3.5-5）尺寸允许偏差应符合表9.3.3.5-2的要求。

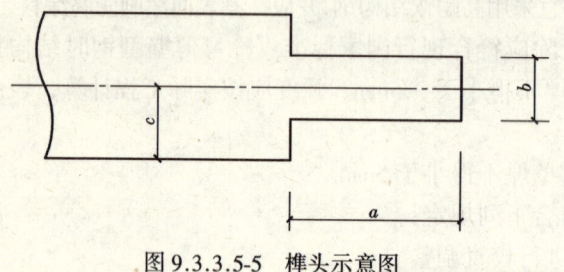

表9.3.3.5-2 榫头尺寸允许偏差（mm）

项 目	a	b	c
偏 差	0.0 -0.5	0.0 -0.5	±0.5

图9.3.3.5-5 榫头示意图

10 幕墙构件装配尺寸允许偏差应符合表9.3.3.5-3的要求。

表9.3.3.5-3 构件装配尺寸允许偏差（mm）

项 目	构 件 长 度	允 许 偏 差
槽 口 尺 寸	≤2000	±2.0
	>2000	±2.5
构件对边尺寸差	≤2000	≤2.0
	>2000	≤3.0
构件对角线尺寸差	≤2000	≤3.0
	>2000	≤3.0

11 钢构件的制作及表面防锈处理应符合现行国家标准《钢结构工程施工质量验收规范》GB 50205—2001的有关规定。

12 钢结构焊接、螺栓连接应符合国家现行标准《钢结构设计规范》GB 50017—2003及《建筑钢结构焊接技术规程》JGJ 81—2002的有关规定。

9.3.3.6 建筑密封材料

1 幕墙采用的橡胶制品宜采用三元乙丙橡胶、氯丁橡胶，密封胶条应挤出成型，橡胶块应为压模成型。

2 密封胶条的技术要求和性能试验方法应符合国家现行标准的规定。

3 幕墙应采用中性硅酮耐候密封胶，其性能应符合表9.2.3.7的规定。

9.3.3.7 结构硅酮密封胶

1 幕墙应采用中性硅酮结构密封胶；其性能应符合表9.2.3.8的规定。

2 同一幕墙工程应采用同一品牌的单组分或双组分硅酮结构密封胶，并应有保质年限的质量证书。

3 同一幕墙工程应采用同一品牌的硅酮结构密封胶和耐候密封胶配套使用。

4 硅酮结构密封胶和硅酮耐候密封胶应在有效期内使用,过期后结构硅酮密封胶不得使用。

9.3.3.8 其他材料

金属幕墙所使用的其他材料质量要求参见本标准第9.2.3.13条的规定。

9.3.4 施工工艺
9.3.4.1 工艺流程

幕墙支承金属件、连接件工厂加工、检验
↓
测量放线→预埋件校核→幕墙支承金属件、连接件安装→防火棉安装→隔热棉安装→金属板安装→注密封胶→清洁

9.3.4.2 施工要点

1 测量放线

参见本标准第9.2.4.1条的相关规定。

安装施工测量应与主体结构的测量配合,其误差应及时调整。

2 幕墙支承金属件、连接件安装

(1) 幕墙立柱的安装应符合下列规定:

1) 立柱标高偏差不应大于3mm,左右偏差不应大于3mm;

2) 相邻两根立柱安装标高偏差不应大于3mm,同层立柱最大标高偏差不应大于5mm,相邻两根立柱的距离不应大于2mm。

(2) 幕墙横梁安装应符合下列规定:

1) 应将横梁两端的连接件及垫片安装在立柱的预定位置并应安装牢固,其接缝应严密;

2) 相邻两根横梁的水平标高偏差不应大于1mm,同层标高偏差:当一幅幕墙宽度小于或等于35m时,不应大于5mm;当一幅幕墙宽度大于35m时,不应大于7mm。

3 金属板安装

(1) 在主体框架竖框上拉出两根通线,定好板间接缝的位置,按线的位置安装板材。

(2) 铝塑复合板:

1) 安装方法之一:板材与副框连接,在侧面用抽芯铝铆钉紧固,抽芯铝铆钉间距应在200mm左右,见图9.3.4.2-1。副框与板材间用硅酮结构胶粘结。

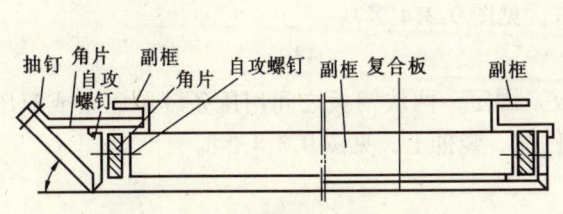

图9.3.4.2-1 铝塑复合板与副框组合

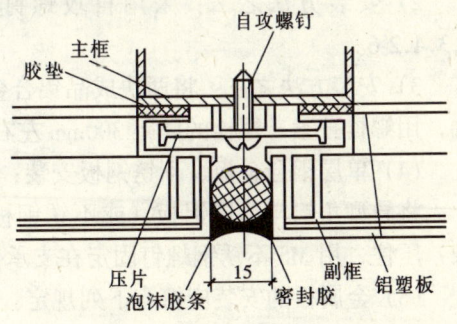

图9.3.4.2-2 副框与主框的连接示意图

副框与主体框架上安装：副框与主框的连接见图9.3.4.2-2，副框与主框接触处应加设一层胶垫。

复合铝塑板定位后，将压片的两脚插到板上副框的凹槽里，并将压片上的螺栓紧固，见图9.3.4.2-3。

2) 安装方法之二：将铝塑复合板两端加工成圆弧直角，嵌卡在直角铝型材内。直角铝型材与角钢骨架用螺钉连接，见图9.3.4.2-4。

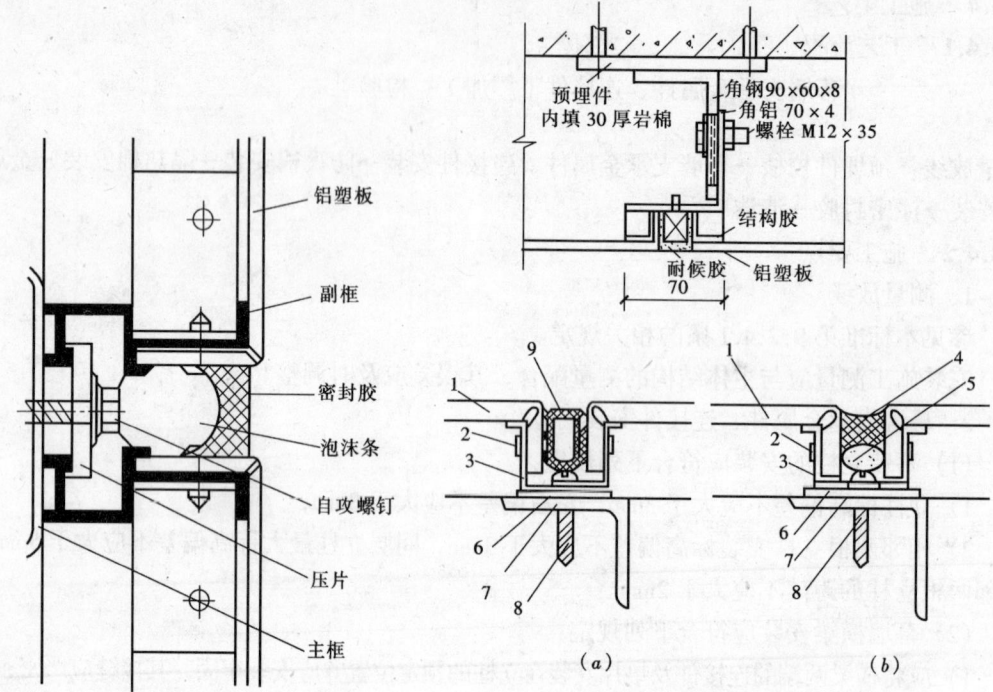

图9.3.4.2-3　铝塑板安装节点示意图

图9.3.4.2-4　铝塑板安装节点示意图
（a）节点之一；（b）节点之二
1—饰面板；2—铝铆钉；3—直角铝型材；4—密封材料；5—支撑材料；6—垫片；7—角钢；8—螺钉；9—密封填料

(3) 蜂窝铝板安装：

1) 安装方法之一：板材与板框连接，见图9.3.4.2-5（a）；用连接件与幕墙支承件（骨架）固定，见图9.3.4.2-5（b）。

2) 安装方法之二：采用自攻螺钉将铝合金蜂窝板固定在方管支承件上，见图9.3.4.2-6。

3) 安装方法之三：将两块成品铝合金蜂窝板用一块5mm的铝合金板压住连接件的两端，用螺栓拧紧。螺栓的间距300mm左右，见图9.3.4.2-7。

(4) 单层铝合金板、不锈钢板安装：

将异型角铝与单层铝板（或不锈钢板）固定，两块铝板之间用压条（单压条或双压条）压住，用M5不锈钢螺钉固定在支承件横、竖框上，见图9.3.4.2-8。

(5) 金属板的安装应符合下列规定：

1) 应对横竖连接件进行检查、测量、调整。

2) 金属板安装时，左右、上下的偏差不应大于1.5mm。

3) 金属板空缝安装时，必须有防水措施，并应有符合设计要求的排水出口。

4) 填充硅酮耐候胶时，金属板缝的宽度、厚度应根据硅酮耐候密封胶的技术参数，经计算确定。

4 注密封胶

（1）接缝密封：

金属板之间的接缝用耐候硅酮密封胶封闭，也可用橡胶条等弹性材料封堵，在垂直接缝内放置衬垫棒。

（2）板端密封：

铝合金蜂窝板过厚时，封的下部深处须用泡沫塑料填充，上部仍用密封胶。

（3）顶部处理：

用金属板封盖，将盖板固定于基层上，用螺栓将盖板与支承件（骨架）牢固连接，并适当留缝，打密封胶，见图9.3.4.2-9。

（4）底部处理：

用一条特制挡水板将下端封住，同时将板与墙之间的缝隙盖住，见图9.3.4.2-10。

（5）边缘部位处理：

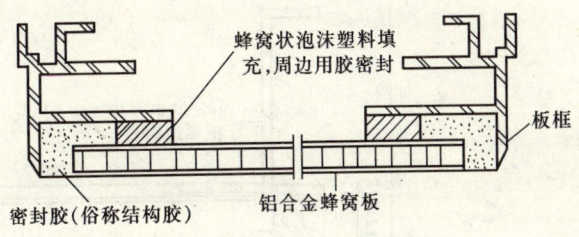

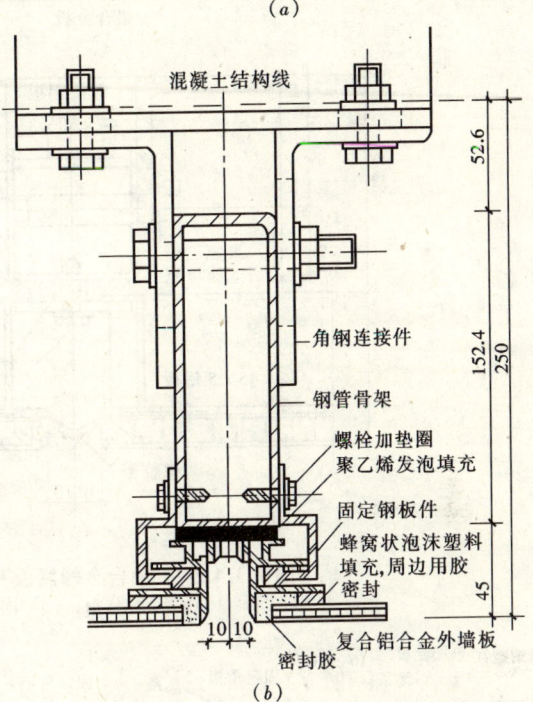

图9.3.4.2-5 铝合金蜂窝板及安装构造之一
（a）铝合金蜂窝板；（b）安装构造示意图

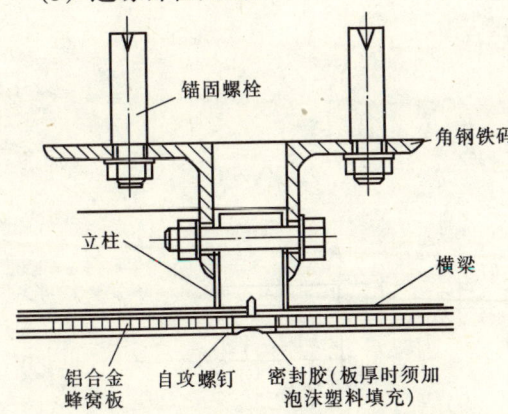

图9.3.4.2-6 铝合金蜂窝板及安装构造之二

用铝合金成型板将墙板端部及支承件（龙骨）部位封住，见图9.3.4.2-11。

5 清洁

（1）幕墙工程完成后，应进行清洁，清扫时应避免损伤表面。

（2）清洗幕墙时，清洁剂不得产生腐蚀和污染。

9.3.5 成品保护

参见本标准第9.2.5条。

9.3.6 安全环保措施

参见本标准第9.2.6条。

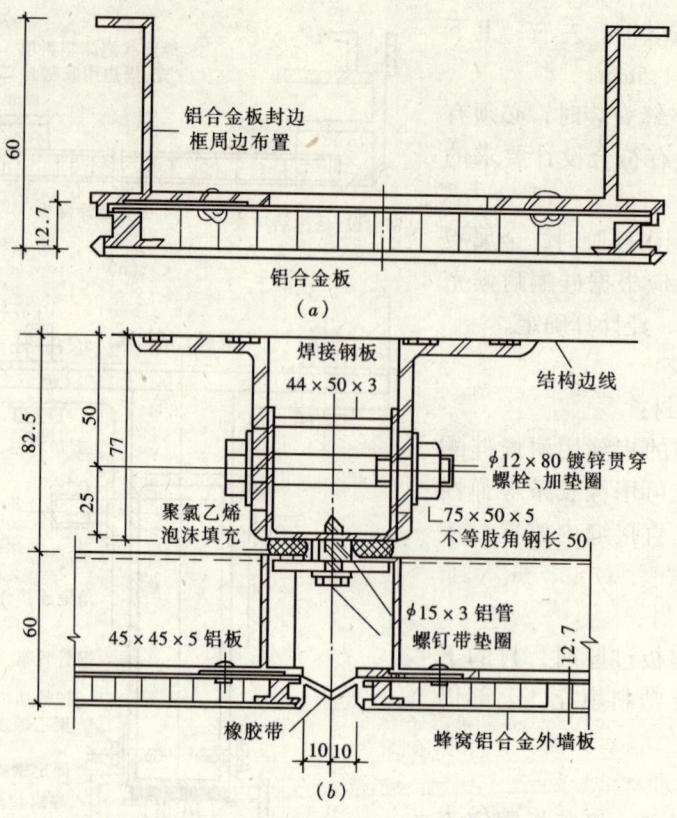

图 9.3.4.2-7 铝合金蜂窝板及安装构造之三
(a) 铝合金蜂窝板；(b) 固定节点大样

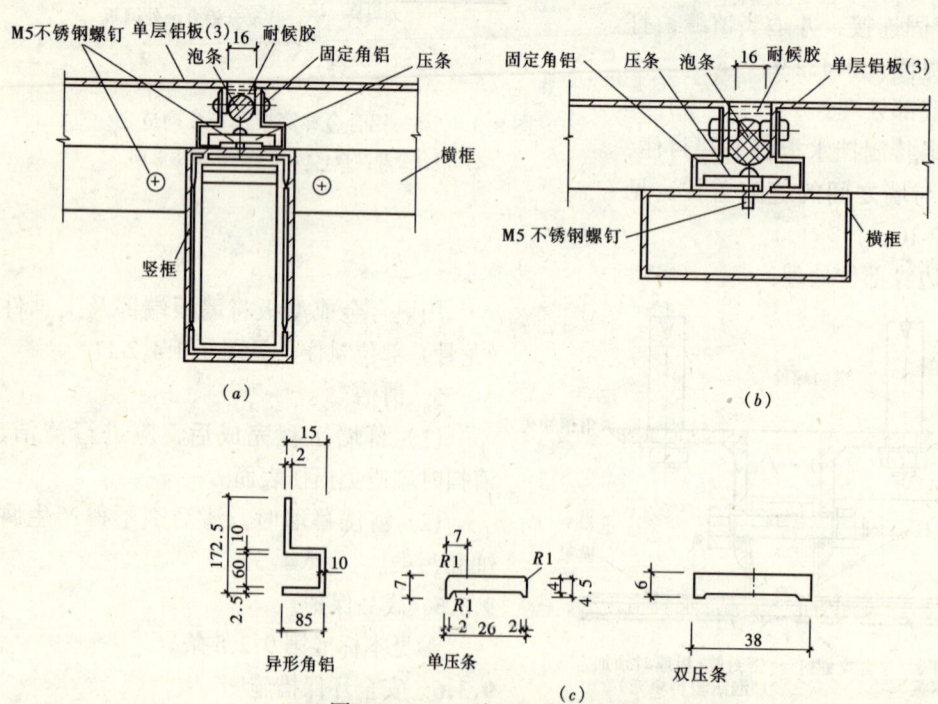

图 9.3.4.2-8 单层铝合金板幕墙安装
(a) 竖向节点示意；(b) 横向节点示意；(c) 异型角铝和压条

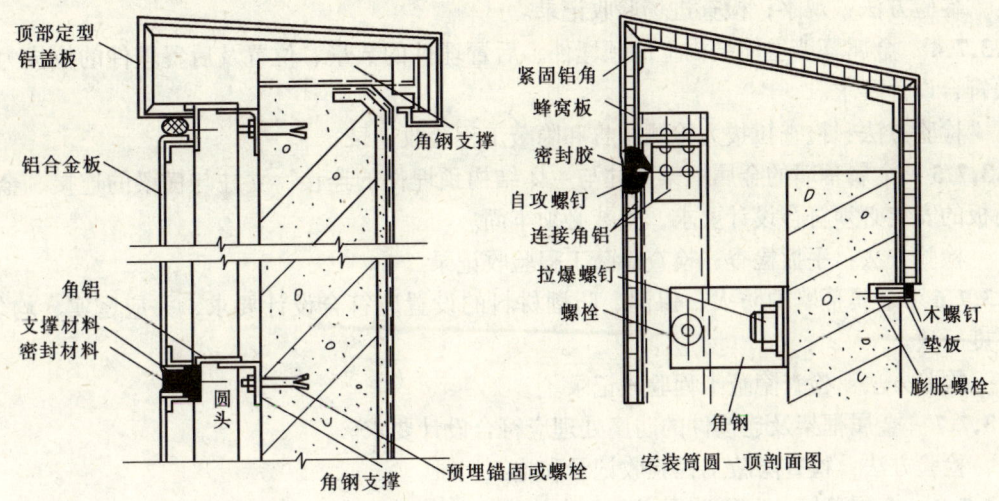

图9.3.4.2-9 顶部处理

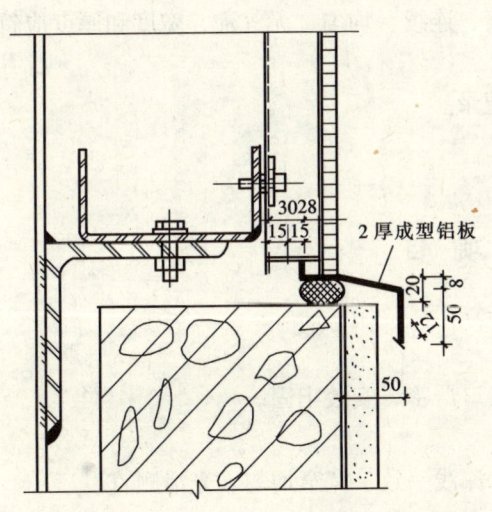

图9.3.4.2-10 铝合金板端下墙处理

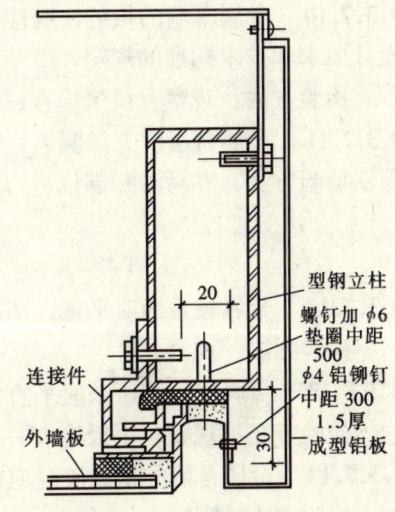

图9.3.4.2-11 边缘部位的收口处理

9.3.7 质量标准

主 控 项 目

9.3.7.1 金属幕墙工程所使用的各种材料和配件，应符合设计要求及国家现行产品标准和工程技术规范的规定。

检验方法：检查产品合格证书、性能检测报告、材料进场验收记录和复验报告。

9.3.7.2 金属幕墙的造型和立面分格应符合设计要求。

检验方法：观察；尺量检查。

9.3.7.3 金属面板的品种、规格、颜色、光泽及安装方向应符合设计要求。

检验方法：观察；检查进场验收记录。

9.3.7.4 金属幕墙主体结构上的预埋件、后置埋件的数量、位置及后置埋件的拉拔力必须符合设计要求。

检验方法：检查拉拔力检测报告和隐蔽工程验收记录。

9.3.7.5 金属幕墙的金属框架立柱与主体结构预埋件的连接、立柱与横梁的连接、金属面板的安装必须符合设计要求，安装必须牢固。

检验方法：手扳检查；检查隐蔽工程验收记录。

9.3.7.6 金属幕墙的防火、保温、防潮材料的设置应符合设计要求，并应密实、均匀、厚度一致。

检验方法：检查隐蔽工程验收记录。

9.3.7.7 金属框架及连接件的防腐处理应符合设计要求。

检验方法：检查隐蔽工程验收记录和施工记录。

9.3.7.8 金属幕墙的防雷装置必须与主体结构的防雷装置可靠连接。

检验方法：检查隐蔽工程验收记录。

9.3.7.9 各种变形缝、墙角的连接节点应符合设计要求和技术标准的规定。

检验方法：观察；检查隐蔽工程验收记录。

9.3.7.10 金属幕墙的板缝注胶应饱满、密实、连续、均匀、无气泡，宽度和厚度应符合设计要求和技术标准的规定。

检验方法：观察；尺量检查；检查施工记录。

9.3.7.11 金属幕墙应无渗漏。

检验方法：在易渗漏部位进行淋水检查。

一 般 项 目

9.3.7.12 金属板表面应平整、洁净、色泽一致。

检验方法：观察。

9.3.7.13 金属幕墙的压条应平直、洁净、接口严密、安装牢固。

检验方法：观察；手扳检查。

9.3.7.14 金属幕墙的密封胶缝应横平竖直、深浅一致、宽窄均匀、光滑顺直。

检验方法：观察。

9.3.7.15 金属幕墙上的滴水线、流水坡向应正确、顺直。

检验方法：观察；用水平尺检查。

9.3.7.16 每平方米金属板的表面质量和检验方法应符合表9.3.7.16的规定。

表9.3.7.16 每平方米金属板的表面质量和检验方法

项 次	项 目	质量要求	检 验 方 法
1	明显划伤和长度>100mm的轻微划伤	不允许	观 察
2	长度≤100mm的轻微划伤	≤8条	用钢尺检查
3	擦伤总面积	≤500mm²	用钢尺检查

9.3.7.17 金属幕墙安装的允许偏差和检验方法应符合表9.3.7.17的规定。

表 9.3.7.17 金属幕墙安装的允许偏差和检验方法

项次	项目		允许偏差（mm）	检验方法
1	幕墙垂直度	$H \leq 30m$	10	用经纬仪检查
		$30m < H \leq 60m$	15	
		$60m < H \leq 90m$	20	
		$H \geq 90m$	25	
2	幕墙水平度	层高≤3m	3	用水平仪检查
		层高>3m	5	
3	幕墙表面平整度		2	用2m靠尺和塞尺检查
4	板材立面垂直度		3	用垂直检测尺检查
5	板材上沿水平度		2	用1m水平尺和钢直尺检查
6	相邻板材板角错位		1	用钢直尺检查
7	阳角方正		2	用直角检测尺检查
8	接缝直线度		3	拉5m线，不足5m拉通线，用钢直尺检查
9	接缝高低差		1	用钢直尺和塞尺检查
10	接缝宽度		1	用钢直尺检查

注：H—幕墙高度。

9.3.8 质量验收

1 检验批的划分和抽样检查数量按本标准的第9.1.7条和第9.1.8条规定执行。

2 检验批的验收按本标准第3.3.19条进行组织。

3 检验批质量验收记录当地方政府主管部门无统一规定时，宜采用表9.3.8-1"金属幕墙工程检验批质量验收记录表（主控项目）"和表9.3.8-2"金属幕墙工程检验批质量验收记录表（一般项目）"。

表 9.3.8-1　金属幕墙工程检验批质量验收记录表

（主控项目）

GB50210—2001

（Ⅰ）

单位（子单位）工程名称				
分部（子分部）工程名称			验收部位	
施工单位			项目经理	
分包单位			分包项目经理	
施工执行标准名称及编号				

		施工质量验收规范的规定		施工单位检查评定记录	监理（建设）单位验收记录
主控项目	1	材料、配件质量	第9.3.2条		
	2	造型和立面分格	第9.3.3条		
	3	金属面板质量	第9.3.4条		
	4	预埋件、后置件	第9.3.5条		
	5	立柱与预埋件与横梁连接，面板安装	第9.3.6条		
	6	防火、保温、防潮材料	第9.3.7条		
	7	框架及连接件防腐	第9.3.8条		
	8	防雷装置	第9.3.9条		
	9	连接节点	第9.3.10条		
	10	板缝注胶	第9.3.11条		
	11	防水	第9.3.12条		

施工单位检查评定结果	专业工长（施工员）　　　　　　　施工班组长 项目专业质量检查员： 　　　　　　　　　　　　　　　　　　　年　月　日
监理（建设）单位验收结论	专业监理工程师（建设单位项目专业技术负责人）： 　　　　　　　　　　　　　　　　　　　年　月　日

表9.3.8-2 金属幕墙工程检验批质量验收记录表
（一般项目）
GB 50210—2001
（Ⅱ）

单位（子单位）工程名称					验收部位	
分部（子分部）工程名称					项目经理	
施工单位					分包项目经理	
分包单位						
施工执行标准名称及编号						
	施工质量验收规范的规定				施工单位检查评定记录	监理（建设）单位验收记录
一般项目	1	板表面质量平整、洁净、色泽一致		第9.3.13条		
	2	压条平直、洁净、接口严密、安装牢固		第9.3.14条		
	3	密封胶缝横平竖直、深浅一致、宽窄均匀、光滑顺直		第9.3.15条		
	4	滴水线坡向正确、顺直		第9.3.16条		
	5	表面质量		第9.3.17条		
	6	安装允许偏差(mm)	幕墙垂直度	幕墙高度≤30m	10	
				30m＜幕墙高度	15	
				60m＜幕墙高度	20	
				幕墙高度＞90m	25	
			幕墙水平度	层高≤3m	3	
				层高＞3m	5	
			幕墙表面平整度		2	
			板材立面垂直度		3	
			板材上沿水平度		2	
			相邻板材板角错位		1	
			阳角方正		2	
			接缝直线度		3	
			接缝高低差		1	
			接缝宽度		1	
施工单位检查评定结果			专业工长（施工员）		施工班组长	
			项目专业质量检查员：			年　月　日
监理（建设）单位验收结论			专业监理工程师（建设单位项目专业技术负责人）：			年　月　日

9.4 石材幕墙工程

9.4.1 本节适用于建筑高度不大于100m，抗震设防烈度不大于8度的石材幕墙工程的施工及质量验收。

9.4.2 施工准备

9.4.2.1 技术准备

参见本标准第9.2.2.1条。

9.4.2.2 材料准备

钢材及铝合金材料、幕墙板材、建筑密封材料、结构硅酮密封胶、低发泡间隔双面胶带、聚乙烯发泡填充材料、支承件（骨架）、连接件、螺栓及螺母、螺钉等。

9.4.2.3 主要机具

1 机械设备

数控刨沟机、手提电动刨沟机、电动吊篮、滚轮、热压胶带电炉、双斜锯、双轴仿形铣床、凿榫机、自攻钻、手电钻、夹角机、铝型材弯型机、双组分注胶机、清洗机、电焊机等。

2 主要工具

测量、放线、检验：水准仪、经纬仪、2m靠尺、托线板、线坠、钢卷尺、水平尺、钢丝线等。

施工操作：螺丝刀、工具刀、泥灰刀、筒式打胶枪等。

9.4.2.4 作业条件

参见本标准第9.2.2.4条。

9.4.3 材料质量控制

9.4.3.1 石材幕墙所选用的材料应符合现行国家产品标准的规定，同时应有出厂合格证。

9.4.3.2 石材幕墙所选用材料的物理力学及耐候性能应符合设计要求。

9.4.3.3 石材幕墙构件应按同一种类构件的5%进行抽样检查，且每种构件不得少于5件。当有一个构件抽样不符合上述规定时，应加倍抽样复检，全部合格后方可出厂。

构件出厂时，应附有构件合格证书。

9.4.3.4 幕墙板材

参见本标准8.2.3条石材板材质量控制。

9.4.3.5 幕墙支承件、连接件

参见本标准9.3.3.5条相关要求。

9.4.3.6 建筑密封材料

参见本标准9.3.3.6条相关要求。

9.4.3.7 结构硅酮密封胶

参见本标准9.3.3.7条相关要求。

9.4.3.8 其他材料

参见本标准9.2.3.13条相关要求。

9.4.4 施工工艺

9.4.4.1 工艺流程

2 羊毛滚筒、海绵滚筒、配套专用滚筒及匀料板等滚涂工具。

3 塑料滚筒、铁制压板滚压工具。

4 无气喷涂设备、空气压缩机、手持喷枪、喷斗、各种规格口径的喷嘴、高压胶管等喷涂设备。

5 对空气压缩机、毛滚、涂刷等应按涂饰材料种类、式样、涂饰部位等选择适用的型号。

10.2.2.4 作业条件

1 施涂操作人员应经专业培训合格，持证上岗。

2 涂料工程应在抹灰、吊顶、细部、地面及电气工程等已完成并验收合格后进行。

3 施涂前基层进行适当的处理，应将基体或基层的缺棱掉角处，用1:3的水泥砂浆（或聚合物水泥砂浆）修补；表面麻面及缝隙应用腻子填补齐平。

4 基层表面上的灰尘、污垢、溅沫和砂浆流痕应清除干净。

5 外墙面涂饰时，脚手架或吊篮已搭设完毕；墙面孔洞已修补；门窗、设备管线已安装，洞口已堵严抹平；涂饰样板已经鉴定合格；不涂饰的部位（采用喷、弹涂时）已遮挡等。

6 内墙面涂饰时，室内各项抹灰均已完成，穿墙孔洞已填堵完毕；墙面干燥程度已达到不大于8%~10%；门窗玻璃已安装，木做装修已完，油漆工程已完二道油；不喷刷部位已做好遮挡；样板间已经鉴定合格。

7 大面积施工前应由施工人员按工序要求做好"样板"或"样板间"，经合格认证并保留到竣工。

10.2.3 材料质量控制

1 选用的涂料，在满足使用功能要求的前提下应符合安全、健康、环保的原则。内墙涂料宜选用通过绿色无公害认证的产品。

2 选定的涂料应是经过法定质检机构检验并出具有效质检报告的合格产品。

3 应根据选定的品种、工艺要求，结合实际面积及材料单和损耗，确定备料量。

4 应根据设计选定的颜色，以色卡定货。超越色卡范围时，应由设计者提供颜色样板，并取得建设方许可，不得任意更改或代替。

5 涂饰材料运进现场后，应由有关工程管理人员检查复验，合格后备用。

6 涂饰材料应存放在指定的专用库房内。材料应存放于阴凉干燥且通风的环境内，其贮存温度应介于5~40℃之间。

7 工程所用涂饰材料应按品种、批号、颜色分别堆放。

8 当改建工程的墙面需要重涂外墙涂料时，选用涂料的性能应与原涂层能相融，必要时采取界面处理，确保新涂层的质量。

（1）涂料工程所用的涂料和半成品（包括施涂现场配制的），均应有产品名称、执行标准、种类、颜色、生产日期、保质期、生产企业地址、使用说明、产品性能检测报告和产品合格证，并具有生产企业的质量保证书，且应经施工单位验收合格后方可使用。外墙涂料使用寿命不得少于5年。

（2）外墙涂料应使用具有耐碱和耐光性能的颜料。

（3）涂料工程所用的腻子的塑性和易涂性应满足施工要求，干燥后应坚固，并按基层、底涂料和面涂料的性能配套使用，内墙腻子的技术指标应符合《建筑室内用腻子》JG/T 3049 的规定，外墙腻子的技术指标应符合《建筑外墙用腻子》JG/T 157—2004 的规定。

（4）民用建筑工程室内用水性涂料，应测定总挥发性有机化合物（TVOC）和游离甲醛的含量，其限量应符合表 10.2.3-1 的规定。

表 10.2.3-1 室内用水性涂料总挥发性有机化合物（TVOC）和游离甲醛限量

测定项目	限量
TVOC（g/L）	≤200
游离甲醛（g/kg）	≤0.1

（5）合成树脂乳液内墙涂料的主要技术指标应符合现行国家标准《合成树脂乳液内墙涂料》GB/T 9756—2001 的规定和《室内装饰装修材料 内墙涂料中有害物质限量》GB 18582 以及《民用建筑工程室内环境污染控制规范》GB 50325—2001 的环保要求。其主要技术要求见附录 U.0.1。

（6）合成树脂乳液外墙涂料的主要技术指标应符合现行国家标准《合成树脂乳液外墙涂料》GB/T 9755—2001 的规定。其主要技术要求见附录 U.0.2。

（7）合成树脂乳液砂壁状建筑涂料的主要技术指标应符合现行行业标准《合成树脂乳液砂壁状建筑涂料》JG/T 24 的规定。其产品主要技术指标见附录 U.0.3。

（8）复层涂料的主要技术指标应符合现行国家标准《复层涂料》GB/T 9779 的规定。其主要技术要求见附录 U.0.4。

（9）外墙无机建筑涂料的主要技术指标应符合现行行业标准《外墙无机建筑涂料》JG/T 26 的规定。其主要技术要求见附录 U.0.5。

（10）水溶性内墙涂料技术要求见表 10.2.3-2。

表 10.2.3-2 水溶性内墙涂料技术要求

序号	性能项目	技术指标	
		Ⅰ类（用于浴室、厨房内墙）	Ⅱ类（用于建筑物一般墙面）
1	容器中状态	无结块、沉淀和絮凝	
2	黏度[①]（s）	30~75	
3	细度（μm）	≤100	
4	遮盖力（g/m²）	≤300	
5	白度[②]（%）	≥80	
6	涂膜外观	平整，色泽均匀	
7	附着力（%）	100	
8	耐水性	无脱落、起泡和皱皮	
9	耐干擦性（级）	—	≤1
10	耐洗刷性（次）	≥300	—

① GB 1723 中涂-4 黏度计的测定结果的单位为"s"；
② 白度规定只适用于白色涂料。

10.2.4 施工工艺

10.2.4.1 合成树脂乳液内墙涂料

1 工艺流程

基层清理、填补缝隙、局部刮腻子→磨平→第一遍满刮腻子→磨平→第二遍满刮腻子→磨平→涂饰底层涂料→复补腻子→磨平→局部涂饰底层涂料→第一遍面层涂料→第二遍面层涂料

2 施工要点

(1) 基层清理、填补缝隙、局部刮腻子

1) 对大模板混凝土墙面和抹灰墙面，虽较平整，但存有水气泡孔，必须进行批嵌。批嵌的腻子配比为滑石粉：纤维素：乳胶＝100：5：12（重量比）；富强粉：纤维素：乳胶＝80：5：10（重量比）；老粉：纤维素：乳胶＝80：6：10（重量比）。用配好的腻子在墙面批嵌二遍，第一遍应注意把水气泡孔、砂眼、塌陷不平的地方刮平，第二遍腻子要注意找平大面。

2) 白灰墙面如表面平整，可不刮腻子，但须用0~2号砂纸打磨，磨光时应注意不得破坏原基层。如不平仍须批嵌腻子找平处理。

3) 对石膏板墙面，须先对螺钉进行防锈处理，再用专用腻子批嵌石膏板接茬处和钉眼处。

4) 对木夹板基面，须先对螺钉进行防锈处理，再用专用腻子批嵌夹板板接茬处和钉眼处。

5) 对旧墙面应清除浮灰，铲除起砂、翘皮、油污、舒松起壳等部位，用钢丝刷子除去残留的涂膜后，将墙面清洗干净再做修补，干燥后按选定的涂饰材料施工工序施工。

(2) 磨平

局部刮腻子干燥后，用0~2号砂纸人工或者机械打磨平整。手工磨平应保证平整度，机械打磨严禁用力按压，以免电机过载受损。

(3) 第一遍满刮腻子

第一遍满刮用稠腻子，施工前将基层面清扫干净，使用胶皮刮板满刮一遍，刮时要一板排一板，两板中间顺一板，既要刮严，又不得有明显接茬和凸痕，做到凸处薄刮，凹处厚刮，大面积找平。

(4) 磨平

待第一遍腻子干透后，用0~2号砂纸打磨平整并扫净。

(5) 第二遍满刮腻子

第二遍满刮用稀腻子找平，并做到线脚顺直、方正。

(6) 磨平

所用砂纸宜细，以打磨后不显砂纹为准。处理好的底层应该平整光滑、阴阳角线通畅顺直，无裂痕、崩角和砂眼麻点。其平整度以在侧面光照下无明显凹凸和批刮痕迹，无粗糙感觉、表面光滑为合格。特别应注意窗台下、暖气片（管道）后、踢脚板连接处、门窗框四周等部位的处理。

(7) 涂饰底层涂料

底层涂料主要起封闭、抗碱和与面漆的连接作用。其施工环境及用量应按照产品使用说明书要求进行。使用前应搅拌均匀，在规定时间内用完，做到涂刷均匀，厚薄一致。

(8) 复补腻子

对于一些脱落、裂纹、角不方、线不直、局部不平、污染、砂岩和器具、门窗框四周等部位用稀腻子复补。

(9) 磨平

待复补腻子干透后，用细砂纸打磨至平整、光滑、顺直。

(10) 第一遍面层涂料

第一遍面层涂料的黏稠度应加以控制，使其在施涂时不流坠，不显刷纹，施工过程中不得任意稀释。其施工环境及用量应按照产品使用说明书要求进行。使用前应搅拌均匀，在规定时间内用完。内墙涂料施工的顺序是先左后右、先上后下、先难后易、先边后面。涂刷时，蘸涂料量应适量均匀，刷子起落轻快，涂刷用力均匀，刷涂的厚薄应适当均匀。如涂料干燥快，应勤沾短刷，接槎最好在分格缝处。采用传统的施工滚筒和毛刷进行涂饰时，每次蘸料后宜在匀料板上来回滚匀或在桶边舔料，涂饰的涂膜应充分盖底，不透虚影，表面均匀。采用喷涂时，应控制涂料黏度和喷枪的压力，保持涂层厚薄均匀，不露底、不流坠，色泽均匀，确保涂层的厚度。

对于干燥较快的涂饰材料，大面积涂饰时，应由多人配合操作，流水作业，顺同一方向涂饰，应处理好接茬部位，做到上下涂层接头流平性能良好，颜色均匀一致。

(11) 第二遍面层涂料

水性涂料的施工，后一遍涂料必须在前一遍涂料表干后进行。涂饰面为垂直面时，最后一道涂料应由上向下刷。刷涂面为水平面时，最后一道漆应按光线的照射方向刷。刷涂木材表面时，最后一道漆应顺木纹方向。全部涂刷完毕，应再仔细检查是否全部刷匀刷到、有无流坠、桔皮或皱纹，边角处有无积油问题，并应及时进行处理。对于流平性较差、挥发性快的涂料，不可反复过多回刷。做到无掉粉、起皮、漏刷、透底、泛碱、咬色、流坠和疙瘩。

10.2.4.2 合成树脂乳液外墙涂料、外墙无机建筑涂料

1 工艺流程

清理基层、填补缝隙、局部刮腻子、磨平→涂饰底层涂料→第一遍面层涂料→第二遍面层涂料

2 施工要点

(1) 清理基层、填补缝隙、局部刮腻子、磨平。

同第 10.2.4.1 条有关要求。局部刮腻子干燥后，用 0~2 号砂纸人工或者机械打磨平整。手工磨平应保证平整度，机械打磨严禁用力按压，以免电机过载受损。打磨后的底层应面平、线直、角方。

(2) 涂饰底层涂料

同第 10.2.4.1 条第 2 款第 (7) 项。

(3) 第一遍面层涂料

第一遍面层涂料的施工方法主要有刷涂和喷涂两种方法，涂料的黏稠度应加以控制，使其在施涂时不流坠，不显刷纹，施工过程中不得任意稀释。其施工环境及用量应按照产品使用说明书要求进行。使用前应搅拌均匀，在规定时间内用完。大面积的外墙涂料工程施工，应在建筑物的每个立面自上而下，自左向右进行，涂料的分段施工以分格缝、墙面

10.2.7 质量标准

主 控 项 目

10.2.7.1 水性涂料涂饰工程所用涂料品种、型号和性能应符合设计要求。
检验方法：检查产品合格证书、性能检测报告和进场验收记录。

10.2.7.2 水性涂料涂饰工程的颜色、图案应符合设计要求。
检验方法：观察。

10.2.7.3 水性涂料涂饰工程应涂饰均匀、粘结牢固，不得漏涂、透底、起皮和掉粉。
检验方法：观察；手摸检查。

10.2.7.4 水性涂料涂饰工程的基层处理应符合本标准第10.1.13条的要求。
检验方法：观察；手摸检查；检查施工记录。

一 般 项 目

10.2.7.5 薄涂料的涂饰质量和检验方法应符合表10.2.7.5的规定。

表 10.2.7.5 薄涂料的涂饰质量和检验方法

项次	项 目	普通涂饰	高级涂饰	检验方法
1	颜色	均匀一致	均匀一致	观察
2	泛碱、咬色	允许少量轻微	不允许	观察
3	流坠、疙瘩	允许少量轻微	不允许	观察
4	砂眼、刷纹	允许少量轻微砂眼，刷纹通顺	无砂眼，无刷纹	观察
5	装饰线、分色线直线度允许偏差（mm）	2	1	拉5m线，不足5m拉通线，用钢直尺检查

10.2.7.6 厚涂料的涂饰质量和检验方法应符合表10.2.7.6的规定。

表 10.2.7.6 厚涂料的涂饰质量和检验方法

项次	项 目	普通涂饰	高级涂饰	检验方法
1	颜色	均匀一致	均匀一致	观察
2	泛碱、咬色	允许少量轻微	不允许	观察
3	点状分布	—	疏密均匀	观察

10.2.7.7 复层涂料的涂饰质量和检验方法应符合表10.2.7.7的规定。

表 10.2.7.7 复层涂料的涂饰质量和检验方法

项次	项 目	质量要求	检验方法
1	颜色	均匀一致	观察
2	泛碱、咬色	不允许	观察
3	喷点疏密程度	均匀，不允许连片	观察

10.2.7.8 涂层与其他装修材料和设备衔接处应吻合，界面应清晰。
检验方法：观察。

5 溶剂型外墙涂料的主要技术指标应符合现行国家标准《溶剂型外墙涂料》GB/T 9757 的规定。其技术要求见表 10.3.3-2。

表 10.3.3-2 溶剂性外墙涂料技术要求

序号	项目		指标		
			优等品	一等品	合格品
1	容器中状态		无硬块，搅拌后呈均匀状态		
2	施工性		刷涂两道无障碍		
3	干燥时间（表干）(h) ≤		2		
4	涂膜外观		正常		
5	对比率（白色和浅色）≥		0.93	0.90	0.87
6	耐水性		168h 无异常		
7	耐碱性		48h 无异常		
8	耐洗刷性（次）≥		5000	3000	2000
9	耐人工和气候老化性	白色和浅色	1000h 不起泡、不剥落、无裂纹	500h 不起泡、不剥落、无裂纹	300h 不起泡、不剥落、无裂纹
		粉化（级）≤		1	
		变色（级）≤		2	
		其他色		商 定	
10	耐沾污性（白色和浅色）(%) ≤		10	10	15
11	涂层耐温变性（5次循环）		无 异 常		

注：浅色是指白色涂料为主要成分，添加适量色浆后配制成的浅色涂料形成的涂膜所呈现的浅颜色，按 GB/T 15608—1995 中 4.3.2 规定明度值为 6～9 之间（三刺激值中的 $Y_{D65} \leqslant 31.26$）

10.3.4 施工工艺

1 工艺流程

清理基层、填补缝隙、局部刮腻子、磨平 → 涂饰底层涂料 → 第一遍面层涂料 → 第二遍面层涂料

2 施工要点

（1）清理基层、填补缝隙、局部刮腻子、磨平

同第 10.2.4.1 条有关要求。局部刮腻子干燥后，用 0～2 号砂纸人工或者机械打磨平